METODOLOGIA DO PROJETO

PLANEJAMENTO, EXECUÇÃO E GERENCIAMENTO

Produtos ■ Processos ■ Serviços ■ Sistemas

Blucher

Omar Moore de Madureira

METODOLOGIA DO PROJETO

PLANEJAMENTO, EXECUÇÃO E GERENCIAMENTO

2ª edição

Produtos ■ Processos ■ Serviços ■ Sistemas

Metodologia do projeto: planejamento, execução e gerenciamento

2ª edição - 2015
4ª reimpressão - 2021
Editora Edgard Blücher Ltda.

Blucher

Rua Pedroso Alvarenga, 1245, 4º andar
04531-934 - São Paulo - SP - Brasil
Tel.: 55 11 3078-5366
contato@blucher.com.br
www.blucher.com.br

Segundo o Novo Acordo Ortográfico, conforme 5. ed. do *Vocabulário Ortográfico da Língua Portuguesa*, Academia Brasileira de Letras, março de 2009.

FICHA CATALOGRÁFICA

Madureira, Omar Moore de
Metodologia do projeto: planejamento, execução e gerenciamento / Omar Moore de Madureira. - São Paulo: Blucher, 2015.

Bibliografia.
ISBN 978-85-212-0913-3

1. Administração de projetos 2. Administração de produtos 3. Planejamento estratégico 4. Produtos - Desenvolvimento I. Título.

15-0706 CDD-658.5752

Índice para catálogo sistemático:
1. Administração de projetos

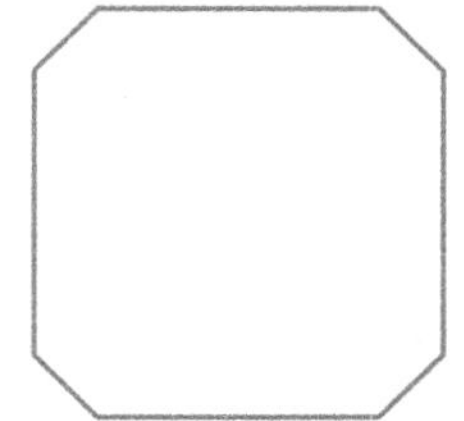

Dedicatória

A meus pais *Olyntho* e *Jeannine*, pelo passado;
a *Marina* e a nossos filhos, pelo presente;
a nossos netos, pelo seu futuro.

Agradecimentos

Em primeiro lugar, agradeço a mestres como Luiz Cintra do Prado, Luiz N. F. França e Heinrich Peters, da Escola Politécnica, e Allen S. Hall Jr., da Purdue University, pelos ensinamentos, e a chefes como Paul Baumgartl, da Willys, a colegas como Luc de Ferran e a líderes como Max Jurosek, da Ford, pelo estímulo.

Agradeço, ainda:

- aos meus ex-sócios na Promec, Hernani Brinati, Moyses Szajnbok e Otavio Silvares, e aos nossos colaboradores, como Bart Laton, pela produtiva parceria de mais de 20 anos, em muitos projetos empolgantes;
- às empresas em que atuei, em especial a Jacto, Laurenti, Metagal, Multibrás Mercedes, Randon e Volkswagen, pelas oportunidades de exposição e implantação do método;
- aos colegas professores, como Helio Nanni, da Politécnica, Nilton Toledo, Martin Mikl Jr., Luciano Mazza, Gregório Bouer e Floriano Gurgel, da Fundação Vanzolini, pelo incentivo à elaboração deste livro;
- aos meus alunos, pela ótima resposta em qualidade dos seus trabalhos e no aproveitamento dos cursos; – na Vanzolini, em particular, devo a eles a ampliação dos meus horizontes técnicos em áreas as quais fui levado a conhecer para melhor orientar os seus trabalhos;
- à Marina, pelo apoio e sugestões que resultaram em aperfeiçoamentos sensíveis na clareza da redação nos capítulos introdutórios;
- aos prezados Edgard e Eduardo, à Cleide e a seus colaboradores da Editora Blücher, pelo empenho na edição deste livro.

Prefácio à 2ª edição

A continuidade dos nossos cursos de Gestão de Projetos na USP revelou a necessidade de dar maior ênfase em alguns dos conceitos da Metodologia. Nesta 2ª edição foram feitos dois aperfeiçoamentos no texto, visando dar maior clareza a alguns dos conceitos tratados.

A principal colocação foi destacar a necessidade da execução simultânea das fases e etapas do projeto por todas as áreas da empresa. Deste modo assegura-se a interação permanente entre elas, incluídos os seus fornecedores, garantindo a adequada divulgacão das informações técnicas necessárias. Esta deve ser uma preocupação permanente e uma das principais responsabilidades da Gerência do Projeto.

Outro importante fato ressaltado foi o de ser o macroprojeto do produto (processo, serviço ou sistema) composto por subprojetos de todos os seus elementos. Para assegurar completa compatibilidade do projeto, os seus objetivos técnicos, de prazos, econômicos e financeiros deverão ser desdobrados como objetivos para cada um desses subprojetos. Resulta que esses projetos menores deverão ser conduzidos com o mesmo método do projeto global, passando por todas as fases e etapas descritas na Metodologia deste livro.

Omar Moore de Madureira
Julho de 2015

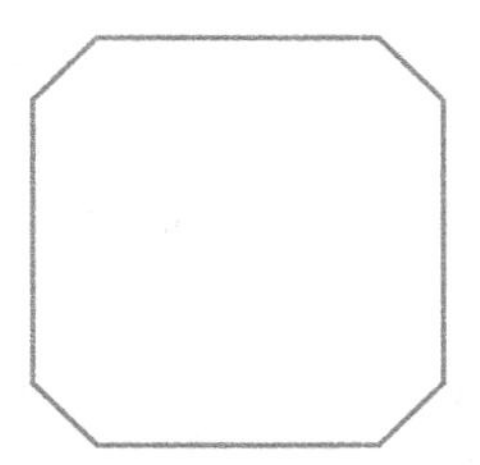

Prefácio à 1ª edição

Este livro apresenta um método estruturado para o planejamento, a execução e o gerenciamento de projetos de produtos, processos, serviços e sistemas. Elaborado ao longo de mais de quatro décadas de trabalho, resulta de minha experiência na área de projeto e desenvolvimento de produtos, na indústria automobilística (Willys e Ford Brasil), em escritório de engenharia (Promec – Projetos Mecânicos), além de atuação como consultor de empresas e professor de Gestão de Projetos em cursos de pós-graduação na Fundação Vanzolini, da USP.

No início da década de 1970, identificou-se, na Escola Politécnica da Universidade de São Paulo, a necessidade de um método para a execução de projetos de engenharia, resultando no preparo do conteúdo de um curso na forma de "Notas de Aulas" para a disciplina Projeto Industrial, ministrada aos alunos do 5º ano no Departamento de Engenharia Mecânica. O objetivo do curso era organizar um método de trabalho capaz de maximizar a eficiência e minimizar os riscos dos projetos. Nele, além do modo de aplicação sistemática da tecnologia nas fases e etapas, foram incluídos aspectos como a mercadologia, os prazos, os investimentos e os custos, absolutamente essenciais na condução de projetos empresariais. Posteriormente, esse curso foi renomeado Metodologia do Projeto e incorporado também ao currículo de Engenharia Mecatrônica.

Em 1990, preparei uma generalização do método, de modo a torná-lo aplicável não apenas à engenharia, mas também a projetos de outras áreas. Essa nova versão, intitulada Planejamento e Desenvolvimento de Produtos, foi incluída no conjunto das disciplinas do Curso de Especialização em Administração Industrial (CEAI), da Fundação Vanzolini, do Departamento de Engenharia de Produção da Epusp. A seguir, passou a ser a disciplina introdutória do curso de Gestão de Projetos da mesma Fundação.

A minha satisfação como professor desses cursos tem sido enorme, ao ver o método aplicado nos excelentes projetos didáticos dos alunos, em áreas de produtos tão diversas como veículos, medicamentos e serviços, bem como para processos industriais e sistemas informatizados.

Ao longo de minha carreira profissional, o método foi aplicado a uma extensa série de projetos de novos produtos, em sucessivas adaptações e versões aperfeiçoadas. Como consultor, orientei empresas na implantação do método e na condução eficiente dos seus projetos. A estruturação organizacional das áreas de engenharia e a geração de procedimentos adequados levaram essas empresas a obter a certificação pelas Normas Internacionais de Qualidade.

Este livro tem por objetivo capacitar o leitor para conduzir os projetos na sua atuação profissional com eficiência e segurança. Recomenda-se que, já em uma primeira leitura, ele relacione, continuamente, o conteúdo do texto com o andamento dos projetos em sua empresa.

Para melhor compreensão e fixação dos conceitos do método, há, ao final de cada capítulo, sugestões de **exercícios aplicados**, relacionados aos produtos (processos, serviços ou sistemas) com os quais, provavelmente, o leitor tem boa familiaridade. Como auxílio à gestão do projeto, são apresentadas **recomendações à gerência**, na forma de conselhos práticos. Para garantir o registro do projeto e formar a boa memória técnica da empresa, são feitas sugestões para a **redação dos relatórios** de cada fase.

Complementando os capítulos, há **exemplos ilustrativos** da aplicação do método a projetos de áreas bem distintas: farmácia, informática, mecânica e serviços. Tais exemplos são resultado dos trabalhos realizados, sob minha orientação, por grupos de alunos dos cursos de especialização da Fundação Vanzolini.

Por fim, cabe salientar que o conteúdo essencial deste livro é um **método de trabalho** aplicável à condução e à gestão das fases, etapas e atividades dos projetos. Não se trata de um livro acadêmico destinado ao estudo da "ciência do projeto"; também não é um conjunto de técnicas ou ferramentas operacionais com planilhas e receitas, estas geralmente mais voltadas ao treinamento do que ao conhecimento. Os projetos citados, embora não sejam perfeitos e nem completos, poderão ser muito úteis para ilustrar a aplicação do método. Entretanto, o leitor deverá usá-los apenas como exemplos e não como modelos ou gabaritos para seus projetos. É preciso ter sempre em mente que cada projeto deve merecer, por parte dos seus gestores e executantes, dedicação específica na aplicação do método deste curso.

Omar Moore de Madureira
Outubro de 2010

Apresentações

A atividade de leitura e análise desta obra do mestre Omar Madureira foi das mais prazerosas. A bem da verdade, ao apreciá-la, conclui que este é o tipo de livro que eu gostaria de ter escrevido.

O ciclo de vida de projetos é percorrido, bem como cada etapa, com a conceituação teórica correta, e com riqueza de detalhes práticos. O ciclo professor–aluno–professor, sistematicamente percorrido pelo autor, permitiu a conclusão de cada capítulo com variados exemplos em diferentes áreas de aplicação.

Convivendo com o colega, professor Omar, posso testemunhar o método que utiliza para transferir conhecimentos aos seus alunos, orientando-os e recolhendo suas contribuições. Essa dinâmica, sem dúvida, contribuiu para determinar o grau de profundidade adequado para cada um dos capítulos.

Omar explorou, sabiamente, o conceito de lições aprendidas, tanto nos projetos em que participou, quanto nos trabalhos dos alunos por ele orientados. Os exemplos de aplicação permitem ao leitor explorar múltiplas hipóteses de trabalho em projetos de diferentes áreas. Por meio desses exemplos, o leitor é orientado no sentido de testar a aplicação dos conceitos à empresa em que trabalha, podendo, dessa maneira, verificar o estado em que se encontra em relação a cada um dos capítulos da obra, além de contar com um leque de alternativas para o seu aprimoramento como profissional, bem como o da organização.

As tabelas e gráficos apresentados permitem rápida visualização e compreensão do texto apresentado, tornando agradável e facilitando a leitura.

Como professor, identifiquei, nos capítulos do livro, inúmeros exemplos, que passarei a utilizar em cursos pelos quais sou responsável.

Trata-se, enfim, de uma obra importante para o ensino de projetos de produtos e serviços bem como para o gerenciamento desses projetos.

Prof. Dr. Gregório Bouer

Mestre e Doutor em Engenharia de Produção pela Escola Politécnica da USP.
Presidente da Recla (Rede de Educação Continuada para América Latina e Europa).

Conversando com o Engenheiro Omar Moore de Madureira e ouvindo seus argumentos na troca de opiniões sobre temas técnicos, percebe-se imediatamente a relevância de sua experiência e seu conhecimento para a engenharia do nosso país. Assim, propusemos várias vezes a ele: “você precisa escrever um livro!”. Finalmente, ele nos atendeu!

Sua larga experiência inclui o trabalho na Ford (15 anos) onde nacionalizou e melhorou os carros nacionais e, posteriormente, no seu escritório de projetos a Promec (20 anos), com o qual assessorou muitas indústrias, tal como a Jacto, de Pompeia, SP.

Como professor, além de ensinar as técnicas do programa, Omar Madureira orienta os alunos nos temas sociais, políticos e éticos. Os alunos lhe conferem sempre a nota máxima nas avaliações da disciplina e da didática.

Este livro é um trabalho inédito por sua organização, que apresenta a teoria de maneira sucinta e objetiva, em poucas palavras, com uma ou duas páginas para cada assunto, que posteriormente é ilustrado com exemplos de aplicação em casos diversos. O texto mostra que o que foi teorizado é aplicável, a partir de um projeto de produto manufaturado e, retomando a teoria, apresenta a aplicação em um projeto de produto ou serviço, demonstrando a importância da teoria para a elaboração e execução de um projeto bem-sucedido.

O leitor irá encontrar neste livro, além dos conceitos de engenharia, a aplicação, com muita propriedade, de conceitos de economia, evidenciando que, na prática empresarial, não há engenharia sem as ciências econômicas, em que a palavra-chave é viabilidade, a qual sempre deve ser levada em conta.

O testemunho do Engenheiro Omar Moore de Madureira apresentado neste livro, tem a marca de quem conhece, de quem realizou com sucesso e pode explicar o como.

Prof. Dr. Nilton Nunes Toledo
Departamento de Engenharia de Produção,
Escola Politécnica da Universidade de São Paulo.
Faculdade de Economia e Administração da USP.
Vice-presidente do PMI Project Management Institute.
Superintendente da FDTE – Fundação para o
Desenvolvimento Tecnológico da Engenharia – Epusp.

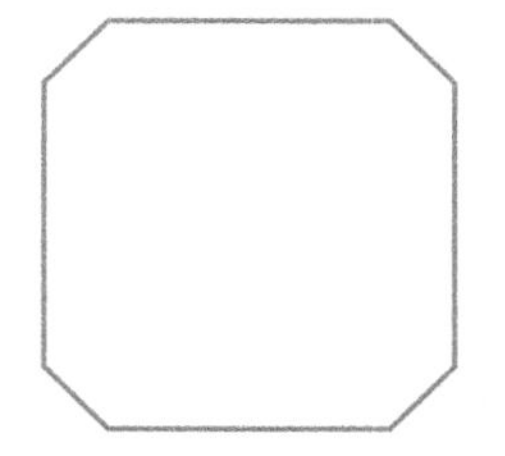

Conteúdo

6 A IMPLANTAÇÃO DA FABRICAÇÃO

7 COMERCIALIZAÇÃO E ACOMPANHAMENTO

INTRODUÇÃO

Os projetos são o meio gerador de produtos, processos, serviços ou sistemas usados pelas empresas para alcançar seus objetivos estratégicos. A execução metódica de projetos, ao longo de fases e etapas bem definidas, permite maximizar a eficiência e minimizar os riscos. Na realidade empresarial o desempenho em projetos de empresas mostra resultados variados, independentes do porte ou da localização. São muitos os casos de insucesso e poucos aqueles em que todos os objetivos do projeto são alcançados.

1.1 O SUCESSO DAS EMPRESAS E DE SEUS PROJETOS

O sucesso de empresas de qualquer porte, em todos os ramos de atividade, é medido por sua lucratividade, a qual é consequência direta de um fato básico e fundamental – os seus produtos são bem-aceitos pelos clientes, por isso a participação no mercado é expressiva, com vendas realizadas a preços compensadores. A continuidade desse sucesso, garantia de sobrevivência, será possível apenas enquanto ela for capaz de manter a preferência dos clientes, aperfeiçoando os produtos atuais, ou gerando novos e melhores produtos.

A internacionalização dos mercados permite, pelo menos em tese, que as empresas possam atuar em quaisquer deles, acirrando assim a competição entre elas. Esse processo fatalmente irá causar a extinção gradual daquelas cujos produtos não sejam adequados aos mercados em que são oferecidos.

Daí a imensa importância do Projeto de Produtos. Uma pequena empresa familiar de confecções têxteis investirá, na sua nova linha de produtos, valores muito menores que os aplicados por uma grande indústria, na nova família de veículos. Mas certamente a importância relativa dos dois projetos para ambas as empresas será a **mesma**! O sucesso ou o fracasso do projeto será igualmente benéfico ou catastrófico para cada uma delas.

A necessidade de conduzir os projetos de seus produtos com eficiência, nos menores prazos e com o mínimo de investimentos é muito antiga. A estruturação e a implantação de métodos racionais para a condução de projetos, no entanto, são relativamente recentes. As contribuições de autores como Asimow, Hill, Juran, Akao, Pugh, Prasad e Tagushi, dentre outros, formaram, nos últimos 40 anos, metodologias coerentes, hoje praticadas no mundo todo pelas empresas bem estruturadas para a sobrevivência.

Entretanto, muitas empresas industriais e de serviços ainda operam de forma desordenada, improvisando o desenvolvimento dos projetos, como se o sucesso dos produtos fosse decorrente apenas da dedicação dos colaboradores e de mercado favorável. Não há a preocupação em conduzir metodicamente os projetos e nem de certificar os produtos, para assegurar que atendam aos requisitos necessários para a satisfação dos clientes. É típica desse comportamento a postura de fazer "economias de tempo" e "queimar etapas" para reduzir os prazos e acelerar o lançamento do produto.

Muitas são as situações conhecidas de lançamento de produtos, ou de implantação de serviços, com deficiências funcionais e operacionais, às vezes, muito graves. Nesses casos, diante dos problemas, as empresas tomam providências contingenciais – mobilizam as suas equipes de assistência técnica, ora para trocar o produto defeituoso, ora para fazer revisões e reparos nas instalações do cliente, ou, ainda, no caso de produtos de grande série, são forçadas a fazer a chamada (*recall*) dos produtos.

Essas empresas não costumam computar os custos diretos das reposições e reparos e, em especial, ignoram o grave prejuízo da erosão de sua imagem no mercado. Não chegam a perceber que o total desses custos é bem maior que o valor "economizado" durante a condução precária do programa de projeto. Em geral, como claro sintoma da sua desorganização, atribuem o fracasso dos projetos à má sorte ou a causas externas incontroláveis ou, então, procuram causas internas, como falhas individuais, para responsabilizar os culpados.

> Na verdade, a falta de método na condução dos projetos é a única causa real.

1.2 CONCEITOS BÁSICOS SOBRE PROJETOS

Antes de iniciarmos a apresentação do método, convém definir a nomenclatura usada nesta obra:

- **Projeto** designa o conjunto de fases, etapas e atividades executadas para a concepção, o desenvolvimento, a implantação, a certificação e a comercialização de produtos. Conforme o PMBOK (ref. [1]) o projeto é único, temporário e tem objetivos definidos.
- **Produto** é o "objeto" resultante do projeto, colocado à disposição do cliente: veículos, máquinas, equipamentos, eletrodomésticos, alimentos, medicamentos, cosméticos, e serviços de qualquer natureza, como securitários, bancários, informáticos, médicos, consultorias e muitos outros.
- **Cliente** é a pessoa ou entidade que adquire, utiliza e descarta os produtos da empresa. É conhecido também por usuário, consumidor ou freguês, aparentemente em função do valor do produto tratado.

Enfocaremos neste livro, em especial, projetos de produtos industriais. Mas, como será demonstrado pelos exemplos fornecidos, o método apresentado é aplicável a quaisquer projetos: produtos, processos, serviços e sistemas.

Os projetos, nas empresas, podem destinar-se a clientes internos ou externos, tendo como produto uma só ou muitas unidades fabricadas. Como exemplo de único produto para um só cliente externo, citamos um viaduto rodoviário, contratado pelo Estado, para ser usado pelos seus habitantes. A automação de uma linha de produção de bebidas é o projeto de um processo para uso interno da empresa. A informatização do sistema de crédito ao consumidor de baixa renda é um projeto único, interno ao banco, cujo cliente é a sua Divisão de Operações; nesse caso, os usuários do sistema serão os muitos clientes do banco, aqueles cujas necessidades deverão ser atendidas. Produtos industriais feitos em grandes séries, como eletrodomésticos e automóveis, destinam-se a milhares de consumidores e têm características específicas no projeto do produto e na sua fabricação.

1.3 DESCRIÇÃO SUMÁRIA DAS FASES DE UM PROJETO

Apresentamos a seguir um resumo da sequência de fases pelas quais passa o desenvolvimento de um projeto. Tais fases não são sequenciais e estanques entre si; elas são executadas com a simultaneidade possível, como veremos ao longo da exposição do método.

1.3.1 Planejamento do projeto

Nessa primeira fase, são colocados os **objetivos** para o programa de projeto: produto (necessidades, funções e atributos), mercado a que se destina, prazo para a implantação, ciclo de vida, recursos para o desenvolvimento, investimentos na implantação, custos de fabricação e lucratividade global desejada para o programa.

1.3.2 Estudo da viabilidade

Estabelecidos os objetivos e os requisitos técnicos, são geradas soluções possíveis para o produto e para os processos e, por meio de análises, são selecionadas aquelas técnicas, econômica e financeiramente viáveis. Essa seleção verifica também a viabilidade de projeto, de fabricação e de fornecimento. Assegurada a viabilidade com confiança suficiente, a empresa poderá aprovar o programa e autorizar a sua condução.

1.3.3 Projeto básico

Escolhida a melhor entre as soluções viáveis, o planejamento do projeto é refeito e, a partir de agora, passa a ser um compromisso formal da empresa. A seguir, as áreas de desenvolvimento e produção submeterão modelos do produto e dos processos a estudos e análises técnicas por meio das quais são quantificadas suas principais características. A otimização dessas características consolida o projeto básico do produto e dos processos.

1.3.4 Projeto executivo

Nessa fase, o produto será completamente definido. Inicialmente, é estabelecida a estrutura que mostra a composição do produto e, ao longo do trabalho, serão definidas as características, as dimensões, os materiais e os acabamentos de todos os conjuntos, componentes e peças. A construção dos protótipos permite a execução de testes de avaliação do produto, e a consequente certificação formal do projeto do produto. Simultaneamente, serão definidos todos os processos e atividades necessárias para a fabricação do produto (ou à implantação do serviço ou à operação do sistema) a partir dos respectivos fluxogramas. Incluem-se aqui para a empresa e seus fornecedores, o projeto dos processos, de moldes e ferramentas, a especificação e a relação de equipamentos e instalações necessárias e o sistema de qualidade

1.3.5 Implantação da fabricação

A construção das instalações, a aquisição e montagem dos equipamentos são etapas da fase de implantação e permitem a verificação da conformidade e da capacidade dos processos tornando a empresa apta a fabricar o produto (ou a operar o serviço ou o sistema). A produção das primeiras n unidades ("lote piloto") é usada para certificar todo o processo produtivo e autorizar a produção em série, a disponibilização do serviço ao público, ou a operação do sistema pelo usuário.

1.3.6 Comercialização e acompanhamento

Essa fase inicia-se no lançamento do produto e, portanto, já terminado o projeto. Os resultados do projeto começarão a se mostrar a partir desse momento e revelarão o sucesso (ou não) ao longo do seu ciclo de vida. Assim como nas anteriores, a fase de comercialização é um projeto em si mesma, devendo ser executada ao longo do projeto; compõe-se de todos os planos de vendas e distribuição e dos meios para o acompanhamento do desempenho do produto no mercado.

1.4 COMENTÁRIOS GERAIS SOBRE A EXECUÇÃO DE PROJETOS

Ainda hoje, surpreendentemente, grande número de empresas conduz muito mal os seus projetos, enfrentando, ao longo da execução, problemas e obstáculos de várias origens e amplitudes. Após o lançamento, surgem reclamações dos clientes e dos revendedores, com graves prejuízos para a imagem da empresa. A referência 2 sugere fontes para conhecer empresas de sucesso.

Nesse contexto de organização deficiente, as empresas tendem a menosprezar as fases iniciais do projeto – planejamento, viabilidade e projeto básico, considerando-as "perda de tempo e dinheiro". Nada pode ser mais perigoso do que essa negligência, pois são as características mais importantes do projeto definidas nessas fases; e, portanto, os erros ou omissões cometidos terão graves efeitos, até fatais sobre o produto. Além disso, constata-se que problemas originados nessas primeiras fases do projeto são os de mais difícil percepção e, quase sempre, os de mais difícil reparação.

Com a finalidade de comparar as fases do projeto entre si, mostra-se na Figura 1.1 um triângulo cuja área representa os gastos totais na implantação de um projeto de produto. As sucessivas fases do projeto correspondem às faixas divisórias do triângulo, com áreas proporcionais aos gastos em cada uma. Nota-se que as áreas e, portanto, os recursos necessários aumentam no sentido da base do triângulo, à medida que o projeto avança para o seu final. Os pequenos retângulos escuros assinalam erros cometidos nas fases, e as respectivas áreas sombreadas representam as perdas deles decorrentes.

É fácil entender que, na fabricação de um lote-piloto de produtos industriais a má regulagem de uma aparafusadora automática ou um ajuste incorreto de um posicionador causem a necessidade de refazer essas operações, tarefas essas nem muito complicadas nem tão dispendiosas. Mas, quando os erros são cometidos em fases anteriores, as sombras correspondentes às perdas tornam-se maiores. Um erro cometido no Estudo da Viabilidade, por exemplo, na avaliação errada de soluções para o produto ou o processo, causa fortes perdas ilustradas pela enorme sombra projetada. É claro que os erros na fase de Planejamento do projeto, mostrada no vértice do triângulo, são os mais graves, podendo comprometer a área total. Resulta, assim, que a importância das decisões é maior nas fases superiores sendo a do Planejamento a mais importante. Daí a absoluta necessidade de uma atuação conjunta de todas as áreas da empresa nessa fase, na qual são estabelecidos os principais objetivos para o projeto.

Para citar apenas dois dos mais conhecidos fracassos empresariais resultantes de mau planejamento do projeto, lembramos:

1. A empresa Iridium, subsidiária inglesa da Motorola Corporation, na década de 1990, desenvolveu e implantou um grande sistema de telecomunicação global via satélites. Entretanto, em virtude da má avaliação técnica de seus futuros concorrentes, não conseguiu volume de vendas suficiente, e foi obrigada a encerrar suas atividades com prejuízo de cerca de US$ 7 bilhões.
2. A Boeing, importante fabricante de aviões, planejou mal o projeto do seu 787 – Dreamliner. Problemas técnicos e gerenciais resultaram em atrasos de anos na entrega das primeiras unidades e substanciais prejuízos financeiros à Boeing e a seu clientes.

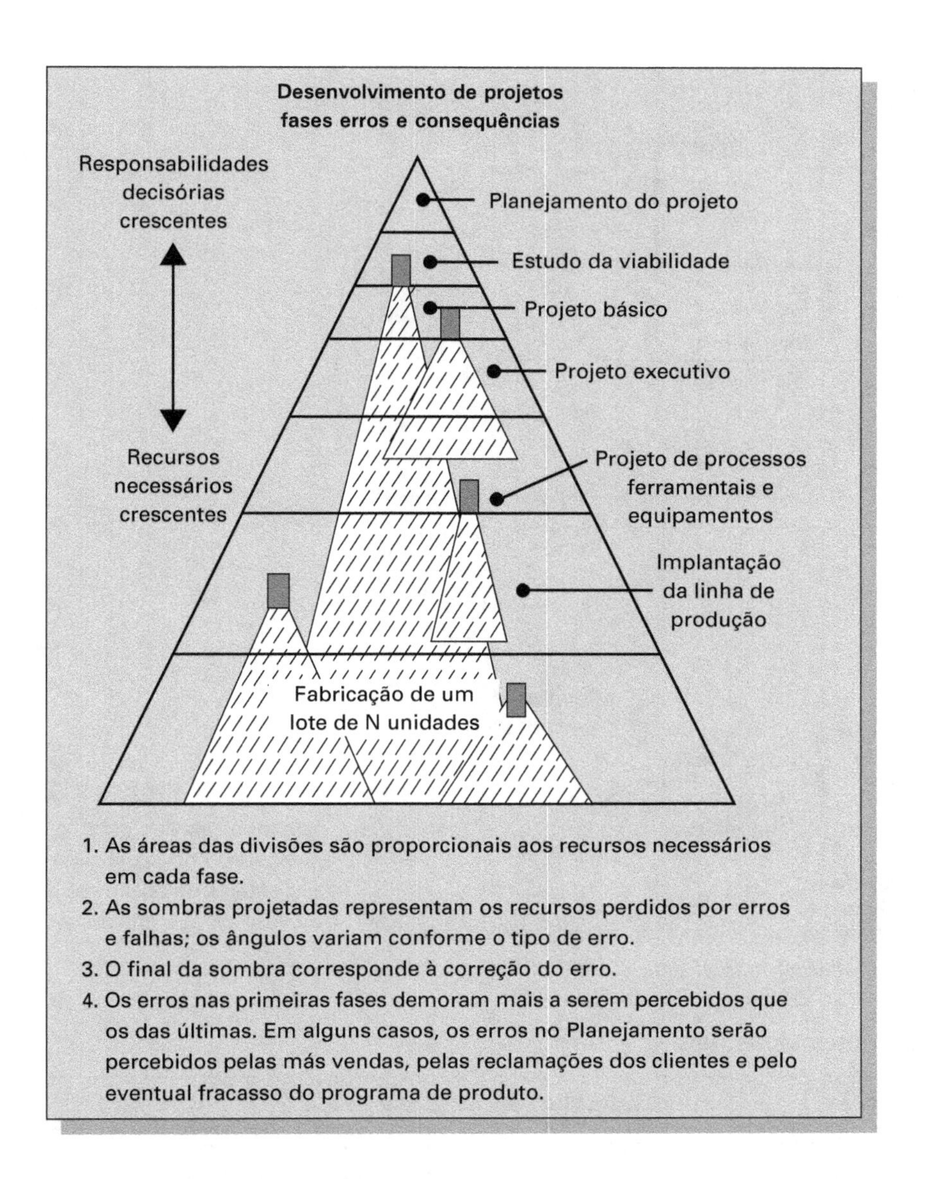

Figura 1.1
Fases do projeto: recursos, erros, consequências e responsabilidades

1.5 COMPARAÇÃO ENTRE MODOS E PORTES DE PROJETOS

As Figuras 1.2a e 1.2b (ref. [3]) comparam duas maneiras muito diferentes de se conduzir projetos, no caso, entre estaleiros ingleses e japoneses. O projeto inglês mostra muito pouco empenho nas fases iniciais, resultando em uma forte concentração de esforços nas fases finais. Já o projeto japonês dedica muito esforço nas fases iniciais e tem poucos gastos ao final.

A Tabela 1.1 (ref. [4]) apresenta uma comparação entre projetos de produtos de portes muito diferentes; indica também, na última linha, um índice interessante: a relação entre os recursos aplicados no projeto e o valor total das vendas são da mesma ordem de grandeza para os quatro produtos e quase iguais para dois projetos de portes muito diferentes: a aparafusadora e a aeronave.

O **Método Integrado de Projeto**, apresentado neste livro, usa como modo de condução a chamada **Engenharia Simultânea** (ES), a qual consiste na execução paralela das fases do projeto pelas várias áreas da empresa. Essa forma de atuação exige uma organização matricial em que a gerência do projeto trabalhe com equipes multidisciplinares representativas das áreas da empresa, em permanente interação. A forma oposta de condução dos projetos é a convencional, **sequencial e estanque**, em que cada fase só é iniciada ao final da anterior, e na qual as decisões são tomadas sem a consulta a outras áreas por elas afetadas.

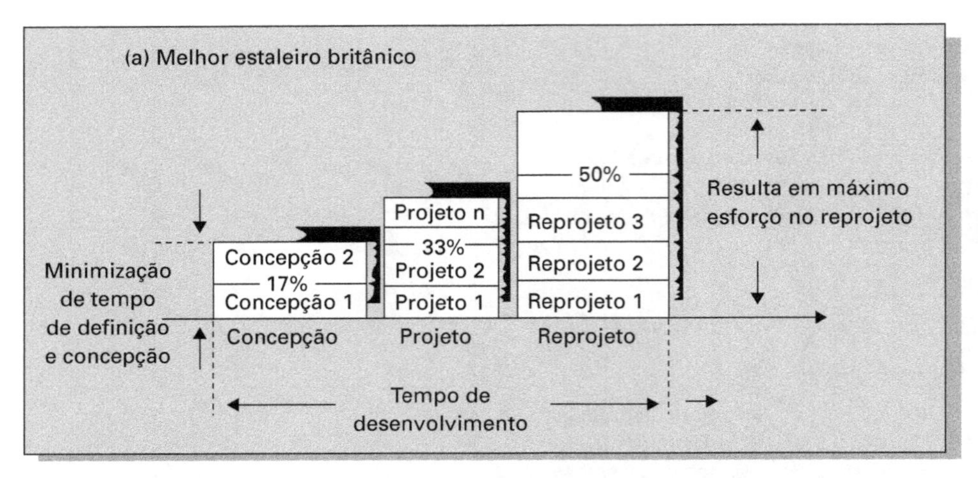

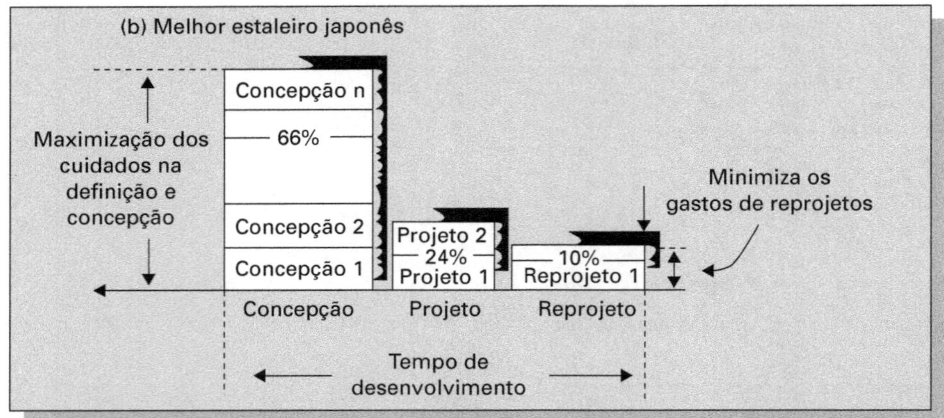

Figura 1.2

Distribuição dos esforços ao longo do projeto em estaleiros britânicos e japoneses

Fonte: PRASAD, B. *Concurrent engineering fundamentals*. New Jersey: Prentice-Hall, 1996.

Tabela 1.1 Comparação entre produtos industriais

Empresa	Stanley	Hewlett-Packard	Chrysler	Boeing
Produto	Chave de fenda motorizada	Impressora jato de tinta 500	Automóvel Concorde	Aeronave Boeing 777
Quantidade de peças	3	35	10.000	130.000
Prazo de desenvolvimento	1 ano	1,5 ano	3,5 anos	4,5 anos
Equipe de desenvolvimento	3 pessoas	100 pessoas	850 pessoas	6.800 pessoas
Custo do desenvolvimento	US$ 150 mil	US$ 50 milhões	US$ 1 bilhão	US$ 3 bilhões
Preço de venda	US$ 30	US$ 365	US$ 19.000	US$ 130 milhões
Produção anual	100.000	1,5 milhão	250.000	50
Ciclo de vida do produto	4 anos	3 anos	6 anos	30 anos
Custo desenvolvimento/ vendas totais	1,2%	3%	3,5%	1,5%

Fonte: BAXTER, M. *Projeto de produto*. São Paulo: Blucher, 2000.

Mostramos nas Figuras 1.3a e 1.3b a seguir, uma comparação entre o método convencional com engenharia sequencial (MCESeq) e o método integrado com engenharia simultânea (MIESim), aplicado neste livro.

O cronograma compara a execução de um projeto genérico de fases sequencialmente colocadas no MCESeq e com as superposições possíveis com o MIESim. As curvas a ele superpostas representam os gastos mensais em recursos humanos e outras despesas, feitos na condução das fases, com os dois métodos.

A análise da figura permite-nos ressaltar as seguintes observações:

- O prazo total nominal para o projeto é de 20 meses no MCESeq (barras X) e de 15 meses no MIESim (barras S). Ou seja, uma possível redução de 25% no prazo nominal.
- Pelo próprio conceito do método integrado, com ênfase nas fases iniciais do projeto, os gastos são mais altos nessas fases no MIESim (curva cheia) que os do MCESeq, (curva tracejada). Mas a situação se inverte nas fases finais do projeto, quando os gastos da equipe de projeto do MIESim são bem menores que os do MCEseq. Em geral, o pouco empenho inicial no MCESeq resulta no acúmulo de um grande número de problemas a resolver próximo da data de lançamento.
- Na realidade, acontece com muita frequência, em projetos com o MCESeq, de o projeto não ficar pronto na data programada. Resulta que, após essa data, ainda há grandes esforços com altos gastos na tentativa desesperada de resolver problemas de todos os tipos: produto, processo, fornecimento e distribuição. Assim, ainda que o produto tenha sido lançado na data prevista, o prazo real e os gastos reais serão maiores que o nominal previsto.
- Continuando a análise do gráfico, verificaremos que os gastos, totais no projeto representados pelas áreas sob as curvas (a integral $\int \$ \, dt$), são bem maiores no MCESeq que no MIESim.

Conclui-se que o MIESim, caracterizado por grande empenho nas fases iniciais e execução simultânea, propicia muito maior eficiência, resultando em um produto de melhor qualidade, em menor prazo de execução e com menores custos do projeto.

Meses		**2**	**4**	**6**	**8**	**10**	**12**	**14**	**16**	**18**	**20**
Planejamento do projeto		X SSSS									
Estudo de viabilidade		XX	SSSS								
Projeto básico		X		SSSS	SSSS						
Projeto executivo			XXX	XXX	XXX SSSS	SSSS	SSSS				
Projeto processo				SSSS	SSSS	XXX SSSS	XXX	XXX	XXX		
Implantação					SSSS	SSSS	XXX SSSS	XXX SSSS	XXX SSSS	XXX	XXX
Prazo total do programa: 16 ou 20 meses											

Aprovação programa

Certificação do projeto

Certificação e início da produção

Figura 1.3(a)
Comparação de cronogramas de projeto MCESeq (X) *vs.* MIESim (S)

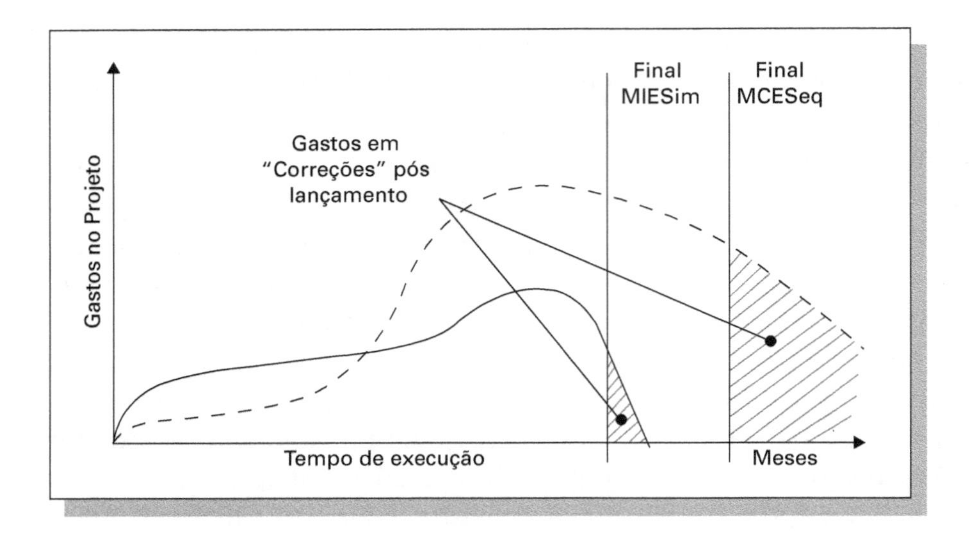

Figura 1.3(b)
Comparação dos recursos aplicados ao projeto MCESeq *vs.* MIESim

1.6 A GESTÃO DE PROJETOS

A gestão de projetos é hoje a maior preocupação de empresas de todos os portes, assim como a de governos e entidades de qualquer natureza. Os projetos exigem (proporcionalmente) grandes investimentos em recursos humanos e materiais, e por isso devem ser conduzidos e implantados de modo a produzir os resultados propostos. Em países em vias de desenvolvimento, a importância da gestão competente dos projetos é ainda maior, em razão da permanente carência de recursos para investimento das entidades públicas e privadas.

1.6.1 Visão tradicional da gestão de projetos

A visão tradicional, amplamente difundida, é: definido um projeto, gerenciá-lo de modo a assegurar o atendimento aos seus objetivos de qualidade, prazos e custos. A gestão **começa** a partir da definição do projeto e **termina** quando o produto estiver pronto – ou seja, entregue, lançado, instalado, inaugurado. Dessa visão, um tanto estreita, são excluídas as fases de **planejamento** e **viabilidade**, determinantes para o sucesso do projeto. Com isso, a gerência fica alijada da concepção e da avaliação de conveniência do projeto para a empresa.

CUIDADO – É possível gerenciar muito bem, **um projeto muito ruim.**

1.6.2 Proposta mais ampla para a gestão de projetos

É importante que a empresa atinja os seus objetivos estratégicos. Tais objetivos somente serão atingidos pelo sucesso dos seus programas de projetos, os quais envolvem necessariamente, além de objetivos técnicos, objetivos financeiros de médio e longo prazos.

Um programa é um conjunto de projetos e tem por objetivos típicos gerar nova linha de produtos ou serviços, implantar uma nova fábrica, diversificar os mercados de atuação, todos focados nos objetivos estratégicos da empresa.

Um projeto inicia-se, por exemplo, na constatação pela empresa da necessidade de novo produto, passa pelo planejamento do projeto destinado a gerar tal produto, pelo estudo de sua viabilidade, por todo o projeto, mas não é finalizado com o lançamento. Só **termina** ao final do ciclo de vida do produto, quando a avaliação global dos seus resultados – lucratividade e taxa de retorno do investimento – poderá ser completada.

Apresentamos, a seguir, um conjunto de características típicas de dois modos opostos de gestão e condução de projetos. O primeiro é o convencional, muito mais comum ainda hoje do que se poderia esperar, mas certamente em declínio rápido pela extinção das empresas que assim operam. O segundo é o modo integrado, muito mais eficiente e que certamente prevalecerá nas empresas do futuro.

1.6.3 Características de modos de gestão de projetos

Modo Convencional – MCESeq

- Ausência da fase de Planejamento do projeto.
- Fracas análises da Viabilidade técnica, econômica e financeira.
- Definição **arbitrária** do programa de projeto: produto, mercado, prazos, investimentos e custos. Não participação dos executantes e envolvidos.
- Sérios conflitos submersos que aflorarão depois, às vezes, bem tarde demais.
- Condução sequencial e estanque, sem marcos definidos.
- Gestão eventual, centralizada e autoritária.
- Grandes problemas a resolver nas etapas finais do projeto.
- Término do prazo e esgotamento dos recursos antes do final do projeto.
- Produtos não certificados e deficientes. Insatisfação geral. Fracasso.

Modo Integrado – MIESim

- Planejamento consensual do projeto a ser feito, com a participação de todas as áreas da empresa.
- Análise da viabilidade na profundidade suficiente para oferecer confiança.
- Condução simultânea e interativa entre todas as áreas.
- Gestão contínua e participativa. Marcos nítidos atingidos.
- Grande empenho nas fases iniciais; menores problemas ao final.
- Cumprimento dos prazos e respeito aos limites dos recursos alocados.
- Produtos certificados, sem defeitos. Satisfação de todos. Sucesso.

No enfoque integrado dos modos de gestão e execução de projetos, a participação das várias áreas da empresa é contínua e importante. A Figura 1.4 mostra a interação entre as áreas durante o projeto com a centralização essencial na gerência, absolutamente responsável pela difusão das informações a todas as áreas, e a garantia dos respectivos registros no banco de dados da empresa.

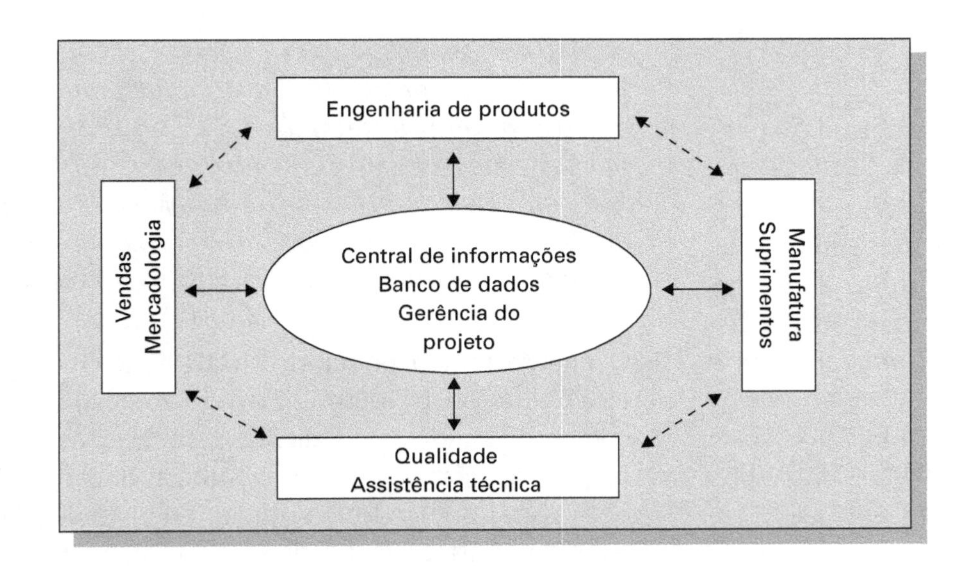

Figura 1.4
Interação entre as áreas e a gerência no método integrado

Complementando os conceitos de interação na condução dos projetos, o quadro a seguir sugere um esquema de participação e do nível de envolvimento das áreas da empresa nas seis macrofases dos projetos.

Quadro 1.1 Participação das áreas da empresa nas fases do projeto com Método Integrado

	ÁREAS DA EMPRESA							
Fases do projeto	**Gerência do projeto**	**Vendas**	**Produto**	**Manufatura**	**Suprimentos**	**Qualidade**	**Finanças**	**Recursos humanos**
1. Planejamento	G, O	P, A	P, A	P, A	P, A	P, A	P, A	P, A
2. Viabilidade	G, O	P, A	E, A	E, A	E, A	E, A	P, A	P, A
3. Projeto básico	G, O	a	E, A	E, A	P, A	P, A	a, A	a
4. Projeto executivo	G, O	a	E, A	P, A	P, A	P, A	a, A	a
5. Implantação e fabricação	G, O	a	P, O	E, A	E, A	P, A	a, A	a
6. Comercialização	a, O	E	a, O	a, E	a, E	a, A	a, A	a

Legendas: A = aprova, E = executa, O = opina, G = gerencia, P = participa, a = acompanha.

1.7 O CLIENTE, A EMPRESA, O PRODUTO

A competitividade industrial começa pelo projeto do produto. O produto (ou serviço) deve incorporar as necessidades e expectativas do cliente (ou usuário). A melhoria da produtividade do processo produtivo, o controle da sua qualidade, a própria distribuição e a assistência técnica deverão assegurar a **qualidade total** do produto, com a consequente satisfação do cliente.

Na relação entre o cliente, a empresa e o produto, são os seguintes os principais fatos básicos:

1. **O cliente avalia a empresa pelo produto (ou serviço)** – O produto é o único contato real que o cliente tem com a empresa. A maioria dos usuários desconhece o nome ou a razão social da empresa, não sabe nem o endereço e menos ainda o CNPJ. O cliente só conhece aquela unidade do produto cujo comportamento vai definir a sua opinião, veredicto final sobre a qualidade da empresa.

   Exemplo: *Quando a única impressora disponível às 13h30 recusa-se a imprimir o relatório que deverá ser distribuído e discutido na reunião das 14h00, os comentários* **não** *serão do tipo: "esta impressora Marca XZ, modelo G3, número de série 009786875-98, ano de fabricação 200X, deve ter tido uma pequena falha no seu sistema de comando que a impede de imprimir o meu relatório. Ao contrário, haverá uma generalização grosseira: "esta marca XZ não presta, bem que eu falei que devíamos comprar da marca XY. Da próxima vez, nem receberei o vendedor da XZ!". Isto sem mencionar outras interjeições e qualificativos ouvidos não apenas pelos colegas de trabalho mais próximos, mas por outros aos quais o episódio será relatado.*

2. **O cliente tem o poder de COMPRAR OU NÃO o nosso produto** – Em um mercado competitivo, no qual os clientes têm diversas opções de compra, pode acontecer que o nosso produto não tenha sequer a oportunidade de mostrar a sua qualidade, por não ter sido o escolhido na compra.

3. **A EMPRESA deve dirigir o PRODUTO ao CLIENTE** – O produto deve ser a resposta a necessidades reais dos clientes.

   Não é nem prudente nem sensato gerar um produto para depois verificar se o mercado o quer.

4. **As fases iniciais de Planejamento e Viabilidade são PRIMORDIAIS para o sucesso do projeto** – Primordiais porque são as primeiras a serem executadas e por serem as mais importantes. *Por incrível que possa parecer, são essas as fases mais negligenciadas, eventualmente até ignoradas completamente, nas empresas mal estruturadas.*

5. **Se o PROJETO DO PRODUTO for "BOM" e todas as outras fases (fabricação, distribuição, promoção, vendas e assistência técnica) forem "BOAS", o SUCESSO será muito PROVÁVEL** – O projeto incorpora ao produto as características de qualidade esperadas pelo mercado. O PROJETO DO PRODUTO é atividade fundamental: deve ser executado com métodos eficazes, recursos e prazos suficientes. *Se o produto tiver deficiências de projeto não será possível contorná-las nas fases seguintes.*

6. **Mas, se o PROJETO for "RUIM", mesmo que todas as outras etapas sejam "BOAS", o FRACASSO será CERTO** – Não há como consertar os estragos causados por maus projetos. *A alegada agilidade na assistência técnica ao atender os clientes "em 24 horas" e a substituição de produtos defeituosos não resolvem os problemas do produto e têm altíssimos custos; o maior deles é a deterioração da imagem da empresa.*

7. **A tendência à globalização da economia mundial e a consequente competição exigirão competência crescente, das empresas no planejamento, projeto e desenvolvimento dos seus produtos** – *A empresa deve ter como atividade permanente o aperfeiçoamento de seus produtos e todos os seus processos.*

8. **A partir do início de 1990, houve significativa mobilização das empresas brasileiras pela QUALIDADE, mas muito POUCA ÊNFASE foi dada ao PROJETO DO PRODUTO** – Muito se fez para implantar os procedimentos das Normas ISO 9000 e suas derivadas e assemelhadas, as quais, embora levem a uma Certificação de Qualidade, não têm como objetivos abordar os aspectos fundamentais da concepção do produto.

   Note-se que é possível fabricar com "qualidade", ou seja, com baixo índice de não conformidades, mínimos rejeitos e com alta produtividade, ***produtos muito ruins****.*

9. O programa de projeto de produto deve ser bem estruturado, planejado e executado com competência. *Não há mágicas e nem gênios em ação; falsa agilidade, atalhos e "queima de etapas" levam a um mau produto e ao fracasso da empresa. Prazos impossíveis produzem atrasos e decepções. O* ***prazo mínimo*** *para o lançamento do produto é aquele que permite a completa* ***certificação*** *do projeto e da fabricação.*

> ATENÇÃO – Produtos ou serviços ainda não certificados não estão prontos para serem lançados ou instalados.

1.8 A AVALIAÇÃO DO PRODUTO PELO CLIENTE

A avaliação que o cliente faz do produto é determinante para o seu sucesso e, por consequência, para a própria sobrevivência da empresa. Tal avaliação ocorre em duas ocasiões:

- no processo, às vezes simples ato, de compra;
- no uso, durante a vida útil do produto.

1.8.1 Avaliação no processo de compra

A avaliação no processo de compra de um bem de consumo é essencialmente um cotejo entre o valor atribuído ao produto e o preço de compra. O valor atribuído nessa ocasião é o resultado de uma avaliação ponderada de aspectos subjetivos e objetivos interagentes como:

- a necessidade, ou "vontade" de ter o produto, real ou criada pela publicidade, ou, ainda, pela influência de terceiros;
- a imagem de prestígio da marca, formada pela sua própria experiência anterior, combinada com a indução por agentes externos;
- a avaliação principalmente visual e, em alguns casos, táctil, no contato com o produto na loja ou com um exemplar de propriedade de terceiros.

Na ausência de critérios e de testes mais objetivos, já que são raros os casos em que o consumidor pode avaliar de maneira funcional o produto antes da compra, a decisão fica fortemente influenciada por fatores emocionais, devidamente tratados por "racionalizações" mais ou menos convincentes. Esse é o caso típico de compra de eletrodomésticos, tanto para justificar a necessidade do produto como para suportar a seleção do modelo "superluxo de 16 velocidades com controle remoto". É claro que, nesse contexto, o custo de aquisição (ou suas parcelas mensais) passa a ser mais questão de capacidade financeira do que de compensação econômica.

Exemplo de compra 1 – Zezinho, garoto de 12 anos, compra um sorvete ao sair da escola. O processo leva três minutos, já que ele tem grande experiência nesse tipo de assunto e ainda pode experimentar uma raspadinha dos vários sabores. Alguns aspectos serão julgados consciente e objetivamente; outros, inconsciente e subjetivamente. A análise econômico-financeira é simples: quanto sobra da "semanada" se eu comprar este sorvete, levando em conta que hoje é quinta-feira? A decisão pela compra resultará de duas respostas positivas às perguntas "Vale mais do que custa?" e "Custa menos que os meus recursos?" indicadas mais adiante no fluxograma. Lembre-se que o Zezinho é o nosso cliente e que dessa sua decisão depende diretamente o futuro do nosso negócio!

Muito diferente do exemplo citado é a aquisição, por empresas industriais, de bens de capital, como máquinas e equipamentos. As empresas usam como critério básico a mesma relação entre o valor atribuído e o preço pago, que o consumidor comum. Entretanto, em geral diferem muito os níveis de objetividade com que tais valores são determinados:

- o valor atribuído ao equipamento resulta, no mínimo, de uma análise das especificações técnicas visando ao desempenho e à produtividade;
- o preço pago é quantificado globalmente em termos do custos de aquisição, e da forma de financiamento, além dos custos de operação e manutenção durante a vida útil do equipamento.

Com base nos valores ora determinados, as empresas, em geral, avaliam a aquisição por um índice financeiro como a de taxa mínima de retorno do investimento a ser feito.

Contudo, apesar do maior grau de objetividade desse tipo de aquisição, ela não está totalmente imune a influências e apelos emocionais. Basta verificar que há, nas empresas, inúmeros casos de equipamentos, como computadores, subutilizados ou até em permanente repouso, mesmo durante o expediente.

Exemplo de compra 2 – A Metalúrgica ABC, fabricante de autopeças, precisa melhorar a sua qualidade e produtividade e decide adquirir uma máquina fresadora de precisão com comando numérico. O processo de compra será bem mais complexo e demorado: pode levar três meses. Participarão da compra mais de uma área da empresa. Visitas e catálogos serão necessários! O valor atribuído resultará da comparação técnica criteriosa das especificações entre várias máquinas possíveis. A avaliação terá alto índice de consciência e objetividade, mas nunca será totalmente isenta de subjetividade. A análise de custo levará em conta valores e índices econômicos e financeiros: qual é o custo operacional? Com quais financiamentos podemos contar? Qual será o valor residual ao final da vida útil? Qual será o prazo de retorno do investimento? Ao final destas análises, a decisão de compra será tomada, pelas respostas positivas às perguntas citadas.

Em ambos os exemplos mostrados, os compradores farão comentários com terceiros: positivos, se decidiram pela compra, ou negativos se não compraram. Fica assim clara a necessidade de a empresa oferecer produtos que sejam bem avaliados pelos clientes, já no ato da compra.

O fluxograma a seguir (Figura 1.5) ilustra o processo geral de compra aplicável a quaisquer produtos, serviços, processos ou sistemas.

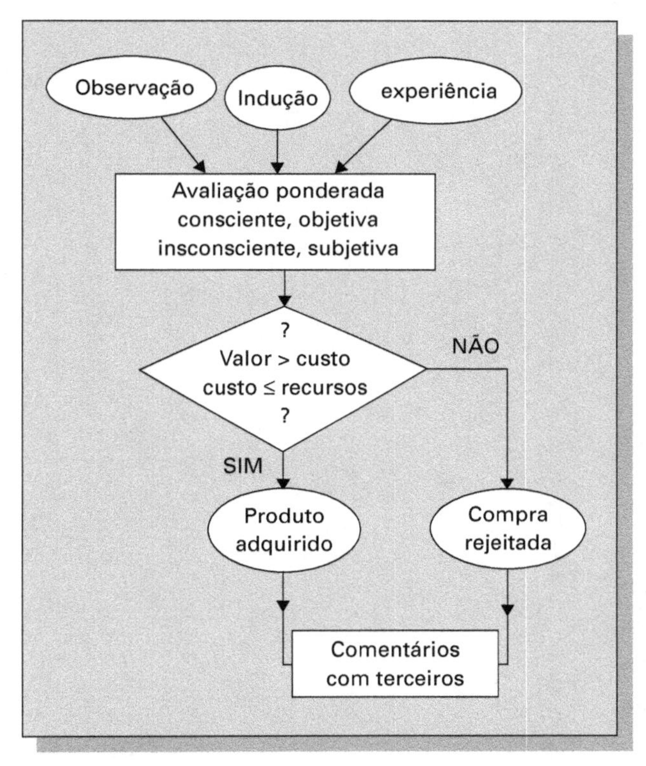

Figura 1.5
Avaliação do produto pelo cliente no ato da compra

1.8.2 Avaliação durante o uso

O cliente avalia o produto comprado, durante a sua vida útil, de três modos:

- **Sensorial** – com a capacidade perceptiva e as características pessoais de cada indivíduo, são avaliados pelos sentidos: a forma, a aparência, a textura, o nível de ruídos e vibrações, e, de forma qualitativa, o comportamento geral do produto.
- **Funcional** – ao utilizar o produto, o consumidor avalia o funcionamento (desempenho), pelos resultados produzidos, sempre de acordo com o seu nível de percepção e critérios pessoais de aceitabilidade. Geralmente, o consumidor percebe com mais facilidade os defeitos e inconvenientes do produto que as suas qualidades.
- **Operacional** – durante a vida útil do produto, o usuário registra e avalia, a seu modo, a operação e a durabilidade do produto, o número de falhas ocorridas, a necessidade de manutenção e reparos e o consumo de energia.

Convém lembrar que o usuário típico de bens de consumo, como eletrodomésticos, automóveis e computadores, em geral, não tem a capacidade, nem a preocupação, de fazer uma avaliação global do produto. É comum avaliarem como bom um produto de grande confiabilidade e baixa frequência de falhas, e que, no entanto, por ser muito ineficiente ou inseguro, deveria ser globalmente avaliado como muito ruim.

Já as empresas usuárias de máquinas e equipamentos são capazes de medir e registrar todos os aspectos funcionais e operacionais do produto, podendo, por isso, fazer uma avaliação bastante objetiva e conclusiva.

De qualquer modo, tanto o empresário como o consumidor farão o seu julgamento do produto e a sua opinião orientará as futuras compras e também as de terceiros, por eles influenciáveis. Note-se que a resposta à pergunta: "A compra e o uso compensaram?" é o veredicto final dessa avaliação.

O fluxograma da Figura 1.6, apresentada a seguir, mostra a avaliação durante o uso.

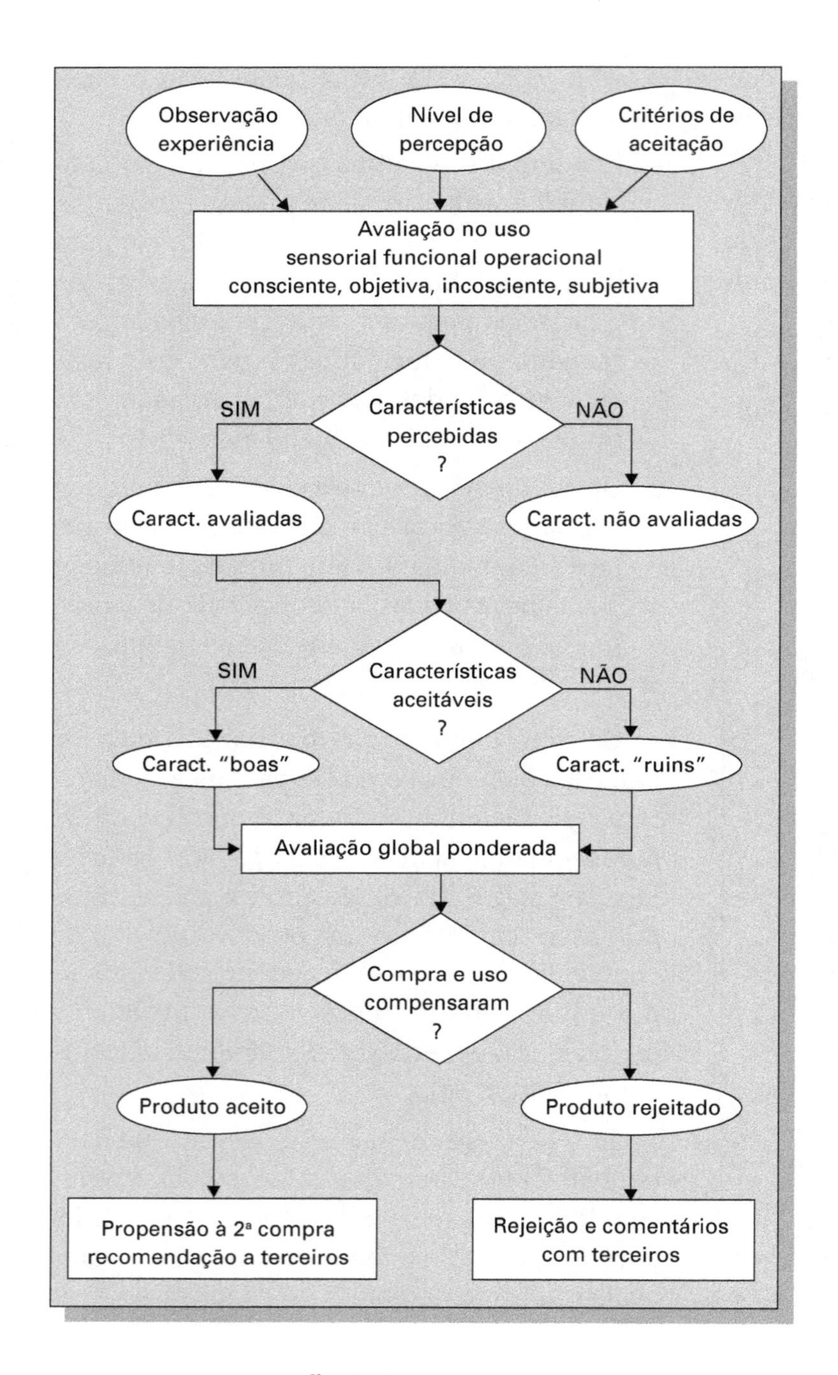

Figura 1.6
Avaliação do produto durante o uso

1.9 A FORMULAÇÃO DO PRODUTO DIRIGIDA AO CLIENTE

A incorporação ao produto das necessidades, expectativas e exigências do cliente é essencial para o sucesso. Um método geral, bastante eficiente, o *Quality Function Deployment* (QFD – ou, em português, Desdobramento Funcional da Qualidade), foi desenvolvido a partir de 1970, pela indústria japonesa, no contexto da chamada Qualidade Total. Embora conceitualmente muito antigo, o QFD, como outras técnicas modernas, resultou da combinação ordenada de atividades conhecidas, antes exercidas de forma mais ou menos dispersa, nos vários níveis das empresas industriais. A ref. [5] é a obra clássica do QFD.

O grande valor do QFD na sua versão ampla é a sistematização das atividades desde o início do planejamento do produto e, ao longo das etapas de desenvolvimento do projeto e do processo produtivo, até que o produto esteja nas mãos do cliente.

Essencialmente, o QFD amplo contempla os seguintes tópicos na busca da satisfação dos clientes:

- obter, interpretar e classificar as necessidades e exigências do cliente;
- exprimir tecnicamente os requisitos funcionais, operacionais e dimensionais correspondentes;
- projetar e otimizar as soluções e aperfeiçoamentos do produto capazes de atender às especificações técnicas;
- construir protótipos, testar e certificar o projeto;
- definir, implantar e capacitar os processos de fabricação;
- implantar um sistema de Qualidade Total;
- garantir divulgação, distribuição e comercialização adequadas;
- acompanhar o desempenho do produto no mercado.

O ponto de partida do QFD é o conjunto de requisitos dos clientes. O levantamento de tais requisitos é feito por meio de pesquisas de mercado e pelas informações das redes de distribuição e de assistência técnica.

Essas informações devem ser analisadas e classificadas, qualitativa e quantitativamente, de modo a estabelecer uma prioridade dos requisitos dos clientes quanto à frequência e intensidade. A análise deve ser profissional, sabendo que, em geral, o cliente afirma o que **pensa**, mas age como **sente**. Essa classificação dos requisitos dos consumidores é o primeiro passo na geração de um produto com forte potencial de sucesso.

É importante mencionar que é antiético incorporar ao produto apenas aquelas qualidades apreciadas pelo consumidor; há várias características importantes relativas à segurança ou eficiência do produto que não são perceptíveis e, portanto, não avaliáveis pelo consumidor, mas devem ser colocadas no produto. É o caso, por exemplo, de equipamentos de segurança em veículos, os quais não são sequer percebidos pelo comprador e que, no entanto, são determinantes para a sua sobrevivência, em caso de acidentes. De maneira análoga, os requisitos de controle da poluição ambiental por veículos, que não seriam exigidos pelos consumidores individualmente, são incorporados por exigência da sociedade. Nesses casos, a legislação normativa cumpre um papel relevante, protegendo os consumidores e a sociedade em geral.

A aplicação do QFD a projetos de produtos complexos é bastante trabalhosa. A denominação **desdobramento** é especialmente adequada por exprimir o fato de que um simples "desejo" do cliente desdobra-se amplamente em especificações, desenhos, folhas de processo e toda a imensa documentação dos produtos industriais. Como exemplo real, é possível citar o fato de que apenas um único dos vários requisitos que o comprador tem o direito de exigir de um automóvel – ser confortável – implica para os engenheiros uma imensa tarefa de desdobramento desse intrincado atributo muito subjetivo, denominado **conforto**. Tratando apenas dos principais aspectos, o Quadro 1.2, apresentado a seguir, mostra, de forma bastante simplificada e apenas até o nível de projeto, o desdobramento do "conforto". A ref. [6] ilustra as fases iniciais da aplicação do QFD ao projeto de suspensão de ônibus urbanos.

Quadro 1.2 Aplicação do QFD ao atributo de conforto de um automóvel

"Conforto" conforme o consumidor	Atributos aplicáveis	Características técnicas	Projeto do veículo
"Interior agradável"	• Bem arranjado • Espaçoso • Boa visibilidade • Ventilado	• Acomodação p/ ocupantes • Área envidraçada, posição • Fluxo de ar natural forçado • Condicionamento do ar	• Arquitetura interior • Rel. Volumes inte./ext. • Câmaras e dutos de ar • Inst. de ar-condicionado
"Viagem não cansa"	• Bancos confortáveis • Suspensão macia • Silencioso	• Dimensões • Ângulos, distribuição, de pressão, para biotipos representativos • Curso, frequência e amortecimento das suspensões • Nível de ruídos e vibrações do motopropulsor	• Desenho do banco, forma e rigidez do estofamento • Mecanismo de ajuste da posição • Elasticidade das molas e batentes • Curva dos amortecedores • Suspensão elástica dos componentes • Isolação e absorção
"Fácil de guiar"	• Direção leve • Controles e pedais com baixo esforço	• Limites de movimentos, esforços e pressão de todos os controles	• Mecanismo de direção embreagem freios, vidros portas, câmbio etc.

1.10 EXERCÍCIOS APLICADOS

Os exercícios aplicados de cada capítulo têm por objetivo o relacionamento dos conceitos à realidade profissional dos leitores. Aplicam-se tanto à situação atual da sua empresa, como para a avaliação de projetos passados e a preparação de futuros. Neste capítulo, recomenda-se responder às seguintes questões para empresas do seu conhecimento:

1. Como é a gestão dos projetos? A que distância ela está do Modo Integrado? Atribua notas de 0 a 5 aos sete itens da lista da p. 27. Atenção! Se a soma resultar menos de 20, você deverá agir rapidamente, melhorando o gerenciamento ou atualizando o seu currículo.
2. A atuação das várias áreas no projeto é contínua e participativa? Que problemas conhecidos podem ser atribuídos à não participação?
3. Qual é a qualidade da condução de cada uma das fases do projeto? Que benefícios ou problemas têm resultado em consequência disso?
4. Descreva o processo de compra dos seus produtos pelo consumidor final. Como ele avalia o produto? Que aspectos considera? Como chega à decisão de compra?
5. Durante quanto tempo o seu produto é usado? Que características são avaliadas? Quanto tempo o cliente leva para definir uma opinião sobre a qualidade do seu produto?
6. Cite casos de erros cometidos nas primeiras fases do projeto e descreva as suas consequências.

1.11 REFERÊNCIAS

[1] PROJECT Management Institute – PMBOK – Project Management Book of Knowledge, Edição 2005.

[2] Revistas: *Carta Capital, Exame, Época, Você SA*, dentre outras, publicam anualmente listas das "Melhores e maiores empresas", "As melhores para se trabalhar" ou "Mais admiradas", empresas "que dão certo".

[3] PRASAD, B. *Concurrent Engineering Fundamentals*. New Jersey: Prentice-Hall 1996.

[4] BAXTER, M. *Projeto de produto*. São Paulo: Blucher, 2000.

[5] AKAO, Y. *Quality Function Deployment (QFD)* – integrating customer requirements into product design. Cambridge: Productivity press, 1990.

[6] MADUREIRA, O. M. *Aplicação do QFD ao Projeto de Suspensão de Ônibus*. Simpósio SAE Brasil – Suspensões, Caxias do Sul RS, 2000.

1.12 EXEMPLOS DE APLICAÇÃO

Ao final de cada capítulo serão apresentados exemplos de aplicação a projetos de diferentes áreas. Para este capítulo inicial, as empresas executoras dos projetos desenvolvidos nos exemplos serão caracterizadas por:

- **porte e tipo:** área de atuação, número de funcionários, faturamento anual;
- **produtos:** linha de produtos e modelos, distribuição percentual (%) em unidades e valor das vendas ($);
- **objetivos estratégicos:** de curto (seis meses a um ano), médio (um a quatro anos) e longo (5 a 20 anos) prazos.

OBSERVAÇÕES
Alertamos o leitor quanto ao fato de que o estudo e a compreensão dos conceitos do curso devem necessariamente preceder a análise destes exemplos, já que tais conceitos são aplicados de maneira diferenciada, de acordo com as especificidades de cada projeto.
Os exemplos aqui apresentados são projetos simulados, elaborados por grupos de alunos nos cursos dados por este autor. As empresas neles consideradas são fictícias e, portanto, quaisquer semelhanças com empresas reais serão meras coincidências. As reproduções foram autorizadas pelos respectivos autores.

EXEMPLO 1.1
PRODUTO FARMACÊUTICO

GEL DE PAPAÍNA PARA TRATAMENTOS ODONTOLÓGICOS

Autores: Ana Paula Kerr Gonçalves, Fábio Rossi, Heraldo Abreu Jr., Janaina Angélica S. Roberto e Marina Bongiovanni (2007)

COMENTÁRIOS PRELIMINARES

O produto deste projeto é destinado a um mercado bem específico: clínicas odontológicas. O consumo deverá ser gradualmente crescente no mercado, mas em volumes inicialmente reduzidos.

A EMPRESA – CARACTERIZAÇÃO

A Maxfarma Ltda[1] é um laboratório farmacêutico nacional de médio porte, fundado por um grupo familiar há 45 anos. Iniciou suas atividades com a produção de medicamentos sólidos orais, tendo ampliado a fábrica e a linha de produtos há seis anos, mediante a aquisição de equipamentos para a produção de semissólidos. A empresa possui atualmente 300 colaboradores.

[1] Nome fictício de empresa virtual.

O faturamento médio nos últimos três anos tem sido de R$ 150 milhões.

OBJETIVOS DA EMPRESA

Curto prazo: aumentar o faturamento em 5%; aumentar a produtividade em 8%; investir em melhoria contínua da qualidade; investir 2% do faturamento em treinamento de pessoal.

Médio prazo: lançar novos produtos (dois produtos por ano); investir 4% do faturamento anual em pesquisa; ampliar a participação no mercado de 17% para 23%; aumentar em 15% o investimento em publicidade.

Longo prazo: ampliar a área industrial e construir nova unidade fabril; diversificar linhas de produtos; liderar as vendas de medicamentos sólidos orais; exportar 25% da produção para Europa, Japão e Estados Unidos.

Tabela 1.2 Linha de produtos sólidos e semissólidos orais

Princípio ativo	Categoria terapêutica	Distribuição porcentual	
		Unidades 0/0	Valor de vendas (milhões R$)
Dipirona sódica	Analgésico e antitérmico	30	45
Acido acetilsalicílico + Cafeína	Analgésico e antitérmico	20	30
Digoxina	Antiarrítimico	8	12
Eritromicina	Antibiótico sol	15	23
Eritromicina	Antibiótico semissol	7	11
Diclofenaco de sódio	anti-inflamatório	19	29

EXEMPLO 1.2

IDENTIFICADOR INDIVIDUAL BIOMÉTRICO IRISKEY

Autores: Andréia Cardoso, Fabiana L. Yamamoto, Marisa Alves, Paulo Sena, Teresa Lourido e Wilson T. Cruz da Silva (2004)

COMENTÁRIOS PRELIMINARES

O projeto do identificador tem as seguintes características específicas:

- é um produto industrial de alta tecnologia, destinado ao mercado específico de empresas que precisam de rigorosa identificação de pessoas;
- não será fabricado em grande escala;
- a empresa é uma montadora de subsistemas variados, adquiridos de fornecedores; ela não executará o projeto técnico dos subsistemas, mas sim o projeto do sistema, e assumirá integralmente a responsabilidade por sua qualidade funcional e operacional.

CARACTERIZAÇÃO DA EMPRESA

Porte, tipo e faturamento

a) Histórico

A empresa GP Sistemas de Segurança Ltda[1] foi criada em 1994, com foco no desenvolvimento de hardware e software de coleta de dados e controle de acesso, utilizando processos de identificação biométrica pela digital, incluindo suporte técnico, instalação e assessoria para desenvolvimento de novas aplicações para projetos especiais relacionados a segurança.

Os produtos são bastante flexíveis, pois permitem que a autenticação do usuário seja feita por verificação ou por identificação, e os coletores de dados são versáteis; podem ser utilizados em pacotes com os softwares de gerenciamento da GP Sistemas de Segurança ou isoladamente, disponibilizando os dados coletados em bibliotecas, para serem utilizados pelos sistemas do cliente.

Os equipamentos estão entre os mais seguros do mercado, pois incorporam sensores de temperatura e pressão para evitar golpes. Por fazer toda a identificação no próprio equipamento, têm um excelente tempo de resposta e possibilitam o funcionamento *off-line*.

A empresa tem uma parceria na área de pesquisas com a universidade o que lhe permite incorporar tecnologia avançada aos produtos para o mercado.

b) Área de atuação

A empresa atua no mercado nacional, fornecendo equipamentos e programas, e viabilizando soluções completas para todas as empresas que necessitem de controle de acesso. Caracteriza-se atualmente como uma empresa de médio porte, tendo faturamento anual de R$ 15 milhões.

c) Principais produtos

Equipamentos comerciais:

- verificador digital: pode ser utilizado para a marcação de ponto de funcionários, controle de acesso a

[1] Nome fictício de empresa virtual.

áreas restritas ou qualquer outra aplicação que necessite de segurança na identificação de pessoas. A empresa dispõe de equipamentos com capacidade entre 100 e 20 mil usuários com uma ou duas digitais cadastradas;

- catraca digital: coletor de dados acoplado a um bloqueio mecânico, formando um equipamento completo para o controle de acesso informatizado, fornecido em dois modelos: catraca simples ou com balcão.

Equipamentos residenciais:

- fechadura digital: controle de acesso mediante identificação digital para residências, com memória que permite o armazenamento de até 20 impressões diferentes e programação de dias e horários de acesso. Para reforçar a segurança, emite alarme sonoro sempre que a fechadura é forçada.

Softwares:

- controlador de ponto: software de controle de ponto de funcionários;
- gerenciador de acesso: software de gerenciamento de acesso de pessoas a ambientes no interior de estabelecimentos; permite que catracas e leitores sejam configurados de acordo com as necessidades dos clientes, oferecendo controle total, desde o acesso às portarias até o controle de ambientes restritos;
- gerenciador de coletores: software de gerenciamento de coletores de dados, que permite ao usuário configurar a forma de operação dos coletores de dados conforme sua aplicação.

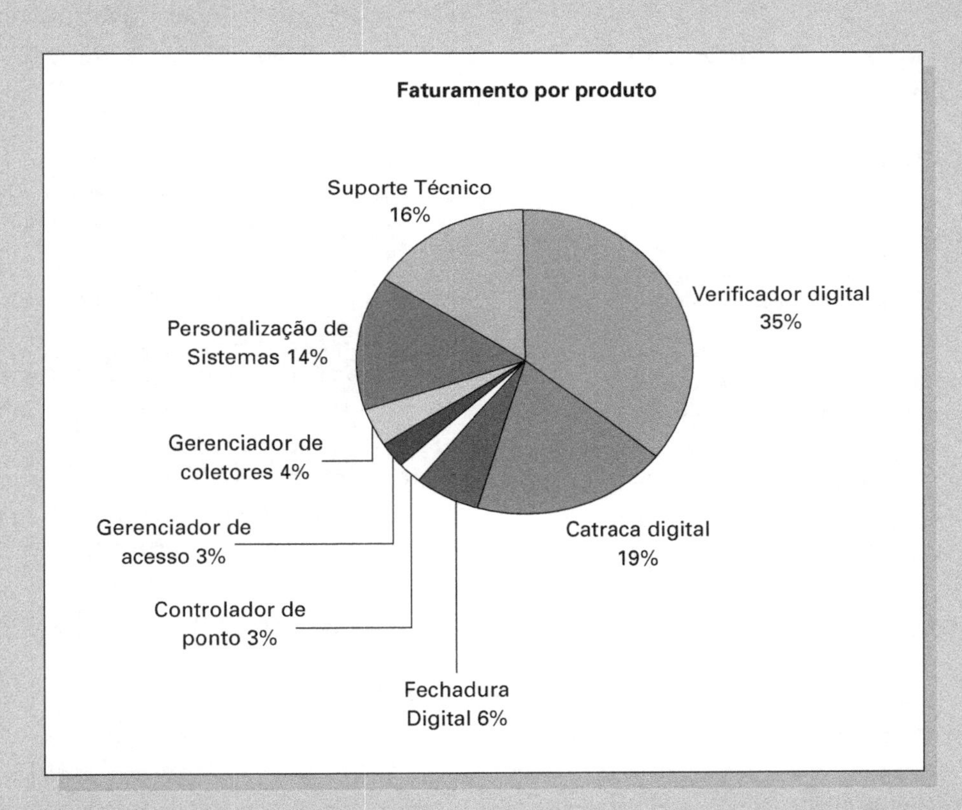

Figura 1.7
Distribuição das vendas

d) Objetivos da empresa

- Curto prazo (um a dois anos): lançar no mercado o IrisKey 4000, vendendo 50 conjuntos com valor unitário de R$ 67.680,00, com faturamento de R$ 3.384.000,00 (cada conjunto suporta o controle de quatro portas).
- Médio prazo (dois a cinco anos): consolidar o produto IrisKey 4000 no mercado, recuperar o investimento até 2011 e obter 25% do mercado nesse segmento.
- Longo prazo (cinco a dez anos): ser a maior empresa de soluções de controle de acesso do país até 2018, entrar no Mercosul e obter 50% do mercado nesse segmento.

EXEMPLO 1.3

LAVANDERIA INDUSTRIAL

Autores: Cesar Rafael Asano, Luciano de Pinho, Marco Antonio Amici Graça, Sara dos S. Oliveira Silva, Solange Conrado e Solano A. Gadanha (2005)

COMENTÁRIOS PRELIMINARES

O Projeto da Lavanderia tem as seguintes características peculiares:

- a empresa que vai operar a lavanderia é um "grupo de empresários" que contratará prestadores de serviços para fazer o projeto e instalar os equipamentos;
- o produto do projeto é um único exemplar;
- a lavanderia prestará serviços a vários clientes e usuários;
- os equipamentos serão todos comprados pela empresa.

INTRODUÇÃO AO MERCADO DE LAVANDERIAS

Atualmente, de acordo com a Anel, as lavanderias podem ser agrupadas em quatro grandes grupos: domésticas, industriais, de beneficiamento e de serviços especiais. Apesar da existência dessa classificação, nada impede que determinada lavanderia venha a prestar diversos tipos de serviços, mesclando suas atividades.

A lavanderia doméstica é responsável por processar roupas do vestuário, bem como do lar (roupas de cama, mesa, banho, cortinas e tapetes). Tais estabelecimentos ocupam-se em atender ao consumidor final, removendo a sujeira e as manchas das roupas e proporcionando-lhes um aspecto de novo. Esse tipo de lavanderia possui ainda um subgrupo: a lavanderia de autosserviço. Nesse subgrupo de lavanderia, os equipamentos são operados por fichas e o próprio consumidor fica responsável por sua roupa.

De maneira diversa da lavanderia doméstica, a industrial é responsável por processar roupas de pessoas jurídicas, como hospitais, indústrias e hotéis. Além do processo de lavagem, elas também podem oferecer serviços de aluguéis de roupas aos seus clientes. Nesse tipo de lavanderia serão encontrados equipamentos de grande porte, a fim de promover economia de tempo, água e energia. Esse tipo de lavanderia ainda pode ser subdivido em quatro subgrupos: lavanderia de EPI e toalheiro, hospitalar, hoteleira e de "sacos grandes". A primeira é responsável pela recuperação de equipamentos de proteção individual, uniformes de funcionários, toalhas e panos industriais. A lavanderia hospitalar, por sua vez, higieniza roupas utilizadas principalmente em clínicas, laboratórios e hospitais. A hoteleira encarrega-se de processar as roupas provenientes, em sua maioria, de hotéis, motéis, restaurantes, bares, clubes e academias. Por fim, a lavanderia *de sacos grandes* é responsável pela lavagem e higienização de sacos utilizados no acondicionamento de grãos, fertilizantes e produtos químicos.

A lavanderia de beneficiamento possui como cliente o confeccionista. Ela beneficia as peças confeccionadas antes que sejam vendidas às lojas. Nesse tipo de lavanderia, as peças recebem diversos acabamentos (como, por exemplo, tingimento), os quais são ditados pela indústria da moda.

As lavanderias de serviços especiais correspondem a serviços terceirizados que são geralmente contratados pelas lavanderias domésticas. Dentre os principais serviços requisitados, destacam-se o tingimento de roupas usadas, a conservação de roupas de couro e camurça e a lavagem de tapetes, cortinas e estofados.

CARACTERIZAÇÃO DA EMPRESA

Embora não explicitado pelos autores do trabalho, a empresa ainda está em formação. Os seus sócios são empresários com alguma experiência no ramo, os quais, após o planejamento do projeto e demonstrada a sua viabilidade, farão os investimentos para a implantação da lavanderia.

EXEMPLO 1.4

EQUIPAMENTO MECÂNICO

EQUIPAMENTO SEGURO PARA ELEVAÇÃO DE CARGA SAFE "T" JACK

Autores: Alison Aliel Gaiarim, Carlos José Branco, Daniel Jaqueta Benine, Sílvia Heineken, Ivan Carlos de Brito e Wilson José Campos (2005)

COMENTÁRIOS PRELIMINARES

O projeto do equipamento hidráulico para elevação de cargas tem as seguintes características:

- é um produto industrial de fabricação em grandes séries, destinado ao mercado de veículos e reboques;
- embora de tecnologia mecânica simples, tem fortes requisitos de segurança a serem atendidos no seu projeto.

CARACTERIZAÇÃO DA EMPRESA

Porte e tipo

Equipamento Elevabem Ltda[3] é uma empresa fabricante de macacos hidráulicos para uso em quase todos os tipos de veículos, atuando há 25 anos no mercado, nos segmentos de *Original Equipment Manufacturer* (OEM), reposição e exportação.

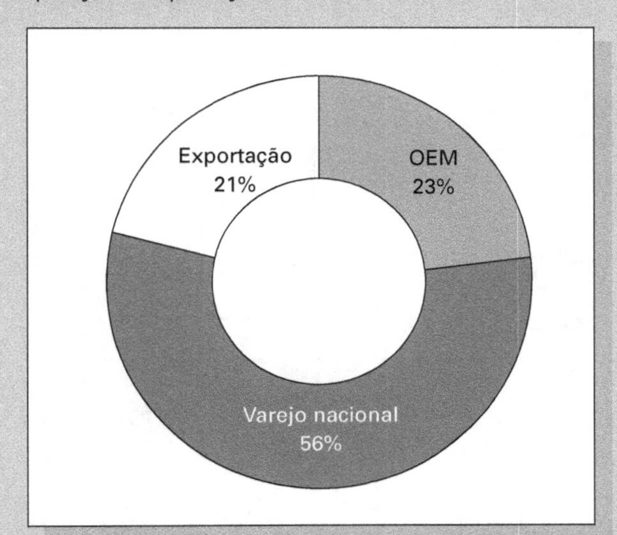

Figura 1.8
Participação por segmento de mercado

a) Instalações

A empresa está instalada em duas localidades distintas: a fábrica situada em cidade do interior, distante 200 km da cidade de Curitiba, com área construída de 2.000 m² em área livre de aproximadamente 4.000 m², onde se encontra a usinagem de componentes. A outra fábrica situa-se na cidade de Curitiba, com área construída de 5.000 m², onde estão a montagem de equipamentos hidráulicos e de componentes de suspensão estampados, tendo como principais operações a estamparia e a soldagem MIG.

b) Colaboradores

A empresa conta atualmente com 140 colaboradores e tem um faturamento anual da ordem de R$ 150 milhões com a venda de 140 mil unidades hidráulicas produzidas e 75 mil itens de suspensão para montadoras de veículos.

Figura 1.9
Número de funcionários

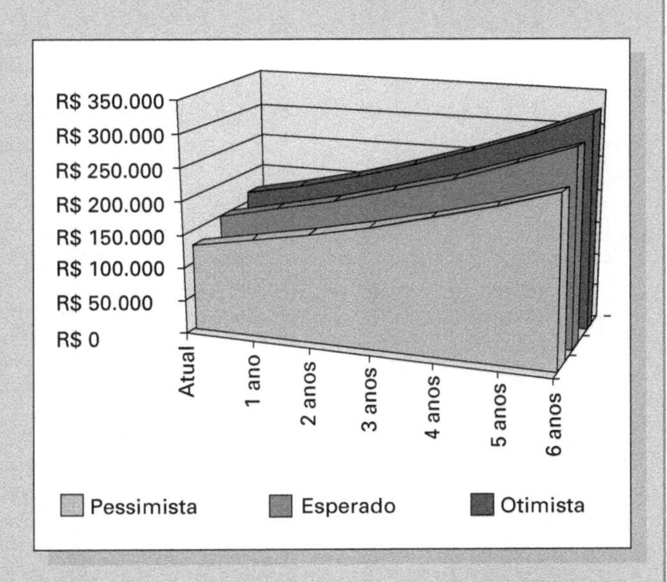

Figura 1.10
Previsão de faturamento (R$)

[3] Nome fictício de empresa virtual.

c) Produtos

Linha de produtos

Equipamentos hidráulicos de acionamento manual para elevação de carga, mais conhecidos como macacos hidráulicos tipo garrafa, elevadores hidráulicos tipo "jacaré", prensas hidráulicas para uso em oficinas, além de guinchos hidráulicos.

Modelos

- EB Profissional (haste única): capacidades de 1,5, 2, 3, 5, 8, 12, 15, 20, 25, 30, 35, 40 e 50 t.
- EBP Profissional (haste telescópica dupla com acionamento vertical): 10 e 12 t.
- EBP Profissional (haste telescópica dupla): 2, 3, 6 (especial) e 4 t.
- EB3 (haste tripla): 2 e 4 t.
- EBH Hobby: 2, 4, 6, 8 e 12 t.
- EBH macaco hidráulico para 2 e 4 t, para uso não profissional (equipado com válvula de sobrecarga).

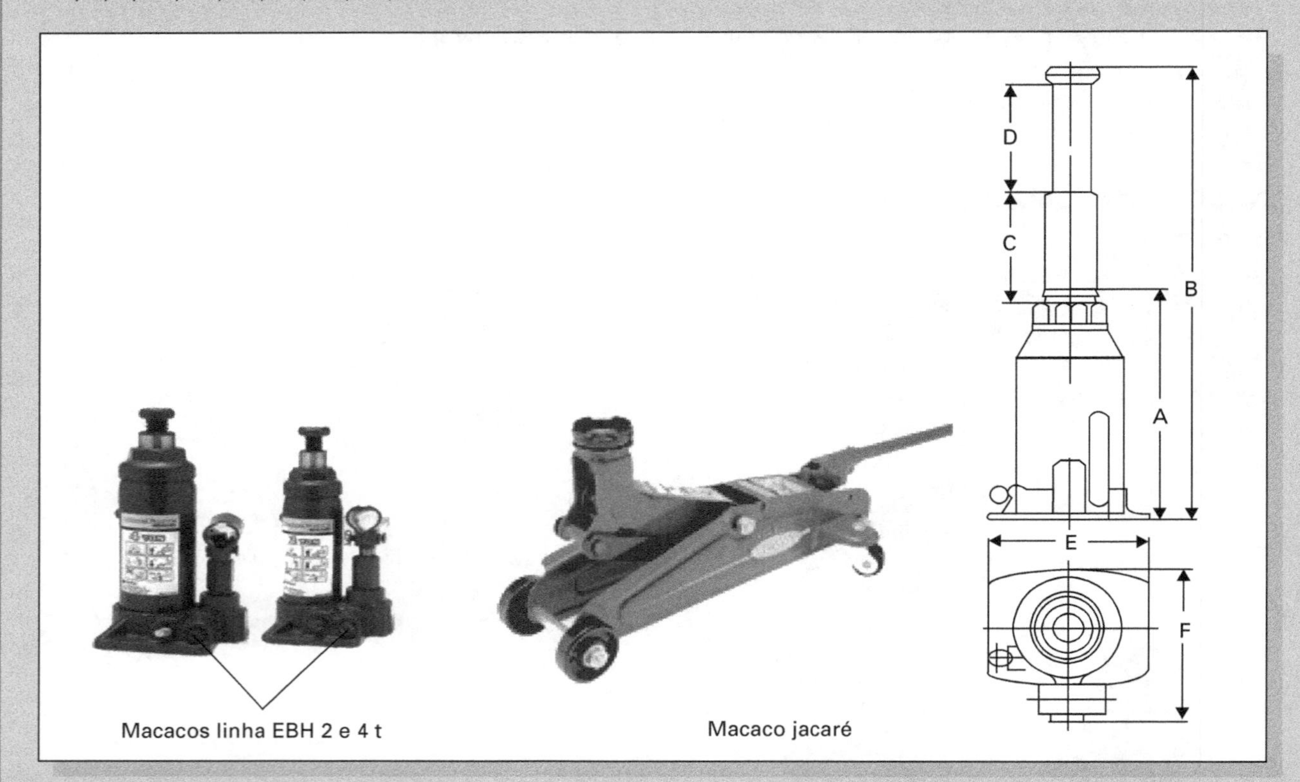

Figura 1.11
Modelo EF

- EBJH, macaco jacaré portátil, para 2 t, com rodas giratórias, construção reforçada para proporcionar estabilidade e segurança, equipada com válvula de sobrecarga. Para uso não profissional. Garantia de um ano, contra defeitos de fabricação.

Modelo HJH

Modelo	Capacidade (t)	Curso total	Elevação hidráulica	Peso líquido
EBJ	2	Mín. 140 mm Máx. 330 mm	190 mm	9, 5 kg

- Suporte de apoio 2 t – capacidade de elevação de 140 mm a 330 mm.
- Base giratória para facilitar o posicionamento.
- Construção reforçada para proporcionar estabilidade e segurança.
- Rodas giratórias para facilitar a colocação.
- Acabamento atrativo e durável.
- Válvula de sobrecarga patenteada de proteção do cilindro hidráulico contra pressão excessiva.
- EBPH (prensa hidráulica de acionamento manual): 5, 10, 15, 30, 40, 60 e 100 t.
- EBPHM (prensa hidráulica motorizada): 40, 60, 100, 150 e 200 t.
- EBGH (guinchos hidráulicos): 0,5, 1 e 2 t.
- EBGHP (guinchos hidráulicos com prolongador): 1 e 2 t.

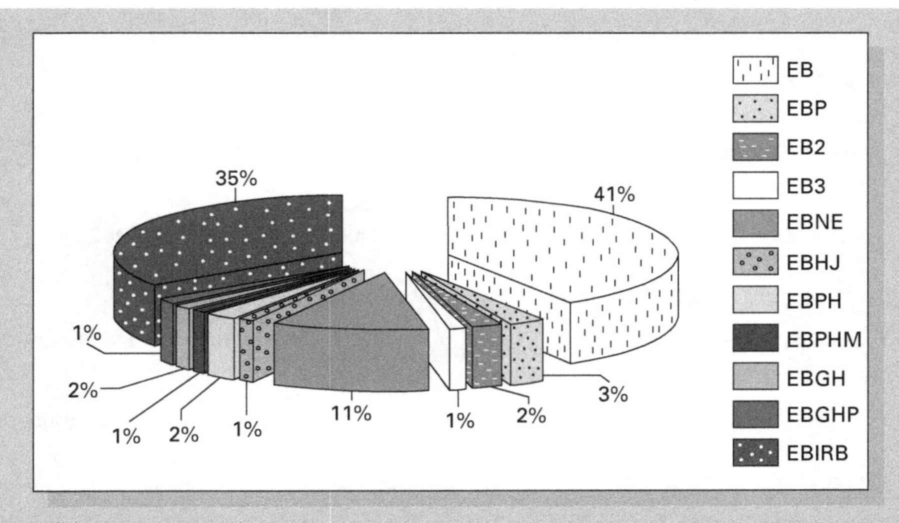

Figura 1.12
Distribuição percentual – Participação em unidades

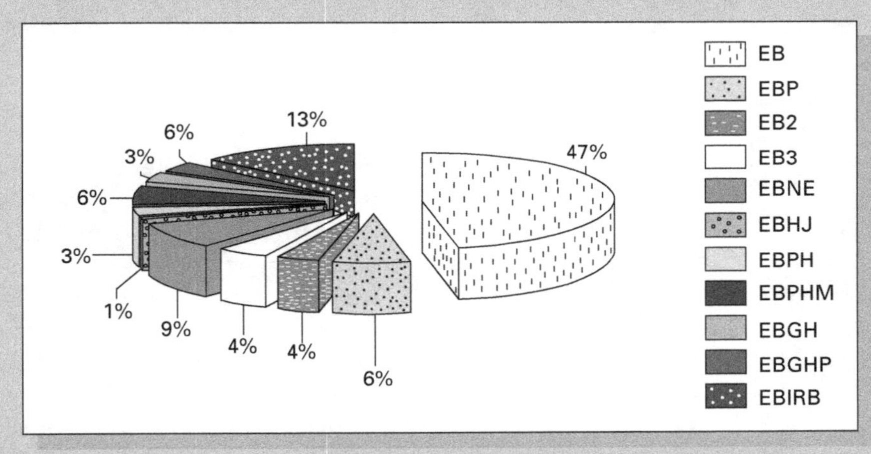

Figura 1.13
Distribuição percentual – Participação em R$

d) Objetivos

- Curto prazo (seis meses a um ano): reduzir as despesas fixas em 3,4%, aumentar o faturamento em 12% e iniciar o desenvolvimento de dois novos projetos que complementarão a linha de produtos, em que um dos projetos será chamado de produto estrela por tratar-se de algo inédito no mercado.
- Médio prazo (um a quatro anos): alcançar o crescimento global de participação no mercado em 50%, tornando-se assim a líder de mercado nacional com aproximadamente 55% dele; promover a unificação das duas fábricas; viabilizar o desenvolvimento de processo de terceirização de itens usinados e estampados; promover a melhoria de processo, prevendo redução de 30% nos tempos de fabricação na linha de "macacos" tipo garrafa e a redução de 50% nos tempos de fabricação de braços de suspensão.
- Longo prazo (5 a 20 anos): solidificar sua posição de líder de mercado, atingindo participação de, no mínimo, 65% do mercado nacional e 40% do Mercosul; tornar-se o maior exportador americano de braços de suspensão de automóveis; manter um crescimento anual constante de 15%; identificar novas linhas de produtos para atuação em outros mercados.

EXEMPLO 1.5

HOTELARIA

HOTEL CLASSE ECONÔMICA PARA O INTERIOR DE SÃO PAULO

Autores: José Ronaldo de Carvalho, Chuang Shen Wen, Keisuke Okasaki, Margareth Hufnagel e Sergio Gomes da Silva (2002)

COMENTÁRIOS PRELIMINARES

Trata-se de um projeto na área da construção civil, que inclui também todo o projeto da operação hoteleira. É bastante completo e exemplar para serviços complexos integrados.

CARACTERÍSTICAS DA EMPRESA

A CMJSK Incorporadora S.A é uma empresa sediada na cidade de São Paulo, atuando há 30 anos no mercado imobiliário, em todo o território nacional, tendo como principal atividade a incorporação e administração de condomínios comerciais e residenciais, hotéis e shopping centers.

- Porte: médio.
- Número de funcionários: 150.
- Faturamento anual: US$ 80.000.000,00.
- Participação no mercado do Estado de São Paulo:
  - Incorporação de condomínios comerciais: 5%.
  - Incorporação de shopping centers: 10%.
  - Incorporação de hotéis: 5%.

PRODUTOS

Atual

Linha de produtos:

- incorporação de hotéis;
- incorporação de condomínios comerciais;
- incorporação de condomínios residenciais;
- incorporação de shopping centers;
- administração de condomínios comerciais;
- administração de centros de compras.

Distribuição percentual por unidade e valor de vendas:

- incorporação de condomínio residencial: 10%;
- incorporação de condomínio comercial: 25%;
- incorporação de centros de compras: 35%;
- incorporação de hotelaria: 12%;
- administração de condomínio comercial: 8%;
- administração de centros de compras: 10%.

Novo produto

Atuação no ramo de administração de hotéis.

Objetivos

O objetivo fundamental da companhia é a maximização de valor para o desenvolvimento de estratégias, tomada de decisão e apresentação de resultados.

Não basta somente otimizar os modelos de negócios existentes; são necessárias mudanças fundamentais em estratégia e alocação de recursos. Maximizar valor também significa ir além das expectativas do investidor na busca contínua por opções estratégicas e de alocação de recursos que criem o maior valor possível.

Metas da companhia

- Curto prazo (seis meses a um ano): estabelecer metas de desempenho, assegurando que os objetivos financeiros, estratégicos e operacionais estejam alinhados com os objetivos dos acionistas em todos os níveis da companhia; identificar novas oportunidades que agreguem valor aos produtos oferecidos pela empresa; cumprir as metas estabelecidas no Plano Anual, reduzir o custo operacional em 2%; reduzir os prazos típicos em 50% (de dois meses para um mês).
- Médio prazo (um a quatro anos): eliminar horas extras, assegurando o cumprimento do prazo estabelecido de todas as entregas, com o objetivo de criar valor; reduzir globalmente o custo operacional em 10%, em quatro anos; reduzir prazos de lançamento em 10%, em dois anos; atingir, em quatro anos, a participação de 8% no mercado administração de condomínios comerciais; aumentar para 10%, em quatro anos, a participação na área de incorporação hoteleira; entrar no mercado de administração de hotéis e consolidar a participação de 3% do mercado no Estado de São Paulo, ao final do quarto ano.
- Longo prazo (5 a 20 anos): dobrar valor de negócio a cada dez anos; obter participação de 8% no ramo hoteleiro no final do décimo ano; alcançar participação de 13% na incorporação hoteleira e 10% na administração de condomínios comerciais; estar, entre as companhias hoteleiras, no quartil superior ao final de dez anos.

PLANEJAMENTO DO PROJETO

O Planejamento descreve o projeto que a empresa se propõe a conduzir, definindo objetivos técnicos, econômicos e financeiros, consensualmente estabelecidos.

2.1 OBJETIVOS ESTRATÉGICOS E PROGRAMAS DAS EMPRESAS

2.1.1 Objetivos estratégicos

As empresas têm os seguintes objetivos estratégicos permanentes:

- **Lucratividade:** os lucros são essencialmente a diferença positiva entre as receitas e as despesas. A lucratividade dependerá da composição de preços dos diversos produtos, seus volumes de vendas e, claro, da eficiência geral da empresa; será variável em função da conjuntura social, política e econômica dos seus mercados. Uma empresa pode ter lucros variáveis ao longo do ano, em função da sazonalidade das vendas; ela até pode amargar alguns anos de prejuízos, mas não suportará muitos anos nessa situação. A lucratividade será mantida enquanto a empresa for capaz de oferecer produtos bem-aceitos pelo mercado, a preços de venda que lhe proporcionem margens econômicas suficientes.
- **Expansão:** a expansão da empresa é necessária para acompanhar o crescimento do mercado, se possível, aumentando a participação dos seus produtos – o que é feito pelo acréscimo de novos produtos ou pelo aperfeiçoamento da linha existente. Exemplo de um caso de expansão possível: o Brasil tem 200 milhões de habitantes, com cerca de 50 milhões de domicílios, dos quais 20 milhões têm máquinas lavadoras de roupa. Há um mercado potencial de 30 milhões de unidades. Se, ao longo dos próximos 30 anos, formos capazes de criar e distribuir a renda nacional de modo que essas famílias possam adquirir uma lavadora, haverá um mercado de um milhão de máquinas/ano, sem contar o aumento da população e a reposição de máquinas. Considerando 250 dias úteis/ano e quatro fabricantes que dividam igualmente o mercado, teremos a produção de 1.000 unidades/dia para cada um deles. Em alguns países da Comunidade Europeia,

nos quais a população é estável ou até decrescente, esse nível de expansão não será possível; a grande maioria das famílias tem renda suficiente, e só não possuem máquina lavadora aquelas que não a querem ter.

- **Sobrevivência:** a sobrevivência das empresas no mundo atual "globalizado" é difícil; tanto mais em países que enfrentaram dificuldades nas contas internas e externas, e estiveram sujeitos a crises econômicas geradoras de recessão. Além de um planejamento estratégico competente, são necessárias atenção e agilidade para ações emergenciais em conformidade com as contingências do momento. Pode-se ter uma ideia das dificuldades de sobrevivência, se soubermos que, do total de empresas e negócios legalmente constituídos no Brasil, apenas 4% estão operando ao final do prazo de cinco anos, de acordo com estatísticas oficiais. A sobrevivência em longo prazo requer o estabelecimento de objetivos e estratégias claros, consolidados em programas de metas quantificadas, e monitorados cuidadosamente ao longo do tempo. Semler [ref. 1] menciona em seu livro que apenas 9,3% das 100 maiores empresas dos Estados Unidos de 1917 permanecem ainda hoje nessa lista e afirma que há 5% de probabilidade de uma empresa brasileira estar, daqui a 50 anos, em posição superior à atual, na lista das melhores.
- **Prestígio social:** é preciso criar e zelar por uma boa imagem empresarial pública. À medida que a consciência social se amplia, as empresas têm instituído programas de apoio e desenvolvimento de seus colaboradores, bem como programas de assistência às comunidades carentes e de proteção ao meio ambiente. A importância dessa imagem de "empresa-cidadã" tende a ser crescente, à medida que a percepção de cidadania se generaliza no país.

Os objetivos arrolados devem compor a chamada estratégia de longo prazo da empresa. Se essa estratégia for definida como objetivos gerais, os programas e os métodos para atingi-los deverão ser específicos e adaptáveis no tempo, em função de mudanças nos cenários adotados. É importante salientar que toda e qualquer atividade exercida em uma empresa deve, necessariamente, fazer parte de um dos programas instituídos por ela para atingir seus objetivos.

2.1.2 Programas das empresas

Estabelecidos os seus objetivos e estratégias básicos, as empresas montarão programas de curto, médio e longo prazos [ref. 2] dos seguintes tipos:

- **econômico-financeiros,** visando otimizar os investimentos e o fluxo de caixa;
- **de produção,** para atingir volumes e custos de produção adequados;
- **promocionais de vendas,** para quantidades, áreas e mercados específicos;
- **de desenvolvimento de produtos,** para:
  - manter, ampliar ou conquistar posições no mercado;
  - compor a imagem de prestígio pela qualidade e inovação dos produtos;
  - manter, ou ampliar, a liderança tecnológica em determinado campo de atividade;
  - diversificar a linha de produtos para atuar em novas áreas e mercados.

As empresas bem organizadas mantêm, em vigência permanente e condução simultânea, programas ativos dos quatro tipos arrolados.

2.2 PROGRAMAS DE DESENVOLVIMENTO DE PRODUTOS

Um programa de desenvolvimento de produtos deverá resultar da análise da situação atual e da previsão da evolução econômica, social e política dos mercados; deverá estar inserido na estratégia geral da empresa e enaltecer os pontos altos do prestígio da empresa.

Os programas de desenvolvimento devem gerar novos produtos ou aperfeiçoar os existentes visando aos mercados atuais e àqueles futuros, nos quais a empresa pretende atuar.

O aperfeiçoamento de produtos existentes é o chamado **projeto evolutivo** e a ele correspondem: prazos, riscos, investimentos e perspectivas de lucratividade **menores**. A grande maioria dos produtos – sistemas, processos e serviços – consiste em evoluções dos existentes, em geral, visando atender às mesmas necessidades de forma mais eficiente, econômica e segura.

O desenvolvimento de produtos novos é o **projeto inovador** e tem riscos, investimentos e perspectivas de lucratividade **maiores**. Tais produtos, com nova concepção técnica, atenderão melhor a necessidades atualmente satisfeitas, ou virão a atender a necessidades recém-identificadas, ainda não satisfeitas. Haverá maiores riscos nessa inovação, exigindo maior empenho de recursos no projeto e desenvolvimento e na certificação. Tratando-se de uma concepção inovadora, serão novos os processos de fabricação; novos materiais poderão exigir novos fornecedores; será necessário treinamento específico para o pessoal da produção e da assistência técnica. A divulgação publicitária da "novidade" certamente exigirá investimentos bem maiores.

> Há muitos e importantes produtos inovadores de sucesso, mas parece haver igual número de fracassos. Um dos mais fortes produtos inovadores recentes é a chamada fotografia digital, mais bem denominada fotoeletrônica, que está substituindo a centenária e muito bem-sucedida (técnica e economicamente) fotografia fotoquímica. As muitas possibilidades de pós-processamento e facilidades de operação são vantagens inegáveis da fotografia eletrônica no atendimento da necessidade de registro de imagens. Como os princípios técnicos são muito diferentes, o desenvolvimento da fotografia eletrônica consumiu grandes recursos - megadólares e euros, e giga-ienes - para a sua implantação. Os altíssimos riscos incorridos foram controlados pela competente condução e gestão dos projetos.

2.2.1 Modos de geração de novos produtos

Para gerar novos produtos, as empresas têm as seguintes opções:

- **Licenças ou franquias**: a empresa (licenciada) adquire, sob contrato, o direito de produzir e comercializar o produto de outra (licenciadora), pagando-lhe *royalties*, taxas que incidem sobre o valor de cada unidade produzida. A licenciada, ao identificar um produto de sucesso em determinado mercado, admite que esse sucesso deva ocorrer no mercado em que ela atua e passa a negociar o direito de fabricação mediante a assinatura de um contrato com a licenciadora para vender o produto em um mercado específico.
- **Empreendimento conjunto** *(joint venture)*: identificada a oportunidade de oferecer certo produto no seu mercado, a empresa associa-se a outra que detém a tecnologia de projeto e fabricação, e ambas passam a produzir o novo produto, com exclusividade, para o mercado local.
- **Aquisição do projeto**: a empresa vislumbra a possibilidade de comercializar um produto e adquire, de um fabricante já estabelecido, um pacote tecnológico que inclui o projeto e, eventualmente, todo o processo de fabricação do novo produto. Essa venda do "pacote" mantém totalmente desvinculadas as duas empresas após encerrada a transação de compra e venda.
- **Desenvolvimento do projeto**: há situações em que as empresas preferem executar inteiramente o projeto e o desenvolvimento do produto e da sua fabricação. Nesse tipo de procedimento, a empresa assume todos os riscos e os custos do projeto, mas tem em suas mãos todas as possibilidades de otimização do produto para o seu mercado. O sucesso dessa modalidade de obtenção de produtos requer empresas bem estruturadas

e experientes, capazes de conduzir o projeto com competência técnica e gerencial. Uma evolução dessa modalidade, adotada modernamente por muitas empresas, é a contratação de partes do projeto ou mesmo do seu todo com escritórios especializados. Podem haver algumas vantagens nessa variante, como maior agilidade do trabalho, menor envolvimento das equipes da empresa e, frequentemente, redução no prazo total de implantação. Todavia, é essencial que a empresa mantenha em suas mãos o controle do projeto como um todo, tanto mais quanto maior for a sua complexidade.

Um exemplo extremo e de grande sucesso dessa modalidade é o chamado Consórcio Modular, adotado pela Volkswagen, hoje MAN, em sua fábrica de caminhões em Resende, RJ. Nela, os fornecedores assumem a integral responsabilidade pelos subsistemas que compõem o veículo, desde o seu projeto até a sua fabricação e montagem.

Atualmente, nesse quadro de possibilidades, muitas empresas com linha diversificada têm produtos originados por todas as formas de obtenção anteriormente descritas. O Quadro 2.1, adaptado da ref. [2], compara de forma qualitativa as principais características dos modos de obtenção de produtos.

Quadro 2.1 Modos de obtenção de produtos

Características	Licença	Empreendimento conjunto	Aquisição	Desenvolvimento	
				Próprio	Contratado
Investimento inicial	Pequeno	Médio	Grande	Grande	Médio
Prazo de obtenção	Pequeno	Médio	Pequeno	Grande	Médio
Recursos próprios necessários:					
a) administrativos	Pequeno	Médio	Médio	Grande	Pequeno
b) mercadológicos	Grande	Médio	Grande	Grande	Médio
c) tecnológicos	Pequeno	Médio	Pequeno	Grande	Pequeno
Riscos	Pequeno	Médio	Grande	Grande	Pequeno
Potencial de lucratividade	Médio	Médio	Médio	Grande	Grande
Independência técnica	Mínima	Pequena	Grande	Máxima	Grande
Domínio da tecnologia	Mínimo	Pequeno	Pequeno	Máximo	Grande

Fonte: GORLE, P.; LONG, J. *Fundamentos do planejamento do produto.* São Paulo: McGraw-Hill do Brasil, 1976.

2.3 PLANEJAMENTO DO PROJETO

2.3.1 Objetivos e requisitos gerais

Os objetivos e requisitos apresentados a seguir formam as bases sobre as quais será elaborado o projeto do produto. Pela sua fatal importância e forte interdependência, esses objetivos e requisitos deverão ser estabelecidos de forma consensual por todas as áreas da empresa e adotados como **meta comum de trabalho**. Essa fase poderá exigir algumas semanas de dedicação intensa, durante as quais as equipes de cada área estarão mobilizadas para gerar as propostas a serem discutidas nas reuniões. Os representantes de cada área nessas reuniões sentarão em cadeiras de mesma altura, em torno de uma mesa redonda, com iguais direitos de vez e voz. Enfatizar que o projeto a ser proposto é da empresa e, portanto, de todos, é da mais alta importância.

Os tópicos a serem discutidos e acordados estão especificados a seguir.

Caracterização do produto

A caracterização do produto nesta fase será feita pela definição das necessidades que ele irá atender, as funções que exercerá e pelos atributos que apresentará no exercício dessas funções. Qualquer produto a ser desenvolvido deverá ser a resposta a uma **necessidade** do mercado claramente identificada, descrita e caracterizada. Essa necessidade poderá ser de indivíduos, grupos ou empresas; serão expressas, dentre outros, por **substantivos** como alimentação, lazer, informação, transporte, administração, saúde, proteção e processamento. A existência de uma necessidade real a ser atendida pelo produto é condição básica para o seu sucesso. Há, no mercado, muitos produtos vendidos mediante a criação de falsas necessidades. Tais produtos são frágeis e sua sobrevivência só é possível com gastos pesados e contínuos em propaganda enganosa. Já produtos realmente necessários obtêm sucesso apenas com a publicidade informativa, beneficiando-se continuamente com a divulgação positiva feita por clientes satisfeitos.

As necessidades dos clientes poderão vir a **ser mais bem** atendidas com o novo produto ou **passarem a ser** atendidas por ele.

Para o atendimento dessas necessidades, o produto deverá exercer apropriadamente algumas funções específicas. Essas **funções** serão expressas por **verbos**, já que designam as ações principais e secundárias pertinentes. Por exemplo, um sistema de informações para empresas agrícolas atenderá à necessidade de **informação** suprindo dados sobre mercados, preços na Bolsa de Mercadorias, cotações de moedas e previsões climáticas. As seguintes funções deverão ser exercidas com competência por esse sistema para atender às necessidades dessas empresas: receber, compilar, organizar, processar, apresentar, enviar e armazenar as informações pertinentes. As informações a serem fornecidas, por sua vez, devem mostrar **atributos** representados por **adjetivos** como: rápidas, seguras, precisas e confiáveis. Resulta que as funções devem ser exercidas com características designadas pelos correspondentes **advérbios**: rapidamente, precisamente e confiavelmente.

O novo produto deverá ter um desempenho adequado, que atenda às necessidades e expectativas dos clientes, e ser competitivo com os concorrentes atuais e futuros. Atributos do produto – expressos em linguagem leiga, como: agradável, leve, atraente, silencioso, prático e durável – devem ser compreendidos, bem caracterizados e ordenados de acordo com as prioridades dos clientes potenciais. Essa atividade, muito importante para atingir os objetivos do produto, inicia a técnica anteriormente descrita como Desdobramento Funcional da Qualidade (QFD – Quality Function Deployment, em inglês), muito eficaz no estabelecimento dos requisitos para produtos de sucesso.

Exemplo: refrigeradores domésticos com congelador incorporado. A necessidade básica a ser atendida é essencialmente o resfriamento (ou congelamento) de alimentos e a manutenção das baixas temperaturas para preservação. A **pesquisa de mercado** mostrou que os clientes querem congelador maior, consideram os modelos atuais pouco duráveis, veem deficiências no descongelamento automático, gostariam de gastar menos energia elétrica, mas não saberiam como medir essa economia. A carga térmica, isto é, a massa de alimentos a resfriar e congelar deverá crescer nos próximos anos nas famílias em geral. A velocidade de resfriamento deverá ser comparada com a dos concorrentes e com normas internacionais.

Caracterização do mercado

É preciso caracterizar o mercado ao qual o produto se destina; descrever a situação atual, qualitativa e quantitativa desse mercado e prever a sua evolução no tempo. O cliente-consumidor-usuário será o avaliador final do produto e determinará o seu sucesso ou fracasso. É essencial conhecer o seu modo de avaliação: aquela complexa soma ponderada de itens avaliados objetiva e subjetivamente, no ato de compra e durante a utilização do produto.

O mercado compõe-se de clientes (felizmente) e concorrentes (infelizmente). O quadro da Figura 2.1, a seguir, resume de forma completa os tópicos a serem tratados na caracterização do mercado. Aqui, como em quaisquer outras áreas de atividade, verifica-se a necessidade de conhecer o passado para entender o presente e assim prever o futuro. As empresas devem manter a composição dos seus mercados em permanente atualização: clientes e concorrentes, atuais e futuros. Não são poucas as dificuldades para fazer uma boa descrição do mercado atual. Muito mais difícil é conseguir precisão aceitável nas estimativas da sua evolução, sujeita a influências econômicas, sociais e políticas. Difícil, mas **essencial para a sobrevivência**, já que o projeto atual colocará no mercado um produto a ser lançado, comprado e avaliado nos próximos anos.

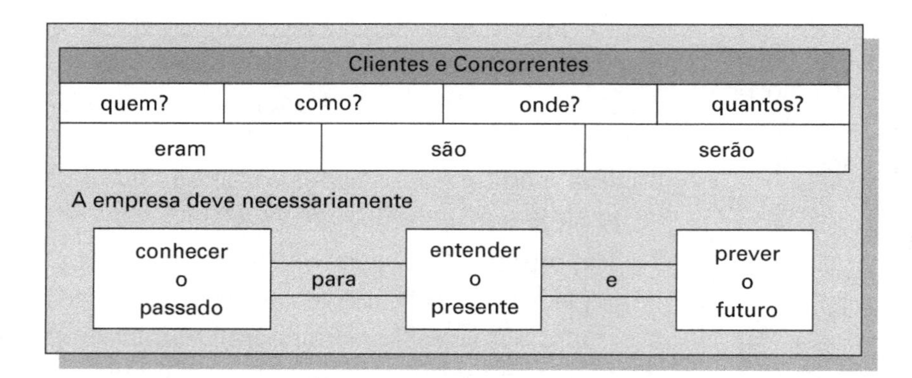

Figura 2.1
Quadro-resumo da caracterização completa do mercado

Há muitos bons livros dedicados à mercadologia dos produtos. Em particular, recomenda-se consultar as refs. [3] e [4] para mais informações. Inclui-se a ref. [5], a qual já indicava a importância do planejamento do produto há mais de 50 anos.

As Figuras 2.2a e 2.2b descrevem o mercado para um hipotético automóvel urbano híbrido elétrico.

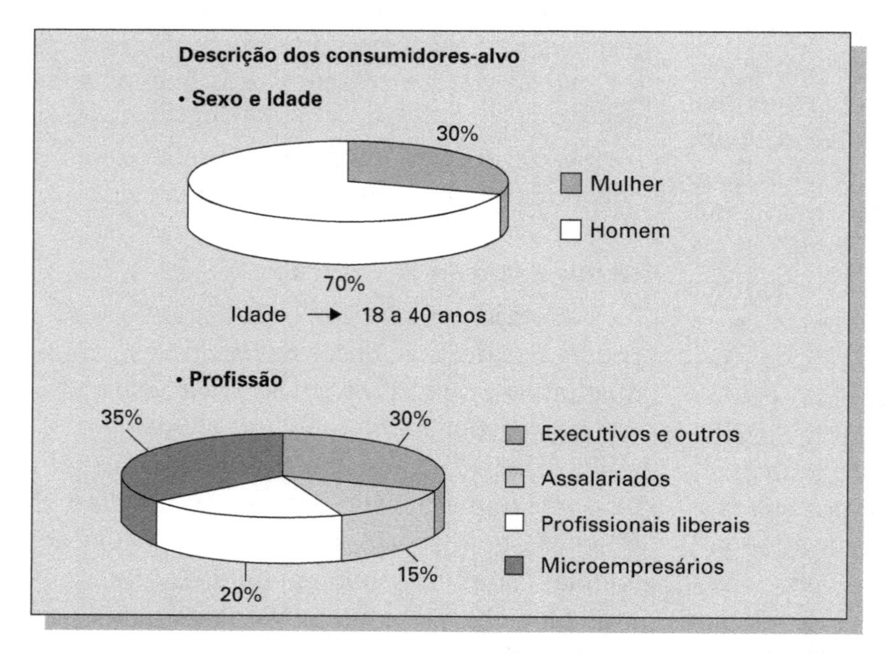

Figura 2.2(a)
Exemplo de descrição do mercado para automóvel urbano

Fonte: Trabalho de alunos da Fundação Vanzolini nos curso CEAI e CEGP.

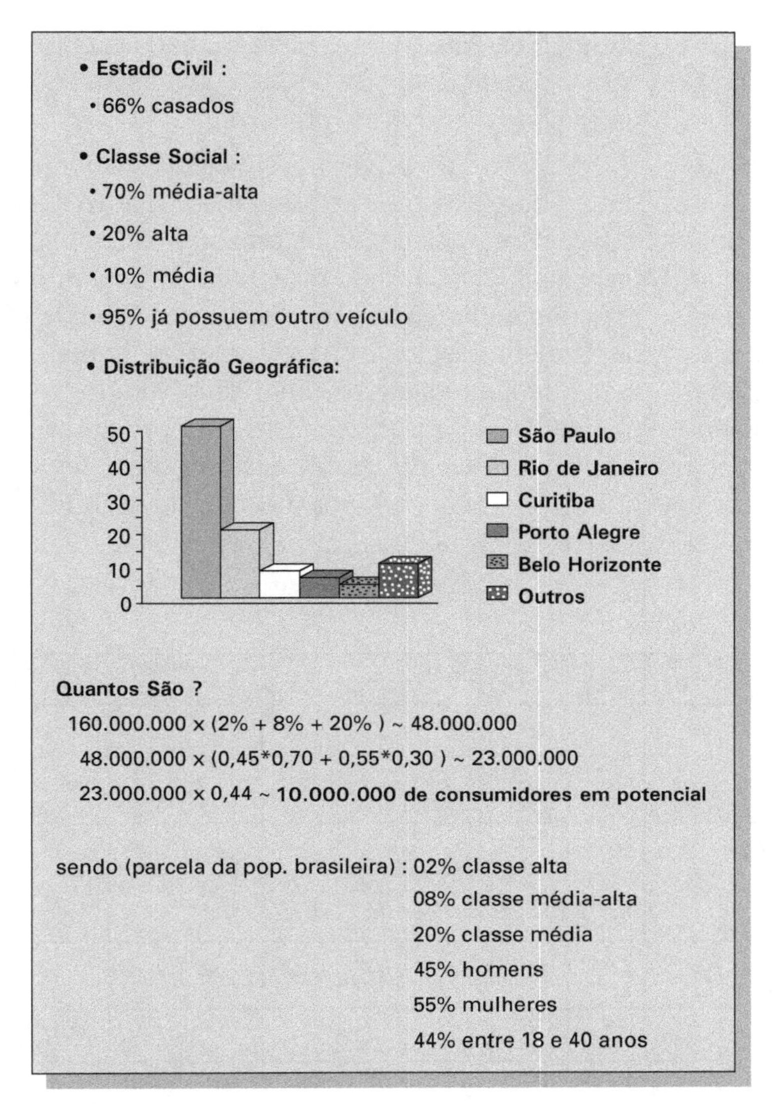

Figura 2.2(b)
Exemplo de descrição do mercado para automóvel urbano

Fonte: Trabalho de alunos da Fundação Vanzolini nos curso CEAI e CEGP.

Estabelecimento do prazo para a execução do projeto

Entre a data da decisão de se fazer o projeto e aquela na qual sua implantação é completada (início da produção industrial, instalação do sistema ou disponibilização do serviço), decorrerá um período de meses a anos, dependendo do produto. Esse prazo deverá ser compatível com os objetivos e a capacidade da empresa, e, necessariamente, será o resultado de **consenso** entre todas as áreas participantes do projeto. Embora toda a empresa saiba que o produto deverá ser posto no mercado no tempo mais curto possível, em geral os prazos desejados por cada área são bem diferentes: vendas e mercadologia sempre querem o prazo mínimo e a produção exige mais tempo.

Há, certamente, sempre um **prazo mínimo** para cada projeto: é aquele em que a empresa é capaz de gerar um **produto que dá certo**. Como veremos no próximo tópico, há também um **prazo máximo** para o projeto: aquele entre o lançamento do produto anterior e o início do seu declínio.

Certamente o objetivo da empresa será executar o projeto no prazo mínimo, mas ele será definido em consenso com todas as áreas. Duas atitudes devem ser evitadas no afã de minimizar o prazo: simular que o projeto será terminado em um prazo sabidamente inviável ("é um desafio!") e propor queimar etapas, assumindo perigosos riscos que possam culminar com um produto deficiente.

A primeira das atitudes salientadas é muito mais comum do que deveria: prazos são impostos "de cima para baixo" em todos os níveis, instaurando-se uma patológica mentira geral, pois todos sabem que não vai dar tempo... O pior desfecho dessa progressão é a empresa fingir que deu! Nesses casos, o mau resultado do projeto, em vez de cumprir os seus objetivos e aumentar a participação no mercado, vai abrir espaço para os concorrentes e, certamente, prejudicar a imagem da empresa. Quanto à perigosa segunda atitude, vale interpelar as chefias candidamente, com a pergunta: "qual é o risco que a nossa empresa pode correr neste projeto?".

Nessa fase do projeto, é suficiente elaborar um cronograma-mestre como o do Quadro 2.2 a seguir, estabelecendo os prazos e os marcos principais para as seis fases que compõem o programa: Planejamento, Estudo de Viabilidade, Projeto Básico, Projeto Executivo, Implantação da Fabricação e Comercialização. Recomenda-se já aqui iniciar o uso de programas informatizados de gestão de projetos, lembrando que não é ainda necessário detalhar além do indicado a seguir.

Quadro 2.2 Cronograma-mestre das fases do projeto

Meses	1	2	3	4	5	6	7	8	9	10	11	12	13
1. Planejamento	//////			AP									
2. Estudos de Viabilidade		//////	//////				CS						IP
3. Projeto Básico				//////	//////	//////					CP		
4. Projeto Executivo						//////	//////	//////	//////	//////			CF
5. Implantação da Fabricação								//////	//////	//////	//////	//////	
6. Comercialização												//////	//////

AP= Aprovação do Projeto, CS= Consolidação, CP= Certificação do Produto, CF= Certificação da Fabricação, IP= Início da Produção.

Previsão do ciclo de vida do produto

Todos os produtos têm um ciclo de vida: o período entre o lançamento e a retirada do mercado. É óbvio que convém para a empresa que o ciclo de vida seja o mais longo possível, permitindo a recuperação dos investimentos e a máxima lucratividade. Esse período deve ser previsto para o produto, por ser determinante do grau de avanço tecnológico a ser incorporado ao seu projeto. O ciclo de vida de uma linha de produtos pode fugir ao controle da empresa, para mais ou para menos, em função da reação e evolução do mercado e eventual obsolescência técnica do produto. Uma boa estratégia para aumentar o ciclo de vida é planejar a evolução tecnológica do produto, incorporando o "estado-da-arte" nos subsistemas que o compõem.

Como se pode verificar na Figura 2.3, a seguir, o ciclo de vida de um produto é determinante para o prazo de desenvolvimento dos produtos seguintes. Em tese, o novo produto deve estar pronto para ser lançado no momento em que as vendas do anterior apresentarem uma nítida tendência de queda. Resulta assim que o prazo máximo para o desenvolvimento de um novo produto é o próprio ciclo de vida do anterior.

O gráfico do ciclo de vida deve ser elaborado nessa fase de planejamento, com base na experiência anterior com produtos da empresa e de concorrentes. É preciso quantificar a participação (%) no mercado pela curva das vendas a partir do lançamento, bem como os níveis da estabilização e de queda provável. Em geral, trabalha-se com três curvas para o ciclo de vida do produto: a otimista, a provável e a pessimista.

Há um grande número de produtos "nota 100", que estão no mercado há décadas, porque sempre têm tido a preferência dos clientes. Devemos observar que esses produtos dispensam quase totalmente a propaganda. A lista a seguir, por área, representa apenas uma amostra:

- **alimentos:** Leite Moça, quase 100 anos; Requeijão Catupiry, mais de 100 anos; Maizena, mais de 100 anos; chocolates Sonho de Valsa e Diamante Negro, mais de 70 anos; Cerveja Caracu, mais de 100 anos;
- **medicamentos:** Cafiaspirina, Cibalena, Biotônico Fontoura, Leite de Magnésia, Novalgina, Hipoglós, todos com mais de 70 anos;
- **veículos:** VW Kombi, lider do mercado por mais de 50 anos;
- **canetas:** esferográfica BIC Cristal Azul, dominando o mercado há 50 anos e utilizada por empresas de todos os portes e por pessoas nas classes de renda de A a E;
- **calculadoras:** calculadora financeira HP-12C, líder há mais de 20 anos, superando em preferência um modelo novo similar, lançado pelo mesmo fabricante.

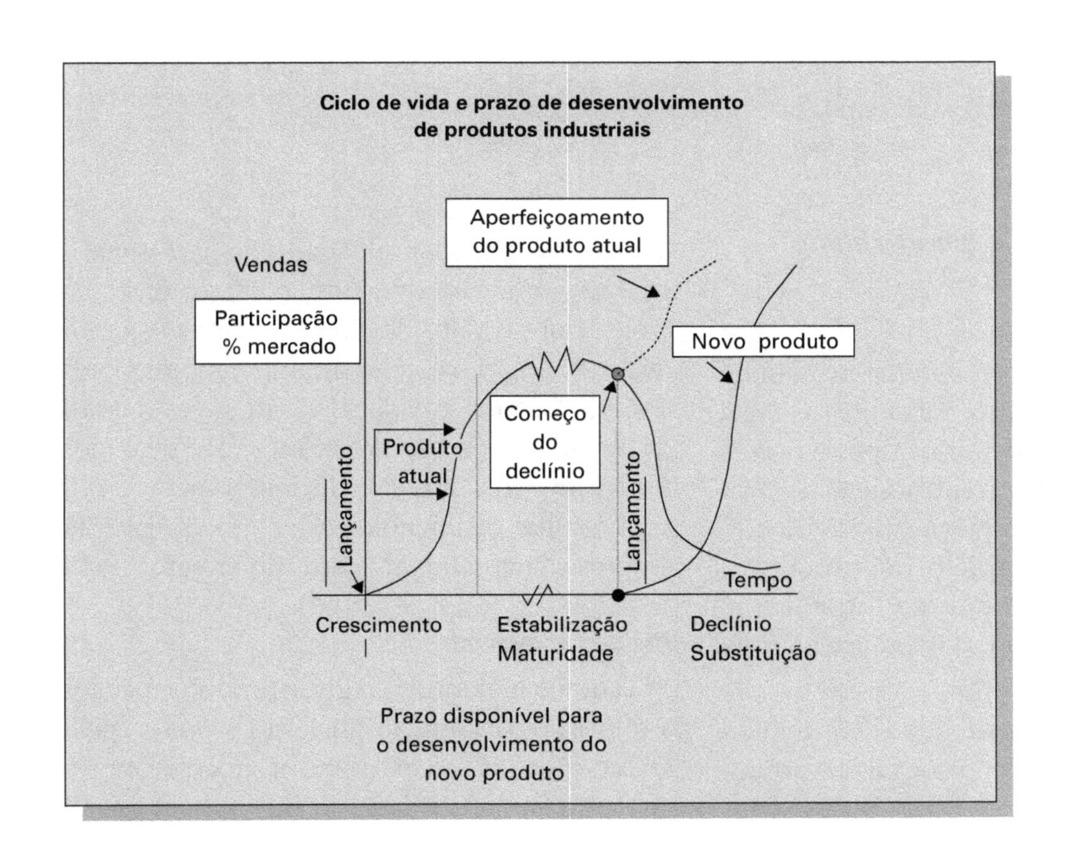

Figura 2.3
Ciclo de vida típico de produtos industriais

A Figura 2.4 mostra as três curvas propostas para o ciclo de vida de um automóvel híbrido (elétrico e motor de combustão).

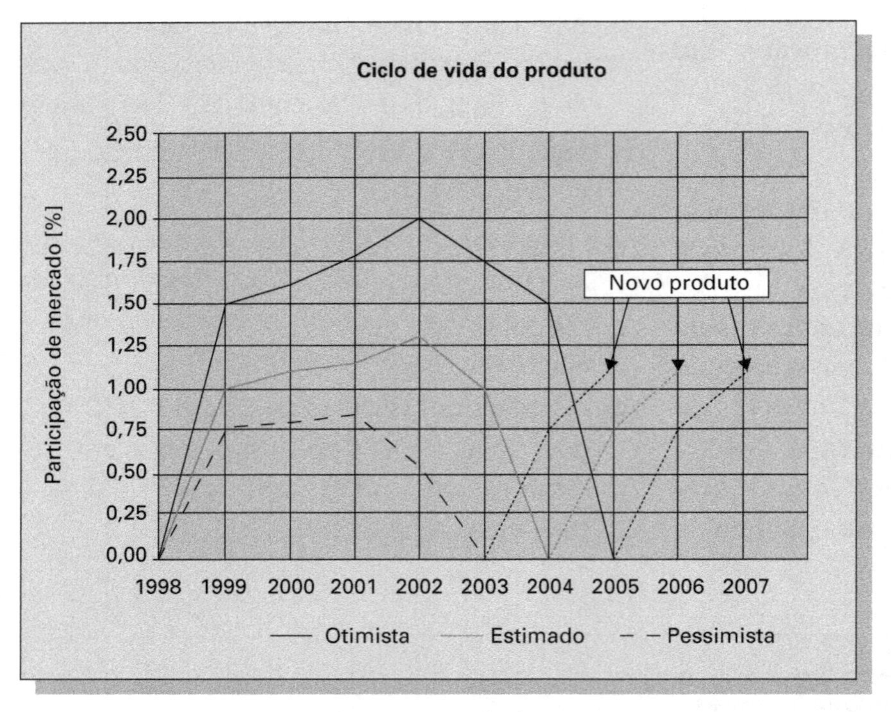

Figura 2.4
Estimativas do ciclo de vida de automóvel híbrido

Fonte: Trabalho de alunos da Fundação Vanzolini nos curso CEAI e CEGP.

Investimentos, custos e lucratividade do programa

Investimentos

O projeto e implantação de uma nova linha de produtos tem custo alto; a sua importância relativa é **equivalente** nos vários tipos e portes de empresas industriais. A introdução de produtos com alto índice de inovação exigirá vultosos investimentos no projeto, nos processos, nas fábricas, nas máquinas e no ferramental, e também na distribuição, na divulgação e na comercialização.

Os **limites de investimentos** são determinantes do nível de inovação tecnológica dos produtos criados, e devem, por isso, ser estabelecidos nessa fase de Planejamento. As bases para os valores propostos serão os históricos de projetos anteriores, ajustados em função da maior capacitação técnica da empresa e também da complexidade do novo produto. Aqui também, se o projeto for inovador, maiores serão as dificuldades e a responsabilidade dessa estimativa. Haverá, inevitavelmente, conflitos entre as áreas sobre o valor dos investimentos a serem feitos. A área financeira atuará como moderadora, invocando a capacidade de investimento da empresa nos vários projetos. De qualquer forma, os valores-limite de investimentos devem resultar de um **consenso** entre as áreas da empresa, já que são objetivos do projeto.

Preços e custos

O **preço máximo** com que o produto chegará às mãos do consumidor final será proposto pela área de vendas, visando ao seu sucesso comercial e à competitividade no mercado. A partir desse valor, a empresa deverá retroagir na cadeia produtiva, e estabelecer limites para o seu **custo** de produção. Esse custo resultará da dedução no valor do preço das parcelas de custos do fabricante, do distribuidor e do vendedor, incluídos os impostos e as respectivas margens de lucro. Nessa retroação, a empresa tem de assegurar margens de compensação adequadas para si mesma e para cada um dos envolvidos, todos seus parceiros. É claro que o custo objetivo resultante deverá ser aceito por todas as áreas da empresa, em função das características específicas do projeto. A analogia com os custos dos produtos atuais pode ser muito útil para essa avaliação. Deve-se observar que, nessa fase do projeto, como não há ainda soluções técnicas definidas, **não é possível** calcular os custos do produto por meios diretos.

Para mais informações sobre a formação dos preços de produtos, consulte-se a ref. [4].

Os objetivos de investimento no projeto e custos do produto influirão pesadamente sobre a sua viabilidade; portanto, é essencial que sejam coerentes, compatíveis e resultantes de consenso. **Exemplo:** se os novos refrigeradores tiverem painéis externos novos, prateleiras e caixas internas totalmente novas, haverá necessidade de muitos desenhos, modelos e testes que requerem custos altos no desenvolvimento do produto, nem sempre suportáveis pelo projeto. Esse mesmo nível de inovação exigiria novos moldes, ferramentas, embalagem etc., com os respectivos custos de investimentos. Todos esses custos deverão ser amortizados, incidindo sobre os custos de produção e, por fim, sobre o preço a ser pago pelo consumidor.

Objetivos de lucratividade do programa

A empresa precisa estabelecer a lucratividade mínima aceitável do programa de produto proposto, com base na previsão mais pessimista de vendas ao longo do ciclo de vida do produto.

Os objetivos de lucratividade global do programa poderão ser estabelecidos por meio de dois critérios quantitativos de análise econômico-financeira, bastante conhecidos.

- Prazo de Recuperação do Investimento (PRI).
- Índice do Valor Atual (IVA).

O Prazo de Recuperação do Investimento (PRI) é um indicador financeiro muito comum; define em quanto tempo o fluxo de caixa positivo resultante da comercialização do produto anula o saldo de caixa negativo acumulado como investimento ao longo do projeto até a data de seu lançamento. O PRI máximo será colocado como objetivo do programa de projeto. Geralmente, para um produto industrial cujo ciclo de vida é de sete anos, e com prazo de implantação de um ano e meio, o PRI máximo seria de dois anos.

O Índice do Valor Atual (IVA) é um indicador poderoso da lucratividade global do projeto. Ele exprime uma relação entre os rendimentos totais (entradas) recebidos e as despesas (saídas) totais, ambos em seus valores atuais, descontados a determinada taxa anual. O IVA deverá ser evidentemente maior que 1,0, o que significa que o programa de projeto do produto é mais lucrativo que o simples investimento financeiro à taxa de desconto anual adotada (como a taxa Selic, de risco nulo). Como objetivo do programa, deve-se definir um IVA de, por exemplo, 1,2, para a projeção de vendas pessimista do ciclo de vida do produto. Esses valores podem ser obtidos usando-se a previsão de vendas feita no ciclo de vida e os valores dos investimentos e custos definidos como objetivos.

Para mais informações sobre índices e critérios de lucratividade, consulte-se a ref. [6].

2.4 OS REQUISITOS TÉCNICOS

O desenvolvimento do projeto do produto exige que sejam especificados **tecnicamente** requisitos funcionais, operacionais e construtivos, os quais, quando atendidos, fazem que o produto exerça as suas funções com os atributos esperados, de acordo com as necessidades e exigências dos clientes. A especificação dos requisitos deve ser quantificada e indicar os métodos de verificação. Há alguns requisitos que serão avaliados subjetivamente pelo cliente; nesses casos, será necessário estabelecer critérios técnicos que simulem a avaliação. A lista a seguir apresenta um conjunto típico de especificações; alguns dos exemplos usados mostram valores numéricos apenas ilustrativos.

2.4.1 *Requisitos funcionais*

- **Desempenho:** o desempenho é a medida do cumprimento das funções do produto. O refrigerador, por exemplo, deve manter os alimentos entre 3 °C (não se usa mais 0 °C) e 7 °C para temperaturas externas entre 10 °C e 38 °C e com uma taxa de renovação de 0,5 kg de alimentos por hora, com dez aberturas de oito segundos por vez, durante 12 horas do dia. Um caminhão com carga total deve ser capaz de manter a velocidade legal de 90 km/h, em uma boa estrada, com um aclive de 3%. Um medicamento antifebril deve reduzir a temperatura de 40 °C para 37 °C em 20 minutos no paciente "médio". Uma central de chamadas telefônicas (0800) deve atender a uma média de 200 chamadas por hora com 90% de clientes satisfeitos.
- **Estética e ergonomia:** a interação sensorial (dos cinco sentidos) entre as pessoas e o produto, objetivo do **desenho industrial**, deve ser especificada. O refrigerador deve ter aparência atraente (na loja e em casa), arranjo interno ótimo, com visibilidade e acesso adequados. Os esforços de abertura de portas e gavetas devem ser inferiores a 10 N. O nível de ruídos em pleno funcionamento não pode exceder 60 dB(A), medidos à altura dos ouvidos da pessoa média (95%). Os painéis e mostradores de equipamentos devem ser visíveis e de fácil leitura, assim como as telas de programas que aparecem no nosso computador. Até pouco tempo atrás os caixas eletrônicos de bancos tinham péssima correspondência entre os indicadores na tela e os botões a apertar... (felizmente isso vem melhorando).
- **Segurança:** os riscos a pessoas ou equipamentos devem ser especificados. No caso do refrigerador, as áreas muito frias ou quentes deverão ser colocadas fora do espaço de atuação das mãos do operador; a isolação elétrica deve ser segura e devem ser evitados cantos e arestas vivas. Como critério básico, os requisitos mínimos de segurança serão, além daqueles exigidos legalmente no lançamento do produto, também os que entrarão em vigor ao longo do seu ciclo de vida. Os veículos, perigosos acumuladores de energia cinética, têm severos requisitos legais de segurança **ativa** para evitar os acidentes e **passiva** para diminuir as suas consequências. As normas são aquelas oficializadas pelas entidades como Anvisa, Contran, ABNT, ISO, entre outras.
- **Proteção ambiental:** todos os produtos industriais são poluentes em maior ou menor grau. As emissões sólidas, líquidas e gasosas, além das sonoras, térmicas e radioativas, devem ser limitadas. O produto não deve agredir o meio ambiente na sua fabricação, no seu uso e no seu descarte. O refrigerador emite calor no seu condensador e ruídos decorrentes do compressor. Os veículos automotores poluem em razão dos ruídos, dos gases emitidos, das partículas de borracha dos pneus e, de modo principal e inevitável, da emissão de calor, esta última resultante do baixo rendimento (<30%) dos seus motores. A legislação ambiental é o mínimo requisito a ser especificado para o produto. Exceder as exigências da lei pode ser um forte argumento de venda, em virtude da maior conscientização ambiental da população. Serão sempre crescentes as exigências em relação ao descarte do produto, com imposição do grau de reciclagem dos materiais e componentes.

2.4.2 *Requisitos operacionais*

- **Consumo de energia:** a eficiência do produto deve ser máxima em termos energéticos absolutos e relativos. O refrigerador e os chuveiros são os maiores consumidores domésticos de energia elétrica; o usuário não tem como medir a energia consumida, mas paga por ela. O fabricante deve especificar um consumo médio típico em kWh/mês, por exemplo, em relação aos seus produtos e os dos concorrentes atuais e futuros. Um liquidificador doméstico é usado durante pouco tempo e poucas vezes durante o mês, de modo que a sua eficiência energética é irrelevante. O consumo de um computador doméstico, usado poucas horas por dia não é muito significativo, mas o consumo dos equipamentos de informática de um grande banco é muito importante. Para as empresas de transporte aéreo a redução em 3% do consumo mensal de combustível da sua frota de aviões seria muito relevante.

- **Confiabilidade:** o número de falhas por tempo de operação e a gravidade delas são fatores importantes na avaliação do produto. O refrigerador deve operar sem falhas graves durante cinco anos, mas pode-se tolerar que seus acessórios, como, por exemplo, o descongelamento automático, tenham falhas nesse período. O TMEF ("tempo médio entre falhas") é um índice comum na especificação da confiabilidade de produtos. O cliente pode tolerar falhas de menor importância até com alguma frequência, mas não aquelas que interrompam o exercício da função principal do produto. Certos equipamentos, como controladores de voo de aeronaves, têm a sua confiabilidade associada à segurança e é, por isso, crítica.
- **Mantenabilidade:** a manutenção de produtos e equipamentos industriais é feita por operações executadas conforme um programa, com intervalos especificados. Produtos de uso doméstico, no entanto, raramente têm especificado qualquer tipo de manutenção preventiva. Os refrigeradores trazem, nos seus manuais, recomendações para o uso, a limpeza e o descongelamento, nem sempre seguidas pelos usuários. O melhor refrigerador doméstico deveria dispensar totalmente qualquer operação de manutenção preventiva. O "índice de disponibilidade" de um produto – a relação entre o tempo em que ele está em condições de uso e o tempo em que está parado para manutenção preventiva ou corretiva – é extremamente importante em todos os casos de uso contínuo como sistemas informatizados, telecomunicações e serviços públicos.
- **Durabilidade:** a primeira forma de caracterizar a durabilidade é a chamada **vida útil** de um produto, a qual está, em geral, vinculada ao desgaste de suas peças, cuja substituição se torna antieconômica. A recuperação do produto é compensadora apenas nos casos em que o desempenho original possa ser restabelecido. Outras vezes, o equipamento recuperado pode ser utilizado em funções menos exigentes, o que estende a sua vida útil. A segunda maneira de enfocar a durabilidade é a chamada obsolescência técnica, pela qual o produto, ainda em perfeitas condições de uso, é desativado e substituído por outro mais novo – mais eficiente, ou mais econômico, ou, ainda, mais seguro. A durabilidade ideal de um produto seria aquela em que a vida útil coincidisse com o seu tempo de obsolescência técnica.

A questão da obsolescência técnica merece algumas considerações de natureza ética. Em muitas áreas de negócios, novos produtos são lançados com características técnicas bastante superiores aos produtos atuais, o que pode justificar plenamente sua substituição. Mas há outros ramos de comércio nos quais a obsolescência é artificialmente induzida, motivando novas compras irrefletidas pelos clientes. Um dos mais óbvios desses exemplos é a variação anual do estilo dos calçados femininos, com formas e saltos oscilando entre perigosos e horrorosos... Outra área muito interessante é a da "informática", na qual sistemas operacionais versão 95 são substituídos pela versão 98 e esta pelas seguintes, cada vez mais poderosas e cheias de recursos extraordinários. Entretanto, os usuários que só usavam 10% da primeira versão, passam a usar 7% da segunda e 3% da última, levando à impressão de que, em futuro próximo, estaremos usando 0,01% de um hipersistema. É claro que, acompanhando as tendências dos programas (*softwares*), os equipamentos (*hardwares*) são cada vez mais potentes e caros, para poder acomodar e operar tais sistemas... Há certa irracionalidade nisso, para dizer o mínimo.

Os refrigeradores domésticos têm vida útil prevista provável de 15 anos, com uma possível reforma aos 10 anos. Saliente-se que tanto os refrigeradores como os automóveis são passados a sucessivos donos ao longo da vida útil. É interessante lembrar que alguns produtos perecíveis, como alimentos industrializados, iniciam a sua vida útil ao sair da linha de fabricação e podem ficar mais tempo fechados nas prateleiras dos supermercados do que abertos na casa do consumidor.

- Custo operacional: o custo de um produto é na realidade uma composição dos custos de aquisição e financiamento, operação e manutenção ao longo da vida útil. Equipamentos industriais são comprados com uma avaliação racional desses custos. Já os produtos de consumo em geral são avaliados apenas pelo custo de aquisição.

Os refrigeradores, decerto, são adquiridos pelos consumidores estritamente considerando o custo de aquisição (ou apenas as prestações mensais), como se a energia gasta e o valor residual de revenda inexistissem. O fabricante deve, no entanto, especificar esse custo do uso do produto, comparando-o com os dos concorrentes. O custo operacional mensal de um automóvel é próximo do valor da parcela do financiamento, sendo que o custo total da compra financiada pode ser de duas ou mais vezes o preço nominal do veículo.

2.4.3 Requisitos dimensionais

É quase sempre necessário estabelecer limites para as dimensões externas do produto e para o seu peso. Muitos equipamentos são partes de conjuntos maiores e as suas dimensões externas devem ser compatíveis com o espaço a eles destinados. Outros produtos são transportáveis ou fazem parte de veículos (aéreos ou terrestres). Nesses casos, a massa ("peso") dos produtos é estritamente limitada. No caso de eletrodomésticos, como refrigeradores, o seu volume externo é função do volume interno, que é um requisito funcional, e da espessura das paredes com isolante térmico. As dimensões – comprimento, altura e largura –, para o mesmo volume, devem ser limitadas a fim de assegurar a compatibilidade com o arranjo físico das cozinhas domésticas e, evidentemente, com o vão livre das portas.

É importante lembrar que é necessário estabelecer para todos os processos de fabricação, montagem e distribuição, requisitos técnicos funcionais, operacionais e construtivos análogos aos definidos para o produto no seu uso.

Especificação dos requisitos técnicos para o produto

A Tabela 2.1, a seguir, mostra uma forma para estabelecer valores e objetivos para os requisitos técnicos do novo produto com base nos atuais e com a previsão dos futuros concorrentes. Tais valores poderão ser expressos em termos absolutos (m/s, J, kbps, mg/l) ou relativos (90% ou 105%). O exemplo a seguir é "genérico", para um produto híbrido inexistente.

Tabela 2.1 Especificação de requisitos técnicos

Requisitos técnicos	Produto atual	Principal concorrente atual	Principal concorrente futuro	Objetivos para o novo produto
Requisitos funcionais				
Desempenho	10 m/s	8 m/s	12 m/s	14 m/s
Estética, conforto, ergonomia	Ruído 72 dB(A) Esforço 20 N	74 dB(A) 18 N	70 dB(A) 18 N	68 dB(A) 18 N
Segurança	ABNT 2013	ABNT 2013	ABNT 2015	ABNT 2015
Proteção ambiental	Conama 12	Conama 12	Conama 14	Conama 14
Requisitos operacionais				
Eficiência energética	40%	45%	45%	48%
Confiabilidade	TMEF tipo A 12 meses	TMEF tipo A 14 meses	TMEF tipo A 16 meses	TMEF tipo A 18 meses
Mantenabilidade	Man. Prev.: 2 horas a cada 20 dias	Man. Prev.: 2 horas a cada 30 dias	Man. Prev.: 2 horas a cada 30 dias	Man. Prev.: 2 horas a cada 30 dias
Durabilidade	8 anos	6 anos	5 anos	5 anos
Custo operacional	R$ 145/mês	R$ 125/mês	R$ 100/mês	R$ 95/mês
Requisitos dimensionais				
Dimensões e limites gerais	2.000x450x600 mm	2.050x440x580 mm	2.000x400x560 mm	1.900x400x600 mm

2.5 O PRODUTO COMO UM SISTEMA

Um modo de se assegurar a completa caracterização das funções do produto é considerá-lo um sistema ("caixa-preta mágica") que recebe "entradas" e as transforma em "saídas", como mostra a Figura 2.5, a seguir. As **entradas normais** produzem as **saídas desejadas**, o que é a própria **função** do produto. No exercício dessa função, algumas saídas indesejadas poderão ocorrer, mas deverão ficar em níveis aceitáveis. Assim também deverão ser aceitáveis e nunca catastróficas as saídas produzidas pelas entradas indesejadas. Todas as entradas e saídas deverão ser descritas de forma qualitativa e especificadas quantitativamente.

É importante perceber um fato um tanto incômodo para nós projetistas: a nossa atuação autônoma no projeto, ou seja, concepção e desenvolvimento, ficará restrita à caixa-preta que é o sistema produto. Poderemos influir muito pouco sobre as entradas, definidas e colocadas para os clientes e pelo meio ambiente. Temos as mesmas limitações para as saídas, que são aquelas **esperadas** pelos nossos clientes ou apenas **toleradas** por eles e pelo meio ambiente.

Notar que assim como o produto, todos os processos de fabricação, montagem, distribuição e operação também devem ser tratados como sistemas e ter as suas entradas e saídas bem caracterizadas.

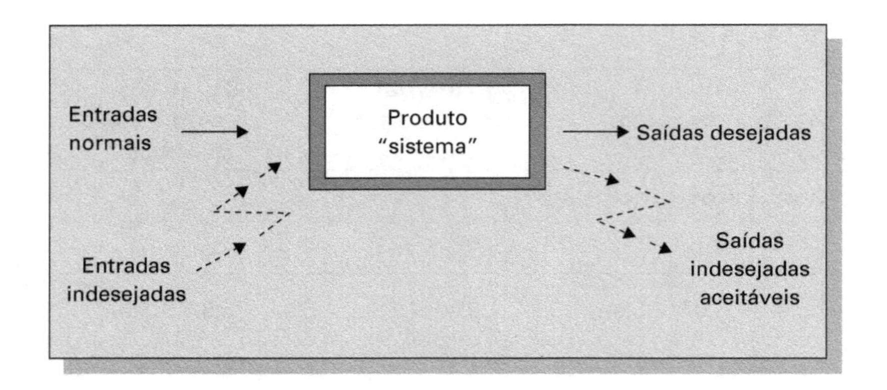

Figura 2.5
O produto como sistema

2.5.1 Exemplos de aplicação do conceito de sistema a alguns produtos:

Refrigerador doméstico

- **entradas normais:** energia elétrica, alimentos à temperatura ambiente, operação de portas com baixa frequência;
- **saídas desejadas:** alimentos refrigerados ou congelados em tempo e temperaturas especificados;
- **saídas indesejadas (produzidas por entradas normais):** ruídos e vibrações e calor em níveis limitados especificados. Volume ocupado;
- **entradas indesejadas:** alimentos quentes, abertura frequente das portas, variações na voltagem da rede elétrica;
- **saídas aceitáveis (produzidas por entradas indesejadas):** alimentos a temperaturas inadequadas, descongelamento parcial após algumas horas. Queima de fusíveis de proteção.

Sistema eletrônico de projeção de imagens em apresentações

- **entradas desejadas:** energia elétrica, comandos pelo operador, arquivos da apresentação em CDs ou outros meios;
- **saídas desejadas:** facho de luz com intensidade e imagem com qualidade óptica adequadas à apresentação;
- **saídas indesejadas (produzidas por entradas desejadas):** ruídos e calor em níveis limitados especificados;
- **entradas indesejadas:** arquivos de má qualidade ou corrompidos, comandos errados, variações na voltagem da rede elétrica;
- **saídas aceitáveis (produzidas por entradas indesejadas):** apresentação prejudicada. Queima de fusíveis de proteção.

Central telefônica para atendimento a clientes (SAC)

- **entradas desejadas:** chamadas telefônicas de clientes com dúvidas ou reclamações. Energia elétrica. Atuação dos operadores;
- **saídas desejadas:** clientes atendidos satisfeitos em prazos adequados;
- **saídas indesejadas (produzidas por entradas desejadas):** ruídos de vozes na sala da central, calor produzido pelos equipamentos;
- **entradas indesejadas:** excesso de chamadas, clientes irritados ou confusos, variações de energia;
- **saídas aceitáveis (produzidas por entradas indesejadas):** atendimento prejudicado. Clientes insatisfeitos (mas não furiosos) em razão da espera. Queima de fusíveis de proteção.

Processo de fabricação industrial

- **entradas desejadas:** matérias-primas, energia, instruções para o processo e comandos pelos operadores das máquinas;
- **saídas desejadas:** produtos fabricados no ritmo e qualidade especificados;

- **saídas indesejadas (produzidas por entradas desejadas):** ruídos, calor, sobras de materiais, rejeitos e efluentes em níveis limitados especificados;
- **entradas indesejadas:** materiais, instruções e comandos errados, variações na voltagem da rede elétrica. Condições climáticas adversas;
- **saídas aceitáveis (produzidas por entradas indesejadas):** redução no ritmo ou interrupção da produção. Produtos rejeitados. Queima de fusíveis de proteção.

Máquina lavadora de roupas

- **entradas desejadas:** roupa seca e suja, água limpa, sabão, energia elétrica, comandos pelo operador;
- **saídas desejadas:** roupa limpa, lavada e centrifugada;
- **saídas indesejadas (produzidas por entradas desejadas):** água suja com sabão, ruídos, vibrações e calor em níveis limitados especificados;
- **entradas indesejadas:** roupas com sujeira excepcional, sabão de má qualidade, falta de água, comandos errados, queda da rede elétrica;
- **saídas aceitáveis (produzidas por entradas indesejadas):** roupas mal lavadas, atrasos na lavagem, queima de fusíveis de proteção.

2.6 EXERCÍCIOS APLICADOS

Os exercícios sugeridos ao final de cada capítulo têm a importante função de estimular a aplicação dos conceitos à realidade profissional do leitor. Recomenda-se, assim, responder às seguintes questões para **o caso da sua empresa:**

- Quais são os objetivos de curto, médio e longo prazos de sua empresa? Quem participou de sua definição? Esses objetivos são divulgados?
- Os produtos foram obtidos por licenças, por desenvolvimento próprio ou por outro meio? (Se por outro meio, especificar.) Que qualidades ou defeitos atribuíveis a sua origem eles apresentam?
- Listar as necessidades (substantivos), funções (verbos) e atributos (adjetivos) dos produtos de maior sucesso.
- O mercado dos produtos é bem conhecido em termos de clientes e concorrentes, passados, presentes e futuros? Em caso positivo, descrevê-lo. Em caso negativo, alguém tem de tratar de fazê-lo!
- Os prazos de lançamento têm sido cumpridos? Os produtos saem certificados? Em caso negativo, quais as causas para os atrasos?
- Há uma previsão do ciclo de vida no projeto de cada produto?
- Os objetivos de investimentos e custos são previamente definidos por consenso entre as áreas? Eles são cumpridos? Há controle competente ao longo do projeto?
- São definidos objetivos de lucratividade para cada projeto? Como o seu sucesso financeiro é aferido?
- Listar e caracterizar, pelo menos qualitativamente, as entradas e saídas desejadas e indesejadas de produtos da empresa. (Este exercício, recomendado aos alunos, contribuirá para um aumento importante do seu conhecimento sobre os produtos com os quais convivem).

2.7 SUGESTÕES PARA A GERÊNCIA DO PROJETO

Referimo-nos a gerência e não a gerente, porque, de acordo com o porte do projeto, poderá haver uma equipe para o gerenciamento.

Em empresas bem estruturadas, dependendo do produto, essa fase de Planejamento do Projeto pode ser cumprida no prazo de um mês com a realização de quatro reuniões. A gerência do projeto deverá:

- convocar os participantes por agendamento com pauta explícita e suficiente antecedência;
- explicar previamente os objetivos de elaboração da Proposta de um projeto;
- sugerir o material básico que deve ser trazido por área;
- conduzir as reuniões de forma que os conteúdos sejam apresentados por área responsável, mas avaliado e comentado por todas elas;
- assegurar igualdade de vez e voz a todos os participantes;
- garantir a formação de efetivo arquivo técnico do projeto, em banco de dados acessível pela "intranet" da empresa;
- redigir e distribuir as atas de reunião no prazo de três dias;
- compilar o material e elaborar o relatório preliminar da fase de Planejamento do projeto, submetendo-o às áreas participantes;
- elaborar a versão final do relatório e colher as assinaturas dos responsáveis pelas áreas.

2.8 SUGESTÕES PARA O RELATÓRIO

Sugerimos que a **página inicial** do relatório desta fase de Planejamento do Projeto tenha o seguinte conteúdo:

- Apresentação

Este relatório descreve os seguintes objetivos para o Projeto (Cód. XXX):....: produto, mercado, prazo, ciclo de vida, investimentos, custos e lucratividade.

- Conclusão

"Os objetivos aqui expressos foram estabelecidos com a participação efetiva das áreas da empresa que firmam o presente documento ao seu final, (melhor nessa mesma 1ª página) e refletem o consenso de que este é um projeto adequado aos objetivos estratégicos da empresa".

- Recomendação

"Antes de se iniciar o projeto, recomenda-se a execução de um estudo que assegure com confiança suficiente a sua viabilidade técnica, econômica e financeira."

- Desenvolvimento

O desenvolvimento é o próprio relatório e estará depois da 1ª página que é um resumo do conteúdo.

Detalhar cada um dos itens mencionados na Apresentação (produto, mercado, prazo, ciclo de vida, investimentos, custos e lucratividade) nos capítulos a eles pertinentes.

Salientamos que os capítulos seguirão a ordem dos objetivos do Planejamento e deverão conter os resultados com as justificativas e respectivas considerações. O material de referência trazido às reuniões pelas áreas participantes poderá ser colocado como anexo, depois de cuidadosa seleção e análise de sua pertinência. O relatório completo do Planejamento fará parte da memória técnica do projeto, arquivado de forma competente.

2.9 REFERÊNCIAS

[1] SEMLER, R. *Virando a própria mesa.* São Paulo: Rocco, 1983.

[2] GORLE, P.; LONG, J. *Fundamentos do planejamento do produto.* São Paulo: McGraw-Hill do Brasil, 1976.

[3] ROBERT, M. *A estratégia de inovação do produto.* Rio de Janeiro: Nórdica, 1996.

[4] GURGEL, Floriano. *Administração do produto.* 2. ed. São Paulo: Atlas, 2001.

[5] MARVIN, P. *Planning new products.* Revista Machine Design. Cleveland: Penton Publishing Co., 1958.

[6] WOILER, S.; MATHIAS, F. M. *Projetos –* Planejamento e análise. São Paulo: Atlas, 1996.

2.10 EXEMPLOS DE APLICAÇÃO

EXEMPLO 2.1
MEDICAMENTO – GEL DE PAPAÍNA ODONTOLÓGICO

PLANEJAMENTO DO PROJETO DO NOVO PRODUTO

Conceituação do produto

Lançamento na linha de medicamentos semissólidos: Gel de Papaína a 1%, submetido ao registro perante o Ministério da Saúde (Anvisa), sob a marca Papador®. A papaína, principal componente da formulação, é uma enzima encontrada em alta concentração no látex extraído da casca do mamão. Com relação a outras enzimas naturais, a papaína possui algumas vantagens como: qualidade e atividade enzimática; estabilidade em condições desfavoráveis de temperatura, umidade e pressão atmosférica.

Necessidades que deve atender

- saúde bucal: alternativa à dor do tratamento convencional com anestesia local e broca ("motorzinho");
- maior acesso ao tratamento odontológico decorrente do menor custo em relação aos tratamentos convencionais de cáries e tártaros, além de minimizar a dor que afasta os pacientes.

Funções

- propiciar a rápida remoção da cárie, a partir da aplicação do Gel de Papaína sobre ela. Agindo por um período entre 30 a 60 segundos, o gel dissolve o tecido cariado, permitindo que o dentista faça a limpeza do local e proceda à restauração sem utilizar a broca;
- auxiliar na remoção adequada do tártaro.

Atributos que deve apresentar

- **seguro:** o procedimento é específico, pois age apenas no tecido cariado, preservando o tecido sadio;
- **baixo custo:** um motivo a mais para atrair os pacientes. A grande vantagem do Gel de Papaína é a sua utilização na rede pública, ampliando o acesso das populações mais carentes aos tratamentos dentários;
- **prático:** fácil manuseio/aplicação;
- **confiável:** não apresenta contraindicações, tampouco efeitos adversos;
- **eficaz:** apresentou o efeito esperado em 100% dos casos avaliados em estudos preliminares;
- **durabilidade:** válido por um ano, se mantido em temperaturas de 2 °C a 8 °C.

CARACTERIZAÇÃO DO MERCADO

Utilização odontológica com aplicação em crianças, idosos, pessoas com sensibilidade a anestésicos e, principalmente, portadoras de odontofobia.

Quadro 2.3 Caracterização do mercado do Gel de Papaína

Pesquisa de mercado	Clientes	Concorrentes
Quem eram?	População de alta renda	Fabricantes de brocas
Quem são?	População de alta e média rendas	Fabricantes de brocas ("motorzinho") e fabricantes de Gel de Papaína estrangeiros
Quem serão?	População de alta, média e baixa rendas (rede pública)	Fabricantes de brocas ("motorzinho"), fabricantes de Gel de Papaína estrangeiros e inclusão de laser nas extrações de cáries
Onde estavam e onde estão?	Grandes capitais (São Paulo, Rio de Janeiro e Brasília)	Fabricantes brasileiros e externos de brocas e fabricantes externos de Gel de Papaína
Onde estarão?	Estados e capitais brasileiras	Brasil e Suécia
Quantos eram?	10% da população	7
Quantos são?	30% da população	12
Quantos serão?	90% da população	6

Observação: de acordo com o Ministério da Saúde, até 1998, cerca de 30 milhões de pessoas nunca tinham ido ao dentista; cerca de 13% dos adolescentes nunca tinham ido ao dentista; 20% da população brasileira já havia perdido todos os dentes e 45% dos brasileiros não faziam uso regular da escova de dente.

PLANEJAMENTO DO PRAZO DE PROJETO – CRONOGRAMA-MESTRE

O cronograma da Figura 2.6 reflete o consenso alcançado entre as áreas da empresa.

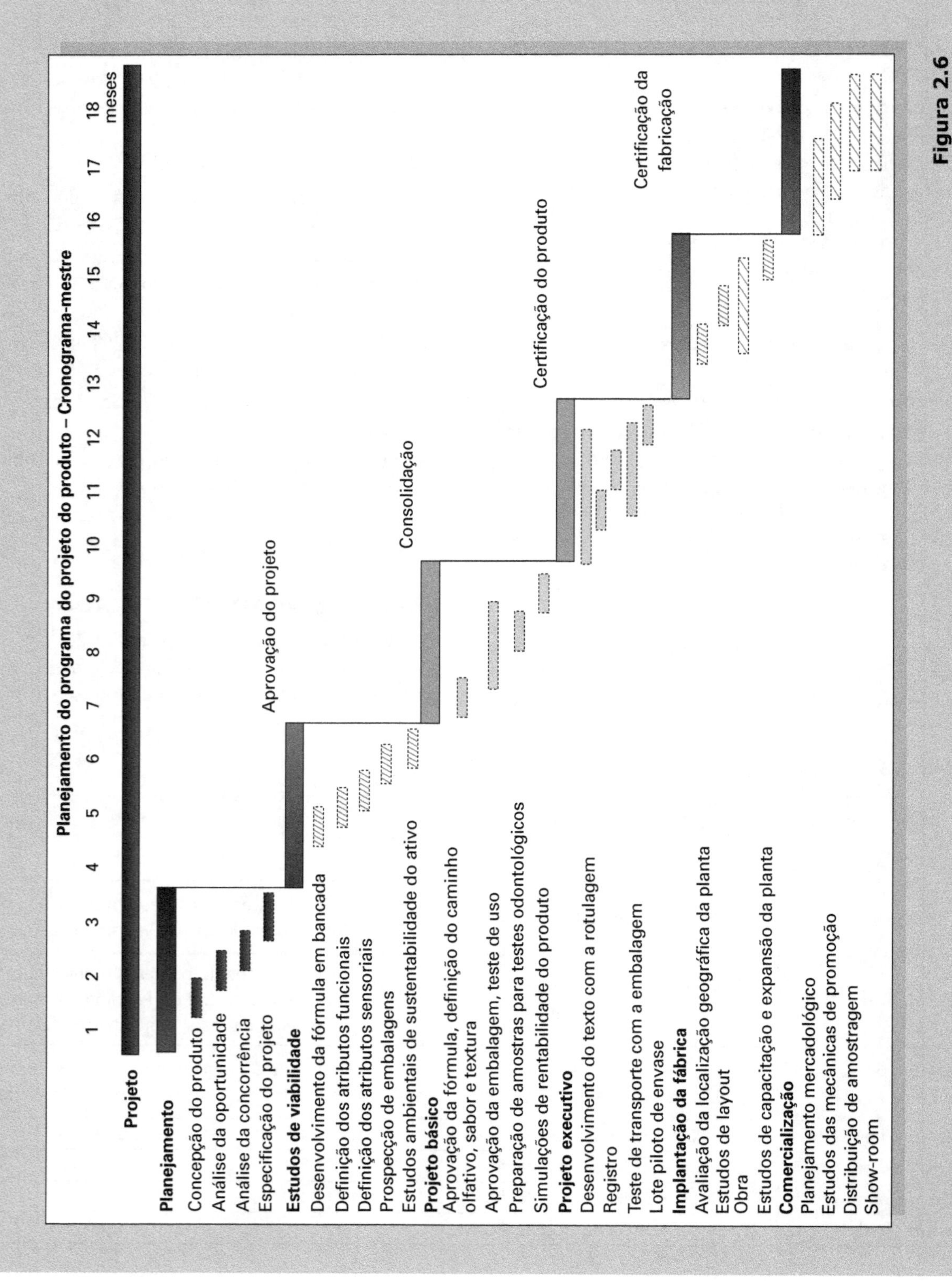

Figura 2.6
Cronograma-mestre para a implantação do Gel Papador

Estimativa do ciclo de vida

A Figura 2.7 indica a estimativa do ciclo de vida do Gel de Papaína.

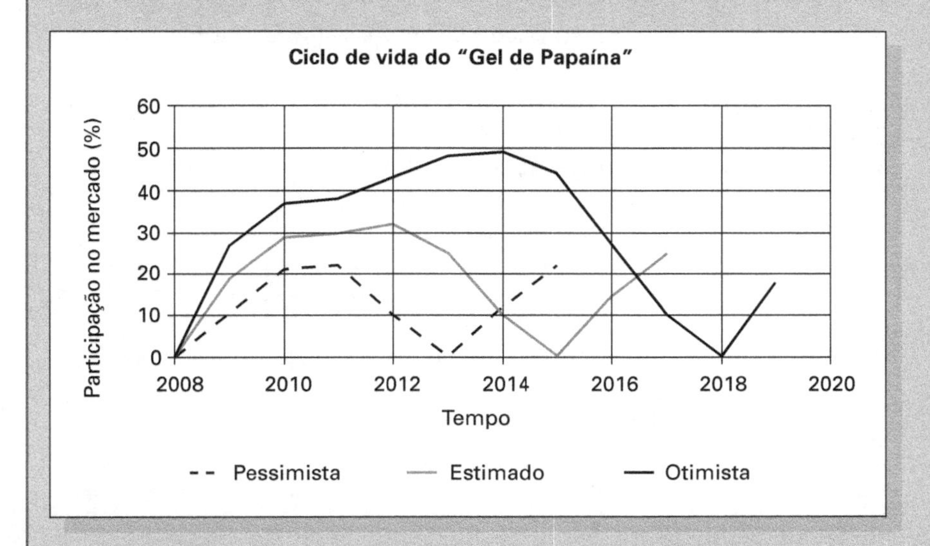

Figura 2.7
Ciclo de vida do Gel de Papaína

INVESTIMENTOS, CUSTOS E LUCRATIVIDADE

O limite de investimento para o projeto de desenvolvimento, fabricação, divulgação e comercialização do produto Gel de Papaína foi estabelecido após análise e consenso entre as áreas responsáveis pelo projeto. Considerando como base de análise para determinar o investimento os seguintes fatores: pesquisa mercadológica, ciclo de vida do produto, prazo estimado para o lançamento, exigências técnicas do produto, aquisições de ferramental e equipamentos, concepção do produto e do material de embalagem, divulgação e comercialização.

Limite dos investimentos – do projeto à comercialização

Para o projeto do produto Gel de Papaína, foi determinado o valor total de R$ 660.000,00, sendo esse valor dividido de acordo com as necessidades de cada fase do projeto, assim distribuídas:

- **No projeto e desenvolvimento: R$ 320.000,00**
  - pesquisa de mercado;
  - aquisição e desenvolvimento de novas matérias-primas;
  - desenvolvimento do produto – Fase Laboratório;
  - testes clínicos;
  - registro na Agência Nacional de Vigilância Sanitária;
  - desenvolvimento do produto – Fase "Escala Industrial";
  - desenvolvimento de metodologias analíticas;
  - desenvolvimento do material gráfico (impressores – cartucho, bula, bisnaga).
- **Na implantação da fabricação: R$ 140.000,00**
  - aquisição de ferramental;
  - ajuste de equipamentos;
  - aquisição de equipamento;
  - aquisição de matéria-prima e material de embalagem (para abastecer dois meses de venda).
- **Na comercialização e divulgação: R$ 200.000,00**
  - desenvolvimento de material promocional e material técnico;
  - eventos para divulgação e lançamento do produto;
  - treinamento da equipe de representantes;
  - distribuição de amostras grátis (4.000 unidades com 10 ml cada);
  - publicidade (mídia especializada).

Custo unitário do gel de papaína – da fabricação ao varejo

A análise e a definição do custo do produto foram feitas de forma a atender a relação entre preço ao consumidor, compatível com o valor e qualidade, *versus* margem de lucro.

A qualidade do produto é essencial para a longevidade; aliada à estratégia da empresa em garantir um preço competitivo, ela contribui satisfatoriamente para o sucesso de implementação do produto.

A empresa tem como responsabilidade e compromisso garantir a qualidade do produto ao consumidor. Esse quesito foi determinante para a composição do custo de fabricação do Gel de Papaína, assim como a definição da margem de lucro estimada para o produto.

- **Custo na fabricação/logística: R$ 15,00**

  Na decomposição do custo, temos:
  - 20%: atribuído a impostos (ICMS e IPI);
  - 15%: atribuído à distribuição;
  - 15%: atribuído a despesas fixas do processo (depreciação, mão de obra);
  - 50%: atribuído a despesas variáveis do processo (30% para matéria-prima e 20% para material de embalagem).

- **Preço de venda no varejo: R$ 22,00**

Definição de resultados financeiros – lucratividade

Na concepção do projeto foi estabelecida uma lucratividade mínima aceitável do produto, com base na previsão pessimista de vendas durante o ciclo de vida do produto.

Os critérios qualitativos analisados foram:

- **PRI (prazo de recuperação do investimento):** o prazo de recuperação do investimento é de 16 meses, tendo sido considerado para sua análise:
  - investimento inicial: R$ 660.000,00;
  - estimativa pessimista de vendas: 6.000 unidades/mês.

- **IVA (índice de valor atual) – lucratividade**

$$\text{IVA} = \frac{\text{rendimentos líquidos totais}}{\text{investimentos totais}} = 1{,}10$$

A lucratividade estimada foi maior que 1,0, o que significa que o programa de projeto do Gel de Papaína é mais lucrativo que o simples investimento financeiro, fazendo que o projeto do produto seja compensador.

Considerando para a análise da lucratividade:

- investimento inicial;
- margem de lucro/lote;
- ciclo de vida do produto;
- despesas com a produção (durante ciclo de vida do produto).

REQUISITOS TÉCNICOS

Requisitos funcionais

- **Desempenho:** o Gel de Papaína deve dissolver tecido cariado e remover tártaro dos dentes, mantendo sua consistência para temperaturas entre 0 °C e 60 °C (transporte em caminhão baú ou exposto diretamente ao sol).
- **Estética e ergonomia:** o gel contém materiais líquidos que conferem umectação, evitando que ele seque na saída do tubo, aromas e corantes atóxicos, os quais serão atestados em pesquisas apropriadas. A embalagem deve ser um tubo flexível.
- **Segurança:** o gel deverá ter validade de um ano, deverá ainda poder ser estocado na faixa de temperatura de 0 °C a 60 °C, sem que haja dano ao produto, e não deve provocar intoxicação, no caso de sua ingestão.
- **Proteção ambiental:** tanto a embalagem de contenção quanto a de comercialização deverão ser recicláveis, além de o processo de fabricação estar de acordo com a norma ISO 14001, estabelecendo as diretrizes básicas para o desenvolvimento de um sistema que gerencie a questão ambiental dentro da empresa, ou seja, um sistema de gestão ambiental.

Requisitos operacionais

- **Confiabilidade:** o produto, se conservado e utilizado adequadamente, não apresentará falhas ao desempenhar suas funções.
- **Mantenabilidade:** o produto não requer manutenção preventiva, excetuando-se as características normais de estocagem e conservação. Guardar em local seco e arejado – embalado em papel-cartão, com empilhamento máximo de dez caixas por *pallet*.
- **Durabilidade:** o prazo de validade de um ano garante as características ativas do produto. Depois de aberto, a durabilidade varia em relação ao uso para a limpeza e tratamento dos dentes.
- **Custo operacional:** sendo um produto de consumo, leva-se em conta apenas o custo de aquisição, que será de R$ 22,00/10 g.

Requisitos construtivos

- **Embalagem (tubo):** comprimento total de 11 cm e largura total de 3 cm.
- **Espessura:** 0,9 cm e conteúdo de 10 g.

O PRODUTO COMO UM SISTEMA

- **Entradas normais:** aplicação correta do produto em dentes cariados ou com tártaro.
- **Saídas desejadas:** amolecimento dos tecidos para fácil remoção. Mascaramento do sabor por meio de aroma agradável.
- **Entradas indesejadas:** condições anormais de estocagem. Ingestão do Gel de Papaína. Uso fora do período de validade, indicado na embalagem.
- **Saídas aceitáveis:** consistência do gel alterada, mas sem alteração das propriedades; leve sensação de náusea. Gel de Papaína sem total efetividade contra cárie e tártaro.

EXEMPLO 2.2
LAVANDERIA INDUSTRIAL

PLANEJAMENTO DO PROJETO

Conceituação do produto

O produto desse projeto é a abertura da Vanzolimp Lavanderia, a qual será uma lavanderia industrial cuja operação destinar-se-á a atender a necessidades do setor hoteleiro. Dessa forma, ela prestará serviços de limpeza e higienização de roupas de cama, mesa e banho provenientes de hotéis, motéis, academias e clubes.

A lavanderia deverá operar no mercado apresentando:

- alta produtividade dos seus serviços;
- prazos adequados às necessidades atuais e futuras do mercado;
- custos reduzidos;
- bom atendimento;
- funcionários qualificados, com treinamento e domínio de novas técnicas específicas.

Quanto às suas funções, ela deverá exercer, de forma segura e adequada, os serviços de coleta, classificação, lavagem, secagem, passadoria, expedição e distribuição (Figura 2.8).

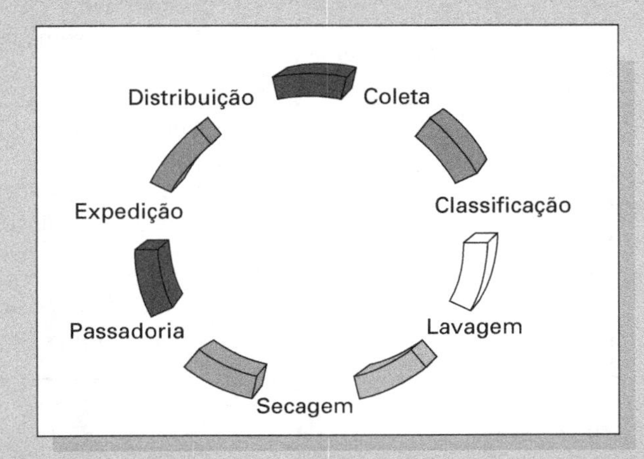

Figura 2.8
Funções da Vanzolimp Lavanderia

Para obter uma posição de destaque no mercado, a lavanderia prestará os serviços de limpeza e higienização de forma rápida, segura, confiável e a preços competitivos com o de seus concorrentes. Ao mesmo tempo, durante sua operação, ela deverá buscar por novas tecnologias e serviços que possam vir a se tornar vantagens competitivas perante os demais.

De forma a melhor atender os clientes, os serviços oferecidos pela empresa devem prover tecnologia adequada, organização e flexibilidade.

Os serviços prestados pela Vanzolimp Lavanderia irão muito além da higienização de roupas de cama, mesa e banho. Serão oferecidas também soluções completas de parceria a seus clientes; nesses casos, a empresa proporcionará a opção de o cliente adquirir parte ou toda a roupa de cama, mesa ou banho diretamente da lavanderia. Dessa forma, o cliente terá suas roupas retiradas e entregues em excelente estado, sempre nos prazos determinados. A gestão da rouparia também será de responsabilidade da Vanzolimp, a qual identificará a necessidade de reposição das peças, de acordo com seu desgaste. Esse processo permitirá ao cliente dedicar-se a outras áreas de seus negócios.

A preocupação não será apenas reservada ao bom atendimento e qualidade dos serviços prestados; a empresa comprometer-se-á também a adequar-se às normas ambientais vigentes, contribuindo, com isso, para a conscientização ambiental.

Quadro 2.4 Resumo do produto

Produto	**Abertura da lavanderia industrial Vanzolimp Lavanderia**
Mercado	Hotéis e motéis
Necessidade	Limpeza e higienização de roupas de cama, mesa e banho
Função	Coletar, classificar, lavar, secar, passar, expedir e distribuir
Atributos do produto	Rápida, segura, confiável e econômica
Missão	Gestão e higienização de têxteis e afins, oferecendo soluções rápidas e completas a preços competitivos, proporcionando, com isso, higiene, conforto e segurança aos funcionários

Desdobramento da Qualidade Funcional (QFD)

O desdobramento dos requisitos do cliente associados ao serviço de uma lavanderia industrial foi disposto segundo um QFD; o qual pode ser visualizado no Quadro 2.5.

Quadro 2.5 QFD do serviço de lavanderia industrial

Missão	Atributos aplicáveis	Características técnicas	Projeto da Vanzolimp Lavanderia
Preço justo	- Preço competitivo	- Investimentos e custos	- Limites de custo e investimento adequados - Baixo custo operacional
Confiável	- Pontualidade no serviço - Segurança	- Eficiência dos processos - Segurança patrimonial	- Layout da lavanderia - Controle dos processos - Sistema interno de segurança
Comodidade	- Serviços de entrega e retirada de roupas - Disponibilidade do serviço	- Retirada e entrega da roupa pela própria lavanderia - Atendimento de acordo com o horário de funcionamento dos clientes	- Transporte próprio - Funcionamento durante os sete dias da semana - Operação durante as 12 horas/dia
Qualidade na lavagem	- Entrega de roupas limpas - Roupas não danificadas durante a lavagem	- Insumos - Correta utilização dos equipamentos - Maquinário atualizado	- Requisitos técnicos para matéria-prima e insumos - Mão de obra qualificada - Controle de qualidade dos processos - Manutenção preventiva e corretiva
Não poluir o meio ambiente	- Proteção do meio ambiente	- Controle da saída de efluentes de acordo com as normas vigentes	- Tratamento de efluentes - Certificação ISO 14001

Porte e tipo

No Quadro 2.6 estão listados alguns aspectos relevantes ao porte, tipo e principais objetivos da Vanzolimp Lavanderia:

Quadro 2.6 Resumo do porte, tipo e objetivos da Vanzolimp Lavanderia

Área de atuação	**Lavanderia Industrial Hoteleira (hotéis e motéis)**
Número de funcionários	25 funcionários
Faturamento anual	R$ 2,5 milhões
Objetivo de curto prazo (um mês a dois anos)	Pagamento dos investimentos
Objetivo de médio prazo (dois anos a cinco anos)	Ampliação da infraestrutura suficiente para aumento da lucratividade
Objetivo de longo prazo (cinco anos a dez anos)	Manutenção da lucratividade

CARACTERIZAÇÃO DO MERCADO

A prestação de serviços de lavagem de roupas surgiu no Brasil há um século, com um trabalho executado manualmente, no quintal das residências, muitas vezes como complemento de renda das donas de casa à remuneração do marido operário. Logo depois, a lavanderia passou a ser um pequeno negócio que ganhava a frente da casa, com portas abertas para a rua, administrada pelo núcleo familiar (pai, mãe e filhos). Mais tarde, a colônia portuguesa predominou, no Rio de Janeiro, nesse tipo de pequena empresa, enquanto a colônia japonesa dominava em São Paulo, com suas pequenas tinturarias.

Até a década de 1940, mais de 95% das lavanderias apresentavam características familiares e artesanais. Em 1944, a lavanderia Eureka, em Minas Gerais, foi a pioneira em modernização, com equipamentos estrangeiros e método operacional baseado em empresas norte-americanas, tendo o seu modelo seguido no país somente a partir dos anos 1960 e 1970.

Em 1977 foi fundada a Associação Nacional das Empresas de Lavanderia (Anel), que contribuiu para acelerar a maturidade empresarial do setor.

Na década de 1980, despontaram as lavanderias com processamento especializado em jeans, alcançando uma grande expansão no mercado e a migração de segmento de muitas lavanderias tradicionais para este. Embora o segmento especializado em jeans tenha se consolidado no mercado, houve períodos de instabilidade, o que provocou o fechamento de várias empresas.

Nos anos 1990, a entrada de redes estrangeiras de franquia abalou o segmento doméstico, com uma ligeira expansão no mercado consumidor, em virtude da prática de preços mais baixos. A partir daí, diversas lavanderias brasileiras passaram a franquear suas marcas.

No final do século XX e começo do XXI, a entrada do capital estrangeiro possibilitou que as empresas investissem na prestação de serviço industrial para grandes quantidades.

Nos últimos anos, o mercado de conservação de roupa hospitalar e hoteleira experimentou um crescimento importante, em virtude da consolidação da terceirização de serviços auxiliares. Alguns hospitais e hotéis reativaram suas lavanderias internas, mas a terceirização é irreversível tanto no Brasil como no exterior.

É arriscado fazer uma previsão para o futuro, embora costume-se dizer que, havendo uma distribuição de renda mais justa no país, os resultados serão imediatamente sentidos no mercado.

A tendência internacional é para a estabilização e até a diminuição no segmento de lavanderias domésticas e um aumento da terceirização de lavagem e locação de roupas lisas e uniformes de hotéis, hospitais e indústrias, em decorrência da especialização e da racionalização de espaço e de custos.

Um resumo dos clientes passados, atuais e futuros, na cidade de São Paulo, pode ser encontrado, nos Quadros 2.7, 2.8 e 2.9, respectivamente.

Quadro 2.7 Resumo dos clientes passados

Quem eram?	**Hotéis e motéis de pequeno porte**
Como eram?	Estabelecimentos que recorriam à terceirização por não possuírem capital suficiente para investir em lavanderias de roupas próprias.
Onde estavam?	A grande maioria dos motéis localizava-se nas proximidades da rodovia Raposo Tavares, da Marginal do Rio Tietê – entre os bairros do Belenzinho e Penha –, do Ipiranga e em regiões da periferia de São Paulo; a principal localização dos hotéis era no centro da cidade.
Quantos eram?	Havia 141 estabelecimentos desse porte.

Quadro 2.8 Resumo dos cliente atuais

Quem são?	**Hotéis e motéis de todos os portes**
Como são?	Houve um franco crescimento no número de hotéis e motéis em todo o município, onde 65% deles contam com lavanderias próprias – em contrapartida, vários preferiram terceirizar esse serviço para se concentrar em sua atividade principal, mesmo os que já possuíam estrutura própria.
Onde estão?	Enquanto os hotéis novos estão sendo construídos próximos a regiões mais nobres, como Itaim Bibi, Jardins, Brooklin e Ibirapuera, com claro foco em clientes que viajam a negócios, os motéis passaram a ser erguidos em bairros de classe média, como Tatuapé, Barra Funda, Saúde e Ipiranga, além da região da rodovia Raposo Tavares.
Quantos são?	Existem 271 estabelecimentos.

Quadro 2.9 Resumo dos clientes futuros

Quem serão?	**Hotéis e motéis de todos os portes**
Como serão?	Apesar da estabilização no número de motéis na região, uma boa parte deles passará a terceirizar esse serviço, tendo em vista o aumento das exigências legais e ambientais para lavanderias. O número de hotéis de médio a alto padrão tende a ter um pequeno aumento, focando os viajantes a negócios – esse tipo de hotel tradicionalmente possui lavanderia própria, mas há exceções.
Onde estarão?	O número de motéis na região crescerá muito pouco (se crescer), porém há planos de desativação de lavanderias próprias de boa parte deles (aproximadamente 20%); já o número de hotéis de médio e alto padrão tende a crescer nos próximos cinco anos, sendo metade deles com lavanderia própria.
Quantos serão?	Serão 305 estabelecimentos.

Um resumo dos concorrentes passados, atuais e futuros pode ser encontrado nos Quadros 2.10, 2.11 e 2.12, respectivamente.

Quadro 2.10 Resumo dos concorrentes passados

Quem eram?	– 5 à Sec – Alfa Lavanderia Industrial – Alsco Toalheiro Brasil Ltda. – Art Lav S/C Ltda. – Heiwa Lavanderia Industrial Ltda. – Hobby Lavanderia Industrial Ltda. – Huayra Confecção Lavanderia e Tinturaria Ltda. – Lautromat – Lavanderia Chácara Flora S/C Ltda. – Lavanderia Cometa – Lavanderia Cristeen Ltda. – Lavanderia Cysne – Lavanderia da Paz Ltda. – Lavanderia e Tinturaria Guarani – Lavanderia e Tinturaria Jolar Ltda. – Lavanderia e Toalheiro Onishi Ltda. – Lavanderia Ibérica	– Lavanderia Lav Sec – Lavanderia Lav Service Ltda. – Lavanderia Leve Limpo Ltda. – Lavanderia Moura Ltda. – Lavanderia Pro Lav Ltda. – Lavanderia Teixeira S/C Ltda. – Lavanderias Serv – Magnus Lavanderia Industrial Ltda. – Mascote Lavanderia Ltda. – Mix Lavanderia Industrial Ltda. – Mr Clean – Santa Izabel da Cantareira Empreendimentos Ltda. – SL Toalheiro Industrial Ltda. – Ultraclean Comércio e Serviços Ltda. – Lavanderia Consolação Ltda. – Lavanderia Uselav Ltda.
Como eram?	Lavanderias industriais em expansão e modernização de sua estrutura, equipamentos e processo de lavagem.	
Onde estavam?	Distribuídas na Capital de São Paulo, com maior concentração na zona sul da cidade.	
Quantos eram?	Havia na área 34 estabelecimentos.	

Quadro 2.11 Resumo dos concorrentes atuais

Quem são?	– 5 à Sec – Alfa Lavanderia Industrial – Alsco Toalheiro Brasil Ltda. – Americam Jeans Lavanderia Industrial Ltda. – Art Lav S/C Ltda. – Batel Sistemas de Higiene Ltda. – Esterilav Assistência Técnica de Equipamentos Hospitalar – Heiwa Lavanderia Industrial Ltda. – Hiroshima Lavanderia e Limpadora de Carpetes – Hiroshima Lavanderia e Limpadora de Carpetes – Hobby Lavanderia Industrial Ltda. – Hospitécnica Comércio Médico Hospitalar Ltda. – Huayra Confecção Lavanderia e Tinturaria Ltda. – Lautromat – Lavanderia Bellos Ltda. – Lavanderia Chácara Flora S/C Ltda. – Lavanderia Cometa – Lavanderia Cristeen Ltda. – Lavanderia Cysne – Lavanderia da Paz Ltda. – Lavanderia e Tinturaria Guarani – Lavanderia e Tinturaria H2O Ltda. – Lavanderia e Tinturaria Jolar Ltda. – Lavanderia e Tinturaria Lord Ltda. – Lavanderia e Toalheiro Onishi Ltda.	– Lavanderia Ferraz Ltda. – Lavanderia Ibérica – Lavanderia Lav Sec – Lavanderia Lav Service Ltda. – Lavanderia Leve Limpo Ltda. – Lavanderia Marialva – Lavanderia Moura Ltda. – Lavanderia NCR – Lavanderia Nova Paulistana Ltda. – Lavanderia Pop Lar S/C Ltda. – Lavanderia Pro Lav Ltda. – Lavanderia Teixeira S/C Ltda. – Lavanderias Serv – Magnus Lavanderia Industrial Ltda. – Mascote Lavanderia Ltda. – Mix Lavanderia Industrial Ltda. – Mr Clean – Mr Clean Serviços Especializados de Lavanderia S/C Ltda. – Santa Izabel da Cantareira Empreendimentos Ltda. – SL Toalheiro Industrial Ltda. – Texas Jeans Lavanderias – TF Royal Lavanderia Ltda. – Ultraclean Comércio e Serviços Ltda. – Lavanderia Consolação Ltda. – Lavanderia Uselav Ltda.
Como são?	Rápidas, seguras, confiáveis e econômicas.	
Onde estão?	Grande parte concentrada na região sul da cidade, os concorrentes estão distribuídos da seguinte forma: 15% na zona central, 15% na zona leste, 7% na zona norte e 61% na zona sul.	
Quantos são?	Existem 50 estabelecimentos.	

Quadro 2.12 Resumo dos concorrentes futuros

Quem serão?	Lavanderias industriais que acompanharem a tendência do mercado, atendendo às necessidades dos clientes com a qualidade esperada e que administrarem com eficiência as finanças do negócio.
Como serão?	Modernas, rápidas, seguras, confiáveis, econômicas e multifuncionais.
Onde estarão?	Alocadas em pontos de maior concentração de clientes potenciais.
Quantos serão?	73, para os próximos anos.

CRONOGRAMA-MESTRE

O programa do projeto de abertura da Vanzolimp Lavanderia é composto de seis fases principais: planejamento do produto, estudos de viabilidade, projeto básico, projeto executivo, implantação e comercialização. Os prazos de cada uma dessas fases podem ser visualizados no cronograma-mestre do Quadro 2.13.

Quadro 2.13 Cronograma-mestre

Item/meses	**Meses**											
Item	1	2	3	4	5	6	7	8	9	10	11	12
Planejamento do produto	X	X										
Estudos de viabilidade		X	X									
Projeto básico			X	X								
Projeto executivo				X	X	X	X					
Implantação							X	X	X	X		
Comercialização											X	X

O cronograma apresentado corresponde ao prazo alocado para o desenvolvimento e lançamento da Vanzolimp Lavanderia.

Estimativa do ciclo de vida

Para a estimativa do ciclo de vida da Vanzolimp Lavanderia foram levados em conta três possíveis cenários: otimista, pessimista e estimado. O ciclo de vida para cada um deles encontra-se ilustrado na Figura 2.9.

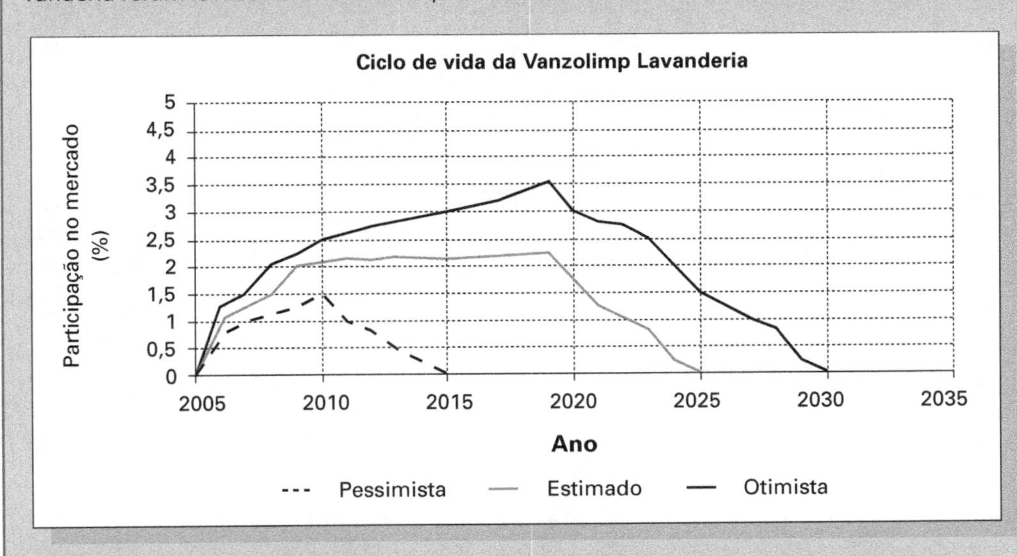

Figura 2.9 Ciclo de vida da Vanzolimp Lavanderia

O cenário pessimista corresponde ao ciclo de vida mais curto do produto. Para a concretização de tal cenário, foram considerados os seguintes aspectos:

- o limite de investimento alocado para o projeto não foi suficiente para promover a competição com os demais estabelecimentos do ramo;
- as necessidades dos hotéis e motéis mudaram de tal forma que eles passaram a não mais terceirizar o serviço de lavagem e higienização das roupas de cama, mesa e banho;
- as lavanderias de grande porte passaram a comprar as lavanderias menores de forma a monopolizar o mercado.

Já para o cenário estimado, o produto possui um ciclo de vida tido como o mais provável de tornar-se realidade. Nele, considerou-se que:

- o limite de investimento empregado foi adequado para manter a lavanderia competitiva no mercado, sem que fossem feitas quaisquer atualizações não previstas;
- o mercado de motéis e hotéis continuou a buscar cada vez mais pela terceirização de seus serviços de lavagem e higienização de roupas de cama, mesa e banho;
- as mudanças no mercado ocorreram de acordo com o previsto, o que possibilitou a tomada de estratégias acertadas ao longo da vida útil da lavanderia.

Por fim, no cenário otimista, o produto possui o ciclo de vida mais longo dos três. Nele, a vida útil do produto supera as expectativas estimadas durante o seu planejamento. Para a viabilização desse cenário foram levados em conta os seguintes aspectos:

- o limite de investimento utilizado foi tal que proporcionou uma larga vantagem competitiva perante os concorrentes;
- houve um acelerado crescimento no número de hotéis e motéis, o que proporcionou um aumento na demanda pelos serviços de lavagem e limpeza prestados pelas lavanderias industriais.

A análise dos possíveis cenários nos quais o produto poderá estar inserido representa um excelente exercício para que a empresa estabeleça planos estratégicos de forma a aumentar sua lucratividade e participação no mercado de lavanderias industriais.

Metas econômicas

Para atingir melhor desempenho, durante o decorrer do funcionamento da Vanzolimp Lavanderia, destacam-se os seguintes objetivos permanentes:

- **Lucratividade:** os lucros devem ser permanentes, e serão divididos em três partes: a primeira destinada a investimentos e atualizações de modernização, além de depreciação dos equipamentos; uma segunda para abertura de conta, e a terceira reservada aos proprietários. Pretende-se alcançar um volume de produção que permita atender os clientes com eficiência, demonstrando ter o melhor custo/benefício e com atendimento diferenciado. O crescimento da Vanzolimp Lavanderia deverá ocorrer de acordo com o seu respectivo retorno financeiro. Em relação aos serviços da lavanderia, pretende-se fazer promoções, de acordo com a quantidade e volume de peças a serem processadas, isso porque será utilizada a capacidade total do equipamento a fim de reduzir os custos.
- **Expansão:** com o próprio retorno financeiro em relação ao tempo, pretende-se abrir outras filiais para atender regiões onde a rede de hotéis e motéis sinta falta desses serviços; tais necessidades serão identificadas por meio de pesquisas. Para isso, será mantida uma padronização no sistema de trabalho e estrutura organizacional colocando a marca Vanzolimp em destaque, com intuito de ser referência e líder no mercado de lavanderia industrial para hotéis e motéis, inicialmente na região de São Paulo.
- **Sobrevivência:** no decorrer do funcionamento do estabelecimento de lavanderia, toda evolução e tendências do mercado serão devidamente acompanhadas. O direcionamento do negócio dar-se-á de forma simples e objetiva, tendo um retorno estável, tanto financeiro como operacional. Todo e qualquer retorno econômico e financeiro será destinado a otimizar o fluxo de caixa.

CUSTOS, INVESTIMENTOS E LUCRATIVIDADE

Objetivos de lucratividade

Para definir qual é a lucratividade esperada do programa, foram utilizados dois índices: Prazo de Recuperação do Investimento (PRI) e Índice do Valor Atual (IVA). Ambos os índices foram definidos para o cenário pessimista do ciclo de vida, considerado o cenário mais crítico para a implantação do projeto.

Na tabela abaixo encontram-se ambos os índices definidos para a Vanzolimp Lavanderia:

Tabela 2.2 Índices de lucratividade

PRI	3
IVA	1,75

É importante ressaltar que, mesmo com índices conservadores (cenário pessimista), o projeto de abertura da Vanzolimp Lavanderia mostra resultados financeiros positivos.

Alocação dos custos e investimentos

Com base no mercado atual, estabeleceu-se o preço a ser cobrado pelo serviço oferecido: R$ 1,75 por quilo de roupa. Aliado à demanda esperada, aos custos do projeto (máquinas, funcionários, sistema de tratamento de efluentes, aluguel etc.) e à carteira de clientes estimada, projetaram-se então quais seriam os custos e investimentos necessários para as fases de projeto e desenvolvimento, implantação e comercialização. Os respectivos valores para cada uma delas são listados a seguir:

- **Projeto e desenvolvimento:** esta etapa engloba as fases de planejamento, estudos de viabilidade, projeto básico, projeto executivo, treinamento, pesquisas etc. Custos/investimentos: R$ 25.000,00.
- **Implantação:** na fase de implantação, as forças estão concentradas na área operacional. Custos/investimentos: R$ 250.000,00.
- **Comercialização:** nesta etapa, a área de marketing ficará encarregada da divulgação do produto, promovendo a entrada deste no mercado. Custos/investimentos: R$ 25.000,00.

Lucratividade

Uma vez definidos os índices PRI e IVA, os custos e investimentos a serem aplicados em cada uma das fases do projeto, bem como o cronograma-mestre, poderão então ser determinados os parâmetros de lucratividade do programa ao longo do tempo. Para a Vanzolimp Lavanderia, tais parâmetros podem ser consultados na Tabela 2.3.

Tabela 2.3 Parâmetros de lucratividade

	Lucratividade		
	1º ano	2º ano	3º ano
Investimento	R$ 450.000,00	R$ 100.000,00	R$ 130.000,00
Despesas	R$ 1.100.000,00	R$ 1.180.000,00	R$ 1.260.000,00
Receitas	R$ 1.800.000,00	R$ 2.970.000,00	R$ 4.455.000,00
Resultado	R$ 250.000,00	R$ 1.690.000,00	R$ 3.065.000,00

Ressalte-se que a média de lucratividade esperada nos três primeiros anos de operacionalização é da ordem de R$ 1.668.300,00.

REQUISITOS TÉCNICOS

A seguir, são apresentados e descritos os requisitos funcionais, operacionais e construtivos identificados para o projeto da lavanderia industrial hoteleira Vanzolimp.

Requisitos funcionais

- **Desempenho:** a lavanderia terá capacidade de lavar até aproximadamente 17.500 kg de peças de tecidos por dia. A eficiência na execução das fases do processo garantirá o cumprimento do prazo de prestação do serviço acordado com o cliente, desde a retirada do pedido até a sua entrega.
- **Estética:** o arranjo físico do setor operacional será organizado, limpo, arejado, com pintura e móveis de cor clara e com distribuição dos equipamentos de forma ergométrica.

  A disposição dos equipamentos no setor operacional terá por objetivo otimizar o processo de lavagem, eliminando tempos desnecessários com a locomoção das peças e redução de intervenção de funcionários na execução das tarefas.
- **Segurança:** a lavanderia apresentará uma operacionalização segura, com funcionários altamente treinados para a execução das atividades.

  Para segurança patrimonial, a empresa será equipada com alarmes de invasão e incêndio.

  A empresa fornecerá, a todos os funcionários, equipamento de proteção individual (EPI)* de acordo com a função exercida:
  - operadores de lavanderia (lavadores e passadores): óculos de segurança, luvas de borracha curtas, protetores auriculares, avental de proteção, botas de borracha;
  - operador de caldeiraria: protetores auriculares;
  - operador de estação de tratamento de efluentes: óculos de segurança, luvas de borracha longas (para manuseio de produtos químicos), máscara de proteção facial (contra respingos de produtos químicos), avental de proteção, botas de borracha.

* Observação: além dos EPIs, o uniforme para operadores de lavanderia deve ser composto por calças compridas, camisetas de manga curta ou comprida e toucas.

A lavanderia será composta por Equipamentos de Proteção Coletiva (EPC) como:

- sensor de vazamento de gás;
- alarme de alta pressão de caldeira;
- alarme de incêndio;
- extintores de incêndio tipo A, tipo B e tipo C;
- mangueira de incêndio/hidrante;
- placas indicativas para áreas com piso molhado/ escorregadio.

OBSERVAÇÃO: deve-se prover carrinhos em aço inox para o transporte de roupas durante o processo, assim como um carrinho para transporte de materiais (químicos em geral).

Características especiais para os equipamentos:

- todos os equipamentos devem ter sensores de parada automática no caso de abertura durante o ciclo; é recomendável que também tenham sistema de freio, com o intuito de impedir a rotação quando abertos;
- as calandras devem ter guarnições para impedir o contato com os roletes, engrenagens e quaisquer outros mecanismos;
- as calandras devem ter chave de inversão de ciclo, para e eventualidade de ocorrer algum tipo de travamento de roupas durante o processo.

OBSERVAÇÃO: não estão sendo consideradas as particularidades de instalação de linhas de gás, água, esgotos e eletricidade.

- Proteção ao meio ambiente: a Vanzolimp Lavanderia terá a responsabilidade perante a sociedade no tratamento de efluentes, cumprindo com sua obrigação na preservação do meio ambiente e colaborando para melhorar a qualidade de vida da comunidade a que pertence.

Requisitos operacionais

- **Eficiência energética:** a lavanderia será equipada com geradores auxiliares para garantir o funcionamento dos equipamentos, em caso de queda de energia elétrica.
- **Eficiência nos processos:** a empresa implantará procedimentos a fim de garantir a eficiência, otimização e redução dos riscos no processo de lavagem.

  A disposição dos equipamentos no arranjo físico deverá proporcionar praticidade na operação e facilidade na locomoção dos funcionários.
- **Confiabilidade:** a lavanderia irá adquirir equipamentos de alta qualidade, fornecidos por representantes conceituados no mercado, para garantir a confiabilidade da operacionalização das máquinas.

  A empresa funcionará nos sete dias da semana, com carga horária de 12 horas/dia.
- **Manutenção:** os equipamentos serão submetidos a manutenções preventivas semanais, preditivas e prediais, conforme cronograma preestabelecido para controle da segurança e qualidade.
- **Durabilidade:** o tempo de vida do produto está estimado em 20 anos, desde que não haja mudanças bruscas no setor de lavanderias, que necessitem de reformas estruturais.
- **Custo operacional:** os requisitos matéria-prima, insumos e mão de obra deverão apresentar custos mínimos para o atingimento de preços competitivos.

Requisitos construtivos

- A lavanderia deverá ocupar uma área de 1.000 m², com capacidade operacional máxima de 17.500 kg de tecidos por dia.

  A construção da lavanderia deverá ser adequada à capacidade especificada na análise de viabilidade, com previsão de espaço para futuras ampliações e modernizações do arranjo físico e equipamentos.

A VANZOLIMP COMO SISTEMA

De forma a assegurar a completa caracterização do produto, a Vanzolimp Lavanderia foi considerada um sistema que recebe entradas e produz as respectivas saídas. Nesse instante foram identificadas entradas tanto normais como indesejadas e, a partir delas, foram definidas as saídas desejadas e também as aceitáveis. A lista dessas entradas e saídas pode ser visualizada na Figura 2.10.

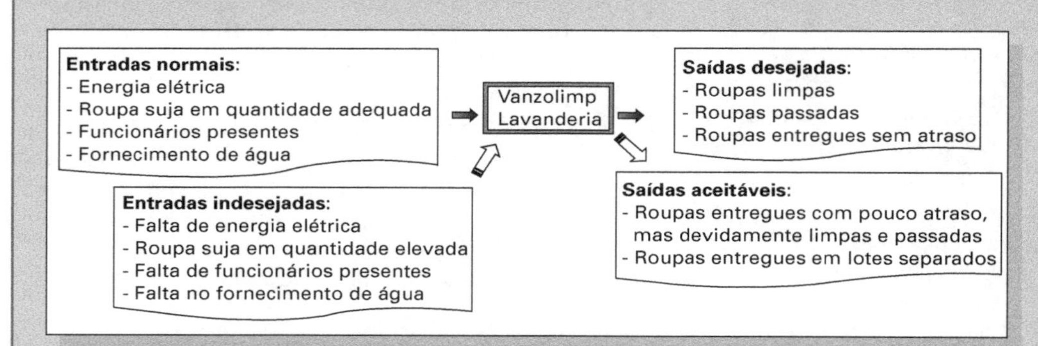

Figura 2.10
Entradas e saídas da Vanzolimp Lavandeira

Síntese do planejamento do projeto

Durante essa primeira fase, foi realizado o planejamento do projeto referente à Vanzolimp Lavanderia, oportunidade em que se definiu toda a conceituação envolvendo o produto, determinando-se as suas respectivas necessidades, funções e atributos de forma a atender ao mercado, em conformidade com o que fora planejado pela equipe.

A análise de mercado envolveu tanto a caracterização dos clientes de forma temporal como também os concorrentes. Apesar de complexa, essa atividade é essencial para a sobrevivência do projeto. Por meio dela, verificou-se que o ramo de hotelaria tende a crescer nos próximos anos, assim como a terceirização dos serviços de lavanderia de hotéis e motéis. Portanto, a escolha de abertura de uma lavanderia para atender a essa nova demanda justifica-se em um cenário favorável.

A determinação do cronograma-mestre em 12 meses possibilita seu controle de maneira adequada ao longo do desenvolvimento e implantação da lavanderia. Embora esse primeiro cronograma já possua todas as fases do projeto, é possível que, ao longo de seu desenvolvimento, seja preciso atualizá-lo de forma a refletir a realidade encontrada.

A estimativa do ciclo de vida por meio da utilização de cenários permite que sejam previstas aplicações de futuras atualizações e/ou modificações na lavanderia, de forma que ela esteja sempre em sintonia com o mercado e suas tendências. É importante ressaltar que os índices de IVA e PRI foram definidos para o cenário pessimista e, ainda assim, o projeto indicou aspectos de lucratividade.

A definição do limite de investimento deu-se de forma que a lavanderia possuísse um nível de inovação tecnológica comparáve ao de seus principais concorrentes, visando, com isso, ao prolongamento do seu respectivo ciclo de vida e evitando obsolescência precoce de seu projeto.

O custo unitário influi diretamente no preço que o produto chegará ao consumidor. O valor de R$ 1,75/kg foi estabelecido de forma que fosse competitivo com aqueles praticados no mercado atualmente e também pudesse gerar o lucro necessário para que fossem atingidos os resultados financeiros definidos para o projeto.

A definição dos requisitos técnicos possibilitou que se determinassem as características de operação e funcionamento da lavanderia, bem como o seu máximo envelope predial e de capacidade de processamento. Foram descritos e listados todos os aspectos técnicos relevantes ao projeto, de forma a especificá-los sem deixar dúvidas ou ambiguidades.

Por fim, tendo determinado todos os fatores listados, pôde-se então partir para a segunda fase do projeto: estudo da viabilidade da Vanzolimp Lavanderia.

EXEMPLO 2.3

IDENTIFICADOR IRISKEY

PLANEJAMENTO DO NOVO PRODUTO

Apresentação do produto

A preocupação com a segurança relativa ao acesso físico à instalações de empresas cresceu significativamente no mundo todo. Esse clima de insegurança envolve, em especial, tanto empresas privadas possuidoras de informações importantes e sigilosas – por exemplo, as instituições financeiras – como também órgãos governamentais.

O produto IrisKey 4000 será um identificador de pessoas pela leitura da íris, dos seus olhos. A íris é uma característica única específica de cada indivíduo, não permite qualquer tipo de falsificação.

Com esse produto, a identificação das pessoas não exigirá senhas, digitação de botões ou outro contato físico. Bastará que a pessoa posicione os olhos na direção do visor, a uma distância de 7 a 25 cm do aparelho, para que a leitura se inicie, com o resultado apresentado em menos de 1,5 segundo, com 100% de precisão no reconhecimento.

O IrisKey 4000 captará e processará a imagem da íris de cada indivíduo, por meio de um software que identificará todas as linhas dos olhos das pessoas, formando assim um banco de dados onde ficarão armazenadas as centenas de milhares dessas informações, até serem requisitadas para fazer uma identificação. Isso possibilitará garantir a segurança do processo de reconhecimento, bem como qualificar os dados cadastrados como altamente confiáveis.

Mercados a que se destina

Situação atual

Hoje, a biometria de identificação mais empregada é a leitura de impressão digital, já em uso, por exemplo, nas fronteiras de alguns países e em caixas eletrônicos bancários. No Aeroporto Internacional JFK, em Nova York, viajantes cadastrados não precisam mais de passagens aéreas ou documentos. Depois de fazer reserva pela Internet, podem chegar tranquilos ao aeroporto e provam quem são e para onde vão apenas pressionando o dedo em um leitor de digitais.

Especialistas concordam, no entanto, que o reconhecimento de digitais ainda não é 100% seguro, já que o índice de falsa rejeição ou falsa aceitação é bem maior do que o esperado. Se o dedo estiver úmido, sujo ou machucado, a leitura será prejudicada. Por isso, o mercado já está recebendo produtos que fazem identificação e autenticação pela íris, eficaz mesmo que a pessoa esteja usando óculos ou com os olhos inflamados. Assim como as digitais, cada íris é única, e se diferencia até mesmo de seu par.

Participação no mercado

A empresa já comercializa identificadores de impressão digital e vai incluir em sua lista de produtos o identificador por meio da íris: o IrisKey 4000.

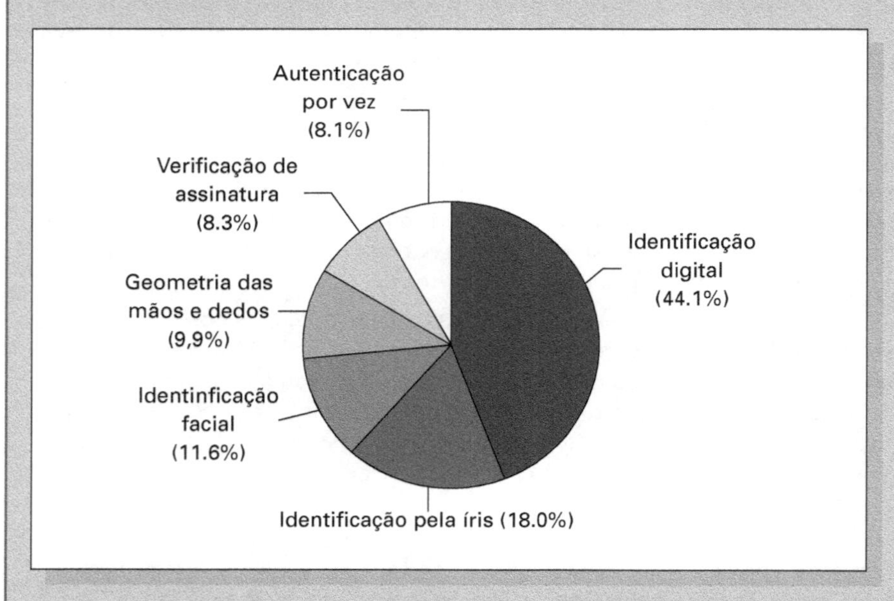

Figura 2.11 Distribuição da tecnologia biométrica no mundo, 2001

Fonte: IDC - www.idc.com.

De acordo com as pesquisas realizadas, concluiu-se que esse produto ainda está em fase de amadurecimento no mercado mundial e que os custos de implementação são relativamente altos quando comparados com os identificadores de digitais.

Dessa forma, o objetivo inicial da empresa é entrar no mercado com o produto focado em pequenas implementações, como, por exemplo: acesso de funcionários aos CPDs de empresas, escritórios de projeto e áreas restritas em geral, para futuramente, com a diminuição dos custos, fazer implementações de grande escala empresarial.

As instituições financeiras deverão ser os principais clientes em razão da característica do seu negócio, que exige uma segurança rigorosa no acesso de pessoas a áreas restritas.

PREVISÕES ECONÔMICAS, SOCIAIS E POLÍTICA DOS MERCADOS

Uma preocupação crescente para os bancos são as fraudes realizadas em máquinas de Autoatendimento (ATM) e até mesmo pelos Internet Bankings.

Obviamente que não é possível para uma instituição financeira de grande porte fornecer dispositivos de segurança de preço elevado para seus clientes, pois, dependendo do custo, ficaria mais barato assumir as perdas com as fraudes.

Os bancos estão começando a fornecer, para alguns clientes de maior poder aquisitivo, dispositivos de segurança, como os *smart cards*, que há alguns anos tinham um preço alto para implementação, mas hoje, com a evolução da tecnologia e a redução dos custos, tornaram-se viáveis.

A expectativa é que, em alguns anos, o produto para identificação pela íris siga o mesmo caminho, com redução nos seus custos e a consequente viabilização do aumento de sua demanda.

Com a estratégia de oferecer o produto para pequenas implementações em instituições financeiras, a empresa já estará inserida em um contexto promissor para atingir seus objetivos futuros.

Os próximos anos prometem ser férteis para a biometria, de acordo com o Gartner Group, organização que analisa o mercado de informática. Essa empresa está incluída na lista das 12 maiores inovações que farão sucesso nos próximos três anos (ver gráfico a seguir).

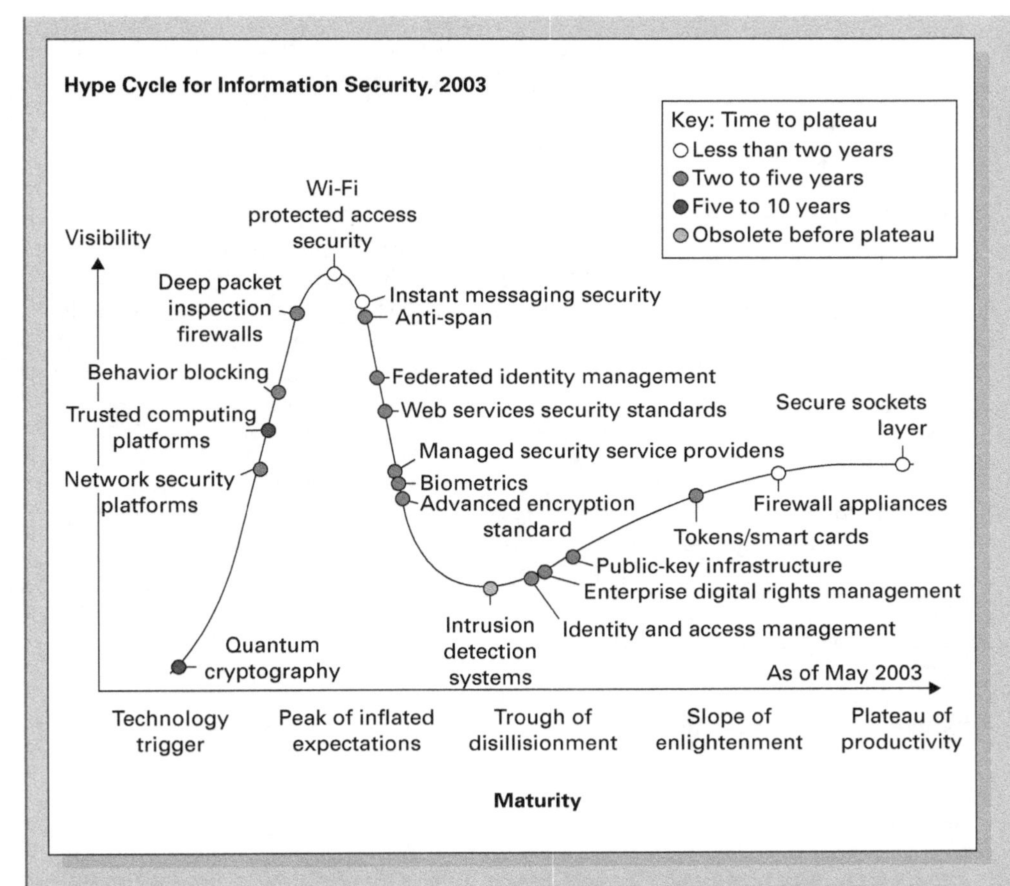

Figura 2.12
Evolução da Tecnologia da Identificação

Fonte: Gartner Research – www.gartner.com.

Segundo informação publicada pela Celent Communications, instituto de pesquisa dedicado ao estudo de negócios e tecnologias para instituições financeiras, em seu relatório sobre fraudes financeiras *Biometrics Point a Finger*, de março de 2002, a utilização da biometria pelas instituições financeiras tende a crescer significativamente nos próximos anos.

Para a Celent, a maioria das instituições financeiras de grande porte, no mínimo, já iniciou testes com tecnologia biométrica. A vulnerabilidade das senhas e a exigência pelos clientes de maior segurança no setor estão promovendo uma maturidade rápida da indústria de biometria. Instituições financeiras demonstram um aumento de interesse em programas pilotos. A indústria precisa apenas reduzir os custos para aumentar suas vendas (ver gráfico a seguir).

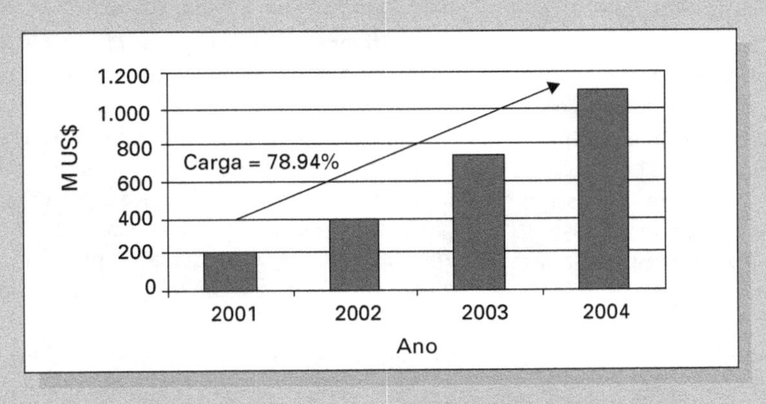

Figura 2.13
Previsão de vendas de produtos biométricos

Fonte: Celent Communications.

Clientes para o produto

- **Quem eram:** grandes empresas, governo e bancos que precisavam restringir o acesso a áreas vitais como CPDs, almoxarifados e áreas de projetos. Algumas empresas, em razão do grande número de funcionários, queriam fazer um controle de ponto mais seguro e eficiente.
- **Quem são:** com o barateamento da tecnologia de verificação digital, a carteira de clientes foi bastante diversificada e ampliada, incluindo empresas de médio porte, além de escritórios de projetos de engenharia e arquitetura, clubes, casas de show e escolas. A linha residencial de fechadura digital está sendo comercializada com construtoras de prédios de alto padrão nas grandes capitais.
- **Quem serão:** a estratégia é iniciar o esforço de vendas para instituições financeiras e para os clientes atuais no primeiro ano, e a partir do segundo ano prospectar empresas privadas diversas, condomínios residenciais de médio padrão e órgãos governamentais. Em 2003, o universo dos bancos que atuavam no Brasil sofreu pequena redução. O processo de fusões e incorporações teve continuidade e alguns bancos estrangeiros negociaram suas operações no país. Mesmo com esse quadro, o universo a ser explorado continua amplo e com boas perspectivas.

Tabela 2.4 Número de instituições bancárias que atuam no país

Universo de bancos que atuam no Brasil	Período				Variação 2002/2003
	2000	2001	2002	2003	
Número de bancos	192	182	166	163	-1,8%
Privativos nacionais com e sem participação estrangeira	106	96	87	87	–
Privativos estrangeiros e com controle estrangeiro	69	70	65	62	-4,6%
Públicos federais e estaduais	17	16	14	14	–

Fonte: Febraban – www.febraban.org.br.

Mercado em que o esforço de venda poderá ser focado a partir do segundo ano:

- **Acesso a computadores:** o acesso fraudulento a sistemas de computadores afeta a rede privada e a Internet de um mesmo modo: perda de confidencialidade e perda de identidade. As tecnologias biométricas estão mostrando ser mais do que capazes de assegurar a confiabilidade de dados digitais e o acesso à rede de computadores. Esse mercado tem um potencial fenomenal, especialmente se a indústria biométrica puder migrar em larga escala para aplicações web, aplicações para dados bancários, *business intelligence*, cartões de crédito, informações médicas e outros dados pessoais que são alvos fáceis de ataques.
- **Transferência Eletrônica de Benefícios (EBT):** sistemas de benefícios são particularmente vulneráveis a fraude. A batalha contra a fraude tem sido travada ao longo de anos. Uma variedade de tecnologias tem sido avaliada. Com a biometria, a tecnologia Afis e sistemas *one-to-one verification* são usados para assegurar que o beneficiário receba o benefício de forma legítima. O *Eletronic Benefits Transfer* (EBT) envolve fundos (moeda) dentro de um *smart card*. O cartão pode então ser usado para comprar alimentos e outros itens essenciais em lojas que possuem esse sistema de pagamento, e a identificação poderá ainda ser validada por impressões digitais. A biometria está bem colocada nesse mercado para construir uma forte relação com seus clientes na oferta de benefícios e transações mediante impressão digital, íris, face ou voz.
- **Imigração:** terrorismo, rota de drogas, imigração ilegal estão provocando tensão nas autoridades de imigração ao redor do mundo. É essencial para essas autoridades ter instrumentos capazes de processar e identificar infratores de forma rápida e automática. A biometria está sendo empregada em diversas aplicações para tornar isso possível. O U.S. Immigration and Naturalization Service (INS) é o maior usuário e avaliador das tecnologias biométricas.
- **Identificação nacional:** a biometria está sendo usada pelo governo de muitos países para registrar o crescimento da sua população, identificar civis e prevenir fraudes que ocorrem durante as eleições. Com frequência, isso envolve registrar um modelo biométrico em um *smart card*, o qual, em uso, atua como um documento de identidade nacional. O *scanning* da impressão digital é particularmente forte nessa área e programas estão prontos em países como Jamaica, Líbano, Filipinas, África do Sul e Estados Unidos.
- **Acesso físico:** cada vez mais organizações estão usando a biometria para assegurar a movimentação física de pessoas. Escolas, estações de energia nuclear, campos

militares, parques temáticos, hospitais, escritórios e outros ao redor do mundo utilizam a biometria para minimizar os problemas com segurança. A biometria certamente vai se tornar mais aceitável e ferramenta essencial, uma vez que a segurança é cada vez mais importante para pais, empregados e governos, dentre outros. O potencial de aplicações é infinito. As empresas podem, por exemplo, adotá-la como forma de marcação de ponto de seus funcionários; ela poderá, também, ser utilizada para proteger carros e casas.

- **Prisões:** essas instituições poderiam utilizar a biometria não para capturar criminosos, mas para garantir que permaneçam presos. Um grande número de sistemas biométricos está em utilização pelo mundo para proteger o acesso a prisões, áreas de detenção policial etc.

Concorrentes

Na linha de identificação digital, temos concorrentes no mercado fabricando equipamentos de controle de acesso, desenvolvendo softwares e revendendo soluções de empresas internacionais como: TopData, Proloja, Henry, Omni Serviços de Informática Ltda. e Ide@line Informática.

Na linha de identificação por meio da íris, nossos principais concorrentes são apenas revendedores de soluções internacionais: Fingersec do Brasil Ltda. e LG Electronics.

Prazo para desenvolvimento e lançamento do produto

Meses	1	2	3	4	5	6	7	8	9	10	11	12	13	14	15	16	17	18
1. Planejamento					▼ AP													
2. Estudo de viabilidade								▼ CS										▼ IP
3. Projeto básico														▼ CP				
4. Projeto executivo																		▼ CF
5. Implantação fábrica																		
Comercialização																		

Figura 2.14
Cronograma-mestre das fases do projeto

Legendas: AP = aprovação do projeto, CS = consolidação, CP = certificação do produto, CF = certificação da fábrica, IP = início da produção.

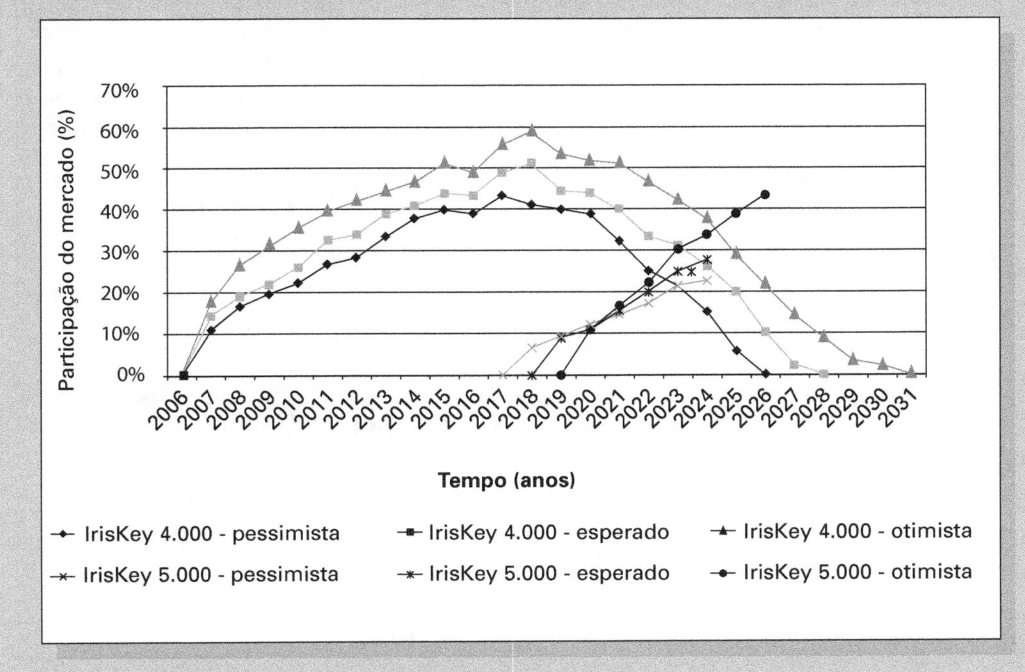

Figura 2.15
Previsões de ciclo de vida

INVESTIMENTOS, CUSTOS E LUCRATIVIDADE DO PROJETO

No planejamento deste projeto estima-se um investimento inicial de até R$ 5.000.000,00, considerando as despesas com aquisição de hardware, software, infraestrutura para instalações físicas, equipe técnica para desenvolvimento, gastos do departamento de marketing e das áreas de qualidade e controle operacional.

Investimento com estudos e planejamento do projeto

No investimento e desenvolvimento do projeto, estão previstas despesas com órgãos especializados em pesquisa de mercado/concorrência e despesas com a equipe envolvida no planejamento do projeto. O custo previsto nesta etapa é de R$ 750.000,00.

Investimento com a implantação

A implantação deste projeto prevê a ampliação do chão de fábrica de 2.700 m² para 4.000 m², desenvolvimento de software para leitura e tradução do código da íris, aquisição de equipamentos para a fabricação dos componentes de hardware necessários.

O custo previsto nesta etapa é de R$ 3.750.000,00.

Investimento com a comercialização

Estima-se investimento da ordem de R$ 500.000,00 na comercialização. Para demonstração inicial do produto, são necessários: criação de folheto do produto, treinamento dos representantes e apresentação do produto aos principais potenciais clientes.

Investimentos próprios e financiados

Será necessária a captação de recursos no mercado na ordem de R$ 1.200.000,00 para garantir a agilidade necessária do projeto. Os outros R$ 3.800.000,00 serão recursos próprios da empresa.

Saliente-se que foi observada, na análise de investimento inicial, a necessidade de recursos extras, como margem de segurança estipulada em 10% do valor total do investimento, conforme normativa n. 164/2001 (Diretrizes básicas de resolução orçamentária) da empresa. Esse valor estará disponível em aplicação na conta do projeto, após sua aprovação.

Custo do produto na fábrica

O produto não poderá custar para a empresa em sua concepção mais que R$ 40.608,00 a unidade, sendo distribuídos e verificados os custos diretos (por exemplo, mão de obra e matéria-prima), indiretos (como impostos e administrativos) de sua produção.

Estima-se a seguinte composição do custo unitário do produto:

Tabela 2.5 Composição do custo unitário

Produto unitário	Custo unitário
Vídeo câmera + software + 1 porta	R$ 28.296,00
3 portas adicionais	R$ 12.312,00
Custo total	R$ 40.608,00

Custo na distribuição

O preço médio da distribuição e instalação será de R$ 1.000,00. Esse custo compreende aqueles da garantia do produto e da implantação na empresa do cliente, dependendo da estrutura local.

Preço unitário de venda no varejo

Não haverá intermediários para a distribuição do produto. A GP Sistemas de Segurança fará a venda direta aos seus clientes potenciais.

Lucratividade mínima aceitável com base na previsão "pessimista" de vendas

Após análise e avaliação perante os clientes potenciais de mercado, cada vez mais preocupados com a segurança de suas informações, a GP Sistemas de Segurança terá condições de oferecer uma tecnologia do mais alto nível de segurança, alcançada pelos esforços de pesquisa e desenvolvimento de tecnologia interna, permitindo estruturarmos uma proposta de mercado competitiva com preços diferenciados. Diante dessa perspectiva de expansão de mercado e de possibilidades avaliadas, espera-se que os lucros sejam crescentes. A lucratividade calculada, considerando a previsão mais pessimista de vendas no ciclo de vida do produto, tem o valor atual de 1,030.

Para conclusão deste cálculo, levou-se em conta o seguinte:

Tabela 2.6 Quantidade das vendas anuais de 450 unidades no mercado, considerando todos os concorrentes

Ano	Vendas anuais unidades	Faturamento bruto acumulado (R$)	Lucratividade	Investimento + custos diretos e indiretos acumulados (R$)	Valor venda do produto
		A	A/B	B	R$ 67.680,00
2007	50	3.384.000,00	0,411	8.239.520,00	
2008	75	8.460.000,00	0,694	12.198.800,00	
2009	89	14.483.520,00	0,857	16.897.145,60	
2010	100	21.251.520,00	0,958	22.176.185,60	
2011	120	29.373.120,00	1,030	28.511.033,60	

Para o cálculo, foram utilizados os seguintes valores relacionados:

Valor de investimento total:	R$ 5.000.000,00
Juros de empréstimos (50%):	R$ 600.000,00
Custo de fabricação e instalação:	R$ 40.608.00
Impostos (30%):	R$ 12.182,40
Custo total:	R$ 52.790,40
Valor de venda do produto:	R$ 67.680,00

Definição do preço de venda em função dos concorrentes e do mercado

Atualmente, o principal concorrente é a LG Electronics, que desenvolve e comercializa o Íris Access 3000, cujo preço de venda consiste em R$ 50.400,00 mais o adicional de R$ 11.400,00 para cada porta instalada.

Para fazer frente ao concorrente, o valor de venda inicial do produto (aparelho + sistema + uma porta) será de R$ 40.000,00 mais o adicional de R$ 11.000,00 para cada porta adicional instalada. O conjunto básico com quatro portas deverá ser vendido por R$ 67.680,00, proporcionando um desconto de R$ 5.320,00 sobre o produto básico para os nossos clientes.

Quadro 2.14 Desdobramento Funcional da Qualidade (QFD – Quality Function Deployment)

Utilização	Atributos aplicáveis	Características técnicas	Projeto
Tempo de resposta	Baixo	Algoritmos trabalham pautados no conceito de identificação, não apenas de verificação	Complexos cálculos matemáticos
Usabilidade	Fácil uso e interface amigável	Utilização de imagens e ícones que se associam com as funcionalidades promovidas pelo sistema	Gráfico e investimentos na identidade visual e design do produto final
Confiabilidade na resposta	Alta	As características da íris não se alteram com o passar do tempo, sendo possível o reconhecimento mesmo que a pessoa use óculos e lentes de contato, sem provocar danos para os olhos	Leitor óptico de alto grau de definição e captura de imagem da íris pelo sistema e processamento para busca no banco de dados
Segurança lógica	Alta	Segurança nos acessos aos dados, o sistema apresenta encriptação inviolável de 128 bits	Segurança dos dados
Armazenamento	Alta	Capacidade para armazenar milhares de registros sem detrimento da operacionalidade	Altos investimentos na escolha da tecnologia e aplicação de banco de dados

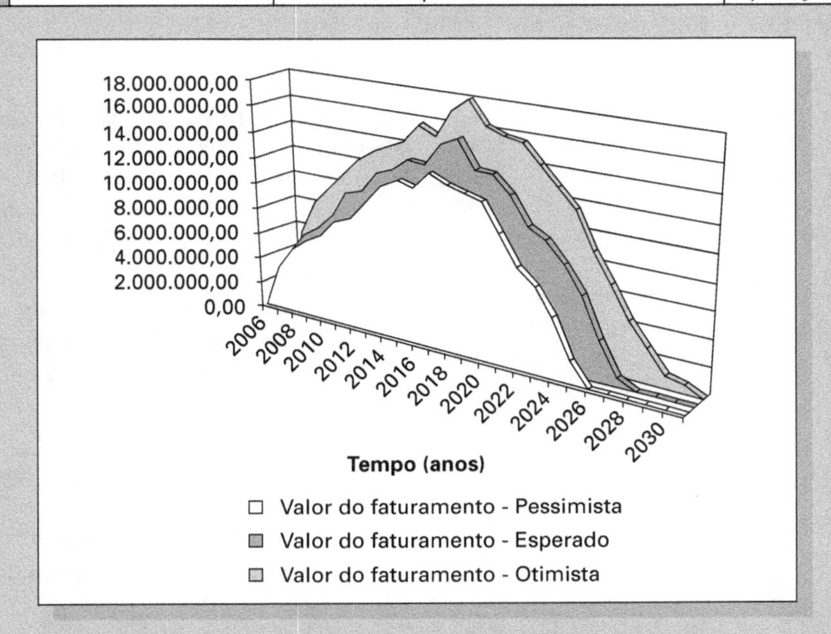

Figura 2.16
Previsão de faturamento/vendas: pessimista, esperado e otimista

REQUISITOS TÉCNICOS

Requisitos funcionais

- **Desempenho:** o sistema de reconhecimento biométrico pela íris a ser desenvolvido deverá exercer a sua função de identificação com 100% de eficiência, sem margens para falsa aceitação ou falsa rejeição, e no prazo máximo de um segundo, visto que o mercado hoje já oferece essa eficiência com um tempo médio de até 1 min 30 s. A margem de erro estimada para esse tipo de dispositivo é de 0,0008% enquanto o reconhecimento por DNA não passa de 0,05%. O produto deverá ter a mesma eficiência no cadastramento, armazenagem da codificação das características das íris e dos parâmetros de controle, e executará corretamente tais parâmetros.
- **Estética, conforto e ergonomia:** o design deverá ser "amigável", principalmente por depender da exposição de uma área sensível do corpo – o olho humano. O produto não emitirá qualquer raio nocivo ao olho. A emissão da unidade de reconhecimento óptico será semelhante àquela emitida por um controle remoto de TV e estará de acordo com os padrões de segurança de iluminação internacionais como o Ansi/Iesna RP-27 e IEC 60825-1 emenda 2 Led classe 1. E em conformidade com os padrões dos institutos oftalmológicos nacionais e internacionais. O sistema de parametrização e controle deverá apresentar um *layout* agradável e claro para o manuseio dos administradores. O sistema não deverá exigir esforço quando solicitar a senha de confirmação, em caso de contingência. Ele deverá fornecer informações claras para os usuários sobre a distância ideal para a leitura da íris, a fim de evitar o desgaste do usuário e do sistema.
- **Segurança:** o sistema não poderá gerar qualquer emissão que irrite ou danifique o olho humano no curto, médio ou longo prazo. O produto não deverá possuir ângulos ou saliências que, acidentalmente, possam ferir o olho do usuário do sistema. Bastará posicionar o olho na direção do visor, a uma distância de 7 cm a 25 cm do aparelho, que a leitura deverá ser iniciada e o resultado apresentado em menos de 1,5 s com 100% de reconhecimento.
- **Proteção ambiental:** o sistema não gerará emissões térmicas, magnéticas ou luminosas significativas. O produto emitirá mensagem de voz para orientar o usuário em um volume audível para a compreensão de até 35 dB.

Requisitos operacionais

- **Consumo de energia:** o consumo mensal de energia para o sistema, supondo que a sua operacionalidade será de 24 horas por dia, durante os sete dias da semana (24 x 7), não poderá exceder 100 kW/h.
- **Confiabilidade:** o sistema de identificação pela íris é o mais eficiente dos métodos biométricos de reconhecimento. A sua margem de erro será de 0,0008%. Ainda assim, o produto pode oferecer, como contingência, a opção de digitação de senha, associada a dados pessoais. As únicas falhas esperadas do produto são as decorrentes do desgaste natural de componentes, como baterias e cabos de alimentação e comunicação. Será oferecida uma garantia de quatro anos para o produto.
- **Mantenabilidade:** o sistema não requererá um programa detalhado de manutenção, a exceção dos cuidados normais de limpeza semanal dos sensores ópticos com produtos não abrasivos, devendo o mesmo cuidado ser dispensado ao teclado usado para a digitação da senha, em caso de contingência. Deve ser recomendada a substituição de baterias a cada três anos e uma manutenção do sistema operacional de oito horas, uma vez por mês, para garantir a eficiência do sistema. Será necessário manter um *atendimento* 24 horas por dia na Internet e por telefone.
- **Durabilidade:** a vida útil das unidades ópticas, da unidade de controle e do teclado será de dez anos.
- **Custo operacional:** o custo básico do produto é o de aquisição. O custo operacional deverá ser composto exclusivamente pelo consumo de energia e o de manutenção pelo desgaste natural dos componentes, não devendo estes incorrer em 1% do valor de aquisição ao ano.

Requisitos construtivos

As dimensões dos componentes do sistema não deverão exceder:

- **Unidade óptica de cadastramento:** largura máxima: 165 mm; altura máxima: 315 mm; comprimento máximo: 187 mm; peso máximo: 3,44 kg; operação de 7 cm a 23 cm; temperatura tolerada de 0 ºC a 45 ºC; umidade de 0% a 95%, sem condensação.
- **Unidade óptica remota:** largura máxima: 154 mm; altura máxima: 225 mm; comprimento máximo 107 mm; peso máximo: 3,13 kg; operação máxima: 7 cm a 23 cm; temperatura tolerada de 0 ºC a 45 ºC; umidade de 0% a 95%, sem condensação.
- **Unidade de controle de identificação:** largura máxima: 411 mm; altura máxima: 402 mm; comprimento máximo: 153 mm; peso máximo: 10,2 kg; capacidade de captura por volta de 15 f/s em cada unidade óptica remota; temperatura operacional tolerada de 0 ºC a 45 ºC de armazenamento de –20 ºC a 60 ºC.
- **Placa captadora de enquadramento:** 78 x 112 mm, com capacidade de captura por volta de 15 f/s em cada unidade óptica remota.
- **Placa de interface de acesso de no máximo:** 28 x 17 mm.
- **Teclado numérico:** largura máxima: 125 mm; altura máxima: 54 mm; comprimento máximo: 264 mm; peso máximo: 2,89 kg.

PRODUTO COMO SISTEMA

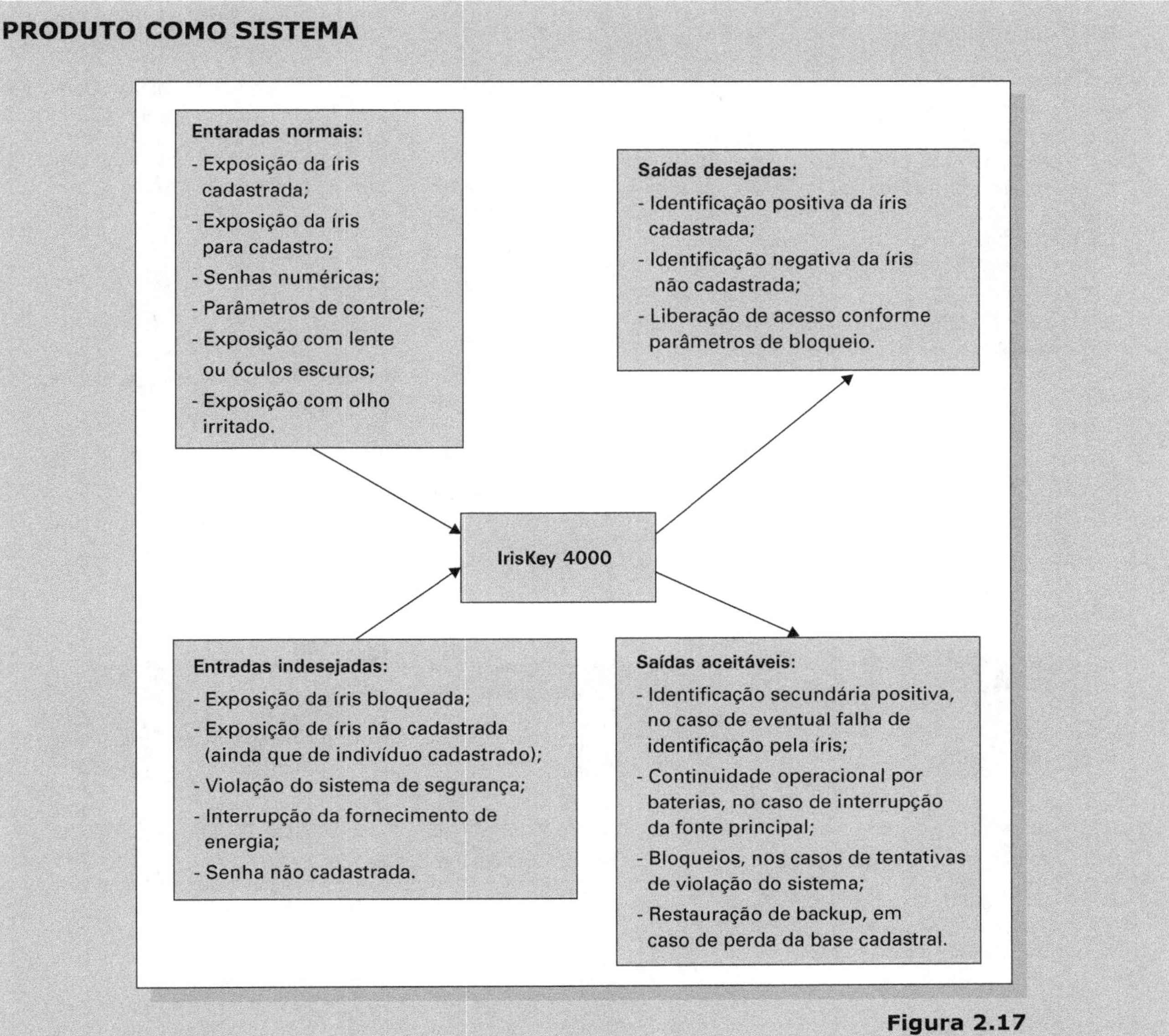

Figura 2.17
Produto IrisKey como sistema

EXEMPLO 2.4
MACACO HIDRÁULICO – "SAFE T JACK"

CONCEITUAÇÃO DO NOVO PRODUTO

Definição do novo produto

Equipamento para elevação de carga de acionamento manual e hidráulico com dispositivo mecânico de segurança, que impede a queda da carga por falha hidráulica e/ou má utilização pelo usuário.

Objetivos e requisitos gerais do projeto

- **Necessidades do produto:** equipamento voltado para a elevação de veículo que requeira manutenção ou limpeza e nivelamento de trailers, com segurança garantida.
- **Funções do produto:** elevar veículo, manter a carga, nivelar veiculo de camping e impedir ou evitar acidentes.
- **Atributos do produto:** equipamento seguro, versátil, robusto, estável, prático, durável e à prova de falha humana.

MERCADO A QUE SE DESTINA O PRODUTO

Clientes

- **Quem, como, onde e quantos eram/são?** Essas informações foram analisadas levando-se em consideração a necessidade como era atendido. Inicialmente eram usuários de equipamentos e cavaletes mecânicos que faziam serviços nos próprios veículos e usuários de reboques (*trailers*).

- **Quem, como, onde e quantos serão?** Usuários de equipamentos de levantamento de veículos, macacos hidráulicos e/ou mecânicos e cavaletes de sustentação. Em geral continuarão sendo usuários que fazem serviços nos próprios veículos, oficinas de manutenção de veículos e praticantes de "*campismo*" (para elevação dos *trailers*), porém preocupados com a segurança. Estarão basicamente nos países onde as pessoas têm maior poder aquisitivo e maior preocupação com a segurança.

Quantos?

- clientes em potencial para automóvel urbano

no Brasil: 160.000.000 x (2% + 8% + 20%) = 48.000.000

48.000.000 x (0,45 x 0,78 + 0,55 x 0,22) = 22.656.000

22.656.000 x 0,31 = 7.023.360 consumidores em potencial

- clientes em potencial usuários de *trailers:*

no Brasil:	10.000
nos Estados Unidos:	2.000.000
na Europa:	4.000.000
total:	6.010.000 consumidores em potencial

Fonte: Associação Brasileira de Campismo.

A descrição dos consumidores-alvo é feita nos gráficos das figuras a seguir.

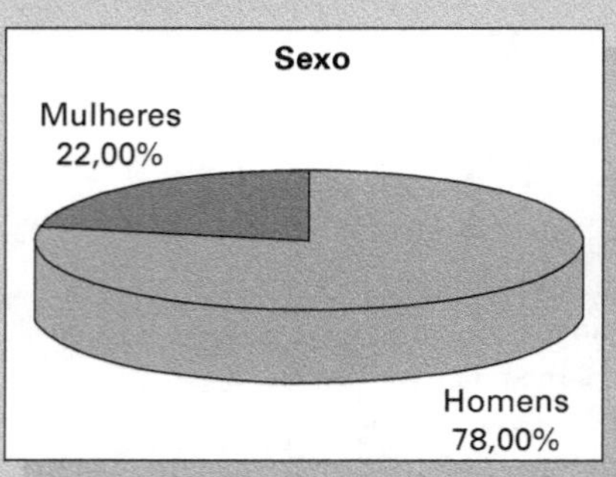

Figura 2.18
Distribuição por sexo

Idade
49 a 50
52%
60 a 66
17%
18 a 26
8%
27 a 48
23%

Figura 2.19
Distribuição por idade

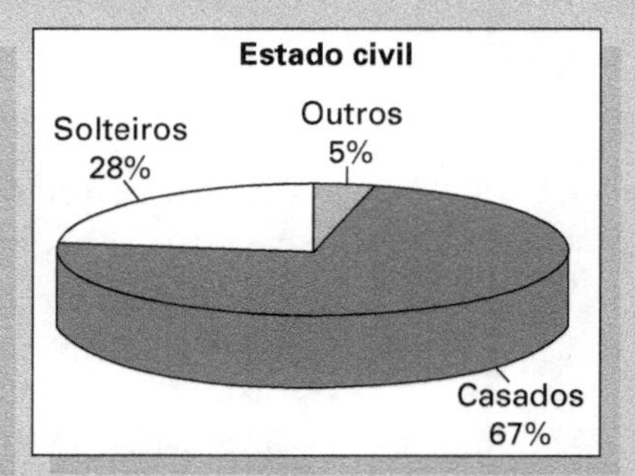

Figura 2.20
Distribuição por estado civil

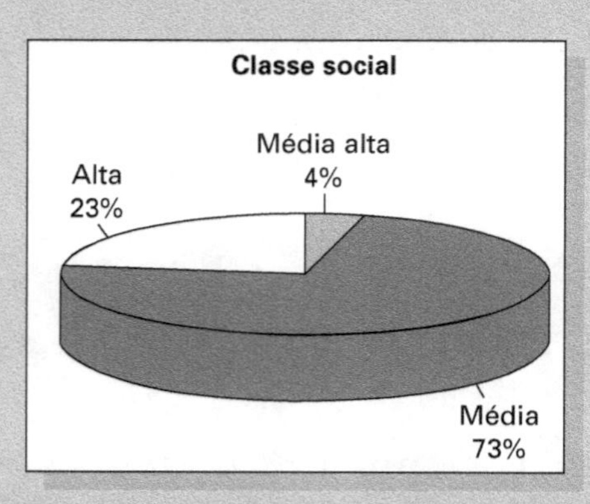

Figura 2.21
Distribuição por classe social

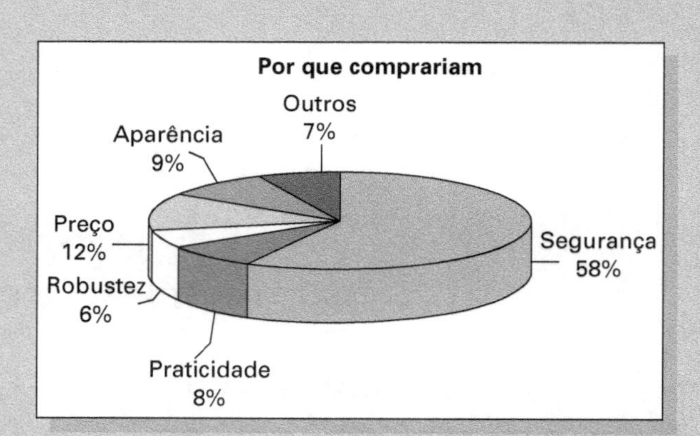

Figura 2.22
Razões para a compra

Concorrentes

Os concorrentes nacionais, nos sistemas tradicionais de elevação de carga, são em um total de cinco: Bovenau, Potente, Ribeiro, MacFort e Mecason, ao passo que os concorrentes internacionais, de acordo com seus respectivos países, são: OMA, OMCN, Cattini, Cizetta, Olmec e Orlandini – Itália; Nike, Shinn-Fu, Jackram, Omega, Tai Lio, Jackco e Tangye – China; Weber – Alemanha; Compac – Dinamarca; Mega – Espanha; Rodac – Noruega; Atel, Borco, Lincoln – Estados Unidos; e Tamer – México.

O sistema da empresa será invador e totalmente diferenciado, e, como será patenteado, nenhum concorrente poderá comercializá-lo por dez anos.

PROPOSIÇÃO DOS PRAZOS

Prazo para desenvolvimento e lançamento – Cronograma-mestre

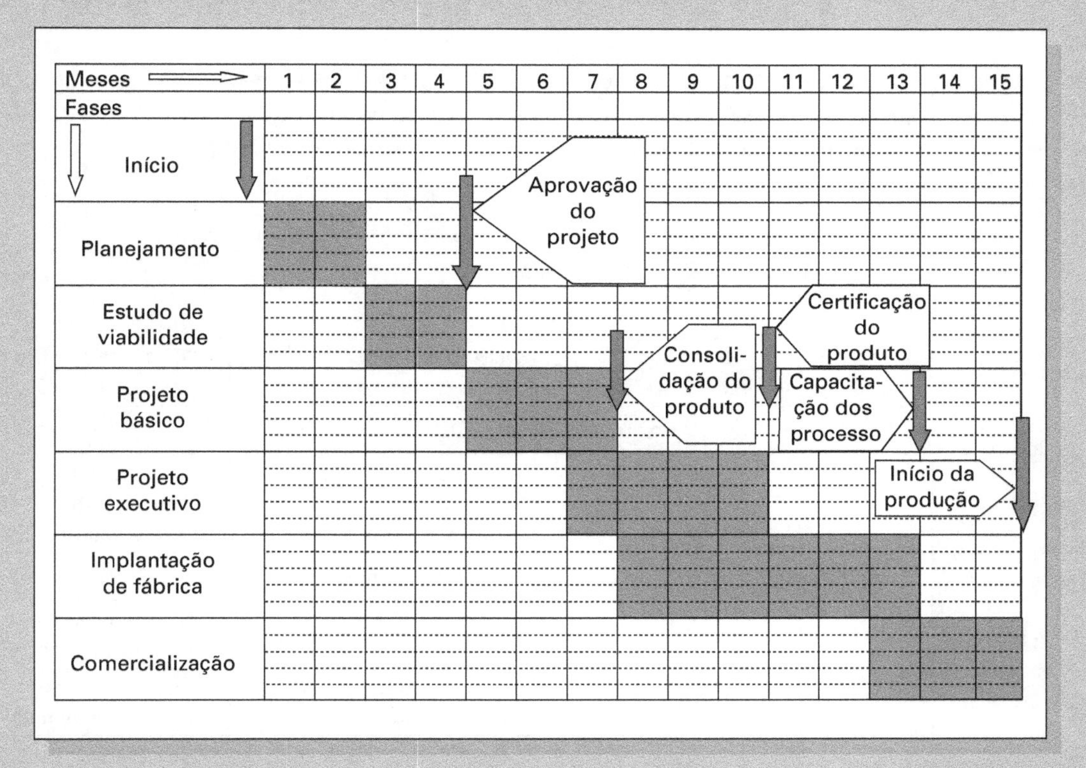

Figura 2.23
Cronograma-mestre do projeto

Ciclo de vida e prazo do produto

- Do lançamento à maturidade: dois anos – linear, de 1.500 a até 12.000 peças/mês.
- Tempo de maturidade: oito a dez anos – com variações anuais discretas.
- Declínio: dois anos – baixando até um patamar de 2.000 peças/mês (motivo: lançamento de produto para substituir produto).

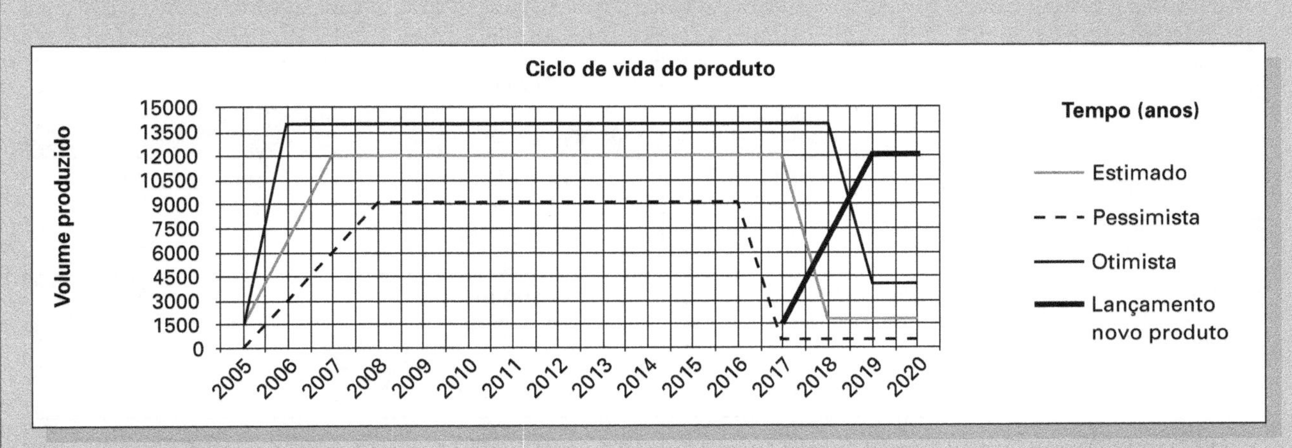

Figura 2.24
Ciclo de vida do produto

ESTIMATIVA DE INVESTIMENTOS

- Ferramentais: estampos, moldes, dispositivos. Equipamentos: prensas, tornos CNC, bancos de teste, outros – R$ 4,1 milhões.
- Espaço físico: galpão de 1.200 m² – R$ 1,4 milhão.
- Desenvolvimento: planejamento, projeto executivo, análise estrutural, protótipos, testes, viagens para pesquisa e obtenção informações – Comercialização: R$ 300 mil. Total: R$ 6,18 milhões.

Limites de preço

Equipamento embalado – 1 unidade hidráulica + 1 unidade cavalete = US$ 99,99 – posto EUA.

Objetivos financeiros

- Prazo de retorno dos investimentos (PRI) – 2,5 anos.
- Índice do valor atual (IVA) – 1,4.

Tabela 2.7 Requisitos técnicos

Característica	Produto atual	Principal concorrente atual	Principal concorrente futuro	Objetivo para o novo produto
Requisitos funcionais				
Desempenho	NT	NT	Carga – 1,8 t Altura mínima – 63 mm Altura máxima – 280 mm	Carga – 2 t Altura mínima – 50 mm Altura máxima – 280 mm
Estética	NT	NT	Cor única	Diversas cores
Conforto	NT	NT	Sem controle preciso	Controle preciso de altura para nivelamento
Ergonomia	NT	NT	Força de atuação – 28 kgf na alavanca	Força de atuação – 22 kgf na alavanca
Segurança	NT	NT	Dispositivo mecânico de segurança	Dispositivo mecânico de segurança
Proteção ambiental	NT	NT	Dentro dos padrões exigidos	Dentro dos padrões exigidos
Requisitos operacionais				
Eficiência energética	NT	NT	70%	90%
Confiabilidade	NT	NT	0,5%	1 PPM
Mantenabilidade	NT	NT	Lubrificação sistema de acionamento. Evitar exposição a intempéries	Lubrificação sistema de acionamento. Resistente a intempéries
Durabilidade	NT	NT	1,5 ano/uso diário	2 anos/uso diário
Custo operacional	NT	NT	Sem custo	Sem custo
Requisitos construtivos				
Dimensões	NT	NT	470 x 150 x 127	470 x 120 x 102
Capacidade (tonelada)	NT	NT	1.800 kg	2.000 kg
Curso útil	NT	NT	190 mm	220 mm
Curso do fuso	NT	NT	70 mm	70 mm
Altura mínima	NT	NT	127 mm	102 mm
Altura máxima	NT	NT	387 mm	392 mm
Área de contato com o solo	NT	NT	Conforme ASME PALD-ADENDA 2004	Conforme ASME PALD-ADENDA 2004

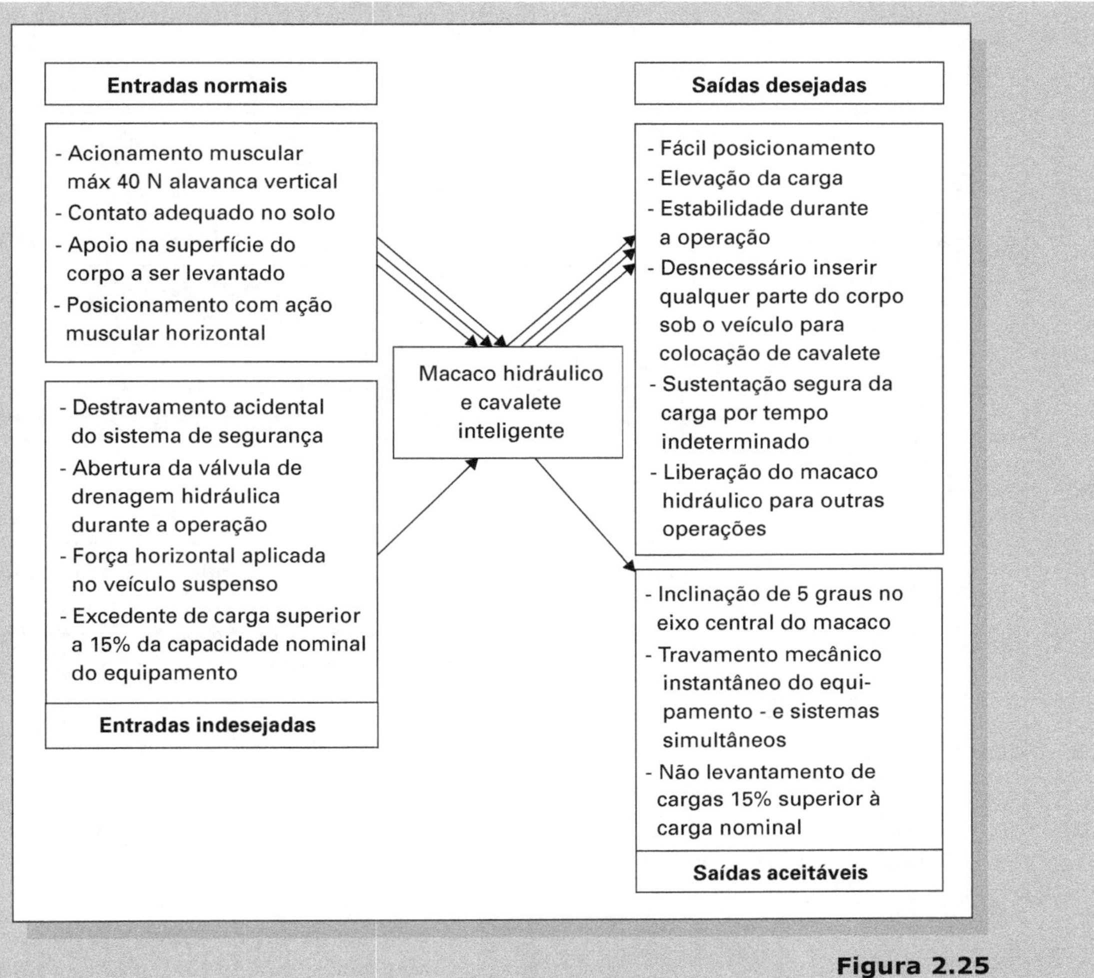

Figura 2.25
Produto como um sistema

EXEMPLO 2.5

HOTEL TRÊS ESTRELAS

APRESENTAÇÃO DO CENÁRIO ATUAL

O Brasil recebeu, nos últimos sete anos, 27 milhões de turistas, segundo manchete publicada pelo jornal *Diário do Nordeste Negócios*, em maio de 2002.

A entrada de mais de 27 milhões de turistas estrangeiros no Brasil, nos últimos sete anos, significou um incremento de US$ 25 bilhões na economia nacional, segundo dados do Instituto Brasileiro de Turismo (Embratur). A atividade turística está ligada a 52 segmentos que refletem diretamente na economia.

A iniciativa privada tem, em 2002, cerca de US$ 6 bilhões em investimentos no setor turístico brasileiro. De acordo com a Embratur, existem atualmente quatro parques temáticos já em fase de finalização e 330 hotéis e resorts estão em construção no país.

O governo investiu quase US$ 2 bilhões no turismo nos últimos cinco anos (1997 a 2002), por meio do Programa Prodetur. A previsão, segundo dados da Embratur, é de que US$ 670 milhões serão aplicados somente no Nordeste, na construção de aeroportos, duplicação de estradas e em projetos de infraestrutura.

Os setores de hotelaria e turismo no Brasil, até 2002, geraram 140 mil empregos diretos e 420 mil indiretos. As vagas se multiplicam, sobretudo no ramo hoteleiro (fonte: DCI/ago. 2002).

Tabela 2.8 Análise do mercado em São Paulo

Análise da oferta e demanda de Uh's – mercado atual – São Paulo

	1993	1994	1995	1996	1997	1998	1999
Oferta	15.879	16.565	17.823	18.533	21.786	21.500	23.584
Demanda	2.886.882	2.986.660	3.839.080	4.076.335	5.040.329	4.996.113	6.283.780

***Fonte:** Accor, Dados: 2000.

Análise do mercado em construção – São Paulo

	2000	2001	2002	2003	Sem data	TOTAL
Empreendimentos	41	22	35	6	6	110
Apartamentos	7.562	5.206	8.384	1.799	2.362	25.313

***Fonte:** Accor, Dados: 2000.

Quadro 2.15 Análise do crescimento da oferta *versus* demanda

1993-2003	
Oferta (n. aptos)	12% a.a.
Demanda (clientes/ano)	15% a.a.

O trabalho é o segundo motivo mais comum de viagens de estrangeiros ao Brasil. De acordo com o perfil da demanda turística realizado pela Embratur no ano de 2000, dos que visitaram o país no período, 23% vieram para eventos; dos 15,1 milhões de pessoas que participaram de feiras ou convenções nesse ano, 4,2 milhões eram de turistas.

O turismo de negócios e convenções foi o que mais cresceu no Brasil entre 1991 e 1995, apresentando elevação de 13%, enquanto o turismo de lazer teve uma redução de 10%, sendo São Paulo a capital brasileira do turismo de negócios, pois em 1998 a cidade apareceu pela primeira vez no *ranking* mundial das sedes de eventos internacionais, em vigésimo primeiro lugar.

Quadro 2.16 Análise do turismo de negócios em São Paulo

Mercado São Paulo/Grande São Paulo
• Turismo de negócios: foco principal – cresce 7% ao ano em relação ao de lazer.
• 68% das feiras e eventos brasileiros ocorrem em São Paulo.

Fonte: SPCVB, 2001.

São quase 74.000 eventos ocorrendo anualmente na cidade. Na verdade, são 73.566 eventos nos espaços com capacidade superior a 50 pessoas, significando que, computando-se os espaços menores, o número anual de eventos deve ser muito maior.

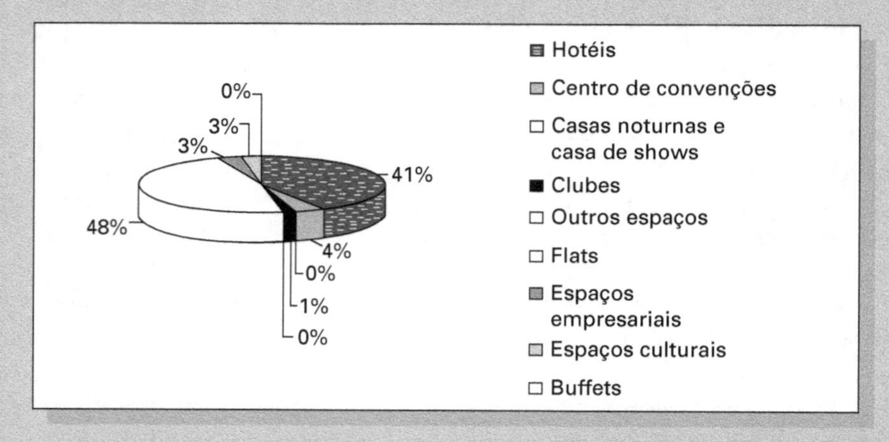

Figura 2.26
Média de eventos realizados pelos tipos de estruturas pesquisadas na cidade de São Paulo

Pelos números apresentados, pode-se notar que o maior volume de eventos foi realizado em *flats* e hotéis. Verifica-se também a baixa participação no mercado dos centros de convenções, mas observa-se que o número de eventos realizados nesse tipo de estrutura é equivalente a 10% do volume de eventos realizados em hotéis.

Esses fatores promissores despertaram o interesse das grandes redes hoteleiras internacionais, como os grupos Accor, Bass, Choice, Meliá, Posadas, dentre outros, que estão investindo no Brasil, desenvolvendo projetos para atender principalmente a essa demanda, de olho no imenso potencial de mercado da Grande São Paulo, interior de São Paulo, norte do Paraná, sul de Minas e leste do Mato Grosso do Sul, que forma uma grande, contínua e próspera região agropecuária, industrial, de prestação de serviços, comercial, educacional e turística, contendo pelo menos trinta municípios – centros regionais – de grande porte, com ampla área de influência e parque hoteleiro precário, desatualizado e insuficiente.

O processo de interiorização industrial no Estado de São Paulo, estimulado pela saturação do espaço metropolitano e por excelentes condições de acessibilidade, assim como o grande potencial tecnológico criado pelos *campi* universitários regionais, gerou notável incremento nos setores de bens de capital e de prestação de serviços, levando para o interior o desenvolvimento estratégico.

As 500 maiores empresas do país são responsáveis por faturamentos na ordem de US$ 164 bilhões. Mais da metade dessas companhias, correspondendo à metade do faturamento, estão sediadas no Estado de São Paulo, de onde controlam fábricas localizadas em diversas partes do país. São Paulo também abriga o centro financeiro do Brasil; seus bancos controlam 42% do faturamento de todos os bancos do país.

Nos últimos anos, a economia paulista tem se tornado mais especializada e mais voltada para áreas de tecnologia de ponta. Sinais evidentes do novo modelo produtivo paulista estão presentes nos investimentos da fábrica de computadores da Compaq em Jaguariúna, da expansão da General Motors em São José dos Campos, dos produtos eletrônicos e de informática da LG em Taubaté e dos empreendimentos no setor de telecomunicações em Sorocaba.

A desindustrialização e o aumento dos preços dos terrenos caracterizam, hoje, a cidade de São Paulo como um grande centro prestador de serviços e, em razão da facilidade de acesso ao interior do estado por todos os meios de transportes, essas indústrias vêm se instalando nas principais cidades, tornando-as mais fortes e produtivas, mesclando o poder agropecuário à indústria, ao comércio e à prestação de serviço de abrangência regional.

Apesar disso, o parque hoteleiro dessas regiões é muito carente e não acompanhou o crescimento apresentado nos números; existe enorme carência de hotéis no interior do estado, especialmente nas maiores cidades, centros regionais e administrativos, para hóspedes a trabalho ou participantes de convenções.

Ainda assim, o estado é um importante centro mundial do turismo de eventos e negócios. Pesquisas realizadas pelo São Paulo Convention & Visitors Bureau, em parceria com o Sebrae/SP, constatou que o estado movimenta cerca de R$ 2,8 bilhões em 45.000 eventos, entre feiras, exposições, simpósios, congressos e convenções. A mesma pesquisa mostra que, depois da cidade de São Paulo, o interior desse estado é a segunda destinação brasileira de eventos, sediando mais eventos que a totalidade do Estado do Rio de Janeiro, por exemplo. Esses eventos são responsáveis por 60% dos pernoites na rede hoteleira interiorana.

Na avaliação dos investimentos feitos no setor hoteleiro nacional nas últimas décadas, foi possível verificar que os poucos investimentos concentram-se nos segmentos de hotéis de luxo, classificados com "cinco" ou "quatro" estrelas, destinados ao lazer e aos negócios e convenções, instalados nas regiões Nordeste e Sudeste do país, nas capitais e em pontos turísticos mais desenvolvidos.

Estabeleceu-se, portanto, uma lacuna no segmento de hotéis "três" estrelas no país. Notadamente nesse segmento, os hotéis hoje em operação são fruto mais do insucesso empresarial e/ou da transformação de produtos em fase final de ciclo de vida e muito menos de uma estratégia mercadológica preestabelecida.

Esse nicho de mercado pode ser explicado pela falta de operadoras especializadas, uma vez que a viabilização econômico-financeira dos hotéis três estrelas depende, mais do que tudo, do desempenho operacional, em que a racionalização dos custos e das despesas é fundamental para fazer frente ao menor volume de receita. O segmento "hotéis econômicos" poderá preencher essa enorme lacuna, com a criação de uma rede distribuída, inicialmente pelo interior do Estado de São Paulo, a ser estabelecida, basicamente, à margem dos grandes eixos rodoviários e nas cidades com maior potencial de desenvolvimento.

CONCLUSÃO PARA TOMADA DE DECISÃO

Em face do exposto, acreditamos que "Hotel de Classe Econômica Três Estrelas" é um grande produto hoteleiro para o Estado de São Paulo e um ótimo investimento imobiliário.

A VIABILIDADE DO PROJETO

O Estudo da Viabilidade produz soluções viáveis técnica, econômica e financeiramente; dá à empresa a confiança necessária e suficiente para prosseguir na execução do projeto.

Encerrada a fase de Planejamento do projeto, estão estabelecidos os requisitos do produto para atender ao mercado, os objetivos de prazos e investimentos para o desenvolvimento e para a implantação do novo produto. As suas características funcionais, operacionais e construtivas foram definidas quantitativamente, pelos requisitos técnicos especificados, assim como foram estabelecidos os objetivos de custo do produto.

Nesta segunda fase do projeto a Viabilidade, o produto começará a tomar forma concreta. Serão concebidas as soluções técnicas para as várias funções que o produto deverá exercer. Aplicando-se a Engenharia Simultânea, as áreas da empresa atuarão em conjunto, analisando a viabilidade das soluções em atender a todos os requisitos técnicos e dos pontos de vista de projeto, fabricação, implantação e suprimento. Salientamos que essas atividades têm, como tem o próprio produto, requisitos técnicos a atender e objetivos de prazos, investimentos e custos. Assim, será necessário para cada uma delas o estudo de viabilidade, com soluções possíveis e viáveis. As soluções tecnicamente viáveis serão, a seguir, submetidas a análises econômica e financeira. As soluções aprovadas nessas análises serão consideradas **soluções viáveis** para o projeto do produto.

3.1 SÍNTESE DE SOLUÇÕES POSSÍVEIS

A síntese de soluções produz concepções técnicas, se possível, inovadoras, para o produto; deve, por isso, ser conduzida com a máxima **criatividade**. Nesse caso, a criatividade caracteriza-se pelo talento em gerar ideias, combinar conceitos e tecnologia em objetos capazes de exercer cada uma das funções do produto. Tais concepções serão as soluções possíveis, a serem analisadas tecnicamente. Em muitos produtos a criatividade dos seus projetistas, é o fator principal do seu sucesso. Apesar disso, há muitas empresas em que a criatividade dos colaboradores é inibida pela atitude conservadora de seus dirigentes.

É radicalmente importante resistir à tentação de adotar, sem pensar muito, uma primeira e única concepção técnica para o produto, aquela que já se sabe que funciona e que oferece menores riscos. Isso é mais comum do que se pensa; reflete como a insegurança das pessoas as leva a preferir conviver com o mal conhecido, em lugar de tentar o bem desconhecido. Há ainda uma alternativa pior: copiar os produtos dos concorrentes, levando à certeza permanente de que "estaremos sempre atrás deles".

Nessa primeira etapa do estudo de viabilidade já é necessário montar o esquema inicial da chamada estrutura do produto; o sistema produto é dividido em subsistemas, responsáveis individualmente por exercer cada uma das funções. A Figura 3.1 ilustra a estrutura básica de um sistema de informação.

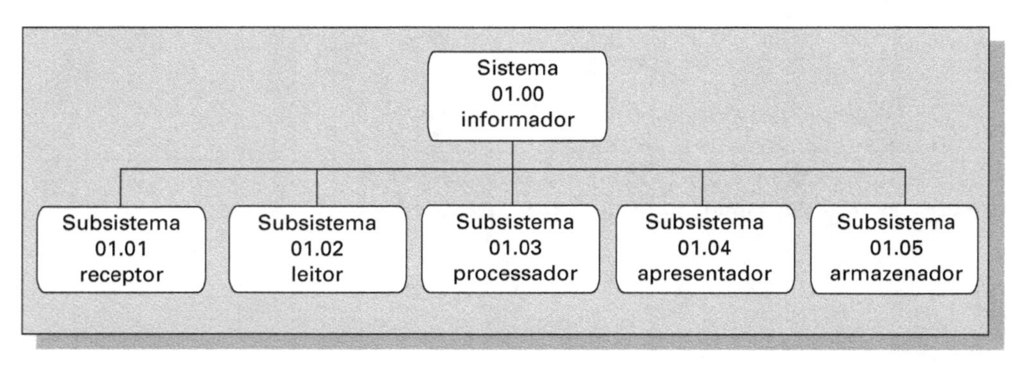

Figura 3.1
Estrutura básica de um sistema de informação

A ref. [1] apresenta, em seu Capítulo 4, várias técnicas para a geração de ideias na síntese de soluções do produto. A melhor forma de estimular a geração de ideias **novas** para as funções de produto é usar a técnica da "tempestade cerebral", também conhecida por "toró de palpites", (uma feliz tradução do inglês *brainstorm*). Para aplicar essa técnica, a empresa reunirá uma equipe de, por exemplo, 15 pessoas, todas conhecedoras do projeto e, em especial, das necessidades, funções e atributos do futuro produto. Em um clima de total liberdade de expressão, em que estarão terminantemente proibidos quaisquer juízos, comentários ou avaliações, os participantes deverão sugerir o maior número possível de alternativas técnicas para atendimento das funções do produto. Essas ideias serão coletadas verbalmente, ou, melhor ainda, colocadas por escrito, (*brainwriting*) para minimizar a inibição dos participantes. As ideias geradas são organizadas para análise posterior. Sobre ambas as técnicas, vale consultar também a ref. [2].

Uma boa forma de estruturar a concepção de soluções é montar a Matriz de Síntese, em cujas linhas horizontais (1, 2, 3...) estarão listadas as funções que o produto deverá exercer, com os seus respectivos subsistemas por elas responsáveis. Nas colunas verticais seriam colocadas, para cada função, as propostas (A, B, C...) de possíveis soluções técnicas, conforme mostrado nos exemplos a seguir. As alternativas de solução para cada subsistema devem considerar não só a natureza técnica de cada uma, mas também vários tipos, modelos e origens. Os exemplos mostrados nos Quadros 3.1, 3.2 e 3.3 ilustram as matrizes para três produtos bem diferentes.

As **soluções técnicas possíveis** obtidas nessa etapa serão descritas por meio de desenhos, esquemas, fluxogramas, especificações e, eventualmente, por modelos físicos.

Com essas matrizes, podem-se sintetizar várias **concepções possíveis** para o produto, formadas por combinações de linhas (todas as funções) e colunas (todas as soluções), do tipo 1A, 2B, 3C ou 1C, 2A, 3D. Para maior eficiência do processo, essa síntese do produto deve ser feita após a análise da viabilidade técnica das alternativas de cada função, assunto do próximo tópico.

Quadro 3.1 Matriz para síntese de soluções – **refrigerador doméstico**

Funções	Subsistema	Soluções	Técnicas	Possíveis
		A	B	C
Conter os alimentos	"Caixa"	Caixa de chapa aço parede dupla	Caixa de plástico moldado	Caixa externa de aço, interna de plástico
Resfriar os alimentos	"Máquina"	Convencional ciclo termodinâmico de expansão	Ciclo de absorção com aquecimento por gás GLP	Idem B, com aquecimento por combustível líquido
Isolar termicamente	"Isolador"	Lã de vidro	Poliuretano expandido	Vácuo entre paredes
Impedir o congelamento das paredes e molduras	"Aquecedor"	Aquecimento por resistência elétrica	Aquecimento por circulação de ar externo	Aquec. por inversão do fluxo de gás
Controlar a temperatura do refrigerador	"Controle"	Sensor térmico – chave aciona compressor	Sensor bimetálico com chave aciona válvulas	Sensor por variação da resistência elétrica

Quadro 3.2 Matriz para síntese de soluções: **automóvel (perua)** para uso de carga e passageiros

Função		Soluções	Técnicas	Possíveis
Subsistema	**A**	**B**	**C**	**D**
MOVER **Motopropulsor** **Motor – ciclo** **Número de cilindros** **Transmissão**	Otto-gasolina I4 Convenc.5 marchas	Híbrido-Otto-elétrico Com baterias Hidrodinâmica 4 marchas	Otto-bicombustível V6 Semiauto 6 marchas	Diesel I4 Automática Variação contínua
CONTER/ ACOMODAR **Arranjo físico** **Localização do motor** **Eixos de Tração**	À frente do eixo dianteiro Dianteira	Sobre o eixo dianteiro Traseira	Atrás do eixo traseiro Dianteiro com traseiro opcional	Entre os eixos Ambos os eixos permanentemente
MANOBRAR **Direção**	Mecânica, relação constante	Mecânica, relação variável	Hidráulica, assistência variável	Elétrica, ativa também no eixo traseiro
ATENUAR CHOQUES DA ESTRADA **Suspensão**	Convencional com molas de rigidez constante	Idem com molas de rigidez variável	Pneumática com rigidez e altura variáveis	Hidropneumática, ativa com rigidez e amortecimento variáveis

Quadro 3.3 Matriz: síntese de soluções de **sistema de acesso** rápido a documentos

Funções	Subsistema	Soluções	Técnicas	Possíveis		
		1	2	3	4	5
A. Armazenar Imagens/ Arquivos	Área de armazenamento	A1. Discos de alta disponibilidade – (Ssa)	A2. Discos de baixa disponibilidade	A3. CD-ROM	A4. Fita Dat	A5. Jaz-Zip
B. Buscar Documentos	Buscar documentos	B1. Formulários	B2. Hierárquica (árvores)	B3. Objetos (Internet)	B4. Web	
C. Visualizar Documentos	Módulo de visualização	C1. Cad	C2. Planilhas	C3. Apresentações	C4. Texto	C5. Imagens/ Tif
D. Alterar os Documentos	Módulo de alteração	D1. Cad	D2. Planilhas eletrônicas	D3. Apresentações	D4. Texto	D5. Imagens/ Tif
E. Impressão de Documentos	Módulo de impressão	E1. Ploters	E2. Impressoras jato de tinta	E4. Impressoras lasers	E4. Disquete	E5. Fax
F. Comunicação	Módulo de comunicação	F1. Baixo desempenho	F2. Alto desempenho	F3 Médio desempenho		
G. Padronizar Documentos	Módulo de padronização	G1. Definida pelo cliente	G2. Iso 9000	G3. Fornecedor		
H. Customizar Interface	Módulo de customização	H1. Ferramentas proprietárias	H2. Visual Basic	H3. C++	H4. Api	H5. Ole
I. Armazenar Dados	Banco de dados	I1. Oracle	I2. Sql Server	I3. Igres	I4. Cliper	
J. Controle de Licenças	Controle de licenças	J1. Flutuante	J2. Local	J3. Hardlock		
K. Sistema Operacional	SO	K1. Windows NT	K2. Alx	K3. Sunos	K4. HP	Linux
L. Rasterizar Documentos	Rasterização	L1. Simples	L2. Clean-Up	L3. Edição	L4. Vetori-zação	
M. Indexar Imagens	Indexação	M1. Software de indexação	M2. Manual	M3. Terceirizado		

Fonte: Trabalho de alunos da Fundação Vanzolini nos curso CEAI e CEGP.

3.2 ANÁLISE DA VIABILIDADE TÉCNICA

Essa análise visa obter soluções para o produto, compostas por soluções tecnicamente viáveis dos seus subsistemas, selecionadas dentre as alternativas propostas no item anterior. A análise da viabilidade técnica deve confirmar, com nível de confiança suficiente, a capacidade de atendimento de cada solução proposta aos seguintes itens:

- requisitos técnicos especificados;
- projeto e certificação do produto;
- capacitação da fabricação;
- credenciamento de fornecedores.

3.2.1 Verificação dos requisitos técnicos

A verificação dos requisitos técnicos será, de início, executada na matriz sobre as alternativas propostas para as funções do produto; será avaliada para cada uma delas a capacidade de atendimento a cada um dos requisitos técnicos especificados: funcionais, operacionais e construtivos. É importante lembrar que os requisitos do **sistema produto** deverão ser desdobrados gerando os dos seus subsistemas. Esse trabalho será executado por equipes técnicas da empresa, utilizando uma combinação de recursos, como pesquisas, uso de conhecimentos acumulados, estudos, cálculos, testes em laboratório, consultas bibliográficas, análise de patentes e de produtos concorrentes. A profundidade dessas avaliações deverá ser, como para qualquer tarefa, aquela mínima necessária para dar a confiança suficiente nos seus resultados e permitir a continuação do trabalho.

Para um projeto específico, a avaliação de cada alternativa deve ser encerrada ao se constatar o não atendimento a qualquer um dos requisitos técnicos. Com isso, a carga de trabalho para as etapas seguintes será bastante reduzida.

É absolutamente essencial que se faça uma documentação completa das análises, justificando a viabilidade (ou não) de cada alternativa. Essa é a principal forma pela qual uma empresa constrói a sua "memória técnica", que se constitui, muitas vezes, no mais valioso bem de todo o seu patrimônio. Isso porque a empresa que não tem essa memória repete muitas vezes os mesmos trabalhos e, eventualmente, os mesmos erros.

Por exemplo, para o caso de novos refrigeradores, serão necessários estudos simulando o ciclo termodinâmico e a transmissão de calor interno para os alimentos e a energia térmica recebida através das paredes e a cada abertura das portas. Esse trabalho permitirá um pré-dimensionamento dos subsistemas do produto.

Selecionadas as soluções que atendem aos requisitos técnicos, é preciso assegurar que, nos prazos do cronograma-mestre, exista para elas a **viabilidade** de:

- projeto, desenvolvimento e certificação do produto com os recursos humanos e tecnológicos previstos;
- fabricação e montagem com a tecnologia, os meios materiais, os processos e instalações à disposição da empresa ou de terceiros;
- fornecimento dos materiais e componentes a serem adquiridos.

Essa é a primeira e importante ocasião para a empresa implantar efetivamente o trabalho com a **Engenharia Simultânea**, em que as áreas de desenvolvimento de produtos, a manufatura, suprimentos, e outras, trabalham em equipe, gerando um projeto realmente viável. A ref. [3] é recomendada para aqueles que desejem ampliar os seus conhecimentos sobre o assunto.

> Entre 1976 e 1978, este autor teve a oportunidade de participar, como gerente, de uma experiência pioneira no país, de aplicação da Engenharia Simultânea no projeto evolutivo de um motor de automóvel. O programa foi conduzido e o motor entrou em produção em um prazo recorde de 18 meses, dando grande sobrevida aos veículos em que foi aplicado.

A viabilidade de projeto – fabricação e fornecimento –, na qualidade e nos prazos previstos, deve ser **confirmada** explicitamente, comprometendo todas as áreas da empresa e os seus parceiros fornecedores.

A **pesquisa de patentes** deve fazer parte dessa etapa, para evitar que eventuais conflitos possam inviabilizar as soluções. É também agora a exata ocasião de se iniciar o processo de patentear uma nova solução: como invenção ou modelo de utilidade.

Os trabalhos serão completamente documentados por meio de relatórios conclusivos incorporados ao acervo da "**memória técnica**" da empresa. Serão justificadas todas as decisões (sim ou não) para garantia da viabilidade do projeto atual e para futuras consultas, inclusive com as razões de não terem sido adotadas algumas das soluções propostas.

As análises da viabilidade de fabricação e de fornecimento são efetivamente fases dos projetos **dos processos** de fabricação e dos **produtos dos fornecedores**, os quais deverão ser executados com a mesma metodologia do projeto do produto, ou seja, começando por estabelecer requisitos técnicos, propor soluções possíveis e proceder à análise técnica de forma análoga à realizada para as soluções propostas para o produto. Essa tarefa ficará, evidentemente, restrita àquelas soluções do produto que atenderam aos seus requisitos técnicos e foram consideradas projetáveis.

É necessário documentar completamente a viabilidade técnica de fabricação e montagem dos subsistemas do produto, com as soluções viáveis para todos os processos da produção, desde o recebimento de materiais até a embalagem e a expedição final do produto.

Os futuros fornecedores deverão, também, iniciar os seus projetos de produto e processos nessa fase, e conduzi-los simultaneamente ao projeto da empresa à qual irão fornecer. Igualmente importante é ter o comprometimento formal dos fornecedores sobre a viabilidade técnica do projeto deles. A empresa, às vezes, precisa auxiliar os seus parceiros na execução desse estudo da viabilidade.

Com as soluções tecnicamente viáveis, para cada um dos subsistemas podemos montar produtos completos, formados por elas. As soluções viáveis do produto, bem como as respectivas soluções para fabricação e fornecimento devem ser compiladas e descritas completamente pois passarão à etapa seguinte do EV: as análises de viabilidade econômica e financeira. Pode-se, evidentemente, esperar uma redução no número de soluções viáveis após essas análises.

NOTA SOBRE A PROFUNDIDADE DAS ATIVIDADES NO PROJETO

Toda e qualquer atividade no projeto tem um claro limite para o dispêndio de tempo e de recursos: é aquele para o qual os resultados produzidos dão a confiança suficiente para a decisão de continuar. Esse limite pode ser qualificado como o ***mínimo necessário***. Salientamos que o esforço – conhecido por ***máximo possível*** – pode não ser suficiente, por ser menor que o mínimo necessário. Um bom profissional sempre faz o mínimo necessário e suficiente e assume os riscos, em contraposição a alguns casos patológicos, conhecidos por fazerem o mínimo possível!

Resultados da análise de viabilidade técnica

Quadro 3.4 Banco infantil incorporado ao banco traseiro de automóvel

Funções	Soluções possíveis					
Subsistemas	**A**		**B**		**C**	
Reter e proteger no impacto – Cinto de segurança	Três pontos	Sim	Abdominal	Não	Cinco pontos	Sim
Suportar, apoiar – Estofamento	Espuma de plástico	Sim	Molas metálicas	Não	Fibra de coco	Sim
Resistir a esforços do impacto – Estrutura	Plástico moldado	Sim	Aço	Sim	Fibra de carbono	Sim
Ajustar-se – Regulador de altura	Motor elétrico	Sim	Manual	Sim	Fixo, sem regulagem	Não
Revestir, proteger – Revestimento	Couro	Sim	Tecido	Não	Tecido impermeabilizado	Sim
Reter a criança – Braço	Sem braço	Não	Braço escamotável e articulado	Sim	Braço removível	Sim

Fonte: Trabalho de alunos da Fundação Vanzolini nos curso CEAI e CEGP.

Banco de Bebê incorporado ao Banco Traseiro automóvel – Justificativas sobre a viabilidade técnica

1A) Cinto três pontos: atende ao mínimo permitido pela legislação. 1B) Cinto abdominal: não atende à legislação. 1C) Cinto cinco pontos: excede o exigido pela legislação.
2A) Estofamento de espuma: atende e acomoda a criança com conforto e atende aos outros requisitos. 2B) Estofamento com mola: não atende e não acomoda a criança com conforto. 2C) Estofamento de fibra de coco: atende e acomoda a criança com conforto. É o ideal.
3A) Estrutura de plástico: atende e resiste aos testes de impacto (material usado pela concorrência). 3B) Estrutura de aço: atende e resiste aos testes de impacto (material do banco convencional). 3C) Estrutura de fibra de carbono: atende e resiste aos testes de impacto (material utilizado em bancos de competição). Disponível no mercado nacional.
4A) Ajustagem com motor elétrico: atende; ótima ajustagem. 4B) Ajustagem de altura manual: atende; boa adaptabilidade. 4C) Sem ajustagem de altura: não atende, pois o banco deve ter ajustagem conforme estabelecido.
5A) Revestimento de couro: atende em parte. É de fácil limpeza, mas pode ser desconfortável. 5B) Revestimento de tecido: não atende. É de difícil limpeza – reclamação frequente dos proprietários de cadeirinhas. 5C) Revestimento de tecido impermeabilizado: atende. É de fácil limpeza, tem boa aparência e durabilidade.
6A) Retenção sem braço: não atende à legislação, pois não retém a criança. 6B) Retenção com braço articulado: atende, aceitável pela legislação. 6C) Retenção com braço removível: atende, aceitável pela legislação.

Nota: A análise apresentada não está completa porque não demonstrou que as soluções atenderam a todos os requisitos técnicos, além de não explicitar se as soluções são viáveis em termos de projeto, fabricação e fornecimento.

Resultados da análise da viabilidade técnica

Quadro 3.5 Loção hidratante com protetor solar

Ecopharma	Soluções possíveis					
Funções subsistemas	**A**		**B**		**C**	
Hidrante	PCA–NA D-Pantenol Aloe Vera	Sim Sim Sim	Extrato de Aveia	Não	Extrato de Algas Marinhas	Não
Filtro solar	Ac. Sulfônico Fenilbenzimidazol	Sim	Ac. Sulfônico Fenilbenzol	Não	Ac. Sulfônico Metilbenzimidazol	Não
Forma película	Silicone 200-350	Sim	Silicone UCL7349/DC344	Sim	Silicone Q2-1401	Sim
Emulsificante	Álcool Cetoesterílico Álc. Cetoesterílico Etoxilato	Sim Sim	Palmitato de Cetila	Sim		

Continua

Continuação

Ecopharma	Soluções possíveis					
Funções subsistemas	**A**		**B**		**C**	
Toque e espalhabilidade	Álcool Etear. Propoxilato	Sim	Cetiol	Sim		
Conservante (fase aquosa)	Methilparabeno	Sim	Ethilparabeno	Não	Álcool etílico	Não
Conservante (fase oleosa)	Propilparabeno	Sim	Ethilparabeno	Não	Álcool etílico	Não
Estabilizante	* Álc. Cetoestearílico Etoxilato trietanolamina	Sim	NaOH	Não		
Emoliente	Óleo de jojoba Óleo de amêndoas *Aloe Vera Extrato de camomila	Sim Sim Sim	Óleo de gergelim Óleo de gergelim	Não Não	Óleo de Avelã Óleo de Avelã	Não Não
Calmante	*Extrato de camomila *Aloe Vera		Óleo de calêndula - IDB	Não		
Umectante	*Aloe Vera Propilenoglicol	Sim	Glicerina	Não	Polietileno glicol	Não
Anti-inflamatório/ antisséptica	Mentol *Extrato de camomila	Sim	Óleo de calêndola - IDB	Não		
Refrescante	*Mentol	Sim				
Qsp	Sem perfume	Sim	N. 1 - Fantasia	Sim	N. 2 - Lavanda	Sim
Essências	Sem perfume	Sim	N. 1 - Fantasia	Sim	N. 2 - Lavanda	Sim

Nota: Todos os **sim** e os **não** devem estar tecnicamente suportados por relatórios assinados.

Fonte: Trabalho de alunos da Fundação Vanzolini nos curso CEAI e CEGP.

3.3 ANÁLISE DA VIABILIDADE ECONÔMICA

O projeto deve gerar um produto que, durante o seu ciclo de vida, seja compensador economicamente para todos os envolvidos: para o fabricante, distribuidor, vendedor, comprador, usuário e até para o recuperador.

O produto será compensador para todos somente se o **valor agregado** em cada uma das fases do ciclo de produção e consumo – fabricação, expedição, transporte, compra, uso e descarte – for maior do que o custo necessário para executá-la.

Exemplo: o comerciante de eletrodomésticos, vendedor dos refrigeradores, os compra em grandes quantidades, e vende em unidades. Gasta em promoções e arca com todos os custos de operação das lojas. Os rendimentos obtidos com as vendas no varejo devem ser maiores que os dispêndios, de modo a permitir uma margem de compensação (lucro) adequada. Diz-se então que o produto tem suficiente **valor econômico** para o vendedor, sendo, assim, viável para ele.

3.3.1 O valor econômico para o comprador e/ou usuário

O cliente (consumidor, comprador ou usuário) é implacável: ele só adquire um produto se o valor global por ele atribuído no ato da compra for maior que o preço que terá de pagar.

O preço de venda foi estabelecido no Planejamento, a partir dessa constatação, como um dos objetivos do programa.

O comprador de bens de capital, como máquinas-ferramenta, avalia o produto com grande objetividade considerando a produtividade da máquina, o custo operacional ao longo da sua vida útil e o seu valor residual. Esse procedimento de análise econômica tem como um de seus critérios a "taxa mínima atraente de retorno do investimento".

O comprador de bens de consumo como vestuário, por exemplo, avalia o produto subjetivamente com um enorme conteúdo emocional, induzido em grande parte pela propaganda e pelos modismos vigentes.

Exemplo: o caso dos refrigeradores é intermediário como bem de consumo durável, com parte da avaliação feita objetivamente e parte subjetivamente. São consideradas a capacidade do refrigerador, a confiabilidade e o prestígio da marca, a estética e os acessórios, todos avaliados de forma ponderada.

O produto deve ser projetado de modo que o valor atribuído pelo comprador seja maximizado, tanto na compra como ao longo da vida útil, conforme indicado nos fluxogramas dessas avaliações apresentados nas Figs. 1.5 e 1.6 deste livro.

3.3.2 A viabilidade econômica para o fabricante

A implantação do novo produto deverá ser compensadora em termos econômicos para o fabricante. Para tanto, a soma de todos os custos necessários para a produção e comercialização deverá ser menor que os rendimentos líquidos obtidos pelas vendas do produto, durante o ciclo de vida deste.

Vamos descrever a seguir, de forma geral, os custos e rendimentos envolvidos na produção industrial. Para uma descrição mais completa do assunto, consultar as refs. [4] e [5]. Os custos de um novo produto podem ser divididos nas seguintes categorias:

a) Investimentos

- Projeto e desenvolvimento: recursos humanos e materiais para pesquisa, projeto, protótipos, ensaios e certificação do produto e de todos os processos;
- Implantação da fabricação: recursos humanos e materiais para a construção e montagem da fábrica, escritórios, instalações, processos, ferramental, maquinaria, transporte etc.
- Comercialização: divulgação, promoções e propaganda.

Esses investimentos deverão ser amortizados ao longo do tempo, em um Prazo de Recuperação do Investimento (PRI) bem inferior ao ciclo de vida do produto; incluem-se, evidentemente, os custos de capital e a depreciação das instalações e equipamentos.

b) Custos fixos da produção

São todos os custos para manter a fábrica, independentemente do número de unidades produzidas; existem mesmo que a produção seja nula. São eles: aluguéis, impostos, taxas, seguros, pagamentos a pessoal administrativo e potência elétrica instalada. Salientamos que, se a empresa mantiver constante a sua força de trabalho, independentemente da quantidade produzida, ela será considerada um custo fixo.

c) Custos variáveis da produção

São os custos correspondentes à efetiva produção da fábrica: matérias-primas, componentes, recursos humanos diretos, energia elétrica etc. Esses custos são, em primeira aproximação, proporcionais ao volume de produção (quantidade de unidades produzidas).

d) Rendimentos

A receita resultante das vendas da produção incluem os impostos a serem pagos (IPI, ICMS, PIS, Cofins etc.). Os rendimentos do fabricante serão considerados os resultados das vendas, descontados os impostos.

Decisão sobre a viabilidade econômica

Na análise econômica do estudo de viabilidade, os investimentos e custos mencionados há pouco deverão ser estimados para cada uma das soluções sobreviventes da análise técnica e comparados com os objetivos estabelecidos no planejamento. Observar que, também nesta análise, os objetivos econômicos do sistema produto deverão ter seus valores desdobrados em objetivos para os seus subsistemas. **As soluções que excederem tais limites serão descartadas como economicamente inviáveis.**

Os investimentos serão estimados pelas áreas da empresa envolvidas em cada fase do projeto e da produção, com base em projetos e produtos anteriores e na posse de cotações de fornecedores potenciais de serviços, instalações e equipamentos.

A estimativa dos custos de fabricação, nesse estágio do projeto, não pode ser feita pelos métodos convencionais de "custeio" industrial, em razão do baixo grau de definição das soluções. Será necessário estimar os custos de subsistemas e conjuntos a serem fabricados e obter cotações (preliminares) dos fornecedores de materiais e componentes. Recomenda-se usar como recurso adicional o custeio por analogia em que se tabulam os vários subsistemas estimando-se os seus custos relativos (%) ao produto atual existente e conhecido, em função de suas diferenças construtivas.

3.3.3 Estimativa dos custos de produção por analogia

Tabela 3.1 Aquecedor doméstico de água corrente

Novo produto – soluções técnicas viáveis				
Funções e subsistemas	**Produto atual ($/%)**	**A**	**B**	**C**
Aquecedor	$100/25	120/20	90/20	90/25
Controlador	$80/20	60/10	67,5/15	72/20
...				
n				
TOTAL	$ 400/100%	600/100	440/100	360/100
Relação	1	1,5	1,10	0,90

No caso do aquecedor deste exemplo, se o custo objetivo estabelecido para o novo produto foi 10% maior que o atual, ou seja, R$ 440,00, as soluções B e C são viáveis, mas a A, não.

O uso da analogia para estimar os custos torna-se especialmente conveniente quando o produto é evolutivo e, portanto, semelhante ao atual de custos conhecidos. Bem mais difícil é a estimativa de custos para produtos ou processos, serviços e sistemas **inovadores**.

A Tabela 3.2 mostra a estimativa de custos para um cosmético com várias soluções tecnicamente viáveis, diferentes entre si apenas pela suas formulações. Não estão previstos investimentos, já que os processos de produção e embalagem são os mesmos. A comparação dos resultados com os custos objetivos do planejamento mostra serem viáveis no caso apenas as três primeiras formulações.

Tabela 3.2 Análise da viabilidade econômica – exemplo: Loção Hidratante com Protetor Solar

ECOPHARMA					VIABILIDADE ECONÔMICA											
		SUBSTÂNCIAS ALTERNATIVAS			LOÇÃO Nr1		LOÇÃO Nr2		LOÇÃO Nr3		LOÇÃO Nr4		LOÇÃO Nr5		LOÇÃO Nr6	
FUNÇÕES DESEJADAS	**%P**	**A R$/kg**	**B R$/kg**	**C R$/kg**												
Hidratante	2,00	19,8848			A	0,3977	A	0,3977	A	0,3977	A	0,3977	A	0,3977	A	0,3977
	0,50	37,2767			A	0,1864	A	0,1864	A	0,1864	A	0,1864	A	0,1864	A	0,1864
	0,10	169,9970			A	0,1700	A	0,1700	A	0,1700	A	0,1700	A	0,1700	A	0,1700
Filtro solar	2,00	59,7105			A	1,1942	A	1,1942	A	1,1942	A	1,1942	A	1,1942	A	1,1942
Forma película	0,50	3,9275	4,3803	8,4016	A	0,0196	A	0,0196	A	0,0196	A	0,0196	A	0,0196	A	0,0196
Emulsificante	2,00	1,8258			A	0,0365	A	0,0365	A	0,0365	A	0,0365	A	0,0365	A	0,0365
	0,50	1,9717	2,5971		A	0,0099	A	0,0099	A	0,0099	A	0,0099	A	0,0099	A	0,0099
Toque e espalhabilidade	0,80	3,8577	5,8719		A	0,0309	A	0,0309	A	0,0309	A	0,0309	A	0,0309	A	0,0309
Conservante (fase aquosa)	0,15	7,1630			A	0,0107	A	0,0107	A	0,0107	A	0,0107	A	0,0107	A	0,0107
Conservante (fase oleosa)	0,05	8,4075			A	0,0042	A	0,0042	A	0,0042	A	0,0042	A	0,0042	A	0,0042
Estabilizante	0,50	1,9717														
	0,50	1,7455			A	0,0087	A	0,0087	A	0,0087	A	0,0087	A	0,0087	A	0,0087
Emoliente	1,50	6,0100			A	0,0902	A	0,0902	A	0,0902	A	0,0902	A	0,0902	A	0,0902
	1,00	5,3600			A	0,0536	A	0,0536	A	0,0536	A	0,0536	A	0,0536	A	0,0536
	0,10	169,9970														
	1,00	20,2249			A	0,2022	A	0,2022	A	0,2022	A	0,2022	A	0,2022	A	0,2022
Calmante	1,00	20,2249														
	0,10	169,9970														
Cicatrizante	1,00	194,7592	885,6828		A	1,9476	A	1,9476	A	1,9476	B	1,9476	B	1,9476	B	1,9476
Umectante	0,10	169,9970			A	0,0378	A	0,0378	A	0,0378	A	0,0378	A	0,0378	A	0,0378
	2,00	1,8893														
Anti-inflamatório	0,01	93,7109			A	0,0094	A	0,0094	A	0,0094	A	0,0094	A	0,0094	A	0,0094
	1,00	20,2249														
Refrescante	0,01	93,7109														
Asa	78,67	0,0040			A	0,0031	A	0,0031	A	0,0031	A	0,0031	A	0,0031	A	0,0031
Essências	0,10	0	18,4551	23,9714	A	–	B	0,0185	C	0,0240	A	–	B	0,0185	C	0,0240
Embalagem	0,0998					4,4127		4,4312		4,4367		11,3320		11,3504		11,3559
	0,2980															
	0,0393															
Total	**0,4371**															
CUSTO TOTAL DE MATÉRIA-PRIMA E EMBALAGEM R$/120 ml						**0,9667**		**0,9689**		**0,9695**		**1,7970**		**1,7992**		**1,7998**

Fonte: Trabalho de alunos da Fundação Vanzolini nos curso CEAI e CEGP.

3.4 ANÁLISE DA VIABILIDADE FINANCEIRA

3.4.1 *Fluxo de Caixa*

A análise da viabilidade financeira de um programa de projeto de produtos deve verificar, com a previsão de vendas (pessimista, esperada e otimista), a possibilidade de assegurar rendimentos que permitam atingir os objetivos de lucratividade (PRI e IVA). Tais objetivos foram estabelecidos na Seção 2.3 do capítulo anterior e deverão ser confirmados, para cada uma das soluções viáveis sobreviventes até essa etapa.

O estudo do fluxo de caixa durante o projeto e após o lançamento do produto, ao longo do seu ciclo de vida, permite a análise da viabilidade financeira e a determinação do PRI – prazo de recuperação do investimento (*payback*). A tabela e o gráfico seguintes mostram a evolução dos rendimentos e despesas e o resultado do saldo de caixa acumulado. Esse saldo, negativo e crescente ao longo do projeto, começa a se tornar positivo a partir do lançamento do produto e se torna nulo no instante que se define como o PRI.

Esta análise financeira excluirá as soluções cujo fluxo de caixa não é compatível com os objetivos do programa. Uma solução viável do ponto de vista econômico pode não ser financeiramente suportável se a sua previsão de vendas indicar um crescimento muito lento. Como em todo trabalho financeiro, os valores monetários serão referidos a uma data específica (valor atual) e serão descontadas a taxas anuais adotadas – por exemplo, taxa Selic.

É importante notar que, sendo distintas as soluções que sobreviveram às análises anteriores, cada uma delas tem valores de investimentos e custos e, provavelmente, projeções de vendas diferentes ao longo dos seus respectivos ciclos de vida. Resulta daí que serão distintos os seus fluxos de caixa.

Tais resultados serão cotejados com os objetivos financeiros do projeto, e as soluções que não atenderem a eles serão arquivadas como inviáveis. Salientamos que essa inviabilidade não é necessariamente definitiva, já que são variáveis no tempo tanto os custos como as demandas dos mercados.

A Tabela 3.3, a seguir, mostra o fluxo de caixa, descontado a taxas anuais, do projeto do automóvel-híbrido desde o início do projeto (-36 meses) ao final do ciclo de vida aos seis anos. O gráfico da Figura 3.2 mostra o Prazo de Recuperação do Investimento (PRI), em 16 meses, e um lucro acumulado de R$ 130 milhões ao final do ciclo.

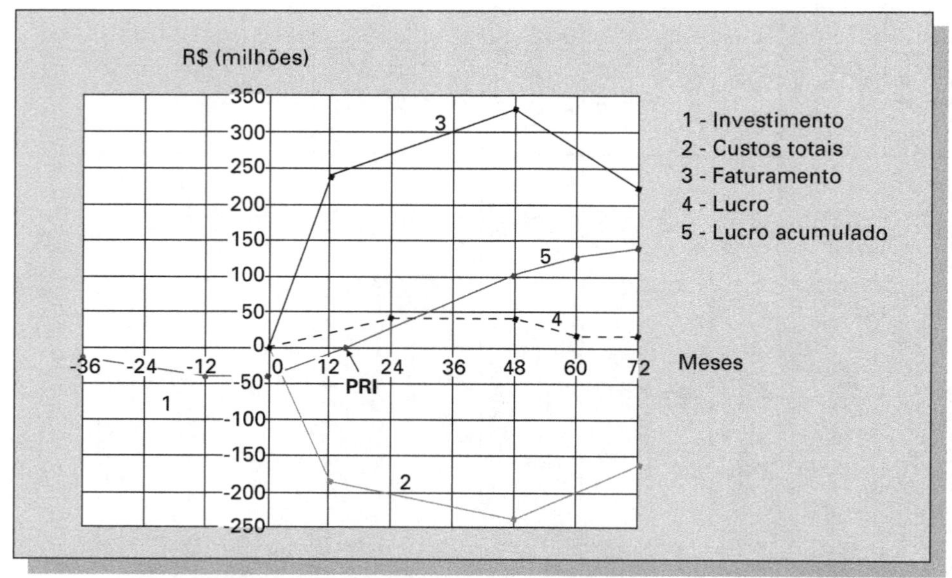

Fonte: Trabalho de alunos da Fundação Vanzolini nos curso CEAI e CEGP.

Figura 3.2
Exemplo de diagrama do fluxo de caixa do projeto de automóvel híbrido urbano

Tabela 3.3 Exemplo de fluxo de caixa do projeto de automóvel urbano híbrido

(MR$)	Meses do projeto			Meses após o lançamento						
Item	-36	-24	-12	0	12	24	36	48	60	72
Investimento	-4	-10	-6	0	0	0	0	0	0	0
Custo fixo	0	-0,3	-0,4	-0,4	-0,7	-0,7	-0,7	-0,7	-0,7	-0,7
Custo variável	0,00	0,00	0,00	0,0	-194,40	-207,42	-221,93	-236,56	-195,05	-161,37
Propaganda	0,00	0,00	0,00	0,00	-19,44	-13,37	-14,74	-16,20	-13,77	-18,79
Incentivo	0,00	0,00	0,00	0,00	0,00	0,00	-8,85	-9,72	-22,03	-23,49
Custo financeiro total	0,00	-0,48	-2,22	-4,88	-7,87	-11,21	-14,96	-19,16	-23,85	-21,85
Faturamento	0	0	0	0	243	267	295	324	275	235
Lucro	-4,00	-10,78	-8,62	-5,38	20,59	34,60	33,66	41,66	20,00	8,69
Lucro acumulado	-4,00	-14,78	-23,40	28,78	-8,19	26,41	60,07	101,73	121,72	130,42
Vol. produção de (unidades)	0	0	0	0	13,500	14,850	16,380	18,000	15,300	13,050

Fonte: Trabalho de alunos da Fundação Vanzolini nos curso CEAI e CEGP.

Tabela 3.4 Análise financeira: fluxo de caixa do projeto do hidratante com protetor solar

ECOPHARMA		2.4.2-Fluxo de Caixa (R$/mil)											
Capacidade de produção 546.000 un/mês		Planejamento do produto		Estudo de viabilidade		Projeto básico	Projeto executivo	Projeto do processo lerr. e equip.	Implantação e produção	PRODUÇÃO			
	Valor	Jan-98	Fev-98	Mar-98	Abr-98	Maio-98	Jun-98	Jul-98	Ago-98	Set-98	Out-98	Nov-98	Dez-98
INVESTIMENTOS													
Desenvolvimento do produto		49,00	49,00	49,00	49,00	49,00	49,00	49,00	49,00				
Equipamento e ferramental									25,00				
Marketing										40,00	20,00	10,00	10,00
TOTAL DE INVESTIMENTOS		49,00	49,00	49,00	49,00	49,00	49,00	49,00	74,00	40,00	20,00	10,00	10,00
Número de peças % da capac.										5	10	15	20
Matéria-prima	0,9667									26,39	52,78	79,17	105,56
Mão de obra	0,0530									1,45	2,89	4,34	5,79
Custo variável	0,1046									2,56	5,71	8,57	11,42
Comissão	10,00									9,56	19,11	28,57	38,22
IPI	30,00									28,87	57,33	86,00	114,66
ICMS	18,00									17,20	34,40	51,60	68,30
Custo finaceiro (3% am)	3,00		1,47	2,98	4,54	6,15	7,80	9,51	11,26	13,82	15,78	16,92	17,51
Custo fixo (R$/ano/mil)	504,00									21,00	21,00	21,00	21,00
Total de pagamentos		49,00	50,47	51,98	53,54	55,15	56,30	58,51	85,25	160,93	229,01	306,25	392,95
RECEITAS													
Preço de venda	3,50									95,55	191,10	286,65	382,20
Margem de contribuição	30,64												
FLUXO DE CAIXA		(49,00)	(50,47)	(51,98)	(53,54)	(55,15)	(56,80)	(58,51)	(85,26)	(65,38)	(37,91)	(19,60)	(10,75)
SALDO DE CAIXA		(49,00)	(99,47)	(151,45)	(205,00)	(260,00)	(316,95)	(375,46)	(460,72)	(526,11)	(584,01)	(583,62)	(594,37)

	Valor	Jan-99	Fev-99	Mar-99	Abr-99	Maio-99	Jun-99	Jul-99	Ago-99	Set-99	Out-99	Nov-99	Dez-99
INVESTIMENTOS	unit.												
Desenvolvimento do produto													
Equipamentos e feramentas													
Marketing													
TOTAL DE INVESTIMENTOS		-	-	-	-	-	-	-	-	-	-	-	-
Número de peças % da capac.		25	30	40	45	50	55	60	65	70	75	80	85
Matéria-prima	0,9667	131,95	158,34	211,12	237,51	263,90	290,29	316,68	343,07	369,46	395,85	422,24	448,63
Mão de obra	0,0530	7,25	8,68	11,58	13,02	14,47	15,92	17,36	18,81	20,26	21,70	23,15	24,50
Custo variável	0,1045	14,28	17,13	22,84	25,70	28,56	31,41	34,27	37,12	39,98	42,83	45,69	48,54
Comissão	10,00	47,78	57,33	76,44	86,00	95,55	105,11	114,66	124,22	133,77	143,33	152,88	162,44
IPI	30,00	143,33	171,99	229,32	257,99	286,65	315,32	343,98	372,65	401,31	429,98	458,64	487,31
ICMS	18,00	86,00	103,19	137,59	154,79	171,99	189,19	206,39	223,59	240,79	257,99	275,18	292,38
Custo financeiro (3% am)	3,00	-	17,05	16,49	15,35	12,10	9,98	7,51	4,69	1,49	(2,08)	(5,04)	
Custo fixo (R$/ano/mil)	504,00	21,00	21,00	21,00	21,00	21,00	21,00	21,00	21,00	21,00	21,00	21,00	21,00
Total de pagamentos		451,56	554,71	726,38	811,35	896,00	980,33	1.064,32	1.147,96	1.234,25	1.314,15	1.396,70	1.478,85
RECEITAS													
Preço de venda	3,50	477,75	573,30	764,40	859,95	955,50	1.051,05	1.145,50	1.242,15	1.337,70	1.433,25	1.526,80	1.624,35
Margem de contribuição	30,64												
FLUXO DE CAIXA		26,19	18,59	38,02	48,60	59,50	70,72	82,28	94,19	106,45	119,09	132,10	145,50
SALDO DE CAIXA		(568,18)	(549,59)	(511,57)	(462,97)	(403,47)	(332,74)	(250,46)	(156,27)	(49,82)	69,27	201,37	346,67

Fonte: Trabalho de alunos da Fundação Vanzolini nos curso CEAI e CEGP.

3.4.2 Diagrama do ponto de equilíbrio

O Diagrama do Ponto de Equilíbrio (DPE) é outro poderoso recurso que permite uma visão geral do comportamento financeiro do projeto. Esse diagrama pode ser traçado para diversos períodos do ciclo de vida do produto: para o primeiro ano, quando certamente ainda haverá amortização dos investimentos, para os anos subsequentes e para o ciclo completo. Um DPE genérico é mostrado no gráfico da Figura 3.3, a seguir, no qual temos as seguintes grandezas representadas:

- As ordenadas (+Y) representam os rendimentos e (-Y), as despesas.
- As abscissas (X) representam o volume de produção – quantidade de unidades produzidas no período considerado, expressa em porcentagem (0% a 100%) da capacidade de produção instalada.
- Os rendimentos brutos são o resultado das vendas: número de unidades vendidas multiplicado pelo preço de venda na fábrica, este admitido constante e independente do volume.
- As despesas de amortização são constantes e correspondem à parcela do investimento total a ser amortizada no período.
- Os custos fixos correspondem à parcela atribuída pela empresa àquele produto, os quais independem da produção.
- Os custos variáveis são diretamente proporcionais ao volume produzido e incluem, além de materiais, mão de obra e energia, as chamadas despesas proporcionais ao faturamento (DPF) como impostos, comissões, seguros, fretes, publicidade e outros.
- A reta que representa os rendimentos líquidos (chamados lucros, ou melhor, margem semibruta de contribuição (MSBC)) é obtida subtraindo-se dos rendimentos brutos a soma dos custos (investimentos + custos fixos + custos variáveis) para cada nível (%) da produção. A reta tem origem no ponto A que representa zero de produção e extremidade no ponto B que representa o lucro máximo resultante do volume de produção no período considerado, igual a 100% da capacidade instalada.

Essa reta intercepta o eixo das abscissas no chamado **ponto C de equilíbrio** (*break-even point*), o qual estabelece o nível de produção em que os rendimentos e as despesas se igualam. No caso mostrado, esse ponto corresponde a 33% da capacidade instalada. Abaixo desse nível, a empresa estará trabalhando "no vermelho", com prejuízo, e acima dele, com lucro, "no azul".

A construção do DPE no estudo da viabilidade dá à empresa a possibilidade de calcular o resultado financeiro do produto ano a ano. A previsão de vendas (esperada, pessimista e otimista) feita para o ciclo de vida do produto permite determinar, para cada uma das soluções, até aqui viáveis, os seus respectivos comportamentos e resultados financeiros.

O DPE é também um instrumento bastante útil para o controle dos produtos e deve ser atualizado mensalmente pela empresa; *deve ser feito, no mínimo, ano a ano para o período de amortização dos investimentos* e, depois, ao longo da vida do produto.

É importante observar que, na construção inicial do diagrama, admitiram-se, para simplificação, rendimentos e custos variáveis diretamente proporcionais à quantidade produzida. Isso não é necessariamente verdadeiro, em função de promoções de vendas (menores preços unitários) ou do aumento da produtividade (menores custos unitários de produção) ou de gastos adicionais em propaganda que podem estar associados ao aumento das vendas.

Tais grandezas não mais seriam representadas por retas, mas sim por curvas, tracejadas no gráfico, as quais mostram esses efeitos de diminuição dos rendimentos por descontos no preço e aumento dos custos variáveis com gastos crescentes em propaganda. Com essa nova situação, a curva dos lucros (MSBC) apresenta **dois pontos de equilíbrio**, entre os quais há um ponto de **lucro máximo**, que não mais corresponde à produção máxima. Esse ponto deve ser pesquisado pelas empresas e usado como meta de operação. Observar que, no caso mostrado, produzir 100% da capacidade instalada resultará em **prejuízo**.

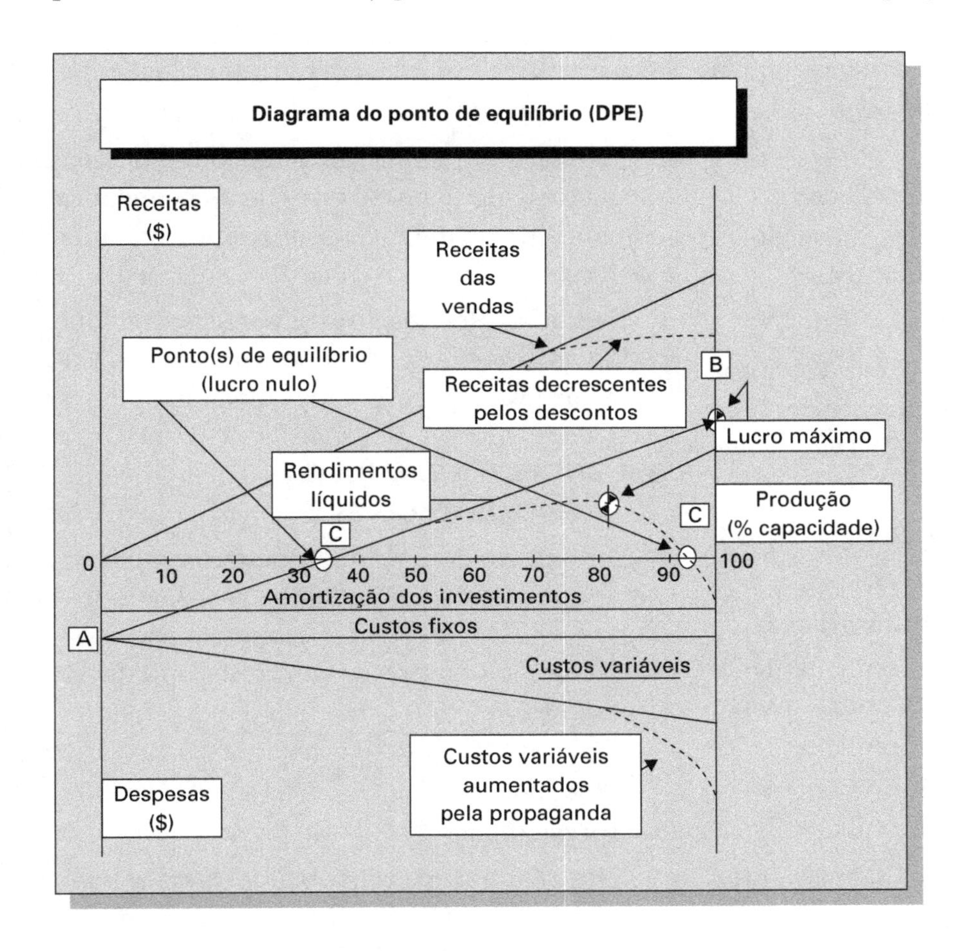

Figura 3.3
Diagrama genérico do ponto de equilíbrio (DPE)

3.5 APROVAÇÃO DO PROGRAMA DE PROJETO

A viabilidade do projeto estará assegurada pela existência de pelo menos uma solução viável que atenda aos objetivos do programa, estabelecidos na fase de Planejamento. Essa solução viável é exequível tecnicamente, compensadora em termos econômicos e lucrativa do ponto de vista financeiro.

Se não houver uma solução viável, será preciso refazer as fases de Planejamento e de Viabilidade e, em persistindo a inviabilidade, deve-se simplesmente **arquivar o projeto.** Dessa decisão, de extrema responsabilidade, devem participar todas as mesmas áreas da empresa envolvidas no programa. Certamente, é preferível parar por aí que continuar um projeto inviável.

O relatório final do Estudo de Viabilidade é o documento oficial que autoriza a **Aprovação do Projeto**, marco extremamente importante no Programa, a partir do qual se inicia o projeto, com a liberação de recursos para a sua execução.

> Todos os negócios e projetos de uma empresa, como pequenas ou grandes vendas, programas de produto e processos, novas instalações ou até uma nova estrutura organizacional, devem ter a sua viabilidade previamente assegurada por um estudo que pode tomar três horas, três dias ou três meses... mas que é essencial.

Já se ouviu dizer que, "nesta empresa não se fazem Estudos de Viabilidade porque, de repente, dá que o nosso projeto é inviável, causando grande mal-estar...".

3.6 EXERCÍCIOS APLICADOS

Para a empresa em que você atua, responda às seguintes questões relativas ao Estudo da Viabilidade (EV):

- O grau de confiança na viabilidade dos projetos nos quais você e seus colegas trabalham atualmente é considerado suficiente?
- Qual tem sido a sua participação em EV?
- Houve casos de problemas em produtos que poderiam ter sido evitados por um bom EV? Como foram resolvidos? Descreva-os de maneira concisa.
- A criatividade é estimulada? Sempre se tem várias soluções possíveis no EV?
- A verificação do atendimento aos Requisitos Técnicos pelas várias soluções é conduzido profissionalmente ou há frequentes aplicações de "achismo" técnico?
- As áreas de Fabricação e Suprimentos são participantes ativas no EV?
- Os envolvidos no projeto estão conscientes da necessidade de estimar investimentos e custos de cada solução, apesar das dificuldades inerentes ao baixo nível de definição técnica do produto no EV?
- A área financeira, ao executar as análises de fluxo de caixa e ponto de equilíbrio, leva em conta as diferenças entre cada solução, em termos do crescimento de sua participação no mercado durante o ciclo de vida?
- O Diagrama do Ponto de Equilíbrio é um instrumento de uso contínuo na administração dos produtos?
- Quem são os assinantes do relatório do EV? Que áreas eles representam?

3.7 RECOMENDAÇÕES À GERÊNCIA

Organizar e conduzir a Síntese de Soluções assegurando ampla liberdade criativa dos participantes. Documentar completamente os trabalhos.

Apresentar os resultados da análise técnica e avaliar, com toda a equipe, a validade das conclusões. Documentar e definir a aceitação.

Promover o melhor convívio com o pessoal de custos e de finanças nas etapas econômica e financeira, de modo a produzirem resultados coerentes.

Redigir o Relatório do EV. Assegurar que toda a documentação de suporte esteja identificada, arquivada, preservada e acessível.

3.8 SUGESTÕES PARA O RELATÓRIO DO EV

O relatório do EV é um **documento importante** que autoriza o engajamento da empresa no projeto. Deve ser incorporado ao acervo técnico da empresa, com todo o material produzido.

Página frontal

- Apresentação

  Este relatório contém o estudo de viabilidade do projeto XXX proposto à empresa no relatório RT – 001 – XXX – 08 – 10.
- Conclusão

  O projeto proposto é viável, havendo três soluções que atendem aos requisitos técnicos, aos objetivos de prazos, investimentos, custos e lucratividade. Este é um projeto aprovado pela empresa.
- Recomendação

  Executar o projeto iniciando a fase seguinte – Projeto Básico, pela escolha da solução a desenvolver.

Ou, diante de evidência clara, em qualquer uma das etapas, poderíamos ter:

- Conclusão

  O projeto não é viável porque nenhuma das soluções possíveis atendeu aos requisitos de confiabilidade ou de prazos ou de custos (por exemplo).

- Recomendação

  Voltar ao Planejamento do projeto e para a sua viabilização, reavaliar, consensualmente, os objetivos não atendidos.

3.9 REFERÊNCIAS

[1] BAXTER, M. *Projeto de produto*. 2. ed. São Paulo: Blucher, 2000.

[2] PAHL, G.; BEITZ, W. *Projeto na engenharia*. São Paulo: Blucher, 2005.

[3] HARTLEY, J. R. *Engenharia simultânea*. Porto Alegre: Bookman, 1998.

[4] BRUNSTEIN, I. *Economia nas empresas*. São Paulo: Atlas, 2005.

[5] PACHECO DA COSTA, R. et al. *Preços orçamentos e custos industriais*. Rio de Janeiro: Campus, 2010.

3.10 EXEMPLOS DE APLICAÇÃO

EXEMPLO 3.1
MEDICAMENTO PAPADOR
ESTUDO DE VIABILIDADE DO PROJETO

O estudo de viabilidade é a fase do desenvolvimento de um produto na qual verificamos se o projeto deve ser aprovado, reavaliado (voltando para fase de planejamento) ou abandonado. Bom planejamento: grupo de desenvolvimento do projeto para demonstrar sua viabilidade econômica, técnica e financeira; portanto, quem deve avaliar são os coordenadores do projeto e não a alta direção.

As possíveis soluções geradas devem ser submetidas a estudos de viabilidade técnica, econômica e financeira, com o objetivo de identificar as soluções viáveis para o projeto do produto.

SÍNTESE DAS SOLUÇÕES

Na matriz de síntese de soluções foram levantadas as possíveis formulações para o produto a ser desenvolvido, em que as duas primeiras colunas verticais correspondem às funções do produto, e as horizontais, às alternativas. Nessa fase para estimular a geração de novas ideias para as funções foi usada a técnica "toró de palpites", em que se reúnem todos os membros da equipe de projetos e se colocam todas as ideias na matriz.

Quadro 3.6 Síntese de soluções: formulações

Função	Subsistema	Alternativas			
		A	B	C	D
Amolecer tecido criado e/ou tártaro	Ativo	Papaína 6%	Papaína 4% fibrolisina	Papaína 8%	Papaína 4%
Proteger tecido sadio	Ativo	Papaína 6%	Papaína 4% e colagenase	Papaína 8%	Papaína 4%
Solubilizar	Veículo	Álcool etílico	Água purificada	Água purificada	Água destilada
Eliminar impurezas	Antimicrobiano	Cloramina 0,5%	Cloramina 0,5%	Estearato de glicerila	Clorexidina 0,2%
Conservar/aumentar prazo de validade	Conservante	Metilparabeno	Metilparabeno + propilparabeno	Benzoato de sódio	Metilparabeno
Colorir	Corante	Azul brilhante	Fd ec yellow nº 06	Caramelo nº 03	Antocianina
Proporcionar sabor agradável	Aromatizante	Tutti fruti	Tangerina	Mel	Essência de menta
Formar matriz do gel	Excipiente	Carbopol	Carbopol	Carbopol	Cmc sódica
Eliminar dor	Anestésico	Xilocaína	Benzocaína	Cloroprocaína	Benzocaína
Ajuste de ph	Neutralizante	–	Trietanolamina	–	–

Quadro 3.7 Análise da viabilidade técnica das formulações

Subsistema	A	s/n	B	s/n	C	s/n	D	s/n
Ativo	Papaína 6%	s	Papaína 4% e fibrolisina	s	Papaína 8%	s	Papaína 4%	S
Ativo	Papaína 6%	s	Papaína 4% e colagenase	s	Papaína 8%	s	Papaína 4%	n
Veículo	Álcool etílico	n	Água purificada	s	Água purificada	s	Água destilada	n
Antimicrobiano	Cloramina 0,5%	s	Cloramina 0,5%	s	Estearato de glicerila	s	Clorexidina 0,2%	n
Conservante	Metilparabeno	n	Metilparabeno +propilparabeno	s	Benzoato de sódio	s	Metilparabeno	s
Corante	Azul brilhante	s	Fd e c yellow nº 06	s	Caramelo nº 03	s	Antocianina	n
Aromatizante	Tutti fruti	s	Tangerina	s	Mel	s	Essência de menta	s
Excipiente	Carbopol	s	Carbopol	s	Carbopol	s	Cmc sódica	n
Anestésico	Xilocaína	s	Benzocaína	s	Cloroprocaína	s	Benzocaína	s
Neutralizante	–	–	Trietanolamina	s	–	–	–	–

Quadro 3.8 Síntese de soluções – embalagens

Função	Subsistema	Alternativa A	Alternativa B	Alternativa C	Alternativa D
		Bisnaga plástica	**Bisnaga de alumínio**	**Frasco e tampa**	**Pote e tampa c/ espátula**
Aplicar porções do produto com precisão e de forma silenciosa	Aplicador	Bisnaga cilíndrica (pead+pebd) com terminação rosqueada com redutor de fluxo	Bisnaga de alumínio cilíndrica estampada com bico dosador	Frasco soprado em pp e tampa enjetada em pcta, dosadora	Espátula injetada (pp)
Proteger a formulação durante sua vida útil	Barreira	Blenda de materias com composição específica	Verniz interno protetor	Frasco soprado com 2% de vernis interno uv	Vedação: selo de alumínio e disco de polexan na tampa
Permitir manipulação com uma mão	Ergonomia	Dimensionamento adequado da bisnaga	Dimencionamento adequado de bisnaga	Design exclusivo	Uma das mãos deve segurar o pote
Transmitir informações do produto	Comunicação	Impressão pelo sistema *dry-off set*	Impressão pelo sistema *dry-off set*	Impressão pelo sistema *dry-off set*	Rotulagem ou *silk*
Garantir a integridade do produto acabado	Manufatura/ logística/ qualidade	Cartucho unitário de papel-cartão	Cartucho unitário de papel-cartão	Espessura da parede do frasco resistente	Cartucho resistente e parede do pote espessa

Quadro 3.9 Análise técnica: embalagens

Subsistema	A		B		C		D	
	Bisnaga plástica	**s/n**	**Bisnaga de alumínio**	**s/n**	**Frasco e tampa**	**s/n**	**Pote e tampa c/ espátula**	**s/n**
Aplicador	Bisnaga cilíndrica (PAED+PEBD) com terminação rosqueada com redutor de fluxo	s	Bisnaga de alumíno cilíndrica estampada com bico dosador	s	Frasco soprado em pp e tampa injetada em pcta, dosadora	s	Espátula injetada (pp)	n
Barreira	Blenda de materias com composição específica	s	Verniz interno protetor	n	Frasco soprado com 2% de verniz interno uv	s	Vedação: selo de alumínio e disco de polexan na tampa	s
Ergonomia	Dimensionamemto adequado da bisnaga	s	Dimensionamento adequado da bisnaga	s	Design exclusivo	s	Uma das mãos deve segurar o pote	n
Comunicação	Impressão pelo sistema *dry-off set*	s	Impressão pelo sistema *dry-off set*	s	Impressão pelo sistema *dry-off set*	s	Rotulagem ou *silk*	n
Manufatura/ logística/ qualidade	Cartucho unitário de papel-cartão	s	Cartucho unitário de papel-cartão	n	Espessura da parede do frasco resistente	s	Cartucho resistente e parede do pote espessa	s

ANÁLISE TÉCNICA – FORMULAÇÃO

Avaliação das alternativas para os subsistemas

Ativos

- **Papaína:** nas concentrações de 2%, 4%, 6%, 8% e 10%, é viável e passível de ser utilizada na composição do gel. Os resultados de nosso trabalho possibilitaram concluir que as diferentes concentrações de papaína testadas não foram citotóxicas e demonstraram que as diferentes concentrações de papaína permitiram uma proliferação celular semelhante à do grupo controle e não apresentaram diferença estatística entre si, ou seja, acima de 4% a ação é muito semelhante, não sendo necessário uma concentração maior, a qual encareceria o produto (baixo custo/benefício).
- **Fibrolisina:** os corticoides inibem a síntese da enzima responsável pela formação da fibrolisina, substância que, por hidrolisar a fibrina e outras proteínas, facilita a entrada de leucócitos na área de inflamação.
- **Colagenase:** uma das enzimas utilizadas no debridamento químico, ela decompõe as fibras de colágeno natural que constituem o fundo da lesão, por meio das quais os detritos permanecem aderidos aos tecidos. A eficácia demonstrada pela colagenase no debridamento pode ser explicada por sua exclusiva capacidade de digerir as fibras de colágeno natural, as quais estão envolvidas na retenção de tecidos necrosados.

Veículos

A água utilizada para a manipulação do produto deve atender ao padrão e às normas vigentes para uso em formulações odontológicas, no que diz respeito aos aspectos bacteriológicos, físico-químicos e organolépticos com a eliminação de resíduos de cloro, eventualmente usados no processo de purificação. Assim, selecionamos a água purificada como solubilizante mais adequado, em razão da facilidade de obtenção, alto grau de solubilização e custo. O álcool etílico pode interferir na ação de outros componentes, como o anestésico local. A água destilada contém maior grau de pureza, porém apresenta maior custo, e não há exigência legal para sua utilização em produtos de aplicação local.

Antimicrobianos

A clorexidina tem amplo espectro microbiano, porém na forma de base não é estável; além disso, estudos demonstraram que a cloramina é mais eficaz como agente antimicrobiano quando utilizada *in vivo*. Não é inativada na presença de matéria orgânica, porém, existem poucos dados disponíveis para uso em feridas abertas, e o risco de sensibilização não deve ser esquecido. A clorexidina tem eficácia rapidamente reduzida na presença de matéria orgânica (pus, sangue). Ela é altamente agressiva ao processo de cicatrização e pode ser usada quando em veículo aquoso.

Conservantes

O metilparabeno, bastante utilizado em cosméticos e medicamentos, em baixas concentrações, inibe o desenvolvimento de bactérias e fungos. É compatível com outros sistemas conservantes, biodegradáveis e não poluentes. Mantém eficiência quando utilizado em meio ácido, neutro ou alcalino. Os parabenos são considerados os melhores conservantes para medicamentos por apresentarem o menor índice de sensibilidade a reações alérgicas em comparação com outros produtos no mercado. Os conservantes são necessários, para manter a integridade do medicamento, independentemente da forma ou fórmula com que se apresente, regras básicas e fundamentais, quais sejam: não interagir com o princípio ativo; ter enérgica ação antimicrobiana; não alterar o gosto, a cor e o sabor da formulação; e não provocar reações de hipersensibilidade.

Corantes

A antocianina, corante natural, mais caro e menos estável, tem sua aceitação pelo cliente diretamente relacionada à sua cor. Essa característica sensorial, embora subjetiva, é fundamental na indução da sensação global resultante de outras características, como o aroma, o sabor e a textura. Por essa razão, preocupamo-nos em selecionar um corante de maior aceitação aos "olhos" dos clientes, ou seja, que tornasse o produto visualmente mais atraente e, ao mesmo tempo, ajudasse a identificar o aroma utilizado.

Os corantes sintéticos apresentam menores custos de produção e maior estabilidade em relação aos naturais. Esse foi um dos motivos de encarecimento da solução D, cujo corante proposto foi a antocianina (corante natural). Os demais foram considerados viáveis.

Excipientes

O carbopol, durante armazenamento (repouso), apresenta viscosidade constante, sem separação dos constituintes da formulação, o que dificultaria o manuseio na aplicação.

A carboximetil-celulose sódica (CMC e propileno-glicol), que forma um hidrogel transparente e incolor, tem função de remover tecidos necróticos mediante o desbridamento autolítico.

Anestésicos

A xilocaina, benzocaína e cloroprocaina são anestésicos tópicos amplamente utilizados.

A benzocaína é um anestésico tópico eficaz, que apresenta um início de ação quase imediato (15 a 30 segundos) e relativamente persistente, não sendo praticamente absorvido quando usado em mucosas e na pele, nas doses recomendadas. É indicado como antisséptico e alcalinizante tópico, no tratamento de aftas, gengivites, estomatites, estomatomicoses (sapinho) e na profilaxia do tártaro dentário.

Neutralizante

A trietanolamina tem a capacidade de tornar o gel mais espesso e transparente. Uma alteração de pH poderia mascarar uma contaminação microbiana, pois, em ambos os casos, ocorre diminuição na limpidez do gel.

Verificação do atendimento das matérias-primas quanto aos requisitos técnicos

- **Extrato de papaína (2%, 4%, 6% ou 8%):** o Papador deve ter a propriedade/função de dissolver tecido necrosado em dentes cariados e de remover o tártaro, por isso, a opção por seu princípio ativo a 4% figura-se como a melhor alternativa para esse desempenho, haja vista que testes *in vitro* e *in vivo* comprovaram a sua melhor eficácia.
- **Carboximetilcelulose (CMC) sódica ou carbopol:** o gel de papaína tem a propriedade coloidal perfeita para sua utilização em dentes cariados, por isso utiliza-se um agente emulsificante responsável pela formação de "malhas", as quais permitem a incorporação de substâncias hidrófilas como o extrato de papaína, garantindo melhor desempenho por facilitar o contato desse componente com o tecido necrosado e melhor estética e ergonomia por permitir a permanência em estado líquido. Isso confere umectação, evitando que o produto seque na saída da embalagem primária (tubo). Levando-se esses fatores em consideração, o carbopol mostrou-se eficaz.
- **Metilparabeno ou metilparabeno + propilparabeno:** o gel deverá ter validade de um ano, por isso é utilizada a associação de metil + propilparabeno como alternativa, já que possui melhor atividade antimicrobiana em organismos gram-positivos e alguns gram-negativos, e pelo fato de ser permitido pelo Food Drug Administration (FDA), garantindo melhor durabilidade e mantenabilidade ao produto, por elevação de seu prazo de validade, e melhor segurança, por não provocar intoxicação no caso de ingestão.
- **FD e C Yellow nº 6:** para assegurar melhor estética e ergonomia, é utilizado corante atóxico permitido pelo FDA, já que o Papador em sua aplicação poderá ser ingerido.
- **Essência de tangerina:** também visando a melhor estética e ergonomia, é utilizado edulcorante e aromatizante atóxico permitido pelo FDA, pois em sua aplicação o Papador terá alta probabilidade de contato com as papilas gustativas; portanto, deverá

ter gosto agradável e mascaramento de sabores de outros componentes, e poderá ser ingerido, além de permitir a combinação adequada com a coloração proporcionada pelo corante, melhorando o requisito estético.

- **Água purificada:** garante a solubilização do princípio ativo, promovendo desempenho, por conferir umectação; esse componente é muito importante para estética e ergonomia, por evitar que o gel seque na saída do tubo, e para a mantenabilidade, por colaborar com a conservação do estado líquido.
- **Clorexidina 0,2% ou cloramina 0,5%:** a melhor solução figura-se como a cloramina 0,5%, pois além de eliminar as bactérias que estão presentes no local de aplicação do gel, assim como a clorexidina 0,2%, também garante a melhor relação desempenho/eficácia do produto, visto que assume um papel a mais para eliminar tecido cariado: reage com as extremidades das fibras de colágeno desmineralizadas, facilitando o desprendimento destas.
- **Benzocaína, cloroprocaína ou xilocaína:** atendendo ao melhor desempenho/eficácia, a benzocaína atua como bom anestésico local e tem o maior nível de segurança em relação às outras propostas.

Possibilidades

- **Projeto:** as instalações e os laboratórios dão à equipe de desenvolvimento amplas condições para o projeto e certificação do produto.
- **Fabricação:** a ampliação da fábrica da Maxfarma, com implantação de setores de produção e embalagem, com novo maquinário e equipamentos e controle de qualidade, permitirá obter a Autorização de Funcionamento para Indústria de Produtos para Saúde e Certificação de Boas Práticas de Fabricação da Agência Nacional de Vigilância Sanitária (Anvisa).

ANÁLISE TÉCNICA DE MATERIAIS DE EMBALAGEM (SOLUÇÕES A E B)

Embalagem primária

a) **Função: aplicador –** aplicar pequenas porções do produto com precisão e de forma silenciosa.

Bisnagas

As bisnagas permitem a aplicação controlada e seus bicos e tampas, cuidadosamente projetados, permitem uma aplicação precisa. O manuseio de uma bisnaga é bastante silencioso, bem distinto do manuseio do extrator de cáries conhecido como "motorzinho".

Tipos de bisnagas

São três os principais tipos de bisnagas comumente empregadas na indústria:

- **Bisnagas plásticas (mono ou multicamadas):** as principais matérias-primas usadas nas embalagens monocamadas são PEAD – Polietileno de Alta Densidade, PEBD – Polietileno de Baixa Densidade (e blendas com composição variada) e PP – Polipropileno. Nas embalagens multicamadas são feitas combinações entre esses materiais e EVOH – Etileno Vinil Álcool ou Nylon®. Esse tipo de bisnaga pode ser produzido com material pigmentado ou não. No fluxograma de produção de bisnagas plásticas, o corpo, em forma de um tubo cilíndrico ou "luva", é extrusado em uma extrusora ou coextrusora com espessura entre aproximadamente 0,36 mm a 0,46 mm. Esse tubo é resfriado e cortado por uma faca rotativa. A impressão é feita após tratamento Corona por *dry-off set*, podendo receber decoração adicional por *hot stamping*. A impressão pode ser feita antes ou depois da selagem da terminação ou "cabeça" da bisnaga. Essa parte geralmente é feita por compressão de uma "pastilha" de material plástico mono ou multicamadas e fundido ao corpo da bisnaga na região do ombro. Após a formação do ombro, pescoço e terminação, em geral coloca-se a tampa, deixando-se o fundo da bisnaga aberto, o qual será selado após a etapa de envasamento.
- **Bisnagas laminadas:** as bisnagas laminadas são produzidas a partir de um filme pré-impresso laminado, composto de várias camadas para a formação do corpo (tubo cilíndrico). Em geral, o corpo é composto por uma camada barreira (folha de alumínio ou EVOH) e por uma camada interna e outra externa de polietileno, sendo unidas por camadas de adesivos. O filme é cortado no tamanho do corpo da bisnaga e passa a envolver um mandril, onde ocorre a selagem, geralmente por radiofrequência. A seguir, é feito o acoplamento do corpo com a cabeça previamente injetada ou moldada por pressão. Os pontos críticos desse processo são a selagem lateral do corpo e a zona de acoplamento da cabeça com o corpo. Em geral, são usados polímeros de barreira extrudados e aplicados sobre essas regiões. As bisnagas laminadas poderão ser translúcidas, caso não seja usada folha de alumínio em sua composição.
- **Bisnagas de alumínio:** para a produção de bisnagas de alumínio, inicialmente é feito o corte de uma pastilha de alumínio em forma de "moeda" a partir de uma lâmina ou chapa. A Figura 3.11, mais adiante, mostra as etapas de formação da bisnaga em máquina de extrusão por impacto, a partir do posicionamento da pastilha no interior da cavidade

fêmea do molde. Quando este se fecha sob pressão, o metal é forçado a envolver a parte macho do molde, adquirindo assim a sua forma. Depois disso, ainda existem as etapas de acabamento da terminação rosqueada, aplicação do material vedante na área de fechamento, após o envasamento, e impressão.

b) Função: proteção – proteger a formulação durante sua vida útil.

Propriedades estruturais das bisnagas

Considerar as seguintes propriedades fundamentais no desenvolvimento de bisnagas:

- **Peso:** é a quantidade de massa (g) de uma embalagem. O peso está associado ao custo da embalagem, visto que a matéria-prima plástica ou metálica, em geral, representa a maior parcela de custo na composição de preço. Reduzir o peso contribui para minimizar o impacto ambiental causado pelo descarte irresponsável das embalagens.
- **Espessura:** a espessura é definida como a distância perpendicular entre duas superfícies da parede do corpo da bisnaga, expressa em micrometros (µm) ou em milímetros (mm). Alguns materiais importados têm sua espessura expressa em *mils*, que é a milésima parte de uma polegada (ou 25,4 µm). A especificação de bisnagas deve explicitar a espessura do corpo e tolerâncias. É também um fator determinante, juntamente com o material plástico utilizado, da rigidez ou flexibilidade da bisnaga. No caso de materiais coextrudados ou laminados, especifica-se também a espessura mínima da camada barreira, a qual é avaliada nos pontos críticos da embalagem (ombro e corpo).
- **Taxas de permeabilidade:** a permeabilidade é uma propriedade que expressa a quantidade de gás ou vapor de água que passa através de determinada embalagem durante um período de tempo. De acordo com o escopo desse procedimento, serão consideradas as taxas de permeabilidade ao vapor de água (TPVA) e ao oxigênio (TPO_2) determinadas em condições padrão pelos laboratórios especializados ou pelas empresas fabricantes. Cada produto tem suas necessidades de proteção contra os fatores externos e o conhecimento dessas taxas evita tanto o sub como o superdimensionamento das embalagens. As taxas de permeabilidade são expressas das seguintes formas: /TPVA – unidade: g água/embalagem/dia, condições de medida: 23 °C/75% umidade relativa, 30 °C/80% umidade relativa, 38 °C/90% umidade relativa; TPO_2 - unidade: cm³ oxigênio/embalagem.dia, condições de medida: 23 °C/0% umidade relativa, 38 °C/0% umidade relativa. É fundamental analisar com cuidado os valores informados pelos fabricantes e as condições em que foram determinados para verificar a sua aplicabilidade às reais condições de comercialização.

Terminações

A figura a seguir mostra um exemplo de terminação rosqueada de bisnaga na qual será aplicada uma tampa *flip-top*.

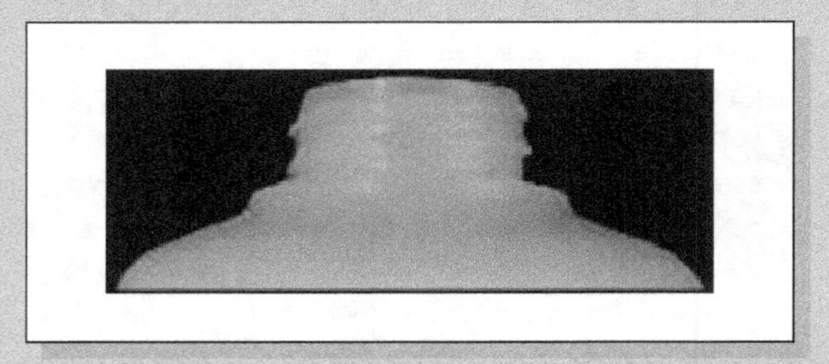

Figura 3.4
Exemplo de terminação rosqueada de bisnaga plástica

A figura a seguir ilustra um exemplo de terminação rosqueada em que o produto é aplicado a partir de um redutor de fluxo em um prolongamento chanfrado da cabeça da bisnaga.

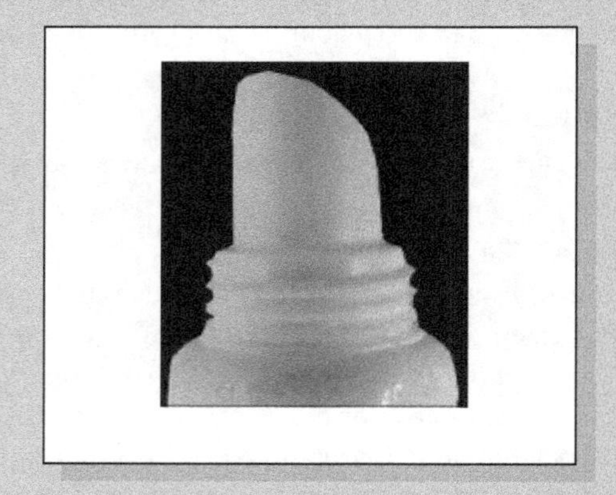

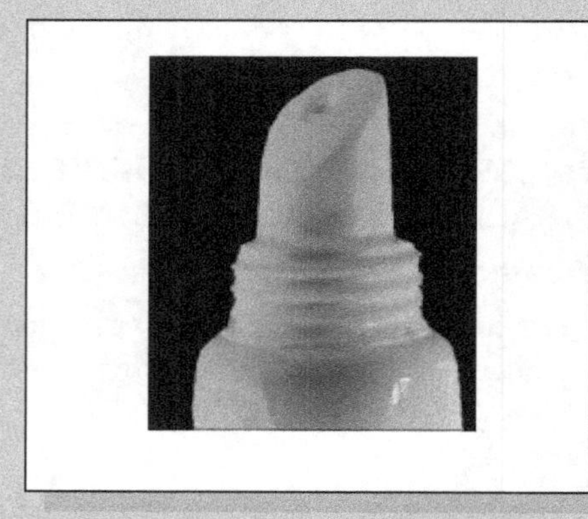

Figura 3.5
Exemplos de terminação rosqueada de bisnaga plástica com redutor de fluxo

TIPOS DE EQUIPAMENTO PARA ENVASAMENTO

As bisnagas são envasadas em máquinas horizontais, que as enchem verticalmente com movimento intermitente, e acondicionadas em caixas protegidas por sacos plásticos, com as tampas voltadas para baixo e com separadores para evitar o encaixe de uma na outra ("telescopagem").

As bisnagas são posicionadas em pé, com as tampas voltadas para baixo em cavidades ou *puck's* dispostos em mesas rotativas, cujas etapas principais são: posicionamento da bisnaga para que a selagem fique paralela à impressão por meio de sensor fotoelétrico; envasamento do produto; na etapa de selagem das bisnagas laminadas faz-se o pré-aquecimento, a selagem por mordente aquecido e o resfriamento da área selada; para as bisnagas plásticas, após o resfriamento há o corte da rebarba; e para bisnagas metálicas substitui-se o *kit* de selagem por um conjunto de pinças e peças que fazem o fechamento da bisnaga por meio das dobras e da compressão do material contra o vedante interno.

Dimensionamento de bisnagas

- **Dimensionamento volumétrico:** para o correto dimensionamento volumétrico das bisnagas são necessárias as seguintes informações:
- **do Desenvolvimento de Produto:** produto na forma líquida ou pastosa: volume líquido mínimo (correspondente ao peso líquido declarado, quando aplicável); capacidade volumétrica total (*over flow*); densidade no momento do envasamento (é função da viscosidade, da temperatura, da injeção de nitrogênio etc.);
- **da Engenharia: produto na forma líquida ou pastosa:** volume mínimo do espaço livre (*head-space*), que é função principalmente do sistema de envase e formato da embalagem (o diâmetro do corpo da bisnaga, a área de compressão para promover o contato necessário entre as partes a serem seladas, a formação de bolhas durante a dosagem, a formação de espuma etc.); limites de ajuste de toda a linha de envasamento;
- **do Marketing:** dimensões externas da embalagem desejada (formato e tamanho desejados). Será necessário comprovar com protótipos se as dimensões especificadas resultam no volume desejado; além de menor peso possível objetivando o mínimo custo financeiro e ambiental, dentre outras. Os dimensionamentos do ombro, da cabeça da bisnaga e da tampa tipo *flip-top* deverão levar em conta a retenção mínima do produto ou o seu esgotamento total para impedir desperdício. Evitar principalmente ângulos retos no ombro e câmaras internas entre o orifício de saída do produto da bisnaga e o orifício da tampa.

Requisitos dimensionais para terminações e tampas de bisnagas:

- **Função: comunicação –** transmitir informações do produto e se comunicar com o público-alvo.

Impressão e acabamento

As bisnagas são fornecidas pré-impressas. As plásticas e as metálicas são decoradas principalmente pelo sistema de *dry-off set*. As bisnagas laminadas são impressas, em geral, pelos sistemas de flexografia ou rotogravura.

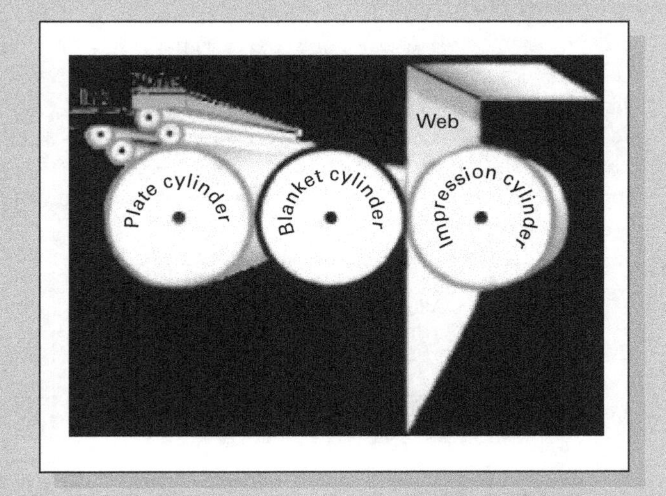

Figura 3.6
Representação da impressão por *off set*

Figura 3.7
Equipamento de impressão de bisnagas pelo sistema *dry-off set*

ANÁLISE TÉCNICA DE MATERIAIS DE EMBALAGEM (SOLUÇÕES C E D)

Embalagem primária

- **Função: ergonomia** – ter uma "boa pega", ou seja, permitir a manipulação com apenas uma mão.

As embalagens propostas nas alternativas C (frasco plástico e tampa plástica com *design* exclusivo) e D (pote) da matriz de soluções são obtidas mediante processos distintos dos processos de transformação de bisnagas. Requerem elevados investimentos em moldes para obtenção das peças, os quais poderão ser moldes de injeção (tampas, potes etc.) ou molde de sopro (frasco). Esses processos favorecem o desenvolvimento de uma embalagem mais ergonômica e permitem a exploração de um universo de formas.

Processos de transformação de embalagens rígidas

Os principais processos de transformação das embalagens rígidas são apresentados a seguir.

O processo de extrusão e sopro é o mais utilizado na fabricação de frascos e garrafas. A resina, com ou sem *master batch* (mistura com aditivos e pigmento que confere propriedades à embalagem final), é processada em uma extrusora, transformada em *parison* (pequenos tubos) que alimenta a sopradora, na qual assume o formato final da embalagem.

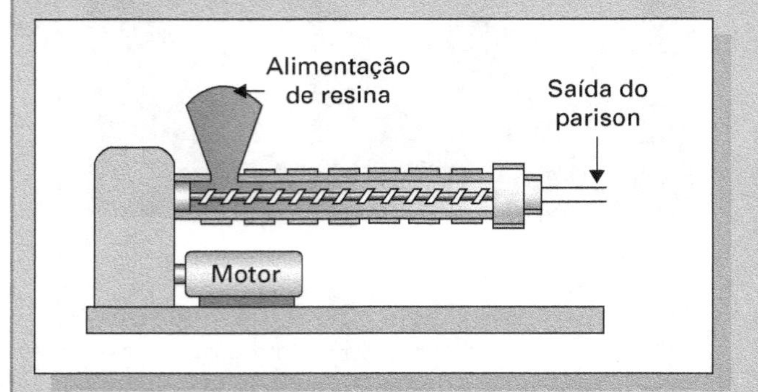

Figura 3.8
Princípio de funcionamento de uma extrusora

Figura 3.9
Sopradora de frascos

O processo de injeção caracteriza-se pelas seguintes etapas:

- alimentação de material termoplástico em extrusora, onde é aquecido até a fusão;
- injeção da peça;
- resfriamento do molde e ejeção da peça.

Define-se ciclo de injeção como o período de tempo entre duas injeções seguidas do termoplástico no molde. A capacidade de uma injetora é função do seu ciclo e do número de cavidades do molde.

Figura 3.10
Máquina injetora

Injetora

As peças fabricadas por injeção têm grande precisão dimensional.

O processo de injeção e sopro é usado para a produção de embalagens de PET. A resina é processada em uma extrusora e injetada em um molde como uma pré-forma, projetada especificamente para a produção de determinada embalagem. Ela é composta do gargalo definitivo e de um corpo em forma de tubo.

Na segunda etapa, a pré-forma é aquecida e soprada em um molde com o formato da embalagem final biorientada. O processo, que é denominado ***stretch-blow-moulding***, consiste, portanto, no aquecimento e estiramento transversal e longitudinal da pré-forma, o que confere melhores propriedades de barreira, resistência mecânica e brilho ao material.

O processo de termoformagem acontece em duas etapas:

- extrusão da chapa, na espessura de 0,5 mm a 3 mm, dependendo do volume da embalagem;
- reaquecimento da chapa e prensagem em um molde tipo macho/fêmea, seguido de corte.

Define-se ciclo do processo como o período de tempo para a repetição de um movimento, como, por exemplo, a saída da embalagem na pronta da máquina. A capacidade de uma termoformadora é função do seu ciclo e do número de cavidades do molde.

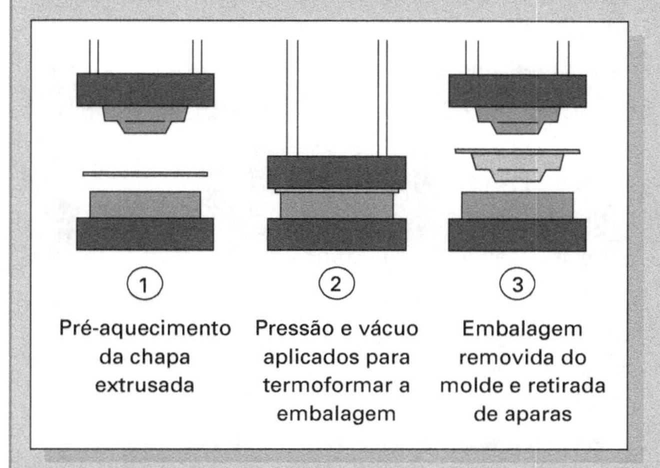

Figura 3.11

Esquema de processo de termoformagem – molde tipo macho/fêmea

Principais propriedades estruturais das embalagens rígidas

As propriedades a seguir relacionadas são fundamentais no desenvolvimento de embalagens rígidas:

- **Peso:** é a quantidade de massa (g) de uma embalagem. O peso está associado ao custo da embalagem visto que a matéria-prima plástica em geral representa a maior parcela de custo na composição de preço. Reduzir o peso contribui para minimizar o impacto ambiental causado pelo descarte irresponsável das embalagens. Em frascos e garrafas, além do peso total, determina-se também o peso de cada uma das três partes: fundo, corpo e topo para avaliação da distribuição de massa da embalagem.
- **Espessura:** a espessura foi definida anteriormente neste texto. A especificação da embalagem rígida soprada deve explicitar as espessuras de cada parte e a total e as suas respectivas tolerâncias. Especifica-se também a espessura mínima da embalagem, pois ela está diretamente associada a valores de barreira como vapor de água e gases. É também um fator determinante, juntamente com o material plástico utilizado, da rigidez da embalagem ou de partes do seu corpo. No caso de materiais coextrusados, ou soprados a partir de pré-formas coinjetadas, especifica-se também a espessura mínima da camada barreira, a qual é avaliada nos pontos críticos da embalagem (curvas como calcanhar, ombro e outras e na parte de menor espessura da embalagem – em geral na parte central do corpo).
- **Resistência à compressão:** *Top Load*: a resistência à compressão é determinada pela aplicação de uma carga vertical (ou aplicação de batoque, anel ou tampa) sobre a embalagem soprada. A medida é associada ao seu desempenho durante a estocagem. Os valores, expressos em kgf, dependem do formato e da distribuição de material no frasco.
- **Taxas de permeabilidade:** a permeabilidade é uma propriedade que expressa a quantidade de gás ou vapor de água que passa através de determinada embalagem durante um período.

PRINCIPAIS POLÍMEROS TERMOPLÁSTICOS

A seguir, são apresentados os principais polímeros termoplásticos utilizados na fabricação de embalagens:

Polietileno (PE):

- polímero do etileno – (-CH2-CH2-)n;
- baixo custo;
- elevada resistência química e a solventes;
- baixo coeficiente de atrito;
- fácil processamento;
- excelentes propriedades isolantes;
- baixa permeabilidade à água;
- facilidade de selagem;
- inodoro, insípido, atóxico, inerte;
- transparente (PEBD) a translúcido (PEAD);
- deteriora-se por sensibilidade à luz UV (descora/fica quebradiço) e *stress-cracking* (fadiga por esforço repetitivo).

Polietileno de baixa densidade (PEBD):

- densidade: 0,910 a 0,925 g/cm³;
- é a versão mais leve e flexível do PE;
- polimerização por adição (alta pressão);
- apresenta moléculas com alto grau de ramificação;
- cristalinidade: 55% a 70%;
- ponto de fusão: 110 °C a 115 °C;
- resistência ao impacto a baixas temperaturas;
- aplicações: embalagens de alimentos e de produtos de limpeza, sacos de lixo, sacolas plásticas, filmes, laminados, recipientes, brinquedos, isolamento de fios elétricos etc.;
- processos: injeção, sopro, laminação, dentre outros.

Polietileno de alta densidade (PEAD):

- densidade: 0,935-0,960 g/cm³;
- estrutura praticamente isenta de ramificações;
- rígido, resistente à tração, com moderada resistência ao impacto;

- aplicações: sacolas de supermercado, bombonas, recipientes, garrafas, filmes, brinquedos, materiais hospitalares, tubos para distribuição de água e gás, tanques de combustível automotivos etc.

Polietileno linear de baixa densidade (PELBD):

- densidade: 0,918 a 0,940 g/cm^3;
- menor incidência de ramificações, mais regulares e curtas que no PEBD;
- resistência mecânica ligeiramente superior ao PEBD;
- maior resistência à perfuração;
- propriedades óticas inferiores ao PEBD;
- maior resistência ao envase a quente;
- menores ciclos de injeção e sopro;
- maior *hot tack* (resistência à quente da termossoldagem à tração) que o PEBD;
- mesclas de até 30% sem alterar equipamentos;
- aumenta produtividade e reduz perdas em envasadoras;
- facas de corte com maior dureza e perfil especial;
- menor custo de fabricação;
- flexibilidade e resistência ao impacto;
- aplicações: embalagens de alimentos, bolsas de gelo, utensílios domésticos, canos e tubos.

Polipropileno (PP):

- polímero do propileno – ((-CH2-CH2-)-CH2)n;
- densidade: 0,900 g/cm^3;
- ponto de fusão: 150 °C;
- polimerização por adição (alta pressão);
- propriedades muito semelhantes às do PE, mas com ponto de amolecimento mais elevado (selagem mais difícil);
- baixo custo;
- elevada resistência química e a solventes;
- alta resistência ao impacto e fratura por flexão ou fadiga;
- boa estabilidade térmica;
- boa resistência a óleos e gorduras;
- transparente e com alto brilho;
- maior sensibilidade à luz UV e agentes de oxidação, sofrendo degradação com maior facilidade;
- inodoro, insípido, atóxico, inerte.

Polipropileno Biorientado (BOPP):

- características do filme: BOPP rasga com facilidade – embalagem para biscoitos, amassa;
- transformação: filmes, injeção: potes, baldes, tampas;
- sopro: garrafas (vinagre, água, detergente), frascos (random com boa transparência de contato), utensílios domésticos;
- termoformagem: potes e tampas;
- aplicações: brinquedos, embalagens, carcaças para eletrodomésticos, fibras, sacarias (ráfia), tubos para cargas de canetas esferográficas, carpetes, seringas.

Poliestireno (PS):

- polímero do estireno: ((-CH2-CH2-)-benzeno)n;
- duro e quebradiço, com transparência cristalina (brilhante como o vidro);
- densidade: 1,04 a 1,06 g/cm^3;
- acumula eletricidade estática;
- solúveis em solventes clorados e aromáticos;
- fácil processamento;
- fácil coloração;
- baixo custo;
- elevada resistência a ácidos e álcalis;
- baixa resistência a solventes orgânicos, calor e intempéries;
- aplicações: embalagens termoformadas (ex: iogurte), copos etc.;
- principais tipos: cristal: homopolímero amorfo, duro, com brilho e elevado índice de refração (aplicação: caneta BIC); resistente ao calor: maior P.M. (aplicação: peças de máquinas ou automóveis, gabinetes de rádios e TV, peças de eletrodomésticos e aparelhos eletrônicos); de alto impacto: 5% a 10% de elastômero, incorporado pela mistura mecânica ou na polimerização, mediante enxerto na cadeia polimérica (aplicação: utensílios domésticos, como gavetas de geladeira, e brinquedos); expandido: espuma semirrígida (*ISOPOR*(R)). O plástico é polimerizado na presença do agente expansor ou então absorvido posteriormente. Durante o processamento do material aquecido, ele se volatiliza, gerando as células no material; baixa densidade e bom isolamento térmico (aplicações: protetor de equipamentos, isolantes térmicos, pranchas para flutuação, geladeiras isotérmicas etc.).

Polietileno tereftalato (PET) – poliéster:

- polímero do tereftalato de etileno – etileno glicol + ácido tereftálico (ou di-metil-tereftalato);
- polimerização por condensação;
- densidade: 1,29 a 1,40 g/cm^3;
- transparência e brilho;
- boas propriedades de barreira (O_2 e CO_2);
- alta resistência à tração e abrasão;
- boa resistência mecânica, térmica e química (aumenta proporcionalmente ao peso molecular);

- alta resistência a gorduras;
- fácil reciclabilidade;
- aplicações: extrusão: filmes biorientados (baixo TPO2 e TPVA); queijos e carnes; injeção; sopro: pré-forma soprada com biorientação; garrafas de refrigerante.

Policloreto de vinila (PVC):

- polímero do cloreto de vinila: ((-CH2-CH2-)-Cl)n;
- amorfo;
- densidade: 1,14 a 1,80 g/cm³;
- necessita aditivos para transformação: plastificantes, estabilizantes, lubrificantes, antioxidantes (propriedades dependem da formulação);
- resistente, barato, pode ser processado facilmente (processamento demanda um pouco de cuidado);
- material polar que interage com solventes polares;
- boa resistência a óleos e gorduras;
- reciclável e não incinerável (corrosão do incinerador - ácido clorídrico);
- elevada resistência a chama, pela presença do cloro;
- aplicações: extrusão - tubos rígidos e mangueiras, tubos e sacos para sangue; extrusão - sopro: frascos e garrafas; filmes (para lacrar bandejas de carnes, frios, legumes) e chapas termoformagem (potes e *blisters*);
- pastas: dispersões de polímero em líquidos não aquosos (óleos e solventes orgânicos);
- plastissóis: misturas 100% sólidas de polímeros plastificados e ingredientes de composição (por exemplo, vedante de tampas de refrigerante).

Poliamida (náilon):

- semicristalino;
- polimerização por condensação;
- alta resistência à tração e abrasão;
- alta resistência a gorduras;
- faixa de trabalho: –60 °C a 110 °C;
- ponto de fusão: 185 °C a 215 °C;
- densidade: 1,05 a 1,14 g/cm³;
- dá "corpo" ao material laminado;
- não é selável;
- média barreira a gases (náilon biorientado - Bopa = alta barreira a gases);
- baixa barreira a umidade porque é higroscópico;
- boas características de termoformagem;
- alta resistência mecânica (Bopa);
- tipos de náilon: 6,6 - hexametileno di-amina (6C) + ácido adípico (6C); 6,10 - hexametileno di-amina (6C) + ácido sebácico (10C); 6: ácido w-amino-capróico (6C); 11: ácido w-amino-undecanóico (11C). Outros tipos de náilon: 6,9; 6,10; 6,12; 12 etc. O 6,6 e o 6 são os mais comercializados;
- aplicações: extrusão - filmes com baixa TPO2, laminados; fibras - filamentos (6, 11 ou 6,6); fibras têxteis, linhas de pescar, escovas; plásticos de engenharia - engrenagens.

Análise econômica

Tabela 3.5 Análise econômica das matérias-primas (Custo variável para 20 kg)

Fórmula A	Quantidade (kg)	R$
Papaína 6%	3,500	7.000,00
Álcool etílico	0,800	200,00
Cloramina	2,450	3.000,00
Metilparabeno	4,000	400,00
Azul brilhante	0,750	1.500,00
Tutti frutti	1,500	450,00
Carbopol	5,000	600,00
Xilocaína	2,000	850,00
Total	20,000	14.000,00

Continua

Continuação

Fórmula B	Quantidade (kg)	R$
Papaína 4% e fibrolisina	1,500	3.000,00
Papaína 4% e colagenase	1,630	2.000,00
Água purificada	0,720	180,01
Cloramina 0,5%	2,450	3.000,00
Metilparabeno + propilparabeno	4,000	420,00
FD e C Yellow nº 06	0,600	865,00
Tangerina	0,300	92,99
Carbopol	5,000	600,00
Benzocaína	1,800	1.417,00
Trietanolamina	2,000	425,00
Total	20,000	12.000,00
Fórmula C	**Quantidade (kg)**	**R$**
Papaína 8%	1,250	10.000,00
Água purificada	0,720	180,00
Estearato de glicerila	0,500	2.860,00
Benzoato de sódio	1,100	345,00
Caramelo nº 03	1,000	420,00
Mel	0,600	600,00
Trietanolamina	4,000	850,00
Cloroprocaína	2,830	1.250,00
Total	12,000	16.505,00
Fórmula D	**Quantidade (kg)**	**R$**
Papaína 4%	3,500	5.000,00
Água destilada	0,720	360,00
Clorexidina (importada)	3,100	10.000,00
Metilparabeno	4,630	463,00
Antocianina	2,200	1.730,00
Essência de menta	2,400	2.820,00
CMC sódica	4,222	3.510,00
Benzocaína	1,800	1.417,00
Total	23,052	25.300,00

Tabela 3.6 Análise econômica dos materiais de embalagem

Subsistemas	A		B		C		D	
	Bisnaga plástica		**Bisnaga de alumínio**		**Frasco e tampa (design exclusivo)**		**Pote "sem fundo" com espátula**	
Embalagem primária	Componentes	R$	Componentes	R$	Componentes	R$	Componentes	R$
Aplicador: aplicar pequenas porções do produto com precisão e de forma silenciosa	Bisnaga cilíndrica (PEAD + PEBD) extrusada com terminação rosqueada com redutor de fluxo	0,32	Bisnaga de alumínio cilíndrica estampada com bico oftálmico	0,45	Frasco soprado em PP COEX e tampa injetada em PCTA, dosadora com design exclusivo	1,10	Espátula injetada (PP)	1,10
Proteger a formulação durante sua vida útil	Blenda com composição específica	0,01	Verniz interno protetor	0,01	Frasco soprado com 2% de verniz interno UV	0,02	Vedação: selo de alumínio e disco de polexan alojado na tampa	0,02
Permitir a manipulação com apenas uma das mãos;	Dimensionamento adequado da bisnaga	N/A	Dimensionamento adequado da bisnaga	N/A	Design exclusivo	N/A	Uma das mãos deve segurar o pote	N/A
Transmitir informações do produto	Impressão pelo sistema *dry-off set*	0,05	Impressão pelo sistema *dry-off set*	0,05	Rotulagem	0,08	Rotulagem ou *silk*	0,08
Embalagem secundária	Componentes	S/N	Componentes	S/N	Componentes	S/N	Componentes	S/N
Garantir a integridade do produto acabado nos processos logísticos	Cartucho unitário de papel-cartão 300 g/m^2 + caixa de transportes em papelão micro-ondulado	0,06	Cartucho unitário de papel-cartão 300 g/m^2 + caixa de transportes em papelão micro-ondulado	0,06	Cartucho unitário de papel-cartão 300 g/m^2 + caixa de transportes em papelão micro-ondulado	0,06	Cartucho unitário de papel-cartão 300 g/m^2 + caixa de transportes em papelão micro-ondulado	0,06
Total		**0,44**		**0,57**		**1,26**		**1,26**

CONCLUSÃO DAS ANÁLISES TÉCNICAS E ECONÔMICAS

Após análise técnica das alternativas – avaliação da matriz de soluções –, descartamos as alternativas "A" e "D", por tenderem a resultados insatisfatórios em funções consideradas tecnicamente significativas. Selecionamos "B" e "C" para continuidade do estudo. Quanto às alternativas de materiais de embalagem, selecionamos "A" e "C" como tecnicamente viáveis. As alternativas "B" e "D" são inviáveis, principalmente quanto aos requisitos de manufatura/logística e ergonomia.

De acordo com o estudo de viabilidade realizado, para o projeto ser considerado viável, o custo das matérias-primas e materiais de embalagens deve ser de inferior a R$ 15.000, sendo R$ 12.000,00 destinados às matérias-primas e R$ 3.000,00 aos materiais de embalagem. A formulação B foi escolhida, por ser viável técnica e economicamente.

VIABILIDADE FINANCEIRA

Para a análise do fluxo de caixa foram considerados como base os resultados apresentados no estudo de viabilidade técnica e econômica, em que temos como solução os seguintes itens:

- **formulação:** solução B, por apresentar a melhor viabilidade técnica (atendendo aos objetivos do produto) e econômica;
- **material de embalagem:** para a análise do fluxo de caixa para o material de embalagem entre as soluções viáveis A e C foi considerada a solução que possui o maior custo: solução C.

No gráfico do fluxo de caixa, observamos a previsão de vendas, a evolução dos rendimentos, das despesas e os resultados acumulados.

De acordo com a análise financeira, o projeto do gel de papaína é viável, apresentando prazo de recuperação dos investimentos inferior ao definido no planejamento, obtendo o retorno após 15 meses de produção e alcançando o ponto de equilíbrio ao redor de 65% da capacidade produtiva.

Esses resultados estão representados pelo Fluxo de Caixa, Diagrama de Fluxo de Caixa e pelo Diagrama de Ponto de Equilíbrio.

Tabela 3.7 Fluxo de caixa R$(000) (parte 1)

Capacidade de produção (unid/mês)		Planejamento do produto			Estudo de viabilidade			Projeto básico			Projeto executivo			Implantação da fabricação		
	Valor	Mar/07	Abr/07	Maio/07	Jun/07	Jul/07	Ago/07	Set/07	Out/07	Nov/07	Dez/07	Jan/08	Fev/08	Mar/08	Abr/08	Maio/08
Investimento																
Pesquisa de mercado			10,00	5,00												
Desenv. do prod./ Mat.Emb.Mat Prima/prod. Ind 1º e 2º lote			5,00	10,00	25,00	25,00	30,00	25,00	25,00	25,00						
Ajuste ferramental e Equipamentos														80,00	60,00	
Lote piloto, Registro, Desenv. Analítico											70,00	50.00	15,00			
Marketing																
Total de investimento		0,00	15,00	15,00	25,00	25,00	30,00	25,00	25,00	25,00	70,00	50,00	15,00	80,00	50,00	10,00
Custo fixo																
Mão de obra	R$ 1,50															
Depreciação equipamento	R$ 0,75															
Total dos custos fixos		0,00	0,00	0,00	0,00	0,00										
Custo variável																
Mão de obra temporária																
Máteria-prima	R$ 6,00															
Material de embalagem	R$ 1,50															
IPI	8.00%															
ICMS	12.00%															
Logística	R$ 2,25															
Total dos custos variáveis		0,00	0,00	0,00	0,00	0,00	0,00									
Custo total																
			0,00	0,00	0,00	0,00	0,00									
Receitas																
Preço de venda	R$ 22,00															
Total das receitas		0,00	0,00	0,00	0,00	0,00										
% da capacidade de produção	0%															
Fluxo de caixa		0,00	(15,00)	(15,00)	(25,00)	(25,00)	(30,00)	(25,00)	(25,00)	(25,00)	(70,00)	(50,00)	(15,00)	(80,00)	(50,00)	(10,00)
Saldo de caixa		0,00	(15,00)	(30,00)	(55,00)	(80,00)	(110,00)	(135,00)	(160,00)	(185.00)	(255,00)	(305,00)	(320,00)	(400,00)	(450,00)	(460,00)

Tabela 3.8 Fluxo de caixa R$(000) (parte 2)

Capacidade de produção (unid/mês) 10.000 Bisnagas		Produção e comercialização												
	Valor	**Jun/08**	**Jul/08**	**Ago/08**	**Set/08**	**Out/08**	**Nov/08**	**Dez/08**	**Jan/09**	**Fev/09**	**Mar/09**	**Abr/09**	**Maio/09**	**Jun/09**
Investimento														
Pesquisa de mercado														
Desenv. do prod./Mat. Emb.Mat Prima/prod.Ind 1º e 2º lote														
Ajuste ferramental e Equipamentos														
Lote piloto, Registro, Desenv. Analítico														
Marketing		52,00	80,00	38,00	2,00	2,00	2,00	2,00	2,00	2,00	2,00	2,00	2,00	2,00
Total de investimento		**52,00**	**80,00**	**38,00**	**2,00**	**2,00**	**2,00**	**2,00**	**2,00**	**2,00**	**2,00**	**2,00**	**2,00**	**2,00**
Custo fixo														
Mão de obra	R$ 1,50	15,00	15,00	15,00	15,00	15,00	15,00	15,00	15,00	15,00	15,00	15,00	15,00	15,00
Depreciação equipamento	R$ 0,75	7,50	7,50	7,50	7,50	7,50	7,50	7,50	7,50	7,50	7,50	7,50	7,50	7,50
Total dos custos fixos		**22,50**	**22,50**	**22,50**	**22,50**	**22,50**	**22,50**	**22,50**	**22,50**	**22,50**	**22,50**	**22,50**	**22,50**	**22,50**
Custo variável														
Mão de obra temporária														
Mátéria-prima	R$ 6,00	36,00	36,00	36,00	36,00	42,00	42,00	42,00	42,00	45,00	45,00	45,00	48,00	48,00
Material de embalagem	R$ 1,50	9,00	9,00	9,00	9,00	10,50	10,50	10,50	10,50	11,25	11,25	11,25	12,00	12,00
IPI	8,00%	7,20	7,20	7,20	7,20	8,40	8,40	8,40	8,40	9,00	9,00	9,00	9,60	9,60
ICMS	12,00%	10,80	10,80	10,80	10,80	12,60	12,60	12,60	12,60	13,50	13,50	13,50	14,40	14,40
Logística	R$ 2,25	13,50	13,50	13,50	13,50	15,75	15,75	15,75	15,75	16,87	16,87	16,87	18,00	18,00
Total dos custos variáveis		**76,50**	**76,50**	**76,50**	**76,50**	**89,25**	**89,25**	**89,25**	**89,25**	**95,62**	**95,62**	**95,62**	**102,00**	**102,00**
Custo total														
		151,00	**179,00**	**137,00**	**101,00**	**113,75**	**113,75**	**113,75**	**113,75**	**120,12**	**120,12**	**120,12**	**126,50**	**126,50**
Receitas														
Preço de venda	R$ 22,00													
Total das receitas		**132,00**	**132,00**	**132,00**	**132,00**	**154,00**	**154,00**	**154,00**	**154,00**	**165,00**	**165,00**	**165,00**	**176,00**	**176,00**
% da capacidade de produção	60%	60%	60%	60%	70%	70%	70%	70%	75%	75%	75%	80%	80%	
Fluxo de caixa		(19,00)	(47,00)	(5,00)	31,00	40,25	40,25	40,25	40,25	44,88	44,88	44,88	49,50	49,50
Saldo de caixa		(479,00)	(526,00)	(531,00)	(500,00)	(459,75)	(419,50)	(379,25)	(339,00)	(249,24)	(204,26)	(154,86)	(105,36)	

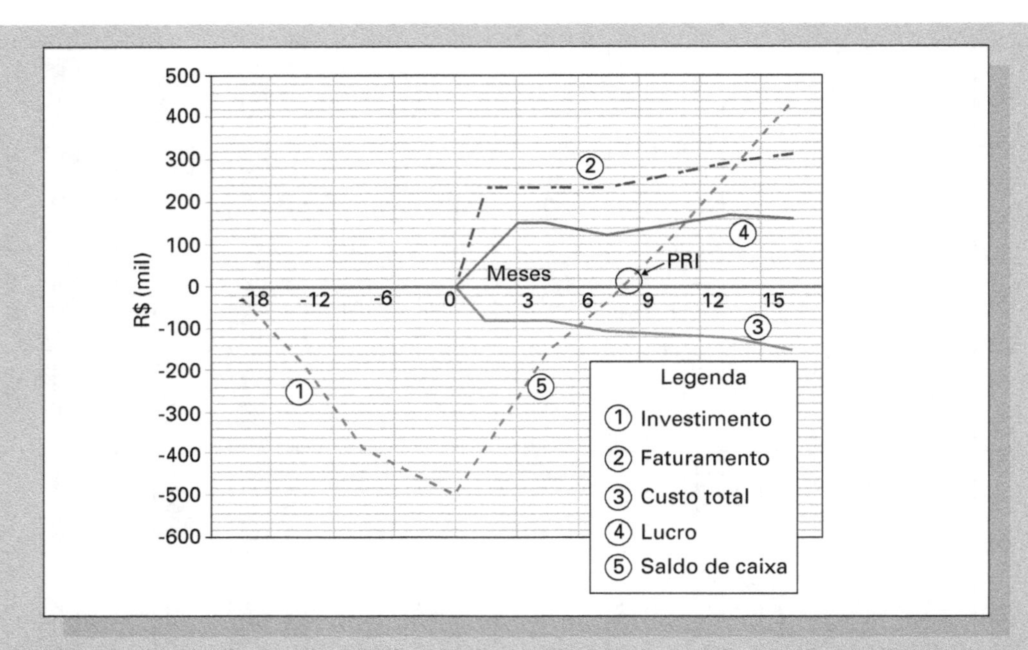

Figura 3.12
Diagrama do fluxo de caixa – DFC.

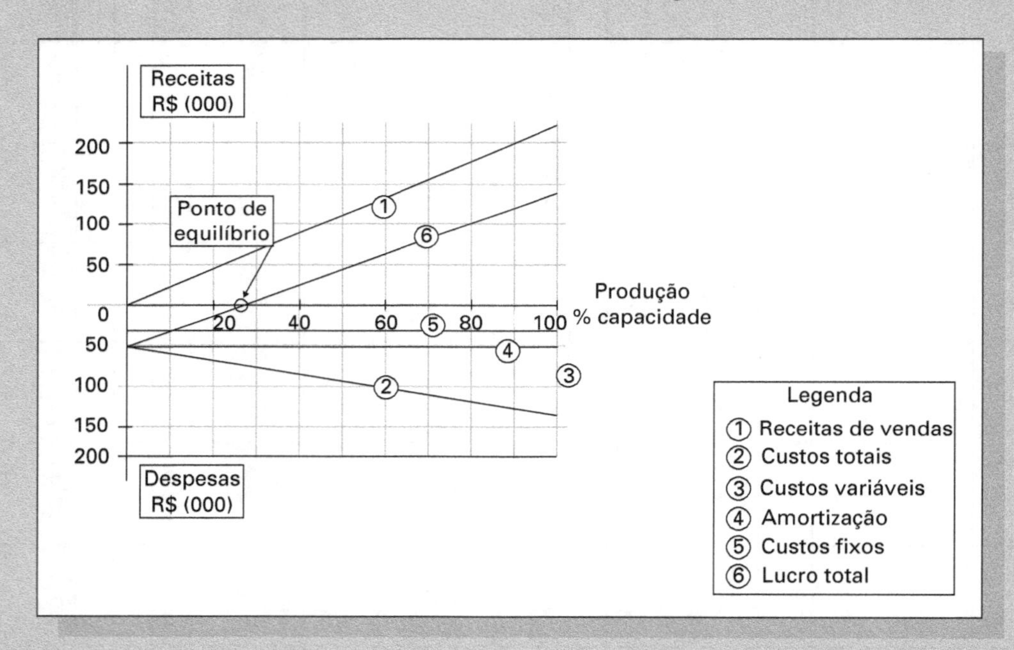

Figura 3.13
Diagrama do ponto de equilíbrio – DPE

EXEMPLO 3.2

IDENTIFICADOR IRISKEY

VIABILIDADE DO PROJETO

Nesta fase do projeto, serão concebidas as soluções técnicas possíveis para o desenvolvimento do produto.

Essas soluções técnicas serão submetidas a várias análises para assegurar a viabilidade técnica, econômica e financeira do projeto.

CONCEPÇÃO DAS SOLUÇÕES

Quadro 3.10 Matriz para o sistema de soluções IrisKey 4000 – identificador biométrico pela íris

Funções	Subsistema	Soluções técnicas possíveis					
		A	B	C	D	E	F
1. Capturar características da íris para cadastramento	Leitura da íris	Leitor óptico	Unidade de reconhecimento óptico + placa captadora de enquadramento	Câmera digital com foco e zoom automático	Scanner	Câmera digital com foco e zoom automático	Câmera digital com foco e zoom automático
2. Capturar características da íris para para identificação	Leitura da íris	Leitor óptico	Unidade de reconhecimento óptico + placa captadora de enquadramento	Câmera digital com foco e zoom automático	Scanner	Câmera digital com foco e zoom automático	Câmera digital com foco e zoom automático
3. Converter características da íris pelo algoritimo	Codificação	Contratação de terceiros para desenvolvimento de programa	Programa patenteado algoritmo de Daugman	Programa proprietário	Contratação de terceiros para desenvolvimento de programa	Programa proprietário	Programa proprietário
4. Armazenar código de identificação e dados complementares de identificação e parametrização	Armazenamento	MS SQL Server	Oracle	Sybase	Sybase	MS SQL Server	Oracle
5. Cadastrar dados complementares	Cadastro	Programa proprietário	Pacote proprietário de desenvolvimento de programa (SDK)	Contratação de terceiros para desenvolvimento de programa	Programa proprietário	Contratação de terceiros para desenvolvimento de programa	Pacote proprietário de desenvolvimento de programa (SDK)
6. Gerenciar acessos parametrizados	Gerenciamento de acesso	Programa proprietário + placa de interface	Programa proprietário + placa de interface	Contratação de terceiros para desenvolvimento de programa	Contratação de terceiros para desenvolvimento de programa	Contratação de terceiros para desenvolvimento de programa	Programa proprietário + placa interface
7. Emitir mensagens	Gerenciador de mensagens	Mensagem escrita cristal líquido	Mensagem de voz	Mensagem de voz + mensagem cristal líquido	Painel físico de instruções + sinal luminoso	Mensagem de voz + mensagem cristal líquido	Mensagem de voz
8. Identificar senhas	Gerenciador de senhas	Programa proprietário	Pacote proprietário de desenvolvimento de programa (SDK)	Contratação de terceiros para desenvolvimento de programa proprietário	Contratação de terceiros para desenvolvimento de programa	Pacote proprietário de desenvolvimento de programa (SDK)	
9. Administrar segurança	Criptografia	Contratação de terceiros para desenvolvimento de programa	Solução proprietária	Solução de mercado	Solução de mercado	Solução proprietária	Solução proprietária
10. Administrar segurança	Registro de acesso	Solução proprietária	Pacote de desenvolvimento de programa (SDK)	Contratação de terceiros para desenvolvimento de programa	Solução proprietária	Contratação de terceiros para desenvolvimento de programa	Pacote de desenvolvimento de programa (SDK)
11. Proteger os equipamentos óticos, alto-falante etc.	Gabinete	Aço tratado com pintura em Epóxi anticorrosiva	ABS injetado	Aço inox	ABS injetado	ABS injetado	Aço inox
12. Adquirir sistema operacional para desenvolvimento dos aplicativos	Sistema operacional	Linux	Unix	Windows server 2003	Unix	Linux	Windows server 2003
13. Adquirir linguagem de programação para desenvolvimento dos aplicativos	Linguagem de programação	Java	Microsoft dot net	Delphi	Delphi	Delphi	Microsoft dot net

ANÁLISE TÉCNICA

Neste projeto, utilizou-se o conceito de Engenharia Simultânea no qual as áreas de Desenvolvimento do Produto, Desenvolvimento de Sistema e Tecnologia, Engenharia, Produção e Marketing trabalham em conjunto para obter os melhores resultados no menor tempo possível com o comprometimento de todos os envolvidos.

Os fornecedores deste projeto foram envolvidos e analisaram a viabilidade dos itens necessários e estabeleceram o compromisso de fornecimento de acordo com os prazos, qualidade e custos planejados. Os fornecedores escolhidos são aqueles já homologados pela GP Sistemas de Segurança.

Verificou-se, nesta fase, se havia alguma patente registrada referente ao produto e constatou-se que já existe um produto com mesmo nome, mas com características diferentes. Considerando este fato, optou-se pela alteração do nome do produto de IrisPass 4000 para IrisKey 4000 e o encaminhamento da documentação necessária para o registro da patente.

AVALIAÇÃO DAS SOLUÇÕES TÉCNICAS DOS SUBSISTEMAS

Subsistema leitura da íris:

- **Opção A – Leitor Óptico:** esse equipamento, já disponível no mercado, é utilizado para capturar imagens e transformá-las em informações digitais. As pesquisas indicam que ele não é adequado para a captura da imagem da íris por emitir raio *laser*, o que poderia ser nocivo e considerado invasivo ao usuário.
- **Opção B – unidade de reconhecimento da íris:** este equipamento, já disponível no mercado, atende aos requisitos especificados para o produto quanto à qualidade, ao tempo e à distância de captura da imagem, e funciona de maneira automática, sendo ativado por sensor de presença.
- **Opção C – câmera digital:** a câmera fotográfica digital atende aos requisitos de tempo de obtenção da imagem e distância mínima entre o usuário e o equipamento e ainda apresenta a vantagem de obter a imagem no formato digital, o que dispensa a conversão da imagem do formato analógico para o digital. Equipada com foco, *zoom* e disparo automático, ativados por um sensor de presença, obtém imagem com a qualidade necessária.
- **Opção D – scanner:** pela experiência na utilização de scanner em outros produtos, concluiu-se que o tempo para obtenção da imagem da íris ultrapassaria o tempo definido para este produto (no máximo de um segundo).

Subsistema codificação:

- **Opção A – contratação de terceiros:** por ser uma parte extremamente crítica e sigilosa do sistema, considerou-se um risco encomendá-las a terceiros, visto que todos os outros algoritmos da empresa foram desenvolvidos internamente em parceria com a universidade e não se dispõe de nenhum fornecedor homologado nesta área.
- **Opção B – algoritmo de Daugman:** esse algoritmo encontra-se disponível no mercado, possui boa aceitação e as análises técnicas indicam que ele atende aos requisitos do produto, como alto desempenho e alta confiabilidade, apresentando baixas taxas de falsa aceitação e falsa rejeição, estabilidade e produção de um código de tamanho aceitável.
- **Opção C – programa proprietário:** em razão da grande capacidade técnica interna da empresa e da parceria de longos anos com a Unicamp no desenvolvimento conjunto de algoritmos de codificação de impressão digital, e dos resultados positivos das pesquisas conjuntas em reconhecimento da íris, considerou-se o desenvolvimento de um programa proprietário de codificação da íris dentro dos requisitos do produto quanto ao desempenho, à confiabilidade, à estabilidade e à produção de um código otimizado, tecnicamente viável.

Subsistema armazenamento:

- **Opção A:** MS SQL Server
- **Opção B:** Oracle
- **Opção C:** Sybase

Neste item, as três opções atendem às necessidades técnicas de capacidade de armazenamento, escalabilidade, portabilidade, velocidade de acesso, alta disponibilidade do banco, segurança, confiabilidade, disponibilidade de suporte técnico e de mão de obra treinada no mercado.

Subsistema cadastramento:

- **Opção A – programa proprietário:** a empresa possui capacidade técnica e experiência para desenvolver o aplicativo com a qualidade exigida pelo produto.
- **Opção B – pacote de desenvolvimento de programas proprietários:** a empresa possui capacidade técnica e experiência para desenvolver esses pacotes em que o usuário desenvolve solução própria integrada ao sistema e já disponibiliza o serviço para outros produtos.
- **Opção C – contratação de terceiros para desenvolvimento:** a empresa possui diversos fornecedores homologados que já desenvolveram esse tipo de sistema para outros produtos com a qualidade exigida, dentro dos prazos acordados e no custo contratado.

Subsistema gerenciamento de acessos:

- **Opção A – programa proprietário + placa de interface:** a empresa já dispõe de solução para acionamento de portas em outros produtos, podendo-se adaptar a sua interface de comunicação.

- **Opção B – contratação de terceiros para desenvolvimento da solução:** a empresa possui diversos fornecedores homologados que já desenvolveram esse tipo de sistema para outros produtos com a qualidade exigida, dentro dos prazos acordados e no custo contratado.

Subsistema gerenciamento de mensagens:

- **Opção A – mensagens escritas no painel de cristal líquido:** solução flexível que permite a configuração de mensagens diferentes para situações específicas, porém, por exigir a leitura da mensagem, utiliza um tempo maior de interação do usuário com o equipamento, o que prejudicaria a eficiência do produto.
- **Opção B – mensagens de voz:** solução flexível que permite a configuração de mensagens diferentes para situações específicas.
- **Opção C – mensagem de voz e escritas no painel de cristal líquido:** solução flexível e mais completa, por permitir a configuração de mensagens diferentes para situações específicas e por utilizar dois canais de comunicação complementares.
- **Opção D – painel fixo com instruções e sinal luminoso:** essa solução é a menos flexível, pois apresenta as instruções de uso e sinal luminoso para indicar a liberação ou não do acesso. Não permite a configuração de mensagens diferentes para situações específicas.

Subsistema gerenciador de senhas:

- **Opção A – programa proprietário:** a empresa possui capacidade técnica e experiência para desenvolver o aplicativo com a qualidade exigida pelo produto.
- **Opção B – pacote de desenvolvimento de programas proprietários:** a empresa possui capacidade técnica e experiência para desenvolver esses pacotes em que o usuário desenvolve solução própria integrada ao sistema e já disponibiliza esse serviço para outros produtos.
- **Opção C – contratação de terceiros para desenvolvimento:** a empresa possui diversos fornecedores homologados que já desenvolveram esse tipo de sistema para outros produtos com a qualidade exigida, dentro dos prazos acordados e no custo contratado.

Subsistema criptografia:

- **Opção A – contratação de terceiros para desenvolvimento:** a empresas possui diversos fornecedores homologados que já desenvolveram esse tipo de solução para outros produtos com a qualidade exigida, dentro dos prazos acordados e no custo contratado.
- **Opção B – solução proprietária:** todos os produtos da empresa contam com esse recurso. A empresa possui mais de um programa de criptografia para atender a características específicas e diversos ambientes, todos invioláveis, podendo ser utilizados nesse produto pois atendem aos requisitos de segurança.
- **Opção C – solução de mercado:** existem diversos programas de criptografia invioláveis disponíveis no mercado que atendem aos requisitos de segurança do produto.

Subsistema registros de acesso (log):

- **Opção A – solução proprietária:** todos os produtos da empresa contam com esse recurso. A empresa possui capacidade técnica e experiência para desenvolver o aplicativo com a qualidade exigida pelo produto e atendendo aos requisitos de segurança.
- **Opção B – pacote de desenvolvimento de programas proprietários:** a empresa possui capacidade técnica e experiência para desenvolver esses pacotes em que o usuário desenvolve solução própria integrada ao sistema e já disponibiliza o serviço para outros produtos.
- **Opção C – contratação de terceiros para desenvolvimento:** a empresa possui diversos fornecedores homologados que já desenvolveram esse tipo de solução para outros produtos com a qualidade exigida, dentro dos prazos acordados e no custo contratado.

Subsistema gabinete:

- **Opção A:** aço tratado com pintura E-POX anticorrosiva.
- **Opção B:** ABS injetado.
- **Opção C:** aço inox. Considerando-se que as unidades de leitura da íris não serão manuseadas pelos usuários, ele ficará entre 7 cm e 30 cm de distância. Exceto na remota necessidade de digitação de uma senha, todos os materiais fornecem a proteção necessária aos equipamentos ópticos, alto-falante e demais componentes que se destinem a ser embalados. Possuem a flexibilidade necessária para o modelo requerido nos padrões de segurança e de estética do produto (caixa sem arestas) e não apresentam risco para o usuário no caso de um impacto acidental.

Subsistema sistema operacional:

- **Opção A:** Linux.
- **Opção B:** Windows Server 2003.
- **Opção C:** Unix. Neste item, as três opções atendem às necessidades técnicas de capacidade e segurança, sistema inteligente de armazenamento de arquivos, gerenciamentos de recursos e dispositivos, estabilidade, alta disponibilidade, alto desempenho, alta escalabilidade e fácil gerenciamento por parte dos administradores.

Subsistema linguagem de programação:

- **Opção A:** Java.
- **Opção B:** Microsoft.Net.
- **Opção C:** Delphi. Neste item, as três opções atendem às necessidades técnicas de forma a oferecer capacidade de desenvolver, implementar e gerenciar soluções integradas com rapidez, utilizando recursos de orientação a objetos e possibilitando a aplicabilidade de uma das metodologias mais implementadas no momento – a UML.

CONCLUSÃO

Com base no estudo realizado, as soluções A e D foram consideradas tecnicamente inviáveis.

ANÁLISE ECONÔMICA

As soluções sobreviventes da análise técnica (opções B, C, E e F), foram submetidas a análise econômica.

VALOR ECONÔMICO PARA O COMPRADOR

Segurança é uma preocupação crescente em empresas privadas, públicas e órgãos governamentais, diante do cenário mundial atual.

Em um mundo empresarial altamente competitivo, as empresas preocupam-se com a segurança de suas informações e a restrição de acesso a determinados locais. As perdas financeiras com acessos indevidos a informações confidenciais podem ser extraordinárias.

Diante desse cenário, acredita-se que um produto de alta confiabilidade para a restrição de acessos será de grande utilidade e interesse para garantir o controle e proteção dessas informações.

VIABILIDADE ECONÔMICA PARA O FABRICANTE

Investimentos

Os investimentos apresentados referem-se à pesquisa, ao registro de patente, ao projeto, ao licenciamento, aos recursos humanos, ao desenvolvimento dos subsistemas, aos materiais, às instalações, aos processos, ao ferramental, à maquinaria, ao transporte, à certificação e ao protótipo a serem utilizados pelas soluções resultantes da análise técnica.

Tabela 3.9 Investimentos

Subsistema	Solução B		Solução C		Solução E		Solução F	
	Item	Custo R$	Item	Custo R$	Item	Custo R$	Item	Custo R$
Leitura da íris	Unidade de reconhecimento óptico + placa captadora de enquadramento	2.000.000,00	Câmera digital com foco e zoom automático	400.000,00	Câmera com foco e zoom automático	400.000,00	Câmera digital com foco e zoom automático	400.000,00
	Unidade de reconhecimento óptico + placa captadora de enquadramento	2.000.000,00	Câmera digital com foco e zoom automático	400.000,00	Câmera com foco e zoom automático	400.000,00	Câmera digital com foco e zoom automático	400.000,00
Codificação	Programa patenteado-algoritmo de Daugman	5.000.000,00	Programa proprietário	400.000,00	Programa proprietário	400.000,00	Programa proprietário	400.000,00
Armazenamento	Oracle	70.000,00	Sybase	40.000,00	Ms sql server	70.000,00	Oracle	60.000,00
Cadastramento	Pacote proprietário de desenvolvimento de programa (sdk)	300.000,00	Contratação de terceiros para desenvolvimento de programa	430.000,00	Contratação de terceiros para desenvolvimento de programa	430.000,00	Pacote proprietário de desenvolvimento de programa (sdk)	300.000,00
Gerenciamento de acesso	Programa proprietário + placa de interface	500.000,00	Contratação de terceiros para desenvolvimento de programa	670.000,00	Contratação de terceiros para desenvolvimento de programa	670.000,00	Programa proprietário + placa de interface	500.000,00
Gerenciamento de mensagens	Mensagem de voz	450.000,00	Mensagem de voz + imagem cristal líquido	620.000,00	Mensagen de voz + imagem cristal líquido	620.000,00	Mensagem de voz	450.000,00
Gerenciador de senhas	Pacote proprietário de desenvolvimento de programa (sdk)	270.000,00	Contartação de terceiros para desenvolvimento de programa	400.000,00	Contratação de terceiros para desenvolvimento de programa	400.000,00	Pacote proprietário de desenvolvimento de programa	270.000,00
Criptografia	Solução proprietária	300.000,00	Solução de mercado	370.000,00	Solução proprietária	300.000,00	Solução proprietária	300.000,00
Registro de acesso	Pacote de desenvolvimento de programa (sdk)	150.000,00	Contratação de terceiros para desenvolvimento de programa	230.000,00	Contratação de terceiros para desenvolvimento de programa	230.000,00	Pacote de desenvolvimento de programa (sdk)	150.000,00
Gabinete	Abs injetado	380.000,00	Aço inox	300.000,00	Abs injetado	380.000,00	Aço inox	300.000,00
Sistema operacional	Unix	40.000,00	Windows server 2003	75.000,00	Linux	40.000,00	Windows server 2003	75.000,00
Linguagem de programação	Microsoft dot net	80.000,00	Delphi	50.000,00	Delphi	80.000,00	Microsoft dot net	80.000,00
Total R$		**11.540.000,00**		**4.385.000,00**		**4.420.000,00**		**3.685.000,00**

Tabela 3.10 Custos variáveis da produção

Subsistema	Solução B		Solução C		Solução E		Solução F	
	Item	Custo R$	Item	Custo R$	Item	Custo R$	Item	Custo R$
Leitura da íris	Unidade de reconhecimento óptico + placa captadora de enquadramento	4.608,29	Câmera digital com foco e zoom automático	921,66	Câmera digital com foco e zoom automático	921,66	Câmera digital com foco e zoom automático	921,66
	Unidade de reconhecimento óptico + placa captadora de enquadramento	4.608,29	Câmera digital com foco e zoom automático	921,66	Câmera com foco e zoom automático	921,66	Câmera digital com foco e zoom automático	921,66
Codificação	Programa patenteado-algoritmo de Daugman	11.520,74	Programa proprietário	921,66	Programa proprietário	921,66	Programa proprietário	921,66
Armazenamento	Oracle	161,29	Sybase	92,17	Ms sql server	161,29	Oracle	138,25
Cadastramento	Pacote proprietário de desenvolvimento de programa (sdk)	691,240	Contratação de terceiros para desenvolvimento de programa	990,78	Contratação de terceiros para desenvolvimento de programa	990,78	Pacote proprietário de desenvolvimento de programa (sdk)	691,24
Gerenciamento de acesso	Programa proprietário + placa de interface	1.152,07	Contratação de terceiros para desenvolvimento de programa	1.543,78	Contratação de terceiros para desenvolvimento de programa	1.543,78	Programa proprietário + placa de interface	1.152,07
Gerenciamento de mensagens	Mensagem de voz	1.036,87	Mensagem de voz + mensagem cristal líquido	1.428,57	Mensagen de voz + mensagem cristal líquido	1.428,57	Mensagem de voz	1.036,87
Gerenciador de senhas	Pacote proprietário de desenvolvimento de programa (sdk)	622,12	Contartação de terceiros para desenvolvimento de programa	921,66	Contratação de terceiros para desenvolvimento de programa	921,66	Pacote proprietário de desenvolvimento de programa (sdk)	622.12
Criptografia	Solução proprietária	691,24	Solução de mercado	852,53	Solução proprietária	691,24	Solução proprietária	691,24
Registro de acesso	Pacote de desenvolvimento de programa (sdk)	345,62	Contratação de terceiros para desenvolvimento de programa	529,95	Contratação de terceiros para desenvolvimento de programa	529,95	Pacote de desenvolvimento de programa (sdk)	345,62
Gabinete	Abs injetado	875,58	Aço inox	691,24	Abs injetado	875,58	Aço inox	691,24
Sistema operacional	Unix	92,17	Windows server 2003	172,81	Linux	92,17	Windows server 2003	172,81
Linguagem de programação	Microsoft dot net	184,33	Delphi	115,21	Delphi	184,33	Microsoft dot net	184,33
Total R$		**26.589,86**		**10.103,69**		**10.184,33**		**8.490,78**

Tabela 3.11 Custos fixos da produção

Descrição de custos	Valor (R$)
Folha de pagamento (funcionários não produtivos)	500.000,00
Manutenção preventivas	282.000,00
Instalação	450.000,00
Potência elétrica	300.000,00
Seguros	568.000,00
Total	2.100.000,00

CONCLUSÃO

Com base no estudo realizado, a solução B foi considerada economicamente inviável.

ANÁLISE FINANCEIRA

Esta análise seria realizada nas soluções resultantes da análise econômica (opções C, E e F). A GP Sistemas de Segurança é uma empresa conservadora no investimento em novos negócios; dessa forma, serão utilizadas para esta análise somente as previsões consideradas pessimistas para a solução E que é a mais cara dos três consideradas.

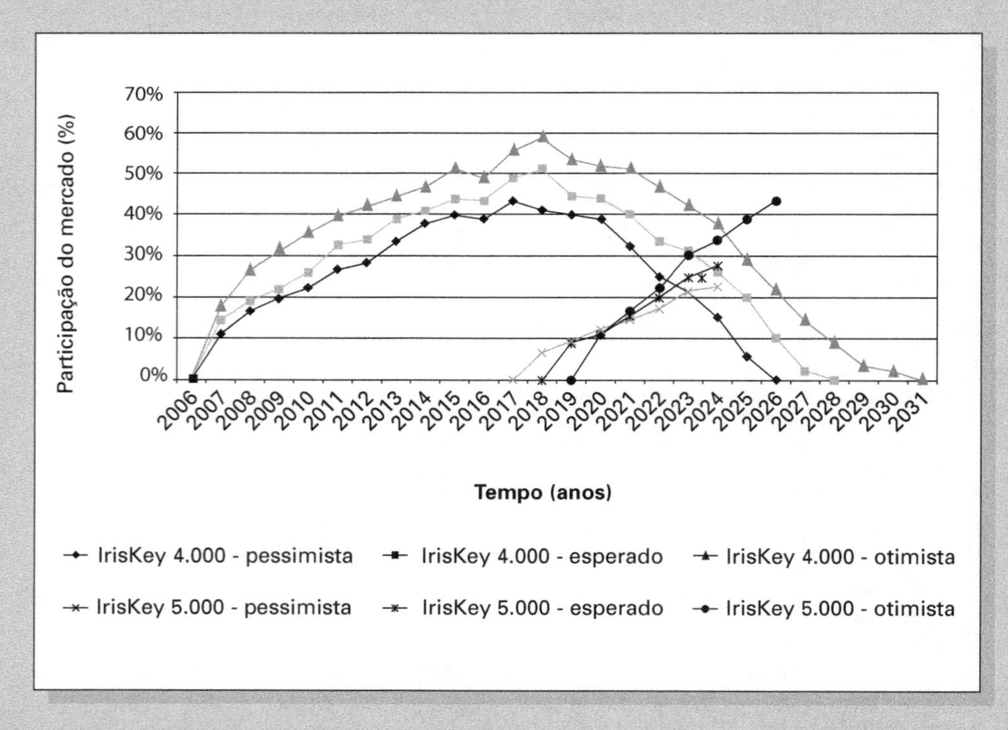

Figura 3.14
Revisão de vendas – solução E

Tabela 3.12 Fluxo de caixa: solução E – previsão pessimista para a solução mais cara. [Valores em R$ (000)]

Item	Meses do projeto			Meses após lançamento						
	-24	-12	0	12	24	36	48	60	72	84
Investimento – estudo e planejamento do projeto	(300)	(300)	(150)	0	0	0	0	0	0	0
Investimento – implantação	(2.000)	(1.000)	(750)	0	0	0	0	0	0	0
Investimento – comercialização	0	0	(300)	(100)	(100)	0	0	0	0	0
Total de investimentos	(2.300)	(1.300)	(1.200)	(100)	(100)	0	0	0	0	0
Custos fixos	(600)	(750)	(1.000)	(2.100)	(2.100)	(2.100)	(2.100)	(2.100)	(2.100)	(2.100)
Custos variáveis	0	0	0	(509)	(763)	(906)	(1.018)	(1.221)	(1.292)	(1.527)
Total de pagamentos	(600)	(750)	(1.000)	(2.609)	(2.863)	(3.006)	(3.118)	(3.321)	(3.392)	(3.627)
Faturamento bruto	0	0	0	3.384	5.076	6.023	6.768	8.121	8.595	10.152
Impostos	0	0	0	(1.015)	(1.522)	(1.807)	(2.030)	(2.436)	(2.578)	(3.045)
Financiamento	0	0	0	(600)	(600)	(600)	0	0	0	0
Lucro	(2.900)	(2.050)	(2.200)	(940)	89	(610)	1.620	2.363	2.623	3.479
Saldo de caixa	(2.900)	(4.950)	(7.150)	(8.090)	(8.000)	(7.390)	(5.770)	(3.407)	(784)	2.695
Volume produzido	0	0	0	50	75	89	100	120	127	150

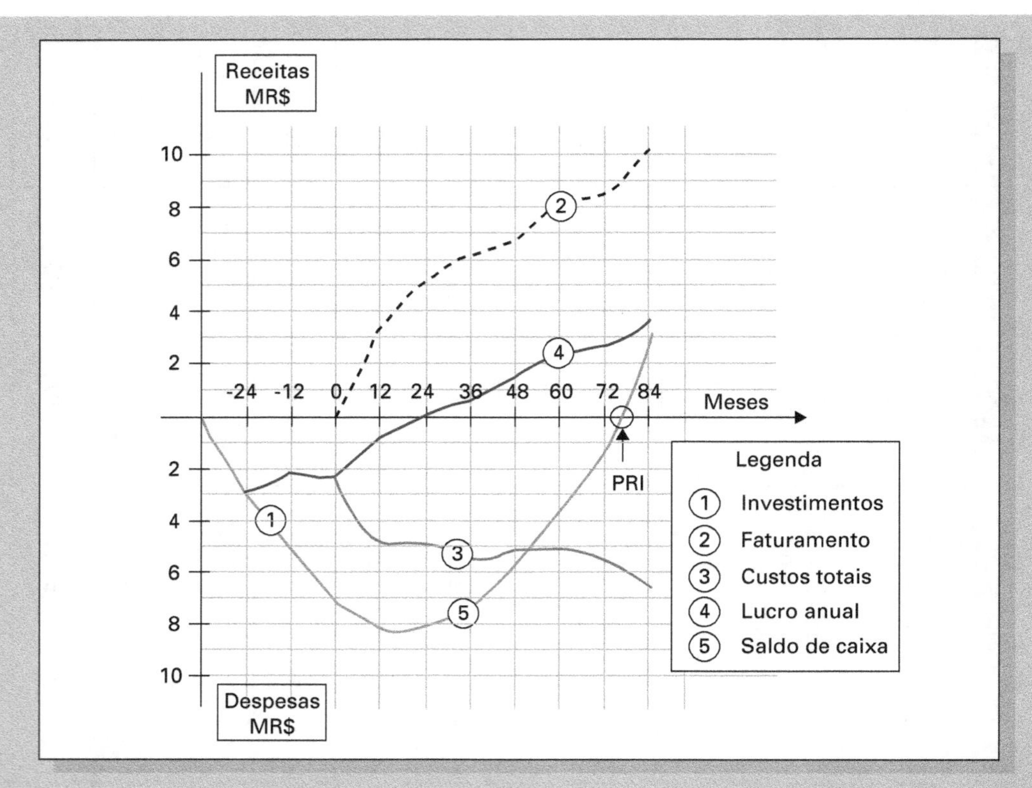

Figura 3.15
Fluxo de caixa - solução E

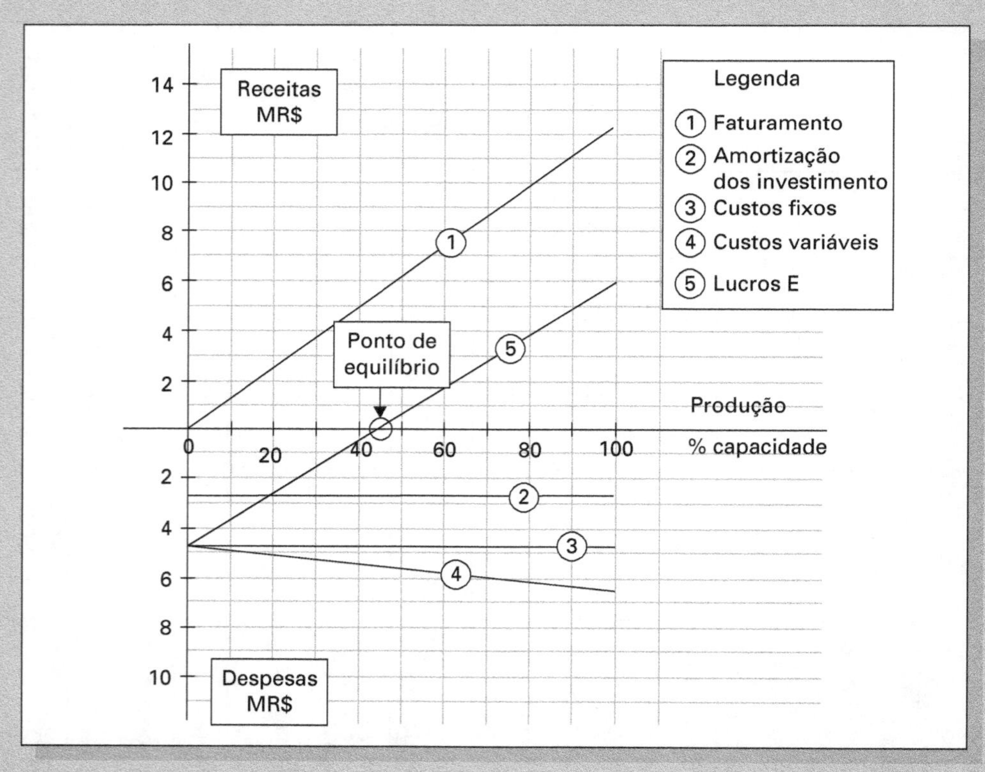

Figura 3.16
Diagrama do ponto de equilíbrio - solução E

COMENTÁRIO SOBRE OS RESULTADOS DA ANÁLISE FINANCEIRA:

A solução E mostrou-se viável financeiramente:

- no **diagrama do fluxo de caixa** nota-se que o PRI – prazo de retorno do investimento – é de 73 meses, ou seja, pouco mais de seis anos. Entretanto, como o ciclo de vida pessimista é de 20 anos, haverá 14 anos de lucratividade. Notar que a curva do saldo de caixa tem forte inclinação positiva a partir do PRI indicando grande potencial de lucros crescentes.

- no **diagrama do ponto de equilíbrio**, feito para um ano, com a hipótese de amortização dos investimentos em três anos, resulta um ponto de equilíbrio em 45% da capacidade produtiva. Se adotada a amortização em seis anos, haveria uma redução no ponto de equilíbrio.

CONCLUSÃO SOBRE A VIABILIDADE DO PROJETO

As alternativas E e F foram aprovadas, garantindo a existência de duas soluções viáveis que atendem às especificações, sendo exequíveis tecnicamente, compensadoras em termos econômicos e suportáveis do ponto de vista financeiro.

O projeto é técnica, econômica e financeiramente, viável, portanto está APROVADO e seguirá para o Projeto Básico.

EXEMPLO 3.3
VANZOLIMP LAVANDERIA

ESTUDO DE VIABILIDADE

A Vanzolimp Lavanderia é uma lavanderia industrial encarregada de processar as roupas provenientes, em sua maioria, de hotéis e motéis.

Durante a primeira fase do projeto (planejamento), foi realizada toda a conceituação do produto, determinando suas respectivas necessidades, funções e atributos. Além disso, foi elaborada uma análise de mercado e foram definidos o cronograma-mestre, a estimativa do ciclo de vida de acordo com os vários cenários analisados, os investimentos, o preço de venda e a lucratividade do programa.

Definido o produto Vanzolimp Lavanderia, partiu-se para a análise de viabilidade do projeto, o qual corresponde a esse trabalho. O estudo de viabilidade é um importante marco no projeto, pois a partir do seu resultado será determinado se o projeto do produto é viável ou não. Durante essa fase do projeto, todas as áreas terão participação e as soluções propostas serão selecionadas por meio de um funil decisório.

Esse funil terá início na concepção das soluções, as quais serão selecionadas em primeira instância na análise técnica. Aquelas que demonstrarem ser tecnicamente viáveis serão então analisadas do ponto de vista econômico (segunda seleção). Por fim, será feita a análise financeira com o objetivo de verificar quais atendem às metas de lucratividade definidas da fase de planejamento do projeto. A Figura 3.17 ilustra esse processo de análise e decisão das soluções.

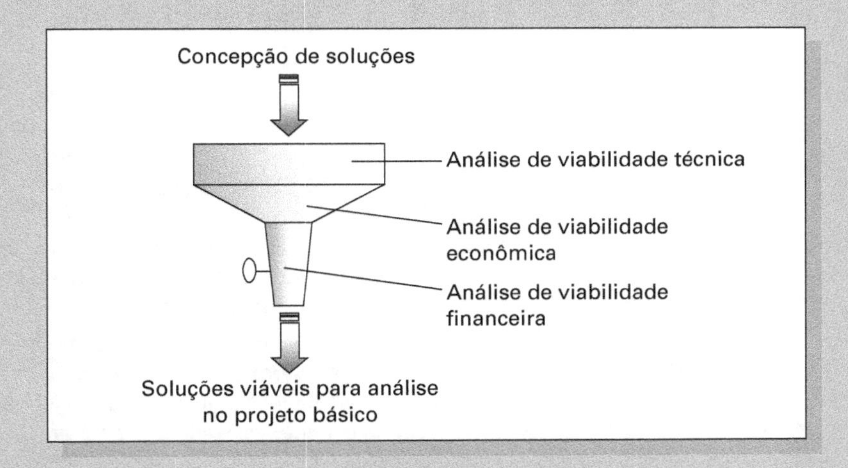

Figura 3.17
Funil de decisões do estudo de viabilidade

Como resultado, ter-se-á as soluções que são viáveis em termos técnicos, econômicos e financeiros. Essas, então, serão levadas para a fase de projeto básico, o qual se encarregará da escolha da melhor solução para o projeto.

CONCEPÇÃO DAS SOLUÇÕES

O produto Vanzolimp Lavanderia foi dividido em seus vários subsistemas, cada qual com suas respectivas funções. Essa divisão corresponde à estrutura básica do produto e pode ser visualizada na figura a seguir.

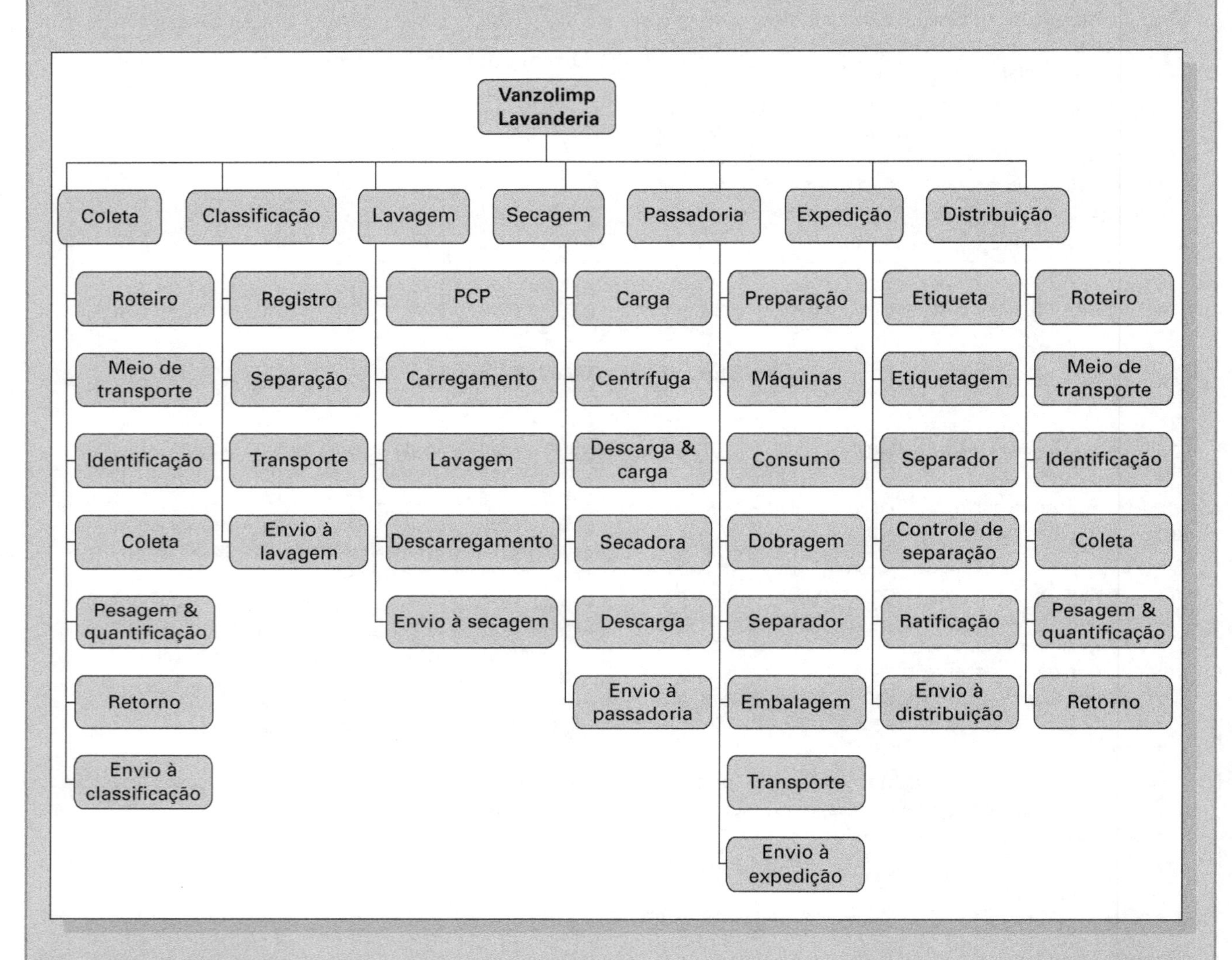

Figura 3.18
Estrutura do produto Vanzolimp Lavanderia

A estrutura básica do produto é um passo anterior à elaboração da matriz de soluções, a qual fornecerá as diversas soluções obtidas durante o "toró" de palpites *brainstorming*. Durante essa fase, foram levantadas diversas soluções que, em princípio, poderiam ser utilizadas em cada uma das funções dos subsistemas identificadas na estrutura básica do produto. Cabe aqui lembrar que nem todos os componentes das alternativas concebidas constituem-se de novidades ou inovações; no entanto, a sua combinação pode vir a gerar um produto novo.

As soluções concebidas para cada umas das funções dos subsistemas da Vanzolimp Lavanderia foram organizadas segundo uma matriz de síntese de soluções. Tal matriz pode ser visualizada no quadro a seguir.

Quadro 3.11 Síntese de soluções para a Vanzolimp Lavanderia

Funções		Subsistema	Soluções técnicas possíveis			
			A	B	C	D
Coletar/distribuir						
01	Roteiro	Material têxtil	Do cliente mais próximo para o mais distante	Do cliente mais distante para o mais próximo	Do cliente com maior urgência na entrega para o menor	
02	Transportar materiais têxteis	Funcionário	Motorista	Técnico têxtil com habilitação	Ajudante com habilitação	
03	Meio de transporte	Veículos	Carro	Automóveis tipo furgão	Caminhão	
04	Separar os materiais têxteis por clientes	Separador	Cestos	Gaiolas	Caixas plásticas	
05	Identificar o material por cliente	Identificação	Etiquetar o separador	Lacrar com código de cliente	Utilizar código de barras para identificar cada cliente	
06	Pesagem e quantificação	Identificação	Balança digital	Balança analógica		
Classificar						
07	Registrar lote/ peças no sistema de cobrança (logística)	Registro	Planilha de controla (Excel)	Lançamento no sistema de cobrança	Registro no sistema de cobrança sem acompanhamento das peças (logística)	
08	Separar peças por tipo de sujidade	Separação	Separar peças no balcão (transporte manual)	Separar peças em cestos (transporte manual)	Separar peças em carrinhos de transporte	
09	Transportar peças internamente para lavagem	Transporte	Carro para roupa úmida capacidade 250 litros	Carro estante transporta roupas sujas/ limpas	Carro estante desmontável	
Lavar						
10	Pcp/capacidade/ ociosidade pto. Operação/ótimo	Software	Planilha de controle (Excel)	Sap	Software específico	
11	Sequências operacionais lavagem	Procedimentos	Elaborar procedimento	Treinamento	Ficha de produção	
12	Carregamento lavadora	Material têxtil	Manual	Mecânico	Automático	
13	Programação pré-requisitos para lavagem	Operador	Manual	Automático	Sistemas auxiliares	
14	Lavagem	Lavadora	Batelada	Contínua	Pré-programada	
15	Descarregamento lavadora	Material têxtil	Manual	Mecânico	Automático	
16	Envio para secagem	Sistema transporte	Carrinho	Esteira	Homem	

Continua

Continuação

	Funções	Subsistema	Soluções técnicas possíveis			
			A	B	C	D
Secar						
17	Carga e descarga	Equipamento	Manual	Basculante	Transportador	
18	Centrifugar	Centrífuga	Acoplada na lavadora	Centrífuga com abastecimento frontal	Centrífuga com abastecimento vertical	
19	Secar	Secadora	Secadora com abastecimento frontal movida a energia elétrica	Secadora com abastecimento frontal movida a gás natural	Secadora com abastecimento vertical movida a energia elétrica	Secadora com abastecimento vertical movida a gás natural
Passar						
20	Preparar as peças para passar (enxovais)	Preparação	Separa as peças por tipo de ambiente e cliente	Separar por tipo de peça (tamanho/ tecido)	Separar as peças por cliente	
21	Passar as peças (enxovais)	Máquinas	Calandra elétrica	"Vaporella"	Ferro a vapor industrial	Calandra com aquecimento a gás
22	Dobrar as peças (enxovais)	Dobragem	Dobradeira automática (com vários programas para dobrar as peças de acordo as exigências de cada cliente	Dobragem manual (realizada por operador)	Braço mecânico	
23	Separar as peças por clientes	Separador	Estantes fixas com divisórias	Mesas	Caixas plásticas	
24	Garantir a limpeza, a higienização e a goma nos enxovais	Embalagem	Máquina seladora automática	Embalagem manual (realizada por operador)		
25	Separação	Separar as peças por jogo de ambiente (cama/ mesa/banho/ cobertor)	Separar por tipo de peças	Separar as peças de acordo a necessidade do cliente		
26	Embalar os enxovais	Embalagem	Plástica	Papel		
27	Transferir os lotes para a expedição	Transporte	Esteira elétrica	Empilhadeira	Carro estante desmontável transporta os lotes embalados	
Expandir						
28	Etiqueta	Identificação	Etiqueta de papel	Código de barras	Etiqueta sensível à luz negra	Microchip
29	Etiquetagem	Equipamento	Máquina etiquetadora	Processo manual		

Continua

Continuação

	Funções	Subsistema	Soluções técnicas possíveis			
			A	B	C	D
30	Separador	Separador	Cestos	Caixas plásticas	Caixas de papelão	Gaiolas
31	Controle de separação	Controle de peças	Prancheta	Software de computador	Cartão perfurado	Não monitorar separação
32	Ratificação	Ratificação da separação das peças por cliente	Amostragem	Software de computador (segurança)	Visual (duplo verificação) todas as peças	Software de computador (dissimilaridade)
33	Envio para distribuição	Roteamento para veículos	Esteira	Manual (homem)	Carrinho elétrico	Empilhadeira

ANÁLISE DE VIABILIDADE TÉCNICA

Uma vez determinadas todas as soluções possíveis, passou-se então à análise de viabilidade técnica de cada uma das soluções propostas.

A análise técnica leva em conta cada um dos requisitos técnicos funcionais, operacionais e construtivos identificados durante a fase de planejamento do projeto. Além disso, nessa análise também são levados em consideração a viabilidade do projeto, a instalação e o fornecimento. Dessa forma, para cada uma das soluções propostas, foi analisado se ela atendia ou não a esses requisitos.

O Quadro 3.12 corresponde à matriz de análise de viabilidade técnica. Ao lado de cada uma das soluções propostas foi adicionada uma nova coluna, a qual corresponde à decisão da análise de viabilidade técnica. Essa decisão consiste basicamente de um filtro passa/não passa (sim ou não), uma vez que a pergunta a ser feita é: "a solução atende aos requisitos ou não?".

Quadro 3.12 Matriz de análise de viabilidade técnica

Coletar/distribuir		
01	A	Roteiro do cliente mais próximo para o mais distante: é o mais econômico.
	B	Roteiro do cliente mais distante ao mais próximo: não seria viável.
	C	Roteiro do cliente com maior urgência na entrega para o menor: satisfaz melhor o cliente.
02	A	Transportar com motorista habilitado: atende ao mínimo exigido.
	B	Transportar com técnico têxtil habilitado: atende e ajudaria na pré-seleção de peças.
	C	Transportar com ajudante habilitado: não atende, não seria aconselhavel pois não é sua função.
03	A	Transportar por meio de carro: não atende, por ser muito pequeno.
	B	Transportar por meio de furgão: atende ao mínimo exigido.
	C	Transportar por meio de caminhão: excede a demanda exigida.
04	A	Armazenar em cestos: não atende pelo volume.
	B	Armazenar em gaiolas: atende, mas para grandes produções (usando caminhões para transporte).
	C	Armazenar em caixas plásticas: atende, resiste e são de fácil movimentação.
05	A	Identificar com etiqueta o separador: atende, aceitável para utilização.
	B	Identificar com lacres codificados do cliente: não atende, pois já terá os dados do cliente quando chegar da coleta.
	C	Identificar com código de barras para cada cliente: atende, porém execede o necessário.
06	A	Balança digital: viável por precisar de pesagem.
	B	Balança analógica: inviável por não precisão na pesagem.
Classificar		
07	A	Registro em planilha de controle por Excel. Processo lento e trabalhoso, não permite identificação da fase de lavagem. Não seria viável.
	B	Registro no sistema de cobrança (logística). Processo ágil e prático. Viável pela praticidade e identificação de cada peça em cada fase da lavagem.
	C	Registro no sistema de cobrança sem acompanhamento das peças. Viável, porém investimento inicial alto.

Continua

Continuação

08	**A**	Separar peças no balcão com transporte manual até os equipamentos. Inviável, por requerer espaço e pela necessidade de recursos para transporte.
	B	Separar peças em cestos com transporte manual até os equipamentos. Viável, pela acomodação das peças, porém exige recursos para transporte.
	C	Separar peças em carrinhos de transporte. Viável, pela agilidade, praticidade, comodidade e por empregar apenas um recurso para transporte.
09	**A**	Carro para transporte de roupa úmida. Viável, por ter praticidade.
	B	Carro estante para transporte de roupas sujas / limpas. Inviável, por não ter separador de roupas limpas e sujas pela praticidade.
	C	Carro estante desmontável para transporte roupas sujas / limpas. Viável, pela praticidade e facilidade de transporte.
Lavar		
10	**A**	Planilha de controle (Excel): viável, exige treinamento Excel/Visual basic.
	B	Sap: viável, alto custo.
	C	Software específico: viável, avaliar custo com o fornecedor.
11	**A**	Elaborar procedimento: viável, exige conhecimento das operações.
	B	Treinamento: viável, pessoal qualificado.
	C	Fichas de produção: viável, resultado da elaboração dos procedimentos.
12	**A**	Manual: viável, mas necessário avaliar problemas ergonômicos.
	B	Mecânico: viável, custo acessível.
	C	Automático: viável, alto custo.
13	**A**	Manual: viável, pessoal qualificado.
	B	Automático: viável, exige desenvolvimento de software e sequência operacional.
	C	Sistemas auxiliares: viável, facilitador da lavagem (dosagem de sabão, alvejante, amaciante).
14	**A**	Batelada: viável, custo acessível.
	B	Contínua: viável, exige análise mais criteriosa da capacidade.
	C	Pré-programada: viável, eleva o custo de investimento.
15	**A**	Manual: viável, mas necessário avaliar problemas ergonômicos.
	B	Mecânico: viável, custo acessível.
	C	Automático: viável, alto custo.
16	**A**	Carrinho: viável, custo mais acessível.
	B	Esteira:viável, avaliar o custo de investimento.
	C	Homem: viável, mas necessário avaliar problemas ergonômicos.
Secar		
17	**A**	Manual: inviável, por causa do contato manual com os materiais têxteis.
	B	Sistema basculante: viável, em virtude da agilidade no processo.
	C	Transportador: inviável, em virtude da baixa capacidade.
18	**A**	Centrífuga acoplada na lavadora: inviável por funcionar simultaneamente com processo de lavagem, atrasando o processo.
	B	Centrífuga com abastecimento frontal: viável, mais usada em espaços pequenos.
	C	Centrífuga com abastecimento vertical: viável e mais aconselhada com menor custo.
19	**A**	Secadora com abastecimento frontal aquecida a energia elétrica: inviável, pelo custo de energia elétrica.
	B	Secadora com abastecimento frontal aquecida a gás natural: viável, pelo baixo custo do gás natural.
	C	Secadora com abastecimento vertical aquecida a energia elátrica: inviável, pelo custo de energia elétrica.
	D	Secadora com abastecimento vertical com abastecimento a gás natural: viável, pelo baixo custo do gás natural.

Continua

Continuação

Passar		
20	A	Separar as peça por tipo de ambiente e cliente. Inviável, processo não atende aos requisitos de temperatura para cada tipo de tecido, deteriorando as peças.
	B	Separar por tipo de peça (tamanho/tecido). Viável, processo atende aos requisitos dos fabricantes dos têxteis para tratamento e temperatura adequada das peças, de acordo o tecido.
	C	Separar as peças por cliente. Inviável, processo não atende aos requisitos de temperatura para cada tipo de tecido, deteriorando as peças.
21	A	Calandra elétrica: viável, pela agilidade e praticidade em atender à demanda diária, com economia e qualidade desejada.
	B	"Vaporella": inviável, processo lento, trabalhoso e com necessidade maior de recursos humanos para garantir a entrega no prazo acordado com o cliente.
	C	Ferro a vapor industrial: inviável, processo lento, trabalhoso e com necessidade maior de recursos humanos para garantir a entrega no prazo acordado com o cliente.
	D	Calandra a gás: viável, pela agilidade em atender à demanda diária, com economia e a qualidade desejada.
22	A	Dobradeira automática (com vários programas para dobrar as peças de acordo as exigências de cada cliente). Processo personalizado: viável, pela agilidade e praticidade em atender à demanda diária, com economia e qualidade desejada.
	B	Dobragem manual realizada por operador: inviável, processo lento com necessidade maior de recursos humanos para programar a entrega no prazo acordado com o cliente e sem garantia da eficiência técnica desejada.
	C	Braço mecânico: viável, porém investimento inicial alto.
23	A	Estantes fixas com divisórias. Processo organizado e prático. Viável, por atenter aos requisitos funcionais de organização, proporcionando eficiência na produção.
	B	Mesas. Irão ocupar maior espaço físico do que a estante e conferem aparência desorganizada. Inviável, por não atender aos requisitos funcionais de estética.
	C	Caixa plástica. Serão necessárias várias caixas espalhadas pelo chão para atender à demanda diária. Inviável, por não atender aos requisitos funcionais que objetivam um arranjo físico com organização e otimização de tempo nas tarefas.
24	A	Máquina seladora automática: viável, pela agilidade e praticidade em atender à demanda diária, com economia, a qualidade desejada e otimização de tempo.
	B	Embalagem manual realizada por operador: inviável, processo lento, trabalhoso e com necessidade maior de recursos humanos para garantir a entrega no prazo acordado com o cliente.
25	A	Separar as peças por jogo de ambiente (cama/mesa/banho/cobertor). Processo inviável, por não atender às necessidades de todos os clientes.
	B	Separar por tipo de peças. Processo inviável, por não atender às necessidades de todos os clientes.
	C	Separar as peças de acordo a nessidade de cada cliente. Atendimento personalizado. Processo viável, por atender às expectativas dos clientes sem custo adicional para a lavanderia.
26	A	Embalagem plástica: viável, pela alta durabilidade.
	B	Embalagem de papel: inviável, pela baixa durabilidade.
27	A	Esteira elétrica. Processo ágil e prático. Viável, por atender aos requisitos técnicos.
	B	Empilhadeira: inviável, por causa do tamanho, que pode atrapalhar o fluxo.
	C	Carro estante desmontável para transportar os lotes: viável, facilita a movimentação e reduz o uso de espaço.
Expedir		
28	A	Etiqueta de papel: atende aos requisitos, mas não pode ser reaproveitada.
	B	Código de barras: atende aos requisitos, pode ser utilizado para outras funções, mas não pode ser reaproveitado.
	C	Etiqueta sensível à luz negra: não atende aos requisitos, pois necessita um ambiente escuro para verificação.
	D	Microchip: atente aos requisitos e pode ser utilizado para outras funções.

Continua

Continuação

29	A	Máquina etiquetadora: viável, em virtude da facilidade e da agilidade no uso.
	B	Processo manual: inviável, em razão do tempo que consome.
30	A	Cestos: essa opção não atende, pelo volume de peças.
	B	Caixas plásticas: atendem, são resistentes, e de fácil movimentação.
	C	Caixas de papelão: atendem, pela felicidade de movimentação, mas são de pouca resistência.
	D	Gaiolas: essa opção atende, mas é mais recomendada para grandes volumes de peças; excede os requisitos.
31	A	Prancheta: atende, mas está sujeita à atenção do operador.
	B	Software computador: atende aos requisitos e pode ser customizado de acordo com a necessidade.
	C	Cartão perfurado: não atende, pois é um sistema tecnicamente obsoleto e pouco eficiente, dado o volume de peças.
	D	Não monitorar separação: não atende, pois não monitora a separação das peças.
32	A	Amostragem: não atende, pois não há uma dupla verificação de todas as peças.
	B	Software de computador (*backup*): atende aos requisitos, e garante uma dupla verificação de todas as peças.
	C	Visual (dupla verificação) todas as peças: atende, mas está sujeito a mão de obra atenta e disponível.
	D	Software de computador (dissimilaridade): atende aos requisitos, e garante com maior grau de confiabilidade a dupla verificação da separação.
33	A	Esteira: atende plenamente aos requisitos, e não necessita de operador.
	B	Manual (homem): atende, apesar de ser mais lento não trabalha de forma contínua.
	C	Carrinho elétrico: atende aos requisitos, mas depende de operador para o deslocamento.
	D	Empilhadeira: não atende: não seria necessário, em virtude do volume de produção.

Todas as justificativas de aceitação ou não das soluções foram agrupadas no Quadro 3.13. É importante notar que a numeração utilizada nas justificativas corresponde a cada uma das soluções propostas na matriz de análise de viabilidade técnica (Quadro 3.12).

SOLUÇÕES

Com base nas propostas de soluções apresentadas, foram concebidas quatro soluções possíveis tecnicamente para a Vanzolimp Lavanderia. O Quadro 3.13 apresenta o conjunto formado pelas quatro soluções viáveis tecnicamente e que serão submetidas à análise de viabilidade econômica:

Quadro 3.13 Soluções técnicas selecionadas

VANZOLIMP		Lavanderia 1	Lavanderia 2	Lavanderia 3	Lavanderia 4
Função	**Subsistema**				
Coletar/distribuir	Roteiro (retirada)	Do cliente mais próximo para o mais distante	Do cliente com maior urgênciana entrega para o com menor	Do cliente mais próximo para o mais distante	Do cliente com maior urgência na entrega para o com menor
	Transportar materiais têxtil	Motorista	Motorista	Técnico têxtil com habilitação	Técnico têxtil com habilitação
	Meio de transporte	Automóveis tipo furgão	Caminhão	Automóveis tipo furgão	Caminhão
	Separar os materiais têxteis por clientes	Gaiolas	Gaiolas	Caixas plásticas	Gaiolas
	Identificar o material por cliente	Etiquetar o separador	Utilizar código de barras para identificar cada cliente	Utilizar código de barras para identificar cada cliente	Utilizar código de barras para identificar cada cliente
	Pesagem e quantificação	Balança digital	Balança digital	Balança digital	Balança digital

Continua

Continuação

VANZOLIMP		Lavanderia 1	Lavanderia 2	Lavanderia 3	Lavanderia 4
Função	**Subsistema**				
Classificar	Registrar no sistema	Registro no sistema de cobrança	Registro no sistema de cobrança	Registro no sistema de cobrança	Registro no sistema de cobrança sem acompanhamento das peças
	Tipo de sujidade	Separar peças em cestos (transporte manual)	Separar peças em carrinhos de transporte	Separar peças em cestos (transporte manual)	Separar peças em carrinhos de transporte
	Transporte interno	Carro para roupa úmida (capacidade 250 litros)	Carro estante desmontável	Carro estante desmontável	Carro estante desmontável
Lavar	Pcp/capacidade/ ociosidade pto. Operação/ótimo	Planilha de controle (Excel)	Planilha de controle (Excel)	Software específico	Sap
	Sequências operacionais – lavagem	Treinamento interno	Treinamento interno	Elaborar procedimento	Ficha de produção
	Carregamento da lavadora	Manual	Manual	Mecânico	Automático
	Programação pré-requisitos para lavagem	Manual	Manual	Sistemas auxiliares	Automático
Lavar	Lavagem	Batelada	Batelada	Pré-programada	Contínua
	Descarregamento lavadora	Manual	Mecânico	Mecânico	Automático
	Envio para secagem	Pessoa	Carrinho	Esteira	Esteira
Secar	Carga e descarga	Basculante	Basculante	Basculante	Basculante
	Centrifugar	Centrífuga com abastecimento vertical	Centrífuga com adastecimento frontal	Centrífuga com abastecimento vertical	Centrífuga com adastecimento frontal
	Secar	Secadora com abastecimento vertical movido a gás natural	Secadora com abastecimento vertical movido a gás natural	Secadora com abastecimento frontal movido a gás natural	Secadora com abastecimento frontal movido a gás natural
Passar	Preparar as peças para passar (enxovais) – preparação	Separar por tipo de peça (tamanho/tecido)	Separar por tipo de peça (tamanho/tecido)	Separar por tipo de peça (tamanho/tecido)	Separar por tipo de peça (tamanho/tecido)
	Passar as peças (enxovais) – máquinas	Calandra elétrica	Calandra com aquecimento a gás	Calandra elétrica	Calandra com aquecimento a gás
	Dobrar as peças (enxovais) – dobragem	Dobradeira automática (com vários programas para dobrar as peças de acordo as exigências de cada cliente)	Dobradeira automática (com vários programas para dobrar as peças de acordo as exigências de cada cliente)	Dobradeira automática (com vários programas para dobrar as peças de acordo as exigências de cada cliente)	Braço mecânico
	Separar as peças por clientes – separador	Estantes com divisórias	Estantes com divisórias	Estantes com divisórias	Estantes com divisórias

Continua

Continuação

VANZOLIMP		Lavanderia 1	Lavanderia 2	Lavanderia 3	Lavanderia 4
Função	**Subsistema**				
Passar	Garantir a limpeza, a higienização e a goma nos enxovais – embalagem	Equipamento seladora automática	Equipamento seladora automática	Equipamento seladora automática	Equipamento seladora automática
	Separar as peças para embalar separação	Separar as peças de acordo a necessidade do cliente	Separar as peças de acordo a necessidade do cliente	Separar as peças de acordo a necessidade do cliente	Separar as peças de acordo a necessidade do cliente
	Embalar os enxovais	Embalagem plástica	Embalagem plástica	Embalagem plástica	Embalagem plástica
	Transferir os lotes para a expedição e o transporte	Carro estante demontável transporta os lotes embalados	Carro estante demontável transporta os lotes embalados	Esteira elétrica	Esteira elétrica
Expedir	Etiquetar – identificação	Etiqueta de papel	Código de barras	Código de barras	Microchip
	Etiquetar as embalagens – etiquetagem	Máquina etiquetadora	Máquina etiquetadora	Máquina etiquetadora	Máquina etiquetadora
	Separar – separador	Gaiolas	Gaiolas	Caixas plásticas	Gaiolas
	Separar (lotes) – sistema de controle	Prancheta (pessoa)	Prancheta (pessoa)	Prancheta (pessoa)	Software de computador
	Conferir – ratificação da separação das peças por clientes	Visual (dupla verificação) todas as peças	Visual (dupla verificação) todas as peças	Software de computador (segurança)	Software de computador (dissimilaridade)
	Encaminhar roteamento para os veículos	Carrinho	Manual	Esteira	Esteira

ANÁLISE DE VIABILIDADE ECONÔMICA

Uma vez determinadas as soluções tecnicamente viáveis, passou-se à análise econômica de cada uma delas. Para a realização de tal análise, foram levados em conta os investimentos necessários, custos fixos e variáveis da produção, bem como os rendimentos.

Os resultados econômicos apresentados por cada uma das soluções analisadas serão comparados com os objetivos estabelecidos durante a fase de planejamento do projeto, a fim de que sejam selecionadas aquelas com a viabilidade econômica desejada.

A síntese da análise em questão pode ser encontrada na Tabela 3.13.

Tabela 3.13 Síntese da análise econômica

Vanzolimp Lavanderia			Lavanderia A	Lavanderia B	Lavanderia C	Lavanderia D
Função	**Subsistema**	**Alternativas**	**R$**	**R$**	**R$**	**R$**
Coletar / distribuir	Roteiro (retirada)	Do cliente mais próximo para o mais distante	390,0		390,00	
		Do cliente com maior urgência na entrega para o com menor		585,00		585,00

Continua

Continuação

Vanzolimp Lavanderia			Lavanderia A	Lavanderia B	Lavanderia C	Lavanderia D
Função	**Subsistema**	**Alternativas**	**R$**	**R$**	**R$**	**R$**
Coletar / distribuir	Transportar materiais têxteis	Motorista	2.800,00	2.800,00		
		Técnico têxtil com habilitação			4.000,00	4.000,00
	Meio de transporte	Automóveis tipo furgão	72.000,00		72.000,00	
		Caminhão		80.000,00		80.000,00
	Separar os materiais têxteis por clientes	Gaiolas	3.000,00	3.000,00		3.000,00
		Caixas plásticas			3.000,00	
	Identificar o material por cliente	Etiquetar o separador	1.600,00			
		Utilizar código de barras para identificar cada cliente		23.000,00	23.000,00	23.000,00
	Pesagem e quantificação	Balança digital	400,00	400,00	400,00	400,00
Classificar	Registro no sistema	Registro no sistema de cobrança	30.000,00	30.000,00	30.000,00	
		Registro no sistema de cobrança sem acompanhamento das peças				100.000,00
	Tipo de sujidade	Separar peças em cestos (transporte manual)	1.500,00		1.500,00	
		Separar peças em carrinhos de transporte		2.400,00		2.400,00
	Transporte interno	Carro para roupa úmida (capacidade 250 litros)	3.000,00			
		Carro estante desmontável		5.000,00	5.000,00	5.000,00
Lavar	PCP/capacidade/ ociosidade e pto. Operação/ótimo	Planilha de controle (Excel)	2.000,00	2.000,00		
		SAP				30.000,00
		Software e específico			2.500,00	
	Sequências operacionais lavagem	Elaborar procedimento			4.000,00	
		Treinamento interno	2.000,00	2.000,00		
		Ficha de produção				5.000,00
	Carregamento lavadora	Manual	600,00	600,00		
		Mecânico			1.600,00	
		Automático				12.000,00
	Programação pré-requisitos para lavagem	Manual	600,00	600,00		
		Automático				10.000,00
		Sistemas auxiliares			7.500,00	

Continua

Continuação

Vanzolimp Lavanderia			Lavanderia A	Lavanderia B	Lavanderia C	Lavanderia D
Função	**Subsistema**	**Alternativas**	**R$**	**R$**	**R$**	**R$**
Lavar	Lavagem	Batelada	54.000,00	54.000,00		
		Contínua				100.000,00
		Pré-programada			60.000,00	
	Descarregamento de lavadora	Manual	600,00			
		Mecânico		1.600,00	1.600,00	
		Automático				12.000,00
	Envio para secagem	Carrinho		2.400,00		
		Esteira			10.000,00	10.000,00
		Homem	1.200,00			
Secar	Carga e descarga	Basculante	1.600,00	1.600,00	1.600,00	1.600,00
	Centrifugar	Centrífuga com abastecimento frontal		48.000,00		48.000,00
		Centrífuga com abastecimento vertical	33.000,00		33.000,00	
	Secar	Secadora com abastecimento frontal movida a gás natural			36.000,00	36.000,00
		Secadora com abastecimento vertical movida a gás natural	30.000,00	30.000,00		
Passar	Preparar as peças para passar (enxovais) preparação	Separar por tipo de peça (tamanho/tecido)	3.000,00	3.000,00	3.000,00	3.000,00
	Passar as peças (enxovais) máquinas	Calandra elétrica	64.000,00		64.000,00	
		Calandra com aquecimento a gás		75.000,00		75.000,00
Passar	Dobrar as peças (enxovais) dobragem	Dobradeira automática (com vários programas para dobrar as peças de acordo as exigências de cada cliente)	30.000,00	30.000,00	30.000,00	
		Braço mecânico				100.000,00
	Separar as peças por clientes separador	Estantes fixas com divisórias	390,00	390,00	390,00	390,00
	Garantir a limpeza, a higienização e a goma nos enxovais	Equipamento – seladora automática	6.000,00	6.000,00	6.000,00	6.000,00
	Separar as peças para embalar separação	Separar as peças de acordo a necessidade do cliente	3.000,00	3.000,00	3.000,00	3.000,00
	Embalar os enxovais	Embalagem plástica	2.000,00	2.000,00	2.000,00	2.000,00
	Transferir os lotes para a expedição e o transporte	Esteira elétrica			10.000,00	10.000,00
		Carro estante desmontável transporta os lotes embalados	4.000,00	4.000,00		

Continua

Continuação

Vanzolimp Lavanderia			Lavanderia A	Lavanderia B	Lavanderia C	Lavanderia D
Função	**Subsistema**	**Alternativas**	**R$**	**R$**	**R$**	**R$**
Expedir	Etiquetar – identificação etiqueta de papel	Etiqueta de papel	18.000,00			
		Código de barras		23.000,00	23.000,00	
		Microchip				60.000,00
	Etiquetar as embalagens etiquetagem	Máquina etiquetadora	1.000,00	1.000,00	1.000,00	1.000,00
	Separar – separador	Caixas plásticas			3.000,00	
		Gaiolas	3.000,00	3.000,00		3.000,00
	Separar (lotes) sistema de controle	Prancheta (pessoa)	3.000,00	3.000,00	3.000,00	
		Software de computador				100.000,00
	Conferir – ratificação da separação das peças por cliente	Software de computador (backup)			30.000,00	
		Visual (duplo check) todas as peças	4.000,00	4.000,00		
		Software de computador (dissimilaridade)				100.000,00
	Encaminhar roteamento para os veículos	Esteira			10.000,00	10.000,00
		Manual (pessoa)		4.000,00		
		Carrinho	4.000,00			
Total			385.680,00	451.375,00	485.480,00	956.375,00
Parametrização			0,86	1,00	1,08	2,13

A simulação realizada na análise econômica toma como base o valor do investimento estimado para o primeiro ano de funcionamento da Vanzolimp Lavanderia estimado durante a fase de planejamento do projeto, o qual foi de R$ 450.000,00. Para e escolha das soluções viáveis em termos econômicos foi aplicada uma tolerância de 10% em relação ao valor, o que resulta em uma meta de R$ 450.000,00 ± R$ 45.000,00.

Com base nos resultados apresentados na Tabela 3.13 e a meta estabelecida durante a fase de planejamento do projeto, as soluções de Lavanderia A, B e C são aquelas que se encontram dentro das metas estabelecidas na fase de Planejamento. Portanto, essas três passaram adiante para a análise de viabilidade financeira.

ANÁLISE DE VIABILIDADE FINANCEIRA

O principal objetivo da análise financeira é averiguar, dentre as soluções em questão, aquelas que atendem aos objetivos de lucratividade (Prazo de Recuperação do Investimento – PRI e Índice do Valor Atual – IVA) definidos durante a fase de Planejamento do projeto.

Para chegar à definição das soluções financeiramente viáveis, foram utilizadas duas ferramentas: o fluxo de caixa e o diagrama de ponto de equilíbrio. É importante notar que para cada uma das soluções analisadas foram levantados os seus respectivos fluxos de caixa e diagramas de ponto de equilíbrio, uma vez que cada uma delas possui valores de investimentos, custos e projeções de venda distintos. Além disso, na elaboração do fluxo de caixa, foi tomado também cada um dos possíveis cenários definidos durante a fase de Planejamento: pessimista, estimado e otimista.

Os custos fixos listados no fluxo de caixa correspondem a aluguel, manutenção de equipamentos, depreciação e despesas com EPIs e EPCs. Os salários estão listados em um campo à parte denominado **mão de obra**. Já os custos variáveis envolvem as variações na utilização dos insumos de produção, energia elétrica, água e embalagens.

As Lavanderias A, B, C apresentadas como soluções economicamente viáveis foram analisadas financeiramente, mas aqui apresentam-se na Tabela 3.14 apenas os cálculos do fluxo de caixa da solução C. As Figuras 3.19 e 3.20 apresentam os diagramas de fluxo de caixa e de ponto de equilíbrio para esta solução C.

Tabela 3.14 Fluxo de caixa para a lavanderia da solução C

VANZOLIMP		Fluxo de caixa											
		2005	2006	2007	2008	2009	2010	2011	2012	2013	2014	2015	2016
Ciclo de vida	Pessimista	0	0,75	1	1,1	1,25	1,5	1	0,8	0,5	0,25	0	0
	Estimado	0	1	1,25	1,5	2	2,1	2,12	2,13	2,14	2,15	2,16	2,17
	Otimista	0	1,25	1,5	2	2,2	2,5	2,6	2,7	2,8	2,9	3	3,1
Investimentos													
Projeto/Infraestrutura		485,5	0,0	0,0	0,0	0,0	0,0	0,0	0,0	0,0	0,0	0,0	0,0
Propagandas		0,0	20,0	20,0	15,0	15,0	10,0	10,0	0,0	0,0	0,0	0,0	0,0
Despesas													
Insumos	Pessimista	0,0	23,8	31,7	34,9	39,7	47,6	31,7	25,4	12,7	8,5	0,0	0,0
	Estimado	0,0	31,7	39,7	47,6	63,5	66,7	67,3	67,6	67,9	68,2	68,6	68,9
	Otimista	0,0	39,7	47,6	63,5	69,8	79,4	82,5	85,7	88,9	92,1	95,2	98,4
Mão de obra	Pessimista	0,0	912,1	960,1	1.053,0	1.105,7	1.138,8	1,184,4	1.208,1	724,8	0,0	0,0	0,0
	Estimado	0,0	957,7	1.008,1	1.039,3	1.105,7	1.160,9	1.195,8	1.243,6	1.319,2	1.372,0	1.426,8	1.483,9
	Otimista	0,0	1.166,8	1.248,5	1.298,4	1.160,9	1.219,0	1.255,5	1.305,8	1.397,2	1.495,0	2.541,5	2.719,4
Custo variável	Pessimista	0,0	82,1	86,4	89,1	94,8	99,5	102,5	106,6	106,7	43,5	0,0	0,0
	Estimado	0,0	86,2	90,7	93,5	99,5	104,5	107,6	111,9	114,2	118,7	123,5	128,4
	Otimista	0,0	105,0	112,4	116,9	104,5	109,7	113,0	117,5	125,7	134,5	228,7	244,7
Custos fixos	Pessimista	0,0	370,0	370,0	370,0	370,0	370,0	370,0	370,0	370,0	370,0	370,0	370,0
	Estimado	0,0	370,0	370,0	370,0	370,0	370,0	370,0	370,0	370,0	370,0	370,0	370,0
	Otimista	0,0	370,0	370,0	370,0	370,0	370,0	370,0	370,0	370,0	370,0	370,0	370,0
Total de pagamentos	Pessimista	485,5	1.408,0	1.468,3	1.498,8	1.572,4	1.632,8	1.653,1	1.686,4	1.699,5	1.146,8	370,0	370,0
	Estimado	485,5	1.465,7	1.528,5	1.565,5	1.653,6	1.712,1	1.750,7	1.793,1	1.820,6	1.876,2	1.934,0	1.994,1
	Otimista	485,5	1.701,5	1.798,5	1.863,8	1.720,3	1.788,0	1.831,1	1.879,0	1.981,8	2.091,6	3.235,4	3.432,5
Receita													
Kg de roupa lavada	Pessimista	0,0	1.190,4	1.587,1	1.745,9	1.983,9	2.380,7	1.587,1	1.269,7	952,3	634,9	0,0	0,0
	Estimado	0,0	1.587,1	1.983,9	2.380,7	3.174,3	3.333,0	3.364,7	3.380,6	3.396,5	3.412,4	3.428,2	3.444,1
	Otimista	0,0	1.983,9	2.380,7	3.174,3	3.491,7	3.967,9	4.126,6	4.285,3	4.444,0	4.602,7	4.761,4	4.920,1
Preço de venda R$ 2,00	Pessimista	0,0	2.380,7	3.174,3	3.491,7	3.967,9	4.761,4	3.174,3	2.539,4	1.904,6	1.269,7	0,0	0,0
	Estimado	0,0	3.174,3	3.967,9	4.761,4	6.348,6	6.666,0	6.729,5	6.761,2	6.793,0	6.824,7	6.856,5	6.898,2
	Otimista	0,0	3.967,9	4.761,4	6.348,6	6.983,4	7.935,7	8,253,1	8,570,6	8.888,0	9.205,4	9.522,9	9.840,3
Impostos													
Base de cálculo	Pessimista	0,0	952,3	1.269,7	1.396,7	1.587,1	1.904,6	1.269,7	1.015,8	761,8	507,9	0,0	0,0
	Estimado	0,0	1.296,7	1.587,1	1.904,6	2.539,4	2.666,4	2.691,8	2.704,5	2.717,2	2.729,9	2.742,6	2.755,3
	Otimista	0,0	1.587,1	1.904,6	2.539,4	2.793,4	3.174,3	3.301,3	3.428,2	3.555,2	3.682,2	3.809,1	3.936,1
IRPJ	Pessimista	0,0	142,8	190,5	209,5	238,1	285,7	190,5	152,4	114,3	76,2	0,0	0,0
	Estimado	0,0	190,5	238,1	285,7	380,9	400,0	403,8	405,7	407,6	409,5	411,4	413,3
	Otimista	0,0	238,1	285,7	380,9	419,0	476,1	495,2	514,2	533,3	552,3	571,4	590,4
Adicional IRPJ	Pessimista	0,0	0,5	0,5	0,5	0,5	0,5	0,5	0,5	0,5	0,5	0,5	0,5
	Estimado	0,0	0,5	0,5	0,5	0,5	0,5	0,5	0,5	0,5	0,5	0,5	0,5
	Otimista	0,0	0,5	0,5	0,5	0,5	0,5	0,5	0,5	0,5	0,5	0,5	0,5
CSLL	Pessimista	0,0	85,7	114,3	125,7	142,8	171,4	114,3	91,4	68,6	45,7	0,0	0,0
	Estimado	0,0	114,3	142,8	171,4	228,5	240,0	242,3	243,4	244,5	245,7	246,8	248,0
	Otimista	0,0	142,8	171,4	228,5	251,4	285,7	297,1	308,5	320,0	331,4	342,8	354,3
Cofins	Pessimista	0,0	71,4	95,2	104,8	119,0	142,8	95,2	76,2	57,1	38,1	0,0	0,0
	Estimado	0,0	95,2	119,0	142,8	190,5	200,0	201,9	202,8	203,8	204,7	205,7	206,6
	Otimista	0,0	119,0	142,8	190,5	209,5	238,1	247,6	257,1	266,6	276,2	285,7	295,2
IPI	Pessimista	0,0	238,1	317,4	349,2	396,8	476,1	317,4	253,9	190,5	127,0	0,0	0,0
	Estimado	0,0	317,4	396,8	476,1	634,9	666,6	672,9	676,1	679,3	682,5	685,6	688,8
	Otimista	0,0	396,8	476,1	634,9	698,3	793,6	825,3	857,1	888,8	920,5	952,3	984,0
ICMS	Pessimista	0,0	428,5	571,4	628,5	714,2	857,1	571,4	457,1	342,8	228,5	0,0	0,0
	Estimado	0,0	571,4	714,2	857,1	1.142,7	1.199,9	1.211,3	1.217,0	1.222,7	1.226,4	1.234,2	1.239,9
	Otimista	0,0	714,2	857,1	1.142,7	1.257,0	1.428,4	1.485,6	1.542,7	1.599,8	1.657,0	1.714,1	1.771,3
ISSQN	Pessimista	0,0	119,0	158,7	174,6	198,4	238,1	158,7	127,0	95,2	63,5	0,0	0,0
	Estimado	0,0	158,7	198,4	238,1	317,4	333,3	336,5	338,1	339,6	341,2	342,8	344,4
	Otimista	0,0	198,4	238,1	317,4	349,2	296,8	412,7	428,5	444,4	460,3	476,1	492,0
Total de impostos	Pessimista	0,0	1.086,1	1.448,0	1.592,7	1.809,8	2.171,1	1.448,0	1.158,5	869,0	579,5	0,5	0,5
	Estimado	0,0	1.448,0	1.809,8	2.171,7	2.895,4	3.040,2	3.069,1	3.083,6	3.098,1	3.112,6	3.127,0	3.141,5
	Otimista	0,0	1.809,8	2.171,7	2.895,4	3.184,9	3.619,2	3.763,9	3.908,7	4.053,4	4.198,25	4.342,9	4.487,7
Fluxo de caixa	Pessimista	-485,5	-113,4	258,0	400,2	585,6	956,9	73,3	-305,4	-663,9	-456,6	0,0	0,0
	Estimado	-485,5	260,6	629,5	1.024,3	1.799,5	1.913,7	1.909,7	1.884,5	1.874,3	1.836,0	1.795,4	1.752,5
	Otimista	-485,5	456,5	791,3	1.589,4	2.078,2	2.528,5	2.658,1	2.782,9	2.852,8	2.915,7	1.944,5	1.920,1
Saldo de caixa	Pessimista	-485,5	-598,9	-340,9	59,3	644,9	1.601,8	1.675,1	1.369,7	705,8	249,2	0,0	0,0
	Estimado	-485,5	-224,8	404,6	1.428,9	3.228,4	5.142,1	7.051,8	8.936,2	10.810,6	12.645,5	14.441,9	16.194,5
	Otimista	-485,5	-29,0	762,3	2.351,7	4.429,9	6.958,4	9.616,5	12.399,4	15.252,2	18.167,8	20.112,4	22.032,5

2017	2018	2019	2020	2021	2022	2023	2024	2025	2026	2027	2028	2029	2030
0	0	0	0	0	0	0	0	0	0	0	0	0	0
2,18	2,19	2,2	1,75	1,25	1	0,8	0,25	0	0	0	0	0	0
3,2	3,4	3,5	3	2,8	2,75	2,5	2	1,5	1,25	1	0,8	0,25	0
0,0	0,0	0,0	0,0	0,0	0,0	0,0	0,0	0,0	0,0	0,0	0,0	0,0	0,0
0,0	0,0	0,0	0,0	0,0	0,0	0,0	0,0	0,0	0,0	0,0	0,0	0,0	0,0
0,0	0,0	0,0	0,0	0,0	0,0	0,0	0,0	0,0	0,0	0,0	0,0	0,0	0,0
69,2	69,5	69,8	55,6	39,7	31,7	25,4	7,9	0,0	0,0	0,0	0,0	0,0	0,0
101,6	107,9	111,1	95,2	88,9	87,3	79,4	63,5	47,6	39,7	31,7	25,4	7,9	0,0
0,0	0,0	0,0	0,0	0,0	0,0	0,0	0,0	0,0	0,0	0,0	0,0	0,0	
1.558,1	1.651,6	1.734,2	1.838,2	1.562,5	1.484,4	1.454,7	0,0	0,0	0,0	0,0	0,0	0,0	
2.909,7	3.084,3	3.176,8	3.240,4	3.370,0	3.167,8	2.977,8	2.828,8	2.517,7	2.140,0	1.712,0	1,455,2	1.309,7	0,0
0,0	0,0	0,0	0,0	0,0	0,0	0,0	0,0	0,0	0,0	0,0	0,0	0,0	
133,6	140,2	148,6	156,1	165,4	140,6	133,6	130,9	0,0	0,0	0,0	0,0	0,0	0,0
261,9	277,6	285,9	291,6	303,3	285,1	268,0	254,6	226,6	192,6	154,1	131,0	117,9	0,0
370,0	370,0	370,0	370,0	370,0	370,0	370,0	370,0	370,0	370,0	370,0	370,0	370,0	370,0
370,0	370,0	370,0	370,0	370,0	370,0	370,0	370,0	370,0	370,0	370,0	370,0	370,0	370,0
370,0	370,0	370,0	370,0	370,0	370,0	370,0	370,0	370,0	370,0	370,0	370,0	370,0	370,0
370,0	370,0	370,0	370,0	370,0	370,0	370,0	370,0	370,0	370,0	370,0	370,0	370,0	370,0
2.056,7	2.137,9	2.240,1	2.315,8	2.413,4	2.104,9	2.013,4	1.963,5	370,0	370,0	370,0	370,0	370,0	370,0
3.643,2	3.839,8	3.943,8	3.997,2	4.132,2	3.910,2	3.695,1	3.516,9	3.161,9	2.742,3	2.267,8	1.981,6	1.805,5	370,0
0,0	0,0	0,0	0,0	0,0	0,0	0,0	0,0	0,0	0,0	0,0	0,0	0,0	0,0
3.460,0	3.475,8	3.491,7	2.777,5	1.983,9	1.587,1	1.269,7	398,8	0,0	0,0	0,0	0,0	0,0	0,0
5.078,9	5.396,3	5.555,0	4.761,4	4.444,0	4.364,6	3.967,9	3.174,3	2.380,7	1.983,9	1.587,1	1.269,7	396,8	0,0
0,0	0,0	0,0	0,0	0,0	0,0	0,0	0,0	0,0	0,0	0,0	0,0	0,0	0,0
6.919,9	6.951,7	6.983,4	5.555,0	3.967,9	3.174,3	2.539,4	793,6	0,0	0,0	0,0	0,0	0,0	0,0
10.157,7	10.792,6	11.110,0	9.522,9	8.888,0	8.729,3	7.935,7	6.348,6	4.761,4	3.967,9	3.174,3	2.539,4	793,6	0,0
0,0	0,0	0,0	0,0	0,0	0,0	0,0	0,0	0,0	0,0	0,0	0,0	0,0	0,0
2.768,0	2.780,7	2.793,4	2.222,0	1.587,1	1.269,7	1.015,8	317,4	0,0	0,0	0,0	0,0	0,0	0,0
4.063,1	4.317,0	4.444,0	3.809,1	3.555,2	3.491,7	3.174,3	2.539,4	1.904,6	1.587,1	1.269,7	1.015,8	317,4	0,0
0,0	0,0	0,0	0,0	0,0	0,0	0,0	0,0	0,0	0,0	0,0	0,0	0,0	0,0
415,2	417,1	419,0	333,3	238,1	190,5	152,4	47,6	0,0	0,0	0,0	0,0	0,0	0,0
609,5	647,6	666,6	571,4	533,3	523,8	476,1	380,9	285,7	238,1	190,5	152,4	47,6	0,0
0,5	0,5	0,5	0,5	0,5	0,5	0,5	0,5	0,5	0,5	0,5	0,5	0,5	0,5
0,5	0,5	0,5	0,5	0,5	0,5	0,5	0,5	0,5	0,5	0,5	0,5	0,5	0,5
0,5	0,5	0,5	0,5	0,5	0,5	0,5	0,5	0,5	0,5	0,5	0,5	0,5	0,5
0,0	0,0	0,0	0,0	0,0	0,0	0,0	0,0	0,0	0,0	0,0	0,0	0,0	0,0
249,1	250,3	251,4	200,0	142,8	114,3	91,4	28,6	0,0	0,0	0,0	0,0	0,0	0,0
365,7	388,5	400,0	342,8	320,0	314,3	285,7	228,5	171,4	142,8	114,3	91,4	28,6	0,0
0,0	0,0	0,0	0,0	0,0	0,0	0,0	0,0	0,0	0,0	0,0	0,0	0,0	0,0
207,6	208,6	209,5	166,7	119,0	95,2	76,2	23,8	0,0	0,0	0,0	0,0	0,0	0,0
304,7	323,8	333,3	285,7	266,6	261,9	238,1	190,5	142,8	119,0	95,2	76,2	23,8	0,0
0,0	0,0	0,0	0,0	0,0	0,0	0,0	0,0	0,0	0,0	0,0	0,0	0,0	0,0
692,0	695,2	698,3	555,5	396,8	317,4	253,9	79,4	0,0	0,0	0,0	0,0	0,0	0,0
1.015,8	1.079,3	1.110,0	952,3	888,8	872,9	793,6	634,9	476,1	396,8	317,4	253,9	79,4	0,0
0,0	0,0	0,0	0,0	0,0	0,0	0,0	0,0	0,0	0,0	0,0	0,0	0,0	0,0
1.245,6	1.251,3	1.257,0	999,9	714,2	571,4	457,1	142,8	0,0	0,0	0,0	0,0	0,0	0,0
1.828,4	1.942,7	1.998,8	1.714,1	1.599,8	1.571,3	1.428,4	1.142,7	857,1	714,2	571,4	457,1	142,8	0,0
0,0	0,0	0,0	0,0	0,0	0,0	0,0	0,0	0,0	0,0	0,0	0,0	0,0	0,0
346,0	347,6	349,2	277,8	198,4	158,7	127,0	39,7	0,0	0,0	0,0	0,0	0,0	0,0
507,9	539,6	555,5	476,1	444,4	436,5	396,8	317,4	238,1	198,4	158,7	127,0	39,7	0,0
0,5	0,5	0,5	0,5	0,5	0,5	0,5	0,5	0,5	0,5	0,5	0,5	0,5	0,5
3.156,0	3.170,5	3.184,9	2.533,6	1.809,8	1.448,0	1.158,5	362,4	0,5	0,5	0,5	0,5	0,5	0,5
4.632,4	4.921,9	5.066,7	4.342,9	4.053,4	3.981,1	3.619,2	2.895,4	2.171,7	1.809,8	1.448,0	1.158,5	362,4	0,5
0,0	0,0	0,0	0,0	0,0	0,0	0,0	0,0	0,0	0,0	0,0	0,0	0,0	0,0
1.707,3	1.643,4	1.558,4	705,6	-255,3	-378,6	-632,4	-1.532,3	0,0	0,0	0,0	0,0	0,0	0,0
1.882,1	2.030,8	2.099,5	1.182,1	702,4	838,1	621,5	-63,8	-572,1	-584,3	-541,5	-600,6	-1.374,3	-370,5
0,0	0,0	0,0	0,0	0,0	0,0	0,0	0,0	0,0	0,0	0,0	0,0	0,0	0,0
17.901,8	19.545,1	21.103,5	21.809,1	21.553,8	21.175,2	20.542,8	19.010,5	0,0	0,0	0,0	0,0	0,0	0,0
23.914,6	25.945,4	28.044,9	29.227,6	29.930,1	30.768,1	31.389,6	31.325,8	30.753,6	30.169,4	29.627,8	29.027,2	27.652,9	27.282,4

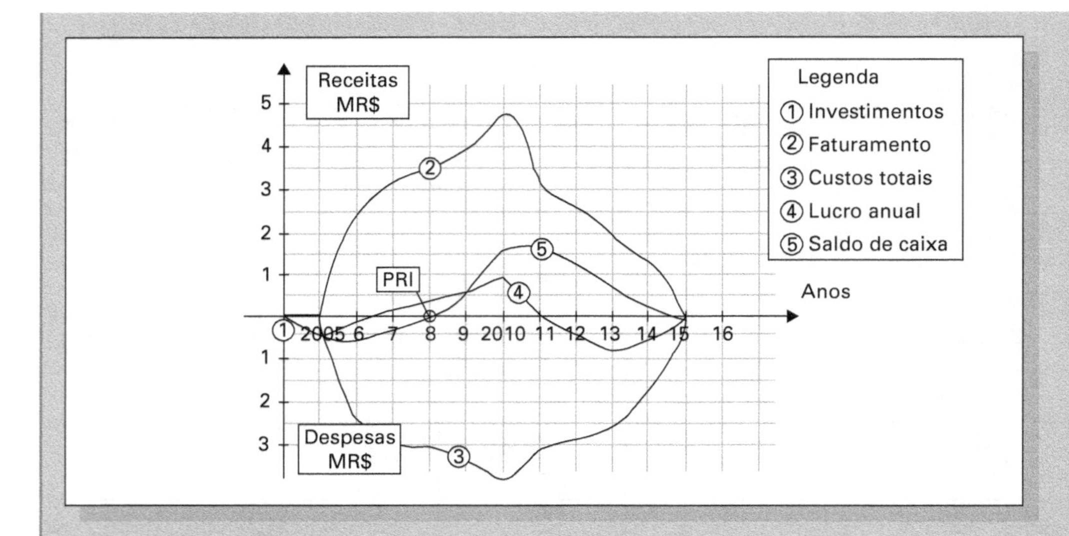

Figura 3.19
Diagrama do fluxo de caixa **pessimista** para a solução C

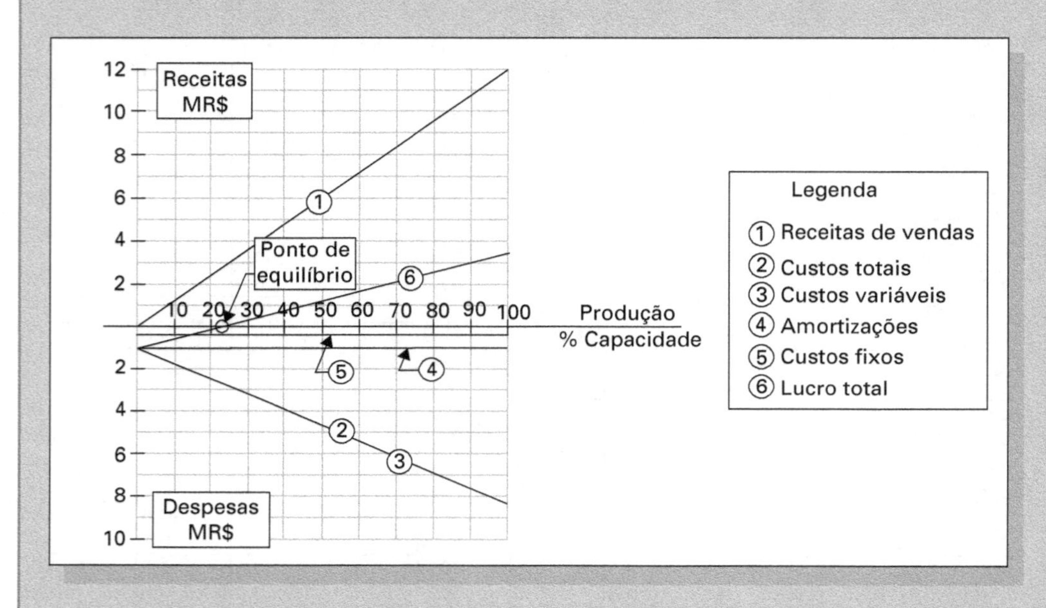

Figura 3.20
Diagrama do ponto de equilíbrio – solução C

Ressalta-se que o diagrama de fluxo de caixa foi elaborado para o **cenário pessimista**; dessa forma, obtém-se uma análise conservadora quanto à resposta do sistema. Um comportamento importante nesse gráfico é o da curva de lucro. Ela apresenta-se crescente até o ponto de máximo, o qual coincide com o ponto de maior participação no mercado segundo o seu ciclo de vida no cenário pessimista. Após o seu pico, o lucro entra em declínio e, perto do fim de sua vida útil, a lavanderia passa a gerar prejuízo. Tal fato deve-se principalmente aos fatores considerados para a concepção desse cenário, destacando-se:

- aumento do número de concorrentes;
- queda na expansão do ramo hoteleiro;
- cancelamento, pelos hotéis e motéis, da terceirização do serviço de lavagem e higienização das roupas de cama, mesa e banho;
- o limite de investimento alocado para o projeto não foi suficiente para promover a competição com os demais estabelecimentos do ramo;
- compra, pelas grandes lavanderias, das empresas menores, com o intuito de monopolizar o mercado.

Observa-se no **fluxo de caixa** (Figura 3.19), que o PRI – prazo de retorno do investimento é de três anos nesse cenário pessimista. O saldo de caixa atinge o seu máximo no 6º ano após a inauguração e passa a declinar até anular-se no 10º ano. Resulta que se o cenário pessimista se mostrar real ao longo do ciclo de vida, a lavanderia deverá ser fechada no 6º ano, quando o saldo de caixa ainda é alto, mais de três vezes o valor do investimento inicial.

O diagrama do ponto de equilíbrio (Figura 3.20) foi construído para uma capacidade produtiva anual de

6.000 kg de roupas. Resulta o ponto de equilíbrio em 22% da capacidade bastante favorável para qualquer empresa. Cabe à gerência monitorar as vendas, sempre levando em conta os cenários pessimistas e otimistas considerados. Vale observar que, no cenário otimista, a lavanderia terá gerado um saldo de caixa de 45 vezes o capital investido, após 10 anos de operação.

As análises financeiras das três soluções A, B e C mostraram que a solução A não é viável por não atender aos objetivos do projeto.

Em ambas as soluções de lavanderia B e C, o prazo de recuperação do investimento se dá no terceiro ano de operação da lavanderia. O ponto de equilíbrio da solução B se dá com uma capacidade de produção de aproximadamente 18%, ao passo que a solução C fornece o ponto de equilíbrio a 22%.

Para o cálculo do IVA, todas as despesas e rendimentos do programa foram trazidos para o valor presente. Para tanto, utilizou-se o valor do IGP-M/FGV referente ao acumulado nos últimos 12 meses para o mês de outubro de 2005, o qual foi de 2,38%. Tomando como base esse índice, obteve-se um IVA de aproximadamente 1,85 para a lavanderia da solução B e de 1,88 para a lavanderia da solução C, até o prazo de máximo saldo de caixa.

Do ponto de vista financeiro, ambas as soluções são viáveis. Parte das diferenças existentes entre ambas deve-se ao fato de, durante a concepção de soluções, terem sido adotados mecanismos mais automatizados para a solução C em detrimento da solução B, o que proporcionou maior utilização da capacidade para atingir o ponto de equilíbrio. No entanto, o fato de ser automatizado permitiu, ao longo do tempo, reduzir gastos com mão de obra, elevando assim o seu IVA.

Um breve resumo de suas características financeiras pode ser encontrado na Tabela 3.15.

Tabela 3.15 Resumo dos índices financeiros das soluções B e C

	Lavanderia B	**Lavanderia C**
PRI (anos)	3	3
Ponto de equilíbrio	18%	22%
IVA	1,85	1,88

Portanto, ambas as soluções são viáveis e seguirão para a fase de projeto básico da Vanzolimp Lavanderia.

SÍNTESE DO ESTUDO DE VIABILIDADE

No decorrer dessa segunda fase do projeto foi realizada a análise de viabilidade do projeto referente à Vanzolimp Lavanderia.

Durante essa fase do projeto, conceberam-se as soluções para os diversos subsistemas da Vanzolimp Lavanderia. Nessa etapa, as soluções foram geradas por meio de sessões de *brainstorming* ("toró" de palpites), isto é, todas as soluções pensadas foram anotadas para posterior análise técnica, econômica e financeira.

Muitas das soluções propostas para cada subsistema eram inovadoras. No entanto, é importante lembrar que nem sempre a solução inovadora é aquela que apresenta o uso das tecnologias mais avançadas; por vezes, a combinação de diferentes soluções já existentes fornece uma solução tida como inovadora. E foi dessa forma que durante a análise de viabilidade técnica se chegou a quatro configurações possíveis de solução para a Vanzolimp Lavanderia.

Com as quatro propostas de lavanderia em mãos, passou-se então à análise de viabilidade econômica. Nessa análise, foram cotadas as soluções de cada uma das quatro configurações de lavanderia definidas pela análise de viabilidade técnica. Tendo como meta o limite de investimentos em R$ 450.000,00 ± 45.000,00, excluiu-se a solução 4, restando apenas três para a análise de viabilidade financeira.

Na análise de viabilidade financeira foram usadas ferramentas como fluxo de caixa e diagrama do ponto de equilíbrio com o objetivo de selecionar as soluções mais atraentes do ponto de vista financeiro. Além disso, participaram do processo decisório os parâmetros de PRI e IVA de cada uma das soluções. É importante ressaltar que a elaboração do fluxo de caixa levou em conta a participação da lavanderia no mercado, a qual foi estimada pelo ciclo de vida do produto durante a fase de Planejamento do projeto. Como resultado, as soluções B e C apresentaram-se mais atraentes em termos financeiros para a condução do projeto. De posse dessas duas soluções, passar-se-á para o projeto básico da Vanzolimp Lavanderia. A escolha final da solução se dará por meio da matriz de decisão. No projeto básico, a solução escolhida será mais detalhada, sendo concebidos seus modelos, análises de sensibilidade e todas as demais análises necessárias para a definição básica e otimizada do produto.

EXEMPLO 3.4

MACACO HIDRÁULICO SAFE "T" JACK

ESTUDO DE VIABILIDADE DO PROJETO

Síntese de soluções

Realização da sessão de brainstorm

A Gerência do Projeto convocou 12 pessoas ligadas às diversas áreas da empresa, quatro representantes de fornecedores tradicionais de elementos importantes nos atuais produtos e quatro indivíduos sem nenhum conhecimento técnico a respeito da linha de produto da empresa, e fez uma explanação a respeito das funções básicas do produto objeto deste estudo e sobre um conjunto Macaco Jacaré comum e o cavalete tradicional. Realizou, também, para essas pessoas, uma palestra sobre segurança no manuseio de equipamentos hidromanuais e hidropneumáticos para elevação de cargas, em que foram descritos os acidentes mais comuns com esse tipo de equipamento.

Os participantes foram, então, convidados a sugerir soluções técnicas possíveis para o exercício das funções do produto.

O Quadro 3.14 mostra a Matriz de Síntese de Soluções resultante dessa atividade.

Quadro 3.14 Construção da matriz para síntese de soluções - funções do produto (equipamento seguro de elevação de carga - Safe "T" Jack)

	Função	Subsistema	Soluções técnicas possíveis			
			A	B	C	D
1	Elevar carga - veículo ou *trailer* - ponto 1	Unidade hidromanual - macaco hidráulico	Macaco hidráulico EBJ - dois tons - com braços modificados	Braços forjados - vão livre - e conjunto bomba hidráulica *stand*	Braços e corpo estampados - vão livre nos braços + conjunto bomba hidráulica *stand*	Braços e chassis estampados - vão livre nos braços + conjunto bomba hidráulica especial - acionamento pneumático
2	Manter carga elevada - ponto 1	Unidade cavalete inteligente	Cavalete convencional acoplado ao macaco	Chassi tubular soldado com pistão tubular com autotravamento	Chassi fundido de Ferro Nodular e pistão microfundido	Chassi fundido de Ferro Nodular e pistão telescópico duplo microfundido
3	Manter carga elevada - ponto 2	Unidade hidromanual - macaco hidráulico - com sistema de trava mecânica	Plataforma destacável de apoio com encaixe sobre os braços estampados/ forjados	Plataforma automática deslizante para o ponto de trabalho na ausência do cavalete	Extremidades dos braços com perfil modificado para apoio no ponto de elevação de carga	Plataforma deslizante limitada nos extremos dos braços estampados/ forjados
4	Nivelar *trailer*	Unidade de acionamento - válvula de alívio e fuso de aproximação	Dispositivo para controle preciso/ fino para alívio da pressão hidráulica	Rosca trapezoidal com passo menor	Todos os comandos incorporados na alavanca - multifuncional	Escala dimensional adaptada no pistão do macaco/*stand*
5	Impedir acidentes por queda da carga	Dispositivo de segurança - à prova de falha	Pistão dentado com travas dentadas de atuação automática, destravamento somente sem carga e com intervenção humana	Travas dentadas que se acionam com o movimento da alavanca e se mantêm assim	Trava tipo catraca com engrenagem e cremalheira	Pino de segurança com inserção manual para travar braços/pistão *stand*

Observação: Embora as funções mudem apenas em concepção e mecanismos, nessa etapa foi essencial a consideração dos materiais nas soluções 1B, 1C, 2B e 2C para o levantamento dos custos variáveis para a análise da viabilidade econômica.

Quadro 3.15 Matriz de viabilidade técnica

Funções	Soluções possíveis							
Subsistemas	**A**		**B**		**C**		**D**	
1. Elevar a carga Unidade hidromanual	Macaco hidráulico EBJ – dois tons – com braços modificados	N	Braços forjados – vão livre – e conjunto bomba hidráulica *stand* cinco tons	S	Braços e corpo estampados – vão livre nos braços + conjunto bomba hidráulica padrão cinco tons	S	Braços e chassis estampados – vão livre nos braços + conjunto bomba hidráulica especial – acionamento pneumático	N
2. Manter carga elevada 1 unidade cavalete inteligente	Cavalete convencional acoplado ao macaco	N	Chassi tubular soldado com pistão telescópico tubular com autotravamento	S	Chassi fundido em Ferro Nodular e pistão microfundido	N	Chassi fundido em Ferro Nodular e pistão telescópico duplo microfundido	S
3. Manter carga elevada 2 unidades hidromanual	Plataforma destacável de apoio com encaixe sobre os braços estampados/ forjados	N	Plataforma automática deslizante para o ponto de trabalho na ausência do cavalete	S	Extremidades dos braços com perfil modificado para apoio no ponto de elevação de carga	N	Plataforma de acionamento manual deslizante limitada nos extremos dos braços estampados/ forjados	S
4. Nivelar *trailer* Unidade de acionamento	Dispositivo para controle preciso/fino para alívio da pressão hidráulica	S	Rosca trapezoidal com passo menor	S	Todos os comandos incorporados na alavanca – multifuncional	S	Escala dimensional adaptada no pistão do macaco/cavalete	N
5. Impedir acidentes Dispositivos de segurança	Pistão dentado com travas dentadas de atuação automática, destravamento somente sem carga e com intervenção humana	S	Porca de aproximação acoplada ao pistão. Ação de contraporca	N	Trava tipo catraca com engrenagem e cremalheira	S	Pino de segurança com inserção manual para travar braços/pistão padrão	N

N= não atende a requisitos técnicos

S= atende a todos os requisitos técnicos

Quadro 3.16 Justificativas sobre a viabilidade técnica das soluções por função do produto

NÃO	**1A** – Macaco EBJ-2 – Não tem curso hidráulico e nem largura necessária para atender aos requisitos construtivos.
SIM	**1B** – Braços forjados – vão livre – bomba cinco tons – Confere robustez e possibilidade de braços independentes. Bomba cinco tons atende ao curso e à carga.
SIM	**1C** – Braços estampados – vão livre –bomba cinco tons – Construção leve e robusta. Necessita de nervuras e reforços. Bomba cinco tons atende ao curso e à carga.
NÃO	**1D** – Braços estampados – vão livre – bomba hidropneumática – Somente poderá ser utilizado em oficinas ou locais com fonte de ar comprimido.
NÃO	**2A** – Cavalete convencional – Não atende à exigência de garantir o nivelamento correto. Sem ajuste preciso de altura.
SIM	**2B** – Chassi tubular soldado com pistão telescópico tubular – Construção possível com estrutura resistente e robusta, atende aos requisitos construtivos.
NÃO	**2C** – Chassi ferro nodular pistão microfundido – Construção resistente e robusta, porém não atende aos requisitos construtivos de altura máxima.
SIM	**2D** – Chassi ferro nodular pistão telescópico duplo microfundido – Construção resistente. Atende solicitações e requisitos construtivos.
NÃO	**3A** – Plataforma destacável – Peças avulsas ou soltas não são opções de projeto. Sujeitas a extravio e encaixe inadequado para utilização.
SIM	**3B** – Plataforma automática deslizante – Prática e funcional, segura e à prova de má utilização. Atende aos requisitos de segurança.
NÃO	**3C** – Extremidades dos braços modificadas – Não atende aos requisitos de segurança. Ponto de apoio da carga ficará desbalanceado.
SIM	**3D** – Plataforma de acionamento manual – Atende aos requisitos de segurança. Construção e funcionamento simples e prático.
SIM	**4A** – Dispositivo de controle preciso e fino – Tecnicamente recomendável. Atende aos requisitos de segurança.
SIM	**4B** – Rosca trapezoidal passo menor – Tecnicamente possível. Atende aos requisitos de segurança. Já dominamos processo de fabricação.
SIM	**4C** – Comandos incorporados à alavanca – Tecnicamente possível. Atendem aos requisitos de segurança e são ergonômicos.
NÃO	**4D** – Escala dimensional adaptada – Atende a requisito com cavalete. Com unidade hidráulica, não é possível construção simples e robusta.
SIM	**5A** – Pistão e travas dentadas – Atende aos requisitos de segurança e construtivos. Tecnicamente possível.
NÃO	**5B** – Porca de aproximação – Não atende aos requisitos de segurança. Ação humana para travamento. Construção complexa.
SIM	**5C** – Catraca com engrenagem e cremalheira – Atende aos requisitos de segurança e construtivos. Tecnicamente possível.
NÃO	**5D** – Pino de segurança com inserção manual – Não atende aos requisitos de segurança. Ação humana para travamento.

Possibilidade de projeto, fabricação e fornecimento na qualidade, volume e prazos necessários

Todas as soluções possíveis que passaram pela Análise de viabilidade técnica são projetáveis, fabricáveis e de fornecimento viável na qualidade, volume e prazos, estabelecidos no cronograma-mestre.

Quadro 3.17 Soluções técnicamente viáveis

SIM	**1B** – Braços forjados – vão livre – bomba cinco tons – Confere robustez e possibilidade de braços independentes. Bomba cinco tons atende ao curso e à carga.
SIM	**1C** – Braços Estampados – vão livre – bomba cinco tons – Construção leve e robusta. Necessita de nervuras e reforços. Bomba cinco tons atende ao curso e à carga.
SIM	**2B** – Chassi tubular soldado com pistão telescópico tubular – Construção possível com estrutura resistente e robusta, atende aos requisitos construtivos.
SIM	**2D** – Chassi ferro nodular pistão telescópico duplo microfundido – Construção resistente. Atende a solicitações e requisitos construtivos.
SIM	**3B** – Plataforma automática deslizante – Prática e funcional, segura e à prova de má utilização. Atende aos requisitos de segurança.
SIM	**3D** – Plataforma acionamento manual – Atende aos requisitos de segurança. Construção e funcionamento simples e prático.
SIM	**4A** – Dispositivo de controle preciso e fino – Tecnicamente recomendável. Atende aos requisitos de segurança.
SIM	**4B** – Rosca trapezoidal passo menor – Tecnicamente possível. Atende aos requisitos de segurança. Já dominamos o processo de fabricação.
SIM	**4C** – Comandos incorporados à alavanca – Tecnicamente possível. Atende aos requisitos de segurança e ergonômicos.
SIM	**5A** – Pistão e travas dentadas – Atende aos requisitos de segurança e construtivos. Tecnicamente viável.
SIM	**5C** – Catraca com engrenagem e cremalheira – Atende aos requisitos de segurança e construtivos. Tecnicamente viável.

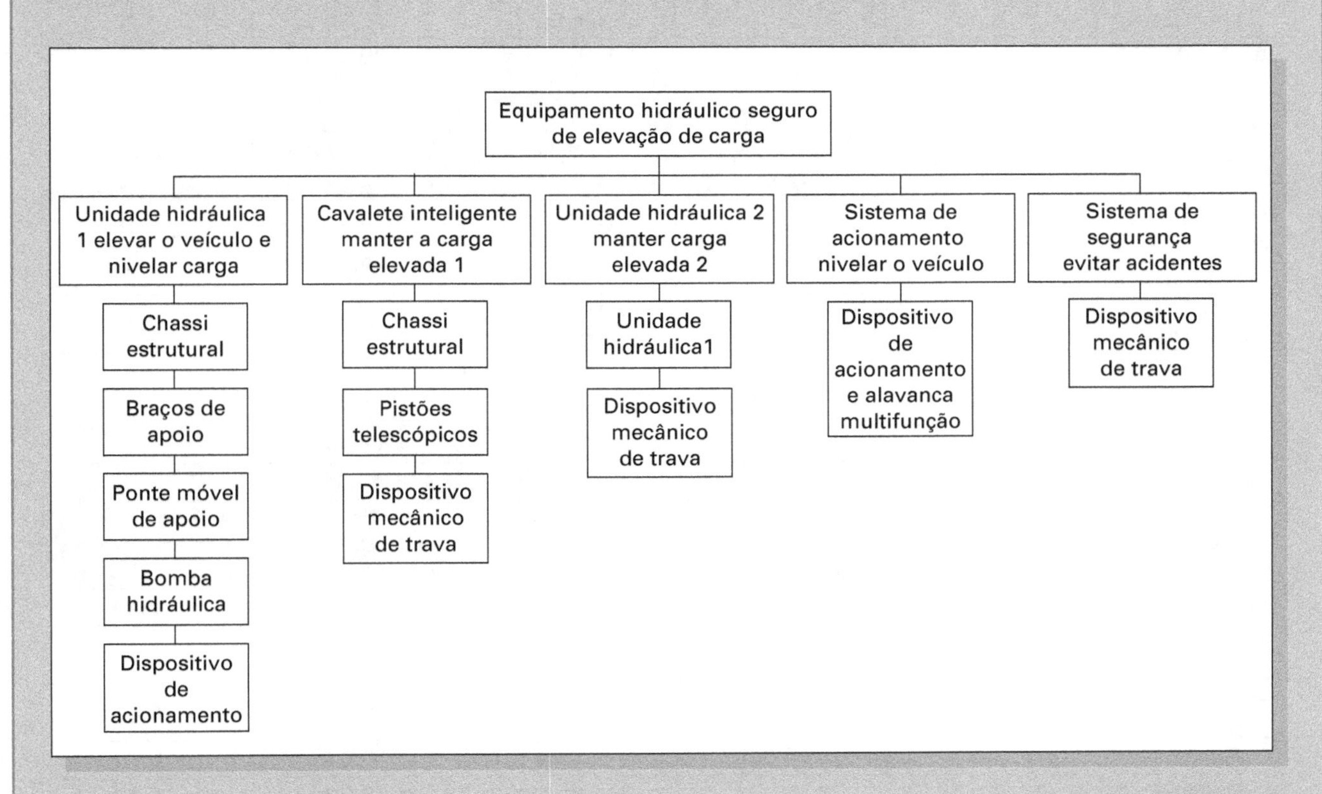

Figura 3.21
Equipamento hidráulico seguro de elevação de carga – Composição básica

ANÁLISE ECONÔMICA

a) Investimentos – Aqui foi admitido serem iguais para as quatro soluções tecnicamente viáveis.

- **Projeto e Desenvolvimento –** recursos humanos e materiais para pesquisa, projeto, protótipos, ensaios e certificação: **R$ 280.000,000**.
- **Implantação da Fabricação** – recursos humanos e materiais para fábricas, instalações, processos, ferramental, maquinaria, transporte e outros: **R$ 5.500.000,000**.
- **Comercialização** – divulgação, promoções e propaganda: **R$ 200.000,000**.

O limite para os investimentos estabelecido no Planejamento é de R$ 5,780 milhões e, portanto, as quatro soluções atendem a ele. O prazo de amortização (PRI) previsto é de 2,5 anos.

b) Custos fixos da produção

O total de impostos, taxas, seguros, pagamentos à supervisão e a administradores, e potência elétrica instalada, considerados iguais para as soluções, é de **R$ 310.000,000**, anuais.

c) Custos variáveis de produção

A Tabela 3.16 mostra as avaliações dos custos variáveis dos materiais, componentes, mão de obra, energia e outros.

Tabela 3.16 Matriz de estimativa de custos variáveis da produção, pré-detalhada por função

Alternativa 1B			Alternativa 1C		
Item	**Custo de mão de obra (R$)**	**Custo de matéria-prima estimado (R$)**	**Item**	**Custo de mão de obra (R$)**	**Custo de matéria-prima estimado (R$)**
Matéria-prima	0,00	41,20	Matéria-prima	0,00	34,40
Mão de obra interna	24,20	0,00	Mão de obra interna	27,00	0,00
Bomba hidráulica 5 t	0,00	38,00	Bomba hidráulica 5 t	0,00	38,00
Serviços de terceiros	0,00	8,90	Serviços de terceiros	0,00	8,90
Pintura	2,10	1,28	Pintura	2,10	1,28
Expedição	1,80	3,40	Expedição	1,80	3,40
Total	28,10	92,78	Total	30,90	85,98
Alternativa 2B			**Alternativa 2D**		
Item	**Custo de mão de obra (R$)**	**Custo de matéria-prima estimado (R$)**	**Item**	**Custo de mão de obra (R$)**	**Custo de matéria-prima estimado (R$)**
Matéria-prima	0,00	15,10	Matéria-prima	0,00	23,30
Mão de obra interna	18,20	0,00	Mão de obra interna	8,45	0,00
Serviços de terceiros	0,00	2,20	Serviços de terceiros	0,00	2,20
Pintura	1,75	0,97	Pintura	1,75	0,97
Expedição	1,20	0,33	Expedição	1,20	0,33
Total	21,15	18,60	Total	11,40	26,80
Alternativa 3B			Alternativa 3D		
Item	**Custo de mão de obra (R$)**	**Custo de matéria-prima estimado (R$)**	**Item**	**Custo de mão de obra (R$)**	**Custo de matéria-prima estimado (R$)**
Matéria-prima	0,00	12,80	Matéria-prima	0,00	7,20
Mão de obra interna	4,20	0,00	Mão de obra interna	2,50	0,00
Serviços de terceiros	0,00	0,00	Serviços de terceiros	0,00	0,00
Pintura	0,00	0,00	Pintura	0,00	0,00
Expedição	0,00	0,00	Expedição	0,00	0,00
Total	4,20	12,80	Total	2,50	7,20

Tabela 3.17 Estimativa de custos variáveis da produção

Alternativa 4A			Alternativa 4B			Alternativa 4C		
Item	**Custo de mão de obra (R$)**	**Custo de matéria-prima estimado (R$)**	**Item**	**Custo de mão de obra (R$)**	**Custo de matéria-prima estimado (R$)**	**Item**	**Custo de mão de obra (R$)**	**Custo de matéria-prima estimado (R$)**
Matéria-prima	0,00	2,80	Matéria-prima	Esta solução não implica nenhum aumento do custo original do produto		Matéria-prima	0,00	28,30
Mão de obra interna	1,20	0,00	Mão de obra interna			Mão de obra interna	32,00	0,00
Serviços de terceiros	0,00	0,00	Serviços de terceiros			Serviços de terceiros	0,00	8,30
Pintura	0,00	0,00	Pintura			Pintura	1,30	1,15
Expedição	0,00	0,00	Expedição			Expedição	0,00	0,00
Total	1,20	2,80	Total	0,00	0,00	Total	33,30	37,75

Alternativa 5A			Alternativa 5C		
Item	**Custo de mão de obra (R$)**	**Custo de matéria-prima estimado (R$)**	**Item**	**Custo de mão de obra (R$)**	**Custo de matéria-prima estimado (R$)**
Matéria-prima	0,00	4,80	Matéria-prima	0,00	18,70
Mão de obra interna	3,10	0,00	Mão de obra interna	9,50	0,00
Serviços de terceiros	0,00	0,00	Serviços de terceiros	0,00	0,00
Pintura	0,00	0,00	Pintura	0,00	0,00
Expedição	0,00	0,00	Expedição	0,00	0,00
Total	3,10	4,80	Total	9,50	18,70

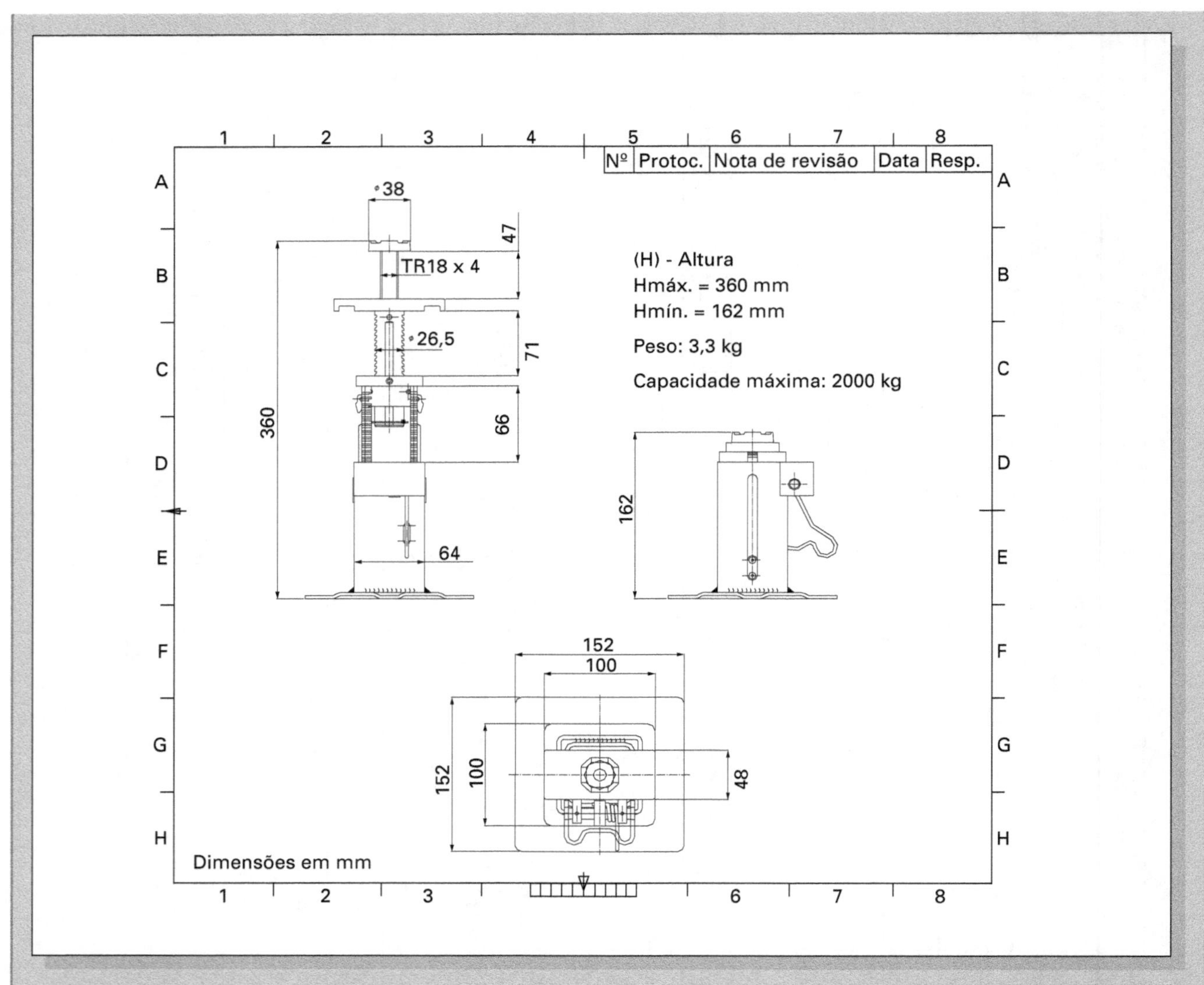

Figura 3.22
Desenho ilustrativo do cavalete para estimativa de custos

Tabela 3.18 Matriz de viabilidade econômica 1

Composição das soluções 1 – Safe "T" Jack – março/2005						
Função desejada	**Composição 1**	**Composição 2**	**Composição 3**	**Composição 4**	**Composição 5**	**Composição 6**
Custo máximo admissível 191,56	**Total 189,53**	**Total 187,98**	**Total 182,23**	**Total 180,68**	**Total 251,73**	**Total 200,98**
1. Elevar a carga	**1B**	**1B**	**1B**	**1B**	**1B**	**1B**
MO	28,10	28,10	28,10	28,10	28,10	28,10
MP	92,78	92,78	92,78	92,78	92,78	92,78
Total	**120,88**	**120,88**	**120,88**	**120,88**	**120,88**	**120,88**
Composição das soluções 1 – Safe "T" Jack – março/2005						
Função desejada	**Composição 1**	**Composição 2**	**Composição 3**	**Composição 4**	**Composição 5**	**Composição 6**
2. Manter carga elevada 1	**2B**	**2D**	**2B**	**2D**	**2D**	**2D**
MO	21,15	11,40	21,15	11,40	11,40	11,40
MP	18,60	26,80	18,60	26,80	26,80	26,80
Total	**39,75**	**38,20**	**39,75**	**38,20**	**38,20**	**38,20**
3. Manter carga elevada 2	3B	3B	3D	3D	3D	3D
MO	4,20	4,20	2,50	2,50	2,50	2,50
MP	12,80	12,80	7,20	7,20	7,20	7,20
Total	**17,00**	**17,00**	**9,70**	**9,70**	**9,70**	**9,70**
4. Nivelar *trailer*	**4A e 4B**	**4A e 4B**	**4A e 4B**	**4A e 4B**	**4A e 4B e 4C**	**4A e 4B**
MO	1,20	1,20	1,20	1,20	34,50	1,20
MP	2,80	2,80	2,80	2,80	40,55	2,80
Total	**4,00**	**4,00**	**4,00**	**4,00**	**75,05**	**4,00**
5. Impedir acidentes	**5A**	**5A**	**5A**	**5A**	**5A**	**5C**
MO	3,10	3,10	3,10	3,10	3,10	9,50
MP	4,80	4,80	4,80	4,80	4,80	18,70
Total	**7,90**	**7,90**	**7,90**	**7,90**	**7,90**	**28,20**
Total MO	**57,75**	**48,00**	**56,05**	**46,30**	**79,60**	**52,70**
Total MP	**131,78**	**139,98**	**126,18**	**134,38**	**172,13**	**148,28**
As soluções 4C e 5C são inviáveis, pois têm o seu custo por função acima do limite.						

Tabela 3.19 Matriz de viabilidade econômica 2

Composição das soluções 2 - Safe "T" Jack - março/2005						
Função desejada	**Composição 7**	**Composição 8**	**Composição 9**	**Composição 10**	**Composição 11**	**Composição 12**
Custo máximo admissível 191,56	**Total 185,53**	**Total 183,98**	**Total 178,23**	**Total 176,68**	**Total 247,73**	**Total 196,98**
1. Elevar a carga	**1C**	**1C**	**1C**	**1C**	**1C**	**1C**
MO	30,90	30,90	30,90	30,90	30,90	30,90
MP	85,98	85,98	85,98	85,98	85,98	85,98
Total	**116,88**	**116,88**	**116,88**	**116,88**	**116,88**	**116,88**
Composição das soluções 1 - Safe "T" Jack - março/2005						
Função desejada	**Composição 7**	**Composição 8**	**Composição 9**	**Composição 10**	**Composição 11**	**Composição 12**
2. Manter carga elevada 1	**2B**	**2D**	**2B**	**2D**	**2D**	**2D**
MO	21,15	11,40	21,15	11,40	11,40	11,40
MP	18,60	26,80	18,60	26,80	26,80	26,80
Total	**39,75**	**38,20**	**39,75**	**38,20**	**38,20**	**38,20**
3. Manter carga elevada 2	**3B**	**3B**	**3D**	**3D**	**3D**	**3D**
MO	4,20	4,20	2,50	2,50	2,50	2,50
MP	12,80	12,80	7,20	7,20	7,20	7,20
Total	**17,00**	**17,00**	**9,70**	**9,70**	**9,70**	**9,70**
4. Nivelar *trailer*	**4A e 4B**	**4A e 4B**	**4A e 4B**	**4A e 4B**	**4A e 4B e 4C**	**4A e 4B**
MO	1,20	1,20	1,20	1,20	34,50	1,20
MP	2,80	2,80	2,80	2,80	40,55	2,80
Total	**4,00**	**4,00**	**4,00**	**4,00**	**75,05**	**4,00**
5. Impedir acidentes	**5A**	**5A**	**5A**	**5A**	**5A**	**5C**
MO	3,10	3,10	3,10	3,10	3,10	9,50
MP	4,80	4,80	4,80	4,80	4,80	18,70
Total	**7,90**	**7,90**	**7,90**	**7,90**	**7,90**	**28,20**
Total MO	**60,55**	**50,80**	**58,85**	**49,10**	**82,40**	**55,50**
Total MP	**124,98**	**133,18**	**119,38**	**127,58**	**165,33**	**141,48**
As soluções 4C e 5C são inviáveis, pois têm o seu custo proporcional por função acima do limite.						

Tabela 3.20 Cálculo de preço de venda para estimativa de custo máximo – composição 1 – viável

Custo	Matéria-prima sem impostos		**A prazo**	1	R$ 131,78	**ICMS**		
	Ciclo de produção	1,00%	213	7,32%	R$ 9,65	**%**	**PV com ICMS**	**Desconto**
	Mão de obra				R$ 57,75	**18**	**R$ –**	**Inserir 18% Cel G17**
	Tempo de estoque	1,00%	30	1,00%	R$ 1,99	**12**	**R$ –**	**Inserir 18% Cel G17**
	Total MP + MO				**R$ 201,17**	**7**	**R$ –**	**Inserir 18% Cel G17**
					Percentual		**Valor**	
Base sem IPI	Margem de contribuição				15,00%		R$ 40,99	R$ 54,65
	CS e IR			25,00%	5,00%		R$ 13,66	
	% de administração				2,00%		R$ 5,47	
	Embalagem				2,00%		R$ 5,47	
	Comissão 1						R$ –	
	Comissão 2						R$ –	
	Propaganda						R$ –	
	Despesas de exportação				1,00%		R$ 2,73	
	ICMS				0,00%		R$ –	
	PIS				0,00%		R$ –	
	Cofins				0,00%		R$ –	
							R$ –	
	Total dos percentuais sobre base sem IPI				**25,00%**		**R$ 68,31**	
	IPI				**0,00%**		**R$ –**	
Base com IPI	Financiamento			0,00%	0,00%		R$ –	
	CPMF			0,38%	0,38%		R$ 1,04	
	Transporte			1,00%	1,00%		R$ 2,73	
					0,00%		R$ –	
	Total dos percentuais sobre base com IPI				**1,38%**		**R$ 3,77**	
	Total das Despesas + Margem de Contribuição						**R$ 72,08**	
Preço de Venda sem ICMS			**R$ 273,25**	**Fator**				
Preço de Venda com ICMS			**R$ 273,25**	**1,35833**				

Observação: IPI e ICMS – isentos para exportação – incentivo fiscal.

Tabela 3.21 Cálculo de preço de venda para estimativa de custo máximo admissível – composição 12 – inviável

Custo	Matéria-prima sem impostos		**A prazo**	1	R$ 141,48	**ICMS**		
	Ciclo de produção	1,00%	213	7,32%	R$ 10,36	**%**	**PV com ICMS**	**Desconto**
	Mão de obra				R$ 55,50	**18**	**R$ –**	**Inserir 18% Cel G17**
	Tempo de estoque	1,00%	30	1,00%	R$ 2,07	**12**	**R$ –**	**Inserir 18% Cel G17**
	Total MP + MO				**R$ 209,41**	**7**	**R$ –**	**Inserir 18% Cel G17**
					Percentual		**Valor**	
Base sem IPI	Margem de contribuição				15,00%		R$ 42,67	R$ 56,89
	CS e IR			25,00%	5,00%		R$ 14,22	
	% de administração				2,00%		R$ 5,69	
	Embalagem				2,00%		R$ 5,69	
	Comissão 1						R$ –	
	Comissão 2						R$ –	
	Propaganda						R$ –	
	Despesas de exportação				1,00%		R$ 2,84	
	ICMS				0,00%		R$ –	
	PIS				0,00%		R$ –	
	Cofins				0,00%		R$ –	
							R$ –	
	Total dos porcentuais sobre base sem IPI				**25,00%**		**R$ 71,11**	
	IPI				**0,00%**		**R$ –**	
Base com IPI	Financiamento			0,00%	0,00%		R$ –	
	CPMF			0,38%	0,38%		R$ 1,08	
	Transporte			1,00%	1,00%		R$ 2,84	
					0,00%		R$ –	
	Total dos percentuais sobre base com IPI				**1,38%**		**R$ 3,93**	
	Total das Despesas + Margem de Contribuição						**R$ 75,04**	
Preço de Venda sem ICMS			**R$ 284,45**	**Fator**				
Preço de Venda com ICMS			**R$ 284,45**	**1,35833**				

Observação: IPI e ICMS – isentos para exportação – incentivo fiscal.

ANÁLISE FINANCEIRA

Tabela 3.22 Análise da viabilidade financeira composição 1

Análise da viabilidade financeira composição 1 – pior caso																		
R$ (milhões)	**Meses do projeto**			**Meses após lançamento**														
Item	-15	-12	0	12	24	36	48	60	72	84	96	108	120	132	144	156	168	180
Investimento	0,28	2,5	3,0	-1,16	-1,16	-1,16	-1,16	-1,16	0	0	0	0	0	0	0	0	0	0
Custo fixo	0,00	-0,31	-0,31	-0,86	-0,86	-0,86	-0,86	-0,86	-0,86	-0,86	-0,86	-0,86	-0,86	-0,31	-0,31	-0,31	-0,31	-0,31
Custo variável	0	0	0	-9,12	-9,12	-27,29	-27,29	-27,29	-27,29	-27,29	-27,29	-27,29	-27,29	-27,29	-27,29	-21,13	-10,22	-4,55
Propaganda	0	0	-0,5	-0,50	-0,15	-0,15	-0,15	-0,15	-0,15	-0,15	-0,15	-0,15	-0,15	-0,15	-0,15	0	0	0
Faturamento	0	0	0	13,15	13,15	39,35	39,35	39,35	39,35	39,35	39,35	39,35	39,35	39,35	39,35	30,46	14,74	6,558
Lucro	-0,28	2	3,81	1,86	1,86	9,89	9,89	9,89	11,05	11,05	11,05	11,05	11,05	11,60	11,60	9,0	4,2	1,7
Lucro acumulado	-0,28	-3,09	-6,09	-4,23	-2,37	7,58	17,47	27,36	38,41	49,46	60,51	71,56	82,61	94,21	105,81	114,81	119,01	120,01
Vol. produzido	0	0	0	48.129	48.129	144.000	144.000	144.000	144000	144.000	144.000	144.000	144.000	144.000	144.000	111.474	53.928	24.000
Preço de venda R$		273,3																
Custo de fabricação R$		189,5		Comparação com custo objetivo														

Observação: Este é o caso mais crítico, por ser a composição com o custo de fabricação mais alto de todas as composições.

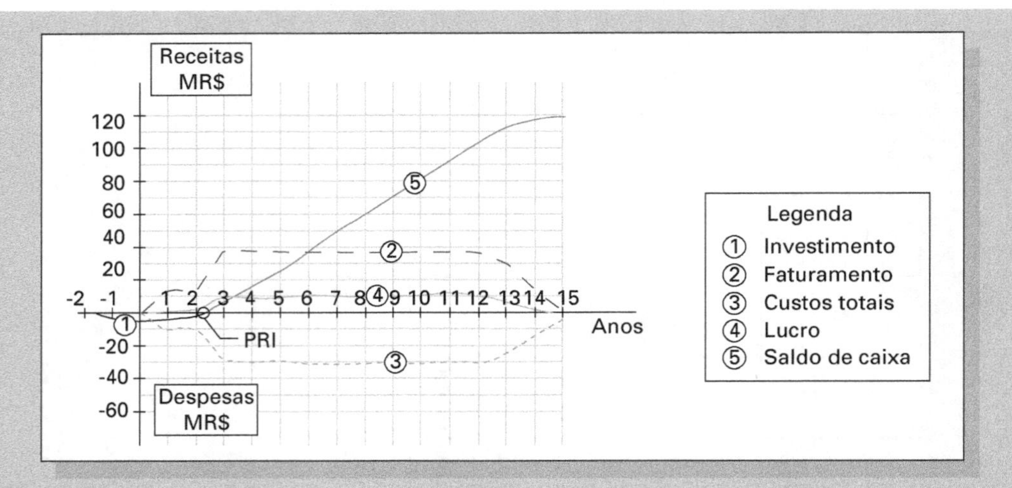

Figura 3.23
Diagrama do fluxo de caixa

Estimativa de Investimentos no Planejamento

- Ferramentais: estampos, moldes, dispositivos – R$ 1,8 milhão.
- Equipamentos: prensas, torno CNC, bancos de teste, outros – R$ 2,3 milhões.
- Espaço físico: galpão adicional de 1.200 m² – R$ 1,4 milhão.
- Desenvolvimento: R$ 280.000,00 – planejamento, projeto executivo, análise estrutural, protótipos, testes, viagens para pesquisa e obtenção de informações.

Limites de Preço

- Equipamento embalado – 1 unidade hidráulica + 1 unidade cavalete = **R$ 280,00**

Objetivos Financeiros – Resultados

- PRI – 2,2 anos
- IVA – 3,0

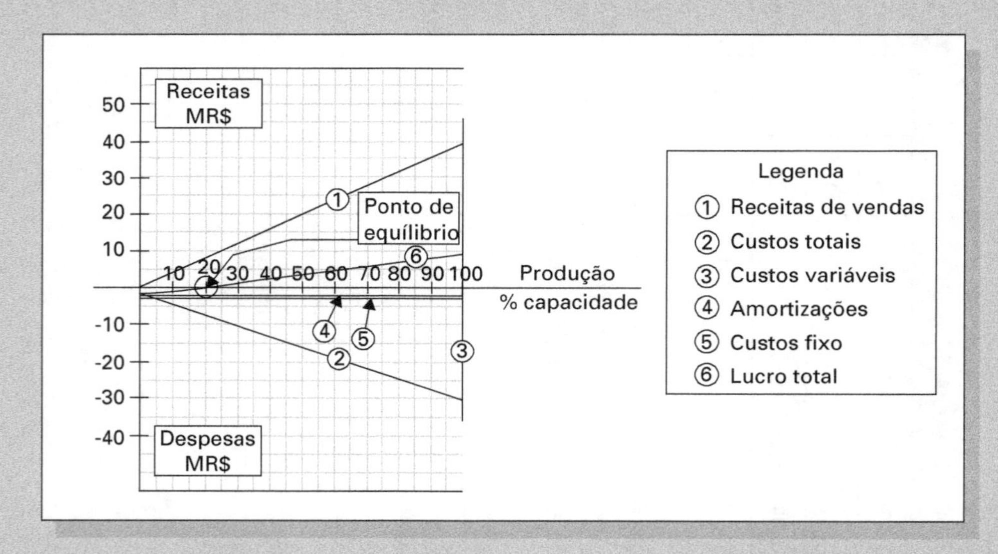

Figura 3.24
Diagrama do ponto de equilíbrio

CONCLUSÃO SOBRE A VIABILIDADE DO PROJETO – APROVAÇÃO DO PROGRAMA

A viabilidade do projeto é assegurada pela existência de nove soluções viáveis que atendem aos objetivos do Programa, estabelecidos na fase de Planejamento. São executáveis tecnicamente, compensadoras em termos econômicos e suportáveis do ponto de vista financeiro.

O Programa foi aprovado e liberado para execução do projeto.

EXEMPLO 3.5
HOTEL TRÊS ESTRELAS

VIABILIDADE DO PROJETO

Nos últimos três anos têm se intensificado as notícias na mídia nacional sobre a área de hotelaria, em virtude de seu rápido crescimento. Com isso, aumentaram os investimentos e a demanda por serviços qualificados em hospedagem.

Alguns fatores importantes e decisivos na análise do mercado nacional e global viabilizaram essa mudança, tais como:

- economia relativamente estabilizada;
- globalização e mudança de hábitos e atitudes em hospedagem, gerando boa perspectiva de crescimento do mercado hoteleiro;
- rede hoteleira atual não atende à demanda;
- rede atual não adaptada às novas exigências de mercado;
- facilidades e viabilidade de investimentos;
- investimentos estrangeiros no potencial do mercado interno.

Para o segmento hoteleiro, a abertura e interatividade dos mercados com a globalização conduzem para a necessidade imediata de adequação do sistema atual ao atendimento exigido pelos novos clientes que esperam qualidade. O setor deverá se adequar a novas condições de *hospedagem*, bem como atender a requisitos básicos de infraestruturas. A nova condição que se estabelece é um ponto crítico para a área hoteleira, pois terá de se preparar não só em termos de volume de empreendimentos/UHs (hotelaria e categoria, mais dados de crescimento) como também de qualidade específica.

As grandes redes internacionais que se instalaram no Brasil trouxeram com sua *tecnologia* alguns modelos prontos de estruturas já implantadas em outros países. No entanto, esse padrão não está adequado à mão de obra disponível e não é adaptável às possíveis mutações de mercado.

Partimos desses pressupostos embasados nas experiências de mercado dos empreendimentos já implantados.

Analisamos as hipóteses sempre colocando-nos na posição de usuário, que pode ser influenciado pela economia (macro/micro e global) e pela concorrência, esta última cada vez mais acirrada, frontal e veloz. Desta óptica, visamos à fidelidade do cliente e almejamos ser reconhecidos pela credibilidade e qualidade de serviços.

O planejamento do projeto de hotéis no futuro levará em consideração:

- agilidade de construção, montagem e desmontagem;
- espaços internos flexíveis e modulares;
- preocupação com o meio ambiente;
- autossuficiência energética;
- tecnologia de ponta;
- multiplicidade de uso com facilidade de acesso ao comércio;
- qualidade de produto e de serviços;
- mantenabilidade no mercado.

Em resumo, o futuro da hotelaria depende da qualidade de serviços e instalações, dinamismo e flexibilidade das tecnologias, e do conhecimento do cliente. Essas exigências atuam diretamente no custo, no prazo de implementação, bem como na qualidade desejada do produto.

O desafio não só do ramo de hotelaria, mas como de outros setores, é prestar serviços cada vez melhores – com infraestrutura adequada, capacidade de adaptação e diante do mercado.

Algumas previsões salientam as possibilidades de crescimento do setor hoteleiro. Com a globalização e o crescimento econômico do país, além de investimentos no transporte aéreo, o setor prevê uma demanda cada vez maior. No entanto, esse crescimento abre o número de "bandeiras" a se instalarem em diversas partes do mundo. Com isso, passa a haver a identificação de alguns clientes com a "marca" do hotel, estabelecendo uma relação de fidelidade e credibilidade muito importante para a atuação no mercado hoteleiro.

As soluções tecnicamente viáveis também deverão levar em consideração essa possível aliança com uma empresa internacional e o foco no cliente a que se propõe atender.

A seguir, serão abordadas as diversas funções e as possíveis alternativas propostas.

Acomodar/hospedar/descansar

Atender às exigências do cliente passou a ser mais imprescindível do que apenas as suas necessidades. Mesmo com a ciência de que seja possível colocar em uma área de quarto todos os itens necessários, muitas vezes, optar por um espaço mais amplo, pensando nas exigências desse cliente, pode ser mais conveniente.

A concorrência também força a oferecer algum diferencial de mercado. A compatibilidade do mobiliário com as proporções da acomodação, neste caso, é igualmente muito importante. O banheiro também deve ser dimensionado de modo a garantir o conforto necessário para a função a atender. Os hotéis atualmente têm investido muito nos itens que são determinantes, na visão do cliente, para a escolha do hotel, mesmo que essas características não sejam as principais. Como o hotel conceituado visa atender executivos em negócios, na grande maioria, os espaços do quarto, o mobiliário e as condições de conforto devem ser dimensionados na medida desse usuário. Investir em um hotel luxuoso, no qual o cliente permanecerá poucas horas pode significar apenas que se estão oferecendo detalhes que nem serão percebidos pelo hóspede. O princípio é que o conforto seja possível com sensações de bem-estar, com ambientes climatizados, bem decorados, arejados, mas que não necessariamente tenham acabamentos luxuosos. No entanto, também há a possibilidade de atender famílias nos períodos de final de semana e que esse mesmo ambiente seja essencialmente confortável a um custo razoável. Para esses dois casos serão oferecidos serviços que não signifiquem custos fixos muito altos que possam encarecer a diária do hotel; estaremos trabalhando em um limite próximo do ótimo e do bom. Os hotéis atualmente procuram diversificar os serviços, de forma a otimizar a operação, oferecendo serviços necessários e práticos, em vez de um pacote de serviços muito caro.

Circular

Com o crescente número de famílias morando em apartamentos, as pessoas acabaram se acostumando a ambientes fechados. A pretensão não é oferecer um espaço para fim de semana, mas a sensação que uma construção horizontal ou de poucos pavimentos traz a conotação mais interiorana. A localização também faz direcionar para uma construção horizontal a fim de não prejudicar as características do entorno. A conservação, a qualidade do espaço e o custo de implantação também foram considerados.

Trabalhar

Como a intenção é atender executivos, essa função foi analisada de maneira específica a atender a algumas necessidades e oferecer um conforto de locais que, além de úteis ao cliente, abrem o leque de opções do hóspede ou do cliente-empresa. Os equipamentos e investimentos são pequenos diante da exploração do marketing possível dessa função.

Reunir

A multiplicidade de uso dos espaços e a versatilidade na concepção do projeto permitem criar ambientes para atender diferentes usuários. Também seriam ambientes locáveis a terceiros, que se convertem em renda para a administração do hotel.

Divertir

Não é possível excluir o item diversão, mesmo que o foco seja hotel de negócios, principalmente porque esse hotel precisa garantir uma ocupação no período de férias. Atender famílias é uma opção viável e que pode trazer mais hóspedes e melhorar a ocupação no período de baixa temporada. Não corresponde a um investimento alto e, segundo pesquisas, a demanda para hotéis desse porte, no interior do Estado de São Paulo, é grande.

SÍNTESE DE SOLUÇÕES POSSÍVEIS

Para elaboração da matriz de síntese das soluções possíveis, geramos as alternativas com os produtos disponíveis no mercado, tecnologicamente comprovados, e em função das necessidades, caso a caso, dos clientes.

Com base nas descrições de cada sistema, foram verificadas, com os fornecedores, as soluções tecnológicas oferecidas, dentre as quais listamos aquelas que, em princípio, se encaixam nos requisitos.

Quadro 3.18 Síntese de soluções

Funções	Subsistemas	Alternativas			
		1	2	3	4
Acomodar/Hospedar/Descansar	**1. Acomodação**				
	1.1. Área (m^2)	15 m^2	20 m^2	25 m^2	30 m^2
	2. Banheiro				
	2.1. Área (m^2)	3	5	7	10
	2.2. Banheira	Sem banheira	Com banheira simples (inglesa)	Com hidromassagem	Ducha c/ aquecimento passagem
	2.3. Chuveiro	Chuveiro simples elétrico	Ducha com aquecimento de passagem	Ducha com aquecimento central	
	2.4. Metais	Linha standard	Linha padrão	Linha luxo	
	2.5. Equipamentos (Secador)	Com	Sem		
	3. Equipamentos				
	3.1. TV	Com	Sem		
	3.2. Telefone	DDR	Sem secretária eletrônica c/ operadora	Telefone semipúblico	
	4. Mobiliário				
	4.1. Cama	Cama solteiro	Cama queen size	Cama casal	Duas camas de solteiro
	4.2. Mesa de apoio	Com	Sem		
	4.3. Armário	Sem armário	Armário simples 2 portas	Armário mais gaveteiro	
	5. Iluminação	Comum	Direta e indireta	Com controle de luminosidade	Interligada a um sistema de automação
	6. Conforto Termoacústico				
	6.1. Fechamentos externos	Alvenaria convencional	Concreto pré-moldado	Pré-moldado com fechamento interno	
	6.2. Divisões internas	Alvenaria convencional	Dry-wall		
	6.3. Material das janelas	Madeira	Alumínio	PVC	

Continua

Continuação

Funções	Subsistemas	Alternativas			
	7. Ventilação				
	7.1. Ar-condicionado	Central	Individual		
	7.2. Aquecimento	Com aquecedor	Sem aquecedor		
	8. Serviços				
	8.1. Lavanderia	Não ter	No hotel	No hotel autosserviço	Terceirizada
	8.2. Serviço de refeição no quarto	Ter	Não ter	Terceirizada	
	8.3. Check out antecipado	Ter, método convencional via fone	Não ter	Via Internet, terceirizado	
	9. Áreas comuns				
	9.1. Recepção/Lounge (m^2)	100	200	300	
Circular	**10. Circulação**				
	10.1. Elevadores	Sem	Com		
	10.2. Construção	Horizontal	Até três pavimentos	Vertical	Construções isoladas
	11. Estacionamento				
	11.1. Local	No subsolo	Área externa, porém coberta	Área extrema descoberta	
	11.2. Sistema	Estacionamento pago	Estacionamento gratuito	Pago, porém gratuito para hóspedes	
	11.3. Manobrista	Com	Sem		
Alimentar	**12. Serviços e Equipamentos**				
	12.1. Frigobar nos quartos	Ter	Não ter		Máquina para salgadinhos
	12.2. Máquinas self service	Não ter	Alugada	Própria	Terceirizada
	12.3. Restaurante	Ter	Não ter		
	12.4. Administração	Própria	Terceirizada	Mista	
	12.5. Cafeteria	Quiosque	Máquina	Sem	Cafeteria completa
	12.6. Lanchonete	Com	Sem		
	12.7. Bar	Com	Sem		

Continua

Continuação

Funções	Subsistemas	Alternativas			
Trabalhar	**13. Sala de Trabalho**	Com	Sem		
Reunir	**14. Sala de Convenções**	Com	Sem		
	15. Sala de Reuniões	Com	Sem		
	16. Salão Múltiplo uso	Com	Sem		
Divertir/Relaxar	**17. Salão de jogos**	Com	Sem	Com jogos de fliperama	
	18. Sala de ginástica	Com	Sem		
	19. Quadras poliesportivas	Com	Sem		
	20. Quadra de tênis	Com	Sem		
	21. Discoteca	Com	Sem		
	22. Piscina	Convencional	Semiolímpica	Não ter	
	23. Sauna	Seca	Vapor	Seca e vapor	Não ter sauna
	24. Serviços				
	24.1. Shuttle	Com	Sem		
	24.2. Monitoramento	Com	Sem		
	24.3. Massagem	Com	Sem		

ANÁLISE TÉCNICA

Com base nos dados da planilha de análise técnica, foram verificadas, para cada subsistema, as soluções que se enquadravam nos requisitos entendidos como necessidades e/ou exigências do cliente.

A análise foi feita com o envolvimento de todos os departamentos da empresa – do departamento de marketing a vendas, compras, engenharia, manutenção, RH etc. –, de modo a não adotar uma solução unilateral a um determinado departamento, operando assim na "Engenharia Simultânea".

Os quadros a seguir mostram as soluções técnicas para cada função desejada, levando em consideração as exigências de nossos clientes, tanto investidores como hóspedes:

- prazo de execução;
- estética;
- durabilidade;
- confiabilidade;
- manutenção;
- flexibilidade;
- consumo energético;
- conforto ergonômico, térmico e acústico;
- facilidade de limpeza (*housekeeping*);
- lazer/trabalho;
- segurança;
- meio ambiente.

Quadro 3.19 Análise da viabilidade técnica

Funções	Critério de análise	Subsistemas	Alternativas			
			1	2	3	4
Acomodar/Hospedar/Descansar		**1. Acomodação**				
		1.1 Área (m^2)	15	20	25	30
	Atende aos padrões usuais		Sim	Sim	Sim	Sim
	Compatível c/ mobiliário disponível		Não	Sim	Sim	Sim
	Oferece conforto, arejado		Não	Sim	Sim	Sim
	Atende a legislação e normas		Sim	Sim	Sim	Sim
	Acomodar famílias		Não	Não	Sim	Sim
		2. Banheiro				
		2.1. Área (m^2)	3	5	7	10
	Atende aos padrões usuais		Sim	Sim	Sim	Sim
	Compatível c/ mobiliário disponível		Não	Sim	Sim	Sim
	Oferece conforto, arejado		Não	Sim	Sim	Sim
	Atende a legislação e normas		Sim	Sim	Sim	Sim
	Ventilação e adequada		Não	Sim	Sim	Sim
		2.2. Banheira	Sem banheira	Com banheira simples (inglesa)	Com hidromassagem	Ducha c/ aquecimento passagem
	Atende às necessidades do cliente		Sim	Sim	Sim	Sim
	Mantenabilidade		Sim	Sim	Não	Não
	Risco de acidentes		Não	Sim	Sim	Sim
	Durabilidade		Sim	Sim	Sim	Sim
		2.3. Chuveiro	Chuveiro simples elétrico	Ducha com aquecimento de passagem	Ducha com aquecimento central	
	Funcionamento adequado		Não	Sim	Sim	
	Atende às necessidades do cliente		Sim	Sim	Sim	

Continua

Continuação

Funções	Critério de análise	Subsistemas	Alternativas			
	Mantenabilidade		Não	Sim	Não	
	Durabilidade		Não	Sim	Sim	
	Custo operacional		Sim	Sim	Não	
		2.4. Metais	Linha standard	Linha padrão	Linha luxo	
	Atende aos padrões usuais		Sim	Sim	Sim	
	Esteticamente agradável		Não	Não	Sim	
	Durabilidade		Sim	Sim	Sim	
		2.5. Equipamentos (secador)	Com	Sem		
	Atende às necessidades do cliente		Sim	Não	Sim	
		3. Equipamentos				
		3.1. TV	Com	Sem		
	Atende às necessidades do cliente		Sim	Não		
	Pode determinar a ocupação		Não	Sim		
	Oferece conforto ao cliente		Sim	Não		
		3.2. Telefone	DDR	Sem secretária eletrônica c/ operadora	Telefone semipúblico	
	Atende às necessidades do cliente		Sim	Sim	Não	
	Compatível com tecnologia atual		Sim	Sim	Não	
	Permite integrar outros sistemas		Sim	Sim	Não	
	Permite alterar uso futuro		Sim	Sim	Não	
	Baixo custo de serviço		Sim	Não	Sim	
		4. Mobiliário				
		4.1. Cama	Cama solteiro	Cama queen size	Cama casal	Duas camas de solteiro
	Atende às necessidades do cliente		Sim	Sim	Sim	Sim
	Atende aos padrões usuais		Sim	Sim	Sim	Sim

Continua

Continuação

	Flexibilidade de alteração de layout		Sim	Não	Não	Sim
	Adequado a todos os quartos		Sim	Não	Não	Sim
		4.2. Mesa de apoio	Com	Sem		
	Atende às necessidades do cliente		Sim	Não		
	Multiplicidade de uso		Sim	Sim		
		4.3. Armário	Sem armário	Armário simples duas portas	Armário mais gaveteiro	
	Atende às necessidades do cliente		Não	Sim	Sim	
	Adequado a curta e longa estadia		Não	Não	Sim	
	Conforto aos usuários		Não	Sim	Sim	
		5. Iluminação	Comum	Direta e indireta	Com controle de luminosidade	Interligada a um sistema de automação
	Atende às necessidades do cliente		Não	Sim	Sim	Sim
	Boa luminância		Não	Sim	Sim	Sim
	Maior conforto		Não	Sim	Sim	Sim
	Menor consumo energético		Não	Não	Sim	Sim
	Possibilita desligamento automático		Não	Não	Sim	Sim
		6. Conforto Termoacústico				
		6.1. Fechamentos externos	Alvenaria convencional	Concreto pré-moldado	Pré-moldado com fechamento interno	
	Rapidez na execução		Não	Sim	Sim	
	Nível de ruído		Sim	Não	Sim	
	Conforto térmico		Sim	Não	Sim	
	Custo/benefício		Sim	Não	Não	
	Possibilidade de reposição e manutenção		Sim	Não	Não	
		6.2. Divisões internas	Alvenaria convencional	Dry-wall		

Continua

Continuação

Funções	Critério de análise	Subsistemas	Alternativas			
	Rapidez na execução		Não	Sim		
	Acústica		Sim	Sim		
	Conforto térmico		Sim	Sim		
	Rapidez de alteração		Não	Sim		
		6.3. Vedação das janelas	Madeira	Alumínio	PVC	
	Atende às necessidades do cliente		Sim	Sim	Sim	
	Barreira de ventos e frio		Sim	Sim	Não	
	Mantenabilidade		Não	Sim	Sim	
	Durabilidade		Não	Sim	Não	
		7. Ventilação				
		7.1. Ar-condicionado	Central	Individual		
	Desempenho, nível de ruído		Sim	Não		
	Menor consumo de energia		Não	Sim		
	Mantenabilidade		Não	Sim		
	Durabilidade		Não	Sim		
		7.2. Aquecimento	Com aquecedor	Sem aquecedor		
	Atendimento ao clima local		Não	Sim		
		8. Serviço				
		8.1. Lavanderia	Não ter	No hotel	No hotel autosserviço	Terceirizada
	Atende às necessidades do cliente		Não	Sim	Sim	Sim
	Mantenabilidade		Sim	Não	Sim	Sim
	Controle da qualidade dos serviços		Sim	Sim	Sim	Não
	Versatilidade		Não	Não	Não	Sim
		8.2. Serviço de refeição no quarto	Ter	Não ter	Terceirizada	
	Atende às necessidades do cliente		Sim	Não	Sim	
	Custo operacional		Sim	Não	Não	
	Pode ser cobrado à parte		Sim	Não	Sim	

Continua

Continuação

		8.3. Cheek out antecipado	Ter, método convencional via fone	Não ter	Via Internet, terceirizado	
	Atende às exigências do cliente		Sim	Não	Sim	
	Diferencial de mercado		Sim	Não	Sim	
	Baixo custo de serviço		Não	Sim	Sim	
		9. Áreas comuns				
		9.1. Recepção/Lounge (m^2)	100	200	300	
Circular		**10. Circulação**				
		10.1. Elevadores	Sem	Com		
		10.2. Construção	Horizontal	Até três pavimentos	Vertical	Construções isoladas
	Rapidez na execução		Sim	Sim	Não	Não
	Baixa necessidade de manutenção		Sim	Sim	Não	Não
	Flexibilidade		Sim	Sim	Sim	Não
	Respeito ao meio ambiente		Sim	Sim	Não	Sim
		11. Estacionamento				
		11.1. Local	No subsolo	Área extrema, porém coberta	Área externa descoberta	
	Acessibilidade		Sim	Sim	Sim	
	Menor manutenção		Não	Sim	Sim	
	Menor consumo energético		Não	Sim	Sim	
	Facilidade de limpeza		Não	Sim	Sim	
		11.2. Sistema	Estacionamento pago	Estacionamento gratuito	Pago, porém gratuito para hóspedes	
	Nova fonte de renda		Sim	Sim		
		11.3. Manobrista	Com	Sem		
	Atende às exigências do cliente		Sim	Sim		
	Baixo custo operacional		Não	Sim		

Continua

Continuação

Funções	Critério de análise	Subsistemas	Alternativas			
Alimentar		**12. Serviços e Equipamentos**				
		12.1. Frigobar nos quartos	Ter	Não ter		Maquina para salgadinhos
	Atende às necessidades do cliente		Sim	Sim		Sim
	Mantenabilidade		Não	Sim		Não
	Durabilidade		Não	Sim		Sim
		12.2. Máquinas self service	Não ter	Alugada	Própria	Terceirizada
	Atende às exigências do cliente		Não	Sim	Sim	Sim
	Pode gerar lucros		Não	Não	Não	Sim
	Alto custo de manutenção		Não	Não	Sim	Não
		12.3. Restaurante	Ter	Não ter		
	Atende às necessidades do cliente		Sim	Não		
	Oferece lucratividade		Sim	Não		
	Atrativo para público da região		Sim	Não		
		12.4. Administração	Própria	Terceirizada	Mista	
	Controle da qualidade dos serviços		Sim	Não	Sim	
	Flexibilidade de uso para festas		Sim	Não	Sim	
	Custo operacional		Não	Sim	Não	
		12.5. Cafeteria	Quiosque	Máquina	Sem	Cafeteria completa
	Atende às necessidades do cliente		Sim	Sim	Não	Sim
	Pouca área a ser utilizada e mantida		Sim	Sim	Sim	Não
	Baixo custo operacional		Sim	Sim	Sim	Sim
		12.6. Lanchonete	Com	Sem		
	Atende às necessidades de alguns cliente		Sim	Não		
	Oferece lucratividade		Sim	Não		
	Diversifica possível clientela		Sim	Não		
		12.7. Bar	Com	Sem		
	Objeto de interesse do público-alvo		Sim	Não		

Continua

Continuação

	Objeto de lucratividade		Sim	Não		
	Competitividade com outros hotéis		Sim	Não		
Trabalhar		**13. Sala de trabalho**	Com	Sem		
	Objeto de interesse do público-alvo		Sim	Não		
	Objeto de lucratividade		Sim	Não		
	Competitividade com outros hotéis		Sim	Não		
Reunir		**14. Sala de convenções**	Com	Sem		
	Estabelecer convênios c/ empresas		Sim	Não		
	Objeto de lucratividade		Sim	Não		
	Competitividade com outros hotéis		Sim	Não		
	Atender a demanda especifica		Sim	Não		
		15. Sala de reuniões	Com	Sem		
	Oferecer comodidade aos clientes		Sim	Não		
	Objeto de lucratividade		Sim	Não		
	Atrativo para os clientes		Sim	Não		
		16. Salão múltiplo uso	Com	Sem		
	Oferecer lucratividade		Sim	Não		
	Flexibilidade de uso		Sim	Não		
	Mantenabilidade		Não	Sim		
Divertir/Relaxar		**17. Salão de jogos**	Com	Sem	Com jogos de fliperama	
	Atende às necessidades do cliente		Não	Não	Não	
	Atrativo para famílias		Sim	Não	Não	
	Mantenabilidade		Sim	Não	Sim	
		18. Sala de ginástica	Com	Sem		
	Atende às exigências do cliente		Sim	Não		

Continua

Continuação

Funções	Critério de análise	Subsistemas	Alternativas			
	Custo operacional		Sim	Não		
		19. Quadras poliesportivas	Com	Sem		
	Atende a necessidades específicas		Sim	Não		
	Atrativo para famílias		Sim	Não		
		20. Quadra de tênis	Com	Sem		
	Atende às exigências do cliente		Sim	Não		
		21. Discoteca	Com	Sem		
	Atrativo para pessoas da região		Sim	Não		
	Atende demanda		Sim	Não		
	Descaracteriza o hotel		Sim	Não		
		22. Piscina	Convencional	Semiolímpica	Não ter	
	Atende às exigências do cliente		Sim	Sim	Não	
	Diferencial das instalações de hotéis		Sim	Sim	Não	
	Atende ao público-alvo		Não	Sim	Não	
		23. Sauna	Seca	Vapor	Seca a vapor	Não ter sauna
	Atende às exigências do cliente		Sim	Sim	Sim	Sim
		24. Serviço				
		24.1. Shulle	Com	Sem		
		24.2. Monitoramento	Com	Sem		
		24.3. Massagem	Com	Sem		
	Oferecer diferencial de mercado		Sim	Não		
	Boa relação custo/benefício		Sim	Não		
	Competitividade no mercado		Sim	Não		

Quadro 3.20 Resumo - Soluções tecnicamente viáveis

		Alternativas			
Funções	**Subsistema**	**1**	**2**	**3**	**4**
Acomodar/Hospedar/Descansar	**1. Acomodação**				
	1.1. Área (m²)	20	25	30	25
	2. Banheiro				
	2.2. Área (m²)	8	8	10	8
	2.3. Banheiro	Simples	Com hidromassagem	Simples	Sem
	2.4. Chuveiro	Ducha c/ aquecimento de passagem	Ducha c/ aquecimento de passagem	Ducha c/ aquecimento de passagem	Ducha c/ aquecimento de passagem
	2.5. Metais	Linha padrão	Linha luxo	Linha padrão	Standard
	2.6. Equipamentos (Secador)	Com	Com	Com	Sem
	3. Equipamentos				
	3.1. TV	Com	Com	Com	Com
	3.2. Telefone	DDR	DDR e operadora	DDR	DDR
	4. Mobiliário				
	4.1. Cama	Cama solteiro	Cama queen size	Duas camas de solteiro	Solteiro
	4.2. Mesa de apoio	Com	Com	Com	Com
	4.3. Armário	Armário simples c/ duas portas	Armário + gaveteiro	Armário + gaveteiro	Armário simples
	5. Iluminação	Comum automação	C/controle de luminosidade/ automação	Direta e indireta	Direta e indireta
	6. Conforto Termoacústico				
	6.1. Fechamentos externos	Alvenaria convencional	Alvenaria convencional	Alvenaria convencional	Alvenaria convencional
	6.2. Divisões internas	Dry-wall	Dry-wall	Alvenaria convencional	Dry-wall
	6.3.Vedação das janelas	Alumínio	Alumínio	Madeira	Alumínio
	7. Ventilação				
	7.1. Ar-condicionado	Individual	Individual	Individual	Individual

Continua

Continuação

			Alternativas		
Funções	**Subsistema**	1	2	3	4
	7.2. Aquecimento	Sem aquecedor	Com aquecedor	Sem aquecimento	Sem aquecedor
	8. Serviços				
	8.1. Lavanderia	Terceirizada	No hotel	No hotel autosserviço	Terceirizada
	8.2. Serviço de refeição no quarto	Terceirizada	No quarto	Não tem	Terceirizada
	8.3. Check out antecipação	Via Internet terceirizada	Via Internet terceirizada	Não tem	Via Internet terceirizada
	9. Áreas comuns				
	9.1. Recepção/Lounge (m^2)	100	200	100	100
	10. Circulação				
	10.1. Elevadores	Sem	Sem	Sem	Sem
	10.1.1. Construção	Horizontal	Isoladas	Até três pavimentos	Até três pavimentos
	10.2. Estacionamento				
	10.2.1. Local	Área extrema descoberta	Área externa, porém coberta	Área externa descoberta	Subsolo
	10.2.2. Sistema	Pago, porém gratuito para hóspedes	Estacionamento gratuito	Gratuito	Gratuito
	10.2.3. Manobrista	Sem	Com	Sem	Sem
	11. Serviços e equipamentos				
Alimentar	11.1. Frigobar nos quartos	Não	Sim	Sim	Sim
	11.2. Máquinas self service	Terceirizada	Terceirizada	Própria	Terceirizada
	11.3. Restaurante				
	11.3.1 Capacidade (pessoas)	100	150	150	150
	11.3.2 Administração	Mista	Própria	Mista	Terceirizada

Continua

Continuação

		Alternativas			
Funções	**Subsistema**	1	2	3	4
	11.4. Cafeteria	Quiosque	Quiosque	Máquina	Máquina
	11.5. Lanchonete	Sim	Sim	Sim	Sim
	11.6. Bar	Sim	Sim	Sim	Sim
	12. Sala de Trabalho	Sim	Sim	Sim	Sim
	12.1. Sala de convenções	Sim	Não	Sim	Sim
	12.2. Sala de reuniões	Sim	Sim	Sim	Sim
	12.3. Salão múltiplo uso	Sim	Sim	Sim	Sim
Divertir/Exercitar					
	13. Espaço Físiso				
	13.2. Salão de jogos	Sim	Sim	Com jogos de fliperama	Não
	13.2. Sala de ginástica	Sim	Sim	Não	Não
	13.3. Quadras poliesportivas	Não	Sim	Sim	Não
	13.4. Quadra de tênis	Não	Sim	Não	Não
	13.5. Discoteca	Não	Sim	Não	Não
	13.6. Piscina (m^2)	Convencional	Semiolímpica	Convencional	Semiolímpica
	16.7. Sauna	Não	Seca e vapor	Não	Não
	14. Serviços				
	14.1. Monitoramento	Não	Sim	Não	Não

ANÁLISE ECONÔMICA

Após a identificação das soluções tecnicamente viáveis, – aquelas foram combinadas em várias alternativas de produto (hotel).

Nessa etapa, foram analisados os investimentos, custos e rendimentos envolvidos em cada alternativa e comparados com os objetivos estabelecidos na fase de planejamento, tendo sido descartadas todas as alternativas em que o resultado operacional bruto (US$/UH) estivesse mais de 20% abaixo do valor estabelecido na fase de planejamento.

Tabela 3.23 Análise da viabilidade econômica

Operações/Hotéis	Distr. %	Planejado	Alternativa 1	Alternativa 2	Alternativa 3	Alternativa 4
		US$				
Investimento						
Construção civil	65,00	780.283	1.097.333	1.422.667	1.480.667	1.279.333
Equipamentos/Móveis e utensílios e materiais	24,52	292.278	316.667	336.667	326.667	316.667
Instalações hoteleiras	8,28	98.698	87.000	87.000	47.000	47.000
Aquisição de softwares	0,53	11.801				
Treinamento do pessoal	0,57	6.774				
Despesas gerais	1,1	13.112	83.333	83.333	83.333	83.333
Total de custo de investimento (s/ terreno)	100	1.192.000				
Terreno (% Construção civil)	14,98	**395.000**	5.000	50.000	50.000	50.000
Custo total de implantação		**1.587.000**	**1.634.333**	**1.979.667**	**1.987.667**	**1.776.333**
Var. percentual investimento planejado			**3%**	**25%**	**25%**	**12%**
Resultados operacionais	**Distr. %**	**Planejado**				
		US$/UH				
Receita operacional						
Apartamentos	63,1	5.996	5.996	5.996	5.996	5.996
Alimentos	21,6	2.049	2.049	2.049	2.049	2.049
Bebidas	4,8	452	452	452	452	452
Outras receitas alim. bebidas	2,6	250	250	250	250	250
Telefone	3,7	353	353	353	353	353
Outros depart. operacionais	2,0	190	190	190	190	190
Aluguéis	2,2	210	210	210	210	210
Total	100	**9.500**	**9.500**	**9.500**	**9.500**	**9.500**
Desp. oper. distribuídas (variável)						
Custos desp. departamentais	35,9	1.472	1.472	1.472	1.472	1.472
Apartamentos	39,4	1.614	1.698	1.804	1.909	1.804
Alimentos e bebidas	13,9	570	570	570	570	570
Telefone	5,5	227	227	227	227	227
Outros departamentos	5,3	216	216	216	216	216
Total	100	**4.100**	**4.184**	**4.289**	**4.395**	**4.289**

Continua

Continuação

Operações/Hotéis	Distr. %	Planejado	Alternativa 1	Alternativa 2	Alternativa 3	Alternativa 4
		US$				
Desp. oper. não distribuídas (fixo)						
Administrativa	48,7	1.442	1.485	1.799	1.806	1.709
Marketing	13,3	394	394	394	394	394
Energia	21,7	643	655	694	739	675
Manutenção	16,3	482	496	520	578	520
Total	100	**2.960**	**3.030**	**3.407**	**3.517**	**3.297**
Custo total		**7.060**	**7.215**	**7.696**	**7.912**	**7.587**
Resultado oper. bruto		**2.440**	**2.285**	**1.804**	**1.588**	**1.913**
Var. percentual receita bruta relação ao planejado			**6%**	**26%**	**35%**	**22%**

ANÁLISE FINANCEIRA

Nessa etapa, será analisada a viabilidade financeira das alternativas aprovadas na análise econômica. A alternativa aprovada foi a "1", que apresentou, tanto em termos de investimentos como de receita bruta, valores dentro da margem de 20%, quando comparados com o objetivo definido na fase de planejamento.

Para a análise financeira foram utilizadas duas ferramentas:

- análise mediante fluxo de caixa;
- análise pelo valor presente do EVA.

As Tabelas 3.24, Análise financeira, e 3.25, Efeito do Projeto no EVA, além do gráfico da Figura 3.25, Diagrama do fluxo de caixa, mostram os resultados financeiros: taxa de retorno de 25% e um prazo de retorno do investimento (PRI) de cinco anos com a diária média de US$ 30.00/UH.

Para ambas as ferramentas, foram feitas algumas considerações:

- não se levou em consideração a recuperação de ICMS;
- para a depreciação, utilizou-se um valor único de 5% a.a., independentemente de equipamento, obras civis ou software. Da mesma forma, para efeito fiscal (Imposto de Renda) foi utilizado o valor único de 10% a.a.;
- todos os valores em dólar americano (valor aproximado de R$ 2,75 na época do projeto, hoje caiu para R$ 1,75);
- apesar de a taxa de ocupação média dos hotéis categoria três estrelas ser de 57%, foi estabelecida como meta atingir 80% em cinco anos, mediante o oferecimento de serviços diferenciados, comparados com os hotéis atualmente instalados no interio do Estado de São Paulo. Essa é a taxa de ocupação média de empresas hoteleiras multinacionais como Accor, Best Western, Blue Tree etc.;
- como custo de capital para o cálculo do valor presente do EVA, está sendo utilizada a taxa de 17% a.a., a qual é suficientemente atrativa para os investidores;
- o preço de cada diária por UH varia de US$ 25,00 a US$ 35,00.

Tabela 3.24 Análise financeira 2005 a 2009

Operações/Hotéis	Distr. %	2005	2006	2007	2008	2009	2010
UH							
Número de UH		100	100	100	100	100	100
Taxa de ocupação		55%	60%	65%	70%	75%	80%
Diária média (US$)		30	30	30	30	30	30
Aluguel Salas							
Capacidade		150	150	150	150	150	150
Taxa de ocupação		19	25	30	35	40	40
Custo diário/pessoa (US$)		2	2	2	2	2	2
Receita Operacionais							
Apartamentos	63,1%	501.875	657.000	711.750	766.500	821.250	876.000
Alimentos	21,6%	171.799	187.417	203.035	218.653	234.271	249.889
Bebidas	4,8%	38.177	41.648	45.119	48.590	55.531	55.531
Outras receitas alim. bebidas	2,6%	20.679	22.559	24.439	26.319	28.199	30.079
Telefone	3,7%	29.428	38.066	45.575	53.085	60.597	60.668
Outros depart. operacionais	2,0%	15.907	17.353	18.800	20.246	21.692	23.138
Aluguéis	2,2%	17.498	22.735	27.282	31.829	36.377	36.377
Receita Bruta Total	100%	795.365	986.779	1.076.000	1.165.221	1.254.443	1.331.682
Desp. Oper. Distriuídas (Variável)							
Custo desp. departamentais	35,9	122.682	133.835	144.988	156.141	167.294	178.447
Apartamentos	39,4	134.521	146.751	158.980	171.209	183.438	195.667
Alimentos e bebidas	13,9	47.540	51.862	56.184	60.506	64.828	69.150
Telefone	5,5	18.888	24.432	29.251	34.071	38.891	38.938
Outros departamentos	5,3	18.035	19.674	21.314	22.953	24.593	26.232
Custo Total Variável	100	341.667	376.554	410.717	444.880	479.043	508.435
Desp. Oper. Não Distriuídas (Fixa)							
Administrativa	48,7	102.133	122.560	122.560	122.560	122.560	126.885
Marketing	13,3	27.892	33.470	33.470	33.470	33.470	34.651
Energia	21,7	45.519	54.623	54.623	54.623	54.623	56.551
Manutenção	16,3	34.123	40.948	40.948	40.948	40.948	42.393
Custo Total Fixo	100	209.667	251.600	251.600	251.600	251.600	260.480

2011	2012	2013	2014	2015	2016	2017	2018
100	100	100	100	100	100	100	100
80%	80%	80%	80%	80%	80%	80%	80%
30	30	30	30	30	30	30	30
150	150	150	150	150	150	150	150
40	50	50	50	50	50	50	50
2	2	2	2	2	2	2	2
876.000	876.000	876.000	876.000	876.000	876.000	876.000	876.000
249.889	249.889	249.889	249.889	249.889	249.889	249.889	249.889
55.531	55.531	55.531	55.531	55.531	55.531	55.531	55.531
30.079	30.079	30.079	30.079	30.079	30.079	30.079	30.079
60.668	75.538	75.538	75.538	75.538	75.538	75.538	75.538
23.138	23.138	23.138	23.138	23.138	23.138	23.138	23.138
36.377	45.471	45.471	45.471	45.471	45.471	45.471	45.471
1.355.645	1.355.645	1.355.645	1.355.645	1.355.645	1.355.645	1.355.645	1.355.645
178.447	178.447	178.447	178.447	178.447	178.447	178.447	178.447
195.667	195.667	195.667	195.667	195.667	195.667	195.667	195.667
69.150	69.150	69.150	69.150	69.150	69.150	69.150	69.150
38.938	48.482	48.482	48.482	48.482	48.482	48.482	48.482
26.232	26.232	26.232	26.232	26.232	26.232	26.232	26.232
508.435	517.978	517.978	517.978	517.978	517.978	517.978	517.978
126.885	126.885	126.885	126.885	129.769	129.769	129.769	129.769
34.651	34.651	34.651	34.651	35.439	35.439	35.439	35.439
56.551	56.551	56.551	56.551	57.836	57.836	57.836	57.836
42.393	42.393	42.393	42.393	43.356	43.356	43.356	43.356
260.480	260.480	260.480	260.480	266.400	266.400	266.400	266.400

Tabela 3.25 Efeito do projeto no "EVA"

		2003	2004	2005	2006
Ganho líquido antes do IR e s/ depreciação				201.241	305.537
Depreciação adicional					
Taxa ponderada @ 5% aa		0,0	0,0	(66.125,0)	(79.350,0)
Perda cambial s/ recuper. "ICMS" @ 5% aa					
Impacto no NEBIT		**0,0**	**0,0**	**135.115,6**	**226.186,5**
Imposto de renda @ 34%		0,0	0,0	23.456,8	49.924,4
(Lucro operacional após IR) Nopat		0,0	0,0	111.658,8	176.262,1
Capital empregado					
(-) Depreciação acumulada		0,0	0,0	(66.125,0)	(145.475,0)
Líquido		**385.000,0**	**1.060.000,0**	**1.520.875,0**	**1.4415.25,0**
Investimentos – Ativo fixo		385.000,0	1.060.000,0	1.587.000,0	1.587.000,0
Total		385.000,0	1.060.000,0	1.520.875,0	1.441.525,0
Capital Base EVA		192.500,0	385.000,0	1.060.000,0	1.520.875,0
CUSTO CAPITAL @ 17% aa		32.725,0	16.362,5	180.200,0	258.548,8
EFEITO DO PROJETO NO "EVA"		(32.725,0)	(16.362,5)	(68.541,2)	(82.286,6)
Fluxo de Caixa					
Nopat			0,0	111.658,8	176.262,1
(+) Depreciação			0,0	66.125,0	79.350,0
Geração de Caixa			0,0	177.783,8	255.612,1
(-) Investimento Ativo Fixo		385.000,0	1.060.000,0	142.000,0	
(+) Variação de Capital de Giro			0,0	0,0	0,0
Fluxo Líquido de Caixa	Mês	**(385.000)**	**(1.060.000)**	**35.784**	**255.612**
	Acum	(385.000)	(1.445.000)	(1.409.216)	(1.153.604)
	Investimento – US$:				**1.587.000**
	VPL do EVA (2005-20209):				**148.819**
	VPL do EVA p/ US$ Investido:				**0,09**
	EVA Positivo a partir de:				**2010**
Base de cálculo do Imposto de Renda – US$'000					
Depreciação Fiscal @10% aa.		0,0	**0,0**	132.250,0	158.700,0
Resultado calculado c/Depr. Fiscal		0,0	0,0	68.990,6	146.836,5

2007	2008	2009	2010	2011	2012	2013
355.794	406.794	456.310	491.123	491.123	504.253	504.253
(79.350,0)	(79.350,0)	(79.350,0)	(79.350,0)	(79.350,0)	(79.350,0)	(79.350,0)
276.444,4	**326.702,3**	**376.960,1**	**411.772,6**	**411.772,6**	**424.906,4**	**424.903,4**
67.012,1	84.099,8	101.187,5	113.023,7	113.023,7	117.488,2	117.488,2
209.432,3	242.602,5	275.772,7	298.748,9	298.748,9	307.415,3	307.415,3
(224.825,0)	(304.175,0)	(383.525,0)	(462.875,0)	(542.225,0)	(621.575,0)	(700.925,0)
1.362.175,0	**1.282.825,0**	**12.034.75,0**	**1.124.125,0**	**1.044.775,0**	**965.425,0**	**886.075,0**
1.587.000,0	1.587.000,0	1.587.000,0	1.587.000,0	1.5870.00,0	1.587.000,0	1.587.000,0
1.362.175,0	1.282.825,0	1.203.475,0	1.124.125,0	1.044.775,0	965.425,0	886.075,0
1.441.525,0	1.362.175,0	1.282.825,0	1.203.475,0	1.124.125,0	1.044.775,0	965.425,0
245.059,3	231.569,8	218.080,3	204.590,8	191.101,3	177.611,8	164.122,3
(35.626,9)	11.032,8	57.692,4	94.158,2	107.647,7	129.803,5	143.293,0
209.432,3	242.602,5	275.772,7	**298.748,9**	**298.748,9**	**307.415,3**	**307.415,3**
79.350,0	79.350,0	79.350,0	79.350,0	79.350,0	79.350,0	79.350,0
288.782,3	321.952,5	355.122,7	378.098,9	378.098,9	386.765,3	386.765,3
0,0	0,0	0,0				
288.782	**321.953**	**355.123**	**378.099**	**378.099**	**386.765**	**386.765**
(864.822)	(542.869)	(187.747)	190.352	568.451	955.217	1.341.982

VPL do Fluxo de Caixa:	**507.685**
TIR – Taxa Interna de Retorno:	**25%**
PRI: ***cinco anos***	

158.700,0	158.700,0	158.700,0	158.700,0	158.700,0	158.700,0	158.700,0
197.094,4	247.352,3	297.610,1	332.422,6	332.422,6	345.553,4	345.553,4

Resultado operacional – Ponto de equilíbrio

A Tabela 3.26 mostra o resultado operacional do hotel previsto para o período de 2005 a 2029. Com base nesses resultados, foi elaborado o diagrama do ponto de equilíbrio mostrado na Figura 3.26, em que se observa um ponto de equilíbrio a 24% da capacidade de ocupação do hotel.

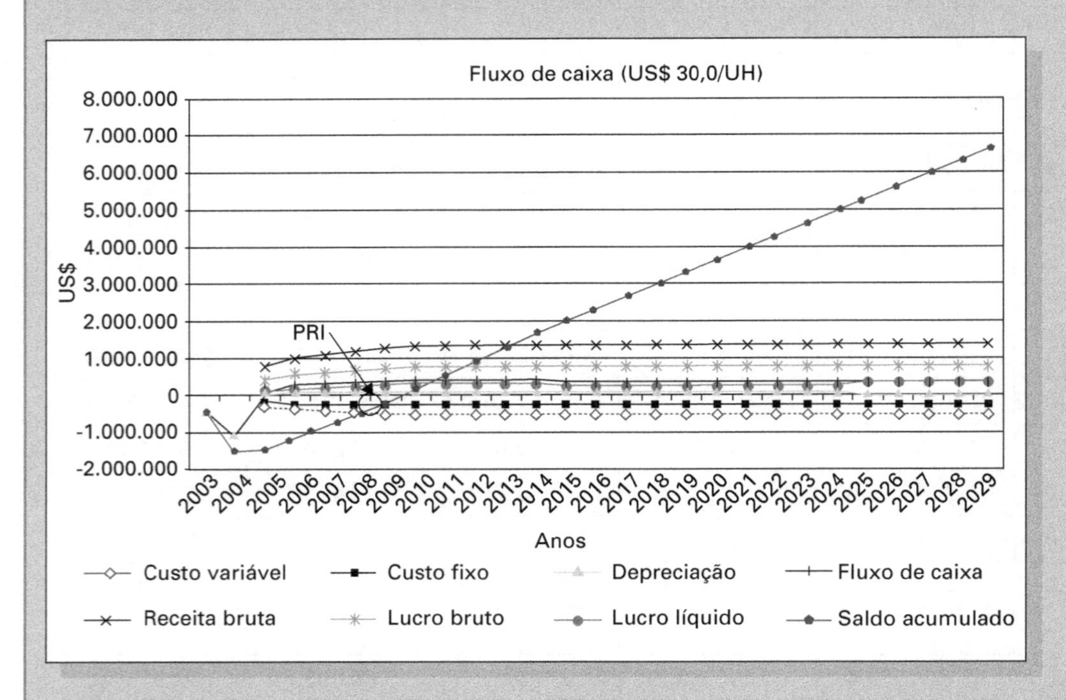

Figura 3.25
Diagrama do fluxo de caixa

Conclusão sobre a viabilidade

O estudo de viabilidade mostrou que o projeto do hotel três estrelas é viável técnica, econômica e financeiramente. É, portanto, um projeto aprovado e seguirá para a fase seguinte – Projeto Básico.

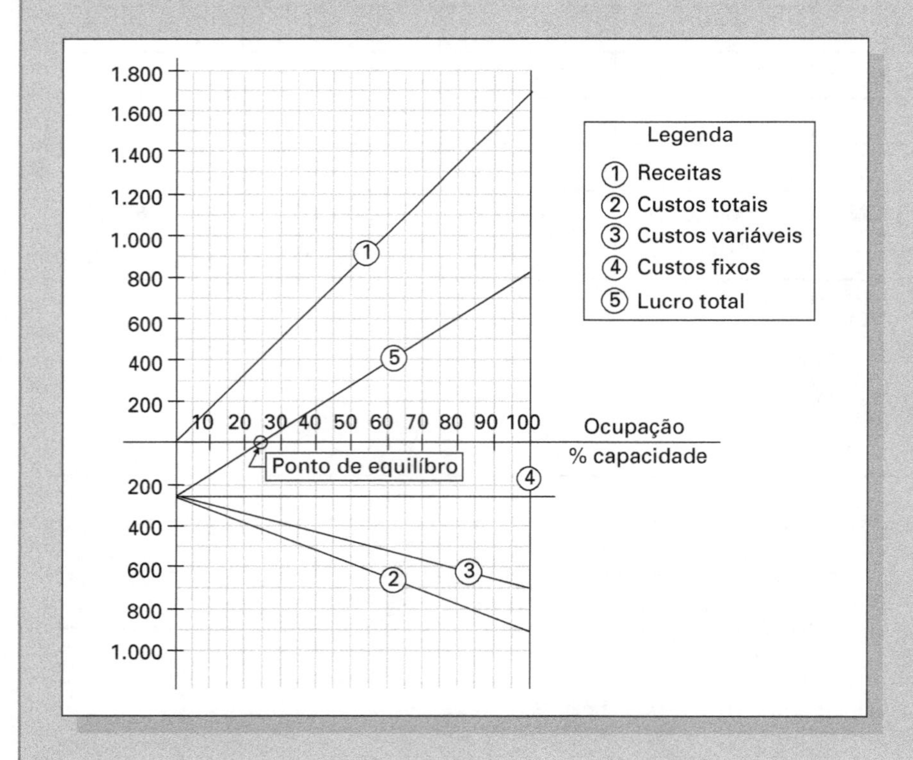

Figura 3.26
Diagrama do ponto de equilíbrio

Tabela 3.26 Resultado operacional (UU$ 30,00/UH)

Resultado Operacionais – 2005/2009

Operações/Hotéis	Distr. %	2005	2006	2007	2008	2009	2025	2026	2027	2028	2029
UH											
Número de UH		100	100	100	100	100	100	100	100	100	100
Taxa de ocupação		55%	60%	65%	70%	75%	80%	80%	80%	80%	80%
Diária média (US$)		30	30	30	30	30	30	30	30	30	30
Aluguel Salas											
Capacidade		150	150	150	150	150	150	150	150	150	150
Taxa de ocupação		19	25	30	35	40	50	50	50	50	50
Custo diário/pessoa (US$)		2	2	2	2	2	2	2	2	2	2
Receita Operacionais											
Apartamentos	63,1%	501.875	657.000	711.750	766.500	821.250	876.000	876.000	876.000	876.000	876.000
Alimentos	21,6%	171.799	187.417	203.035	218.653	234.271	249.889	249.889	249.889	249.889	249.889
Bebidas	4,8%	38.177	41.648	45.119	48.590	52.060	55.531	55.531	55.531	55.531	55.531
Outras receitas alim. bebidas	2,6%	20.679	22.559	24.439	26.319	28.199	30.079	30.079	30.079	30.079	30.079
Telefone	3,7%	29.428	38.066	45.575	53.085	60.594	75.539	75.538	75.538	75.538	75.538
Outros depart. operacionais	2,0%	15.907	17.353	18.800	20.246	21.692	23.138	23.138	23.138	23.138	23.138
Aluguéis	2,2%	17.498	22.735	27.282	31.829	36.377	36.377	36.377	45.471	45.471	45.471
Receita Bruta Total	100%	795.365	986.779	1.076.000	1.165.221	1.254.443	1.355.645	1.355.645	1.355.645	1.355.645	1.355.645

Continua

Continuação

Desp. Oper. Distriuídas (Variável)

Custo desp. departamentais	35,9	122.682	133.835	144.988	156.141	167.294	178.447	178.447	178.447	178.447	178.447
Apartamentos	39,4	134.521	146.751	158.980	171.209	183.438	195.667	195.667	195.667	195.667	195.667
Alimentos e bebidas	13,9	47.540	51.862	56.184	60.506	64.828	69.150	69.150	69.150	69.150	69.150
Telefone	5,5	18.888	24.432	29.251	34.071	38.891	48.482	48.482	48.482	48.482	48.482
Outros departamentos	5,3	18.035	19.674	21.314	22.953	24.593	26.232	26.232	26.232	26.232	26.232
Custo Total Variável	100	341.667	376.554	410.717	444.880	479.043	517.978	517.978	517.978	517.978	517.978

Desp. Oper. Não Distriuídas (Fixa)

Administrativa	48,7	102.133	122.560	122.560	122.560	122.560	129.769	129.769	129.769	129.769	129.769
Marketing	13,3	27.892	33.470	33.470	33.470	33.470	35.439	35.439	35.439	35.439	35.439
Energia	21,7	45.519	54.623	54.623	54.623	54.623	57.836	57.836	57.836	57.836	57.836
Manutenção	16,3	34.123	40.948	40.948	40.948	40.948	43.356	43.356	43.356	43.356	43.356
Custo Total Fixo	100	209.667	251.600	251.600	251.600	251.600	266.400	266.400	266.400	266.400	266.400

O PROJETO BÁSICO

O projeto básico aprofunda a definição técnica do produto, e dos processos. Por meio de modelos, são realizados estudos e simulações visando a otimização dos valores dos parâmetros* do produto e dos processos de fabricação. Ao longo desta fase serão obtidos resultados indicadores do atendimento aos objetivos do projeto, tanto técnicos quanto econômicos.

4.1 INTRODUÇÃO

O projeto básico parte das soluções viáveis, produzidas no estudo da viabilidade, seleciona a melhor dentre elas e define o projeto dessa solução como aquele a ser executado. **É a partir desse instante que a empresa assumirá efetivamente o compromisso de realizar o projeto**. Durante o projeto básico, com a aplicação intensiva da tecnologia, serão feitos estudos, cálculos, simulações, testes e análises específicas que permitam definir valores numéricos otimizados dos parâmetros que caracterizam o produto e os seus processos de fabricação. Ao final, o projeto será **consolidado tecnicamente** com o produto e os processos definidos por todos os seus parâmetros principais.

4.2 A ESCOLHA DA SOLUÇÃO A PROJETAR

Para iniciar o projeto básico e continuar o desenvolvimento do projeto é necessário selecionar **uma** dentre as soluções viáveis, já que não há previsão para mais de um projeto. Uma maneira organizada de fazer essa escolha é por meio da **Matriz de Avaliação**. Nessa matriz, as linhas são as características do projeto e as suas colunas as soluções viáveis. Atribuem-se pesos às características e notas às concepções. A soma dos produtos das notas multiplicadas pelos pesos produz um valor global que permite comparar as soluções e escolher a melhor delas.

---

* O termo "parâmetro" é aqui usado em seu significado técnico, como um valor numérico de uma das características do sistema. Não tem nada a ver com "comparação".

A elaboração da matriz deve ser um trabalho conjunto dentro do espírito da engenharia simultânea. A equipe a ser convocada será composta por representantes das áreas da empresa conhecedores e participantes das fases anteriores do projeto. As características a serem julgadas serão as escolhidas pela equipe, os pesos adotados e as notas aplicadas serão as médias dos valores atribuídos por votação dos participantes. A solução escolhida será, assim, muito provavelmente a melhor, por representar um consenso da empresa, obtido pela atuação consciente de todos os participantes envolvidos no projeto

É importante notar que, como as soluções competidoras são viáveis, todas atendem aos objetivos, requisitos e especificações do projeto. Entretanto, o **grau de atendimento** é diferente em cada característica, para cada solução. A seleção e a ponderação das características orientam a própria avaliação do produto. Há características, como desempenho e segurança, que são importantes para o cliente e outras, como prazos e custos, que interessam, em especial, à empresa.

Para produtos industriais complexos, o projeto básico é normalmente dividido nos vários subsistemas que o compõem, a partir do estudo de viabilidade. Uma primeira separação óbvia, aplicável, por exemplo, a alimentos e cosméticos, é separar o produto da sua embalagem. Para um automóvel, a divisão do projeto em seus subsistemas – motopropulsor, carroçaria, suspensão, direção, freios etc. – é feita mediante a condução de projetos paralelos. Mas é absolutamente essencial que a gerência do projeto assegure a completa integração desses subsistemas no sistema veículo.

Apresenta-se a seguir, para um produto hipotético, um exemplo de matriz de avaliação simplificada, em que são comparadas apenas sete características. Essa matriz é também chamada de Matriz de Priorização ou Matriz de Decisão nas refs. [1] e [2], respectivamente.

Tabela 4.1 Matriz de Avaliação: comparação entre soluções viáveis

		SOLUÇÕES VIÁVEIS			
	PESOS	A	B	C	D
CARACTERÍSTICAS	P	Nota/NxP	Nota/NxP	Nota/NxP	Nota NxP
1. Desempenho	7	10/70	7/49	8/56	8/56
2. Aparência	8	7/56	9/72	10/80	7/56
3. Segurança	8	7/56	8/64	8/64	6/48
4. Durabilidade	6	10/60	9/54	8/48	10/60
5. Custo de fabricação	9	7/63	8/72	9/81	10/90
6. Investimento necessário	7	10/70	8/56	9/63	8/56
7. Prazo de implantação	10	5/50	6/60	10/100	9/90
TOTAL NxP		425	427	492	456

No exemplo citado, a solução C é a melhor, com 15% de pontos acima da segunda colocada. É importante notar que o prazo de implantação foi ponderado com 10 pontos, o que indica que a empresa tem grande urgência na introdução do novo produto. Como a concepção C recebeu nota máxima 10 (correspondente ao mínimo prazo), ela somou 100 pontos só nesse item. Eventualmente, a pontuação final de mais de uma solução resulta equivalente, dificultando a escolha. Nesses casos, é um bom critério de escolha adotar-se a solução que teve a melhor nota no item de maior peso, entre as características usadas.

A ESCOLHA DOS PROCESSOS DA PRODUÇÃO

No contexto da engenharia simultânea, as áreas de fabricação e fornecimento já terão executado os seus estudos de viabilidade e dispõem de soluções viáveis para os processsos de produção das soluções viáveis do produto. O **projeto básico da produção** começará, portanto, pela escolha da melhor opção de processos e fornecimentos **para a solução selecionada para o produto.** Esta escolha deverá ser feita usando a Matriz de Avaliação de maneira análoga à feita para a seleção do produto.

4.3 A REPROGRAMAÇÃO DO PROJETO

Selecionada a melhor das soluções viáveis, é necessário refazer e consolidar, especificamente para essa solução, o programa do projeto, redefinindo todos os objetivos propostos. Esses objetivos revisados passam a ser, a partir de agora e no decorrer do projeto, compromissos a serem cumpridos por todas as áreas envolvidas. Vale lembrar que toda a empresa participou do planejamento, trabalhou na viabilização, escolheu a melhor solução e, por tudo isso, deve considerar o projeto como seu.

Os seguintes objetivos serão redefinidos especificamente para a solução escolhida para o projeto e adotados como compromisso da empresa:

- previsões de vendas no ciclo de vida;
- requisitos técnicos quantificados do produto;
- requisitos da produção e de suprimentos;
- estrutura básica da composição do produto;
- fluxograma da produção e suprimentos;
- cronograma de eventos e atividades para as fases e etapas;
- definição das atividades e composição das equipes;
- alocação mensal de recursos humanos e materiais;
- cronograma financeiro para os investimentos;
- previsão de receitas e despesas ao longo do ciclo de vida do produto;
- marcos de eventos para a gestão e o controle do projeto.

Evidentemente, essa reprogramação, embora nova, será compatível com o cronograma-mestre inicial, já que é o resultado da revisão feita após a escolha de uma solução **viável** definida. Ao longo de todo o projeto, para cada área e cada departamento ou seção da empresa, serão gerados os respectivos subprogramas para as suas atividades específicas.

O exemplo de cronograma apresentado a seguir serve como base mínima para a gestão do projeto. As etapas que compõem as fases de todo o projeto devem ser programadas nas formas de redes PERT/CPM, com o uso de programas como o MS Project, Timeline, Primavera e outros. A informatização do programa do projeto é muito conveniente pela sua agilidade e eficiência, tanto na programação como no controle da execução.

Liberdade e responsabilidade no projeto

O método de trabalho aqui descrito leva a uma situação muito segura para o projeto: como toda a empresa foi participante no projeto a começar pelo seu Planejamento, em seguida no Estudo da Viabilidade e agora no início do Projeto Básico, na escolha da solução a projetar, resulta ser o projeto reconhecido como seu, por toda a empresa. Esta participação das áreas faz com que todos os **colaboradores assumam integralmente a responsabilidade pela sua gestão e execução.** Certamente, todos sabem dos benefícios decorrentes do sucesso do projeto, bem como têm claros os eventuais malefícios resultantes do fracasso.

É muito difícil aceitar a patologia gerencial, incrivelmente ainda presente em muitas empresas de designar o projeto como : "O projeto do Marketing" ou ainda pior "o projeto que o Sr. Fulano quer que a gente faça". Essa literal alienação faz com que os colaboradores não se sintam responsáveis pelos resultados do projeto e apenas "cumpram ordens".

Tabela 4.2 Cronograma para um projeto hipotético de um eletrodoméstico de produção seriada

FASES	MESES	1	2	3	4	5	6	7	8	9	10	11	12	13	14	15	16	17	18	19	20	21	22	23	24	TOTAIS
																										(m)/($000)
1 – Planejamento	**PRAZO**	XX																								1m/37,0
	R.H.(p.m.)	4																								4
	DD ($000)	2																								2
	INV ($000)	0																								0
2 – Estudo da viabilidade	**PRAZO**		XX	XX																						2m/90,4
	R.H.(p.m.)		5	5																						10
	DD ($000)		5	5																						10
	INV ($000)		0	0																						0
3 – Projeto básico	**PRAZO**				XX	XX	XX	XX	XX	XX																6m/278,6
	R.H.(p.m.)				3	4	6	6	6	4																29
	DD ($000)				5	10	10	15	15	5																60
	INV ($000)				0	0	0	20	20	0																40
4 – Projeto executivo	**PRAZO**							XX	XX	XX	XX	XX	XX	XX	XX	XX	XX									10m/499,8
	R.H.(p.m.)							4	8	10	15	20	20	20	20	15	10									142
	DD ($000)							5	10	15	20	20	20	20	20	20	10									150
	INV ($000)							0	0	0	0	0	50	10	80	0	0									200
5 – Implantação da fabricação	**PRAZO**												XX	XX	XX	XX	XX	XX	XX	XX	XX	XX	XX	XX	XX	13m/3.371,0
	R.H.(p.m.)												10	15	25	35	35	35	40	50	80	80	80	80	80	615
	DD ($000)												10	10	20	25	30	30	30	35	35	40	40	40	40	380
	INV ($000)												20	70	100	120	120	150	150	150	150	150	150	150	50	1.530
6 – Totais do projeto	**PRAZO**	XX	XX	XX	XX	XX	XX	XX	XX	XX	XX	XX	XX	XX	XX	XX	XX	XX	XX	XX	XX	XX	XX	XX	XX	24m/4.276,8
	R.H.(p.m.)	4	5	5	3	4	6	10	14	14	15	20	35	35	45	50	45	35	40	50	50	80	80	80	80	800
	DD ($000)	2	5	5	5	10	10	20	25	20	20	20	30	30	40	45	40	30	30	35	35	35	40	40	40	602
	INV ($000)	0	0	0	0	0	0	20	20	0	0	0	70	140	180	120	120	150	150	150	150	150	150	150	50	1.770
	TOTAL DO PROJETO																									**4,28R$**

A Tabela 4.2 ilustra a programação de um projeto hipotético de um eletrodoméstico, típico de empresas industriais de produção seriada desse ramo. As linhas mostram, a cada mês e no total, os recursos necessários para a execução de cada fase. São indicados, na primeira linha de cada fase, os recursos humanos (em pessoas/mês); na segunda, as despesas diretas e, na terceira, os investimentos. O custo das pessoas é calculado pelo salário mensal multiplicado por um fator (~2,1), devidos aos encargos trabalhistas. Nas últimas linhas tem-se a soma dos recursos totais alocados ao projeto mês a mês e, na última linha e coluna, o custo total do projeto.

4.4 A MODELAGEM DOS SISTEMAS

No Estudo de Viabilidade, trabalha-se com as soluções descritas por especificações, esquemas, desenhos, representações apenas suficientes para os objetivos daquelas etapas. Para a execução do Projeto Básico são necessárias descrições bem mais completas e precisas do produto e dos processos. Esta caracterização da modelagem do projeto, das análises e otimização foram elaboradas sobre as bases estabelecidas por Asimow (ref. [3]).

Nessa fase, o projeto será representado por **modelos**. Há três tipos de modelos utilizados simultaneamente ao longo de todo o projeto: modelos icônicos, modelos simbólicos e modelos analógicos.

Os **modelos icônicos** (ícone = imagem) são os que representam visualmente a imagem do produto ou processo. Tratam-se de esquemas, esboços, desenhos, perspectivas, maquetes (em escala reduzida ou não) e traçados técnicos. Permitem estudar e otimizar características muito importantes do produto como: **aparência, forma, dimensões e arranjo físico.** Os modelos icônicos são os mais utilizados em todas as fases e etapas dos projetos; importantíssimos em todos os ramos da engenharia e das artes visuais, também na informática e, em geral, para todos os produtos em que há forte interação visual com o cliente.

Os **modelos simbólicos**, representam de forma abstrata, por meio de símbolos, as funções do produto e as suas várias características e os processos da produção. Na Engenharia e em outras ciências "quase-exatas", a forma simbólica mais usada é a matemática, em que as grandezas são identificadas por letras e relacionadas em equações. Essas equações representam as relações entre as grandezas intervenientes nos fenômenos de todas as naturezas presentes no desempenho funcional do produto e do processo.

As grandezas que participam desses modelos são de três tipos, de acordo com a representação sistêmica (Fig. 2.5, p. 58) do produto e processos:

- variáveis de entrada – que representam as entradas no sistema;
- variáveis de saída – que representam as saídas do sistema;
- parâmetros do sistema – são características numéricas intrínsecas como: dimensões, rigidezas, texturas, teores, capacidades, velocidades de processamento, condutividade térmica ou elétrica.

O desempenho do sistema é exatamente a transformação das variáveis de entrada em variáveis de saída, produzida pelos fenômenos que ocorrem no seu interior. Essas saídas são influenciadas quantitativamente pelos valores numéricos dos parâmetros característicos do produto. Tais parâmetros serão cuidadosamente selecionados, quantificados e otimizados pelos projetistas do sistema.

No projeto de um veículo, por exemplo, os modelos matemáticos são usados para simular a aceleração e a frenagem do veículo, as trajetórias do movimento e as oscilações da suspensão, a resistência da sua estrutura em colisões e muitos dos processos da produção.

Na Química, as fórmulas estruturais e equações são modelos simbólicos úteis e importantes capazes de representar as reações entre as substâncias. Na Informática, nos processos e nos serviços em geral, os diagramas de blocos e fluxogramas são modelos simbólicos muito importantes e muito usados para esquematizar o seu funcionamento.

A modelagem simbólica é usada em todas as áreas empresariais. Na Engenharia em particular, o imenso progresso da informática disponibilizou poderosos programas de simulação e tornou possível aos engenheiros a aplicação ampla de modelos simbólicos no projeto de produtos e processos. Com esse recurso, pôde-se ter alta eficiência e diminuir substancialmente os prazos de desenvolvimento e os gastos consumidos em experimentação.

Uma referência básica para elaboração de modelos simbólicos em engenharia é a ref. [4].

Os **modelos analógicos**, representam concretamente o produto e são capazes de simular o exercício real das suas funções. Em geral, são construções apenas funcionais dos produtos, processos, serviços ou sistemas. Esses modelos em escala (ou não) são construídos em oficinas experimentais e permitem alterar os seus parâmetros para simulações do seu funcionamento em laboratório. Exemplos típicos são: modelos de aviões em túneis de vento, maquetes de barragens para testes de escoamento, circuitos elétricos preliminares, mecanismos ajustáveis e formulações químicas experimentais. É importante notar que, se em engenharia os modelos analógicos podem ser considerados complementares aos simbólicos, eles são absolutamente principais em áreas nas quais a avaliação do produto é feita subjetivamente por pessoas, ou seja, principalmente de maneira sensorial – pela visão, audição, olfato, tacto e paladar – e em áreas em que as funções do produto estejam associadas a processos biológicos. É o caso de alimentos, cosméticos, medicamentos e outros, em que o atual conhecimento científico dos fenômenos não é suficiente para que sejam equacionados matematicamente.

Saliente-se que os modelos analógico-funcionais não serão aqui chamados de "protótipos", uma vez que essa denominação é reservada aos exemplares que já são representativos do projeto executivo.

4.4.1 Comentário geral sobre os modelos

A representação dos produtos por modelos é absolutamente essencial para a condução do seu projeto e desenvolvimento. Há, para cada característica do produto, um ou mais tipos de modelos adequados para representá-la permitindo a sua análise e avaliação. A aparência de um ônibus, a atratividade das cores e as formas de uma embalagem são representáveis por modelos icônicos, como desenhos e maquetes. O comportamento aerodinâmico de um avião pode ser estudado por meio de modelos analógicos em escala, ensaiados em túnel de vento. O desempenho de um aquecedor de água por energia solar pode ser representado e avaliado por equações matemáticas; já as formas, as dimensões e a aparência desse aquecedor terão de ser apresentadas por meio de esquemas, desenhos, perspectivas e maquetes. É claro que será necessária a verificação posterior, com modelos analógicos. Para a introdução de um novo medicamento, é necessário um extenso programa de testes com modelos analógicos que são as suas muitas e sucessivas formulações experimentais; são aplicados testes em cobaias e, depois, progressivamente, em grupos de pessoas típicos dos futuros usuários.

O projeto básico de quaisquer processos industriais também precisa utilizar os três tipos de modelos: icônicos, simbólicos e analógicos. A produção automatizada de alimentos, eletrodomésticos e confecções, requer processos complexos, muito eficientes, confiáveis e seguros. Os projetos de tais processos têm requisitos técnicos em tudo análogos aos dos produtos.

Os projetos de serviços, sejam pessoais ou coletivos, igualmente têm projetos complexos e a modelagem é a maneira pela qual os projetistas podem desenvolver e otimizar as soluções na fase de projeto básico.

Exemplos:

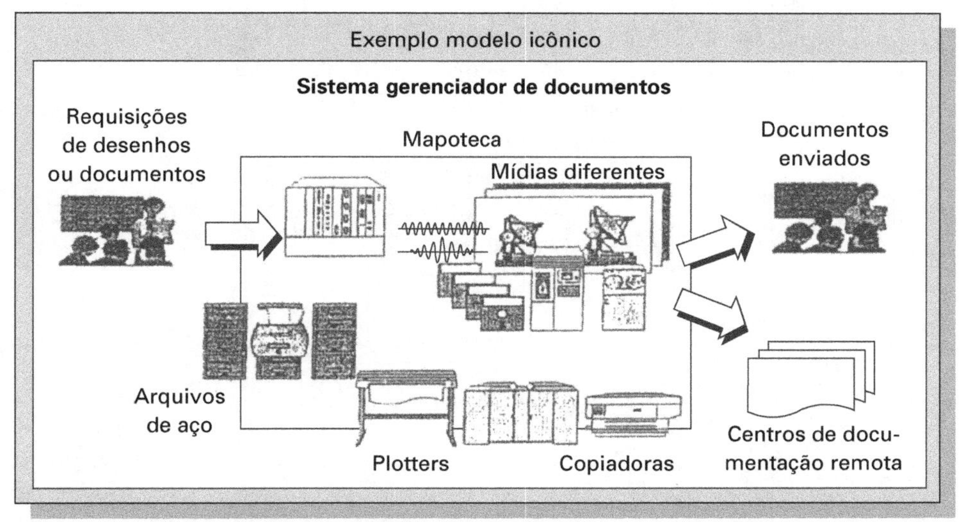

Figura 4.1
Exemplo modelo icônico

Fonte: Trabalho de alunos da Fundação Vanzolini nos curso CEAI e CEGP.

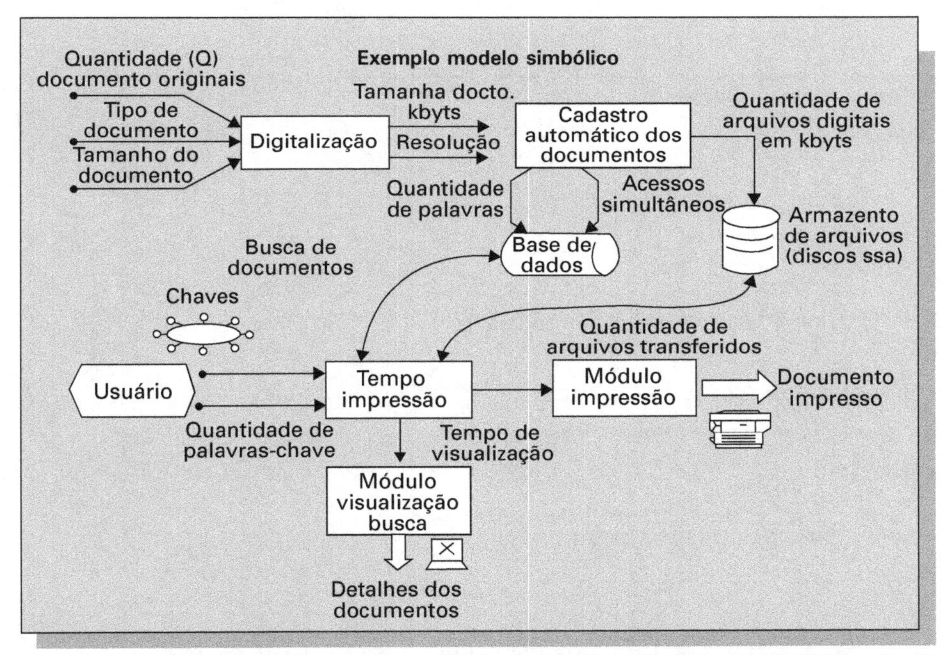

Figura 4.2
Fluxograma de gerenciador de documentos

Fonte: Trabalho de alunos da Fundação Vanzolini nos curso CEAI e CEGP.

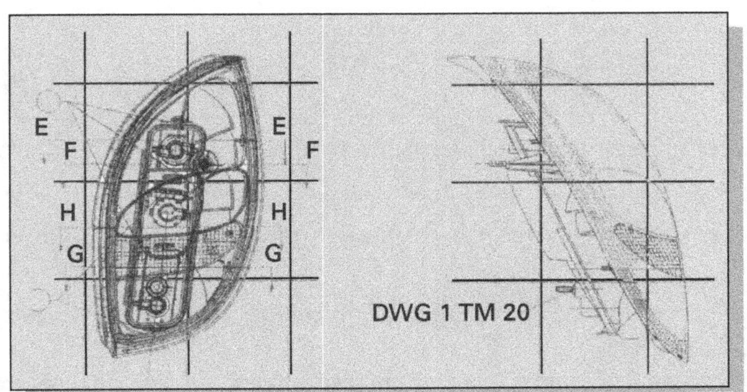

Figura 4.3
Exemplo icônico – Lanterna traseira de automóvel

Fonte: Trabalho de alunos da Fundação Vanzolini nos curso CEAI e CEGP.

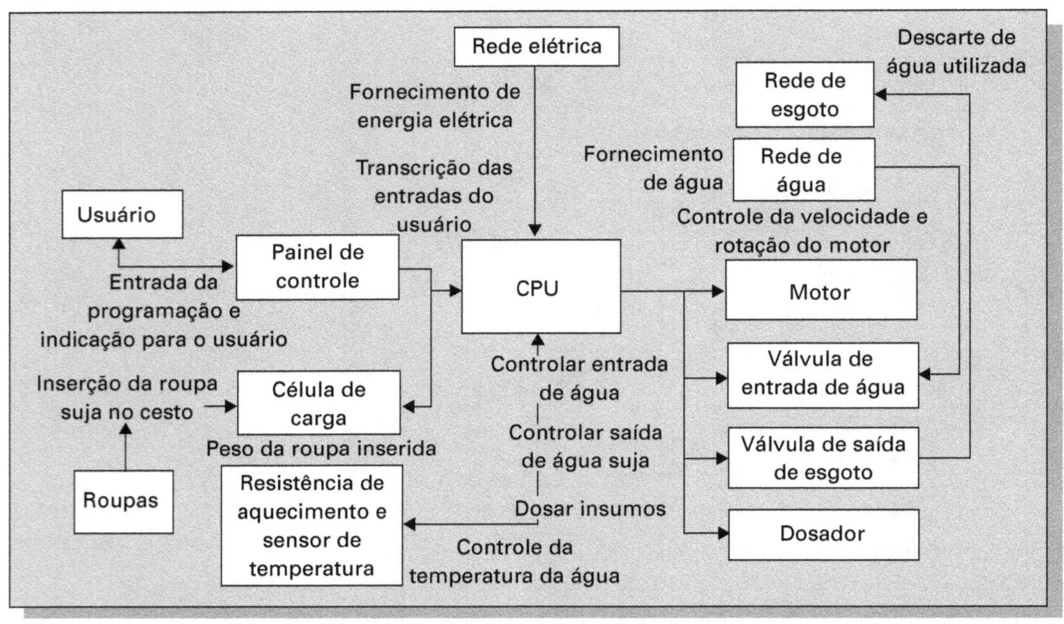

Figura 4.4 Fluxograma funcional de máquina lavadora de roupas

Fonte: Trabalho de alunos da Fundação Vanzolini nos curso CEAI e CEGP.

Estudo da frenagem – Simulação matemática

É possível equacionar a frenagem dos veículos. A equação básica é o Teorema do Impulso (2ª lei de Newton):

$$B + \Sigma R + B_m = m_e\, a$$

Onde:

B = força de frenagem no solo

ΣR = somatória das resistências ao rolamento e aerodinâmica ao movimento = Rr + Ra, ambas funções da velocidade.

B_m = força de frenagem gerada pelo motor, transportada à roda, variável com a rotação

m_e = massa equivalente, incluindo as inércias de rotação

a = aceleração (negativa) na frenagem

A força B_m, gerada pela frenagem do motor, pode ser determinada por

$$B_m = M_{am}.i\,/r.\,\eta$$

onde:

M_{am} = momento "de atrito" do motor, determinado experimentalmente

i = redução da transmissão

r = raio dinâmico do pneu

η = rendimento da transmissão

Aplicando-se a definição de aceleração e velocidade instantâneas a = dv/dt e v = ds/dt, resulta

$$dt = dv/a \text{ e } ds = vdt.$$

Equacionadas as forças atuantes, é possível integrar numericamente as equações acima por meio de planilhas de cálculo (tipo Excel).

Obtém-se, assim, a variação da velocidade e da distância percorrida em função do tempo, a partir de quaisquer condições iniciais da frenagem.

Fonte: Dinâmica básica de veículos – Madureira, O. M. Apostila (2008).

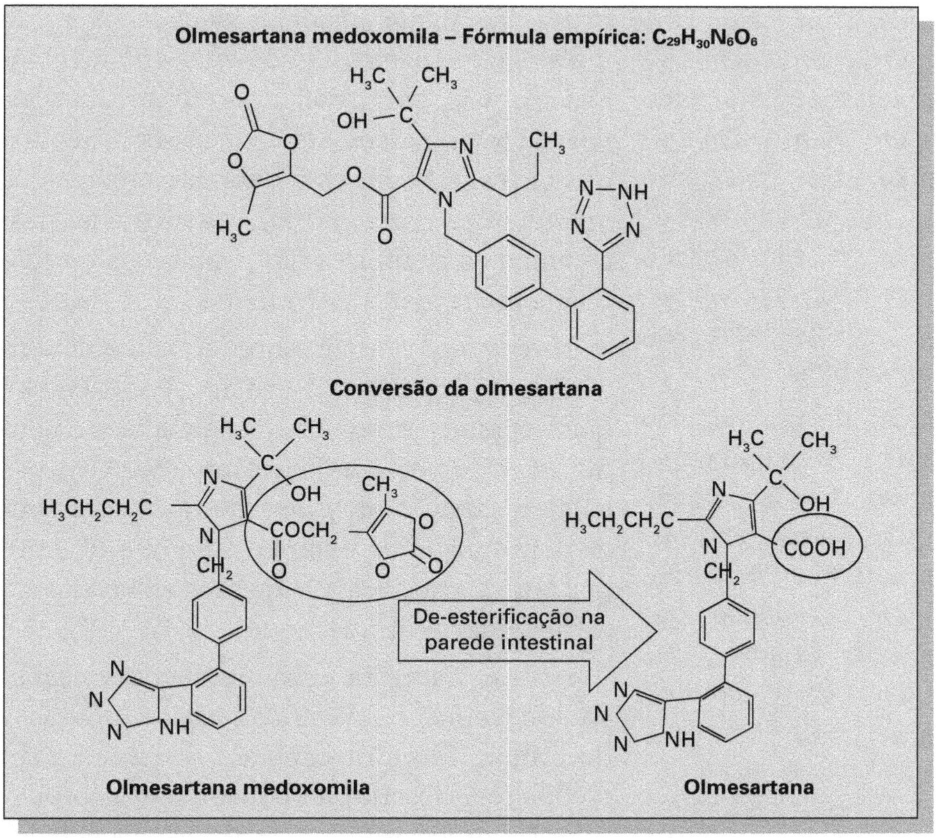

Olmesartana medoxomila – Fórmula empírica: $C_{29}H_{30}N_6O_6$

Conversão da olmesartana

De-esterificação na parede intestinal

Olmesartana medoxomila

Olmesartana

Figura 4.5
Modelo simbólico: fórmula estrutural de anti-hipertensivo

Fonte: Trabalho de alunos da Fundação Vanzolini nos curso CEAI e CEGP.

4.5 ANÁLISE DA SENSIBILIDADE DO DESEMPENHO

A **análise da sensibilidade** é talvez a mais profícua das atividades do projeto; ao final dela, os principais parâmetros do produto terão sido identificados e quantificados. Conforme assinalado no item anterior, os **parâmetros** são características intrínsecas do produto, cujos valores influem no seu desempenho. Na análise de sensibilidade, pretende-se determinar o grau com que o funcionamento do produto é afetado pelas variações dos seus parâmetros. Com esse trabalho, teremos estabelecido quais são os parâmetros mais importantes, ou seja, aqueles aos quais o funcionamento do produto é mais **sensível** e, para estes, as faixas de valores (mínimo e máximo) nas quais o desempenho do produto é adequado.

Para executar a análise de sensibilidade e, assim, estudar o comportamento do sistema produto em função dos seus parâmetros, aplicam-se as **entradas** (variáveis independentes) aos modelos, cujos **parâmetros** estarão ajustados em valores preliminares, e determinam-se os resultados das **variáveis de saída**. Em função da adequabilidade ou não desses resultados, faremos variar sistematicamente cada um dos parâmetros, verificando os seus efeitos sobre o desempenho. Assim, chegaremos a valores mínimos e/ou máximos de cada parâmetro, estabelecendo os correspondentes **campos de variação**. Aqueles parâmetros aos quais o desempenho do produto é mais sensível – isto é, pequenas variações causam grandes alterações – serão rotulados como **críticos** e especialmente tratados durante todo o projeto.

O trabalho da análise de sensibilidade poderá ser feito com qualquer um dos tipos de modelos descritos, mas, dependendo da complexidade do produto, poderá ser necessário o uso combinado de todos os três.

Na engenharia de veículos, a análise da variação dos ângulos da posição das rodas, causada pelo movimento da suspensão, é feita com modelos icônicos, atualmente com desenhos em computador com o auxílio de programas específicos. Os parâmetros que influem nesse desempenho geométrico espacial são basicamente os comprimentos cinemáticos das hastes e braços do mecanismo suspensão/direção e a localização das articulações fixas.

A simulação da aceleração de um veículo através das marchas, medida pelo tempo para atingir 100 km/h a partir do repouso, pode ser feita com relativa facilidade, por meio de modelos simbólicos em computador. Os parâmetros do motor são dados e as reduções da transmissão (parâmetros) serão variadas para estabelecer as faixas nas quais os resultados de desempenho atendem aos requisitos. Entretanto, na prática industrial não se exclui a confirmação dos cálculos por modelos analógicos submetidos a testes reais de pista. A simulação matemática do desempenho é muito mais conveniente do que a verificação experimental; atualmente esta última deveria servir apenas para confirmar os cálculos feitos.

Nas indústrias como as de alimentos, cosméticos e medicamentos, a diagramação e as cores das embalagens serão representadas por meio de modelos icônicos para determinar valores dos parâmetros como áreas coloridas, fontes da escrita, gramatura do material. Alguns modelos simbólicos serão úteis para estudar os fenômenos químico-biológicos, mas, para avaliar os efeitos nutricionais ou terapêuticos, serão necessários muitos modelos analógicos com diferentes teores dos ingredientes (parâmetros) testados com procedimentos científicos em populações estatisticamente representativas.

No caso dos refrigeradores, a análise da sensibilidade procuraria determinar, por exemplo, quanto influi a espessura das paredes e a condutibilidade térmica do isolante (parâmetros) sobre a variação da temperatura interna (saída) em função da energia suprida e da temperatura e massa dos alimentos colocados no refrigerador (entradas).

Necessariamente, essa análise de sensibilidade deverá ser conduzida para os processos de produção e fornecimento, de maneira semelhante à descrita há pouco para os produtos. Nos processos industriais, as velocidades de corte e de avanço das ferramentas de usinagem e as temperaturas de preaquecimento de moldes são parâmetros típicos.

De forma conceitualmente idêntica, essa análise aplica-se ao projeto de sistemas informatizados, nos quais as velocidades e capacidades dos computadores e, no caso de serviços, o número de atendentes ou operadores são parâmetros críticos para o desempenho dos seus subsistemas.

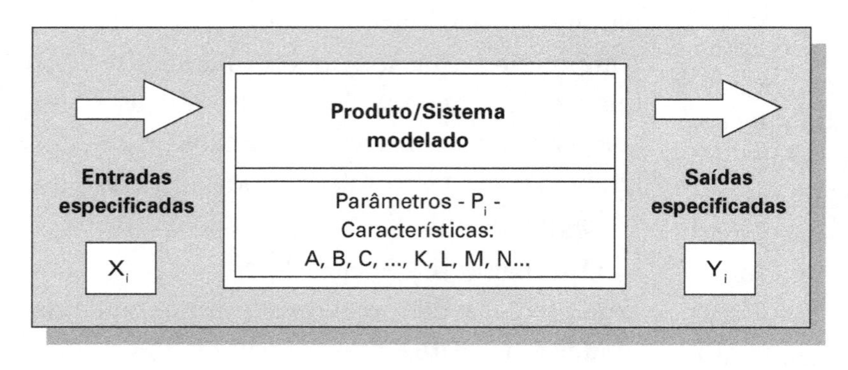

Figura 4.6
Análise da sensibilidade do desempenho

Método para execução:

Essa análise tem por **objetivo** verificar a **sensibilidade** do desempenho do produto, (processo, serviço ou sistema), determinando a influência dos valores dos parâmetros sobre as saídas.

1. Gerar modelos do produto que permitam a variação dos seus parâmetros e a avaliação das saídas; ou, ainda, construir vários modelos com diferentes valores dos parâmetros.
2. Aplicar as entradas X_i sobre o modelo do sistema construído com valores iniciais dos seus parâmetros.
3. Ler, medir, calcular ou avaliar as saídas Y_i e compará-las com os valores especificados nos requisitos técnicos.
4. Variar sistematicamente cada um dos parâmetros e refazer as atividades 1 e 2.
5. Anotar as faixas de valores (mínimo e máximo) dos parâmetros que fazem que o produto produza as saídas especificadas.
6. Ordenar os parâmetros por sua influência sobre o desempenho. Aqueles de maior influência serão chamados **críticos**.

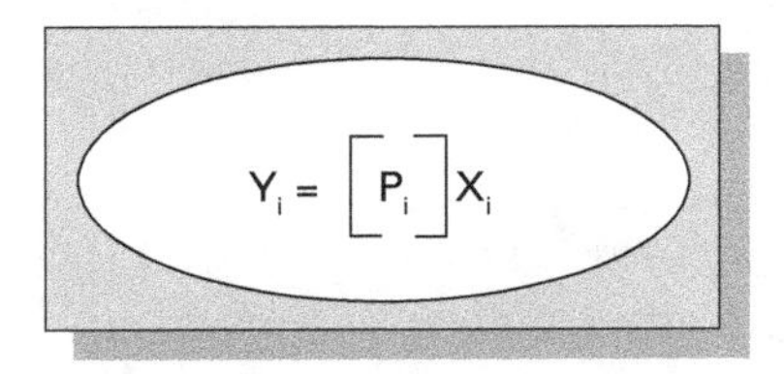

Figura 4.7 Entradas X_i, Parâmetros P_i e Saídas Y_i

4.6 ANÁLISE DA COMPATIBILIDADE

Qualquer sistema, produto, máquina, instalação ou processo é composto por vários subsistemas, cada um dos quais é responsável por executar uma função específica. Para que haja um funcionamento harmônico do sistema, é preciso que a interação entre os seus subsistemas seja compatível, funcional e dimensionalmente.

4.6.1 Compatibilidade funcional

A compatibilidade funcional entre os subsistemas significa que o exercício sequencial ou simultâneo das suas funções é contínuo e harmônico. No caso de funções sequenciais, é necessário que as variáveis de saída de um dos subsistemas, e que sejam as de entrada no subsistema seguinte, sejam por este reconhecidas e aceitas qualitativa e quantitativamente. No caso de funções exercidas simultaneamente, é necessário que a ação de cada uma não seja prejudicial à de outra. Essa verificação é essencialmente técnica e produzirá faixas de valores dos parâmetros do produto que garantem a compatibilidade funcional. Exemplos típicos são os subsistemas que compõem um microcomputador. É preciso que os sinais enviados pelo teclado sejam aceitos pela CPU e os comandos que esta envia à impressora sejam em natureza e quantidade por ela bem recebidos e processados. Em uma linha de produção industrial, cada um dos processos modifica o produto para o seguinte, o qual deverá reconhecer e aceitar o estado do produto para poder executar a sua operação de maneira adequada. No movimento de um veículo, o torque do motor deve ser aceito e suportado pela caixa de câmbio e por todos os outros conjuntos que compõem a transmissão; já em um medicamento como, por exemplo, um xarope contra tosse, é preciso assegurar que a ação simultânea dos vários ingredientes, como o inibidor do reflexo tussígeno e o expectorante, sejam funcionalmente compatíveis, evitando que o efeito de um prejudique a ação do outro.

4.6.2 Compatibilidade dimensional

A compatibilidade dimensional consiste essencialmente na capacidade volumétrica do sistema de conter fisicamente, em um arranjo aceitável, os subsistemas que o compõem. Essa tarefa não é nada simples para a maioria dos produtos industriais cuja crescente complexidade produz um grande número de componentes, enquanto se deseja minimizar o seu tamanho. A única maneira de executar essa análise é por meio de modelos icônicos bi e tridimensionais. No passado da indústria mecânica, tais desenhos eram extremamente trabalhosos e executados em escala real (1:1) até para aeronaves! Hoje são traçados em poderosos programas de desenho eletrônico com espetaculares recursos de múltipla visão tridimensional. O arranjo físico de um computador, ou de telefone celular, ou do compartimento do motor de automóvel, são tarefas formidáveis que devem ser tratadas com muito respeito e competência. A boa diagramação de livros, rótulos de embalagens e telas de computador é conseguida pela realização competente da análise da compatibilidade dimensional. Na tecnologia da informática, a capacidade das memórias e discos de armazenamento deve ser suficiente para conter os aplicativos e dados processados. Além de considerações simples como as dimensões físicas e as tolerâncias para se ter ajustes convenientes, as capacidades de acumulação e recebimento de dados e materiais definirão a compatibilidade dimensional.

A análise de compatibilidade vai produzir como resultado um conjunto de valores mínimos e máximos dos parâmetros como dimensões, capacidades e outros que compatibilizam o sistema do ponto de vista tanto funcional como dimensional. Convém notar que os parâmetros do sistema, considerados críticos na análise de sensibilidade, não poderão ser livremente ajustados para se assegurar a compatibilidade entre os subsistemas.

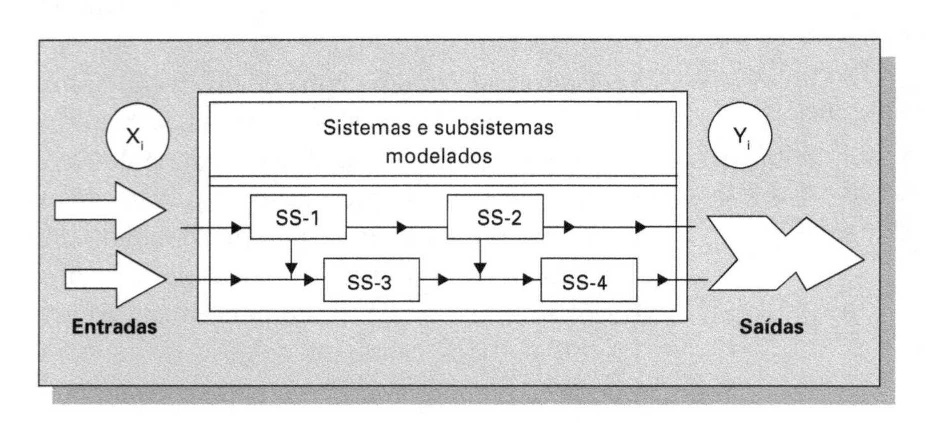

Figura 4.8 Análise de compatibilidade

Método para execução:

A análise de compatibilidade tem por objetivo definir faixas de valores para os parâmetros, de modo a assegurar:

Compatibilidade funcional – As saídas *Y* (*i* – 1) do subsistema *SS* (*i* – 1) devem ser aceitas como entradas *Xi* pelo subsistema *SS* (*i*); é preciso determinar os valores dos parâmetros que garantem essa interação. **Método**: modelar cada subsistema e executar análises de sensibilidade com as respectivas entradas e saídas.

Compatibilidade dimensional – As dimensões e formas dos subsistemas e seus componentes devem assegurar a montagem em um arranjo físico otimizado contido no espaço especificado. **Método**: modelar os subsistemas por desenhos, traçados e maquetes e executar os arranjos físicos, ou seja, a disposição dos elementos, definindo os parâmetros (formas e dimensões) dimensionais necessários para obter a compatibilidade dimensional.

4.7 ANÁLISE DA ESTABILIDADE

A **análise da estabilidade** visa estabelecer valores dos parâmetros do produto que assegurem seu funcionamento **estável**. Espera-se que os veículos, equipamentos, eletrodomésticos e outros produtos, além de sistemas, serviços e processos, comportem-se de maneira estável. Há duas formas distintas de estabilidade:

Intrínseca – característica dos sistemas que em funcionamento contínuo durante longos períodos de tempo sempre transformam as entradas normais em saídas desejadas, embora produzam, em níveis aceitáveis, algumas saídas indesejadas.

Extrínseca – típica dos sistemas que, ao receberem entradas **indesejadas** de natureza e intensidade previstas, apesar de terem o seu desempenho alterado, produzem saídas indesejadas, mas em níveis aceitáveis.

4.7.1 Estabilidade intrínseca

A estabilidade intrínseca de qualquer sistema implica na interação harmoniosa entre os subsistemas, de modo que as variações dinâmicas em natureza e intensidade, sejam bem-aceitas e tratadas. Exemplo: um microcomputador estável, esquecido ligado por uma semana, quando for encontrado na segunda-feira estará íntegro, provavelmente em estado de espera. Mas se for instável intrinsecamente, poderá ter superaquecimento, danificando a si mesmo e até aos móveis do seu entorno. Na mesma área de informática, um programa intrinsecamente **instável** é aquele que interrompe a sua execução sem nenhum motivo aparente e ainda acusa o operador de ser o responsável por uma operação ilegal.

Em veículos movidos por motores de combustão interna, a natureza vibratória do torque do virabrequim pode desestabilizar o moto-propulsor ao causar ressonâncias com outros subsistemas, produzindo ruídos e vibrações intensos capazes de causar até a ruptura de componentes.

A instabilidade intrínseca existe e afeta não apenas produtos e sistemas, mas também todos os tipos de serviços e processos. A variação cíclica no ritmo de uma das estações de trabalho de uma linha de produção ou de um serviço bancário poderá desestabilizar todo o conjunto. Em uma via de tráfego com entroncamentos e semáforos, embora todos os subsistemas sejam funcionalmente compatíveis, pode ocorrer a desestabilização de toda a via por variações pontuais do tráfego em alguns trechos.

4.7.2 Estabilidade extrínseca

O funcionamento do sistema será sempre afetado pelas alterações das suas variáveis de entrada e pelas condições do meio ambiente. Evidentemente, o sistema deverá responder de maneira adequada a essas entradas indesejadas, de modo a voltar ao seu equilíbrio original. Um edifício, por exemplo, que é uma estrutura estática, pode sofrer os efeitos de terremotos. É necessário, contudo, estabelecer limites aceitáveis para essas perturbações, eventualmente por meio de estudos estatísticos, usando bom-senso na estimativa dos riscos. O edifício deverá, por exemplo, ser capaz de resistir a um provável terremoto de intensidade que ocorre a cada dez anos ou a um que ocorre a cada cem anos?

É o caso de um computador que recebe comandos indevidos como os colocados por um garoto de quatro anos, cujo pai ausentou-se por alguns minutos. Por maior que seja essa intervenção, se o sistema for estável, apenas alguns arquivos seriam alterados e não ocorreriam catástrofes como, por exemplo, serem desinstalados programas inteiros...

O objetivo da análise da estabilidade é estudar o comportamento do sistema de modo a:

- certificar-se de que o sistema, seus subsistemas, conjuntos e componentes tenham funcionamento inerentemente estável;
- delimitar as faixas, dentro do campo de variação dos parâmetros do sistema, que asseguram a estabilidade;
- avaliar os riscos e as consequências de perturbações (entradas indesejadas) com intensidade suficiente para causar disfunções no funcionamento do produto e assegurar saídas aceitáveis pelo dimensionamento adequado dos seus parâmetros.

Exemplo: o funcionamento estável de um refrigerador é garantido pelo dimensionamento correto dos parâmetros dos seus subsistemas e pelos limites colocados nas variáveis de entrada. Entradas indesejadas, como aberturas frequentes ou altas temperaturas dos alimentos colocados no refrigerador, devem ter as suas consequências analisadas. É evidente que nesses casos o desempenho do refrigerador será prejudicado; mas a restauração da temperatura baixa nos alimentos deverá ocorrer em prazo aceitável, sem que aconteçam falhas graves como, por exemplo, o superaquecimento do motor. Para isso, os parâmetros dos subsistemas deverão ter valores bem dimensionados. Há casos em que é necessário adicionar subsistemas especiais para a segurança.

A estabilidade funcional de produtos, processos, serviços e sistemas é extremamente importante, não apenas para o desempenho como para a segurança pessoal e patrimonial. A interrupção de serviços públicos essenciais e muitos acidentes e catástrofes, poderiam ser evitadas com uma competente análise de estabilidade.

A análise da estabilidade **inclui** o chamado Estudo das Falhas e seus Efeitos (*Failure Mode and Effect Analysis* – FMEA) em que as possíveis falhas de funcionamento e os decorrentes efeitos são analisados, visando à sua prevenção. Entretanto, é muito importante que o FMEA, abranja o conceito de que as instabilidades no funcionamento, tanto dos produtos como de processos ou serviços, podem ter como causas o mau dimensionamento dos seus parâmetros e não apenas aquelas decorrentes de **falhas** dos componentes. Reparar que o produto (ou o processo) pode apresentar instabilidades de origem intrínseca ou extrínseca, com saídas **muito** indesejáveis, **sem terem ocorrido falhas** como ruptura ou desgaste de peças ou componentes. A ref. [5] é uma boa fonte para o conhecimento do FMEA.

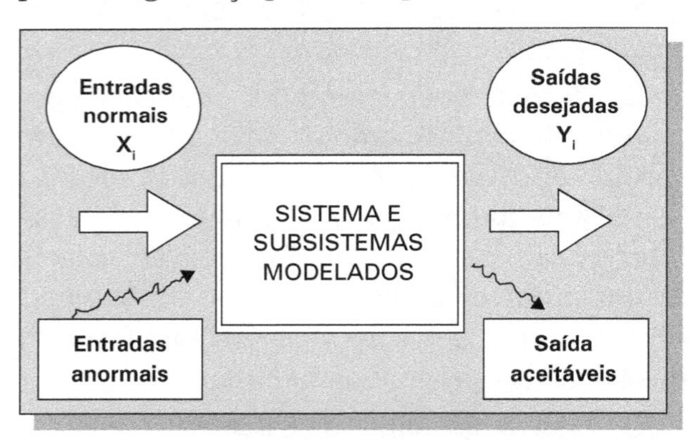

Figura 4.9 Operação estável do sistema

Método de execução:

A análise da estabilidade tem por **objetivo** definir faixas de valores para os parâmetros de modo a assegurar:

Estabilidade intrínseca – As entradas normais X_i devem produzir continuamente saídas desejadas Y_i e saídas, se indesejadas, apenas em níveis aceitáveis. A natureza dinâmica dos subsistemas pode gerar interações entre os eles que produzem saídas muito indesejadas. **Método**: modelar dinamicamente o sistema, aplicar a gama completa das entradas normais e verificar o comportamento – calcular, medir ou avaliar as saídas. Em caso de instabilidades que não permitam as saídas desejadas ou causadoras de saídas inaceitáveis, fazer a varredura para definir faixas de parâmetros de cada subsistema que garantam a estabilidade. É atualmente possível modelar matematicamente o comportamento dinâmico de sistemas complexos e por meio de simulações, estabelecer limites para os seus parâmetros entre os quais a estabilidade funcional fica assegurada.

Estabilidade extrínseca – As entradas anormais X_i especificadas, deverão produzir saídas, pelo menos aceitáveis, Y_i, também especificadas. **Método**: modelar o sistema, aplicar a gama de entradas anormais Xi e determinar os valores dos parâmetros que assegurem saídas aceitáveis Yi, conforme critério especificado.

4.8 A OTIMIZAÇÃO DO SISTEMA

4.8.1 Otimização pela escolha dos valores dos parâmetros

Terminadas as análises acima, estarão definidas faixas de valores dos parâmetros do sistema. Para a continuação do projeto é necessário definir valores numéricos otimizados dos seus parâmetros críticos, como: dimensões principais, potências e capacidades dos subsistemas, resistência e rigidez de componentes, teores dos ingredientes da composição do produto ou em processos: velocidades de avanço e corte, temperaturas de moldes, pressão e vazão de linhas pneumáticas.

A figura a seguir mostra a estrutura da otimização.

Figura 4.10
Otimização pela escolha de valores ótimos dos parâmetros

Uma forma possível de definir esses valores ótimos consiste em fazer a interseção das faixas estabelecidas nas análises anteriores, e selecionar, dentro desse campo de variação definido para cada um, os valores que forem julgados convenientes, fazendo uso de cálculos além do bom-senso e da intuição.

Pode-se esperar, entretanto, que, dentre as várias combinações possíveis dos valores escolhidos, haja **uma**, melhor que todas as outras – **a combinação ótima** –, sob o enfoque de certo **critério** para a otimização.

O processo pelo qual se determina essa combinação ótima de parâmetros é conhecido por **otimização**; pode-se chegar a ela por tentativas, variando os parâmetros de forma ordenada, de modo a cobrir todo o campo de variação estabelecido para cada um deles. Essa tarefa pode ser feita matematicamente, utilizando computadores com os modelos matemáticos, ou experimentalmente, com modelos analógicos funcionais.

Para efetuar a otimização formal, será necessário estabelecer, com precisão, uma metodologia para medir a excelência de uma combinação.

Deve-se estabelecer os atributos a serem considerados, como serão medidos e a sua importância relativa. Esse conjunto de avaliação será denominado **critério de otimização**. A otimização formal sob certo critério pode ser feita matematicamente; será necessário equacioná-lo, dando origem à "função critério", cujos máximos ou mínimos serão pesquisados. A função critério exprime um índice de desempenho ou um custo, em função de variáveis que, no caso, serão os parâmetros do sistema. Por sua vez, as variáveis de entrada e de saída, e os parâmetros do produto, estarão relacionados por vínculos funcionais e os parâmetros terão os seus limites definidos nas análises de sensibilidade, compatibilidade e estabilidade. O problema seria trivial se o sistema tivesse apenas um ou dois parâmetros, mas é formidável nos casos reais de $(n+1)$ dimensões. Para um estudo mais completo da otimização, recomenda-se consultar as refs. [3] e [6].

A fixação numérica dos parâmetros principais permite desenhar com precisão um primeiro traçado completo do sistema.

4.8.2 A análise de valor (AV) do sistema

Um sistema otimizado deve mostrar equilíbrio da relação valor/custo entre os seus subsistemas.

A análise de valor é um método de avaliar essa relação valor/custo, por um índice, **o grau de valor** feito para cada um dos subsistemas que compõem o produto, processo, serviço ou sistema.

A essência do método da análise do valor consiste em separar o sistema em funções e respectivos subsistemas e atribuir a cada um a sua importância relativa, nas opiniões combinadas do cliente e do fabricante.

Esta avaliação da importância relativa da função de cada subsistema apresenta dificuldades por serem comuns divergências na avaliação feita pelos clientes e por projetistas.

No caso de processos industriais, a importância relativa de cada uma das estações de trabalho da produção (seus subsistemas) será avaliada pelo grau de transformação que cada subsistema produz no processo produtivo completo.

A quarta coluna da análise de valor contém os valores relativos (%) dos **custos** de cada subsistema do produto ou do processo em relação ao total do custo de produção ou operação. Estes custos relativos são agora mais fáceis de avaliar por estarem os parâmetros otimizados, e portanto, os subsistemas mais bem caracterizados.

O **grau de valor** GV, última coluna da tabela, resulta da divisão da importância relativa (%) pelo custo relativo (%). Para um subsistema muito bem equilibrado, o GV será igual a UM, significando que ele vale exatamente quanto custa e por isso está otimizado. Aqueles subsistemas com GV < 1 custam mais do que valem e deverão ser os primeiros nos quais devemos atuar visando a redução dos seus custos. Os subsistemas com GV > 1 valem mais do que custam, são itens fortes do sistema e devem ser preservados.

No caso do exemplo da caneta esferográfica, o subsistema "tampa-grampo" tem GV <1, apesar de já ter sido melhorado pela incorporação de duas funções "proteger e fixar" no mesmo subsistema. São muitos os exemplos em produtos, processos, serviços e sistemas, modernos da aplicação da AV para otimizar o GV. Convém sempre observar todos eles no nosso dia-a-dia para mais conhecimentos a respeito da AV. Por último é importante observar que os programas de **redução de custos**, muito comuns em empresas, devem começar pela análise de valor do sistema, e assim dar suporte racional às alterações feitas.

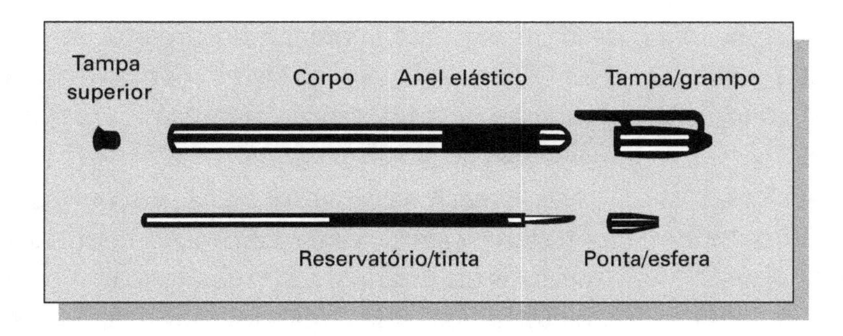

Figura 4.11
Estrutura de caneta esferográfica

A Tabela 4.3 mostra a análise de valor para uma caneta esferográfica da Figura 4.11.

Tabela 4.3 Análise de valor da caneta esferográfica

Componente	Função	Importância relativa %	Custo relativo %	Grau de valor
Tampa, grampo	Proteger, fixar	13	15	0,867*<
Ponta, esfera	Riscar, dosar	25	27	0,926
Reservatório, tinta	Conter, tingir	18	18	1,000
Corpo, estrutura	Suportar, unir	20	22	0,909
Anel elástico	Amaciar pega	17	15	1,133
Tampa superior	Fechar corpo	7	3	2,333*>

4.9 PROJETO EXPERIMENTAL – MODELOS ANALÓGICOS FUNCIONAIS

As dificuldades de simular matematicamente aspectos mais complexos presentes em todos os projetos, e o maior alcance dos ensaios em modelos, geram a atividade denominada **projeto experimental**. Constroem-se modelos analógicos–funcionais específicos para cada função do sistema, e com possibilidade de variar os parâmetros.

As avaliações, os ensaios, testes de laboratório e de campo, além de verificarem o funcionamento adequado do produto, permitem executar, sob condições bem controladas, as **análises de sensibilidade, compatibilidade, estabilidade e a otimização no laboratório**. O citado **projeto experimental** consiste em um programa de desenvolvimento e testes de um produto que acompanha o projeto propriamente dito; tem valor e poder muito grandes, permitindo a verificação de hipóteses e análises feitas, gerando novas informações para o projeto, desenvolvendo aperfeiçoamentos e aumentando a confiança no projeto.

Os modelos funcionais e o projeto experimental custam bem mais que o trabalho com modelos simbólico (analítico) e icônico (gráfico); assim, devem realmente complementar o projeto e ser executados de acordo com as reais necessidades técnicas e com os recursos disponíveis. Em algumas áreas da tecnologia, como, por exemplo, farmácia, agricultura e culinária, a complexa natureza bioquímica dos fenômenos tratados, torna o projeto experimental o único meio confiável para o desenvolvimento dos produtos e processos.

É essencial que as avaliações, os ensaios e os testes sejam cuidadosamente planejados, tanto para minimizar os custos como para obter resultados válidos. A esse planejamento chamaremos de **projeto da experimentação**; a técnica Taguchi é muito útil para essa finalidade.

4.10 SIMPLIFICAÇÃO DO PROJETO

Durante o progresso normal do trabalho, o projeto original tende a ficar mais complexo; as soluções imediatas parecem ser as únicas possíveis para o problema. Uma das mais importantes questões que o projetista deve considerar é se a solução proposta é realmente a forma mais simples para a obtenção dos resultados desejados.

Algumas vezes, requisitos secundários são causadores de complexidades desnecessárias. É preciso, portanto, analisar de forma cuidadosa as exigências especificadas. Antes de considerar terminado o projeto básico é necessário um estudo rigoroso para obter as possíveis simplificações. A análise de valor é um excelente instrumento para atuar na simplificação do produto pela identificação daquelas funções que, mesmo depois de revisões, continuam apresentando baixo grau de valor. Um bom produto, além de atender aos requisitos técnicos, deve ter sempre duas qualidades: estética e simplicidade. É essa também a ocasião de se propor possíveis reduções de custo, solidamente embasadas nos resultados da análise de valor.

4.11 CONSOLIDAÇÃO

Ao final do projeto básico o sistema estará consolidado, com todos os seus parâmetros característicos principais estabelecidos, definidos por valores numéricos otimizados. A documentação do projeto básico consistirá de desenhos, traçados e relatórios que servirão de base para a elaboração do projeto executivo. O projeto básico do sistema produto será composto pela integração rigorosa do projeto básico dos seus subsistemas.

Nesse mesmo grau de definição em que está o produto, estará a sua fabricação com seus **processos otimizados**, assim como estarão bem caracterizados pela área de suprimentos, os materiais e componentes a serem fornecidos.

O maior grau de definição obtido ao final dessa fase do projeto permite fazer uma reavaliação, agora bem mais precisa, dos custos do projeto e da produção, confirmando a sua viabilidade econômica. Cabe aqui também uma completa revisão do mercado e das previsões de vendas no ciclo de vida do produto.

4.12 EXERCÍCIOS APLICADOS

1. Execute uma matriz de avaliação para uma escolha feita na sua empresa (ou uma escolha sua, pessoal) e verifique se o resultado é o mesmo.

Para produtos processos, serviços ou sistemas da sua empresa e de sua vivência pessoal, responda:

2. Que modelos são usados no projeto?
3. Quais são os parâmetros críticos determinados na análise de sensibilidade? Se não tiver sido feita, pelo menos esboce uma análise. Isso lhe permitirá aprender muito sobre o produto.
4. Descreva um caso de incompatibilidade funcional, seu conhecido.
5. Que dificuldades existem na compatibilização dimensional?
6. Que providências foram tomadas para a correção de casos de instabilidades (intrínsecas ou extrínsecas)?
7. Quais são os critérios de otimização adotados? Há a prática da otimização formal?
8. Execute, com o grau de profundidade possível, uma análise de valor, e use o resultado para propor melhorias no produto.

4.13 RECOMENDAÇÕES À GERÊNCIA DO PROJETO

- Convocar e conduzir a reunião para a escolha da solução, assegurando a participação uniforme da equipe do projeto.
- Documentar e divulgar os resultados da escolha.
- Coordenar a reprogramação do projeto entre todas as áreas.
- Unificar a macroprogramação do projeto, lembrando a todos que esse é o compromisso que assumimos após termos sido participantes ativos das fases de planejamento e viabilidade.
- Conduzir reuniões semanais para que as análises técnicas do projeto básico, executadas pelas áreas de produto e processo, sejam apresentadas e tenham seus resultados aprovados.
- Assegurar, na fase de otimização, que as áreas devem, inicialmente, convergir para o critério a ser adotado para o produto e os processos.
- Fazer com que a análise de valor do sistema tenha a participação de todas as áreas. As sugestões de simplificação do produto e processos devem ser consentidas e adotadas.

4.14 SUGESTÕES PARA O RELATÓRIO DO PROJETO BÁSICO

O relatório do projeto básico é o documento que consolida todo o conteúdo básico do projeto, definindo o produto e a sua fabricação. Essa definição permite a revisão aperfeiçoada dos investimentos e custos e a confirmação de atendimento aos objetivos. Esse relatório, com todo o seu material de suporte, será incorporado ao acervo técnico da empresa.

4.14.1 Página frontal

- Apresentação

  Este relatório contém o projeto básico do projeto XXX, cuja viabilidade foi demonstrada à empresa e documentada pelo relatório RT – 002 – XXX – 11/07.

- Conclusão

  A definição dos valores ótimos dos parâmetros principais do produto e dos processos confirmou o atendimento aos requisitos técnicos e aos objetivos de prazos, investimentos, custos e lucratividade.

- Recomendação

  Fazer o projeto executivo tendo clara a obrigatoriedade de respeito total aos parâmetros otimizados definidos neste projeto básico. Alterações nesses valores só poderão ocorrer após aprovação explícita de todas as áreas da empresa.

4.15 REFERÊNCIAS

[1] KEPNER-TREGOE. *The rational manager*. McGraw-Hill, 1965.

[2] MOURA, E. *As sete ferramentas gerenciais da qualidade*. São Paulo: Makron Books, 1994.

[3] ASIMOW, M. *Introduction to engineering design*. Prentice-Hall, 1962.

[4] SHEARER. J. L. et al. *Introduction to system dynamics*. Addison Wesley, 1971.

[5] PALADY, P. *FMEA* – Análise dos modos de falha e efeitos. São Paulo: Imam, 2006.

[6] JOHNSON, R. C. *Optimum design of mechanical elements*. New York: John Wiley, 1961.

[7] CSILLAG, J. M. *Análise do valor*. 4. ed. São Paulo: Atlas, 1995.

[8] ABRAMCZUK, A. A. *Engenharia e análise do valor*. São Paulo: Scortecci, 2005.

4.16 EXEMPLOS DE APLICAÇÃO

EXEMPLO 4.1
MEDICAMENTO PAPADOR

PROJETO BÁSICO

O projeto básico consiste de estudos, simulações, testes e análises específicas da melhor solução viável gerada no estudo de viabilidade, que permitem a definição básica do projeto e a otimização do produto com definição de valores numéricos de seus parâmetros característicos principais.

Escolha da solução do projeto

No estudo de viabilidade, concluiu-se que há duas alternativas viáveis, ou seja, que atendem aos objetivos, requisitos e especificações do projeto. Para selecionar uma dentre as soluções viáveis será utilizada uma matriz de avaliação, conforme a seguir.

Tabela 4.4 Matriz de avaliação – formulação

Características	Pesos	B	C
		Papaína 4% e fib. Nota/NxP	Papaína 8% Nota/NxP
1. Desempenho/Eficácia	10	10/100	7/70
2. Rentabilidade	8	8/64	6/48
3. Segurança	10	10/100	5/50
4. Odor/Sabor	9	8/72	8/72
5. Investimento	7	10/70	6/42
6. Prazo de implantação	8	9/72	9/72
7. Aparência	6	10/60	10/60
TOTAL		538	414

A formulação B tem nítida vantagem de cerca de 30% e é a escolhida.

Tabela 4.5 Matriz de avaliação – embalagem

Características	Pesos	B	C
		Bisnaga plástica Nota/NxP	Frasco e tampa Nota/NxP
1. Precisão na aplicação	10	10/100	9/90
2. Compatibilidade	8	10/80	7/56
3. Custo ME	9	8/72	9/81
4. Sistema de vedação	8	10/80	10/80
5. Investimento	7	8/56	4/28
6. Prazo de implantação	8	8/72	5/40
7. Aspecto visual	6	9/54	10/60
TOTAL		514	435

A embalagem B é apontada como a melhor solução para o produto. O conjunto se destaca por apresentar um bom balanceamento nas características apontadas.

As características "precisão na aplicação" e "aspecto visual" foram determinantes na diretriz de utilização dessa embalagem.

PROGRAMAÇÃO DO PROJETO

Revisão dos objetivos planejados para a solução escolhida

Após definir a solução, realizou-se uma revisão dos objetivos planejados e concluiu-se que a solução selecionada está alinhada com os estudos realizados, a estratégia e as diretrizes do projeto. A empresa reafirma o compromisso de entrega do projeto em 18 meses, entendendo que esse prazo e a alocação de recursos são suficientes.

Um novo cronograma com alocação dos recursos humanos e financeiros foi desenvolvido para a solução escolhida, conforme demonstra a Figura 4.12.

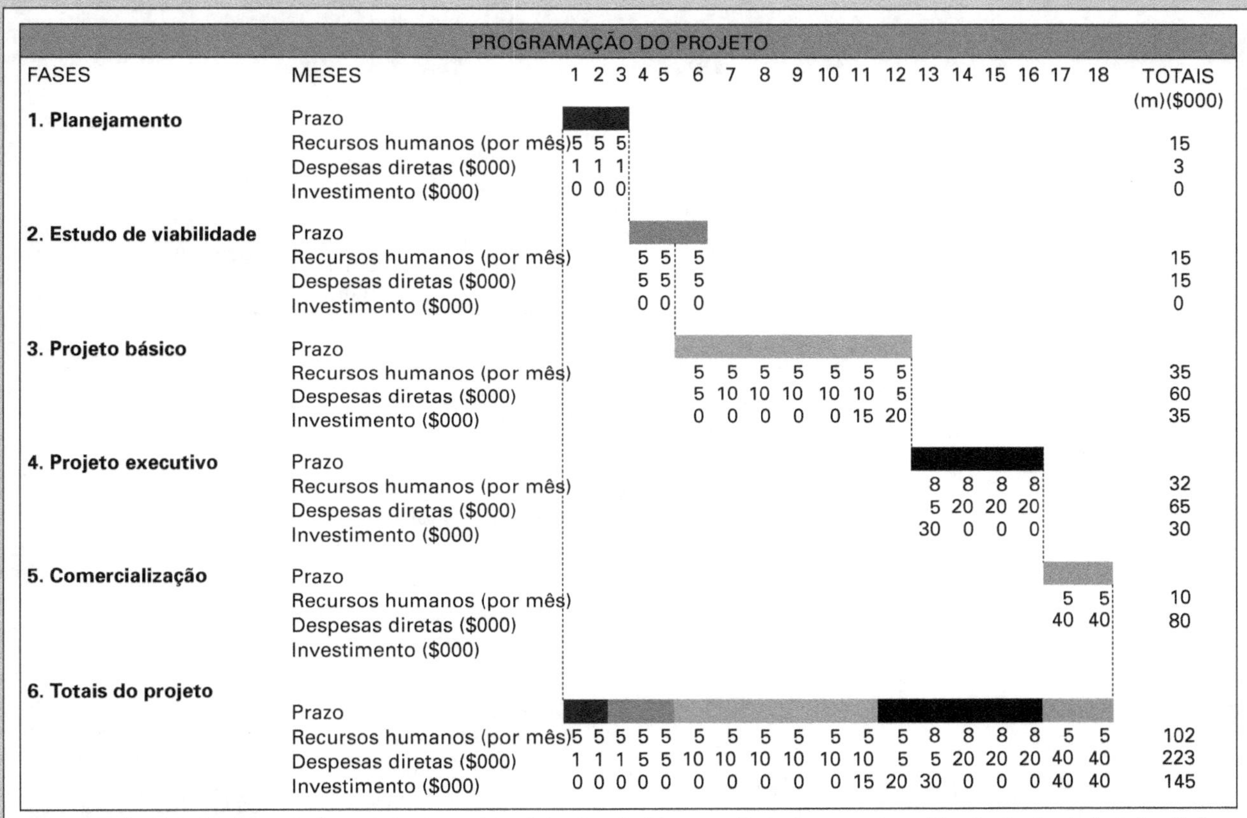

PROGRAMAÇÃO DO PROJETO

FASES	MESES	1	2	3	4	5	6	7	8	9	10	11	12	13	14	15	16	17	18	TOTAIS (m)($000)
1. Planejamento	Prazo																			
	Recursos humanos (por mês)	5	5	5																15
	Despesas diretas ($000)	1	1	1																3
	Investimento ($000)	0	0	0																0
2. Estudo de viabilidade	Prazo																			
	Recursos humanos (por mês)				5	5	5													15
	Despesas diretas ($000)				5	5	5													15
	Investimento ($000)				0	0	0													0
3. Projeto básico	Prazo																			
	Recursos humanos (por mês)						5	5	5	5	5	5	5							35
	Despesas diretas ($000)						5	10	10	10	10	10	5							60
	Investimento ($000)						0	0	0	0	0	15	20							35
4. Projeto executivo	Prazo																			
	Recursos humanos (por mês)													8	8	8	8			32
	Despesas diretas ($000)													5	20	20	20			65
	Investimento ($000)													30	0	0	0			30
5. Comercialização	Prazo																			
	Recursos humanos (por mês)																	5	5	10
	Despesas diretas ($000)																	40	40	80
	Investimento ($000)																			
6. Totais do projeto	Prazo																			
	Recursos humanos (por mês)	5	5	5	5	5	5	5	5	5	5	5	5	8	8	8	8	5	5	102
	Despesas diretas ($000)	1	1	1	5	5	10	10	10	10	10	10	5	5	20	20	20	40	40	223
	Investimento ($000)	0	0	0	0	0	0	0	0	0	0	15	20	30	0	0	0	40	40	145

Observação: Vale lembrar: Após revisão do projeto, foi estabelecido que não teremos a etapa "implantação da frabricação" pois o produto será tercerizado, tendo suas despesas e seus investimentos contemplados na etapa projeto executivo.

Figura 4.12
Cronograma com alocação dos recursos humanos e financeiros

Modelagem do produto

- Modelos Icônicos
- Utilização do Papador

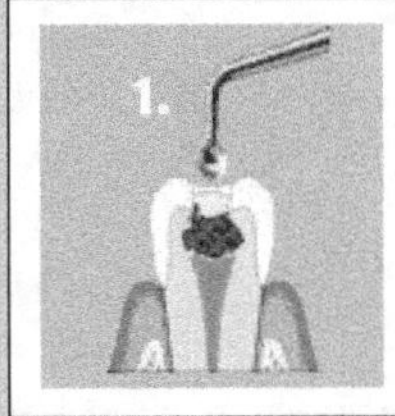

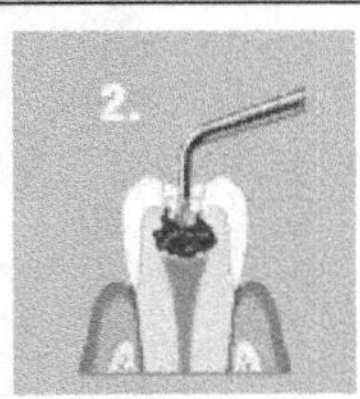

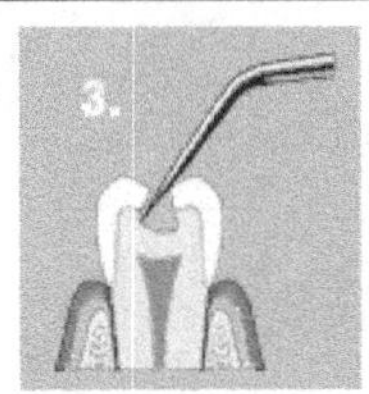

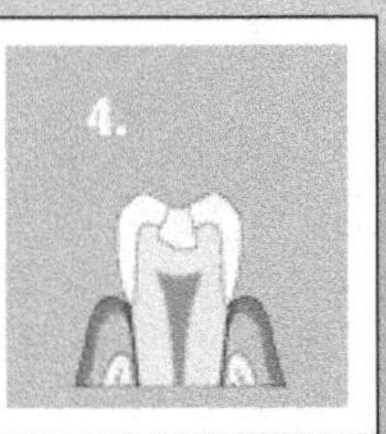

Figura 4.13
Esquema simplificado da utilização do Papador

1. O Papador tem por finalidade remover a dentina da camada superficial, que está desmineralizada e sem possibilidade de recuperação, em decorrência da denaturação das fibras colágenas, preservando a dentina sadia.
2. O gel rompe a ligação entre as fibrilas de colágeno da dentina cariada, deixando intacta a dentina sadia, que, por não estar desmineralizada e não ter fibrilas de colágeno expostas, não sofre a ação do produto.
3. Não há necessidade do uso de nenhum instrumento especial para a utilização do produto: a dentina amolecida e o gel são retirados por raspagem com cureta comum.
4. Como atua somente nas fibras colágenas denaturadas, seja a papaína com a sua ação proteolítica, seja a cloramina, mediante a clorinação das fibras colágenas desestruturadas do tecido necrosado, a composição não atua sobre o tecido sadio, permitindo que este último se regenere.

Fabricação de embalagem

Solução selecionada: Bisnaga plástica

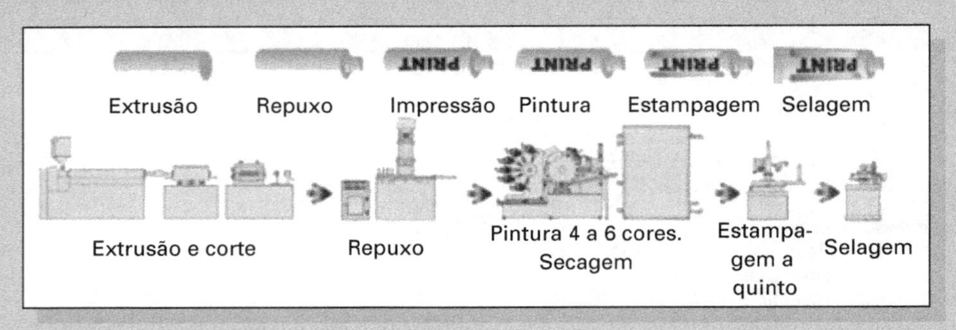

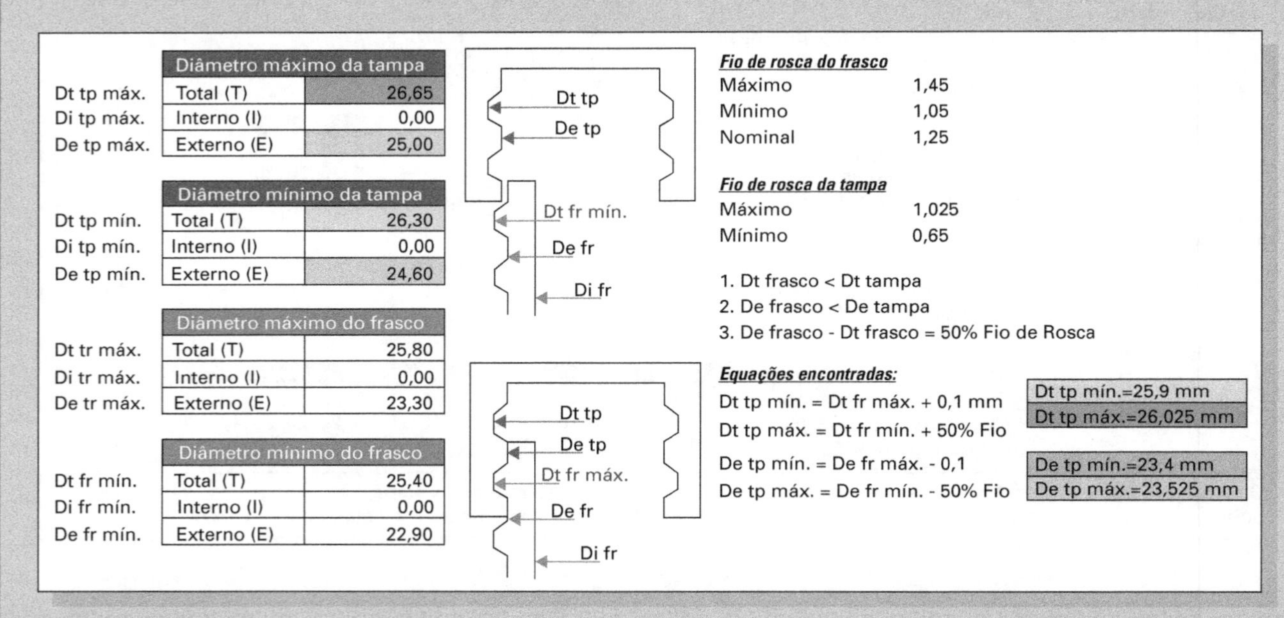

	Diâmetro máximo da tampa	
Dt tp máx.	Total (T)	26,65
Di tp máx.	Interno (I)	0,00
De tp máx.	Externo (E)	25,00

	Diâmetro mínimo da tampa	
Dt tp mín.	Total (T)	26,30
Di tp mín.	Interno (I)	0,00
De tp mín.	Externo (E)	24,60

	Diâmetro máximo do frasco	
Dt tr máx.	Total (T)	25,80
Di tr máx.	Interno (I)	0,00
De tr máx.	Externo (E)	23,30

	Diâmetro mínimo do frasco	
Dt fr mín.	Total (T)	25,40
Di fr mín.	Interno (I)	0,00
De fr mín.	Externo (E)	22,90

Fio de rosca do frasco

Máximo	1,45
Mínimo	1,05
Nominal	1,25

Fio de rosca da tampa

Máximo	1,025
Mínimo	0,65

1. Dt frasco < Dt tampa
2. De frasco < De tampa
3. De frasco - Dt frasco = 50% Fio de Rosca

Equações encontradas:

Dt tp mín. = Dt fr máx. + 0,1 mm
Dt tp máx. = Dt fr mín. + 50% Fio
De tp mín. = De fr máx. - 0,1
De tp máx. = De fr mín. - 50% Fio

Dt tp mín.=25,9 mm
Dt tp máx.=26,025 mm
De tp mín.=23,4 mm
De tp máx.=23,525 mm

Figura 4.14
Modelos dimensionais para terminações e tampas de bisnagas

Figura 4.15
Etapas de envasamento e selagem das bisnagas

Características do material de embalagem:

- boa resistência à perfuração;
- boa resistência ao envase a quente;
- menores ciclos de injeção e sopro;
- bom *hot tack* (resistência a quente da termossoldagem à tração)
- aumenta produtividade e reduz perdas em envasadoras;
- facas de corte com maior dureza e perfil especial;
- menor custo de fabricação;
- flexibilidade e resistência ao impacto.

Figura 4.16
Exemplo de terminação rosqueada de bisnaga plástica com redutor de fluxo

MODELOS SIMBÓLICOS

"Gel de papaína" – princípio ativo

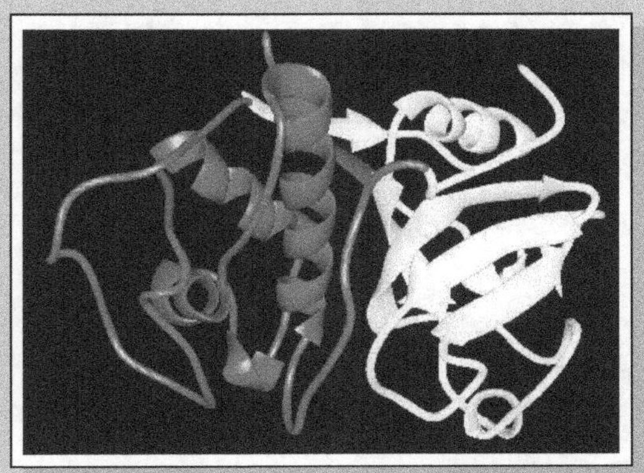

Figura 4.17
Estrutura terciária (ativa) da papaína

A estrutura apresentada possui sete cisteínas, seis das quais formam três ligações dissulfeto em um extremo da molécula. Os dois domínios e as regiões de estrutura secundária são: hélice alfa, de folha beta e hélice aleatória.

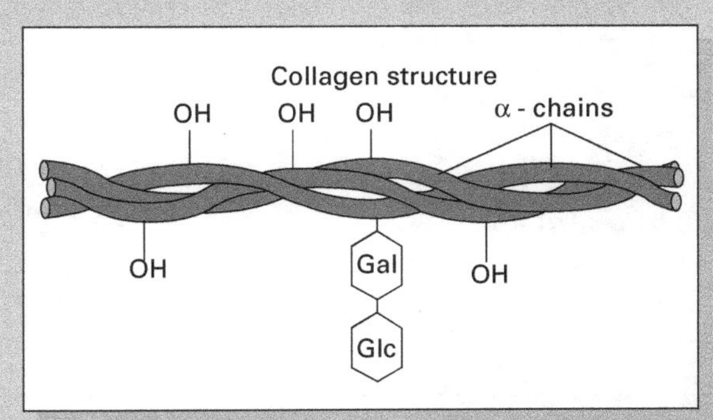

Figura 4.18
Molécula da papaína

As fibras colágenas que estão desnaturadas em decorrência da ação das bactérias presentes no tecido cariado sofrem hidrólise pela molécula de papaína, facilitando o amolecimento e a remoção do tecido necrosado.

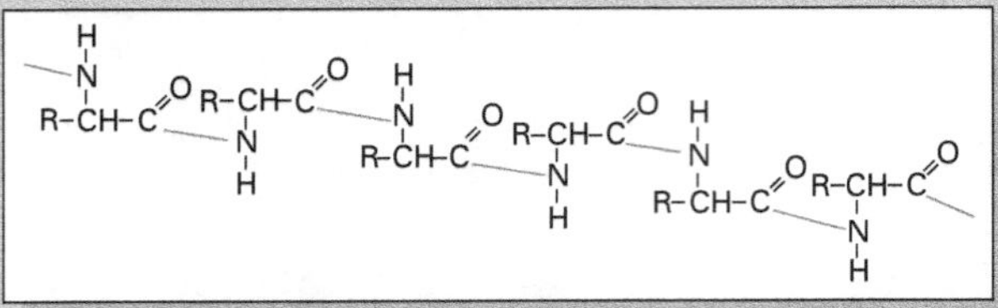

Figura 4.19
Fórmula estrutural da papaína

A enzima papaína catalisa a hidrólise das ligações peptídicas (representadas no desenho acima) presentes entre os aminoácidos que formam a estrutura molecular das fibras de colágeno.

ANÁLISES TÉCNICAS

Análise de sensibilidade

Para a análise de sensibilidade foram usados modelos analógicos, composto por várias formulações experimentais com diferentes teores dos ingredientes ativos. As avaliações feitas por profissionais em pacientes voluntários permitiram definir as faixas de valores mínimo e máximo do teor de cada ingrediente. A Tabela 4.6 mostra os resultados desta análise.

Tabela 4.6 Análise da sensibilidade – resultados

Entradas Especificadas	Teores mín. e máx.	Saídas Especificadas
Tratar as cáries	Papaína 2%–8%	Remover as cáries
Tecido sadio	Papaína 2%–8%	Proteger o tecido sadio
Tratar o tártaro	Papaína 2%–8%	Amolecer tecido necrosado
Eliminar impurezas	Cloramina 0,2%–0,8%	Remover as cáries
Proporcionar sabor agradável	Aroma de tangerina 1,2%–1,8%	Combater o mau hálito

ANÁLISE DA COMPATIBILIDADE

Compatibilidade funcional

Segundo análise executada conforme literatura, os componentes da formulação do Papador foram selecionados de modo que não haja interação e incompatibilidade química entre eles. As possíveis incompatibilidades químicas e funcionais foram verificadas e excluídas durante a concepção das soluções possíveis para o estudo de viabilidade. Também não há registros de intolerância à formulação.

Análise da estabilidade

Para a análise da estabilidade foi executado o estudo do modo de falhas e seus efeitos FMEA, mostrado nas Tabelas 4.7 e 4.8 e nos Quadros 4.1 e 4.2.

Compatibilidade dimensional

As doses individuais aplicadas são suficientes para conter as teores necessários dos ingredientes

De acordo com as especificações dos materiais de embalagem já mencionados, conclui-se que todos os materiais foram projetados de forma a atender à compatibilidade dimensional do produto e as bisnagas foram dimensionadas de forma a conter todos os componentes nas quantidades especificadas por unidade.

Tabela 4.7 Estudo de falhas e seus efeitos (FMEA)

Efeito	Classificação	Critério
Efeito Perigoso	10	Falha inesperada. Não concordância com regulamentações/legislações.
Efeito Crítico	9	Falha gradual. Concordância com regulamentações/legislações em risco.
Efeito Extremo	8	Cliente muito insatisfeito. Produto inoperante, mas seguro. Sistema inoperante.
Efeito Grave	7	Cliente insatisfeito. Desempenho do produto gravemente afetado. Função do sistema danificada.
Efeito Significativo	6	Cliente vivencia desconforto. Desempenho degradado, mas opera com segurança. Perda parcial da função.
Efeito Moderado	5	Cliente está um pouco insatisfeito. Efeito moderado no desempenho do produto ou sistema.

Continua

Continuação

Efeito	Classificação	Critério
Efeito Pequeno	4	Cliente pouco aborrecido. Pequeno efeito no desempenho do produto ou sistema.
Efeito Leve	3	Cliente levemente aborrecido. Leve efeito no desempenho do produto ou sistema.
Efeito Muito Leve	2	Cliente não irritado. Efeito muito leve no desempenho do produto ou sistema.
Inexistência de Efeito	1	Inexistência de efeito.

Tabela 4.8 Estudo de falhas e seus efeitos (FMEA)

Probabilidade de Falha	Possível Taxa de Falha	Classificação
Muito alta. A falha é quase inevitável.	1 em 2	10
	1 em 3	9
Alta. Falhas repetitivas.	1 em 8	8
	1 em 20	7
Moderada. Falhas ocasionais.	1 em 80	6
	1 em 400	5
Baixa. Relativamente poucas falhas.	1 em 2.000	4
	1 em 15.000	3
Remota. A ocorrência é pouco provável.	1 em 150.000	2
	Menos de 1 em 150.000	1

Quadro 4.1 Estudo de falhas e seus efeitos (FMEA)

Função	Subsistema Passível de Falha	Efeito Potencial	Severidade	Causa Potencial	Ocorrência	Controles Atuais	Detectar
Amolecer cárie	Agente ativo	Retirar a cárie	9	Papaína 4% e fibrolisina	1	Laboratorial	1
Proteger tecido sadio	Agente ativo	Proteção	8	Papaína 4% e colagenase	1	Laboratorial	1
Solubilizar	Veículo	Aparência	8	Água purificada	2	Processo	1
Eliminar impurezas	Agente de limpeza	Limpeza	8	Cloramina 0,5%	1	Laboratorial	3
Conservação	Conservante	Degradação	10	Metilparabeno + Propilparabeno	1	Operacional	1
Colorir	Corante	Cor	2	FD e C Yellow nº 6	2	Laboratorial	1
Sabor	Aromatizante	Sabor	10	Tangerina	1	Operacional	1
Formar matriz gel	Emulsificante	Aparência	6	Carbopol	2	Processo	2
Eliminar dor	Anestésico local	Anestésico	7	Benzocaína	1	Laboratorial	1
Ajuste de pH	Neutralizante	Degradação	8	Trietanolamina	1	Operacional	1

Quadro 4.2 Resultados do estudo de falhas e seus efeitos (FMEA)

Função	Ações Recomendadas	Responsável e Cronograma	Ações Tomadas e Data	Severidade	Ocorrência	Detectar	RNP
Amolecer cárie		Projetos		9	1	1	9
Proteger tecido sadio		Projetos		8	1	2	8
Solubilizar		Projetos		8	2	1	16
Eliminar impurezas		Projetos		8	1	3	24
Conservação		Projetos		10	1	1	10
Colorir		Projetos		2	2	1	4
Sabor		Projetos		10	1	1	10
Formar matriz gel		Projetos		6	2	2	24
Eliminar dor		Projetos		7	1	1	7
Ajuste de pH		Projetos		8	1	1	8

OTIMIZAÇÃO

O critério adotado para otimização foi o de máximo desempenho. As análises de sensibilidade, compatibilidade e estabilidade definiram faixas de valores dos parâmetros do produto. Dentro dos limites dessas faixas foram escolhidos os valores ótimos que conduzem a um produto de máximo desempenho.

Quadro 4.3 Otimização do produto papador

Parâmetros Avaliados	Teor Ativo (mg)	Teor Excipiente (mg)	Teor Excipiente (mg)	Teor Excipiente (mg)	Teor Excipiente (mg)	Teor Excipiente (mg)	Teor Excipiente (mg)	Teor Excipiente (mg)
Análise dos parâmetros	Papaína 4% + fibrolisina e colagenase	Cloramina 0,5%	Metil + propilparabeno	FD e C Yellow	Tangerina	Carbopol	Benzocaína	Trietanolamina
Desempenho (otimimizado)	220–240 230	162–164 163	15,6–16,2 159	0,35–0,37 0,36	0,82–0,86 0,84	6,3–9,5 7,9	8,2–9,3 8,75	8,4–9,2 8,7

Quadro 4.4 Otimização da embalagem

Parâmetros Avaliados	Comprimido Altura (mm)	Bisnaga (mm)	Cartucho (mm)	Caixa de Embarque (mm)
Desempenho otimizado	8,5	10,5	1,5	130

Análise de valor do produto

Cada subsistema do gel de papaína (Papador®) foi avaliada quanto à importância da sua função e custos relativos; a relação entre eles fornece o grau de valor do subsistema. Resultados com grau de valor inferior a 1 indicam que o subsistema tem um valor menor do que o custo atribuído, sendo necessário simplificá-lo ou aperfeiçoá-lo, com o objetivo de melhorar o grau de valor. O objetivo da análise de valor é maximizar a relação valor/custo.

Tabela 4.9 Análise de valor para o gel de papaína (Papador®)

Função	Componentes	Importância Relativa (%)	Custo Relativo (%)	Grau de Valor
Amolecer cárie e tártaro	Papaína 4% e fibrolisina	24,6	20	1,23
Proteger tecido sadio	Papaína 4% e colagenase	16,4	13,34	1,23
Eliminar impurezas	Cloramina 0,5%	20	20	1,00
Eliminar dor	Benzocaína	10	9,45	1,06
Excipientes formulação: matriz do gel; corante; conservante; aromatizante; veículo; ajuste de pH	Carbopol; FD e C Yellow nº 6 metilparabeno e propilparabeno; tangerina; água purificada; trietanolamina	18	17,21	1,04
Embalagem, praticidade e segurança na aplicação	Bisnaga cilíndrica (PEAD + PEBD) extrusada com terminação rosqueada com redutor de fluxo	11	20	0,55

A embalagem que confere praticidade no manuseio e na aplicação durante o tratamento, e segurança e conservação para o produto, deve ser reavaliada quanto a seus componentes, considerando a importância relativa e o custo relativo, isso em razão do resultado do grau de valor obtido, inferior a 1.

CONSOLIDAÇÃO

No final do projeto básico, o produto foi consolidado com a definição de parâmetros e características, tendo sido constatada a sua eficiência, bem como o pleno atendimento dos objetivos do projeto.

EXEMPLO 4.2

LAVANDERIA VANZOLIMP

PROJETO BÁSICO

A Vanzolimp é uma lavanderia industrial hoteleira encarregada de processar as roupas provenientes, em sua maioria, de hotéis e motéis.

Durante a primeira fase do projeto (planejamento), foi realizada toda a conceituação do produto, determinando suas respectivas necessidades, funções e atributos. Na segunda (estudo de viabilidade), foram avaliadas as viabilidades técnica, econômica e financeira das soluções propostas para o produto.

A fase do projeto básico é responsável pela definição da solução a ser utilizada. O projeto básico é o projeto preliminar, cujo objetivo é estabelecer uma concepção geral para o produto a ser desenvolvido, a qual servirá de base para o projeto executivo. Para tanto, foram conduzidas as modelagens do produto, as análises técnicas e também a otimização e simplificação com o intuito de, ao final, ter o produto consolidado para o início do projeto executivo.

Escolha da solução

Ao final do estudo de viabilidade, chegou-se a duas soluções possíveis. Para selecionar aquela que melhor atenderá aos objetivos do projeto, utilizou-se a matriz de avaliação (também conhecida como matriz de decisão). Tal matriz pode ser encontrada na Tabela 4.10 a seguir.

Tabela 4.10 Matriz de avaliação

CARACTERÍSTICAS DAS ROUPAS E DA OPERAÇÃO	PESOS (P)	SOLUÇÕES VIÁVEIS					
		B			C		
		NOTA / NxP			NOTA / NxP		
Qualidade da Limpeza	10	10	/	10	9	/	9
Custo de Operação	9	6	/	54	8	/	72
Investimento Necessário para Implantação	8	8	/	64	7	/	56
Passagem (bem dobrada e passada)	7,5	10	/	75	10	/	75
Tempo de Processo (total)	9	6	/	54	9	/	81
Embalagem	7	7	/	48	7	/	49
Identificação e Rastreamento	7	7	/	49	9	/	63
Segurança de Operação	9	8	/	72	9	/	81
Tempo/Custo de Manutenção	8	9	/	72	8	/	64
Maciez	6	7	/	63	7	/	63
Odor/Perfume	8	8	/	64	9	/	72
TOTAL		695			745		

De acordo com a matriz de avaliação, a solução C é a melhor, com pouco mais de 7% de pontos acima da solução B, sendo, portanto, escolhida para o projeto da Vanzolimp Lavanderia.

Programação do projeto

Determinada a solução que melhor atende ao projeto da Vanzolimp Lavanderia, o planejamento foi revisado de forma a refletir a realidade da solução adotada. O novo planejamento é apresentado na Tabela 4.11.

Tabela 4.11 Programação do projeto – Lavanderia Vanzolimp

ITEM/MESES		MESES											
ITEM		1	2	3	4	5	6	7	8	9	10	11	12
Planejamento do produto	Prazo												
	R.H.(p.m.)	2	2		Aprovação do Projeto								
	Despesa direta (R$)	5.000,00	5.000,00										
	Investimento (R$)	0,00	0,00										
Estudo de viabilidade	Prazo												
	R.H.(p.m.)		1	1		Consolidação do Produto							
	Despesa direta (R$)		4.500,00	4.500,00									
	Investimento (R$)		0,00	0,00									
Projeto básico	Prazo												
	R.H.(p.m.)			2	2				Certificação do Projeto				
	Despesa direta (R$)			9.800,00	9.800,00								
	Investimento (R$)			0,00	0,00								
Projeto executivo	Prazo												
	R.H.(p.m.)				2	3	2	2			Capacitação dos Processos		
	Despesa direta (R$)				3.400,00	3.400,00	3.400,00	3.400,00					
	Investimento (R$)				18.000,00	74.000,00	37.000,00	66.000,00					
Implantação	Prazo												
	R.H.(p.m.)							4	4	3	2	Início da Produção	
	Despesa direta (R$)							3.800,00	3.800,00	3.800,00	3.800,00		
	Investimento (R$)							20.000,00	18.000,00	84.000,00	9.000,00		
Comercialização	Prazo												
	R.H.(p.m.)											3	3
	Despesa direta (R$)											21.000,00	22.000,00
	Investimento (R$)											5.000,00	3.000,00
Subtotal (R$)		5.000,00	9.500,00	14.300,00	31.200,00	77.400,00	40.400,00	93.200,00	21.800,00	87.800,00	12.800,00	26.000,00	25.000,00
TOTAL (R$)		**444.400,00**											

MODELAGEM DO PRODUTO

De forma a possibilitar análises e estudos mais profundos a respeito da Vanzolimp Lavanderia, elaboraram-se dois tipos de modelo do produto em questão: icônicos e simbólicos. Tais modelos, bem como suas respectivas descrições, encontram-se nos tópicos a seguir.

Não foram elaborados modelos analógicos, uma vez que os icônicos e simbólicos são suficientes para a modelagem da Vanzolimp Lavanderia.

Modelos icônicos

Como modelo icônico, foi elaborado um desenho em planta da lavanderia, no qual dispôs-se todo o maquinário das estações de trabalho, de forma a ilustrar o arranjo físico da área. Tal modelo pode ser visualizado na Figura 4.20.

O arranjo físico foi elaborado de modo a otimizar o fluxo de atividades do processo produtivo (ver fluxograma de atividade da Figura 4.21).

Foram obedecidas as normas vigentes de segurança e saúde ocupacional, considerando, assim, a instalação de chuveiro lava-olhos e saídas de emergência.

O fluxo operacional foi concebido desde o recebimento, expedição de têxteis, encaminhando para identificação e, posteriormente, etapas de lavagem, centrifugação, secagem, passadoria e expedição novamente.

Foram observados itens de facilidade e saneamento, como reservatórios de água, abrandadores de água, caldeiras, retorno de condensado, bem como reservatório de água quente e encaminhamento de efluentes líquidos.

Foi dada atenção aos detalhes nas salas de apoio, estocagem de químicos e produtos de limpeza, escritórios, refeitórios, sanitários e vestiários.

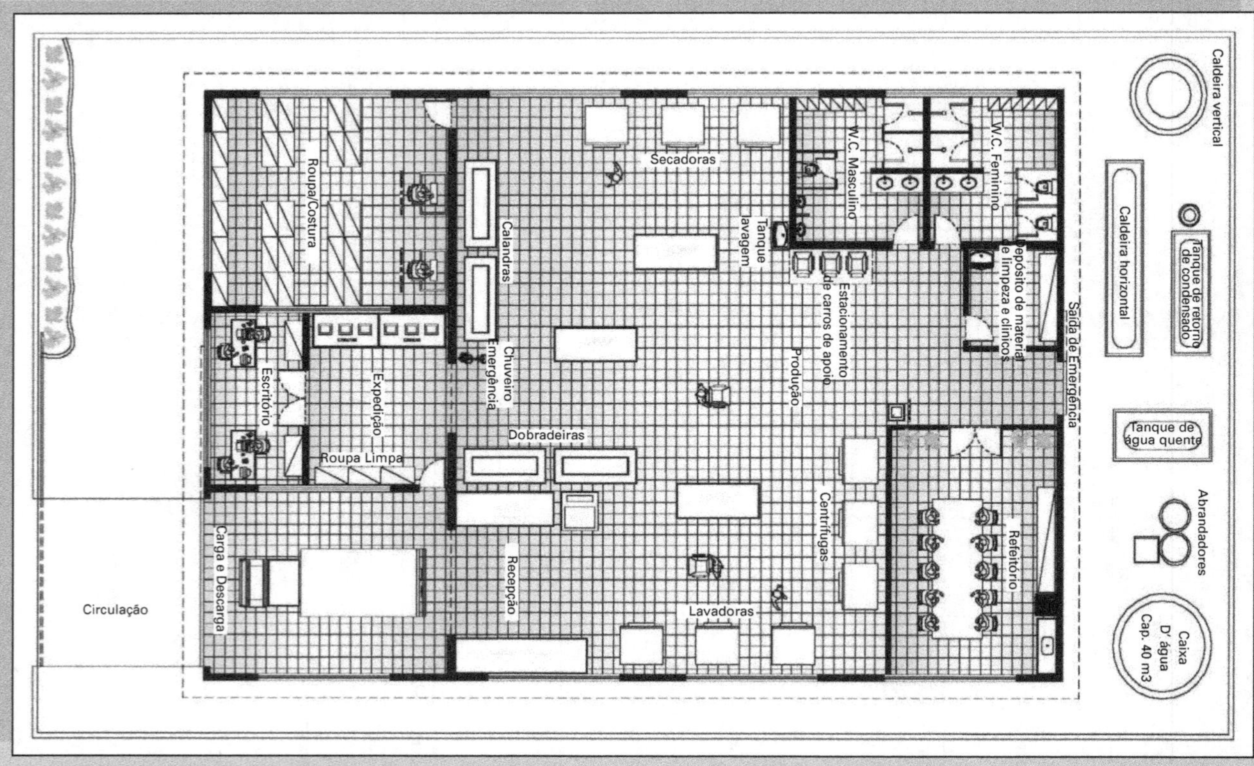

Figura 4.20
Arranjo físico da lavanderia

Modelos simbólicos

O primeiro modelo simbólico utilizado para representar a lavanderia é o fluxograma no qual são listadas as tarefas executadas durante o processo de higienização de roupas na Vanzolimp Lavanderia. A seta entre as atividades indica o fluxo a ser seguido.

É importante notar que o processo de lavagem constitui-se de dois ambientes básicos: o cliente e a própria Vanzolimp. Além de ser responsável por fornecer o material de trabalho para lavanderia, é o cliente também que receberá de volta a saída do sistema (roupas limpas). Apesar de as atividades de coleta de roupas sujas (entradas) e entrega de roupas limpas (saídas) estarem representadas de forma segregada, elas ocorrem de forma concomitante. Ao sair para fazer a coleta de roupas de cama, mesa e banho, a Vanzolimp leva consigo o lote de roupas limpas para ser entregue aos respectivos clientes. Desse modo, ao mesmo tempo em que se conduz a coleta, também é realizada a entrega.

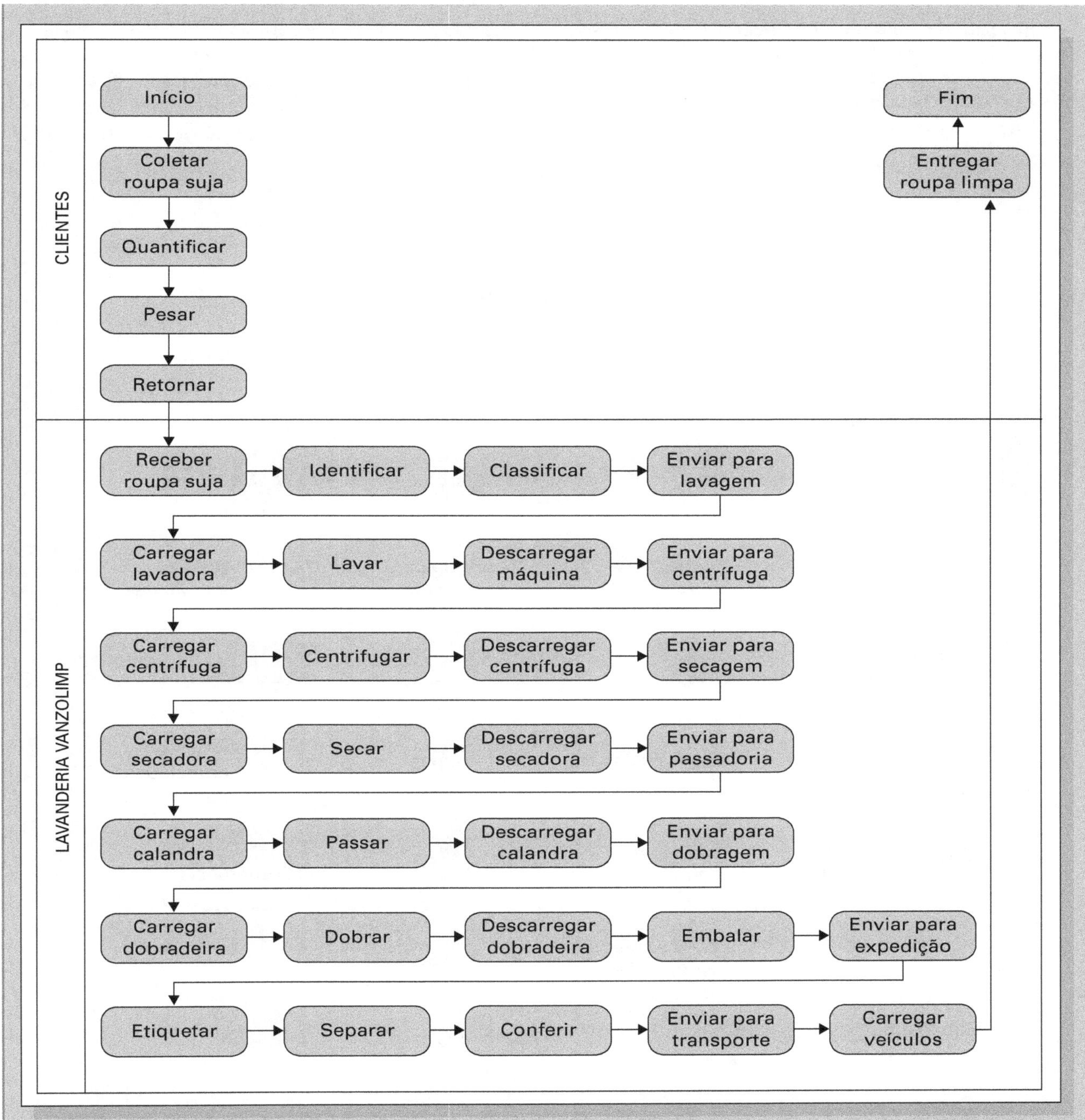

Figura 4.21
Fluxograma de atividades da lavanderia

O processo de higienização da roupa se dá na lavanderia. Depois que as roupas sujas (entradas) são entregues, elas são devidamente identificadas e, em seguida, classificadas segundo o seu nível de sujeira. Uma vez classificadas, elas seguem para a lavagem; nessa etapa, as lavadoras são programadas de acordo com a classificação do lote de roupas que está sendo lavado.

Após a lavagem, as roupas são encaminhadas à centrifugação para que seja retirado o excesso de água e agilizada a próxima etapa: a secagem. A partir da etapa de centrifugação, as roupas são processadas juntas, independentemente da classificação que fora dada no início do processo. Isso porque, após a lavagem, as roupas já estão todas limpas.

Depois de secas, as roupas são encaminhadas até a calandra que será responsável por passá-las. Concluída essa etapa, as roupas são finalmente dobradas, embaladas, etiquetadas e enviadas para a entrega. É importante ressaltar que, antes da entrega, as roupas são conferidas de forma a verificar se elas estão sendo encaminhadas aos respectivos clientes.

Um **segundo modelo simbólico** elaborado é o seu diagrama de blocos. Nesse diagrama estão representados os principais subsistemas do produto, bem como suas principais entradas e saídas.

A representação das entradas e saídas de cada um dos principais subsistemas torna-se bastante importante para a posterior análise de compatibilidade interna do sistema. Por meio do diagrama de blocos é possível prever quais são as saídas do subsistema que servirão de entrada para o próximo e assim averiguar as condições necessárias para que as saídas desejadas e aceitáveis de um sistema sejam entradas normais para o subsistema seguinte.

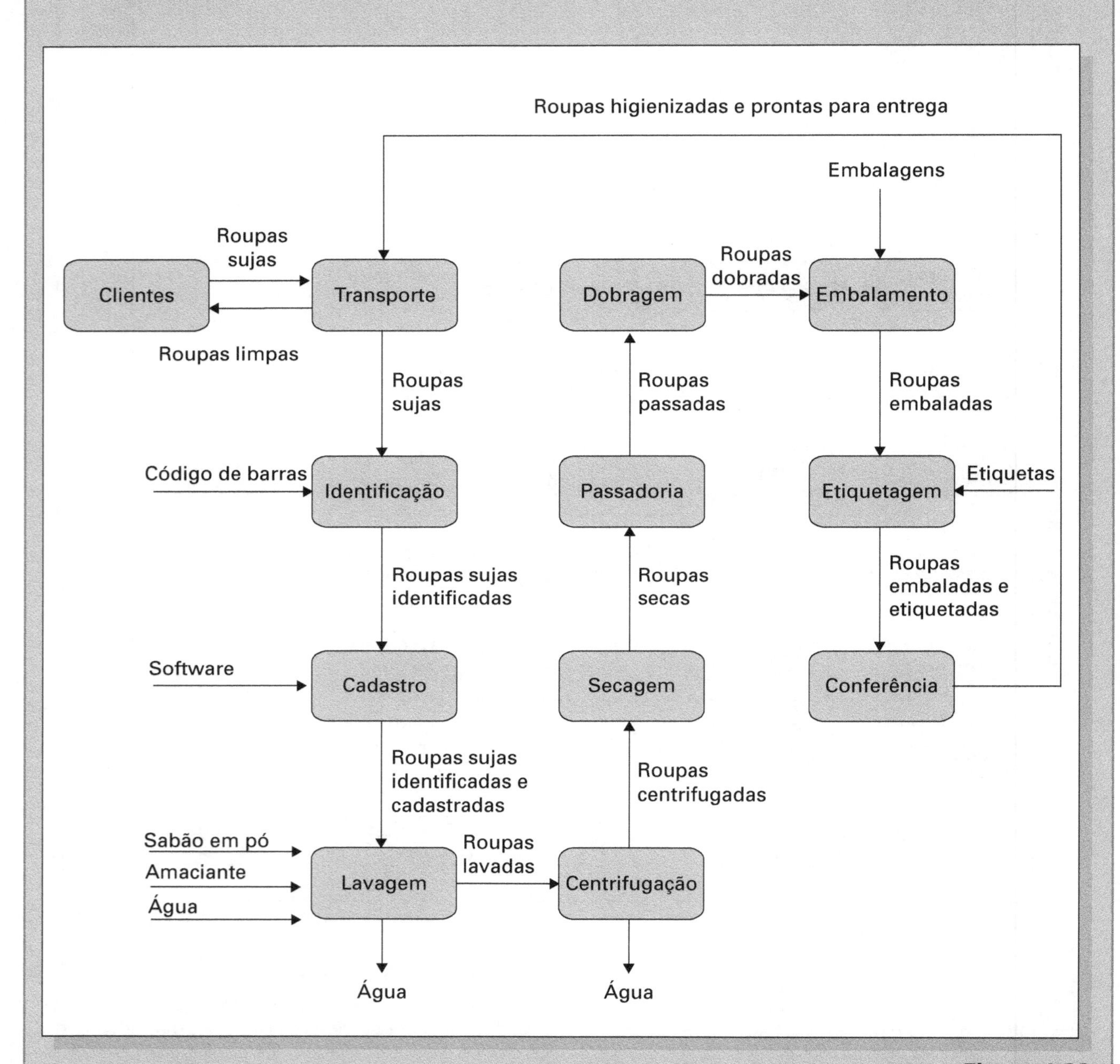

Figura 4.22
Diagrama de blocos dos processos da lavanderia

O **terceiro modelo simbólico** é uma ferramenta útil para representar processos, – a chamada Rede de Petri, que possibilitou a simulação de todo o processo no interior da lavanderia. Para consultas a este modelo ver: Miyagi, P. E. *Controle programável*. São Paulo: Blucher, 1996. O modelo por Redes de Petri da Vanzolimp é ilustrado na Figura 4.23.

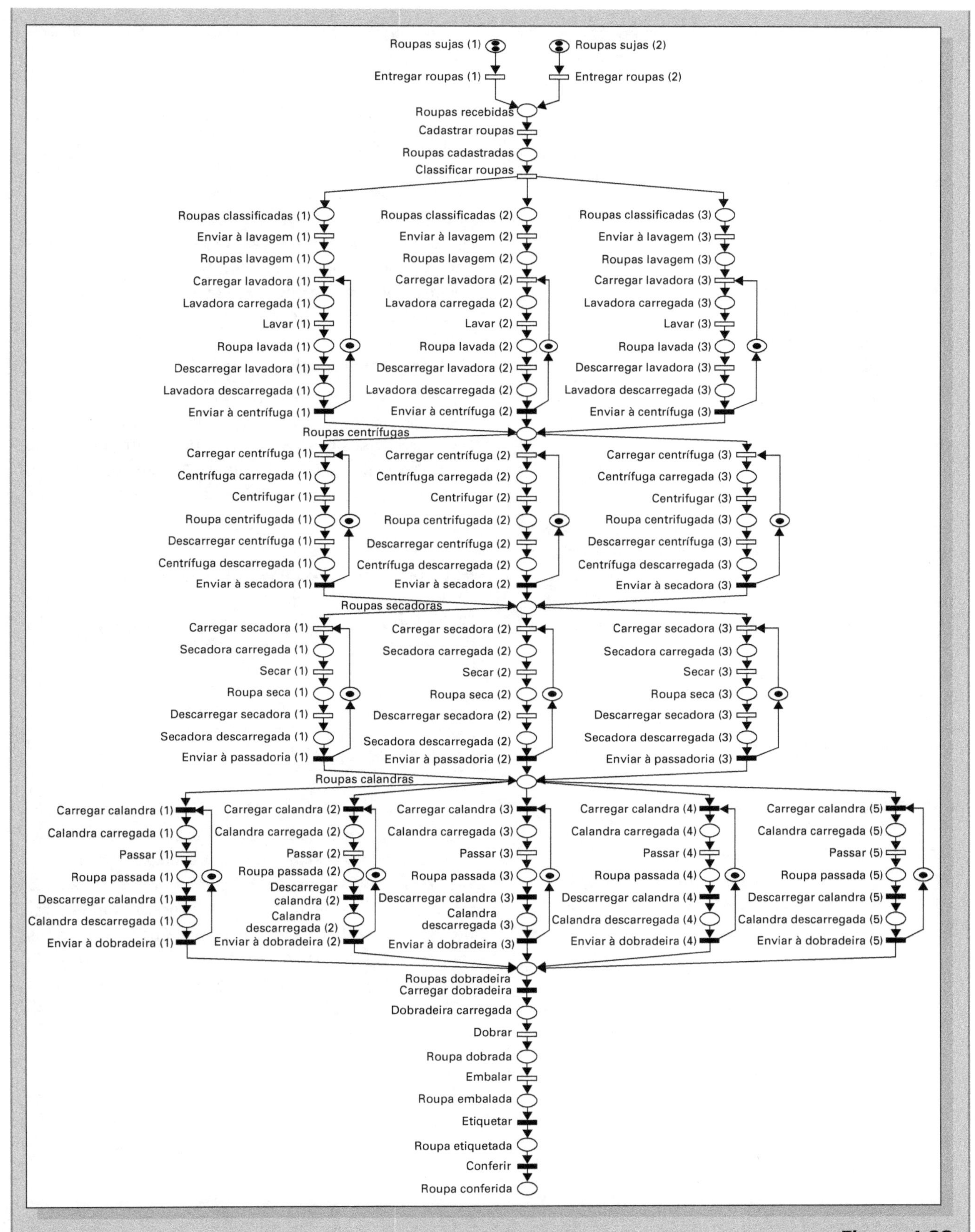

Figura 4.23
Modelagem Simbólica dos processos por Redes de Petri

O modelo de Redes de Petri foi elaborado com as transições temporizadas proporcionalmente umas às outras. Dessa forma, apesar de o tempo de simulação não ser real, a proporção do tempo gasto nas atividades reflete o processo como ele ocorre. Tal fato é importante para a análise de sensibilidade, na qual quaisquer perdas ou ganhos analisados estarão devidamente validados. Além disso, o modelo também contempla o número de máquinas estipulado pela solução escolhida. Portanto, estão modelados na Rede de Petri:

- três lavadoras;
- três centrífugas;
- três secadoras;
- cinco calandras;
- uma dobradeira;
- uma embaladora.

As condições de operação também estão devidamente modeladas. A partir da centrifugação, em que as roupas não necessitam mais ser separadas de acordo com a classificação dada inicialmente; as máquinas são abastecidas de acordo com a necessidade, isto é, caso uma máquina já esteja em operação o novo lote de roupas passa a ser centrifugado na próxima máquina livre. É importante notar que intertravamentos também estão modelados, a fim de que a máquina não seja abastecida por um novo lote de roupas enquanto ela não finalizar o processamento do lote anterior.

ANÁLISES TÉCNICAS

Uma vez elaborados os modelos, procedeu-se às análises técnicas do produto. Nessa etapa, os modelos são de grande importância, pois por meio deles foi possível realizar simulações a fim de averiguar os resultados para as análises de sensibilidade, compatibilidade e estabilidade. Uma descrição dessas análises encontra-se nos tópicos a seguir.

ANÁLISE DE SENSIBILIDADE

Para a análise de sensibilidade, utilizou-se o modelo por Redes de Petri apresentado na Figura 4.22. Esse modelo foi utilizado para simular diversas condições de operação da lavanderia:

- tempo da rotina de cada veículo;
- capacidade de utilização do maquinário: lavadora, secadora, centrífuga e calandra.

O principal intuito dessa análise é avaliar o comportamento do sistema em função dos parâmetros mencionados acima. Dessa forma, é possível identificar as configurações que sejam mais eficientes para a lavanderia, pois nem sempre trabalhar na capacidade máxima de cada equipamento corresponde ao ponto ótimo de operação do sistema como um todo.

Roteiro dos veículos de coleta

Para avaliar a frequência com que o veículo de entrega de roupas deveria fazer o percurso pela cidade, foram simulados três casos. O perfil de entrega de cada caso é exemplificado na Tabela 4.12. Para cada um dos três casos as entregas são feitas em intervalos iguais de tempo.

Tabela 4.12 Perfil das entregas simuladas

Entregas	Perfil da Entrega
1	2.000 - 1.500 (kg)
2	1.000 - 1.000 - 750 - 750 (kg)
3	750 - 750 - 750 - 750 - 500 (kg)

Para as simulações, considerou-se que 20% das roupas entregues necessitam de um tempo maior de lavagem. Dessa forma, duas lavadoras funcionavam normalmente enquanto a terceira possuía um ciclo de trabalho mais longo. O resultado dessas simulações é apresentado nas Figuras 4.24, 4.25 e 4.26. Para os três casos, as máquinas 1 e 2 representam as lavadoras em operação normal, enquanto a máquina 3 representa a lavadora com maior ciclo de trabalho. Como as lavadoras 1 e 2 possuem a mesma configuração, suas curvas estão sobrepostas.

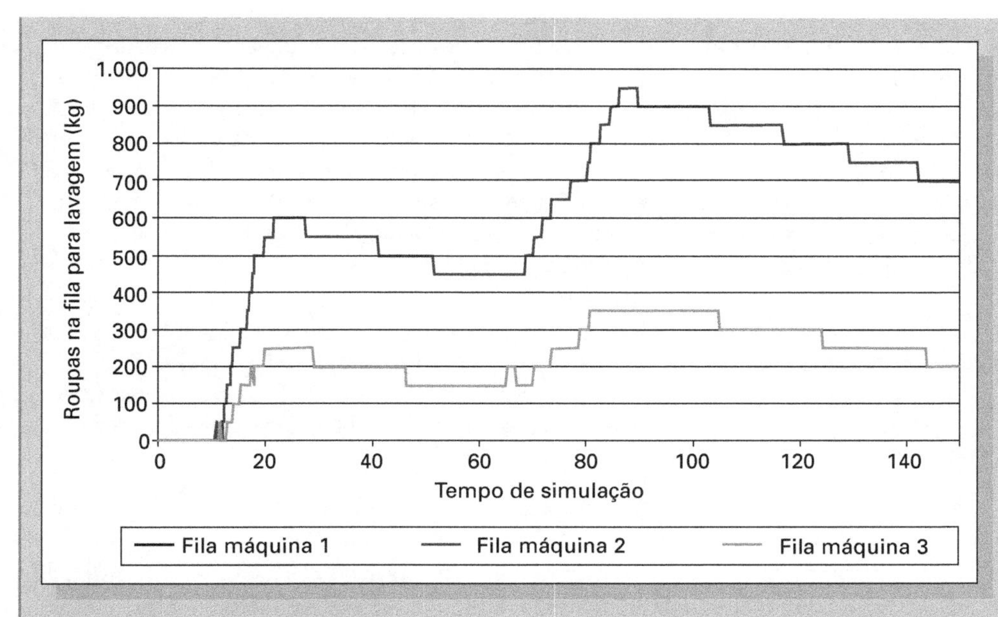

Figura 4.24
Simulação para a frequência de entrega 1

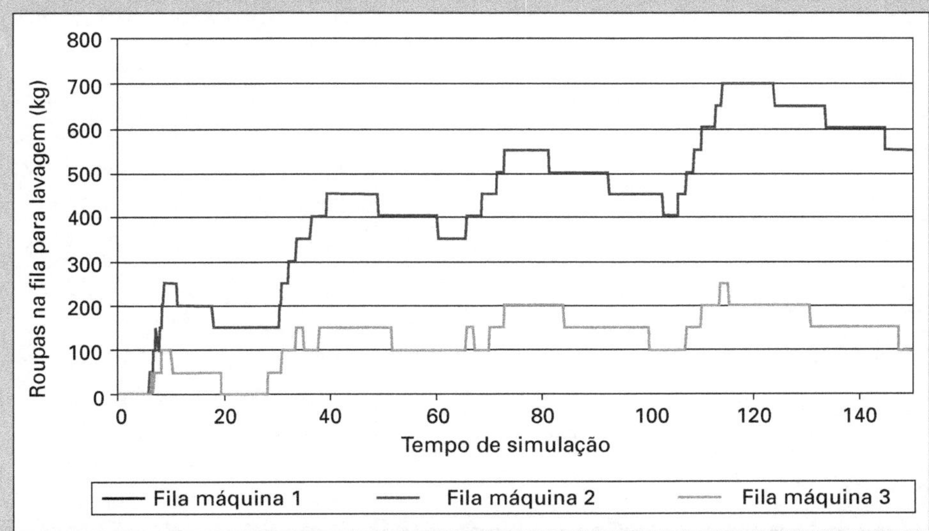

Figura 4.25
Simulação para a frequência de entrega 2

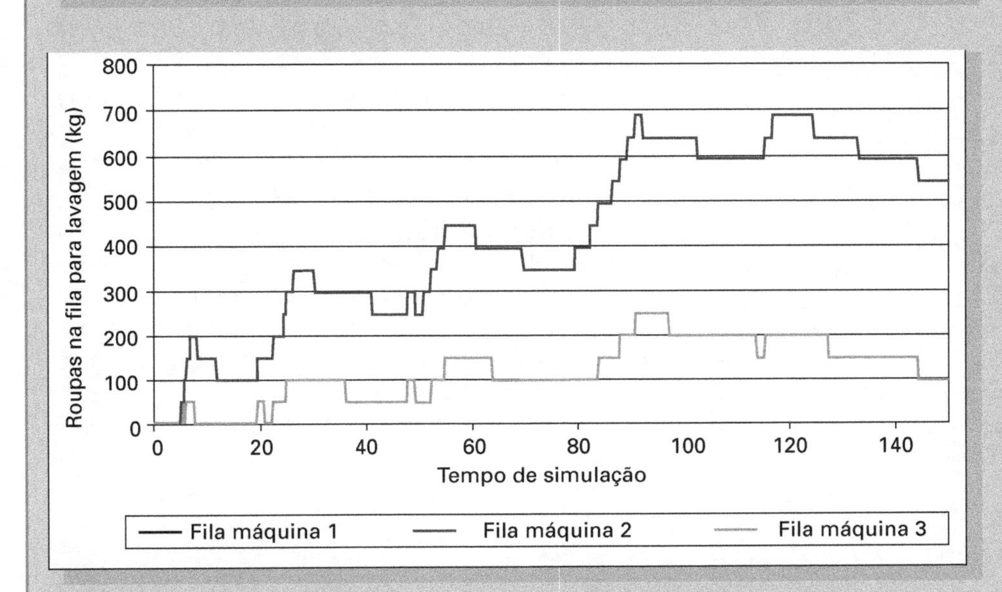

Figura 4.26
Simulação para a frequência de entrega 3

Como a carga de roupa entregue é muito maior que a vazão de lavagem proporcionada pelas três lavadoras, elas representam um gargalo para o sistema. A fila de roupas para lavagem será tanto menor quanto melhor for a distribuição das entregas ao longo do tempo. O maior número de viagens de coleta é interessante para evitar o acúmulo de filas na lavanderia, no entanto ele implica o aumento do percurso percorrido, o que, por conseguinte, acarreta o aumento dos gastos com combustível.

Capacidade de trabalho das lavadoras

As lavadoras correspondem a um dos gargalos do processo de lavagem; portanto, influem diretamente no ritmo dos demais processos que dependem direta ou indiretamente delas. O fato de serem carregadas com menos roupa não implica diretamente a redução do tempo de lavagem. Como a "vazão de entrada de roupas sujas" é maior que a "vazão do processo de lavagem de roupas", a fila sempre se dá nas lavadoras; portanto, a redução na carga de trabalho das lavadoras proporcionará um acréscimo na fila de lavagem e também um aumento no prazo de entrega.

Tal comportamento é ilustrado na Figura 4.27. Nessa simulação foram comparados os casos em que as lavadoras operavam com 100%, 80% e 60% de suas capacidades, para uma carga inicial de 3.500 kg de roupa suja entregue.

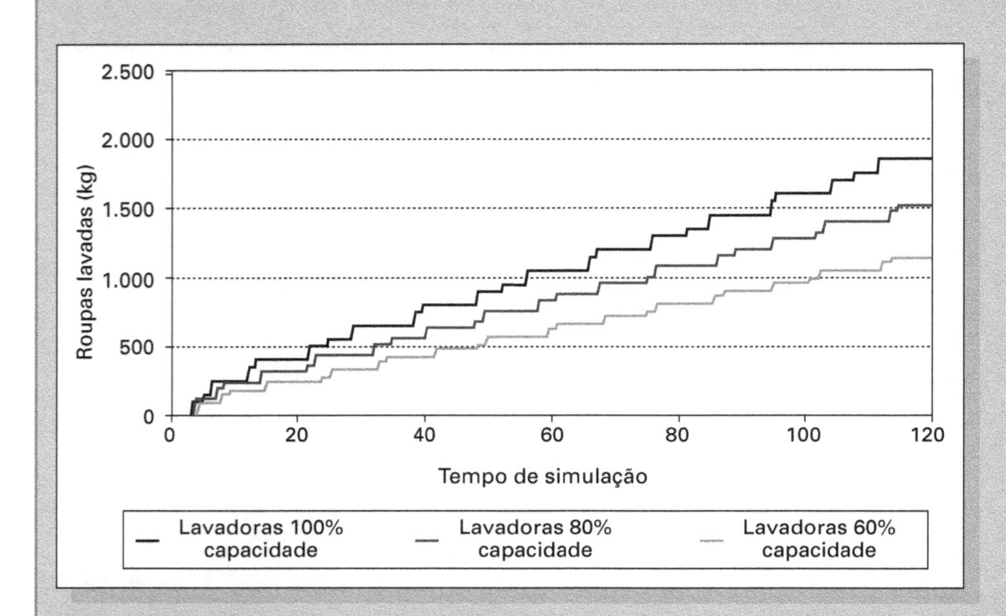

Figura 4.27
Simulação da capacidade de operação das lavadoras

Como é possível observar, a carga de roupa utilizada para cada lavadora influi diretamente na quantidade de roupa lavada. Quanto menor a capacidade utilizada, maior será a fila de roupas em cada lavadora. Dessa forma, o subsistema de lavagem corresponde a um sistema crítico do sistema Vanzolimp Lavanderia.

Capacidade de trabalho das centrífugas

As centrífugas são capazes de processar até 30 kg de cada vez – capacidade inferior à das lavadoras, mas apresentam um ciclo cerca de seis vezes mais rápido que estas. Nesse caso, uma redução na capacidade das centrífugas não acarretaria atraso no processo, pois, em determinados intervalos de tempo, uma das centrífugas está ociosa. Tal diminuição de capacidade proporcionaria uma atividade mais homogênea entre elas.

Capacidade de trabalho das secadoras

Para as secadoras, a análise de sensibilidade consistiu em variar a sua carga de operação. Mantendo as outras máquinas nas condições normais de operação, optou-se por simular o sistema operando com as secadoras a 100%, 80% e 60% de suas capacidades. O resultado dessas simulações é apresentado na Figura 4.26.

É importante lembrar que as lavadoras foram dimensionadas inicialmente para operar com a mesma capacidade das lavadoras (50 kg). Portanto, nesse primeiro caso, o sistema mostrou-se estável e manteve uma condição de fila controlável. A fila existente deve-se em especial ao fato de as centrífugas possuírem um ciclo de trabalho cerca de seis vezes mais rápido que o das secadoras.

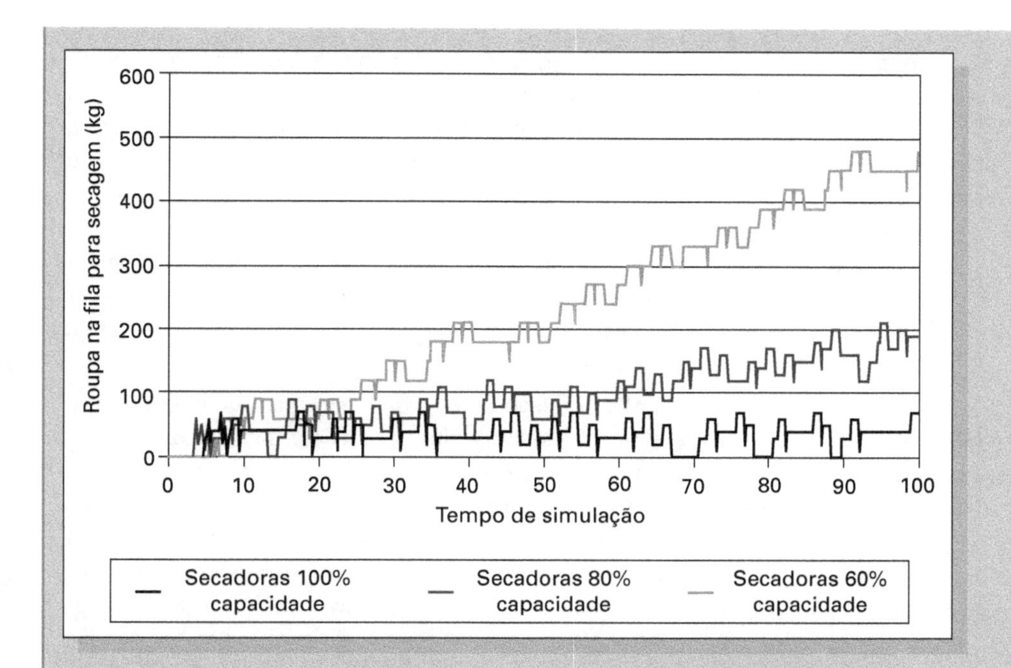

Figura 4.28
Simulação da capacidade de operação das secadoras

Para a simulação das secadoras operando a 80% de sua capacidade, o sistema inicialmente apresenta uma fila controlável, mas no decorrer do tempo ela passa a aumentar gradualmente. Nessa situação, ao lado do fato de as centrífugas possuírem menor ciclo de trabalho, a quantidade de roupa secada é inferior à quantidade lavada por batelada. Tal cenário agrava-se para o caso das secadoras trabalhando a 60% de sua capacidade; nesse último cenário, nota-se que as secadoras passaram a ser um segundo ponto de gargalo do sistema.

Portanto, para que a fila de roupas para secagem não se torne divergente, isto é, para que ela seja controlável, a capacidade das secadoras deve ser equivalente à das lavadoras – fato esse que também torna o subsistema de secagem crítico à lavanderia.

Capacidade de trabalho das calandras

Na análise de sensibilidade das calandras, o sistema foi simulado segundo diferentes números de calandras em operação. Como a Vanzolimp foi projetada inicialmente para operar com cinco máquinas desse tipo, elas ocupam uma área considerável da planta. Assim, o estudo aqui visa avaliar o comportamento do sistema operando com um número reduzido desse maquinário. O resultado das simulações é apresentado na Figura 4.29.

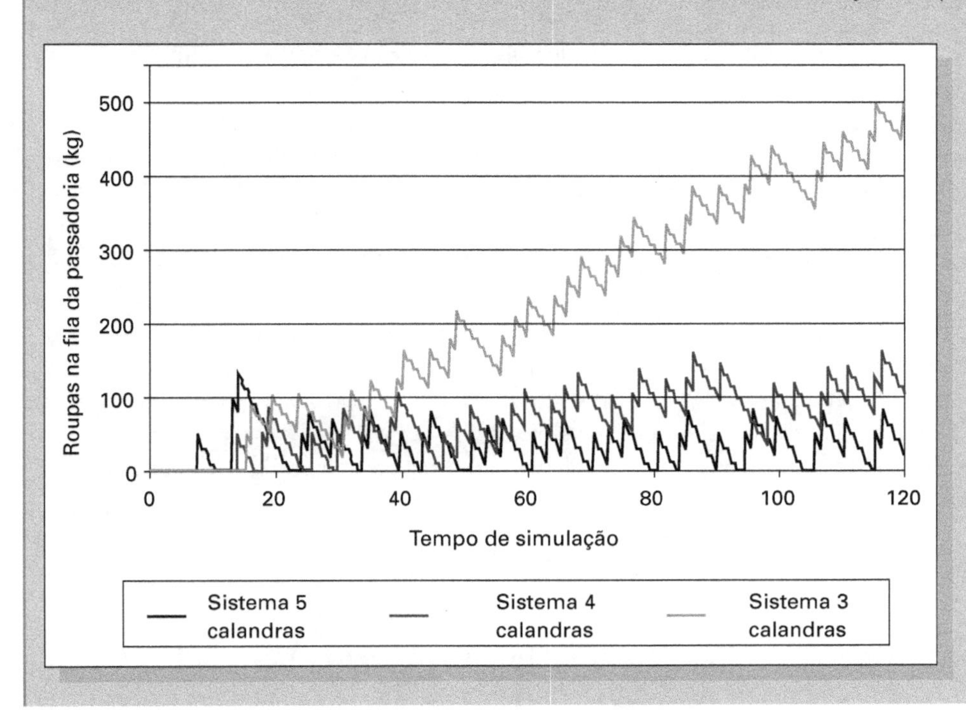

Figura 4.29
Simulação do número de calandras

Das simulações realizadas, verifica-se que os sistemas com cinco e quatro calandras apresentam-se de forma estável, diferindo um do outro apenas em razão do valor de fila no qual o sistema está sendo controlado. Entretanto, para a operação da lavanderia com três calandras, nota-se que o sistema passa a divergir. Nesse caso, apenas três calandras não são suficientes para consumir as roupas entregues pelas secadoras. Nota-se ainda que, para este último cenário, a passadoria torna-se um ponto de gargalo no processo.

ANÁLISE DE COMPATIBILIDADE

A análise de compatibilidade é dividida em duas subanálises: compatibilidade funcional e compatibilidade dimensional. A primeira refere-se ao estudo das variáveis de saída de um dado subsistema que são utilizadas como entradas em outros subsistemas, ao passo que a segunda compreende a análise da capacidade de o sistema Vanzolimp Lavanderia conter todos os seus subsistemas (lavagem, expedição, passadoria etc.).

Compatibilidade funcional

Pode-se separar o sistema "Higienização de Roupas" em três subsistemas: Transporte/Classificação, Lavagem/Secagem e Passadoria/Embalagem, cada qual com sua criticidade interna, bem como em relação aos outros subsistemas.

O transporte no subsistema de Transporte/Classificação é feito com dois veículos (um de 500 Kg de capacidade e outro de 1.000 Kg), tendo em cada um deles um técnico têxtil para fazer a pré-segregação de roupas quanto ao tipo e à condição para higienização (normal ou para remoção de manchas diversas). Para evitar o extravio de roupas entre clientes, elas são separadas em compartimentos dedicados em cada veículo – dessa forma, a classificação das roupas torna-se mais simples na chegada à lavanderia. Já a classificação, além de ser feita por cliente, também segrega o tipo de roupa a ser lavado (toalhas, lençóis/fronhas, roupões e cobertores), a fim de formar lotes de peso compatível com a capacidade das lavadoras. Nesse subsistema ocorre também a devolução das roupas já lavadas para os clientes – como a capacidade para coleta já é adequada, ela também o será para a entrega aos clientes, tendo em vista que a entrada de roupas é a mesma que a saída.

A criticidade do subsistema de Lavagem/Secagem se dá na íntima interação do ciclo de lavagem–início–fim do ciclo de centrifugação e, por fim, com a subsequência do ciclo de secagem das roupas – se essas etapas não ocorrerem em uma sequência praticamente sem intervalos, haverá a possibilidade de as roupas terem mau cheiro, caso fiquem úmidas por mais de 30 minutos. Como a quantidade e a capacidade total das centrífugas e secadoras são compatíveis com o volume lavado pelas lavadoras, entende-se que esse subsistema é compatível.

Por fim, o sistema Passadoria/Embalagem é composto de cinco calandras, duas pranchas, uma dobradeira automática e uma embaladora automática; as roupas são direcionadas para as calandras a fim de serem passadas (os roupões para as pranchas de passagem, e o restante para as calandras), que são automaticamente direcionadas para a dobradeira automática – com exceção dos roupões, que são dobrados manualmente –, finalizando pela embalagem das roupas, executada em embaladora automática. É importante ressaltar que, para melhor utilizar o recurso de automação da dobradeira e da embaladora, os lotes processados são padronizados por tipo de roupa, aumentando assim a capacidade produtiva – a automação fica limitada apenas para os roupões, em razão de seu formato não plano em relação aos outros tipos de roupa.

Pelas considerações ora apresentadas, conclui-se que o sistema é funcionalmente compatível entre seus subsistemas, tendo em vista a sequência lógica das operações para higienização de roupas.

Compatibilidade dimensional

Considerando-se que a lavanderia irá trabalhar por 12 horas diárias em dois turnos, com um rendimento de processo de 92%, trabalhando sete dias por semana, e considerando também as informações relativas à capacidade dos equipamentos descrita na Tabela 4.13 e a previsão de carga apresentada na Tabela 4.14, foi calculada a compatibilidade dimensional dos equipamentos e de todo o sistema.

Nota-se que ocorrem picos de demanda (acima dos 92% de rendimento da lavanderia), sendo, nas sextas e sábados, superior à capacidade da lavanderia; entende-se que esse excesso de carga é compensado ao longo da semana – parte aos domingos e parte às segundas-feiras –, haja vista a capacidade excedente verificada nesses dias.

Tabela 4.13 Capacidade de trabalho dos equipamentos na configuração atual

Equipamento	Capacidade unitária	Unidade	Ciclo (minutos)	Quantidade equipamentos	Capacidade total/hora	Capacidade diária
Lavadora	50	kg/ciclo	30	3	276	3.312
Centrífuga	30	kg/ciclo	5	3	994	11.923
Secadora	50	kg/ciclo	30	3	276	3.312
Calandra	3	unidades/minuto	0,33	5	2.484	29.808
Prancha	2	unidades/minuto	0,50	2	508	6.094
Dobradeira	20	unidades/minuto	0,05	1	7.728	92.736
Embaladora	20	unidades/minuto	0,05	1	7.728	92.736

Tem-se, ainda, a previsão de carga de trabalho na tabela a seguir:

Tabela 4.14 Previsão da carga de trabalho na configuração atual

Peso processado por dia (Kg)	Segunda	Terça	Quarta	Quinta	Sexta	Sábado	Domingo	Capacidade Vanzolimp (Kg/dia)
Hotel	267	939	1.125	1.607	1.339	1.205	723	
Motel	611	909	1.148	1.613	2.077	3.055	2.175	
Total	878	1.848	2.273	3.220	3.416	4.260	2.898	3.312
Capacidade demandada	27%	56%	69%	**97%**	103%	**129%**	88%	

A sequência de atividades das máquinas adotada para o processo de higienização permite que as saídas do subsistema anterior possam ser utilizadas no seguinte. Além disso, a capacidade proporcionada pelo sistema visa reduzir ao mínimo o número de fila de roupas a serem processadas em cada subsistema.

Quanto à compatibilidade entre equipamentos, entende-se que todos eles sejam dimensionalmente adequados para a operação, em vista da capacidade horária de cada conjunto e com base no seu ciclo de processo.

Para a análise de compatibilidade dimensional, verificou-se também se as instalações reservadas para a lavanderia acomodariam todos os equipamentos necessários à operação. Tal validação foi feita por meio do modelo do arranjo físico apresentado na Figura 4.20. Por meio dele foram dispostos todos os equipamentos necessários, de acordo com a solução escolhida, e também já foram previstas as áreas necessárias para circulação e trabalho dos funcionários. Portanto, esse modelo permite constatar que o arranjo físico no espaço reservado à instalação da lavanderia é adequado ao projeto.

ANÁLISE DA ESTABILIDADE

A análise de estabilidade compreende duas análises principais: estabilidade intrínseca e estabilidade extrínseca. Na primeira, são analisados o comportamento e a interação entre os subsistemas, dado que as entradas são normais. Já o segundo visa estudar o comportamento do sistema, dado que ele passe a receber entradas indesejadas. Ambas as análises estão descritas a seguir.

Estabilidade intrínseca

Para análise de estabilidade intrínseca, foi elaborado o estudo de falhas e seus efeitos (*Failure Mode and Effect Analysis – FMEA*) para a Vanzolimp Lavanderia. O resultado desse estudo pode ser encontrado no Quadro 4.5:

Quadro 4.5 FMEA do sistema

Item/ Função	Tipo de Falha	Efeito da Falha	Gravdade	Causa/ Mecanismo de Falha	Probabilidade	Tipos de Controle	Detecção	RPN	Ações Recomendadas
Coletar	Balança defeituosa	Pesagem incorreta	9	Falha de equipamento	7	Manutenção quinzenal e conferência na Expedição	1	**63**	Manter a manutenção periódica do equipamento
Classificar	Registro incorreto do cliente	Controle contábil incorreto	7	Falha humana	3	Conferência com a emissão da nota fiscal	1	21	Introduzir controle de conciliação
Classificar	Misturar roupas manchadas	Roupas mal lavadas	5	Falha humana	3	Treinamento e dupla checagem	3	**45**	Manter controle atual
Classificar	Misturar roupas coloridas	Roupas mal lavadas/ manchadas	5	Falha humana	2	Treinamento e dupla checagem	3	30	Manter controle atual
Lavar	Queda de energia no processo de lavagem	Roupas mal lavadas	5	Queima de fusível ou falha externa	2	Manutenção periódica da infraestrutura	1	**10**	Manter a manutenção periódica do equipamento e aconselhável compra de geradores
Lavar	Água imprópria	Roupas mal lavadas	7	Falha humana	3	Treinamento e dupla checagem	6	126	Manter controle atual
Lavar	Excesso de roupas na máquina	Roupas mal lavadas/ problemas com a máquina	6	Falha humana	3	Treinamento e procedimento formalizado	2	**36**	Manter controle atual
Lavar	Excesso de insumos para lavagem	Roupas mal lavadas/ manchadas/desgastadas	7	Falha humana	5	Treinamento e procedimento formalizado	4	140	Manter controle atual
Lavar	Insumos ineficazes	Roupas mal lavadas	7	Falha humana	5	Treinamento e procedimento formalizado	3	**105**	Manter controle atual
Lavar	Máquina defeituosa	Roupas mal lavadas/ atraso no processo de lavagem	8	Falha de equipamento	2	Manutenção preventiva dos equipamentos	3	48	Manter a manutenção periódica do equipamento
Transporte interno	Veículo de transporte interno sujo	Roupas contaminadas	5	Falha humana	2	Higienização frequente e veículos distintos para roupas limpas e roupas sujas	1	**10**	Inserir atividade no módulo de treinamento

Secar	Excesso de secagem	Roupas ressecadas dificultando a passadoria	6	Falha humana	2	Treinamento e procedimento formalizado	1	12	Inserir inspeção aleatória do processo
Secar	Queda de energia no processo de passadoria	Roupas malpassadas	4	Queima de fusível ou falha externa	2	Manutenção periódica da infraestrutura	1	**8**	Manter a manutenção periódica do equipamento
Secar	Excesso de tempo na calandra	Roupas ressecadas/ roupas queimadas	9	Falha humana	2	Treinamento e procedimento formalizado	2	36	Inserir inspeção aleatória do processo
Passar	Calandra defeituosa	Roupas malpassadas/ roupas queimadas	8	Falha de equipamento	2	Manutenção preventiva dos equipamentos	3	**48**	Manter a manutenção periódica do equipamento
Dobrar	Dobragem fora do padrão solicitado pelo cliente	Dobragem incorreta	7	Falha humana	4	Treinamento e procedimento formalizado e conferências na expedição	2	56	Inserir inspeção aleatória do processo
Dobrar	Falha no equipamento de dobragem	Roupas mal dobradas	8	Falha de equipamento	2	Manutenção preventiva dos equipamentos	3	**48**	Checagem do processo de dobragem diariamente
Embalar	Embaladora com defeito	Roupas amarrotadas	8	Falha de equipamento	4	Manutenção preventiva dos equipamentos	1	32	Manter a manutenção periódica do equipamento
Embalar	Etiquetagem incorreta	Entrega incorreta de roupas	10	Falha humana	3	Treinamento e procedimento formalizado e conferências na expedição	2	**60**	Manter controle atual
Expedir	Falha na conferência	Entrega incorreta de roupas	9	Falha humana	3	Treinamento/ procedimento formalizado e dupla checagem	4	108	Manter controle atual
Distribuir	Mau acondicionamento de lotes no veículo.	Roupas amarrotadas	8	Falha humana	4	Treinamento/ procedimento formalizado	4	**128**	Inserir inspeção aleatória do processo e controle da qualidade
Distribuir	Caixa plástica com excesso de roupas	Roupas amarrotadas	8	Falha humana	4	Treinamento/ procedimento formalizado	4	128	Inserir inspeção aleatória do processo e controle da qualidade
Efluentes	Insumos ineficazes para o tratamento de efluentes	Infração da legislação e degradação do meio ambiente	10	Falha humana	3	Treinamento/ procedimento formalizado e acompanhamento de técnico especializado	3	**90**	Inserir acompanhamento periódico do processo

Foram identificados também os principais eventos negativos da Vanzolimp lavanderia: entrega de roupa mal higienizada, entrega de roupa amarrotada e entrega errada de roupas. Para cada um desses três eventos foi elaborada a respectiva árvore de falha (FTA - *Failure Tree Analysis*), as quais estão ilustradas nesse capítulo. Note que nessas árvores também estão descritas as probabilidades dos eventos, os quais têm seus valores baseados em padrões estabelecidos pelo IEE (*Institution of Electrical Engineers* - Instituição dos Engenheiros Elétricos). Esses padrões podem ser visualizados no Quadro 4.7:

Quadro 4.6 Quantificação da árvore de falha

1/10	Frequente
1/100	Provável
1/1.000	Ocasional
1/10.000	Remota
1/100.000	Improvável
1/1.000.000	Extremamente improvável

Fonte: IEE, 1999.

A Figura 4.30 ilustra a árvore de falha para o caso de entrega de roupa mal higienizada ao cliente.

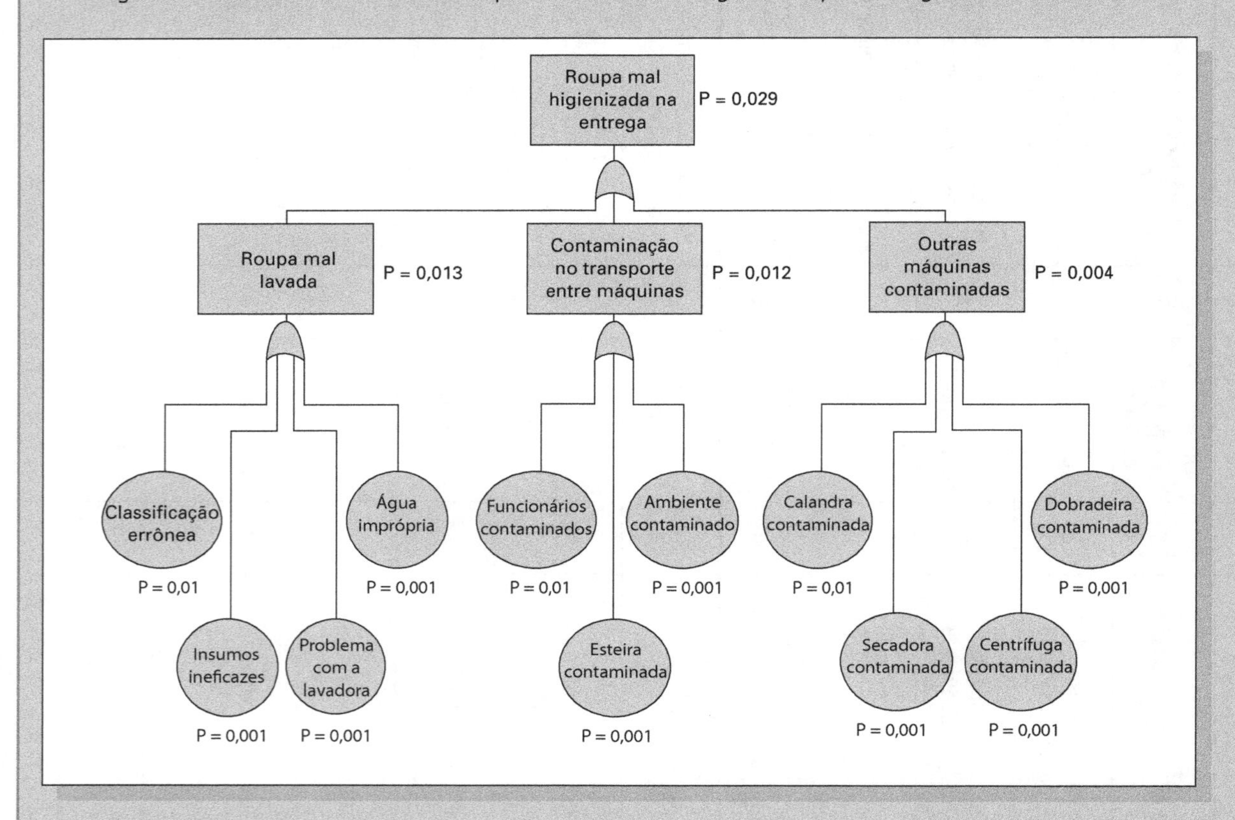

Figura 4.30
Árvore de falha: roupa mal higienizada na entrega

A árvore de falha para o caso de entrega de roupas amarrotadas ao cliente é apresentada na Figura 4.31.

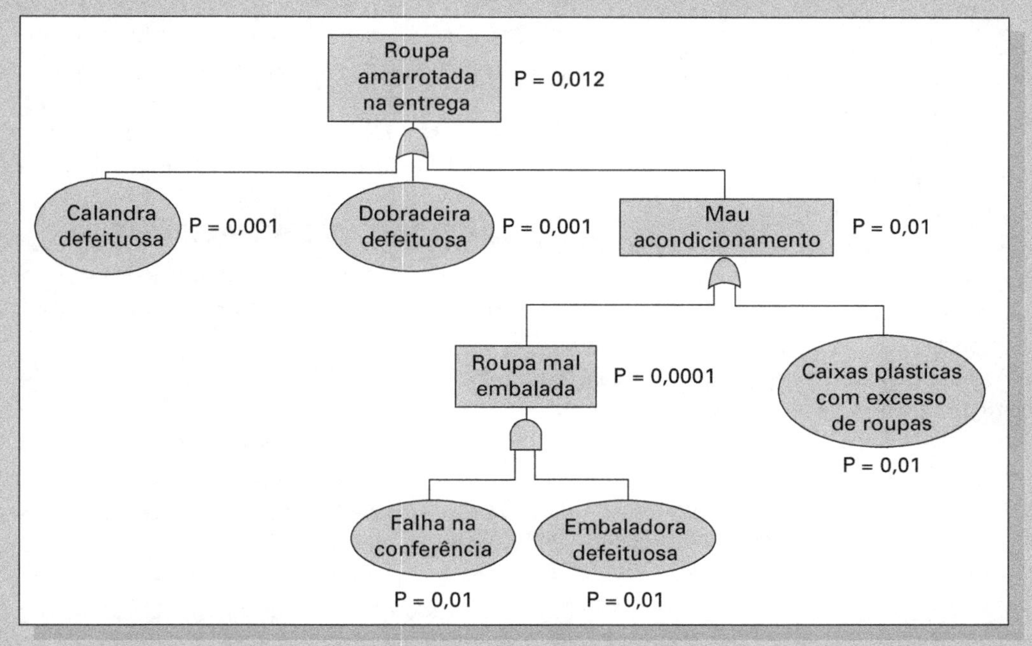

Figura 4.31
Árvore de falha: roupa amarrotada na entrega ao cliente

Por fim, a Figura 4.32 apresenta a árvore de falha para o caso de entrega de errada de roupas aos clientes.

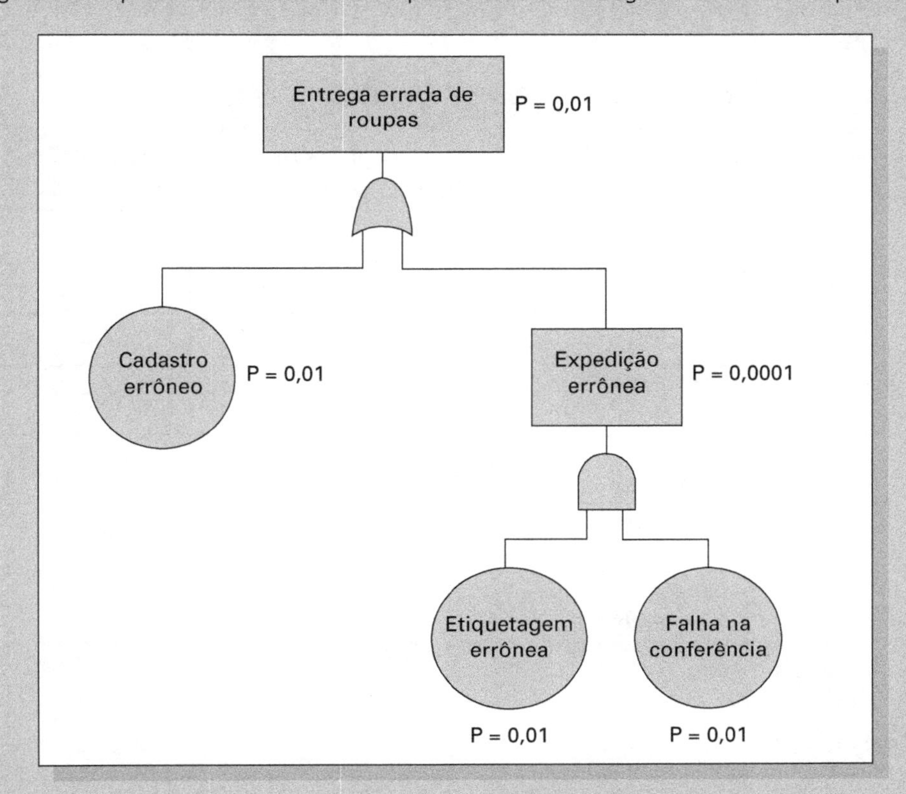

Figura 4.32
Árvore de falha: entrega errada de roupa ao cliente

Estabilidade extrínseca

Tendo em vista que a Lavanderia Vanzolimp está dimensionada para tratamento de até 3.312 kg de roupas por dia (Tabela 4.4), quantidades superiores a essa são consideradas entradas indesejadas. A fim de atender à demanda excedente, é negociado com o cliente um prazo diferenciado para tratamento das peças, sendo esse distribuído nos dias subsequentes.

Para a análise de estabilidade extrínseca foram analisados também casos em que a mão de obra é insuficiente para a correta operação da lavanderia, bem como aqueles em que há deficiência no fornecimento de água e energia elétrica. Para esses casos, mesmo que essas deficiências estejam presentes, o sistema Vanzolimp Lavanderia continuará a fornecer roupas limpas e passadas. No entanto, o prazo de entrega já não será o mesmo, portanto serão negociados com o cliente novos prazos para a entrega total, como esperado, ou mesmo a entrega parcial de diferentes lotes das roupas limpas e passadas. Para o caso de falha no fornecimento de energia elétrica, a situação é amenizada em razão da presença de um gerador, o qual proverá energia durante determinado período de tempo, evitando também que o lote de roupas em processamento seja totalmente interrompido durante o seu beneficiamento.

Ressalta-se que, uma vez que as entradas aqui discutidas estejam presentes, elas automaticamente causarão um aumento na fila de roupas sujas à espera da lavagem. Tal entrada indesejada pode ser absorvida pelo sistema, uma vez que ele não trabalha o tempo todo com 100% de sua capacidade operacional. Dessa forma, a partir do momento em que a situação se normalizasse a quantidade de roupa a ser lavada na fila seria rapidamente reduzida aos níveis habituais de operação.

OTIMIZAÇÃO E SIMPLIFICAÇÃO

Para os estudos de otimização e simplificação do produto Vanzolimp, foram elaborados dois estudos: análise da curva de carga do maquinário e análise do valor. Cada um deles é descrito a seguir.

Análise da curva de carga

Considerando a carga diária apresentada no item 4.6.2 (Compatibilidade dimensional), nota-se que a capacidade da lavanderia é excedida em três dias da semana, por causa da capacidade reduzida das lavadoras e secadoras; percebe-se, ainda, que há um grande excedente de capacidade dos outros equipamentos (em especial das calandras e centrífugas, pois já foram consideradas dobradeira e embaladora com a menor capacidade disponível no mercado). Em vista disso, propõe-se, na tabela seguir, o ajuste necessário para conciliar a capacidade à carga.

Tabela 4.15 Capacidade de trabalho dos equipamentos na configuração otimizada

Equipamento	Capacidade unitária	Unidade	Ciclo (minutos)	Quantidade de equipamentos	Capacidade total/hora	Capacidade diária
Lavadora	80	kg/ciclo	30	2	294	3.353
Centrífuga	30	kg/ciclo	5	1	331	3.974
Secadora	80	kg/ciclo	30	2	294	3.533
Calandra	2	Unidades/minuto	0,50	2	442	5.299
Prancha	2	Unidades/minuto	0,50	2	442	5.299
Dobradeira	3	Unidades/minuto	0,33	1	497	5.962
Embaladora	3	Unidades/minuto	0,33	1	497	5.962

Esse ajuste aumenta a capacidade unitária das lavadoras e das secadoras, e diminui a quantidade de calandras e centrífugas na lavanderia; em consequência, obtém-se a seguinte utilização da capacidade.

De forma a ilustrar melhor a capacidade da nova configuração, foi traçado um gráfico comparativo (Figura 4.32), referente aos dados da apresentados Tabela 4.16 (configuração atual) e Tabela 4.17 (configuração otimizada).

Tabela 4.16 Previsão da carga de trabalho na configuração otimizada

Peso processado por dia (kg)	Segunda	Terça	Quarta	Quinta	Sexta	Sábado	Domingo	Capacidade Vanzolimp (kg/dia)
Hotel	267	939	1.125	1.607	1.339	1.205	723	
Motel	611	909	1.148	1.613	2.077	3.055	2.175	
Total	878	1.848	2.273	3.220	3.416	4.260	2.898	3.533
Capacidade demandada	25%	52%	64%	91%	**97%**	**121%**	82%	

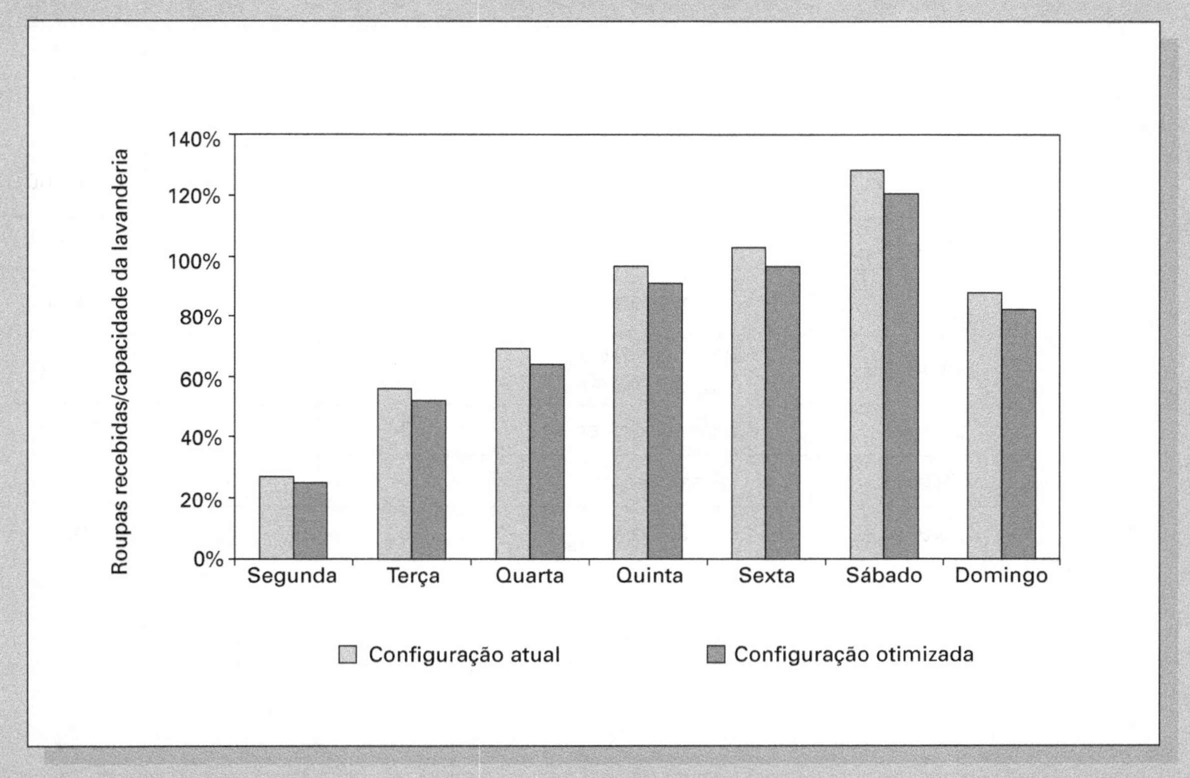

Figura 4.33
Compararação entre a configuração atual e a otimizada

Nota-se que continuam ocorrendo picos de demanda, entretanto dessa vez são apenas dois. O pico de sábado ainda é superior à capacidade da lavanderia; nesse caso, entende-se que o excesso de carga continua a ser compensado da mesma forma: ao longo da semana – uma parte aos domingos e outra parte às segundas-feiras –, haja vista a capacidade excedente verificada nesses dias.

Análise do valor

Para a análise de valor da Vanzolimp Lavanderia, foi elaborada a Tabela 4.17:

Tabela 4.17 Análise do valor da lavanderia

Sistemas	Subsistemas	Função	Importância Relativa (%)	Custo Relativo (%)	Grau de Valor
Equipamentos e infraestrutura	Kombi	Transportar	7	7	1,000
	Fiorino	Transportar	7	7	1,000
	Cestos	Armazenar	3	2	1,500
	Balcão	Receber/qualificar	4	3	1,333
	Identificadoras	Identificar	6	5	1,200
	Lavadoras	Lavar/limpar/amaciar	13	12	1,083
	Centrífugas	Reduzir água para secagem	10	10	1,000
	Secadoras	Secar	12	11	1,091
	Ferro de passar	Amaciar/melhorar aparência/ alisar	7	6	1,167
	Calandras	Amaciar/melhorar aparência/ alisar	7	7	1,000
	Esteiras	Transportar	2	4	0,500
	Carrinhos de transporte	Transportar	3	3	1,000
	Embaladora	Evitar sujidades/ contaminação	4	3	1,333
	Software	Controlar processo	2	8	0,250
	Balança	Pesar/conferir	4	3	1,333
	Dobradeiras	Dobrar	6	7	0,857
	Prateleiras	Armazenar	3	2	1,500
		Total (%)	100	100	-

A Tabela 4.17 compara as importâncias relativas com o custo relativo dos equipamentos e infraestrutura; nela podem-se observar alguns graus de valores com números abaixo de 1,000. Isso significa que nesses itens específicos devem ser otimizados e, portanto, o sistema foi alterado de maneira a otimizá-lo segundo essa análise.

Em primeiro lugar, com menor grau de valor de 0,250, ficou o software de controle. Isso demonstrou que, em vez de se utilizar um software específico com valor agregado muito alto (R$ 30.000,00), pode-se deixar de comprá-lo e substituí-lo por planilhas em Excel. Apesar de dar um pouco mais de trabalho, essas planilhas permitem o mesmo controle, pois o número de hotéis e motéis a serem atendidos não é grande, o que facilita a tarefa.

Em segundo lugar ficaram as esteiras de transporte, cujo grau de valor foi de 0,500 e, como havia sido planejada a compra de duas esteiras, optou-se por comprar apenas uma esteira de transporte e passar a utilizar mais os carrinhos de transporte.

O último item a ter grau de valor inferior a 1 foi a dobradeira de roupas, com 0,857, número que não representa um grau tão baixo. Nesse caso, não há como alterar demais o sistema porque, se a dobradeira for retirada, haverá necessidade de contratar mais funcionários, o que seria totalmente inviável. Em razão disso, esse sistema não foi alterado.

Com base em ambas as análises, o modelo por Redes de Petri foi alterado de forma a refletir essas melhorias na configuração do sistema. O novo modelo pode ser visualizado na Figura 4.34.

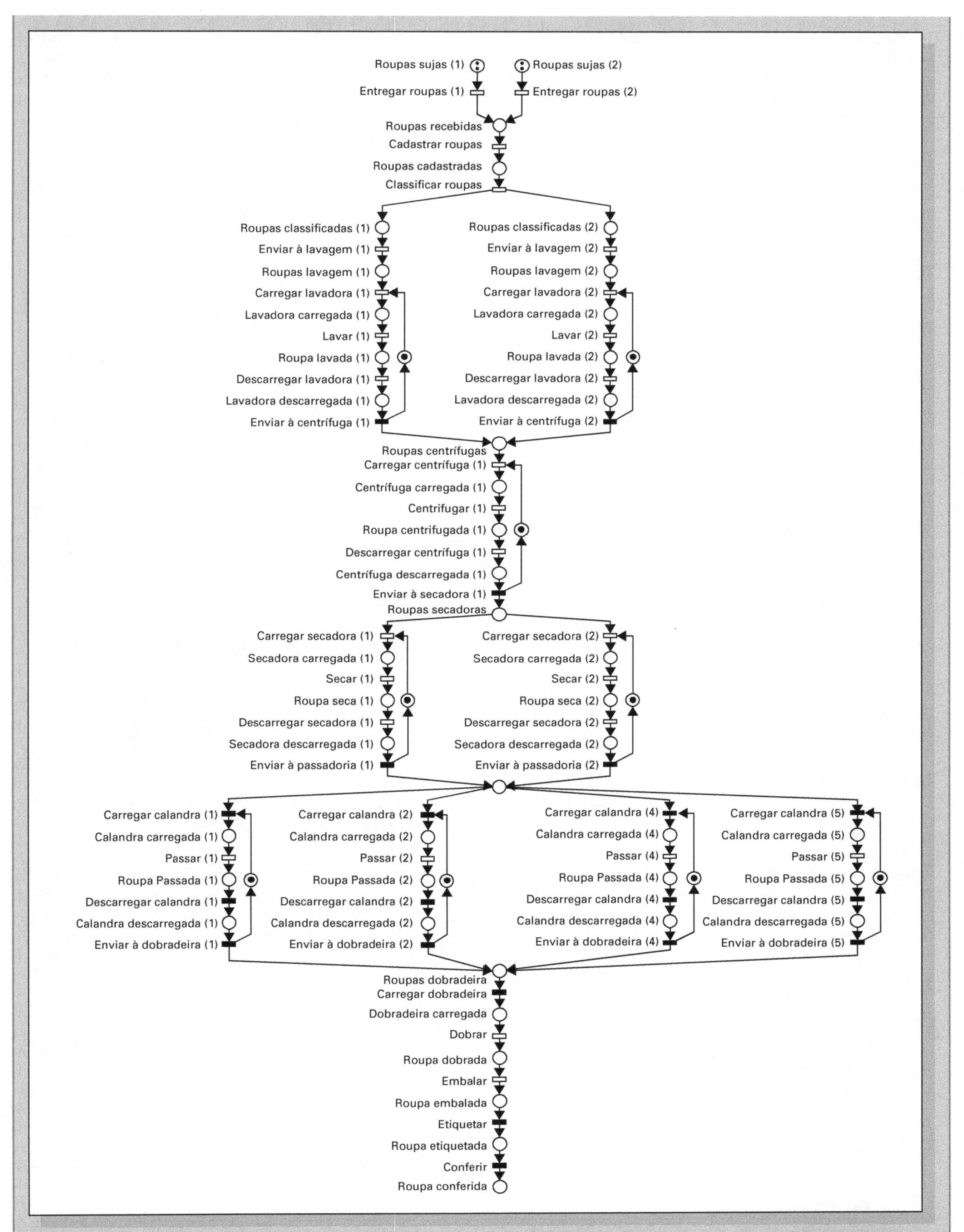

Figura 4.34 Novo modelo por Redes de Petri

Ambos os modelos foram simulados a fim de que fosse possível avaliar as modificações dessa nova configuração. Para efeito de comparação foram analisadas as filas formadas em cada subsistema, bem como a quantidade final de peças prontas a serem entregues.

Uma simulação referente ao número de roupas processadas em cada sistema tem seu resultado ilustrado na Figura 4.35. Observa-se que o sistema em sua configuração atual produz maior número de roupas limpas para um mesmo período de tempo, apesar de a capacidade das lavadoras ser menor. Isso ocorre porque essa defasagem de 10 kg em relação à capacidade das lavadoras da configuração otimizada é compensada ao longo do processo pelo superdimensionamento dos subsistemas que se seguem à lavagem.

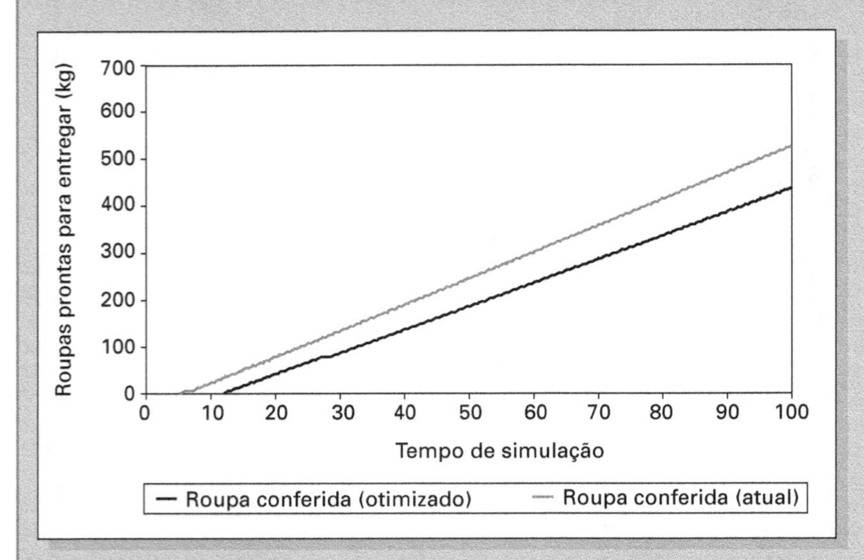

Figura 4.35
Comparação entre o sistema atual e o otimizado

Apesar de a configuração atual ser capaz de higienizar maior número de roupas, ele não está otimizado às expectativas da Vanzolimp Lavanderia, já que, por exceder os requisitos, acarreta frequentes taxas de ociosidade em algumas máquinas. Dessa forma, o sistema otimizado mostra-se mais atraente, uma vez que ambos atendem aos requisitos referentes à capacidade diária de lavagem de roupa.

CONSOLIDAÇÃO

Durante essa fase, foi conduzido o projeto básico do produto Vanzolimp Lavanderia, tendo sido definida a solução que melhor se adequou aos requisitos técnicos estabelecidos durante a fase de planejamento do projeto. Além disso, tal solução também passou pelas análises técnica, econômica e financeira durante a fase do "Estudo de viabilidade".

Uma vez definida a solução, fez-se a reprogramação do projeto e confirmou-se que, com a nova solução, o prazo de 12 meses para a implantação da Vanzolimp seria atendido.

Os modelos aqui elaborados foram de grande utilidade para conhecer melhor o sistema e também auxiliar nas análises de sensibilidade, compatibilidade e estabilidade. Nesse ponto, o funcionamento e as interações do sistema foram detalhados de forma a prever e prevenir possíveis falhas às quais o sistema está suscetível durante a operação. Por meio dessas análises, foi possível também predeterminar ações a serem tomadas em caso de falha, permitindo assim uma ação mais rápida sobre o problema.

Por fim, o sistema passou por um estudo de otimização e simplificação, visando definir a configuração final da solução adotada. Esses estudos permitiram chegar à seguinte configuração de equipamentos da lavanderia:

Tabela 4.18 Resumo do produto

Equipamento	Capacidade unitária	Unidade	Quantidade de equipamentos
Lavadora	80	ciclo	2
Centrífuga	30	ciclo	1
Secadora	80	ciclo	2
Calandra	2	Unidades/minuto	2
Prancha	2	Unidades/minuto	2
Dobradeira	3	Unidades/minuto	1
Embaladora	3	Unidades/minuto	1

Assim, com a configuração final definida, o cálculo dos valores do IVA e do PRI foram refinados, conforme ilustra o quadro a seguir:

Quadro 4.7 Índices de lucratividade reavaliados

PRI	3 anos
IVA	2,0

Observa-se, assim, que os índices continuam satisfazendo aos valores estipulados durante a fase de planejamento do projeto.

O projeto está, portanto, pronto para iniciar a próxima fase: a do **projeto executivo**.

EXEMPLO 4.3
IDENTIFICADOR IRISKEY

PROJETO BÁSICO

Matriz de seleção

A empresa reuniu uma equipe representante das áreas de Desenvolvimento de Produto, Desenvolvimento de Sistema e Tecnologia, Engenharia, Produção e Marketing para consolidar a matriz de seleção e escolher em conjunto, entre as soluções viáveis selecionadas previamente, a que melhor atenderia aos objetivos da empresa e melhor representaria o desejo dos clientes.

A solução F mostrou-se melhor que a E, com 52 pontos acima (6,3% melhor). Essa diferença é decorrente dos seguintes fatores, conforme indicados na tabela.

Tabela 4.19 Matriz de seleção do identificador

Características	Pesos	Soluções viáveis			
	(0 a 10)	E		F	
		Nota	NxP	Nota	NxP
1. Desempenho	10	10	100	10	100
2. Estética e ergonomia	8	8	64	9	72
3. Segurança	10	10	100	9	90
4. Durabilidade	7	9	63	9	63
5. Custo de fabricação	9	8	72	10	90
6. Investimento	9	8	72	10	90
7. Prazo para desenvolvimento do produto	8	9	72	9	72
8. Capacidade de armazenagem de dados	9	8	72	10	90
9. Confiabilidade	10	10	100	10	100
10. Mantenabilidade	6	9	54	9	54
11. Interatividade	7	9	63	9	63
Total N x P			**832**		**884**

Para o gabinete do equipamento o aço inox foi considerado mais adequado esteticamente que o ABS injetado; o investimento e o custo de fabricação da alternativa F são menores que os da alternativa E. As características técnicas e a capacidade de gerenciamento do banco de dados da alternativa F (*Oracle*) são maiores que as da alternativa E (*MS SQL Server*). Esse é um ponto muito importante nas implementações de grande porte como governos, aeroportos, entre outros. Portanto, o projeto básico será desenvolvido com base na alternativa adotada F.

PROGRAMAÇÃO DO PROJETO

Definida a alternativa F como a solução, foi realizada a revisão, resultando na consolidação da programação do projeto, em termos de objetivos a serem atingidos nas várias etapas, por todas as áreas envolvidas.

Tabela 4.20 Programação do Projeto Identificador Iriskey

Fases	Meses	1	2	3	4	5	6	7	8	9	10	11	12	13	14	15	16	17	18	Totais
																				(m)/(M$)
1 – Planejamento	Prazo																			2m/0,07
	Recursos humanos (p.m)	3	3																	6
	Despesas diretas ($ milhões)	0,02	0,02																	0,04
	Investimentos ($ milhões)	0,00	0,00																	0,00
2 – Estudo de viabilidade	Prazo																			2m/0,18
	Recursos humanos (p.m)			7	7															14
	Despesas diretas ($ milhões)			0,03	0,03															0,06
	Investimentos ($ milhões)			0,00	0,00															0,00
3 – Projeto básico	Prazo																			3m/0,31
	Recursos humanos (p.m)					8	8	8												24
	Despesas diretas ($ milhões)					0,02	0,02	0,02												0,06
	Investimentos ($ milhões)					0,03	0,02	0,02												0,07
4 – Projeto executivo	Prazo																			7m/0,55
	Recursos humanos (p.m)							6	6	6	3	9	7	6						43
	Despesas diretas ($ milhões)							0,02	0,01	0,01	0,01	0,02	0,02	0,03						0,12
	Investimentos ($ milhões)							0,85	0,30	0,40	0,35	0,35	0,20	0,02						2,47
5 – Implantação fábrica	Prazo																			8m/0,65
	Recursos humanos (p.m)											3	3	3	12	12	12	9	4	58
	Despesas diretas ($ milhões)											0,03	0,03	0,03	0,03	0,03	0,04	0,04	0,03	0,26
	Investimentos ($ milhões)											0,30	0,35	0,35	0,30	0,05	0,05	0,05	0,05	1,50
6 – Comercialização	Prazo																			1m/0,07
	Recursos humanos (p.m)																		1	1
	Despesas diretas ($ milhões)																		0,08	0,08
	Investimentos ($ milhões)																		0,29	0,29
7 – Totais do projeto	Prazo																			18m/1,83
	Recursos humanos (p.m)	3	3	7	7	8	8	14	6	6	3	12	10	9	12	12	12	9	5	146
	Despesas diretas ($ milhões)	0,02	0,02	0,03	0,03	0,02	0,02	0,04	0,01	0,01	0,01	0,05	0,05	0,06	0,03	0,03	0,04	0,04	0,11	0,62
	Investimentos ($ milhões)	0,00	0,00	0,00	0,00	0,03	0,02	0,87	0,30	0,40	0,35	0,65	0,55	0,37	0,30	0,05	0,05	0,05	0,34	4,33

Aprovação do projeto
Modelo funcional
Primeiro protótipo
Certificação do projeto
Capacitação dos processos
Início da produção
Início da Expansão da fábrica

MODELAGEM DO PRODUTO

Para representar o produto na forma de modelos, utilizaram-se dois recursos diferentes: primeiro, foi elaborada uma figura esquemática para retratar os componentes físicos, conforme indicado nas Figuras 4.36, 4.37 e 4.38 a seguir. Posteriormente, representaram-se de forma compacta, por meio de um fluxograma, as funções do produto, identificando as entradas, transformações e saídas.

Modelos icônicos

Cadastramento da íris

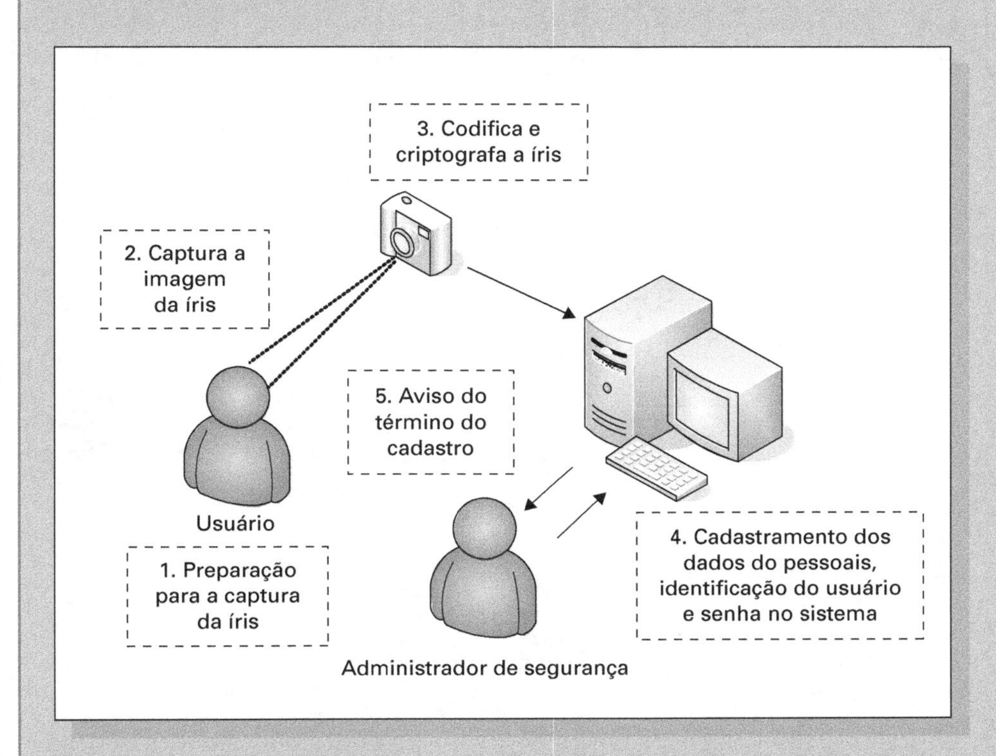

Figura 4.36
Ilustração do processo de cadastramento da íris

Descrição do processo:

1. preparação para captura da íris – o usuário posiciona-se entre 7 cm e 25 cm da câmera digital;
2. captura da imagem da íris – uma vez focada a imagem e em uma amplitude de 18º a 26º, a câmera digital captura a imagem da íris e a transforma em formato digital;
3. codificação e criptografia da íris – a partir do formato digital, o sistema codifica e criptografa a imagem da íris capturada com 512 Kb;
4. cadastramento dos dados pessoais e identificação do usuário no sistema – após a codificação e criptografia da íris, o administrador de segurança realiza o cadastramento dos dados pessoais e a identificação do usuário (matrícula, departamento, dados do cargo, localização na empresa, telefone, foto, endereço residencial, CPF e RG) no sistema de cadastramento de íris;
5. aviso do término do cadastro – após a conclusão do processo de cadastramento, o sistema avisa o usuário que o cadastramento foi realizado com sucesso.

Identificação da íris

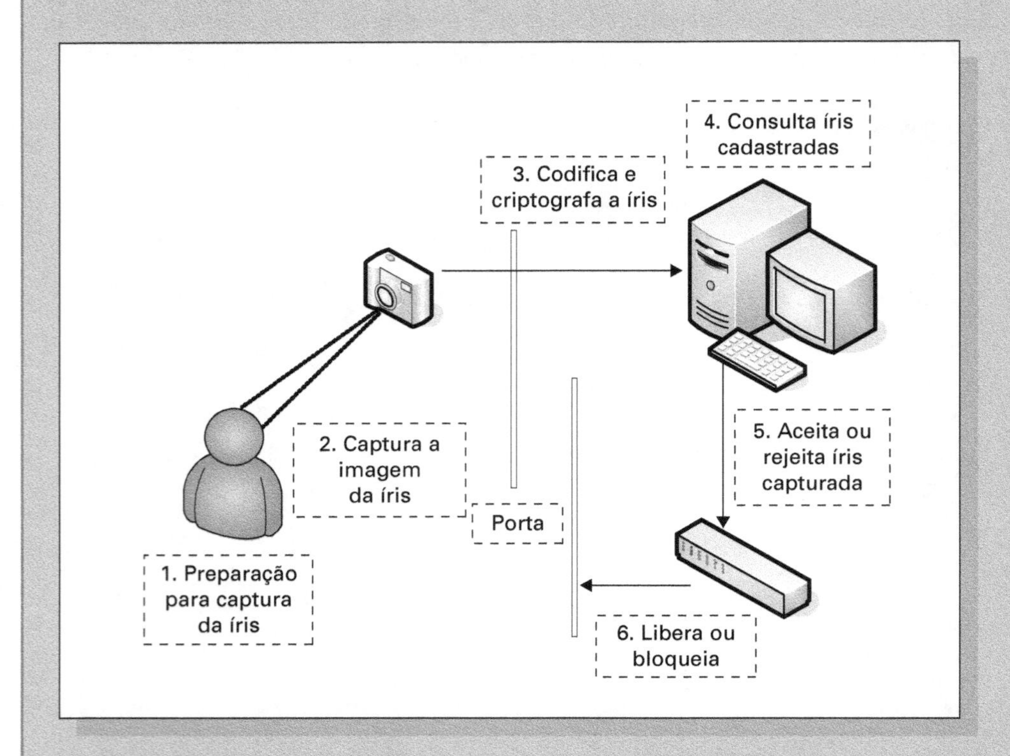

Figura 4.37
Identificação da íris

Descrição do processo:

1. preparação para captura da íris – o usuário posiciona-se entre 7 cm e 25 cm da câmera digital;
2. captura da imagem da íris – uma vez focada a imagem e em uma amplitude de 18º a 26º, a câmera digital captura a imagem da íris e a transforma em formato digital;
3. codificação e criptografia da íris – a partir do formato digital, o sistema codifica e criptografa a imagem da íris capturada com 512 Kb;
4. consulta íris cadastradas – a partir da codificação e criptografia da íris capturada, o sistema compara com os registros de íris existentes na base de dados;
5. aceitação ou rejeitação da íris capturada – se o código da íris capturada existir na base de dados, o sistema envia um comunicado ao dispositivo que controla a liberação da porta;
6. liberação ou bloqueio – a partir do comunicado realizado pelo dispositivo, a porta é liberada ou bloqueada para o usuário que teve a íris capturada.

Identificação da íris com pedido de senha em caso de indisponibilidade do sistema

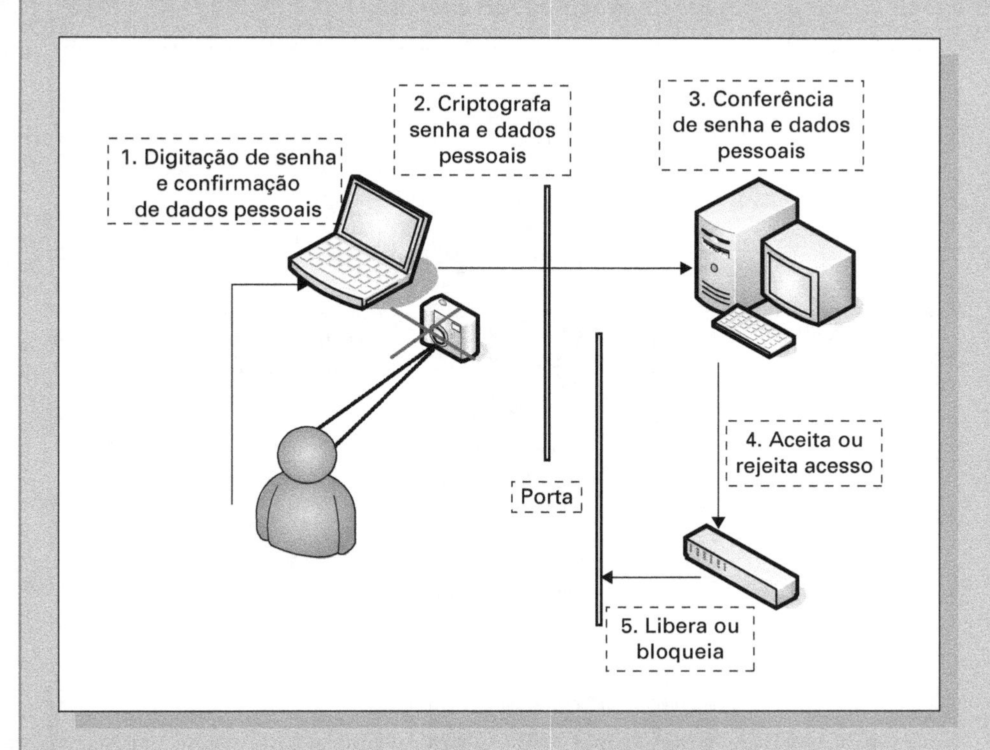

Figura 4.38
Identificação da íris com pedido de senha em caso de indisponibilidade do sistema

Descrição do processo:

1. digitação de senha e confirmação de dados pessoais - na ausência de operacionalidade do sistema de reconhecimento de íris, será possível controlar o acesso mediante a confirmação de senha e de dados pessoais previamente cadastrados no sistema;
2. criptografia de senha e dados pessoais - após a digitação da senha e dos dados pessoais, o sistema criptografa para que seja iniciada a busca no banco de dados
3. conferência de senha e de dados pessoais - a partir da criptografia da senha e dos dados pessoais, o sistema verifica na base de dados se os dados informados conferem com os dados previamente cadastrados;
4. aceitação ou rejeitação de acesso - se a senha e os dados pessoais existirem na base de dados, o sistema envia um comunicado ao dispositivo que controla a liberação da porta;
5. liberação ou bloqueio - a partir do comunicado realizado pelo dispositivo, a porta é liberada ou bloqueada para o usuário.

Modelos simbólicos – Fluxogramas

Cadastramento da íris

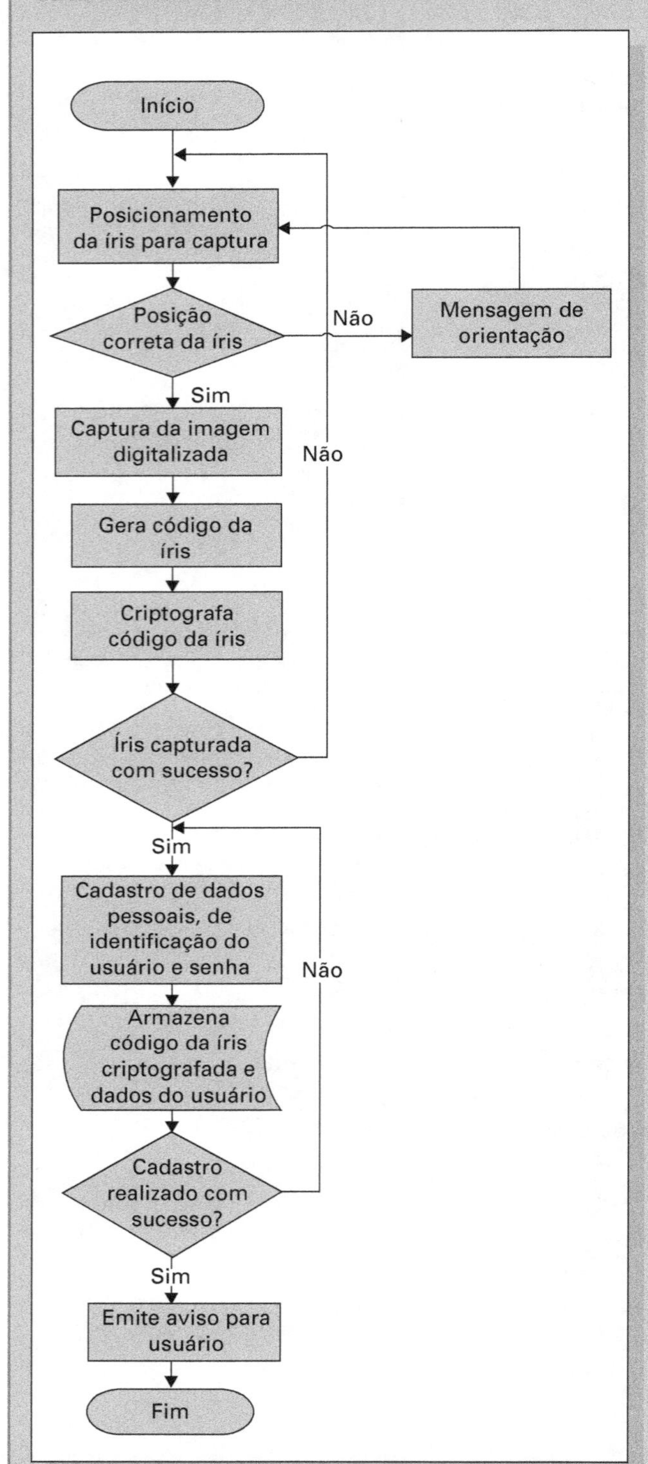

Figura 4.39
Cadastramento da íris

Identificação da íris

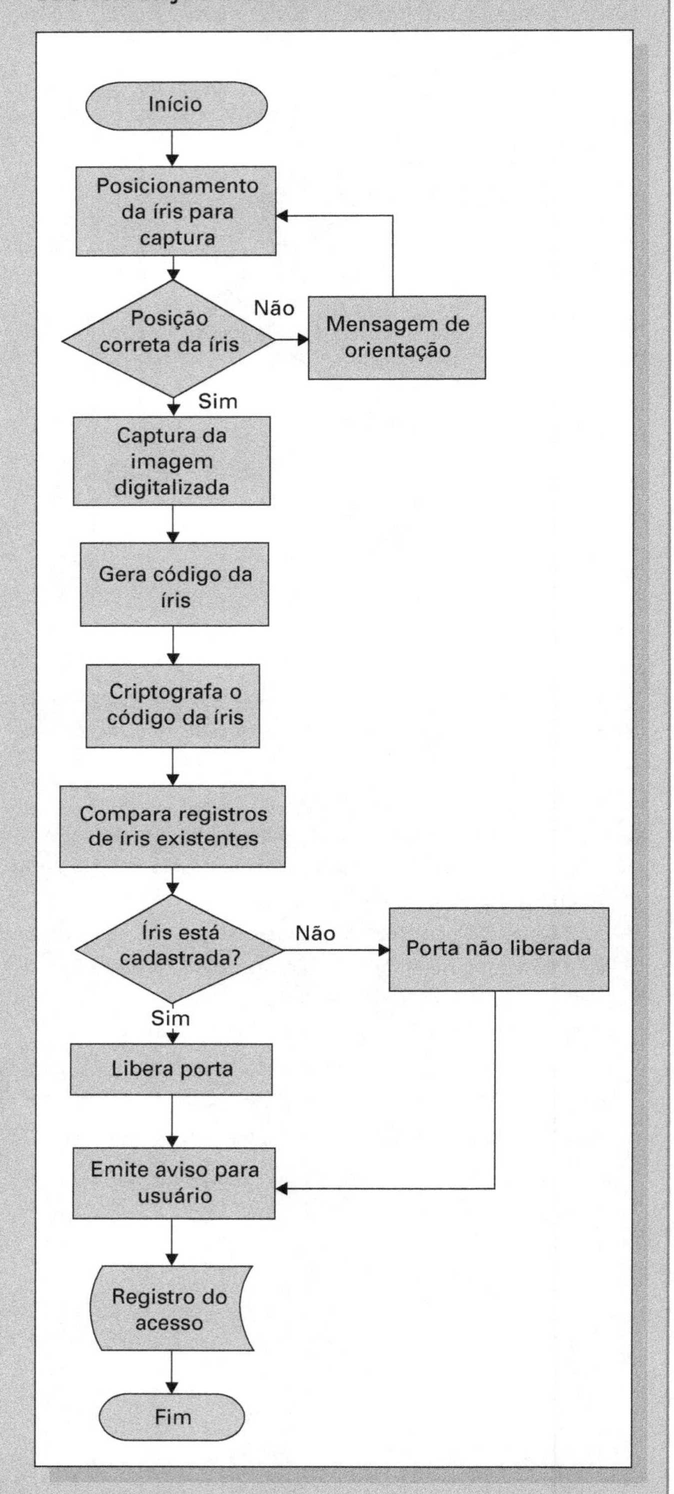

Figura 4.40
Identificação da íris

Identificação da íris com pedido de senha em caso de indisponibilidade do sistema

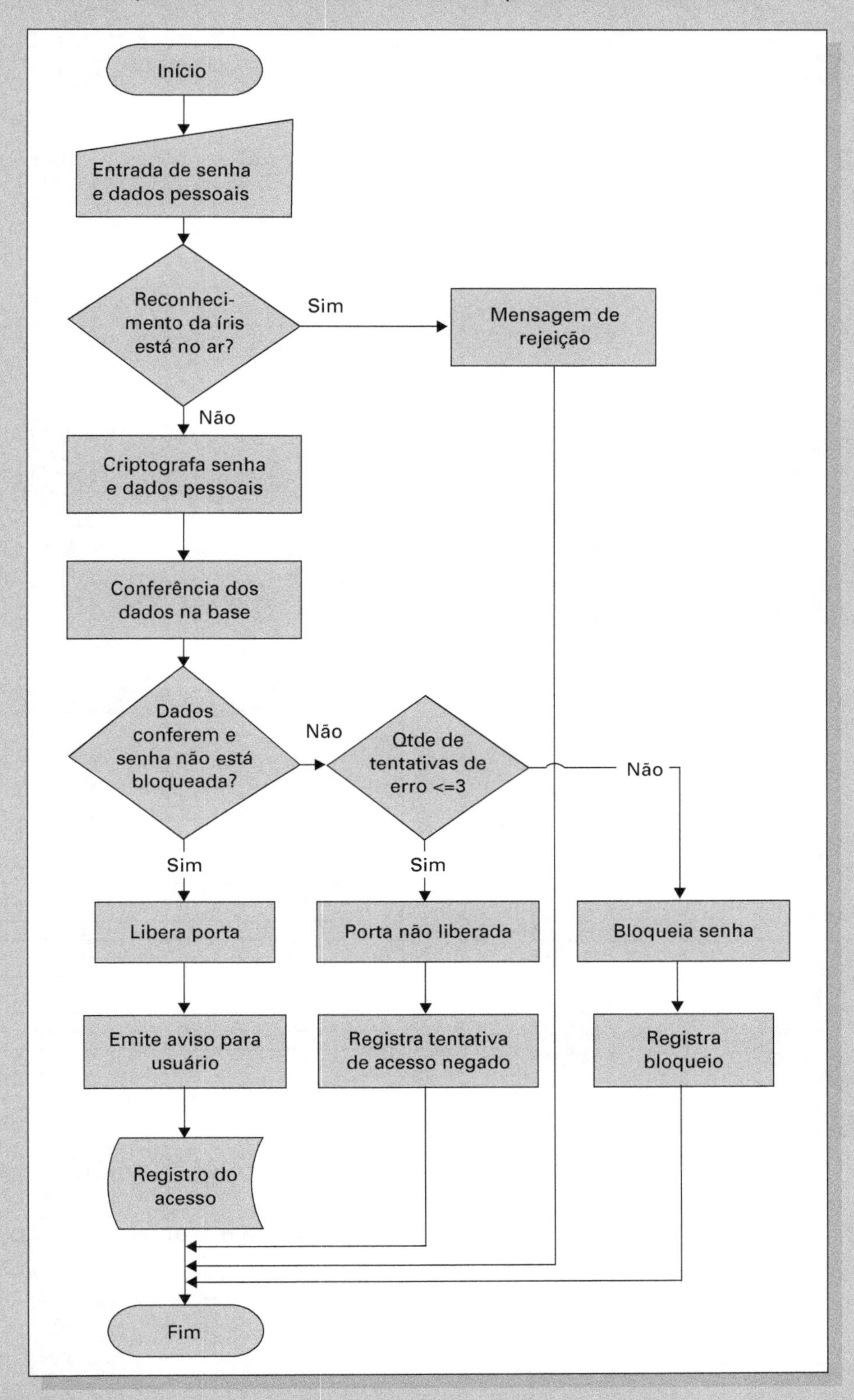

Figura 4.41
Identificação da íris com pedido de senha em caso de indisponibilidade do sistema

Modelos analógicos

Cadastro de usuários

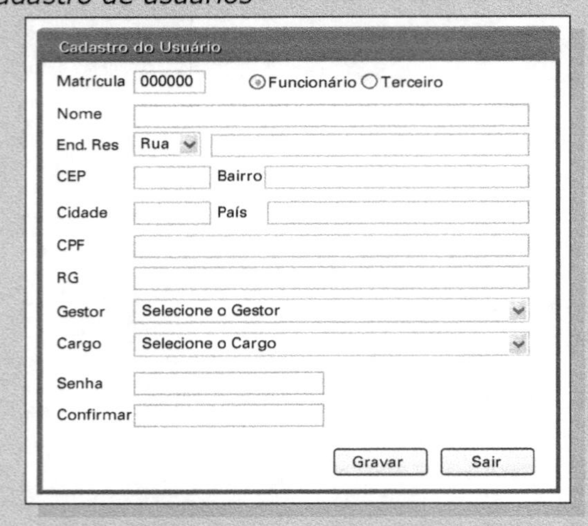

Figura 4.42
Modelo de cadastro de usuário

Grupo de acesso

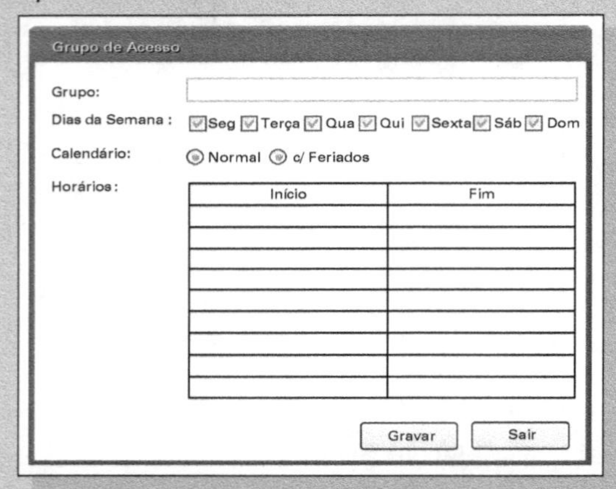

Figura 4.43
Modelo de grupo de acesso

Perfil de acesso

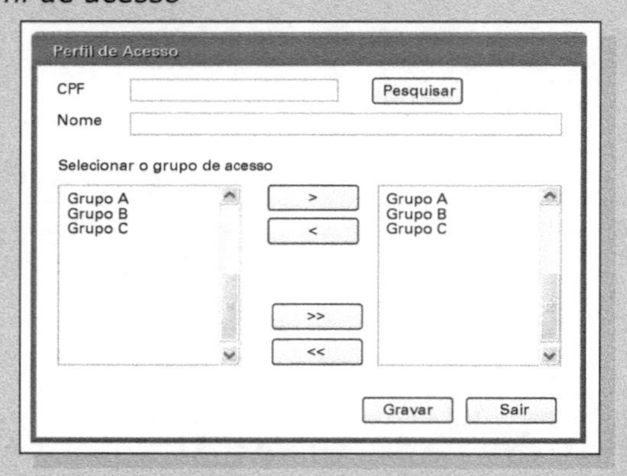

Figura 4.44
Modelo de perfil de acesso

Identificação mediante senha e confirmação de dados pessoais. Uma das opções poderá ser:

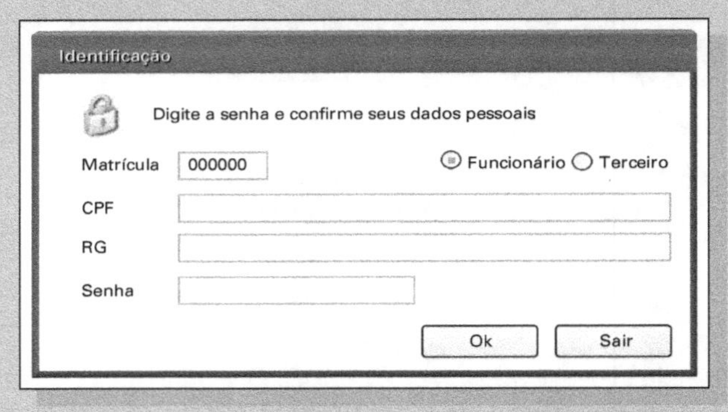

Figura 4.45
Modelo de identificação mediante senha e confirmação de dados pessoais

O sistema irá solicitar, randomicamente, a confirmação dos dados pessoais que poderá ser uma combinação entre os dados pessoais previamente cadastrados (CPF, RG, CEP, bairro, cidade etc.).

Relatório de logs de acessos

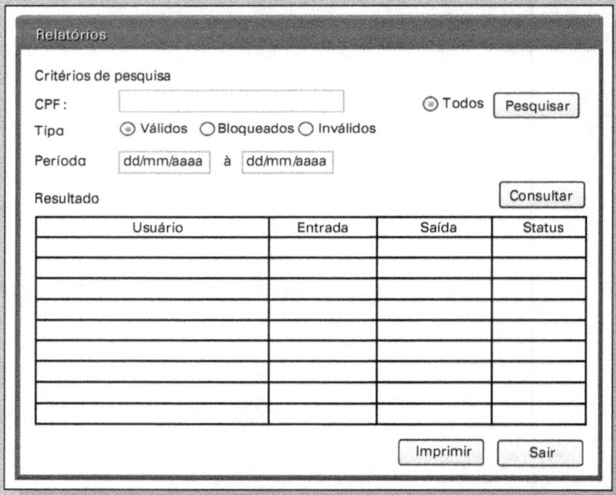

Figura 4.46
Modelo de relatório de logs de acessos

ANÁLISE DA SENSIBILIDADE DO DESEMPENHO

Com o intuito de identificar os **parâmetros mais importantes** do produto, adequação das especificações adotadas e avaliação quantitativa de desempenho do produto, a equipe do projeto elaborou diversos testes variando a participação isolada de cada componente e analisando o resultado gerado pelos subsistemas em função de cada alteração.

Os resultados desses testes estão demonstrados no quadro a seguir.

Quadro 4.8 Resultado de teste aplicados na análise de sensibilidade

Análise de sensibilidade do desempenho			
IrisKey 4000 – Identificação biométrica pela íris			
Função avaliada	**Entradas especificadas**	**Parâmetros variações**	**Saídas especificadas**
Cadastramento da íris	Esposição da íris	Lentes 7 a 30 cm de distância	Captura da íris
		Lentes 11° a 26° de focalização	
		Temperatura 0° a 40°	
		Umidade do ar 0% a 95%	
		Zoom 30 a 35X	
		Velocidade obturador 1/2.000 a 1/3.200 sec	
		Megapixels 3.0 a 8.2	
Identificação da íris	Exposição da íris	Lentes 7 a 30 cm de distância	Captura da íris e reconhecimento
		Lentes 11° a 26° de focalização	
		Temperatura 0° a 40°	
		Umidade do ar 0% a 95%	
		Zoom 30 a 35X	
		Velocidade obturador 1/2.000 a 1/3.200 sec	
		Megapixels 3.0 a 8.2	
Cadastramento de dados complementares	Digitação de dados	Processador Pentiun II a Pentiun III	Registro de dados
		Memória 64 Mb a 128 Mb*	
		Frequência do Processador 633 MHz z 800 MHz*	
		Disco rígido 20 Gb a 50 Gb*	
Gerenciamento de acesso	Acessos válidos	Controlador de acesso 1 a 4 portas	Liberações válidas
		Servidor 1 a 32 unidades de controle	
	Acessos inválidos	Rede Ethernet 10 a 100 Mbps Full Duplex	Bloqueios válidos
Emissão de mensagem	Exposição da íris válida	Dispositivo de voz 30 a 50 dB	Orientação clara
	Exposição da íris inválida	Chip de memória 10 a 30 segs de duração	
Identificação de senhas	Digitação da senha e dados de confirmação	Processador Pentiun II a Pentiun III	Captura da senha e dados de confirmação e reconhecimento
		Memória 64 Mb a 128 Mb*	
		Frequência do Processador 633 MHz a 800 MHz*	
Registro de acessos	Dados gerados pelo Gerenciador de acessos	Processador 64 Mb a 128 Mb*	Registro dos acessos
		Frequência do Processador 633 MHz a 800 MHz*	
		Disco rígido 20 Gb a 50 Gb*	

*Acima destes valores não houve ganho significativo de desempenho.

Para obtenção dos valores acima, os projetistas utilizaram os estudos com os componentes similares aos que a empresa já produz atualmente. Para os componentes novos que ainda não são fabricados, foram avaliados os existentes hoje no mercado, os quais pudessem fornecer as estimativas esperadas de desempenho. A partir da análise desse quadro e considerando as funções essenciais do produto, **conclui-se que os parâmetros mais importantes** para o sistema que afetam o seu desempenho são:

- lentes – para cadastramento e identificação da íris;
- processador – para cadastramento e rapidez de processamento, visto que um dos requisitos essenciais do produto é o tempo de reconhecimento e identificação;
- memória – para rapidez de processamento;
- Disco rígido (espaço de armazenamento) – para comportar os aplicativos (softwares) do produto e os bancos de dados;
- controlador de acesso – para administração do bloqueio e liberação dos acessos;
- aproximador – para cadastramento e identificação da íris;
- velocidade do obturador – a rapidez na obtenção da imagem interfere no desempenho do produto, e velocidade é um requisito básico;
- rede – imprescindível para interligar os componentes do produto e é um dos itens importantes na determinação do tempo de resposta total do sistema;

- registro de acesso – faz parte da segurança do sistema, possibilita o rastreamento dos acessos identificando que pessoas estavam em dado momento em todas as áreas restritas controladas pelo sistema, além de permitir uma investigação imediata das tentativas malsucedidas;
- megapixels – para capacidade de definição da imagem.

As condições de temperatura e umidade relativa do ar não foram considerados essenciais, pois os testes comprovaram que o produto pode funcionar com alto desempenho dentro de uma faixa bastante ampla de valores, contendo as situações mais comuns a que o produto deverá ser sujeitado.

A capacidade do servidor não foi considerada um parâmetro essencial, pois as análises revelaram que um servidor pode trabalhar com até 32 controladores e cada um destes com até quatro acessos. Isso totalizaria até 128 acessos por servidor, o que deve atender às necessidades da grande maioria do público-alvo.

Os parâmetros de emissão de voz (nível e timbre) não foram considerados itens essenciais para o desempenho do produto.

A identificação por senhas, a ser utilizada apenas como contingência, não compromete o funcionamento normal do sistema.

ANÁLISE DE COMPATIBILIDADE

Para analisar a compatibilidade entre os subsistemas do produto, e identificar os parâmetros dentro dos quais eles interagem harmonicamente, os projetistas realizaram os estudos de compatibilidade funcional e de compatibilidade dimensional, conforme descrito a seguir.

Funcional

Após a análise de sensibilidade e com o objetivo de garantirmos a compatibilidade funcional, os subsistemas do produto foram modelados e realizados estudos de sensibilidade das entradas e saídas da relação de cada subsistema com o seu predecessor e sucessor.

A partir dessa análise foram identificados os valores dos parâmetros que garantem as interações dos subsistemas do produto, conforme demonstrado no quadro a seguir:

Quadro 4.9 Análise de compatibilidade entre os subsistemas

IrisKey 4000 – Identificação biométrica pela íris			
Função avaliada	**Subsistema emissor**	**Parâmetros variações**	**Subsistema receptor**
1) Cadastramento da íris	1.1) Leitura da íris	Lentes 8 a 25 cm de distância	Codificação
		Processador Pentium I a Pentium III*	
		Memória 32 Mb a 64 Mb	
		Imagem da íris →	
		Zoom 30 a 35X	
		Velocidade obturador 1/2.000 a 1/3.200 sec	
		Megapixels 2.0 a 8.0	
	1.2) Codificação	Disco rígido 10 Gb a 20 Gb*	Aramazenamento
		Código da íris →	
2) Identificação da íris	2.1) Leitura da íris	Processador Pentium I a Pentium II*	Gerenciamento de acesso
		Memória 32 Mb a 64 Mb*	
		Lentes 8 a 25 cm de distância	
		Imagem da íris →	
		Zoom 30 a 35X	
		Velocidade obturador 1/2.000 a 1/3.200 sec	
		Megapixels 2.0 a 8.0	
	2.2) Gerenciamento de acesso	Processador Pentium I a Pentium II*	Gerenciamento de Mensagem
		Memória 32 Mb a 64 Mb*	
		Validação da íris →	
		Rede Ethernet 10 a 100 Mbps Full Duplex	

Continua

Continuação

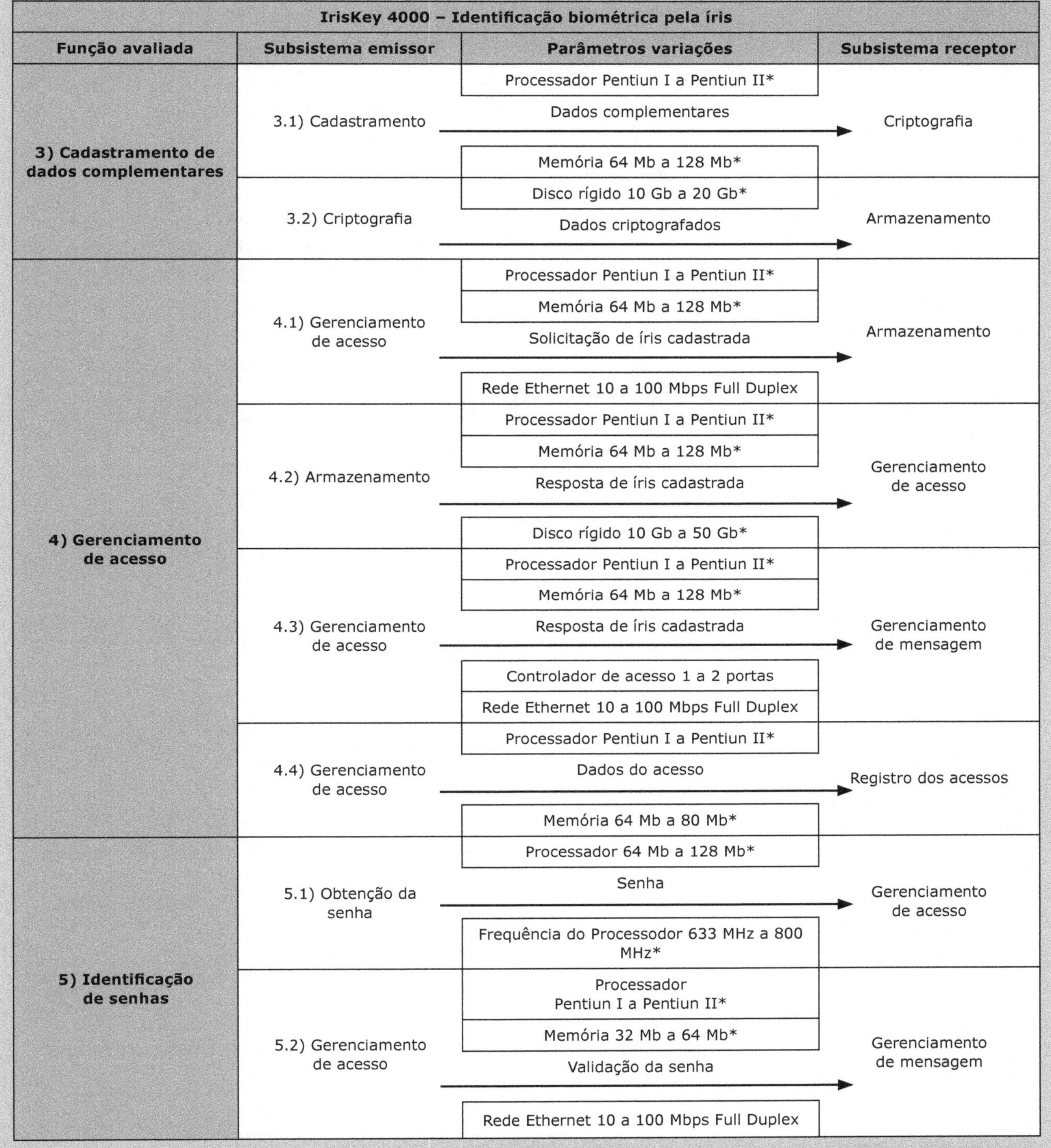

IrisKey 4000 – Identificação biométrica pela íris			
Função avaliada	**Subsistema emissor**	**Parâmetros variações**	**Subsistema receptor**
3) Cadastramento de dados complementares	3.1) Cadastramento	Processador Pentiun I a Pentiun II* Dados complementares → Memória 64 Mb a 128 Mb*	Criptografia
	3.2) Criptografia	Disco rígido 10 Gb a 20 Gb* Dados criptografados →	Armazenamento
4) Gerenciamento de acesso	4.1) Gerenciamento de acesso	Processador Pentiun I a Pentiun II* Memória 64 Mb a 128 Mb* Solicitação de íris cadastrada → Rede Ethernet 10 a 100 Mbps Full Duplex	Armazenamento
	4.2) Armazenamento	Processador Pentiun I a Pentiun II* Memória 64 Mb a 128 Mb* Resposta de íris cadastrada → Disco rígido 10 Gb a 50 Gb*	Gerenciamento de acesso
	4.3) Gerenciamento de acesso	Processador Pentiun I a Pentiun II* Memória 64 Mb a 128 Mb* Resposta de íris cadastrada → Controlador de acesso 1 a 2 portas Rede Ethernet 10 a 100 Mbps Full Duplex	Gerenciamento de mensagem
	4.4) Gerenciamento de acesso	Processador Pentiun I a Pentiun II* Dados do acesso → Memória 64 Mb a 80 Mb*	Registro dos acessos
5) Identificação de senhas	5.1) Obtenção da senha	Processador 64 Mb a 128 Mb* Senha → Frequência do Processodor 633 MHz a 800 MHz*	Gerenciamento de acesso
	5.2) Gerenciamento de acesso	Processador Pentiun I a Pentiun II* Memória 32 Mb a 64 Mb* Validação da senha → Rede Ethernet 10 a 100 Mbps Full Duplex	Gerenciamento de mensagem

*Acima destes valores não houve perda significativa de compatibilidade.

Dimensional

Em decorrência das características do produto, seus subsistemas gozam de uma relativamente alta independência dimensional. Contudo, alguns subsistemas não devem ter sua portabilidade comprometida:

- O subsistema de leitura da íris deve ter a dimensão adequada para sua instalação na parede próxima ao acesso, e poder ficar sobre uma mesa próxima do servidor para o cadastramento. Os projetistas estimam que sua dimensão não deverá ultrapassar 20 cm x 30 cm x 20 cm. Durante os testes, verificou-se que as lentes analisadas são perfeitamente adaptáveis às câmeras digitais.

- O dispositivo de voz responsável pelo gerenciamento de mensagens, menos crítico, deverá ser acoplado ao equipamento de leitura óptica.
- O teclado para digitação de senha deverá ter dimensões mais discretas em relação ao leitor da íris e ser posicionado próximo a ele e ao acesso.
- O gerenciador de acesso não deverá ter dimensões que comprometam sua instalação na parede, aberta ou fechada, próxima aos acessos. Sua dimensão não deverá ultrapassar 40 cm x 40 cm x 40 cm.

Os demais subsistemas são constituídos por softwares que deverão ser compatíveis com as configurações técnicas mínimas definidas.

ANÁLISE DA ESTABILIDADE

Com o objetivo de analisar a capacidade de os subsistemas gerarem continuamente saídas desejadas a partir de entradas normais e saídas aceitáveis para eventuais entradas indesejadas, foram realizados os estudos de estabilidade intrínseca e extrínseca, apresentados a seguir:

Intrínseca

Para garantir a interação harmoniosa entre os subsistemas, de tal forma que entradas normais produzam saídas desejadas, as equipes técnicas elaboraram diversos testes cujos resultados mais relevantes estão demonstrados no quadro a seguir:

Quadro 4.10 Análise de estabilidade intrínseca

IrisKey 4000 – Identificação biométrica pela íris			
Função avaliada	**Entradas normais**	**Parâmetros variações**	**Saídas desejadas**
Cadastramento da íris	Íris normal Íris inflamada Íris com lente de contato Íris com óculos escuros Íris com óculos de grau	Lentes 5 a 34 cm de distância focal	Captura da íris
		Lentes 11° a 26° de focalização	
		Temperatura 0° a 40°	
		Umidade do ar até 95%	
		Zoom 30 a 35X	
		Velocidade obturador 1/2.000 a 1/3.200 sec	
		Megapixels 3.0 a 8.2	
Identificação da íris	Íris normal Íris inflamada Íris com lente de contato Íris com óculos escuros Íris com óculos de grau	Lentes 5 a 34 cm de distância	Captura da íris e reconhecimento
		Lentes 11° a 26° de focalização	
		Temperatura 0° a 40°	
		Umidade do ar até 95%	
		Zoom 30 a 35X	
		Velocidade obturador 1/2.000 a 1/3.200 sec	
		Megapixels 3.0 a 8.2	
Cadastramento de dados complementares	Digitação de dados	Processador a partir do Pentium I	Validações corretas registros dos dados
		Memória a partir de 32 Mb	
		Frequência do processador a partir de 300 MHz	
		Disco rígido a partir de 10 Gb	
Gerenciamento de acesso	Acessos válidos	Controlador de acesso até 4 portas	Liberações válidas
		Servidor até 32 unidades de controle	
	Acessos inválidos	Rede Ethernet 10 a 100 Mbps Full Duplex	Bloqueios válidos
Emissão de mensagem	Exposição da íris válida	Dispositivo de voz 30 a 60 dB	Orientação clara
	Exposição da íris inválida	Chip de memória 5 a 30 segs de duração	
Identificação de senhas	Senha e dados de confirmação válidos	Processador Pentium II a Pentium III	Validações corretas
		Memória 64 Mb a 128 Mb*	
		Frequência do processador 633 MHz a 800 MHz*	
Registro de acessos	Dados gerados pelo Gerenciador de acessos	Processador 64 Mb a 128 Mb*	Registro dos acessos
		Frequência do processador 633 MHz a 800 MHz*	
		Disco rígido 20 Gb a 50 Gb*	

*Acima destes valores não houve perda significativa de estabilidade.

Extrínseca

Para garantir que as entradas anormais produzam saídas, no mínimo, aceitáveis, foram realizados testes adicionais, conforme apresentado a seguir:

Quadro 4.11 Análise de estabilidade extrínseca

IrisKey 4000 – Identificação biométrica pela íris			
Função avaliada	**Entradas anormais**	**Parâmetros variações**	**Saídas aceitáveis**
Cadastramento da íris	Íris bloqueada	Lentes 5 a 34 cm de distância focal	Advertência do sistema sem a execução da função
		Lentes 11° a 26° de focalização	
		Temperatura 0° a 40°	
		Umidade do ar até 95%	
		Zoom 30 a 35X	
		Velocidade obturador 1/2.000 a 1/3.200 sec	
		Megapixels 3.0 a 8.2	
Identificação da íris	Íris bloqueada Íris não cadastrada de usuário cadastrado	Lentes 5 a 34 cm de distância	Mensagem de voz de advertência do sistema sem a execução da função
		Lentes 11° a 26° de focalização	
		Temperatura 0° a 40°	
		Umidade do ar até 95%	
		Zoom 30 a 35X	
		Velocidade obturador 1/2.000 a 1/3.200 sec	
		Megapixels 3.0 a 8.2	
Cadastramento de dados complementares	Omissão de dados obrigatórios informação de dados conflitantes	Processador a partir do Pentium I	Advertência do sistema sem a execução da função e do cadastramento da íris
		Memória a partir de 32 Mb	
		Frequência do processador a partir de 300 MHz	
		Disco rígido a partir de 10 Gb	
Gerenciamento de acesso	Tentativa de violação do acesso; interrupção do fornecimento de energia	Controlador de acesso até 4 portas	Advertência do sistema e bloqueio do acesso; operacionalidade normal por baterias
		Servidor até 32 unidades de controle	
		Rede Ethernet 10 a 100 Mbps Full Duplex	
Emissão de mensagem	Reincidência da ação	Dispositivo de voz 30 a 60 dB	Repetição da mensagem*
		Chip de memória 5 a 30 segs de duração	
Identificação de senhas	Senha e dados de confirmação incorretas	Processador Pentium II a Pentium III	Mensagem de voz de advertência do sistema, registro do acesso sem a execução da função
		Memória 64 Mb a 128 Mb*	
		Frequência do Processador 633 MHz a 800 MHz**	
Registro de acessos	Dados não gerados pelo gerenciador de acessos	Processador 64 Mb a 128 Mb**	Advertência para o administrador do sistema e mensagem de voz informativa para o usuário sem a liberação do acesso
		Frequência do processador 633 MHz a 800 MHz**	
		Disco rígido 20 Gb a 50 Gb*	

*Exceto no caso da quarta tentativa de digitação da senha correta.

**Acima destes valores não houve perda significativa da estabilidade.

Após o término dos testes, os técnicos concluíram que o produto, os subsistemas, conjuntos e componentes são inerentemente estáveis dentro das faixas operacionais estabelecidas por este estudo; fora dessa margem, os subsistemas do produto deverão, por medida de segurança, produzir apenas saídas aceitáveis.

OTIMIZAÇÃO FORMAL

Após as análises realizadas, foi possível definir para os parâmetros críticos os valores nominais de potências e capacidades, selecionando na intercessão das faixas encontradas a combinação de valores correspondente ao maior desempenho/combinação ótima conforme apresentado na figura a seguir.

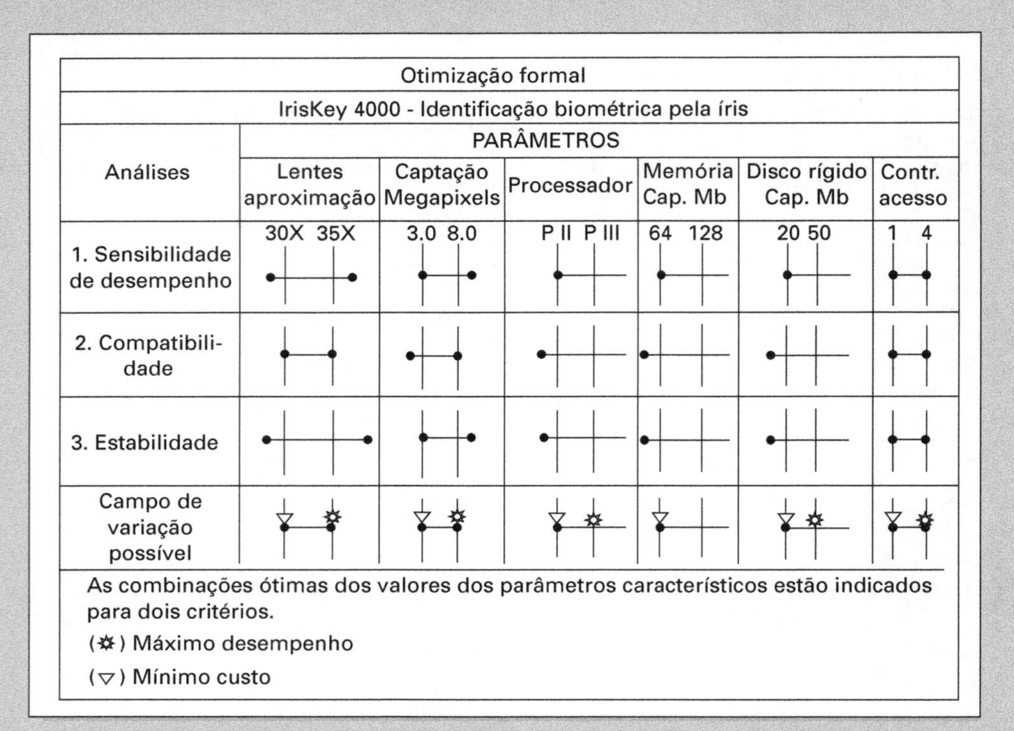

Otimização formal

IrisKey 4000 - Identificação biométrica pela íris

Análises	PARÂMETROS					
	Lentes aproximação	Captação Megapixels	Processador	Memória Cap. Mb	Disco rígido Cap. Mb	Contr. acesso
1. Sensibilidade de desempenho	30X 35X	3.0 8.0	P II P III	64 128	20 50	1 4
2. Compatibilidade						
3. Estabilidade						
Campo de variação possível						

As combinações ótimas dos valores dos parâmetros característicos estão indicados para dois critérios.

(✲) Máximo desempenho

(▽) Mínimo custo

Figura 4.47

- Os demais parâmetros críticos, por terem apresentado as mesmas variações nas três análises, tiveram suas faixas e os valores ótimos estabelecidos previamente.

O Quadro 4.12, abaixo, mostra a aplicação da análise de valor aos subsistemas do IrisKey.

Quadro 4.12 Faixas de valores dos parâmetros críticos – combinação ótima

1 - Lentes - Aproximação (zoom óptico): 35x
2 - Captação de imagem: 8,0 (zero) Mega pixels
3 - Processador PIII
4 - Memória: 128Mb
5 - Disco rígido: 50mb
6 - Controle de acesso: 4 pontos

ANÁLISE DE VALOR DOS SUBSISTEMAS

A Tabela 4.21 mostra a análise de valor para os subsistemas do identificador.

Tabela 4.21 Otimização pela análise de valor

Funções	Subsistema	Solução F	Importância relativa (%)	Custo Relativo %	Custo	Grau de valor
1. Capturar características da íris para cadastramento	Leitura da íris	Câmera digital com foco e zoom automático	10	10,85	921,66	0,921
2. Capturar características da íris para identificação	Leitura da íris	Câmera digital com foco e zoom automático	10	10,85	921,66	0,921
3. Converter características da íris pelo algorítimo	Codificação	Programa proprietário	9	10,85	921,66	0,829
4. Armazenar código de identificação e dados complementares de indentificação e parametrização	Armazenamento	Oracle	4	1,63	138,25	2,457
5. Cadastrar dados complementares	Cadastramento	Pacote proprietário de desenvolvimento de programa (SDK)	8	8,14	691,24	0,983
6. Gerenciar acessos parametrizados	Gerenciamento de acesso	Programa proprietário + placa de interface	10	13,57	1.152,07	0,737
7. Emitir mensagens	Gerenciamento de mensagens	Mensagem de voz	9	12,21	1.036,87	0,737
8. Identificar senhas	Gerenciador de senhas	Pacote proprietário de desenvolvimento de programa (SDK)	7	7,33	622,12	0,955
9. Administrador segurança	Criptografia	Solução proprietária	8	8,14	691,24	1,105
10. Administrar segurança	Registro de acessos	Pacote de desenvolvimento de probrama (SDK)	8	4,07	345,62	1,965
11. Proteger os equipamentos óticos, alto-falante etc.	Gabinete	Aço inox	8	8,14	691,24	0,983
12. Adquirir sistema operacional para desenvolvimento dos aplicativos	Sistema operacional	Windows Server 2003	4	2,04	172,81	1,965
13. Adquirir linguagem de programação para desenvolvimento dos aplicativos	Linguagem de programação	Microsoft Dot Net	4	2,17	184,33	1,842

A análise dos resultados acima mostra que o grau de valor dos subsistemas é bastante equilibrado, com os mais baixos da ordem de 0,74. Admitimos assim que não há razões para alterações no projeto.

ENSAIOS DOS MODELOS ANALÓGICOS – FUNCIONAIS

As análises de sensibilidade, compatibilidade, estabilidade e a otimização baseadas nas estimativas, experiência e conhecimentos anteriores da equipe técnica, produziram resultados importantes sobre o comportamento do produto, fornecendo subsídios essenciais para o futuro detalhamento das funcionalidades do produto.

Os testes realizados, permitiram a ratificação das análises realizadas anteriormente, gerando um conhecimento mais aprofundado do produto e aumentando a confiança no sucesso do projeto.

SIMPLIFICAÇÃO DO PROJETO

Após consideração dos resultados da análise de valor feita pelas diversas áreas envolvidas da empresa, concluiu-se que as soluções adotadas para os subsistemas são as mais simples e capazes de alcançar os resultados propostos, cumprindo todos os objetivos do projeto

CONSOLIDAÇÃO

A partir das definições aprovadas, parâmetros e características principais definidas e apoiadas em documentação consistente, concluiu-se que o produto está apto a ingressar na próxima fase, que é o Projeto Executivo, na qual serão feitas as definições de todos os componentes de cada subsistema/função.

EXEMPLO 4.4

MACACO HIDRÁULICO

PROJETO BÁSICO

Escolha da melhor solução

Tabela 4.22 Matriz de seleção das soluções

Soluções viáveis																					
Características	Peso	1		2		3		4		5	6	7		8		9		10		11	12
	P	Nota	NxP	Nota	NxP	Nota	NxP	Nota	NxP			Nota	NxP	Nota	NxP	Nota	NxP	Nota	NxP		
1) Segurança	9	**10**	90	**10**	90	**10**	90	**10**	90	inviável economica e financeiramente	inviável economica e financeiramente	**10**	90	**10**	90	**10**	90	**10**	90	inviável economica e financeiramente	inviável economica e financeiramente
2) Facilidade de manuseio	6	**9**	54	**9**	54	**5**	30	**5**	30			**9**	54	**9**	54	**5**	30	**5**	30		
3) Peso do produto	6	**4**	24	**4**	24	**4**	24	**4**	24			**8**	48	**8**	48	**8**	48	**8**	48		
4) Precisão do ajuste de altura	7	**8**	56	**8**	56	**8**	56	**8**	56			**8**	56	**8**	56	**8**	56	**8**	56		
5) Durabilidade	5	**6**	30	**7**	35	**7**	35	**6**	30			**7**	35	**7**	35	**7**	35	**8**	40		
6) Manutenabilidade	4	**7**	28	**7**	28	**8**	32	**7**	28			**7**	28	**8**	32	**9**	36	**7**	28		
7) Aparência	8	**7**	56	**7**	56	**8**	64	**7**	56			**9**	72	**8**	64	**6**	48	**6**	48		
8) Custo de fabricação	8	**9**	72	**9**	72	**9**	72	**9**	72			**9**	72	**9**	72	**10**	80	**10**	80		
9) Investimento necessário	7	**8**	56	**5**	35	**8**	56	**5**	35			**8**	56	**6**	42	**9**	63	**6**	42		
10) Prazo de implantação	10	**8**	80	**7**	70	**7**	70	**7**	70			**9**	90	**7**	70	**10**	100	**10**	100		
Total NxP		546		520		529		491				601		563		586		562			

Procedimento de trabalho

A equipe de projeto executou o trabalho da escolha da melhor alternativa dentre aquelas consideradas viáveis.

Foram convocadas novamente pessoas pertencentes aos diversos departamentos da empresa:

- Marketing – duas pessoas;
- Produção – duas pessoas;
- Qualidade – uma pessoa;
- Financeiro – uma pessoa;
- Diretoria – duas pessoas;
- Representante Comercial – duas pessoas;
- Engenharia – duas pessoas.

Essas 12 pessoas elaboraram a matriz de avaliação já apresentada, estabelecendo as características e os seus pesos relativos, atribuindo notas para cada uma delas, com o seguinte resultado da escolha:

Projeto aprovado: Composição 7 – (1c + 2b + 3b + 4a + 4b + 5a).

Descrição da solução escolhida

A **Composição 7 – (1C + 2B + 3B + 4A + 4B + 5A)** tem as seguintes características construtivas e funcionais:

- braços do equipamento – estampados em chapa de espessura apropriada, adequadamente nervurados;
- vão livre frontal, para encaixe de cavalete;
- conjunto cilindro hidráulico e bomba de acionamento – capacidade para 5.000 kgf;
- cavalete tubular com pistões telescópicos duplos e com fixações estruturais soldadas;
- plataforma de apoio da carga deslizante sobre os braços estampados, ocupando duas posições bem definidas: 1 – posição avançada, quando a unidade hidráulica estiver sendo utilizada como equipamento de elevação e suporte de carga; e 2 – posição recuada, quando a unidade hidráulica estiver sendo utilizada como equipamento de elevação de carga e o cavalete inteligente, como equipamento de suporte de carga;
- dispositivo de controle preciso da vazão do óleo na bomba hidráulica;
- conjunto "tampa de apoio + fuso de aproximação" com rosca trapezoidal com passo menor que o dos modelos atuais;
- conjunto de travas dentadas na unidade hidráulica, sob ação constante de molas – travas fixas solidárias ao chassi e as travas móveis solidárias aos braços, que possuem movimento;
- conjunto de travas dentadas na unidade cavalete inteligente, sob ação constante de molas – travas fixas solidárias à estrutura de suporte que permanece imóvel e pistões ranhurados, para a devida indexação durante a operação de travamento para suporte da carga.

REPROGRAMAÇÃO DO PROJETO PARA A SOLUÇÃO ESCOLHIDA

Quadro 4.13 Requisitos técnicos quantificados do produto

REQUISITOS FUNCIONAIS					
Desempenho	**Estética**	**Conforto**	**Ergonomia**	**Segurança**	**Proteção Ambiental**
Suporta até 2.000 kgf	Estrutura em cores: preto, vermelho, azul e amarelo	Precisão no nivelamento do reboque – 1 mm	Força de atuação para elevação – 22 kgf	Travas mecânicas automáticas na unidade hidráulica e no cavalete	Utilização de tinta hidrossolúvel e materiais recicláveis

REQUISITOS OPERACIONAIS				
Eficiência energética	**Confiabilidade**	**Mantenabilidade**	**Durabilidade**	**Custo Operacional**
90%	1 PPM	Sistema de acionamento – lubrificação a cada 50 utilizações	Dois anos com uso diário	Sem custo

REQUISITOS CONSTRUTIVOS						
Dimensões (mm)	**Capacidade (kgf)**	**Curso Útil**	**Curso do Fuso**	**Altura Mínima**	**Altura Máxima**	**Área de Contato Solo**
C470 x L120 x A102	2.000 kgf – máx.	220 mm	70 mm	102 mm	392 mm	Conf. ASME PALD-ADENDA-2004

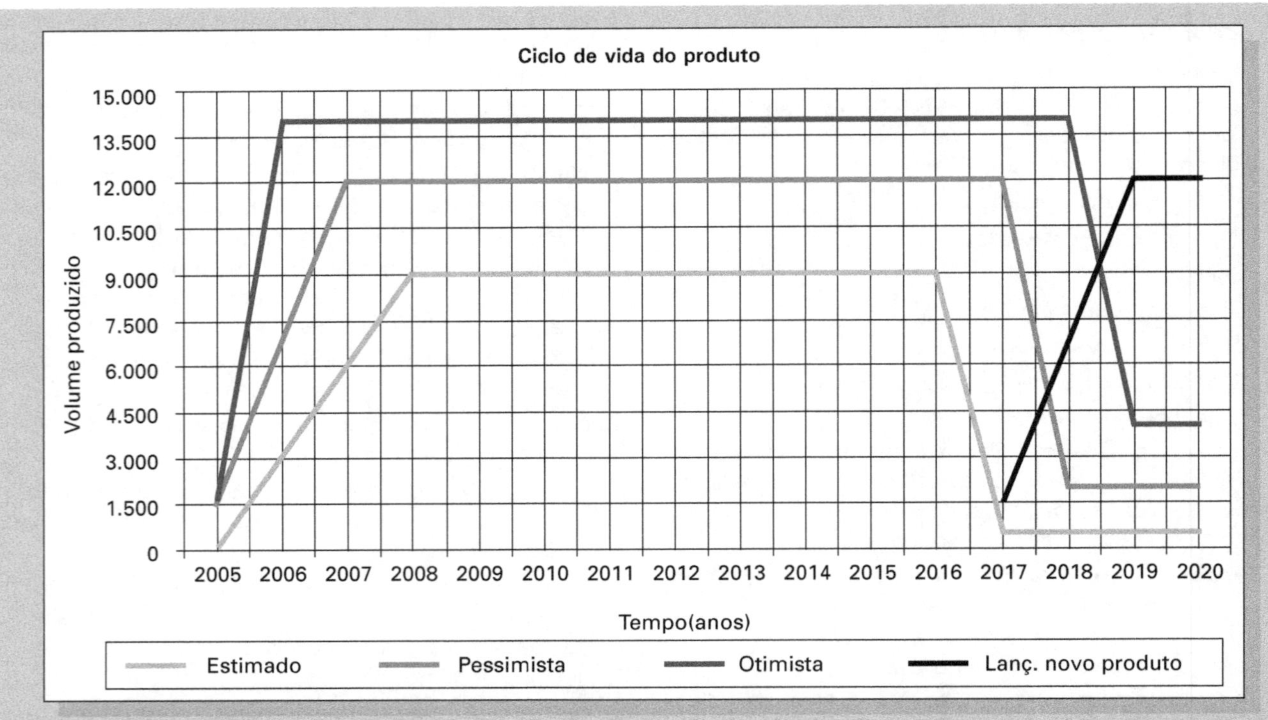

Figura 4.48
Ciclo de vida como produto da empresa

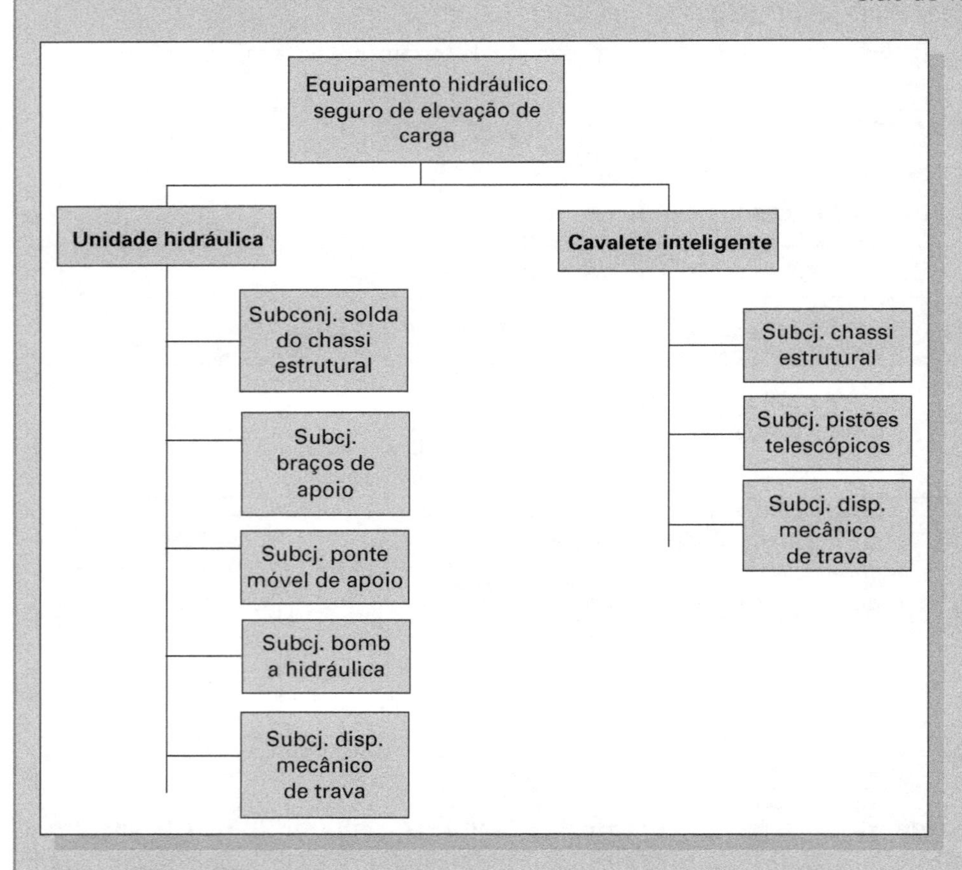

Figura 4.49
Estrutura básica de composição do produto

Tabela 4.23 Cronograma do projeto - Recursos e gastos

Fases	Meses	1	2	3	4	5	6	7	8	9	10	11	12	13	14	Totais
	Cronograma de atividades — Tarefas, Recursos e Marcos															(m)/($000)
1. Planejamento	Prazo	XX														1m/22,9
	R.H. (p/m)	3														3
	DD ($ 000)	13,40														13,40
	Inv. ($ 000)															0,00
2. Estudo de viabilidade	Prazo		XX	XX												2m/30,6
	R.H. (p/m)		2	2												4
	DD ($ 000)		9,6	9,6												19,20
	Inv. ($ 000)															0,00
3. Projeto básico	Prazo				XX	XX	XX									3m/68,8
	R.H. (p/m)				3	3	3									9
	DD ($ 000)				13,4	13,4	13,4									40,20
	Inv. ($ 000)					12,0	20,0									32,00
4. Projeto executivo	Prazo					XX	XX	XX	XX	XX						5m/124,1
	R.H. (p/m)					5	5	5	5	4						24
	DD ($ 000)					18,0	15,0	8,0	15,0	22,5						96,20
	Inv. ($ 000)						45,0	45,0	50,0							140,00
5. Implantação da fábrica	Prazo							XX	XX	XX	XX	XX	XX	XX	XX	8m/375,38
	R.H. (p/m)							8	8	15	22	25	30	30	30	168
	DD ($ 000)							30,5	30,5	35,5	37,5	38,0	45,0	45,0	45,0	307,00
	Inv. ($ 000)							750,00	700,0	620,0	620,0	350,0	320,0	85,0	85,0	3530,00
6. Totais do projeto	Prazo	XX	XX	XX	XX	XX	XX	XX	XX	XX	XX	XX	XX	XX	XX	15m/621,78
	R.H. (p/m)	3	2	2	3	8	8	17	17	24	22	25	30	30	30	430
	DD ($ 000)	13,40	9,60	9,60	13,40	31,40	31,40	38,50	45,50	58,00	37,50	38,00	45,00	45,00	45,00	476
	Inv. ($ 000)	0,0	0,0	0,0	0,0	12,0	65,0	795,0	750,0	620,0	620,0	350,0	320,0	85,0	85,0	525
Total do projeto (valores em milhares de reais)																4.785,08

Marcos: Aprovação do projeto; Modelo funcional; Consolidação do produto; 1º protótipo; Certificação do produto; Capacitação dos processos; Início da produção

MODELAGEM ICÔNICA DO PROJETO

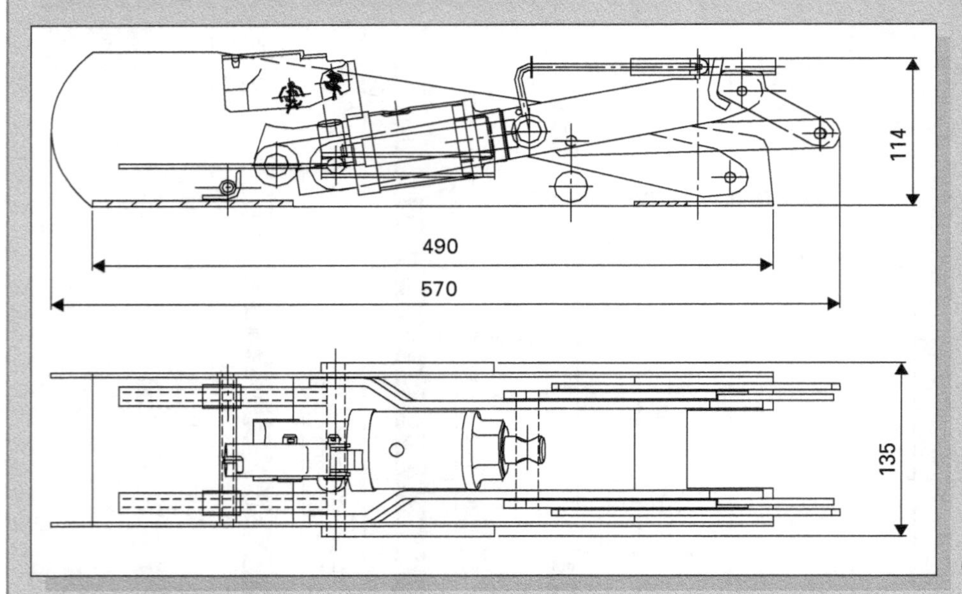

Figura 4.50
Conjunto da unidade hidráulica

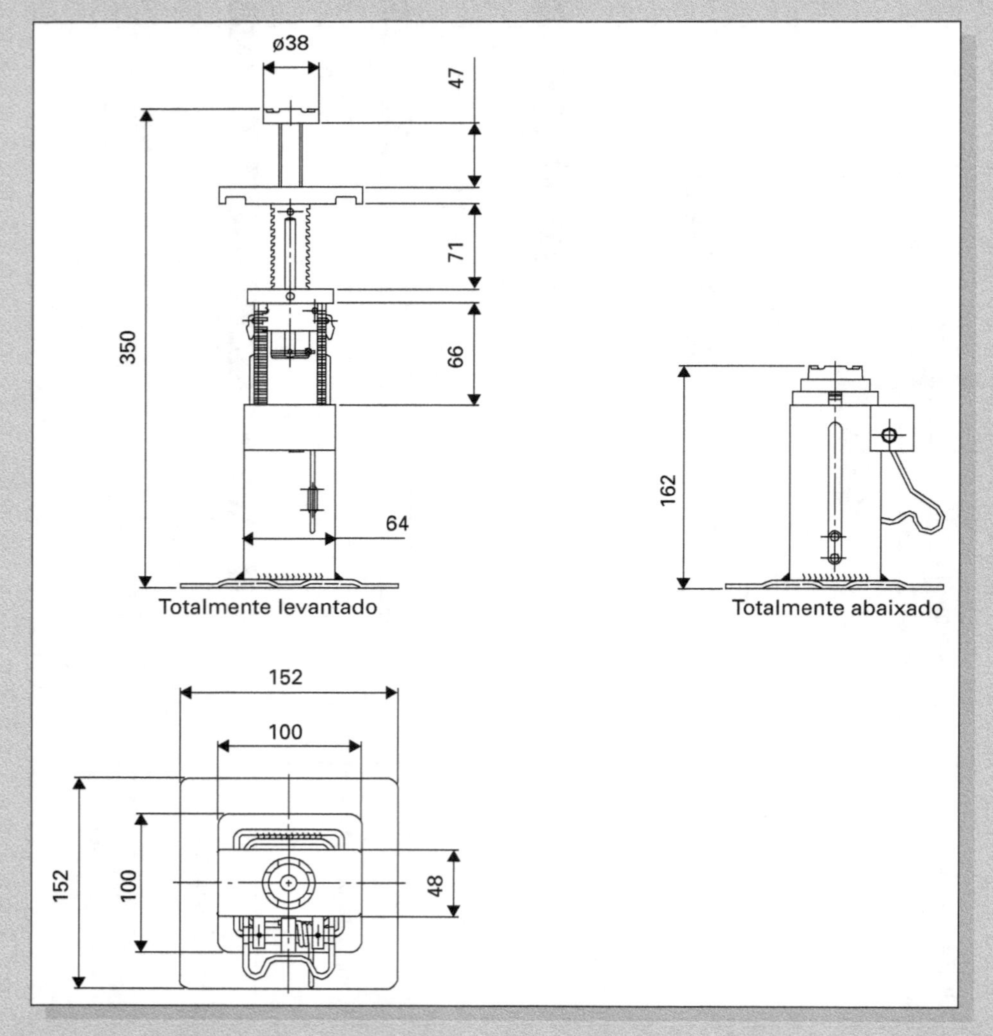

Figura 4.51
Conjunto do cavalete inteligente

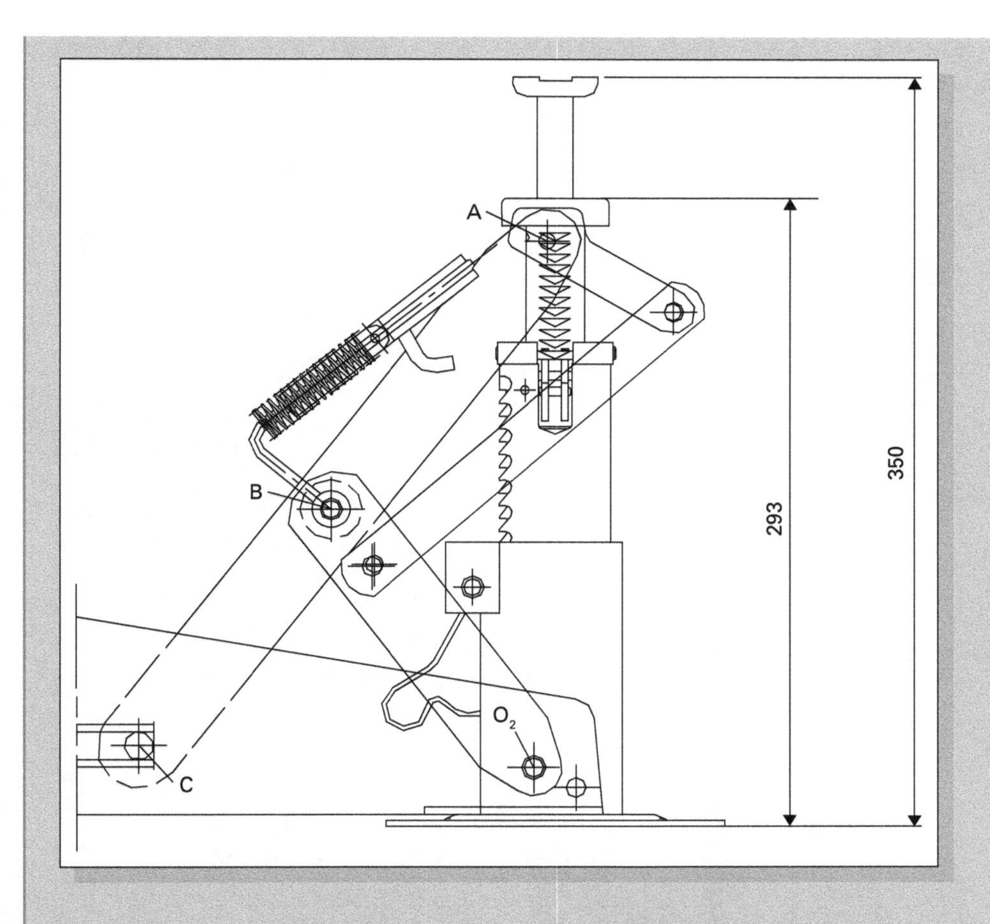

Figura 4.52
Modelo do mecanismo em funcionamento

Modelo simbólico da capacidade de carga

A Figura 4.53 mostra o esquema cinemático do mecanismo da bomba e o corresponde diagrama das forças atuantes sobre a peça 3.

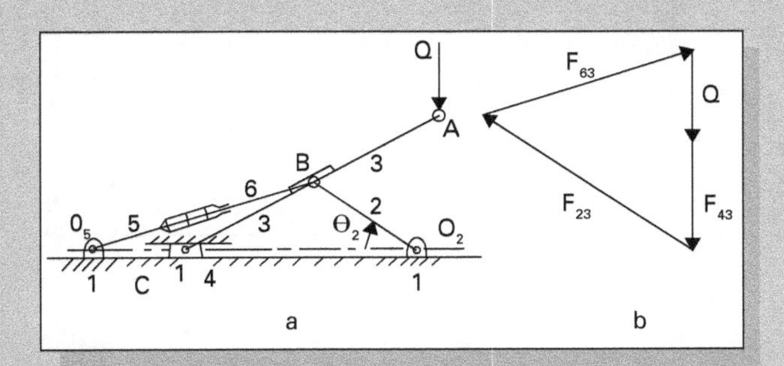

Figura 4.53
a – Esquema cinemático, b – diagrama das forças aplicadas e peça 3.

Considerando ser constante a força F_{63} que o pistão da bomba aplica no ponto B, é possível determinar a carga máxima Q a ser levantada em função da posição θ_2 do mecanismo.

A cada posição corresponde uma altura do mecanismo (ponto A) e uma capacidade de carga Q, conforme mostra a Figura 4.54.

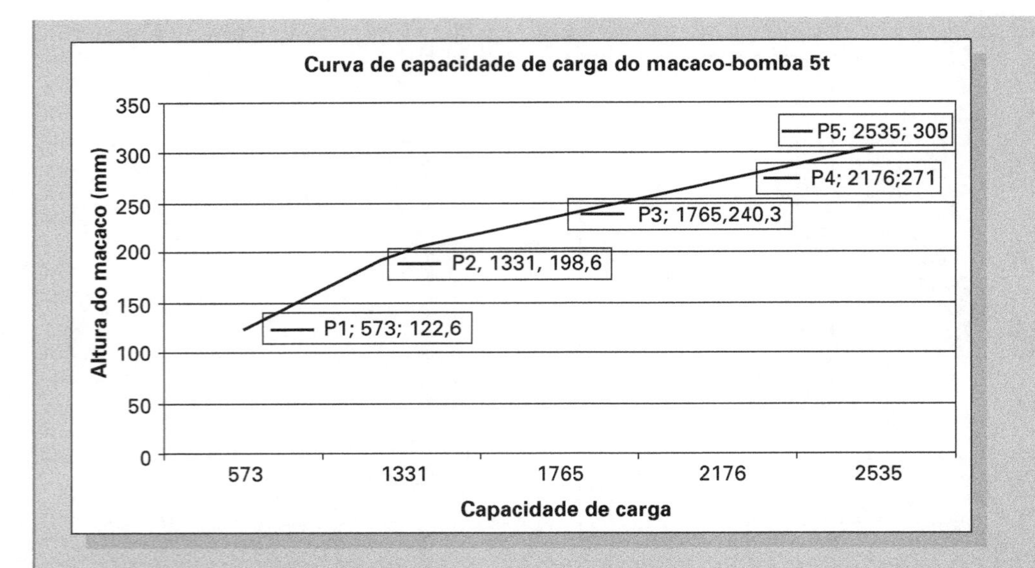

Figura 4.54
Capacidade do macaco em relação à altura da carga elevada

Estudo para verificar a força (F) na ponta da alavanca do cavalete

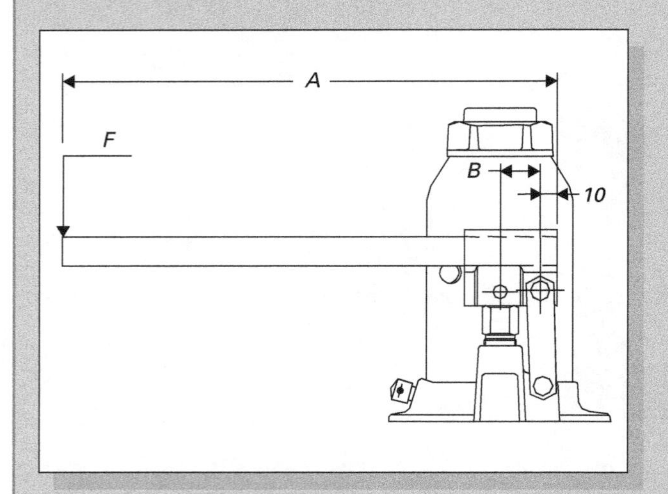

Figura 4.55
Desenho esquemático do cavalete

Desenho esquemático:

A – comprimento da alavanca (-10) (mm);

B – comprimento do pistão da bomba até a articulação (mm);

d – diâmetro interno do pistão da bomba (cm)

D – diâmetro interno do tubo do cavalete (cm);

F – força na ponta da alavanca (kgf);

F1 – força no pistão da bomba (kgf);

F2 – capacidade nominal (kgf);

A1 – área do pistão da bomba (cm^2);

A2 – área do diâmetro interno do tubo (cm^2);

P – pressão nominal (kgf/cm^2);

S – fator de segurança 50% conf. ISO 1153/93;

Ps – pressão de teste inicial S.

$$\frac{A}{B} \times F = F1$$

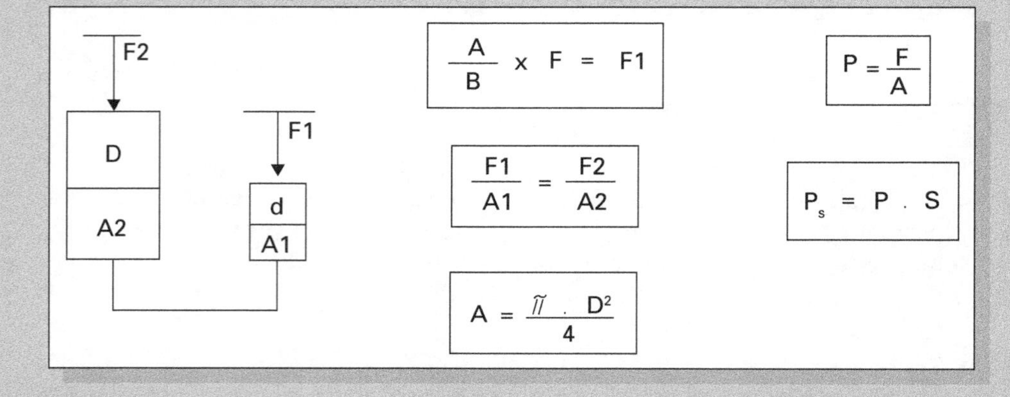

O gráfico a seguir representa a reação na bomba hidráulica quando é aplicada uma carga de 2.000 kgf para várias alturas da carga.

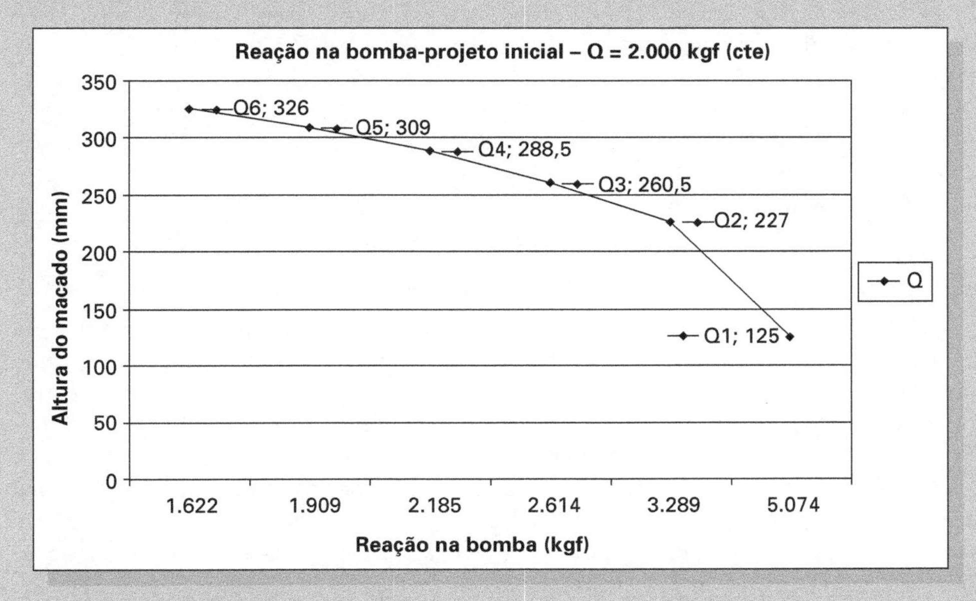

Figura 4.56
Reação na bomba hidráulica à carga de 2.000 kgf

Estudo da resistência do tubo contra pressão interna (cf. DIN-2413)

e – espessura teórica do tubo (mm);

D – diâmetro externo do tubo (mm);

p – pressão máxima: interna kgf/cm²;

σ – resistência do tubo à tração 61-80 kgf/mm².

$$e = \frac{D \cdot p}{200 \cdot \sigma}$$

$$p = \frac{e \cdot 200 \cdot \sigma}{D}$$

Cálculo para verificar a força (*F*) na ponta da alavanca

Onde:

d = diâmetro interno da guia do pistão da bomba;

E = diâmetro interno do cilindro atuante.

$$F = \frac{F2 \cdot (B \cdot d^2)}{A \cdot E^2}$$

ANÁLISE DA SENSIBILIDADE DO DESEMPENHO

Para realizar a análise da sensibilidade de desempenho estudaram-se as principais funções do produto e o conjunto de características intrínsecas a ele. Tais características são os principais **parâmetros** determinantes para o bom funcionamento do produto.

Como resultado da análise da sensibilidade, foi possível ter mais conhecimento do produto, identificar os principais parâmetros e obter uma avaliação quantitativa do seu desempenho. Depois de encontrados os parâmetros críticos, estes foram variados para obtenção dos valores máximos e mínimos para cada um deles. Esse foi um importante passo no projeto.

***NOTA**: Neste exemplo o grupo do trabalho equacionou por meio de modelos simbólicos as forças no mecanismo de acionamento; a análise de sensibilidade, a seguir, refere-se a testes realizados, possíveis apenas sobre modelos analógico-funcionais. Vale mencionar que o equacionamento mecânico e geométrico completo é possível, o que permitiria uma análise de sensibilidade mais confortável, programando as equações para cálculo em computador. Esses cálculos não excluem a necessidade de modelos funcionais, apenas fazem com que as análises sejam mais facilmente executadas, reservando o uso dos modelos funcionais para a etapa de otimização.*

- **Posição angular dos braços** – Nos testes realizados, os valores encontrados para esse parâmetro foram: valor mínimo, 4º; valor máximo, 9º; e valor ideal, 5º. Se o valor desse parâmetro ficar abaixo do valor mínimo, seria necessária, uma bomba de maior carga e o pino de pivotamento terá que ser redimensionado com um diâmetro maior que o existente no projeto original. Se o ângulo for maior que o valor máximo, a altura mínima especificada não será atingida.
- **Diâmetro interno do cilindro de acionamento da bomba** – Os valores encontrados para esse parâmetro foram: valor mínimo, 8 mm; valor máximo, 13 mm; e valor ideal, 12 mm. Com um diâmetro menor, a operação de bombeamento se torna mais lenta, pois o volume de óleo deslocado é menor. Com diâmetro maior, a operação fica mais difícil, excedendo a força na ponta da alavanca, o que compromete a ergonomia do conjunto suporte do sistema de acionamento.
- **Comprimento dos braços** – Valor mínimo, 275 mm; valor máximo, 315 mm; e valor ideal, 298 mm. Se o comprimento dos braços ultrapassar o valor máximo, uma força menor será aplicada para suportar a carga, porém haverá problemas dimensionais com a estrutura. Se o comprimento for menor que o mínimo estabelecido, uma grande força deverá ser aplicada para suportar a carga e a estrutura dos braços terá de ser redimensionada.
- **Força das molas sobre as travas** – Para esse parâmetro foram encontrados: valor mínimo, 1,10 N; valor máximo, 2,80 N; valor ideal: 1,85 N. Com uma força menor que 1,10 N, haverá um travamento deficiente e consequente operação insegura do equipamento. Uma força superior a 2,80 N acarretará dificuldade no acionamento das travas.
- **Curso hidráulico da bomba** – Nos testes realizados, os valores encontrados para esse parâmetro foram: valor mínimo, 78 mm; valor máximo, 85 mm; e valor ideal, 80 mm. Se o curso hidráulico da bomba for menor que o valor mínimo estabelecido, o equipamento não atingirá a altura mínima especificada. Se o curso exceder o máximo, corre-se o risco de romper o cavalete.
- **Folga entre os estágios telescópicos** – Os valores encontrados para esse parâmetro foram: valor mínimo, 0,08 mm; valor máximo, 0,25 mm; e valor ideal, 0,18 mm. Com uma folga superior a 0,25 mm, o equipamento ficará instável, o que dará a sensação de insegurança ao usuário. Também há a possibilidade de alguns componentes do equipamento entrarem em regime de deformação plástica. Se a folga entre os estágios telescópicos for menor que 0,07 mm, o equipamento será muito rígido e sua base levantará parcialmente do solo, o que o tornará inseguro.
- **Passo entre os dentes** – Valor mínimo, 4 mm; valor máximo, 8 mm; e valor ideal, 6 mm. Com um passo entre os dentes menores que o mínimo aceitável, a base dos dentes ficará mais frágil pela diminuição de sua espessura. Além disso, a construção desses dentes com a referida medida tornar-se-ia mais cara. Com um passo maior que o valor máximo, haveria uma condição insegura, em caso de falha no sistema hidráulico.

ANÁLISE DA COMPATIBILIDADE

Compatibilidade funcional

Todos os esforços e deslocamentos presentes na operação do macaco deverão ser compatíveis com as capacidades de carga e com as amplitudes dos movimentos. Esses esforços entre os subsistemas são variáveis durante a operação, conforme a posição do mecanismo. Os parâmetros característicos de cada subsistema tais como dimensões e resistências deverão ser definidos sob esse enfoque de compatibilidade funcional, usando os modelos simbólicos e analógicos da análise da sensibilidade.

Compatibilidade dimensional

A compatibilidade dimensional será estudada geometricamente por meio de desenhos e traçados gráficos 2D e 3D.

Para que o cavalete inteligente seja montado com a precisão adequada na unidade hidráulica, é necessário que a abertura frontal dos braços e da base de apoio frontal seja adequadamente dimensionada para receber o cavalete dentro de si. Deverá existir um sistema indexador posicionado de maneira adequada, que dará firmeza ao conjunto durante a operação.

Para que o pistão hidráulico tenha o curso de 80 mm garantido, o cilindro terá de receber determinado volume de óleo que provém de um reservatório situado na sua parte externa.

Deve haver compatibilidade entre o volume do reservatório de óleo e o interior do cilindro (área do pistão multiplicada pelos 80 mm de curso). O tubo utilizado terá diâmetro externo de 38 mm e 3 mm de parede. O reservatório de óleo poderá ser construído com tubo de 70 mm (externo) com um comprimento útil aproximado de 75 mm.

Em estado recolhido, a altura da unidade com o cavalete deve ser menor que a altura livre do solo do veículo a ser elevado, estando este com os pneus vazios.

O curso total deve ser suficiente para elevar o veículo à altura especificada. A base superior será compatível em forma e dimensões com as áreas de apoio e contato nos veículos aos quais o macaco será aplicado.

ANÁLISE DA ESTABILIDADE

Estabilidade intrínseca

As entradas normais devem produzir saídas desejadas. A desestabilização do sistema pode ocorrer por deficiências no dimensionamento dos elementos estruturais, causando deformações ou ruptura. No sistema hidráulico as folgas devem ser dimensionadas para minimizar o fluxo que passa por elas. Uma possível e muito séria desestabilização em mecanismos articulados é a ocorrência de pontos mortos no movimento resultando em inversões do movimento e esforços com "ganhos infinitos"

- Parâmetros: diâmetro interno do cilindro de acionamento da bomba, mínimo, 9 mm; máximo, 12 mm; e ideal, 5 mm.
- Comprimento dos braços, entre articulação: ideal, 298 mm; máximo, 310 mm; e mínimo, 285 mm.
- Força das molas sobre as travas: mínimo, com 2 mm de compressão; mínimo, 0,120 kgf e máximo, 0,250 kgf.
- Curso hidráulico da bomba: mínimo, 78 mm; ideal, 80 mm; e máximo, 83 mm.
- Folga entre os estágios telescópicos: máximo, 0,25 mm; ideal, 0,18 mm; mínimo, 0,08 mm.
- Folga entre os estágios telescópicos: máximo, 0,25 mm; ideal, 0,18 mm; mínimo, 0,08 mm.

Estabilidade extrínseca

Entradas indesejadas devem produzir saídas aceitáveis

- temperatura do ambiente: ideal (-10 °C até +50 °C) - Mínimo (-18 °C) Máximo (+60 °C).
- excesso de carga a ser elevada: ideal e nominal - mínima, não tem; máxima, nominal + 10% = 2.200 kg.
- inclinação da superfície de apoio acima do permitido: inclinação ideal, 0°; inclinação de teste, 4°; inclinação máxima, 7°.

Apoio sobre solos moles ou em áreas inadequadas do veículo.

- Trabalhando nas temperaturas fora do intervalo especificado, há aumento na pressão. Isso ocasiona a abertura da válvula de alívio, jogando o excesso de óleo para o tanque. Podem-se danificar as guarnições, fazendo que o excesso de óleo retorne para o tanque. O usuário conseguirá utilizar o equipamento, porém para as guarnições, acima dos 70°, deverá ser feita uma manutenção.
- A temperaturas muito baixas aumenta a viscosidade do óleo, resultando em aumento significativo do esforço de acionamento do macaco.
- Com uma carga em excesso, o usuário, mesmo que bombeie, jamais excederá a força no macaco, pois existe uma válvula de alívio que abre quando a pressão aumenta além do permitido, jogando o excesso de vazão para o tanque. Portanto, o macaco ficará na posição sem levantar, uma vez que o limite máximo é de 2.000 kgf.
- Existe risco de acidentes devidos ao mau posicionamento do elevador hidráulico em relação ao solo ou veículo a ser elevado.

OTIMIZAÇÃO DO PRODUTO

Otimização por escolha de valores de parâmetros

As análises de sensibilidade, compatibilidade e estabilidade, definiram faixas de valores dos parâmetros do produto, conforme tabela a seguir.

Os parâmetros mais importantes foram:

1 - posição angular dos braços;
2 - diâmetro interno do cilindro de acionamento da bomba;
3 - comprimento dos braços;
4 - força das molas sobre as travas;
5 - curso hidráulico da bomba;
6 - folga entre os estágios telescópicos;
7 - passo entre dentes.

Tabela 4.24 Faixas de valores dos parâmetros do produto

Parâmetros	1 - (°)		2 - (mm)		3 - (mm)		4 - (kgf)		5 - (mm)		6 - (mm)		7 - (mm)	
	Mín.	Máx.	Mín.	Máx.	Mín.	Máx.	Mín.	Máx.	Mín.	Máx.	Mín.	Máx.	Mín.	Máx.
Sensibilidade	4	9	8	13	275	315	0,11	0,28	78	85	0,08	0,25	4	8
Compatibilidade	3	8	9	12	285	310	0,12	0,25	78	83	0,08	0,25	3	8
Estabilidade	3	7	10	15	287	312	0,13	0,3	77	86	0,07	0,23	4	9
Campo de Variação	4	7	10	12	287	310	0,13	0,25	78	83	0,08	0,25	4	8

Critério adotado: máximo desempenho

Dentre as combinações dos valores possíveis, há valores ótimos para o máximo desempenho. Tais valores estão na tabela a seguir.

Tabela 4.25 Valores ótimos dos parâmetros

Parâmetros	1 - (°)		2 - (mm)		3 - (mm)		4 - (kgf)		5 - (mm)		6 - (mm)		7 - (mm)	
	Mín.	Máx.	Mín.	Máx.	Mín.	Máx.	Mín.	Máx.	Mín.	Máx.	Mín.	Máx.	Mín.	Máx.
Máximo desempenho	5		12		298		0,185		80		0,18		6	

Análise de valor

A análise do valor visa maximizar a relação valor/custo. Os subsistemas do produto tiveram seu grau de valor calculado por sua importância relativa ao conjunto e pelo custo relativo ao custo total.

Maximização da relação valor/custo

Tabela 4.26 Unidade hidráulica

Componente	Função	Importância Relativa	Custo Relativo	Grau de Valor
Chassi Estrutural	Manter a carga elevada	20%	20%	1
Braços de Apoio	Elevar a carga	20%	46%	0,434
Ponte Móvel de Apoio	Manter a carga elevada	15%	9%	1,666
Bomba Hidráulica	Elevar a carga	30%	20%	1,5
Dispositivo de Acionamento	Nivelar o veículo	15%	5%	3

Tabela 4.27 Cavalete inteligente

Componente	Função	Importância Relativa	Custo Relativo	Grau de Valor
Chassi estrutural	Manter a carga elevada	40%	35%	1,142
Pistões telescópicos	Elevar a carga	40%	50%	0,8
Dispositivo mecânico de trava	Evitar acidentes por queda da carga	20%	15%	1,333

O grau de valor dos subsistemas deve estar em torno de 1. Valores acima de 1 significam que o(s) subsistema(s) tem(têm) valor em importância maior que valor econômico. Valores abaixo de 1 significam que o(s) subsistema(s) tem(têm) valor em importância menor que valor econômico;

Nesses termos, torna-se necessário fazer uma análise sobre esse(s) subsistema(s), simplificando-os ou aperfeiçoando-os, a fim de melhorar seu grau de valor. No caso da unidade hidráulica, será necessário rever o projeto dos braços de apoio, cujo grau de valor (GV) está em 0,434.

EXEMPLO 4.5
HOTEL TRÊS ESTRELAS

PROJETO BÁSICO

Introdução

O estudo de viabilidade apresentou apenas uma alternativa viável de ser executada de acordo com os requisitos técnicos, econômicos e financeiros, porém as análises foram concentradas em subsistemas representativos dentro da avaliação de custos de implantação e custos operacionais.

Nesta fase, serão executados estudos, análises específicas e simulações de modo a consolidar o projeto do produto, mediante valores numéricos otimizados dos parâmetros que o caracterizam, evitando o enquadramento em modelos preconcebidos, buscando a melhor solução técnica, financeira e mercadológica, e procurando maximizar as potencialidades comerciais do empreendimento.

Escolha das soluções – Matriz de seleção

Para a escolha da melhor solução de cada subsistema a ser desenvolvido, será aplicada a Matriz de Seleção.

Para tanto, o produto-hotel foi dividido nos seguintes subsistemas:

- **implantação e circulação** – na fase de viabilidade do projeto foram analisadas, as soluções possíveis, alternativas de construção verticais e horizontais, tendo sido escolhida a construção horizontal de até três pavimentos como a que atende aos requisitos técnicos, econômicos e financeiros. A partir dessa matriz, serão avaliadas alternativas com 1, 2 e 3 pavimentos, bem como a de construção individual;
- **quarto** – a alternativa escolhida foi a UH com 28 m². Nesta etapa será escolhido o arranjo físico que melhor atende aos requisitos exigidos pelos clientes;
- **recepção e salas de convenção** – nesta etapa serão avaliadas as alternativas de arranjos desses subitens;
- **restaurante e estacionamento** – nesta fase serão analisados os investimentos (de terceiros ou com recursos próprios) e a forma de administração para maior eficácia operacional.

Tabela 4.28 A, B, C, D, E e F – Matrizes de seleção

A	Quarto	Soluções viáveis						
	Características	Pesos	Arranjo 1		Arranjo 2		Arranjo 3	
		P	NOTA	N X P	NOTA	N X P	NOTA	N X P
	Circulação	8	9	72	9	72	10	80
	Conforto	9	9	81	9	81	10	90
	Arranjo das mobílias	6	9	54	9	54	10	60
	Iluminação natural	6	10	60	10	60	10	60
	Flexibilidade (multiuso)	9	9	81	9	81	10	90
	Mesa de trabalho	8	9	72	9	72	10	80
	Possibilidade de introduzir mais uma cama	6	8	48	8	48	10	60
	Estética	7	10	70	10	70	10	70
	Ergonomia	9	10	90	9	81	8	72
	Custo do investimento	10	8	80	8	80	8	80
	Prazo de execução	9	8	72	8	72	8	72
	Subtotal 1			**780**		**771**		**814**

B	Recepção	Soluções viáveis						
	Características	Pesos	100 m²		200 m²		300 m²	
		P	NOTA	N X P	NOTA	N X P	NOTA	N X P
	Circulação	10	6	60	8	80	10	100
	Arranjo das mobílias	7	6	42	8	56	10	70

Continua

Continuação

B	**Recepção**	**Soluções viáveis**						
	Características	**Pesos**	**100 m²**		**200 m²**		**300 m²**	
		P	**NOTA**	**N X P**	**NOTA**	**N X P**	**NOTA**	**N X P**
	Iluminação natural	8	10	80	10	80	10	80
	Localização balcão de atendimento	9	8	72	9	81	10	90
	Sala de espera	8	6	48	8	64	10	80
	Guarda-volumes	7	7	49	9	63	10	70
	Estética	9	6	54	9	81	10	90
	Segurança	9	10	90	9	81	7	63
	Custo de investimento	10	8	80	8	80	8	80
	Prazo de execução	9	8	72	8	72	8	72
	Subtotal 2			**495**		**586**		**643**

C	**Sala de convenção**	**Soluções viáveis**						
	Características	**Pesos**	**Salão para 200 pessoas**		**02 Salões para 100 pessoas**		**Multissalas para até 50 pessoas reversíveis para**	
		P	**NOTA**	**N X P**	**NOTA**	**N X P**	**NOTA**	**N X P**
	Flexibilidade	9	5	45	7	63	9	81
	Possibilidade de maior GU	9	7	63	9	81	10	90
	Maior atendimento às necessidades dos clientes	10	10	100	10	100	10	100
	Melhor sonorização	8	9	72	9	72	9	72
	Melhor visualização	8	9	72	9	72	9	72
	Ergononia	7	7	49	8	56	8	56
	Circulação	8	7	56	7	56	8	64
	Estética	7	7	49	7	49	9	63
	Segurança	8	8	64	8	64	8	64
	Custo do investimento	10	8	80	8	80	8	80
	Prazo de execução	9	8	72	8	72	8	72
	Subtotal 3			**570**		**613**		**662**

D	**Instalação/Circulação**	**Soluções viáveis**						
	Características	**Pesos**	**Horizontal com 1 pavimento**		**Horizontal com 2 pavimentos**		**Horizontal com 3 pavimentos**	
		P	**NOTA**	**N x P**	**NOTA**	**N x P**	**NOTA**	**N x P**
	Flexibilidade	9	7	63	7	63	8	72
	Conforto	9	8	72	8	72	8	72
	Circulação	9	10	90	9	81	9	81
	Distância relativa quarto/ restaurante/sala de conv.	6	6	36	7	42	8	48
	Estética	8	7	56	8	64	9	72
	Segurança	9	6	54	8	72	8	72
	Controle dos hóspedes	9	7	63	8	72	8	72

Continua

Continuação

D	Instalação/Circulação	Soluções Viáveis					
	Características	Pesos	Horizontal com 1 pavimento		Horizontal com 2 pavimentos		Horizontal com 3 pavimentos	
		P	Nota	N x P	Nota	N x P	Nota	N x P
	Custo do investimento	10	8	80	8	80	8	80
	Prazo de execução	9	8	72	8	72	8	72
	Subtotal 4			**434**		**466**		**489**
E	**Implantação/Gerenciamento Restaurante**	**Soluções viáveis**						
	Características	**Pesos**	**Instalações/ gerência**		**Instalações próprias**		**Instalação**	
		P	**NOTA**	**N x P**	**NOTA**	**N x P**	**NOTA**	**N x P**
	Acesso a novas tecnologias	8	7	56	8	64	8	64
	Flexibilidade (contratos)	9	8	72	8	72	9	81
	Especialização	10	8	80	9	90	9	90
	Gerenciamento	8	10	80	9	72	10	80
	Facilidade de mudança	8	7	56	7	56	9	72
	Redução do custo operacional	7	9	63	9	63	9	63
	Segurança	9	7	63	7	63	8	72
	Controle dos hóspedes/ participantes de convenção	6	8	48	8	48	9	54
	Custo de investimento	8	0	0	0	0	9	72
	Prazo de execução	9	8	72	8	72	8	72
	Subtotal 5			**518**		**528**		**648**
F	**Implantação/Gerenciamento Estacionamento**	**Soluções viáveis**						
	Características	**Pesos**	**Instalação/ Gerenciamento próprio**		**Instalação própria/ Gerenciamento terceiro**		**Instalação/ Gerenciamento terceiro**	
		P	**NOTA**	**N x P**	**NOTA**	**N x P**	**NOTA**	**N x P**
	Acesso a novas tecnologias	10	7	70	8	80	9	90
	Flexibilidade (contratos)	7	7	49	7	49	7	49
	Especialização	7	6	42	8	56	7	49
	Gerenciamento	8	7	56	8	64	8	64
	Facilidade de acesso	9	8	72	8	72	9	81
	Redução do custo operacional	7	10	70	10	70	10	70
	Segurança	9	9	81	8	72	9	81
	Controle dos hóspedes/ participantes de convenção	6	7	42	7	42	7	42
	Custo de investimento	7	0	0	0	0	10	70
	Prazo de execução	9	8	72	8	72	8	72
	Subtotal			**482**		**505**		**526**
		TOTAL		**3.279**		**3.469**		**3.782**

Programação do projeto

A programação mostrada na Tabela 4.29 consolida o cronograma do projeto com prazo total de 27 meses para a solução escolhida. Apresentam-se as barras correspondentes às fases do projeto com a alocação dos recursos humanos e das despesas e investimentos ao longo de todo o projeto

Definimos, assim:

- Equipe – os profissionais empregados na CMJSK que serão disponibilizados para o desenvolvimento do projeto;
- Despesas diretas – custo desses profissionais mês a mês, de viagens e outras.
- Investimento – todo o desembolso relacionado a materiais e equipamentos, inclusive contratações de escritórios de profissionais e consultores para instalação e operacionalização de hotel.

Tabela 4.29 Programação consolidada do projeto

			PROGRAMAÇÃO DO PROJETO																										
Fases			**1**	**2**	**3**	**4**	**5**	**6**	**7**	**8**	**9**	**10**	**11**	**12**	**13**	**14**	**15**	**16**	**17**	**18**	**19**	**20**	**21**	**22**	**23**	**24**	**25**	**26**	**27**	**Total**
Planejamento	**Prazo**	mês																												
	Equipe	pessoas/mês																												
	Gte Projeto	dias	15	15																										
	Gte Marketing	dias	5	10																										
	Engenheiro	dias	10	10																										
	Arquiteto	dias	10	10																										
	Consultoria	US$'000	15	15																										
	Despesas Diretas	US$'000	23	24																										47
	Investimento	US$'000																												0
	Subtotal	US$'000	23	24																										47
Estudo de viabilidade	Equipe	pessoas/mês																												
	Gte Projeto	dias			10	10																								
	Gte Comercial	dias			5	5																								
	Gte Marketing	dias			5	5																								
	Gte Financeiro	dias			5	5																								
	Suprimentos	dias			5	5																								
	Engenheiro	dias			5	5																								
	Arquiteto	dias			10	10																								
	Consultoria	US$'000			15	15																								
	Despesas Diretas	US$'000			24	24																								48
	Investimento	US$'000																												0
	Subtotal	US$'000			24	24																								48
Projeto básico	Equipe	pessoas/mês																												
	Gte Projeto	dias					5	5	10	10																				
	Gte Marketing	dias					5	5	5	5																				

Continua

Continuação

Fases			1	2	3	4	5	6	7	8	9	10	11	12	13	14	15	16	17	18	19	20	21	22	23	24	25	26	27	Total
	Suprimentos	dias							5	10																				
	Engenheiro	dias						5	10	10																				
	Arquiteto	dias					5	5	10	10																				
	Consultoria	US$'000					5	8	10	10																				
	Despesas Diretas	US$'000					8	12	18	19																				57
	Investimento	US$'000																												0
	Subtotal	US$'000					8	12	18	19																				57
Projeto executivo	Equipe	pessoas/mês																												
	Gte Projeto	dias							5	5	5	5	5	5																
	Gte Marketing	dias											5	5																
	Suprimentos	dias										5	5	5																
	Engenheiro	dias							5	5	10	10	10	10																
	Arquiteto	dias							5	5	10	10	10	10																
	Consultoria	US$'000							5	5	10	10	10	10																
	Despesas Diretas	US$'000							8	8	15	16	17	17																81
	Investimento	US$'000																												0
	Subtotal	US$'000							8	8	15	16	17	17																81
Implantação	Equipe	pessoas/mês																												
	Gte Projeto	dias								5	5	5	5	5	10	10	10	10	10	10	10	10	10	10	5	5	5			
	Engenheiro	dias								5	5	5	5	5	5	5	5	5	5	5	5	5	5	5	5	5	5			
	Arquiteto	dias								5	5	5	5	5	5	5	5	5	5	5	5	5	5	5	5	5	5			
	Outros	dias								5	5	5	10	10	10	10	10	10	10	10	10	10	10	10	10	10	10			
	Despesas Diretas	US$'000								4	4	4	5	5	6	6	6	6	6	6	6	6	6	6	5	5	5			97
	Investimento	US$'000								10	40	40	50	50	70	70	70	80	88	90	90	100	130	130	120	110	80			1418

Continua

Continuação

Fases			1	2	3	4	5	6	7	8	9	10	11	12	13	14	15	16	17	18	19	20	21	22	23	24	25	26	27	Total
	Subtotal	US$'000								14	44	44	55	55	76	76	76	86	94	96	96	106	136	136	125	115	86			1.515
Comissionamento	Equipe	pessoas/mês																												
	Gte Projeto	dias																							5	5	5			
	Outros	dias																							10	10	10			
	Despesas Diretas	US$'000																							1	1	1			3
	Investimento	US$'000																							5	5	5			15
	Subtotal	US$'000																							6	6	6			18
Suporte técnico operacional	Equipe	pessoas/mês																												
	RH	dias																							10	10	10	5		
	Gte Projeto	dias																								5	5	5		
	Gte Marketing	dias																								5	5	5		
	Gte Financeiro	dias																								5	5	5		
	Gte Comercial	dias																								5	5	5		
	Outros	dias																								20	20	20		
	Consultoria	US$'000																								5	10	10		
	Despesas diretas	US$'000																							2	15	20	19		56
	Investimento	US$'000																												0
	Subtotal	US$'000																							2	15	20	19		56
Desembolso (US$'000)			23	24	24	24	8	12	26	41	59	60	72	72	76	76	76	86	94	96	96	106	136	136	133	135	111	19		1.822
Desembolso trimestral (US$'000)				71			44			126			204,0			228,0			276,0			338,0			495,0			130,0		
Desembolso anual (US$'000)								**445,0**												**1.247,0**								**136**		

ANÁLISES TÉCNICAS DOS SUBSISTEMAS

Para o projeto da edificação, faz-se necessário o estudo da orientação solar e dos ventos predominantes visando a iluminação e ventilação naturais de acordo com as normas de edificação, buscando, assim, melhor utilização dos fatores provedores do conforto dos usuários.

Uma vez que o produto **HOTEL** tem como função principal a **hospedagem**, representada pelo aspecto de acomodação, é lógico priorizar o seu subsistema principal – o **quarto**. A condução dessa fase do projeto, requer representar o produto por modelos. Assim, o item **quarto**, mostrado com desenhos na representação icônica, também será estudado levando-se em consideração a importância desse item no projeto. Com esse objetivo, é também possível elaborar modelos analógicos funcionais na escala 1:1, a serem submetidos às avaliações necessárias para a otimização do desempenho das suas funções de acomodação e circulação.

A fim de se obter a definição quantitativa dos parâmetros do produto da especificação, de suas características técnicas, serão executadas as três seguintes análises dos subsistemas que compõem o hotel,

- análise da sensibilidade de desempenho;
- análise da compatibilidade Funcional e Dimensional;
- análise da estabilidade Intrínseca e Extrínseca

ANÁLISE DA SENSIBILIDADE DE DESEMPENHO

Pela análise de sensibilidade são verificados, para cada um dos subsistemas, os limites numéricos dos parâmetros críticos, indicados no quadro abaixo, necessários ao atendimento do seu desempenho, os quais serão otimizados mais adiante.

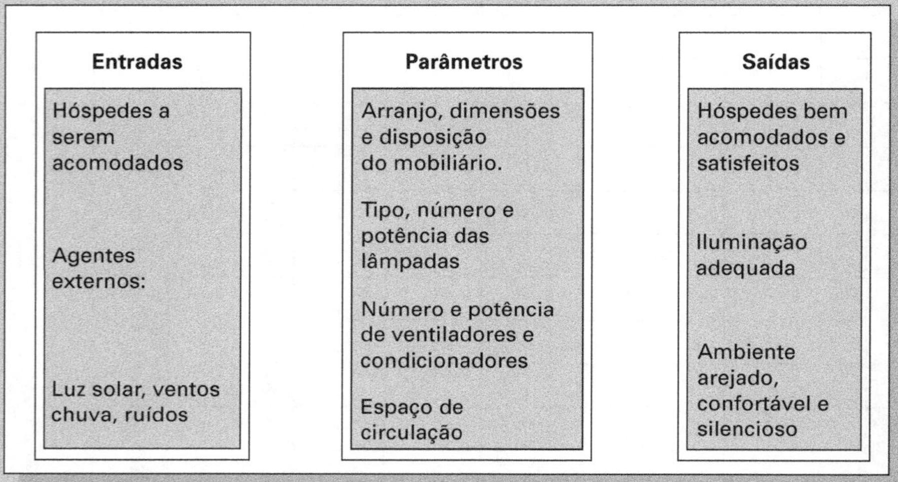

Entradas	Parâmetros	Saídas
Hóspedes a serem acomodados	Arranjo, dimensões e disposição do mobiliário.	Hóspedes bem acomodados e satisfeitos
Agentes externos:	Tipo, número e potência das lâmpadas	Iluminação adequada
Luz solar, ventos chuva, ruídos	Número e potência de ventiladores e condicionadores	Ambiente arejado, confortável e silencioso
	Espaço de circulação	

Figura 4.57
Análise de sensibilidade do desempenho – QUARTO

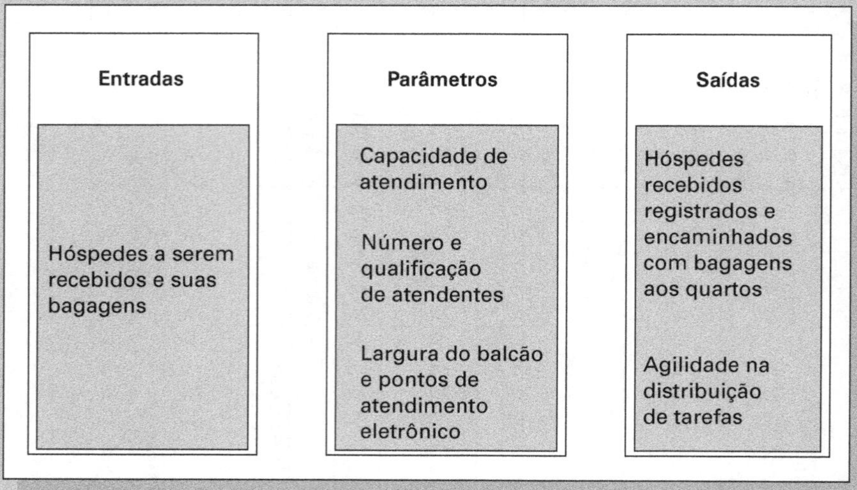

Entradas	Parâmetros	Saídas
Hóspedes a serem recebidos e suas bagagens	Capacidade de atendimento	Hóspedes recebidos registrados e encaminhados com bagagens aos quartos
	Número e qualificação de atendentes	Agilidade na distribuição de tarefas
	Largura do balcão e pontos de atendimento eletrônico	

Figura 4.58
Análise de sensibilidade do desempenho – RECEPÇÃO

Entradas	Parâmetros	Saídas
Participantes entrantes Assistentes e expositores, recebidos e encaminhados	Equipamentos e Recursos Número de cadeiras na platéia e mobília no palco Qualidade acústica e capacidade do equipamento sonoro Qualidade do sistema computador–projetor Capacidades de ventilação e de condicionamento de ar Tratamento acústico do ambiente Versatilidade do arranjo	Participantes que saem Participantes satisfeitos com a sala de convenções e serviços pertinentes.

Figura 4.59
Análise de sensibilidade do desempenho – SALA DE CONVENÇÕES

Para o projeto da edificação, faz-se necessário o estudo da orientação solar e dos ventos predominantes visando a iluminação e ventilação naturais para a melhor utilização dos recursos provedores de conforto aos usuários.

Entradas	Parâmetros	Saídas
Cargas e esforços devidas aos ocupantes Incidência de rediação solar Incidência de ventos e chuvas Reologia do solo	Topologia adequada, dimensionamento estrutural das fundações, de lajes, colunas e vigas Isolação térmica do telhado paredes e janelas Vedação adequada de janelas e portas Revestimento e acabamento	Edificação segura com ocupantes protegidos Boa aparência Fácil acesso

Figura 4.60
Análise de sensibilidade do desempenho – EDIFICAÇÃO

Entradas	Parâmetros	Saídas
Hóspedes e outros comensais Materiais e alimentos Energia para fogões	Capacidade de acomodação dos comensais: mesas e cadeiras Capacidade da cozinha no preparo de pratos: cozinheiros, ajudantes e fogões e utensílios Capacidade de servir as mesas: número de garçons Competência em apresentar as contas e receber pagamento	Clientes alimentados, satisfeitos Faturamento adequado

Figura 4.61
Análise de sensibilidade do desempenho – RESTAURANTE

Entradas	Parâmetros	Saídas
Automóveis e ônibus entrantes e salientes por dia/hora Passageiros e bagagens embarcadas Ações de motoristas e manobristas	Número e localização de portões de entrada e saída Atendentes e manobristas Número e dimensões de vagas para autos e ônibus Largura das vias de acesso e manobra Iluminação e sombreamento Sinalização e demarcação	Hóspedes e bagagens embarcados Veículos estacionados com facilidade e segurança Saída

Figura 4.62
Análise de sensibilidade do desempenho – ESTACIONAMENTO

ANÁLISE DA COMPATIBILIDADE FUNCIONAL

Nesta análise serão estudadas as interações técnicas entre os subsistemas, definindo parâmetros de modo a garantir a coerência entre as capacidades de encaminhamento e processamento dos vários subsistemas, levando-se em conta que as saídas serão as entradas do seguinte, na sequência da operação do hotel.

ANÁLISE DA COMPATIBILIDADE DIMENSIONAL

A compatibilização das formas e dimensões de todos os componentes do hotel será feita por meio de desenhos como os modelos icônicos anteriormente mostrados. A divisão da área do terreno pela disposição das edificações e dos caminhos de circulação é o primeiro desses desenhos. Para cada edifício, serão feitas as plantas de cada andar, com os aposentos, corredores, escadas e elevadores. Para cada apartamento serão estudadas a disposição dos móveis, o arranjo das peças nos lavabos, visando o conforto e a circulação adequados. *Os modelos icônicos são especialmente úteis em projetos arquitetônicos para estudar forma, aparência, dimensões e arranjo físico.*

Para atender às necessidades do mercado colocadas na fase de planejamento, as alternativas dos subsistemas que compõem, como recepção e circulação, quartos, convenções e estacionamento, serão analisados por meio de desenhos de plantas e elevação, bem como perspectivas ilustrativas.

A implantação foi concebida visando ao aproveitamento do terreno, de modo que as circulações e a interação entre os itens do programa estejam resolvidas. Para tanto, o centro de convenções foi disposto de forma que seu acesso seja independente do acesso do hotel, em razão das possibilidades de uso daquele espaço independentemente do hotel.

O sistema de circulação será praticamente horizontal. Foram adotados blocos de três andares, com a circulação principal, que interliga todos os blocos, efetuada no pavimento térreo (pavimento intermediário) e a partir deste pode-se subir ou descer um lance de escada e acessar os outros pavimentos. A área de lazer não é o principal foco do projeto, mas sua localização central foi pensada para que os quartos possam ter uma vista agradável e acolhedora, mesmo porque este hotel, embora vise ser econômico, tem de competir no mercado atual e atender às exigências dos clientes. A disposição dos blocos permitiu que os quartos não ficassem de frente um para o outro e que, mesmo em blocos idênticos, tenham um arranjo agradável e dinâmico, conferindo personalidade ao hotel.

O quarto foi estudado de maneira a ter formato regular e modular para otimizar a distribuição estrutural e ter instalações com as dimensões adequadas ao mobiliário escolhido. Foram estudados modelos para os diversos arranjos, mas sem alteração de módulo, evitando custos desnecessários. Áreas de recepção e convenções foram aproximadas para que, entre elas, sejam locados serviços que garantam comunicação e controle. Os acessos permaneceram independentes para desvincular o uso desses ambientes. A recepção funciona como um núcleo que distribui e seleciona as pessoas que acessam o hotel.

O restaurante estará posicionado estrategicamente para que possa atender ao hotel e ao centro de convenções, e também será interligado à recepção por uma praça. Todos os serviços e abastecimentos serão feitos pela lateral direita, sem que haja interferências com a circulação de pessoas - hóspedes ou não - no restaurante ou no centro de convenções.

Essas considerações resultantes de estudos por meio de modelagem icônica serão novamente tratadas e otimizadas nas etapas seguintes.

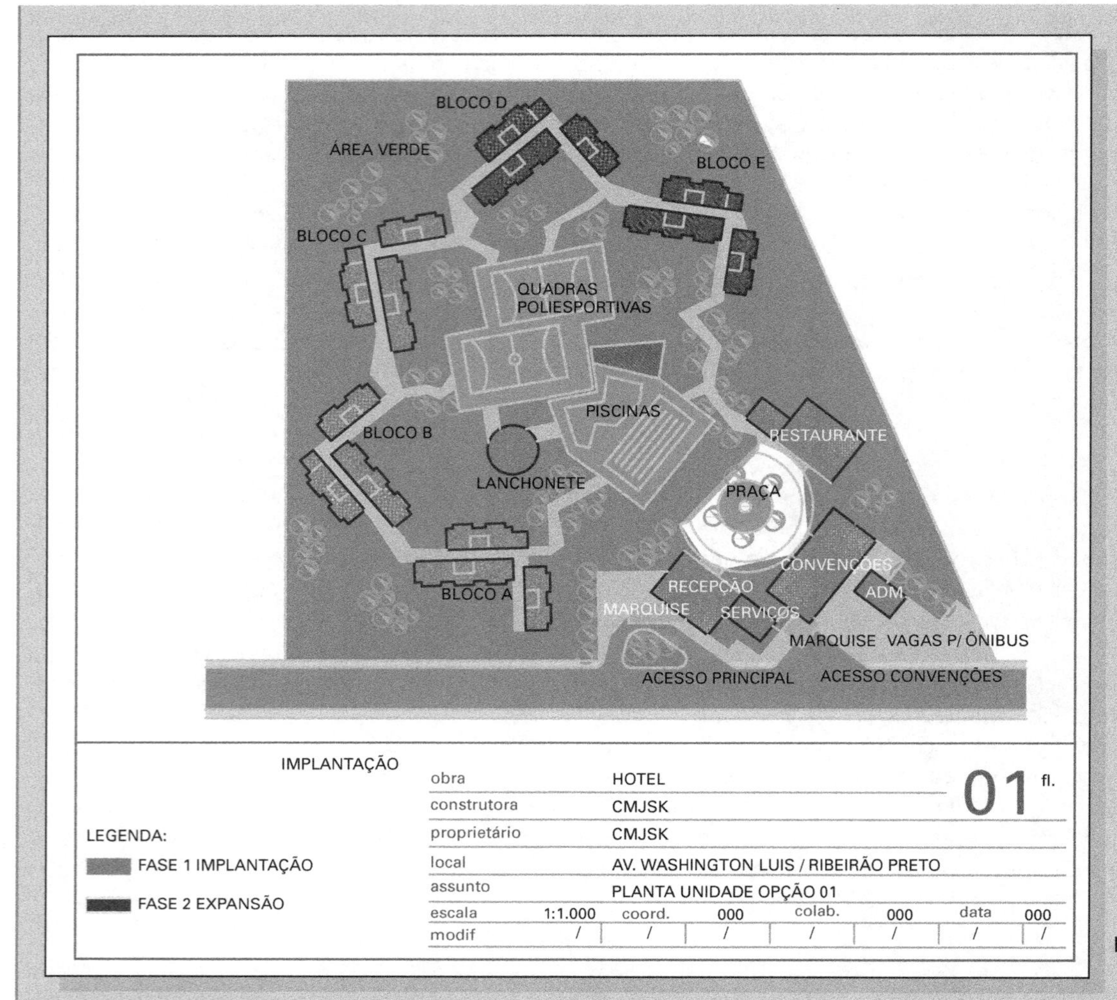

Figura 4.63
Planta baixa geral da instalação

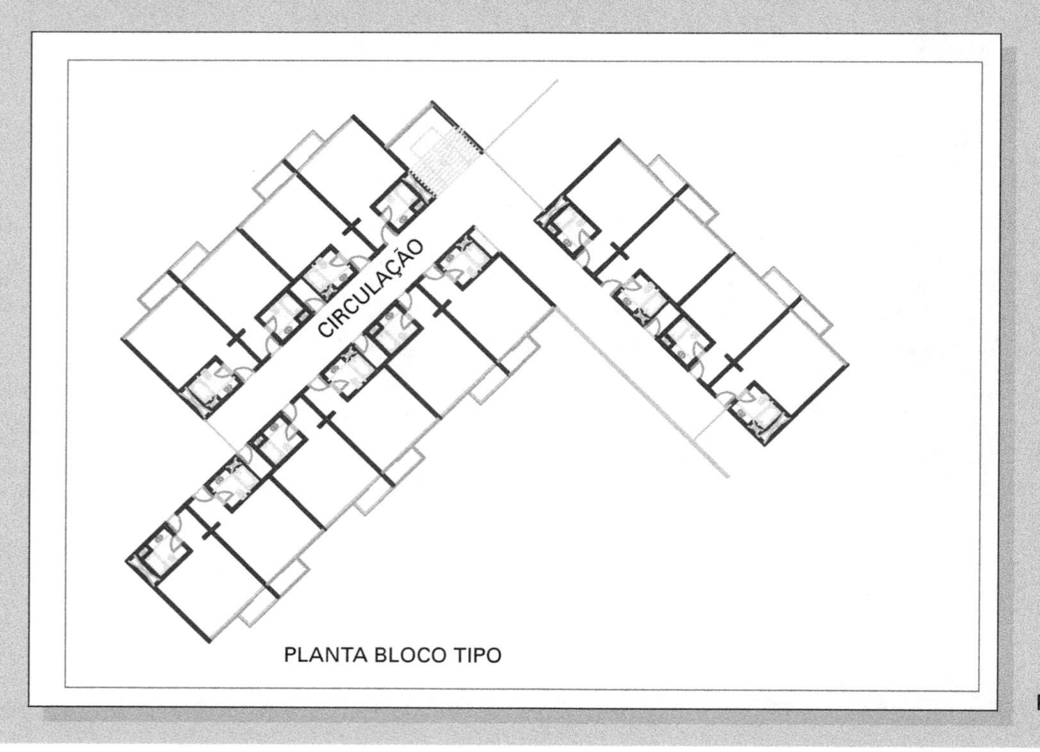

Figura 4.64
Planta baixa do prédio

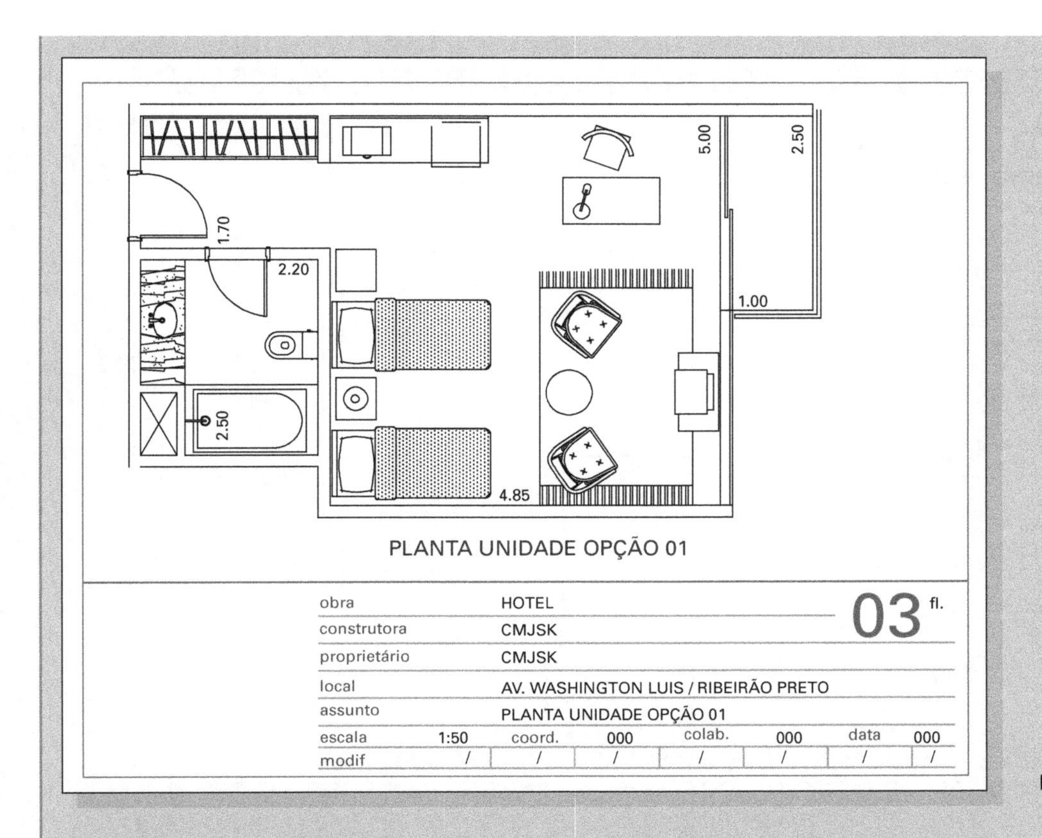

Figura 4.65
Planta do quarto – opção 1

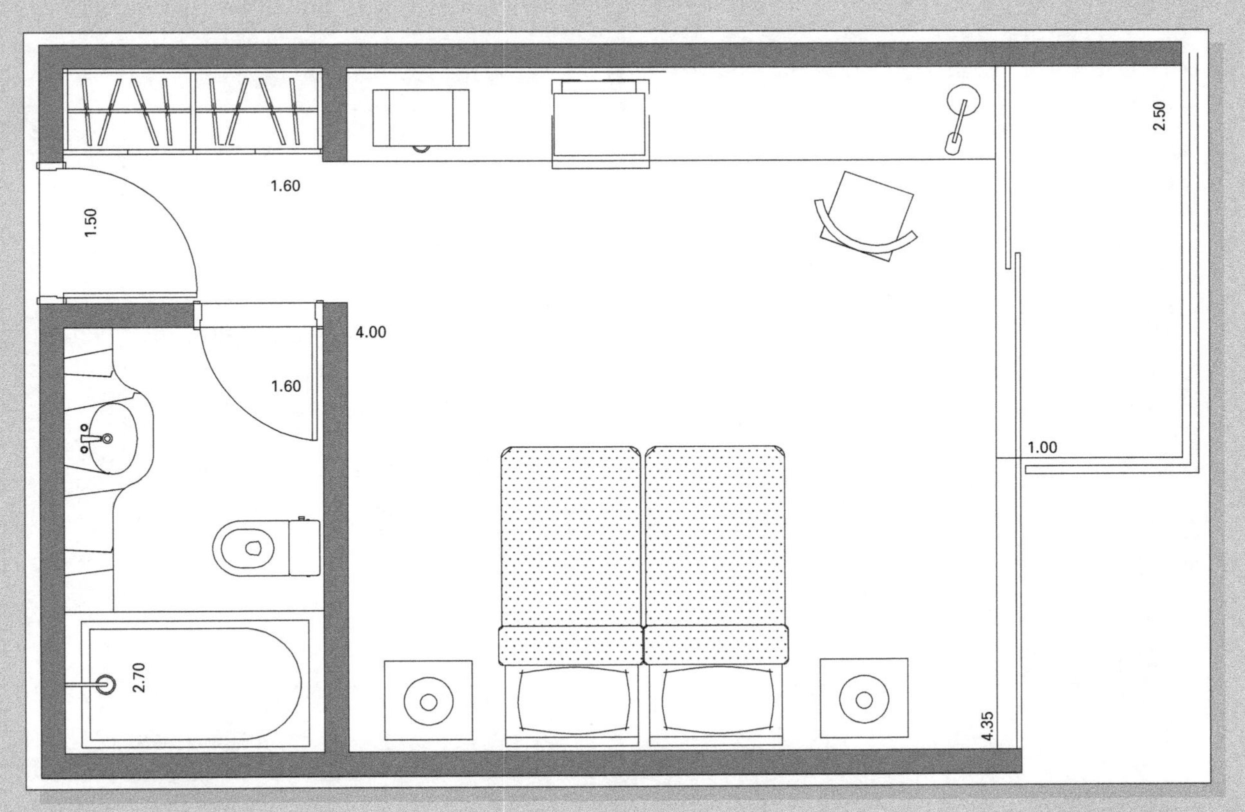

Figura 4.66
Planta do quarto – opção 2

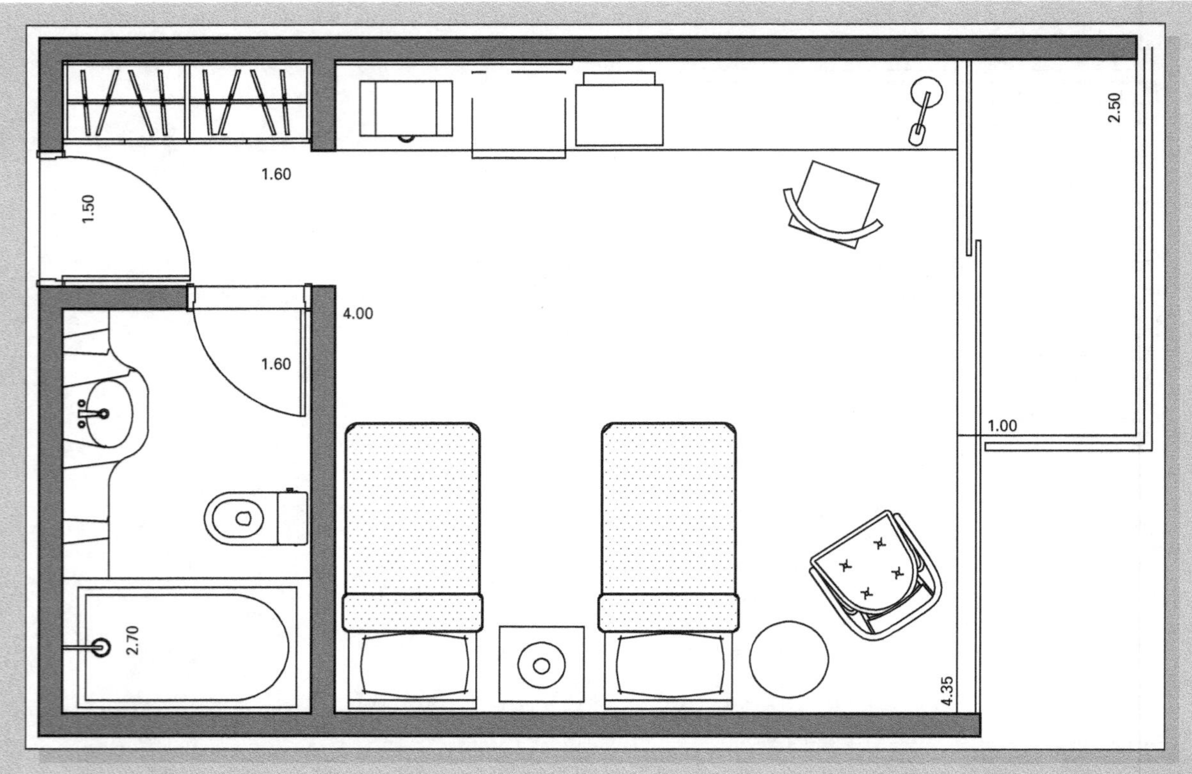

Figura 4.67
Planta do quarto – opção 3

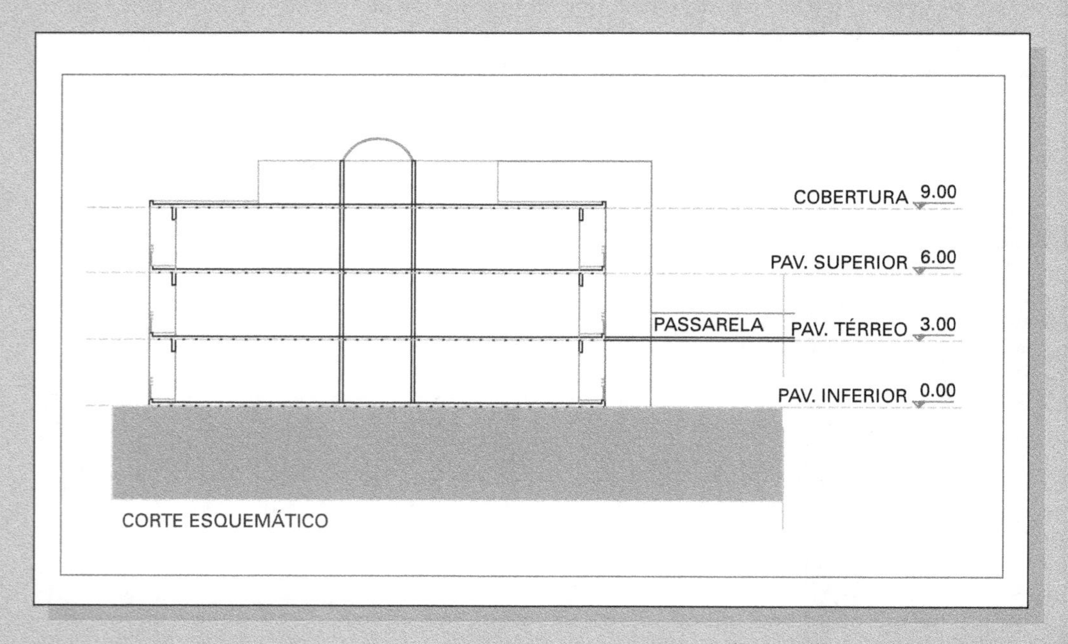

Figura 4.68
Seção (corte) do prédio

ANÁLISE DE ESTABILIDADE

Estabilidade intrínseca

A análise da estabilidade intrínseca enfoca as perturbações operacionais produzidas por resposta dinâmica inadequada dos subsistemas, causadas internamente por falhas, rupturas, saturações ou ressonâncias dos seus componentes. O FMEA ("Failure Mode and Effect Analysis") é ferramenta útil para esta análise, mas deve-se ter em mente que a desestabilização pode ocorrer sem falhas ou rupturas dos equipamentos, apenas pela natureza dinâmica do seu comportamento. O quadro abaixo ilustra o conteúdo dessa análise para o caso do hotel.

Quadro 4.14 Análise da estabilidade intrínseca para o hotel

Causas internas	Providências	Saídas aceitáveis
Excesso de 50% em pedidos do serviço noturno de quarto	Dimensionamento do serviço para 20% acima da média	Atendimento em tempo 30% superior ao normal
Grande número de acessos à rede de Internet banda larga	Capacidade para uso de 40% da ocupação do hotel	Acessos postergados para 40% dos hóspedes
Demanda de potência elétrica acima da instalada	Desativação parcial automática de equipamentos	Uso restrito temporário de alguns equipamentos
Princípios de incêndio em equipamentos e dependências	Subsistemas de detecção e extinção bem dimensionados, com ótimo tempo de resposta	Equipamentos danificados, hóspedes incomodados, mas salvos e seguros
Falhas imprevistas em equipamentos e instalações	Equipes de manutenção competentes a postos	Restabelecimento dos serviços em prazos curtos

Estabilidade extrínseca

A análise da estabilidade extrínseca trata de problemas originados por causas externas ao sistema. Se as variáveis de entrada tiverem natureza ou valores não desejados, a operação do sistema hotel deverá ser estável, produzindo apenas saídas aceitáveis. Os subsistemas que exercem todas as funções do hotel deverão estar dimensionados ou, contar com recursos extras contingenciais, capazes de produzir saídas aceitáveis, mesmo nessas situações adversas. O quadro abaixo ilustra o conteúdo dessa análise para o caso do hotel.

Quadro 4.15 Análise da estabilidade extrínseca para o hotel

Causas externas	Providências	Saídas aceitáveis
Interrupção do fornecimento de energia elétrica	Gerador automático com capacidade de 70% da demanda	Deficiências leves em alguns dos serviços
Desabastecimento do mercado local	Acumulação de materiais essenciais para atender a 4 dias de operação	Falta de alguns itens não essenciais
Ausência de pessoal	Pessoal temporário acessível	Deficiências não perceptíveis em alguns serviços
Intempéries, inundações	Equipe de atendimento treinada	Algum desconforto, sem riscos pessoais
Súbita chegada de muitos hóspedes	Deslocamento temporário de pessoal de outras áreas	Atraso moderado na recepção

OTIMIZAÇÃO

Terminadas as análises anteriores, teremos faixas de valores mínimos e máximos de todos os principais parâmetros do hotel. Na otimização, selecionaremos um valor ótimo para cada parâmetro em função do critério adotado. Neste projeto, composto por muitos subsistemas, a otimização assumirá dimensões formidáveis incompatíveis com o espaço destinado a ela neste livro. Por essa razão apresentamos a seguir, de forma resumida, o quadro de valores dos parâmetros e a otimização de algumas das áreas e de alguns outros subsistemas do hotel.

Tabela 4.30 Áreas (em m^2) dos subsistemas do hotel

Subsistema	Salão	Quarto	Administração	Convenções
Análise de sensibilidade	>100	>20<40	>150	>350
Análise de compatibilidade	<200	<28	<180	<500
Análise de estabilidade	>180	>20	>100	>400
Valor ótimo escolhido – Critério de mínimo custo	200	28	150	400

ANÁLISE DE VALOR

Tabela 4.31 Análise de valor dos principais subsistemas do hotel

Subsistema	Função	Importância Relativa (%)	Custo Relativo (%)	Grau de Valor
Edificação e Circulação	Abrigar/sustentar/conter	17	27	0,63
Recepção	Recepcionar/fazer check-in/out	12	8	1, 50
Quarto (Unidade Habitacional)	Acomodar/descansar/ trabalhar	37	35	1,06
Restaurante	Alimentar	13	12	1,08
Salas de Convenção	Reunir/trabalhar/expor	12	10	1,20
Áreas de Lazer	Exercitar/brincar	5	5	1,00
Estacionamento	Estacionar	3	3	1,00
		100	100	

Com a análise de valor (EAV), concluiu-se que os sistemas definidos neste projeto estão bem relacionados à sua importância dentro do conjunto **hotel**, exceto o item **instalação e circulação**, cujo valor ficou menor que 1, ou seja, pela visão do cliente custa mais do que vale. Tendo em vista a necessidade de atendimento às normas da legislação vigente, relativas à segurança, o valor atribuído pelo cliente será muito maior em caso de emergências como incêndios, abalos ou outras ocasiões em que o abandono do prédio seja necessário.

CONSOLIDAÇÃO DO PROJETO

- **Especificação básica do hotel**
  - Localização: Rodovia Washington Luiz, Km... – Ribeirão Preto – Padrão: Econômico
  - Quantidade de UHs: 100
  - Tipos de quarto: normal e superior
  - Tipo de construção: horizontal, com três pavimentos
  - **Áreas:**
    - Terreno: 26.600 m^2
    - área total construída: 4.908 m^2
    - área de cada UH: 28 m^2
    - área social (saguão, sala de TV, sala de leitura): 300 m^2
    - área de serviço (lavanderia, vestiário, manutenção e depósito): 93,75 m^2
    - área de administração: 95,00 m^2
    - área de equipamentos (subestação, grupo-gerador, casa de bombas): 50,00 m^2
    - área recreativa (quadra de esporte, piscina, sala de jogos, sala de ginástica)
    - centro de convenções: 450,00 m^2
  - **Quarto:**
    - duas camas de solteiro (dimensão: 2,10 x 0,80 m cada)
    - armário com gaveteiro (1,00 x 0,80 m)
    - mesa de trabalho com cadeira (1,20 x 0,60 m)
    - frigobar
    - TV
    - ar-condicionado tipo autônomo
    - arranjo tipo... (ver planta no anexo...)

- **Banheiro:**
  - vaso sanitário padrão econômico
  - lavatório com mesa de granito
  - ducha com aquecimento a gás
- **Restaurante:**
  - capacidade: 150 pessoas
  - padrão: médio alto
- **Área de eventos:**
  - quantidade de salas de convenção
  - capacidade por sala
  - área de exposição
  - área de apoio a eventos
  - cabines de tradução simultânea
  - sanitários
  - equipamentos
  - retroprojetor
  - projetor eletrônico
  - vídeo
  - equipamentos de som
- **Saguão de entrada:**
  - Balcão de recepção
  - *Concièrge*
  - Caixa
  - Cofre de segurança
  - Depósito de bagagens
  - Sala de espera
  - Área de apoio
  - Sala de gerência
- **Área da administração:**
  - Ambulatório médico
  - Departamento pessoal
  - Seção de suprimentos
  - Reservas
  - Gerência-geral
  - Salas de reunião
  - Secretaria
  - Sanitários
  - Departamento de vendas e mercadologia
  - Sala de treinamento
  - Sala de segurança
- **Área de serviços:**
  - Portaria de serviço
  - Relógio de ponto
  - Segurança
  - Vestiários e sanitários
  - Rouparia
  - Refeitório
  - Sala de descanso
- **Almoxarifado**
- **Lavanderia e governanta:**
  - Duto de roupas usadas
  - Área de recebimento e triagem
  - Lavadoras/extratoras
  - Secadoras
  - Calandra
  - Máquina de passar
  - Depósito de roupa limpa
  - Sala de governanta
  - Depósito material de limpeza
- **Área de manutenção:**
  - Não previsto (serviço terceirizado)
- **Área dos equipamentos**
  - Poço artesiano
  - Casa de bombas
  - Reservatório superior
  - Tratamento de água da piscina
  - Estação de tratamento de esgoto
- **Sistema de ar condicionado:**
  - Condicionador do tipo autônomo
- **Sistema de energia elétrica:**
  - Sala de transformadores
  - Cabine de medição
  - Sala de quadros elétricos
  - Grupo gerador
- **Sistema eletrônico:**
  - Central telefônica
  - Central de controle de operação (CCO)
  - Circuito fechado de TV
  - Circuito de Internet de banda larga
- **Área de recreação:**
  - Piscina
  - Aparelhos de ginástica
  - Quadra de esporte
  - Salão de jogos
- **Arranjo físico do hotel:**
  - Planta baixa - ver desenho
  - Vista lateral (elevação) - ver desenho

Reavaliação da viabilidade econômico-financeira

Com a otimização dos parâmetros e identificados, foi feita nova análise do empreendimento, juntamente com os fornecedores (potenciais parceiros), para rever a viabilidade econômico-financeira do empreendimento.

Apesar do aumento nos investimentos, tanto o custo de implantação como a receita bruta estão dentro da margem de 20% em relação ao valor planejado (ver planilha anexa).

Com os novos dados, foi elaborada uma reavaliação financeira, na qual obteve-se a taxa de retorno de 20%, ou seja, ainda superior ao custo de capital de 17% requerido pelos acionistas da empresa. O prazo de retorno do investimento é de cinco anos após o início da operação.

Tabela 4.32 Reavaliação da viabilidade econômico-financeira

Viabilidade Econômica (revisada)			
Operações/Hotéis	**Planejado**	**Alternativa escolhida Análise viabilidade**	**Alt. com refinamento dados do Projeto Básico**
	US$		
Investimento			
Construção civil	780.283	1.097.333	1.110.667
Equipamento/Móveis e utensílios e materias	292.278	316.667	456..667
Instalações hoteleiras	98.698	87.000	6.667
Aquisição de softwares	11.801		15.000
Treinamento do pessoal	6.774		16.000
Despesas gerais	13.112	83.333	62.000
Total de custo de investimento (s/terreno)	1.192.000	1.584.333	1.722.000
Terreno	**395.000**	**50.000**	**100.000**
Custo total de implantação	1.587.000	1.634.333	1.822.000
Var. percentual investimento planejado		3%	13%
Resultados Operacionais	Planejado		
	US$/UH		
Receitas Operacionais			
Apartamentos	5.996	5.996	5.996
Alimentos	2.049	2.049	2.049
Bebidas	452	452	452
Outras receitas alim. bebidas	250	250	250
Telefone	353	353	353
Outros depart. operacionais	190	190	190
Aluguéis	210	210	210
Total	**9.500**	**9.500**	**9.500**
Desp. Oper. Distribuídas (variável)			
Custo desp. departamentais	1.472	1.472	1.472
Apartamentos	1.164	1.698	1.698
Alimentos e bebidas	570	570	570
Telefone	227	227	227
Outros departamentos	216	216.	216
Total	**4.100**	**4.184**	**4.184**
Desp. Oper. Não distribuídas (fixo)			
Administrativa	1.442	1.485	1.655
Marketing	394	394	394
Energia	643	655	655
Manutenção	482	496	496
Total	**2.960**	**3.030**	**3.201**
Custo Total	**7.060**	**7.215**	**7.385**
Resultado Oper. Bruto	2.440	2.285	2.115
Var. percentual receita bruta em relação ao planejado		6%	13%

O PROJETO EXECUTIVO

O Projeto Executivo define completamente o produto, confirma o atendimento aos requisitos técnicos pelos testes dos protótipos, e termina com a certificação do produto. A definição dos processos será feita gradualmente, acompanhando paralelamente, com pequena defasagem, o projeto do produto.

5.1 INTRODUÇÃO

O Projeto Executivo (PE) parte da concepção do produto, consolidada no projeto básico, e define completamente os detalhes construtivos de todos os elementos componentes dos subsistemas. Essa completa definição do produto é conseguida pelo sucessivo desdobramento dos subsistemas em conjuntos, componentes e peças. Os protótipos, construídos de acordo com os desenhos e as especificações, são, a seguir, testados e avaliados. Em função desses resultados, são feitas as eventuais correções; a documentação do projeto executivo estará completa e o projeto do produto, certificado. Este encerramento libera a área de produção para definir os últimos detalhes do projeto de todos os processos, ferramentas e dispositivos e instalações.

É essencial que o gerente do projeto assegure a participação no projeto executivo das áreas de manufatura e suprimentos, responsáveis pela fabricação e fornecimento dos componentes. Essas áreas deverão analisar desde os primeiros desenhos e contribuir com sugestões ao longo de todo o projeto. Essa é a Engenharia Simultânea que começou a ser aplicada no Estudo da Viabilidade e será praticada até o lançamento do produto. As siglas DFM, DFA, DFS, em inglês, significam "projeto para a manufatura, para a montagem e para a manutenção" e se referem à incorporação, no projeto dos componentes, de características facilitadoras da fabricação, montagem e assistência técnica. O modo mais eficaz de conseguir tais objetivos é ter a participação contínua das áreas interessadas ao longo do projeto.

5.2 A PROGRAMAÇÃO DO PROJETO EXECUTIVO

Em razão do porte do Projeto Executivo, é necessário que, antes de iniciá-lo, seja estabelecido um programa detalhado de execução, compatível com o cronograma-mestre consolidado no Projeto Básico. A base para essa programação é a Estrutura Analítica do Projeto (EAP) ou *Work Breakdown Structure* (WBS), na qual são listadas as etapas, as atividades e os eventos, bem como alocados os correspondentes recursos necessários. Para esse assunto, ver a ref. [1].

A gestão competente do Projeto Executivo começa pela de programação e controle, de importância fundamental para o seu sucesso. Há vários meios como o **PERT/CPM** (*Program Evaluation and Review Technique/Critical Path Method*), disponíveis em programas para computadores (por exemplo, MS Project, Timeline, Primavera). Além de propiciarem a montagem dos cronogramas e das redes, esses programas permitem o fácil rearranjo em caso de alterações e são poderosos instrumentos de gestão, para o controle efetivo dos eventos e dos recursos usados ao longo do projeto.

Em um projeto, há, em geral, um coordenador-gerente cuja equipe assumiu, como responsável, o projeto básico e que continuará trabalhando com departamentos específicos da engenharia no projeto executivo. Durante o desenvolvimento dos trabalhos, muitas decisões são tomadas com consequências muito variadas. O nível do pessoal envolvido nessas decisões deve ser tal que se possa obter o acordo entre todas as áreas afetadas, e de modo que o programa não sofra alterações que o inviabilizem.

A programação do projeto executivo consiste no desdobramento da barra mostrada no cronograma-mestre, em linhas correspondentes a cada uma das suas etapas com os prazos e precedências necessárias e as simultaneidades possíveis. Os recursos humanos e materiais deverão ser alocados a cada etapa de forma compatível com os valores totais definidos para o projeto. A Figura 5.1 mostra, um cronograma de Gantt para um projeto completo feito com o programa "MS Project". Convém mencionar que a cada barra do cronograma do projeto corresponderão vários "subcronogramas", a serem cumpridos pelas áreas afetadas nos departamentos e seções da empresa.

A programação deve incluir os marcos de controle ao longo de cada etapa. Nessas "paradas" serão feitas as avaliações do progresso do projeto. Uma das formas mais eficazes de avaliação para controle é a chamada Análise do Valor Agregado (*Earned Value Analysis* – EVA), na qual são comparados o valor técnico do trabalho planejado com o realizado e os correspondentes gastos efetuados. A ref. [2] contém uma boa descrição dessa técnica.

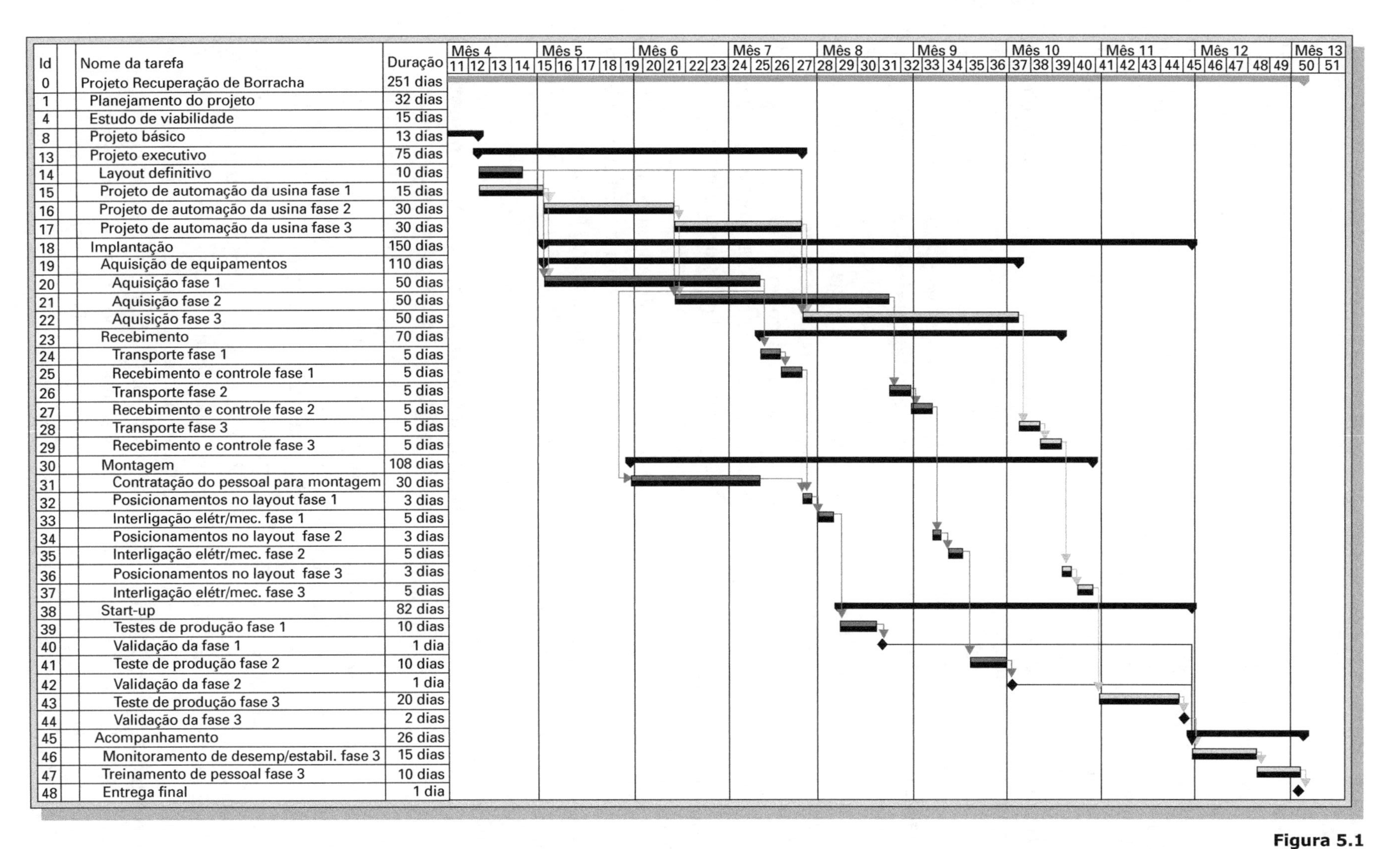

Figura 5.1
Programação do Projeto Executivo e Implantação da Produção – Recuperação de Material de Pneus

Fonte: Trabalho de alunos da Fundação Vanzolini nos curso CEAI e CEGP.

5.3 A ESTRUTURA DE COMPOSIÇÃO DO PRODUTO

Todos os produtos são compostos por partes e elementos que, trabalhando em conjunto, fazem com que o **sistema-produto** exerça as suas funções. A melhor forma de representar essa composição é construir a **Estrutura de Composição do Produto** (ECP). Essa estrutura já começou a ser formada no Estudo da Viabilidade, quando foram nomeados os **subsistemas** que exercem cada uma das **funções** do produto. É muito importante que essa divisão do sistema-produto em seus subsistemas seja feita com base em um **critério funcional**, ou seja, eles são separados de acordo com as funções que exercem.

A decomposição do produto continua com o mesmo critério funcional, separando cada subsistema nos **conjuntos** que o compõem pelas funções que eles exercem dentro dele. Assim sucessivamente, os conjuntos serão divididos em **subconjuntos**, estes separados em seus **componentes** e, por fim, estes últimos em **peças** que são elementos indivisíveis do sistema-produto.

A estrutura de produtos complexos pode necessitar de maior número de "níveis", que os acima citados. Nesses casos, poderão ser montadas subestruturas para cada um dos elementos da estrutura principal.

Além da divisão funcional, a estrutura do produto deve conter a **nomenclatura** de todo o sistema. Essa nomenclatura deve ser **expressiva**: deve dar nomes que exprimam as **funções** de cada elemento. São muito comuns, em algumas áreas técnicas, designações cômicas para peças ou ferramentas que indicam apenas a sua semelhança de forma com animais ou coisas. Exemplos muito divertidos são o "macaco-jacaré" e o "chicote elétrico" da área automobilística. Esse tipo de designação não caracteriza a função do elemento e dificulta a boa comunicação. Um bom procedimento para os engenheiros é imitar a nomenclatura médica, bastante precisa e funcional. Vale igualmente mencionar que o mau uso de termos em outras línguas, ou traduções literais malfeitas, são igualmente ruins, indicando negligência e deslumbramento... As normas técnicas da ABNT devem ser respeitadas por conterem as recomendações de nomenclatura elaboradas e atualizadas pelos próprios representantes das áreas industriais.

A terceira característica importante da ECP é a **codificação** dos elementos, por meio de códigos alfanuméricos que assegurem a identificação de cada elemento no conjunto e subsistema a que pertence. Essa codificação deve ser **coerente** de modo que a localização (manual ou eletrônica) seja facilitada pela sequência dos caracteres do código. A ref. [3] descreve com detalhes como montar uma boa ECP. Recomenda-se fugir de propostas de codificação não estruturadas, tipo sequência numérica consecutiva, geradoras de caos...

A ECP será completada ao longo do Projeto Executivo pela Engenharia do Produto e servirá como **base** fundamental para a programação e execução das atividades de Manufatura, Suprimento e Assistência Técnica.

Constatação importante: Todo projeto é composto por múltiplos subprojetos.

Uma análise atenta da ECP leva à importante constatação de que cada um dos seus elementos é um projeto em si mesmo, embora seja uma parte do sistema completo. Assim, a definição de cada elemento terá de passar por todas as fases do projeto do sistema: planejamento, viabilidade, projeto básico etc. É importante perceber que um componente a ser fornecido por um fabricante externo será, para ele, o **sistema** e, por isso, será o seu projeto, o qual deverá igualmente passar por todas as fases e etapas do método.

O sucesso do projeto do produto resultará do sucesso do projeto de cada um dos seus elementos. **Por essa razão, os requisitos técnicos e os objetivos de prazo, investimentos e custos do projeto deverão ser desdobrados e designados ao subprojeto de todos os elementos.** É fácil perceber que, somente se cada um dos elementos da ECP atenderem aos seus objetivos, o sistema-projeto atenderá aos dele. Resulta dessa constatação ser essencial que a gestão do projeto assegure a completa integração de todas as áreas e empresas envolvidas.

> **Atenção:**
> Separar os conceitos de EAP - Estrutura Analítica do Projeto, que descreve o trabalho a ser feito (WBS - Work Breakdown Structure, em inglês), da ECP - estrutura de composição do produto a ser gerado.

A seguir, são apresentados exemplos de ECPs de alguns produtos e sistemas.

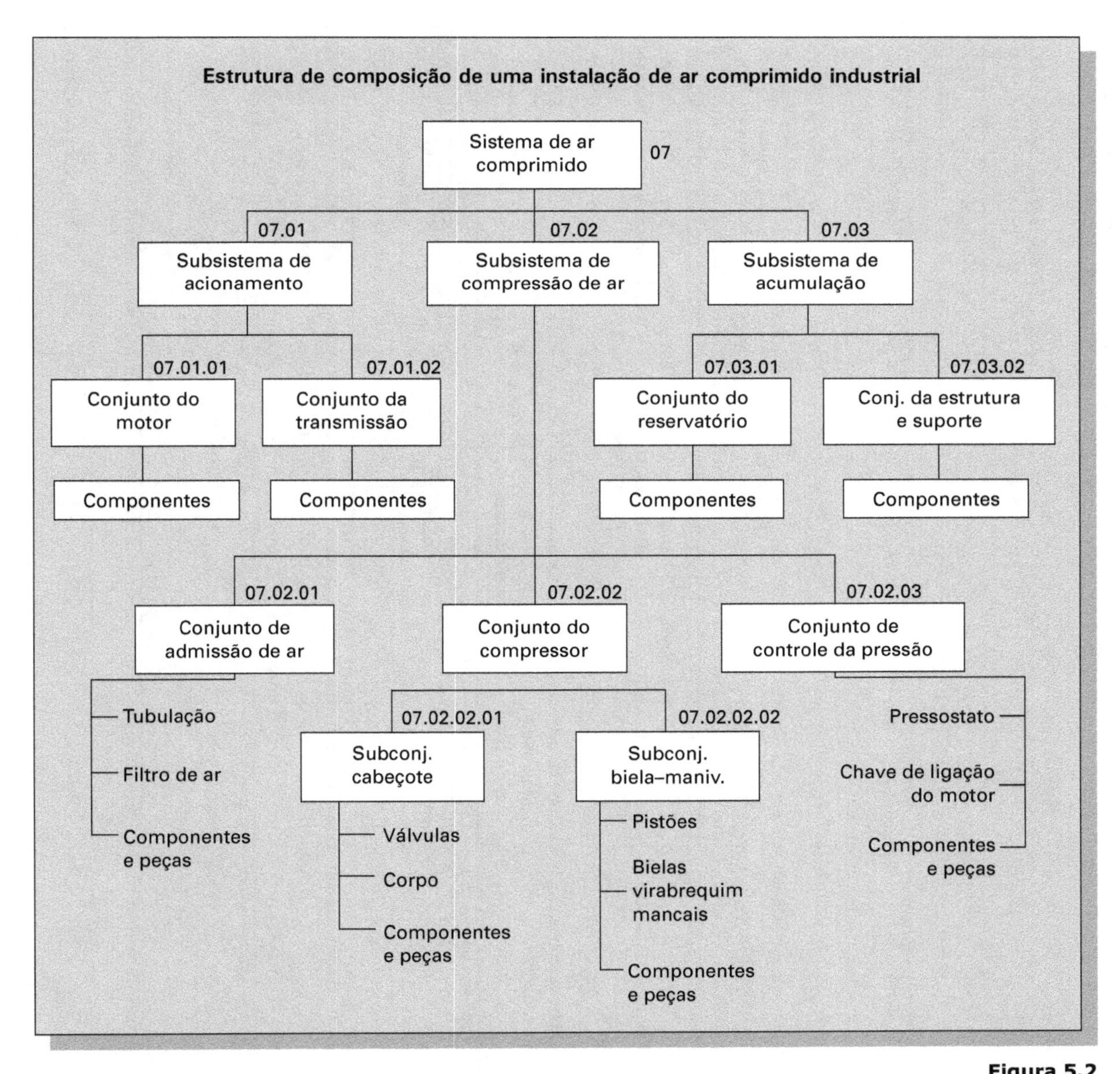

Figura 5.2
Estrutura de composição de um produto – Unidade compressora e acumuladora de ar de uma instalação industrial. Divisão funcional, nomenclatura expressiva, codificação coerente

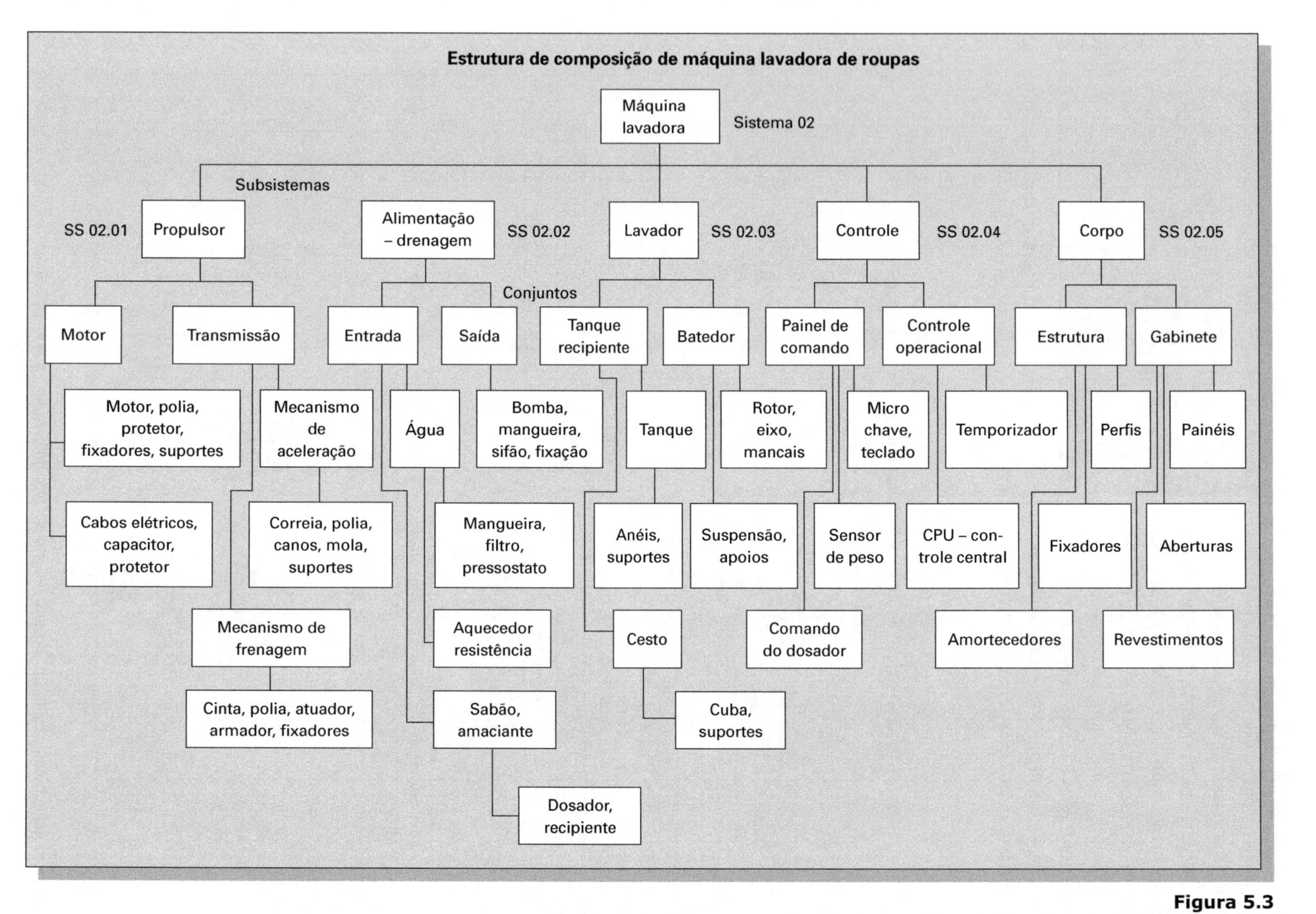

Figura 5.3
Estrutura parcial de composição de máquina lavadora de roupas

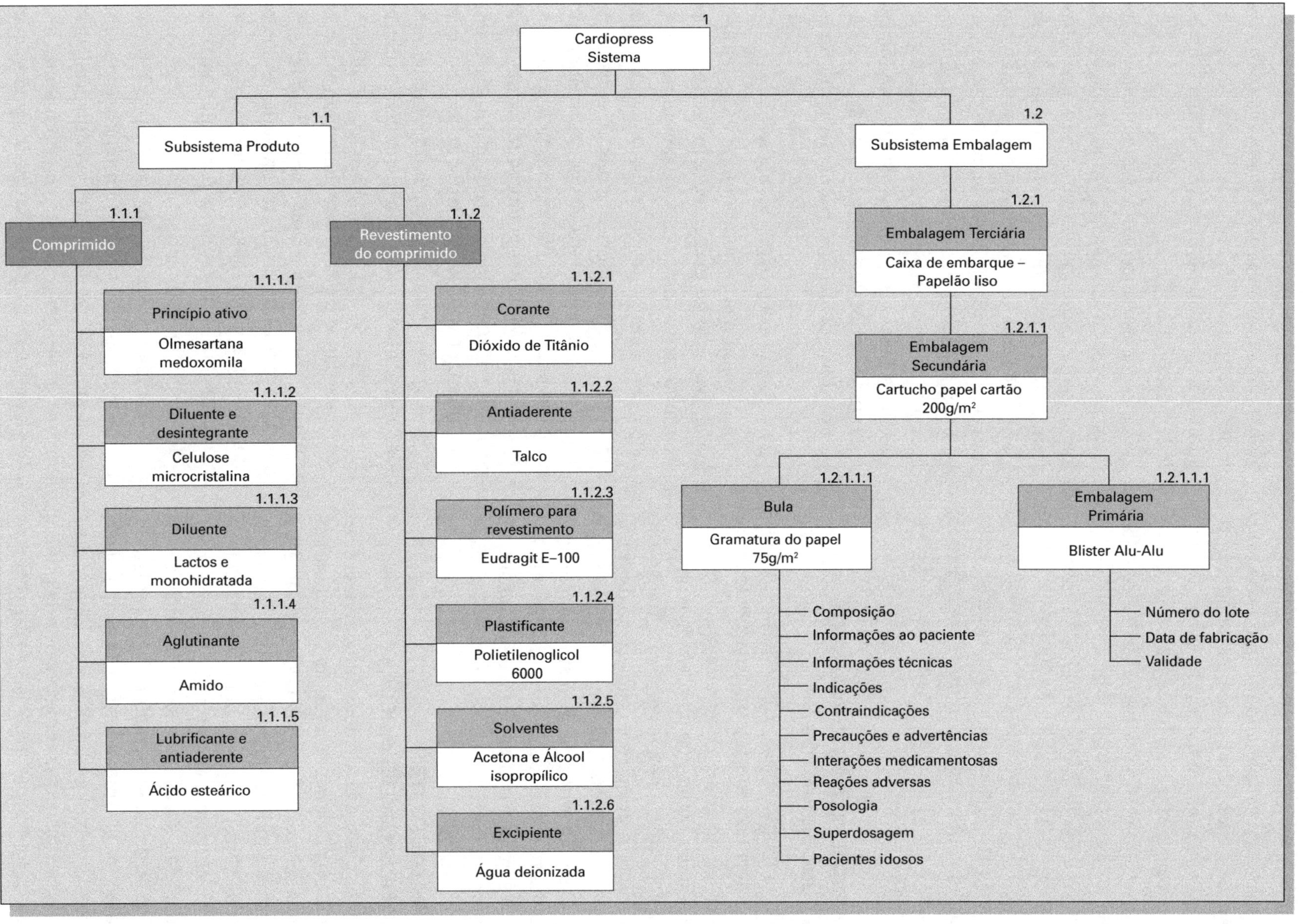

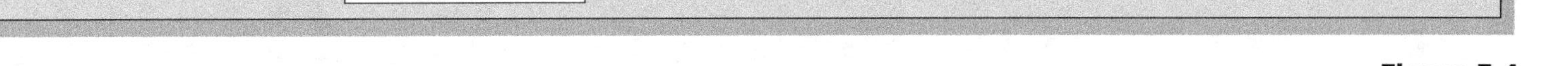
Figura 5.4
Estrutura de composição – Medicamento Cardiopress

5.4 O PROJETO DOS SUBSISTEMAS

Os subsistemas que compõem o produto já foram modelados, analisados, estudados e tiveram os seus parâmetros principais otimizados no Projeto Básico. Nesta etapa, serão nomeados e representados por meio de desenhos preliminares os conjuntos que os compõem e a maneira pela qual tais conjuntos estarão ligados entre si. Os requisitos técnicos a serem atendidos, por subsistema, bem como os objetivos de prazo, investimentos e custos, serão desdobrados para cada conjunto e servirão de base para a próxima etapa, qual seja, a do Projeto dos Conjuntos.

5.5 O PROJETO DOS CONJUNTOS E SUBCONJUNTOS

Cada conjunto a ser projetado passará pelas fases formais do projeto, a partir dos seus requisitos e objetivos. Para cada um deles será conduzido um estudo de viabilidade e um projeto básico que termina com a definição das características principais e na forma de união entre os subconjuntos. O projeto de cada subconjunto será conduzido de maneira análoga à dos conjuntos, resultando em uma documentação preliminar e uma lista de requisitos a serem atendidos pelos componentes e peças.

5.6 O PROJETO DE COMPONENTES E PEÇAS

O projeto de cada um dos componentes e peças também passará por todas as fases. Os componentes serão divididos em peças, sendo estas os elementos indivisíveis do produto. Cada uma das peças será projetada, definindo completamente todas as suas características. Em produtos industriais mecânicos são definidos: forma geométrica, dimensões, materiais, tratamentos, acabamentos, propriedades físicas ou químicas, requisitos a serem atendidos, e os respectivos testes de verificação. Os engenheiros de projeto não devem especificar materiais e componentes por seus nomes comerciais, exceto se os fornecedores já tiverem sido definidos no Projeto Básico. Recomenda-se usar especificações das normas técnicas ABNT ou ISO, como forma de garantir a qualidade e permitir a ótima seleção de fornecedores.

Essas recomendações são facilmente aplicáveis a produtos físicos como edificações, veículos ou eletrodomésticos. Para produtos químicos e farmacêuticos, por exemplo, as "peças" seriam os ingredientes (substâncias puras) que compõem a formulação do produto; a sua especificação consistiria na definição da substância por sua fórmula e nome, as propriedades físicas e químicas da apresentação, os graus de pureza e outras. Em um medicamento à base de água, certamente serão especificadas as suas características físicas e químicas, de pureza e bacteriológicas.

Em programas de computador, as peças são as palavras-código que compõem as frases do programa, sendo estas os seus componentes.

É importante lembrar que raramente uma empresa projeta e fabrica todas as peças que compõem o seu produto. Diversos componentes e conjuntos serão fornecidos por terceiros. Nesses casos, a empresa montadora entregará ao futuro fornecedor os requisitos técnicos, com os objetivos de prazos e custos, e dele receberá, sequencialmente, as sucessivas versões apresentadas na forma de modelos, protótipos, lote-piloto e, por fim, as peças de produção. Já a partir da fase de viabilidade, todo o projeto daqueles componentes será responsabilidade do fornecedor. É recomendável que o montador trabalhe, desde o início, em parceria real com seus fornecedores para minimizar os riscos do projeto.

À medida que a definição do Projeto Executivo avança, os custos de fabricação e de fornecimento do produto estarão sendo avaliados com maior precisão; assim, o cumprimento dos objetivos de investimentos e custos poderá ser gradualmente confirmado.

5.7 OS DESENHOS DE MONTAGEM – A RECOMPOSIÇÃO DO PRODUTO

Até a etapa anterior, o projeto executivo vinha caminhando do todo para as partes, isto é, decompondo cada item em seus elementos. Tendo chegado à definição das peças, é necessário recompor o produto, unindo peças para formar componentes; estes, para formar conjuntos, e assim sucessivamente até chegar ao sistema total. A forma final de um componente só pode ser determinada depois de definida cada uma das suas peças individuais. O desenho de montagem dos componentes vai definir as interfaces da união entre elas, permitir a detecção de eventuais incompatibilidades entre as peças e permitir a confirmação das especificações adotadas.

Depois de desenhados os componentes, os desenhos de montagem dos conjuntos podem ser iniciados, indicando a maneira de união e o arranjo dos componentes. Só então o desenho da composição final do produto poderá ser executado. O objetivo principal da execução dos desenhos de montagem é verificar o arranjo físico (espacial) do produto, permitindo detectar interferências entre peças e ordenar o processo de montagem dos conjuntos.

O extraordinário avanço do desenho eletrônico (programas como o AutoCad, Catia, Proengineer e outros) deu aos projetistas recursos poderosos para a montagem virtual dos protótipos, mostrando, em cores, vistas, cortes e perspectivas tridimensionais. Assim, a imensa tarefa da modelagem icônica dos produtos ficou extremamente mais eficiente, rápida e econômica.

> Há três décadas, os traçados e desenhos dos projetos de veículos eram feitos sobre pranchetas em escala 1:1, com grafites 6H, sobre filmes de poliéster; demandavam centenas de horas de trabalho competente de projetistas que dominavam os métodos da Geometria Descritiva e tinham o espaço 3D introjetado em suas mentes. Alguns desses projetistas, mais tarde, passaram a dominar as técnicas do desenho eletrônico tornando-se "feras valiosíssimas"...

5.8 A CONSTRUÇÃO DOS PROTÓTIPOS

Completados os desenhos e as especificações de todo o produto, a oficina ou laboratório da engenharia fará a construção dos protótipos das peças, dos componentes, dos conjuntos e do sistema, todos representativos do projeto executivo. Os protótipos serão usados para as avaliações e ensaios da etapa seguinte; esta é realmente a primeira oportunidade de avaliação concreta do produto em sua forma e aparência finais.

5.9 A EXECUÇÃO DOS ENSAIOS E TESTES DE VERIFICAÇÃO

O programa de ensaios, testes e avaliações a ser executado com os protótipos visa verificar o atendimento, pelo produto, dos requisitos formulados no início, e eventualmente revisados ao longo do projeto. O programa de ensaios é, em geral, extenso e terá sido estabelecido e programado antecipadamente no projeto executivo. Os protótipos serão submetidos a ensaios funcionais e operacionais para avaliar características, como desempenho, ergonomia, confiabilidade e durabilidade; estas duas últimas de forma simulada, para abreviar a sua duração. A empresa deve ter acumulado, ao longo da sua história, experiência suficiente para poder fazer a correlação entre os testes e o uso real do produto ao longo da sua vida útil. Em algumas áreas da tecnologia, os procedimentos e critérios de aceitação dos produtos são estabelecidos por entidades reguladoras internacionais e, claro, representam o mínimo absoluto a ser atendido.

É essencial, na programação dos testes, estabelecer o nível necessário de representatividade dos protótipos (de peças, componentes, conjuntos e sistemas) para cada tipo de teste. Em geral, é possível fazer a avaliação funcional de protótipos, especialmente fabricados em oficinas ou laboratórios; mas nem sempre é possível avaliar a sua durabilidade em testes de vida. Há casos em que os processos da fabricação seriada, não usados na fabricação desses protótipos, têm influência significativa na sua durabilidade e essas influências não podem ser estimadas com precisão. A interpretação dos resultados exigirá, então, grande competência técnica dos responsáveis.

Atualmente, os engenheiros contam com recursos computacionais (programas como Nastran, Adams e vários outros) que permitem a aplicação de métodos, como o de Elementos Finitos, para a determinação de tensões e deformações sobre modelos complexos. Esses programas fazem a simulação dinâmica de fenômenos mecânicos, térmicos e fluídicos, sobre os modelos virtuais dos protótipos, reduzindo de modo significativo a necessidade de testes reais. Foi só nos últimos anos que se tornou possível a estimativa, com boa precisão, das tensões ocorrentes na estrutura tridimensional (bem complexa) de um automóvel. Ainda hoje, a simulação dinâmica da colisão contra barreira é deficiente, apesar de serem usados modelos imensamente complexos de elementos finitos, tratados com as últimas versões dos programas.

O estabelecimento do programa de ensaios, avaliações, provas e testes deve ser extremamente cuidadoso, visando à combinação ótima entre os altos custos envolvidos em protótipos e nos testes e o grau de aumento na confiança sobre o produto, que a avaliação global dos resultados do projeto propicia.

5.10 APERFEIÇOAMENTO E REPROJETO

Se os resultados do programa de avaliações e testes indicarem deficiências do produto, será necessário fazer o reprojeto de peças ou, eventualmente, de conjuntos. Em projetos bem estruturados, conduzidos com metodologia adequada, dificilmente acontecerá de o produto apresentar problemas de gravidade tal que torne necessário refazer o projeto.

A experiência tem mostrado as seguintes causas de falhas em testes de **protótipos**, em uma sequência de crescente gravidade:

- procedimento de teste inadequado;
- montagem deficiente do teste;
- execução inadequada;
- peça não representativa;
- peça com defeito de fabricação.

Excluídas as causas acima indicadas, está-se diante de falhas que indicam problemas do projeto da peça; a correção poderá exigir modificações na forma ou de materiais. Alguns desses casos podem gerar uma grave reação em cadeia, em que a mudança de uma peça exige mudanças em peças adjacentes e, daí, nos conjuntos, e em sequência, sem limites imediatos. Entretanto, se as fases de Viabilidade, Projeto Básico e Projeto Executivo tiverem sido conduzidas com competência, gerando em cada etapa o grau de confiança adequado, os problemas serão sempre menores. As soluções para tais problemas exigirão modificações em peças, não necessariamente afetando os conjuntos aos quais pertencem.

Como, em geral, nessa fase do projeto o tempo é escasso, deve-se estabelecer a importância relativa dos problemas a serem resolvidos, de modo que o trabalho possa seguir uma ordem de prioridades racionalmente estabelecida.

Os problemas do produto serão resolvidos pela combinação de análises e experiência, mediante o uso dos protótipos existentes para esse trabalho de aperfeiçoamento. A participação colaborativa das áreas de manufatura e de suprimentos na implantação das soluções será importante.

Convém, por fim, lembrar a natureza repetitiva do trabalho do projeto. Depois de feitas as revisões, novos protótipos serão construídos e avaliados, podendo levar a novas modificações. Na realidade, um projeto bem conduzido, rapidamente converge para a solução final. Essa rápida razão de convergência resulta principalmente de altos níveis de confiança na tomada das decisões ao longo do trabalho, sendo as mais importantes aquelas tomadas nas fases iniciais do desenvolvimento do projeto.

5.11 A CERTIFICAÇÃO DO PRODUTO E DO PROJETO

De posse das análises feitas durante a montagem dos protótipos e dos resultados do programa de testes, deve-se fazer a avaliação global que resulta na **certificação do produto**.

O produto será certificado se cumprir os seus objetivos, atender aos requisitos e especificações técnicas, se os problemas e deficiências encontrados puderem ser resolvidos e as correções incorporadas ao projeto antes do início da produção seriada.

Deve-se incluir entre os objetivos da certificação o de cumprimento das metas de investimentos e custos, uma vez que estes, a essa altura do projeto, já podem ser avaliados com muito maior precisão.

A **Certificação do Projeto** será publicada como **relatório interno** pela Engenharia de Produtos como um documento informando à empresa que **o produto projetado atende aos seus objetivos**.

5.12 RECOMENDAÇÕES À GERÊNCIA

O gerenciamento do Projeto Executivo é uma tarefa muito grande; o gerente do projeto deverá delegar aos gerentes e supervisores das áreas as subprogramações e os respectivos controles referentes ao PE dos conjuntos e componentes sob sua responsabilidade. Caberá ao gerente-geral do projeto assegurar a total compatibilidade das subprogramações com o macrocronograma do projeto. Como regra geral, uma reunião semanal da gerência com as áreas da empresa, tendo duração máxima de quatro horas, será suficiente. Evidentemente em cada área haverá muitas reuniões internas para tratar seus assuntos. As teleconferências poderão ser muito convenientes para minimizar os deslocamentos das pessoas.

5.13 SUGESTÕES PARA A DOCUMENTAÇÃO DO PROJETO EXECUTIVO

O volume de documentos gerados no PE será imenso: programações, desenhos, especificações, listas de peças, descrição dos protótipos, resultados de testes e o grande relatório de certificação do projeto. Será necessária a aplicação de uma codificação identificadora dos relatórios que indique a sua natureza e a que elementos correspondem. O arquivamento sistemático e informatizado é essencial, principalmente para compor a memória técnica do projeto e possibilitar o acesso rápido, atual e futuro, por todos os participantes do projeto. Essa informatização eficiente é também muito conveniente pela compacidade do volume ocupado. Entretanto, é preciso ter muito cuidado porque a bagunça eletrônica pode ser pior que a da papelada comum. Além do arquivamento adequado, é preciso exercer estrito controle sobre as eventuais sucessivas versões de cada documento, impedindo quaisquer ações alteradoras, não autorizadas.

5.13.1 Relatório final de certificação

O relatório final de certificação deverá conter:

- Apresentação

Este relatório contém a certificação do PE do projeto XXXX = –.......... título

- Conclusão

a) O PE está tecnicamente certificado por ter o produto atendido a todos os seus requisitos técnicos, de acordo com os testes e avaliações efetuados nos protótipos representativos do nível final do projeto. Os resultados desses testes para o sistema produto estão apresentados neste relatório. Para os subsistemas e seus conjuntos, deve-se recorrer aos relatórios parciais específicos disponíveis no arquivo de cada área.

OU

b) ... a não ser no caso de discrepâncias menores, descritas adiante, cujas soluções já estão programadas para serem incorporadas em até 30 dias dessa data.

O PE foi conduzido no prazo previsto, usando 92% dos recursos alocados. Os valores atualizados dos investimentos e custos de fabricação indicam que os objetivos econômicos do projeto serão cumpridos.

- Recomendação

Fazer a implantação da fabricação, admitindo que não mais ocorrerão alterações no projeto do produto que possam afetar a produção ou o fornecimento, exceto, talvez, naqueles itens menores citados em b.

5.14 REFERÊNCIAS

[1] MENEZES, L. C. de M. *Gestão de projetos.* São Paulo: Atlas, 2001. Cap. 8.

[2] ARANTES DO AMARAL, J. A.; SBRAGIO, R. *Modelos para a gestão de projetos.* São Paulo: Scortecci, 2004. Cap. 17.

3] PAHL, G.; BEITZ, W. *Projeto na engenharia.* São Paulo: Blucher, 2006. Cap. 8.

5.15 EXEMPLOS DE APLICAÇÃO

COMENTÁRIO IMPORTANTE SOBRE OS EXEMPLOS DO PROJETO EXECUTIVO

Como sabemos, o volume do trabalho e da respectiva documentação de um projeto executivo são muito grandes. Por essa razão, nos exemplos que se seguem, o conteúdo foi muitíssimo reduzido para o atendimento às limitações de espaço deste livro. Mesmo nos cursos em que se realizaram esses projetos, não é possível fazer o detalhamento do produto, pela reduzida disponibilidade de horas de trabalho e de prazo. Mas lembremos que, neste livro, **deliberadamente**, colocamos ênfase muito maior nas três primeiras fases do projeto, aquelas mais importantes, e que, incrivelmente, apresentam as maiores deficiências na sua execução, por empresas convencionais.

EXEMPLO 5.1
MEDICAMENTO PAPADOR
TRATAMENTO DENTAL COM PAPAÍNA

PROJETO EXECUTIVO

1– Programação do projeto (PERT-CPM)

Após a conclusão do projeto básico, tendo os subsistemas preliminarmente descritos, e os seus parâmetros otimizados, começamos o projeto executivo pelo cronograma, detalhando cada etapa e mostrando as atividades/eventos e a alocação dos recursos necessários. Este cronograma é o desdobramento da barra do projeto executivo, existente no cronograma-mestre gerado no começo do projeto básico.

Essa programação desenvolvida em MS Project permite a visualização das atvidades predecessoras e sucessoras, e possibilita o rearranjo das atvidades em caso de alterações. Permite também avaliar os caminhos críticos do projeto e atividades que ocorrerão em paralelo ou de forma sequencial.

2 – Estrutura de composição do produto – ECP

A seguir, são apresentadas duas versões da estrutura do produto contendo subsistemas e conjuntos com codificação coerente e nomenclatura específica.

Essa estrutura servirá como base fundamental para a programação das atividades de manufatura, fluxo logístico, suprimentos, planejamento mercadológico e assistência técnica.

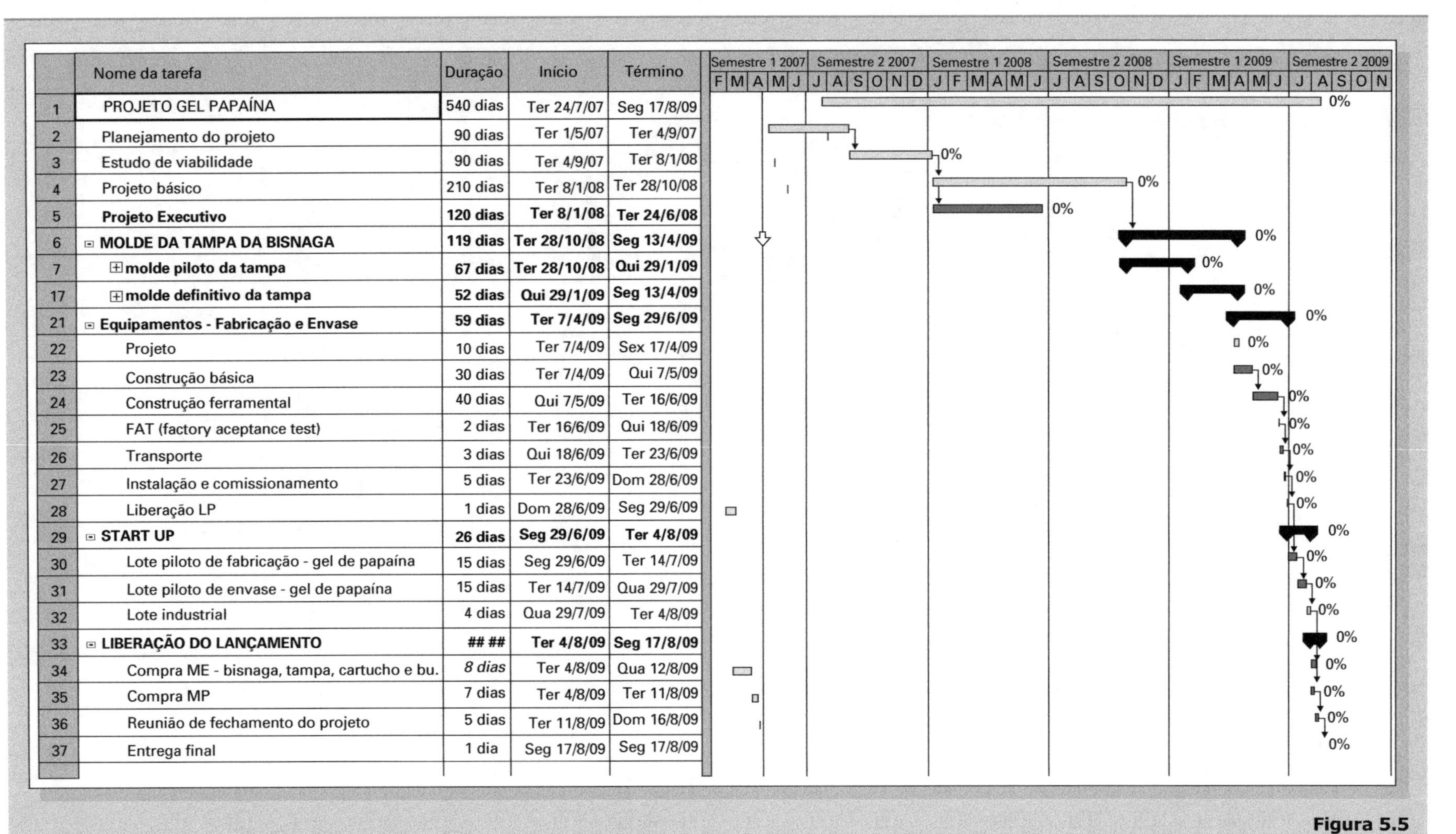

	Nome da tarefa	Duração	Início	Término
1	PROJETO GEL PAPAÍNA	540 dias	Ter 24/7/07	Seg 17/8/09
2	Planejamento do projeto	90 dias	Ter 1/5/07	Ter 4/9/07
3	Estudo de viabilidade	90 dias	Ter 4/9/07	Ter 8/1/08
4	Projeto básico	210 dias	Ter 8/1/08	Ter 28/10/08
5	**Projeto Executivo**	**120 dias**	**Ter 8/1/08**	**Ter 24/6/08**
6	**MOLDE DA TAMPA DA BISNAGA**	**119 dias**	**Ter 28/10/08**	**Seg 13/4/09**
7	**molde piloto da tampa**	**67 dias**	**Ter 28/10/08**	**Qui 29/1/09**
17	**molde definitivo da tampa**	**52 dias**	**Qui 29/1/09**	**Seg 13/4/09**
21	**Equipamentos - Fabricação e Envase**	**59 dias**	**Ter 7/4/09**	**Seg 29/6/09**
22	Projeto	10 dias	Ter 7/4/09	Sex 17/4/09
23	Construção básica	30 dias	Ter 7/4/09	Qui 7/5/09
24	Construção ferramental	40 dias	Qui 7/5/09	Ter 16/6/09
25	FAT (factory aceptance test)	2 dias	Ter 16/6/09	Qui 18/6/09
26	Transporte	3 dias	Qui 18/6/09	Ter 23/6/09
27	Instalação e comissionamento	5 dias	Ter 23/6/09	Dom 28/6/09
28	Liberação LP	1 dias	Dom 28/6/09	Seg 29/6/09
29	**START UP**	**26 dias**	**Seg 29/6/09**	**Ter 4/8/09**
30	Lote piloto de fabricação - gel de papaína	15 dias	Seg 29/6/09	Ter 14/7/09
31	Lote piloto de envase - gel de papaína	15 dias	Ter 14/7/09	Qua 29/7/09
32	Lote industrial	4 dias	Qua 29/7/09	Ter 4/8/09
33	**LIBERAÇÃO DO LANÇAMENTO**	**## ##**	**Ter 4/8/09**	**Seg 17/8/09**
34	Compra ME - bisnaga, tampa, cartucho e bu.	*8 dias*	Ter 4/8/09	Qua 12/8/09
35	Compra MP	7 dias	Ter 4/8/09	Ter 11/8/09
36	Reunião de fechamento do projeto	5 dias	Ter 11/8/09	Dom 16/8/09
37	Entrega final	1 dia	Seg 17/8/09	Seg 17/8/09

Figura 5.5
Cronograma do projeto – Gel Papador

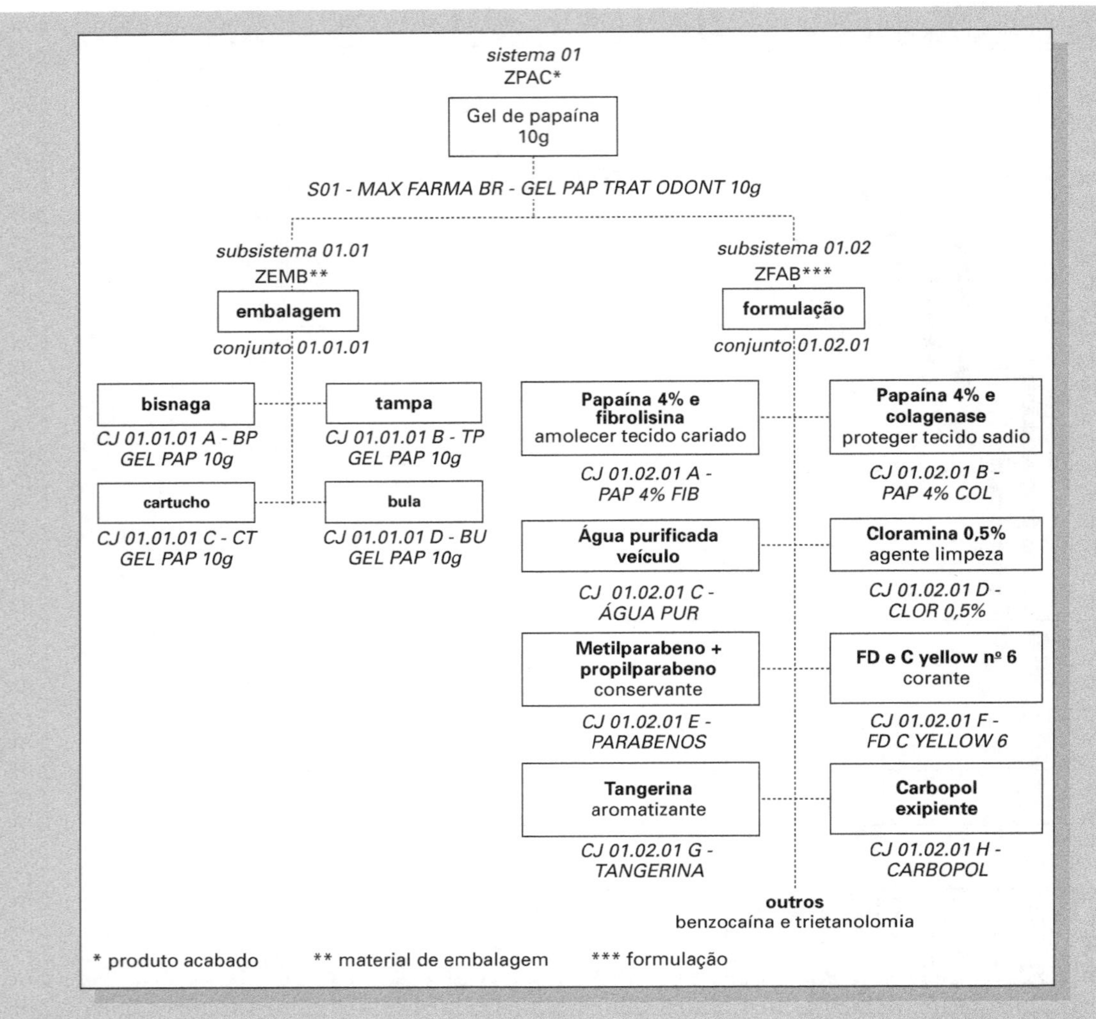

Figura 5.6

Estrutura do Produto Gel de Papaína – Versão 1

3 – Projeto dos componentes e peças

No caso de produtos farmacêuticos serão especificados todos os seus ingredientes com a completa definição de suas propriedades físicas químicas e de pureza. O subsistema embalagem será desenhado e terá definidas as formas e cores e os textos dos rótulos e da bula, bem como as dimensões e os materiais que a compõem. Como já dissemos anteriormente trata-se de mais um projeto dentro do projeto.

4 – Protótipos e testes de verificação

Serão construídos protótipos em laboratório e submetidos a testes de verificação funcional e operacional, tanto internamente como em campo, com acompanhamento adequado da equipe técnica. O procedimento dos testes e o número de exemplares testados será definido pela experiência da empresa e de acordo com eventuais normas legais aplicáveis.

5 – Certificação do Projeto

Tendo sido aprovados os resultados dos testes dos protótipos, e reavaliados os valores de investimentos no projeto e custos do produto, pode-se emitir o relatório de **certificação**.

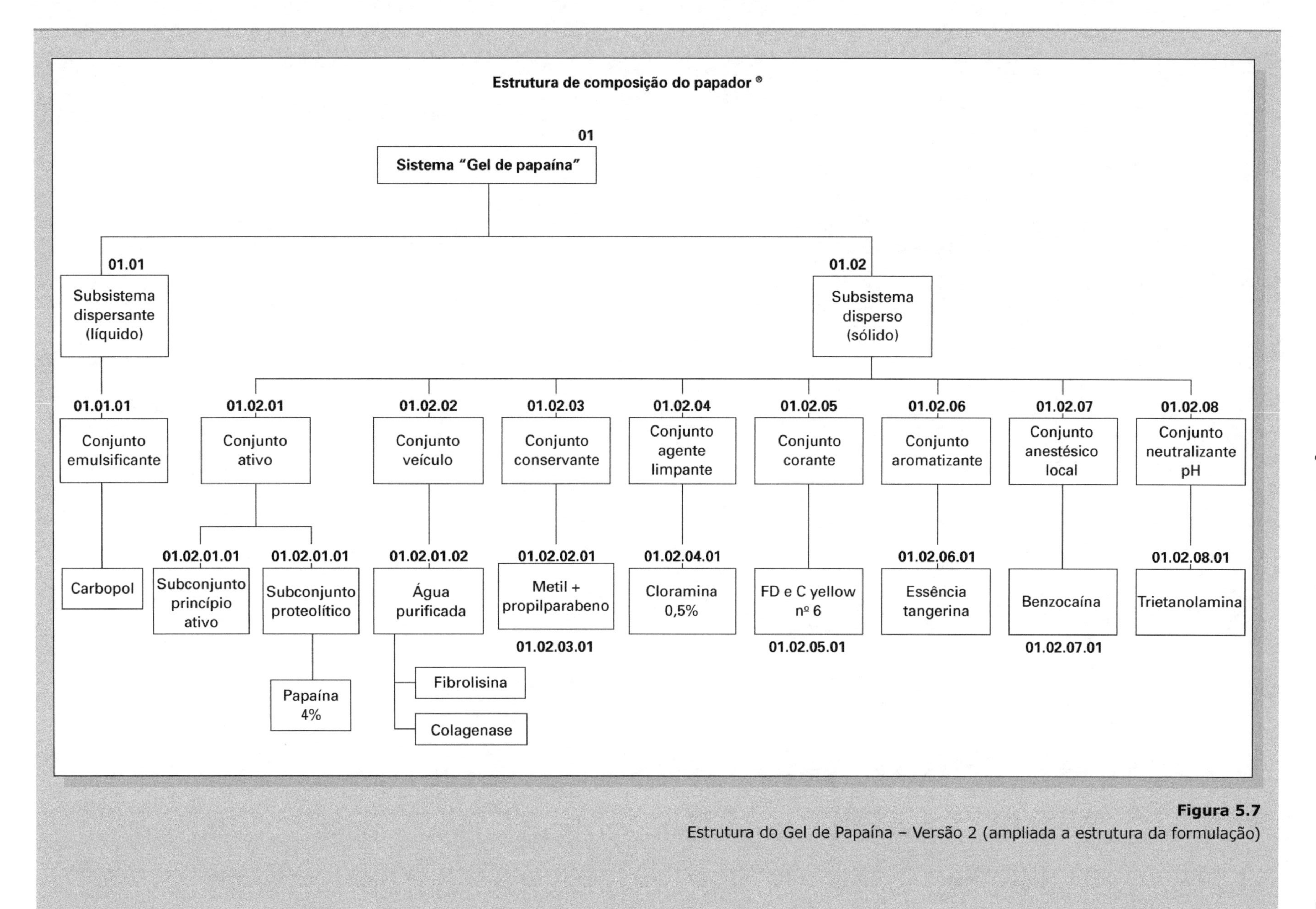

Figura 5.7
Estrutura do Gel de Papaína – Versão 2 (ampliada a estrutura da formulação)

EXEMPLO 5.2
LAVANDERIA VANZOLIMP

PROJETO EXECUTIVO

Definidas as informações principais (mestras) do projeto, terminada a elaboração do Projeto Básico, parte-se para o detalhamento dos elementos do projeto em todos os seus níveis: subsistemas, conjuntos, componentes, peças, até suas unidades indivisíveis, completando assim toda informação necessária para o projeto de implantação.

O primeiro passo foi programar as etapas e atividades do projeto executivo, em que os principais passos foram a consolidação do *arranjo físico geral*, dos fluxogramas de engenharia, bem como a elaboração dos projetos executivos dos subsistemas mecânicos, elétricos, civil e de arquitetura.

Na gestão deste projeto, o fluxo de informações e o controle de alterações é fundamental, pois, apesar de todo o cuidado nas etapas anteriores, haverá a necessidade de tomada de decisões importantes na etapa do detalhamento, em função do enorme número de itens e informações relacionados ao projeto. Ou seja, uma alteração nessa etapa deve ser evitada, porém ainda assim poderão ocorrer mudanças pertinentes que deverão ser levadas em consideração no projeto executivo.

Nessa etapa, ainda ocorrerão elaborações, verificações, comentários, revisões, consolidações e liberações para a aquisição e fabricação dos projetos construtivos das máquinas e equipamentos envolvidos no projeto, concluindo que cada um deles é um projeto em si, que será delegado a fornecedores, porém todos com o aval da equipe envolvida, em razão das particularidades do projeto em questão.

1 – Programação do projeto

Com o projeto básico definido, elaborou-se um novo e detalhado cronograma para as etapas subsequentes, o qual é reproduzido na Figura 5.8:

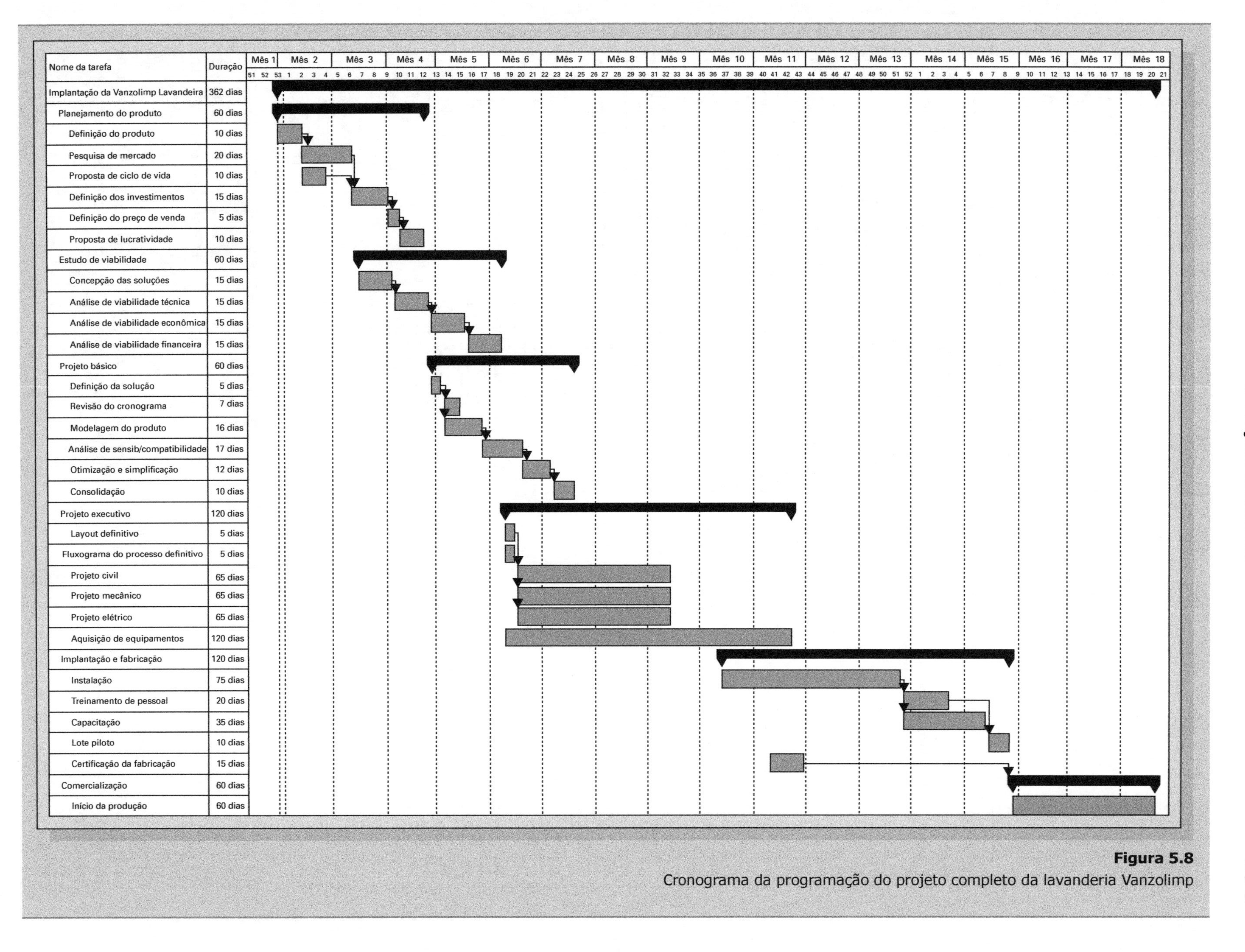

Figura 5.8
Cronograma da programação do projeto completo da lavanderia Vanzolimp

2 – Estrutura de Composição do Produto – Lavanderia

Para definir completamente o produto, construiu-se a estrutura de composição do produto (ECP). Nela, os subsistemas são apresentados com seus respectivos componentes, bem como seus respectivos códigos. A ECP da Lavanderia Vanzolimp pode ser visualizada na Figura 5.9:

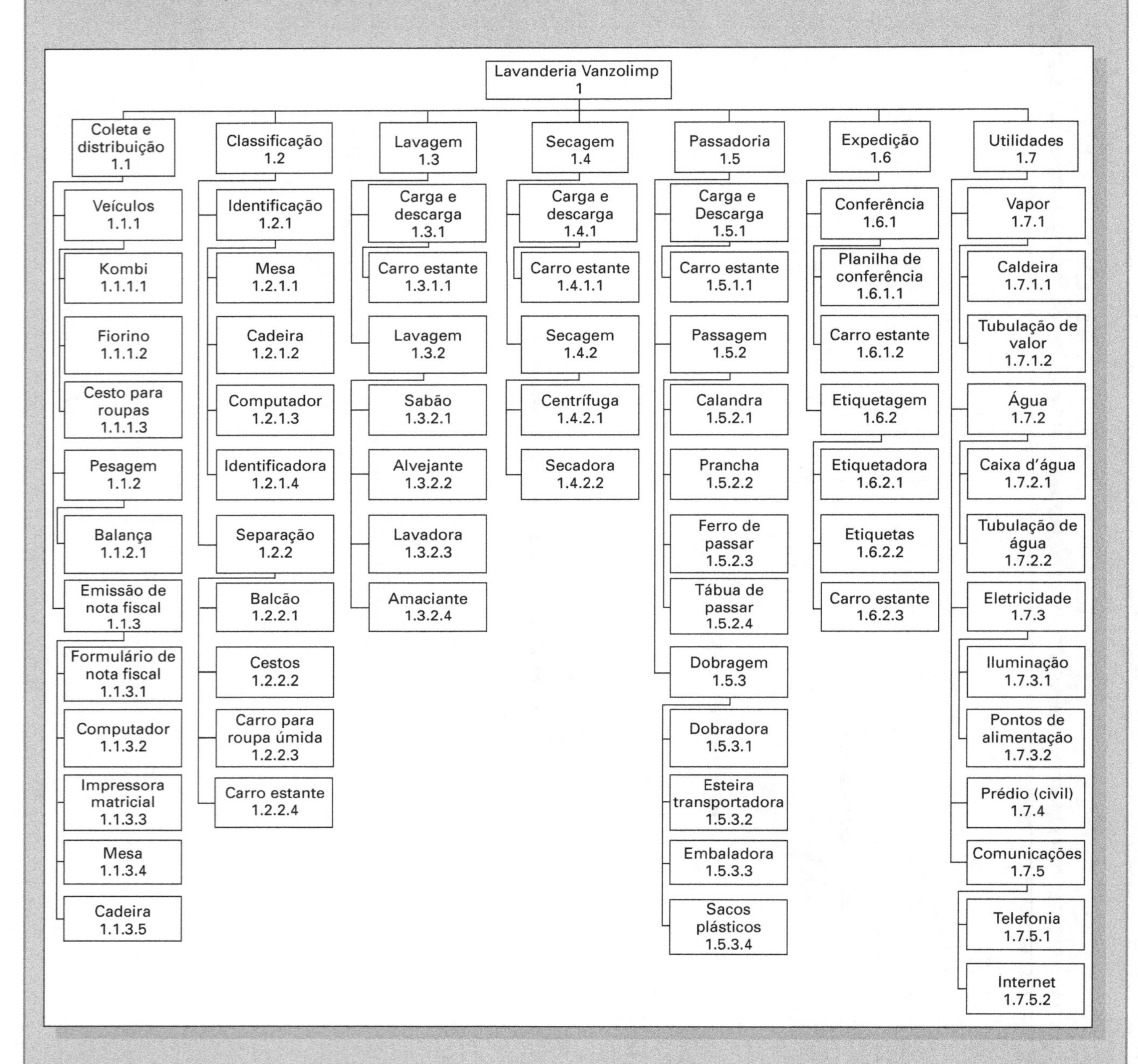

Figura 5.9
ECP da Lavanderia Vanzolimp

3 – Projeto dos conjuntos e componentes

A lavanderia terá subsistemas construídos especialmente para ela a serem projetados e, eventualmente, fornecidos por terceiros; outros equipamentos, componentes e materiais serão comprados no mercado. Tanto uns como os outros deverão ser completamente definidos por suas especificações, marcas e modelos.

4 – Protótipos e programa de certificação do projeto

A lavanderia, por ser um produto único, será certificada por um só protótipo que é ela mesma, montada com os equipamentos selecionados no PE. Serão feitas operações experimentais de coleta, lavagem e entrega simuladas, provavelmente processando roupas dos proprietários, projetistas e seus parentes. Serão testes funcionais e operacionais de cada subsistema que permitirão certificar internamente os processos e equipamentos especificados.

O projeto executivo da lavanderia será submetido a avaliações por entidades externas, certificadoras públicas de conformidade legal e emissoras da documentação e dos certificados correspondentes. São os seguintes os principais documentos de projeto a serem aprovados: a – Projeto arquitetônico e civil na Prefeitura e no Corpo de bombeiros, para verificação de atendimento a normas técnicas e urbanísticas. b – descrição funcional da operação e estudos de emissões de efluentes e seu tratamento, para a Cetesb.

Aprovados os resultados dos testes, corrigidas as eventuais deficiências e obtidas as aprovações legais, o projeto executivo estará tecnicamente certificado. Ao longo desse trabalho, a definição mais completa dos itens permitirá reavaliar melhor os investimentos e custos, podendo-se, então, fazer a certificação econômica do projeto.

EXEMPLO 5.3

IDENTIFICADOR IRISKEY – PROJETO EXECUTIVO

1 - Programação do projeto executivo

O cronograma abaixo mostra a alocação de recursos humanos (em pessoas/mês) para a execução das etapas do projeto executivo. Note que esta fase está programada no cronograma-mestre do projeto básico para ser realizada do 7º ao 13º mês do projeto. O total de 43 pessoas/mês respeita também os valores estabelecidos para o projeto

Tabela 5.1 Alocação de recursos humanos

ETAPAS do Projeto Executivo	Meses							
	7	8	9	10	11	12	13	TOTAL
1 – Projeto de conjuntos e componentes	3	4	3	1				11
2 – Avaliação de desenhos e especificações	1	2	1	1				5
3 – Construção e montagem dos protótipos			2	2	2			6
4 – Avaliação e testes dos protótipos				2	4	5	2	13
5 – Relatório de certificação do projeto					1	2	5	8
Recursos humanos em pessoas/mês	4	6	6	6	7	7	7	43

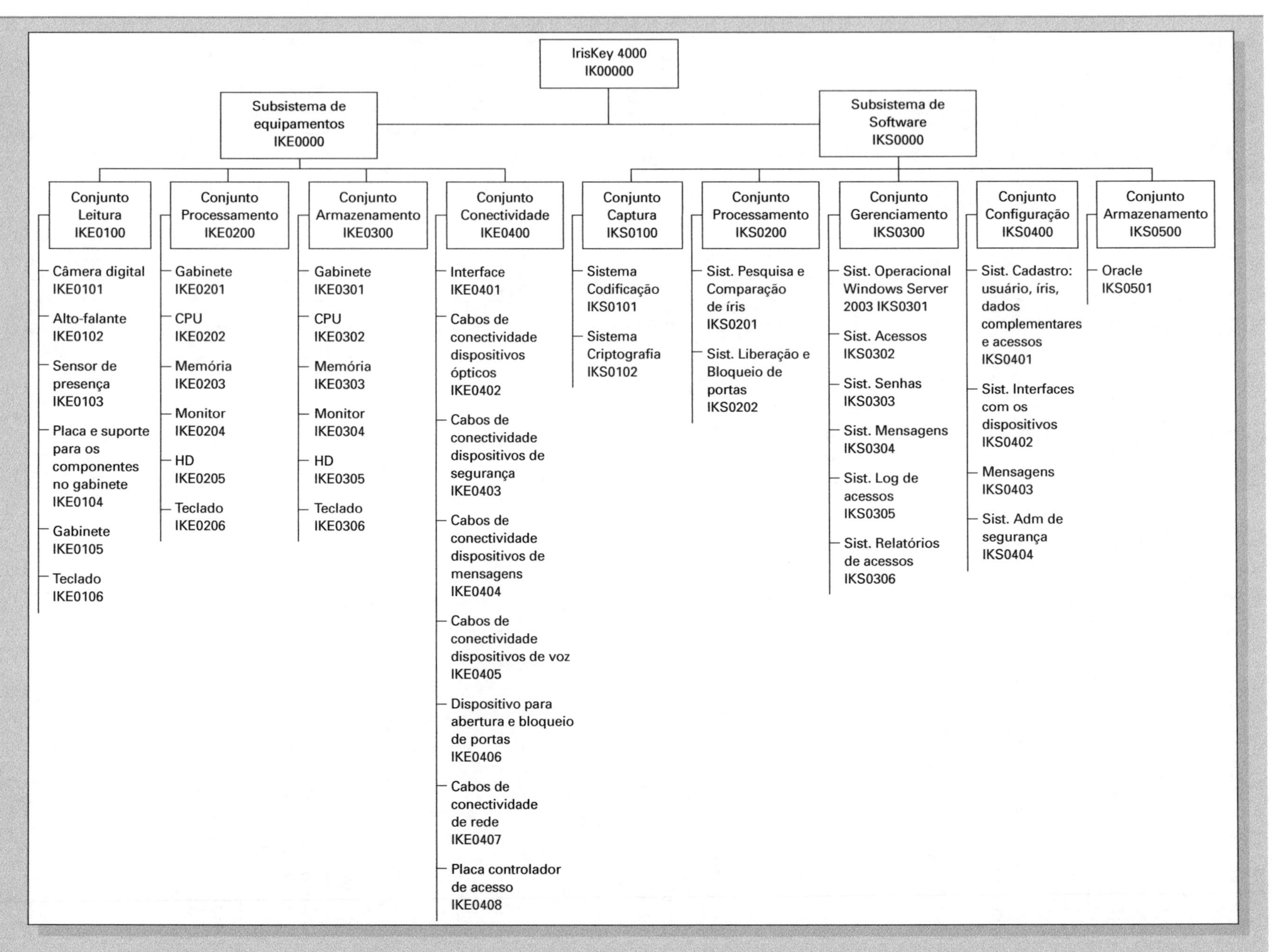

Figura 5.10 Estrutura da composição do produto IrisKey

Projeto dos conjuntos e componentes

Nomenclatura e codificação

O código de cada componente é descrito por uma sequência de sete caracteres no formato NNXYYZZ, onde:

- NN – são dois caracteres alfanuméricos que representam o produto. Para o produto IrisKey 4000, o código é IK;
- X – caracter alfanumérico que identifica o subsistema em "S" Software e "E" Equipamento;
- YY – dois caracteres numéricos que identificam os conjuntos de cada subsistema;
- ZZ – dois caracteres numéricos que identificam os componentes de cada conjunto.

Quadro 5.1 O subsistema equipamento

Subsistema Equipamento Representam os componentes físicos do projeto	
Conjunto Leitura Representa o conjunto de componentes responsáveis pela leitura e captura da íris	
Item	**Função**
Câmera Digital	Fazer o foco, o zoom e o disparo para obter a imagem da íris na qualidade especificada para codificação
Alto-falante	Emitir as mensagens para o usuário em um volume audível para a compreensão de até 35 dB
Sensor de Presença	Detectar a presença do usuário na distância entre 7 cm e 25 cm e ativar o foco e zoom da câmera digital para obter a imagem
Placa e Suporte para os Componentes no Gabinete	Fixar os seguintes componentes: câmera digital, sensor de presença, alto-falante e cabos que serão instalados no gabinete
Gabinete	Embalar e proteger os equipamentos nele instalados, de acordo com os padrões de estética definidos para o produto
Teclado	Permitir o input de dados
Conjunto Processamento Representa o conjunto de equipamentos e dispositivos responsáveis pelo processamento e pela execução das instruções solicitadas pelos programas e pela comunicação entre o processador e os demais periféricos	
Item	**Função**
Gabinete	Embalar e proteger os equipamentos nele instalados, de acordo com os padrões de estética definidos para o produto
CPU	Processar e executar as instruções solicitadas pelos programas
Memória	Armazenar informações para serem utilizadas pelo processador
Monitor	Exibir as informações que estão sendo processadas
HD (Disco rígido)	Armazenar configurações, arquivos e logs para a execução dos programas
Conjunto Armazenamento Armazena as informações para serem utilizadas pelo processador para a execução de atividades solicitadas pelos programas	
Item	**Função**
Gabinete	Embalar e proteger os equipamentos nele instalados, de acordo com os padrões de estética definidos para o produto
CPU	Processar e executar as instruções solicitadas pelos programas
Memória	Armazenar informações para serem utilizadas pelo processador
Monitor	Exibir as informações que estão sendo processadas

Continua

Continuação

Item	Função
Conjunto Conectividade Representa os dispositivos que fazem a interface do software com os equipamentos físicos	
Item	**Função**
HD (Disco rígido)	Armazenar configurações, arquivos e logs para a execução dos programas
Interface	Permitir a comunicação e a ligação entre os dispositivos
Cabos de Conectividade dos Dispositivos Ópticos	Transmitir a imagem digital da íris da câmera digital para o sistema de codificação
Cabos de Conectividade dos Dispositivos de Segurança	Conectar o sistema principal com as estações de backup
Cabos de Conectividade dos Dispositivos de Mensagem	Transmitir as mensagens do sistema de mensagens para o visor do teclado de senhas
Cabos de Conectividade dos Dispositivos de Voz	Transmitir a mensagem de voz do sistema para o alto-falante
Cabos de Conectividade dos Dispositivos para Abertura e Bloqueio de Portas	Transmitir a mensagem de abertura ou bloqueio de portas do sistema para a placa controladora de acesso
Cabos de Conectividade dos Dispositivos de Rede	Receber a mensagem do sistema de liberação e bloqueio de portas e efetuar a abertura ou bloqueio da trava elétrica da porta
Subsistema de Software Representa os componentes lógicos do projeto	
Conjunto Captura Representa o conjunto de programas responsáveis pela captura da íris ou senha	
Item	**Função**
Sistema de Codificação	Transformar a imagem digital da íris em um código alfanumérico de 512 Kb
Sistema de Criptografia	Transformar todas as informações dos usuários em códigos de 128 bits, indecifráveis a quem não possui o algoritmo decriptador, para proteger os dados contra acessos não autorizados
Conjunto Processamento Representa o conjunto de programas responsáveis pelo processamento das informações capturadas	
Item	**Função**
Sistema de Pesquisa e Comparação de Íris	Receber o código da íris criptografado, efetuar a busca no banco de dados e retornar identificação positiva ou negativa do usuário
Sistema de Liberação e Bloqueio de Portas	Receber, do sistema de pesquisa e comparação da íris, o resultado de identificação positiva ou negativa do usuário, e enviar mensagem para liberação ou bloqueio da porta para a placa controladora de acesso
Conjunto Gerenciamento Responsável pelo gerenciamento dos programas que estão sendo executados pelos equipamentos físicos, coordenando o acesso aos recursos físicos e priorizando as tarefas	
Item	**Função**
Sistema Operacional – Windows Server 2003	Coordenar acessos ao hardware e priorizar a execução de tarefas
Sistema de Acessos	Receber a íris codificada do usuário, confrontá-la com o banco de dados e retornar resposta da identificação

Continua

Continuação

Item	Função
Conjunto Gerenciamento Responsável pelo gerenciamento dos programas que estão sendo executados pelos equipamentos físicos, coordenando o acesso aos recursos físicos e priorizando as tarefas	
Item	**Função**
Sistema de Senhas	Receber a senha criptografada, efetuar a busca no banco de dados e retornar identificação positiva ou negativa
Sistema de Mensagens	Cadastrar, armazenar e disponibilizar as mensagens do sistema aplicativo
Sistema de Cadastro	Disponibilizar as telas de cadastramento, criticar as informações digitadas e gravar os dados cadastrais do usuário, o código da íris e a senha no banco de dados
Sistema de Interface com os Dispositivos	Administrar estímulos e respostas entre o sistema aplicativo e os dispositivos de acesso
Mensagens	Controlar e emitir mensagem de voz para os acessos
Sistema de Administração de Segurança	Monitorar e garantir a integridade do sistema e dos dados nele armazenados
Conjunto Armazenamento Armazena as informações a serem utilizadas pelos programas	
Item	**Função**
Sistema Gerenciador de Banco de Dados - Oracle	Armazenar todos os dados dos usuários do sistema e disponibilizar as informações solicitadas

Plano de certificação

Após a elaboração da Estrutura de Composição do Produto que proporcionou um conhecimento mais aprofundado dos subsistemas, conjuntos, componentes e partes elementares do produto, fornecendo os subsídios necessários para as atividades do Setor de Manufatura e de Suprimentos, e dos Projetos desses subsistemas, conjuntos, componentes e peças, serão confeccionados os desenhos de montagem do produto.

Considerando que a partir da qualidade desses desenhos será possível identificar as interfaces de união dos componentes e conjuntos, evidenciar incompatibilidades e definir com precisão a sequência de montagem do produto, permitindo que este atenda às suas especificações, conclui-se que o Plano de Certificação deveria começar pela avaliação desses desenhos, visto que imprecisões podem comprometer as características do produto e distorcer as estimativas dos seus custos de fabricação e de fornecimento.

Para tanto, elaborou-se a planilha apresentada a seguir, que deverá ser preenchida pelos técnicos das áreas de Manufatura, Suprimentos, Engenharia de Produtos e Assistência Técnica dedicados ao projeto - Engenharia Simultânea - e que avaliarão o processo de montagem de peças, componentes, conjuntos e produto.

Ao final do processo de avaliação, estando todas as planilhas devidamente preenchidas e sem reportarem deficiências ou erros que possam influir sobre o projeto, seu prazo ou custos, elas serão anexadas ao relatório final como Certificação dos Desenhos de Montagem.

Concluída a Certificação dos Desenhos de Montagem e de posse das especificações validadas nesse processo, o Laboratório Experimental estará apto a construir os protótipos das peças, dos componentes e dos conjuntos do sistema-produto.

A partir desses protótipos será possível avaliar o funcionamento do produto e detectar eventuais problemas de manufatura e/ou montagem, por meio de testes e ensaios. Os técnicos, com larga bagagem em desenvolvimento de sistemas de controle de acesso, deverão, por meio desses testes e ensaios, avaliar se as especificações e requisitos técnicos definidos no início do projeto foram atendidos pelo produto, sem impactar as restrições de prazo, custos e investimentos, definidas no seu planejamento. Em caso positivo, providenciará a certificação do produto e do projeto.

Para registrar e documentar esses testes e ensaios que também deverão certificar o projeto, serão preenchidas pelos técnicos responsáveis as planilhas correspondentes.

Concluídos os testes e ensaios, foi confirmado o atendimento a todos os requisitos técnicos, e as poucas deficiências não determinaram mais do que pequenas revisões ou reprojetos de peças. Assim, o projeto do produto IrisKey está tecnicamente certificado. As reavaliações de investimentos e custos feitas ao longo desta fase permitiram confirmar o cumprimento dos objetivos econômicos e financeiros. O relatório de certificação, que completa do projeto IrisKey, pode então ser emitido pela engenharia.

Tabela 5.2 Planilha para avaliação/certificação de projeto

Avaliação dos Testes e Ensaios dos Protótipos IrisKey 4000										
Teste/Ensaio	**Meta**	**Tolerância para deficiências (nível de qualidade exigido = frequência de deficiências/ oportunidade de deficiências)**	**Frequência mínima do teste**	**Resultado do teste em relação a meta (%)**	**Avaliação (A – Aprovado; RV – A Revisar; RE – Reprovado)**	**Observações (Se produto certificado pelo fornecedor indicar neste campo)**	**Data avaliação**	**Avaliado por (Nome(s) e Matrícula(s))**	**Setor(es)**	**Visto(s)**
1 – Cadastramento correto da íris	100%	0	500	**100%***	**A**	**Câmera e algoritmo certificado pelos fornecedores conforme docs. TEC 234 e TEC 543**	**05/01/05**	**SENA – 034567 e André Cardoso – 04354**	**DESUPRI**	
2 – Identificação correta da íris	100%	0	500							
3 – Rejeição correta da íris	100%	0	500							
4 – Tempo máximo para cadastramento da íris	1 seg	0	500							
5 – Tempo máximo para identificação da íris	1 seg	0	500							
6 – Tempo máximo para rejeição da íris	1 seg	0	500							
7 – Validação correta dos dados cadastrais	1 seg	0	200							
8 – Validação correta dos parâmetros	1 seg	0	200							
9 – Consumo máximo do sistema	100 kWh (24 x 7)	0	2 meses							
10 – Durabilidade do sistema	10 anos	0	Estimada							
11 – Durabilidade das baterias	3 anos	0	Estimada							
12 – Clareza da mensagem de voz	100%	0	200 acessos + 200 travamentos							
13 – Identificação correta pela senha	100%	0	200							
14 – Rejeição correta pela senha após três tentativas	100%	0	200							

15 – Tempo máximo para identificação pela senha	1 seg após entrada dos dados%	0	200							
16 – Tempo máximo para rejeição pela senha	1 seg após entrada dos dados	0	200							
17 – Distância mínima para reconhe-cimento/cadastramento da íris	7 cm	0	200							
18 – Distância máxima para reconhecimento/cadastramento da íris	25 cm	0	200							
19 – Tempo máximo para cadastramento de dados pessoais	20 segs	0	100							
20 – Tempo máximo para cadastramento de parâmetros	15 segs	0	100							
21 – Tempo máximo para cadastramento de senha	15 segs	0	100							
22 – Tolerância de temperatura da câmera	entre 0 ºC e 45 ºC	0	1 mês dentro desta variação							
23 – Tempo de úmidade na câmera	entre 0% e 95%	0	2 mês dentro desta variação							
24 – Dimensões da câmera	entre 16,5 cm x 31,5 cm x 18,7 cm	0	1							
25 – Peso da câmera	até 3,44 kg	0	1							
26 – Dimensões da unidade de controle de acesso	até 41,1 cm x 40,2 cm x 15,3 cm	0	1							
27 – Peso da unidade de controle de acesso	até 10,2 kg	0	1							
28 – Exposição da íris com lente com reconhecimento correto	100%	0	200							
29 – Exposição da íris com óculos com reconhecimento correto	100%	0	200							
30 – Exposição da íris irritada com reconhecimento correto	100%	0	200							
31 – Exposição da íris bloqueada com rejeição correta	100%	0	200							
32 – Exposição da íris não cadastrada com rejeição correta	100%	0	200							
33 – Bloqueio de tentativa de invasão do sistema	100%	0	30							
34 – Funcionamento por baterias no corte da energia principal	mínimo 3 horas	0	20							
Dados em destaque são apenas ilustrativos de preenchimento										

Tabela 5.3 Avaliação dos desenhos de montagem de componentes e conjuntos

Avaliação dos Desenhos de Montagem de Componentes e Conjuntos – Iriskey 4000										
Desenho Avaliado (Código e Título)	Falha identificada	Ajuste Necessário	Impacto (A – Alto; M – Médio; B – Baixo)			Avaliação (A – Aprovado; RA – Reavaliar RE – Reprovado)	Data Avaliação	Avaliado por (Nome e Matrícula)	Setor	Visto
			Produto	Prazo	Custos					
A011 – Montagem Lentes e Câmera	Procedimento de encaixe incompleto	Completar o desenho		B		A	20/12/04	Cardoso – 03456	Eng. Prod.	
A021 – Montagem Gabinete	Sequência inadequada	Reavaliar Sequência	B			RA	20/12/04	Yamamoto – 01543	Manufat.	
A027 – Conexão Cabo RS 422 a Câmera	Conexão incorreta	Corrigir desenho		B		RA	20/12/04	Lourenço – 01744	Desupri.	
A031 – Conexão dispositivo de voz a câmera	Conexão inadequada	Adaptar dispositivo de voz e corrigir desenho	B	B	B	RA	20/12/04	Isomar – 02533	Eng. Prod.	
A045 – Conexão alto-falantes e câmera						A	20/12/04	Sena – 02256	Desupri.	
A047 – Conexão sensor de presença de câmera										
A049 – Conexão cabo LAN e unidade controladora										
A52 – Montagem dispositivo controle de acessos										
A56 – Montagem dispositivo de enquadramento de câmera										
A57 – Conexão cabo RS 232C e computador										
A59 – Conexão cabo RS 232C e câmera										
A51 – Montagem teclado										
A53 – Conexão teclado e cabo RS422										
A65 – Conexão teclado e cabo LAN										
B009 – Fluxograma Programa de cadastramento da íris										
B013 – Fluxograma programa identificador da íris										
B019 – Fluxograma programa identificação pela senha										
B21 – Fluxograma programa cadastramento do usuário										
B25 – Fluxograma programa cadastramento grupo de acesso										
B27 – Fluxograma programa perfil de acesso										
B31 – Fluxograma programa de cadastramento de senha										
B34 – Fluxograma programa de emissão de relatórios de Logs										

EXEMPLO 5.4
MACACO HIDRÁULICO SAFE "T" JACK

PROJETO EXECUTIVO

Nesta fase serão definidos todos os componentes do macaco e o projeto executivo será certificado por meio de testes feitos em todos os conjuntos.

1 – Programação

A Figura 5.11 mostra a programação de todo o projeto, incluindo a implantação da fábrica até o início da produção.

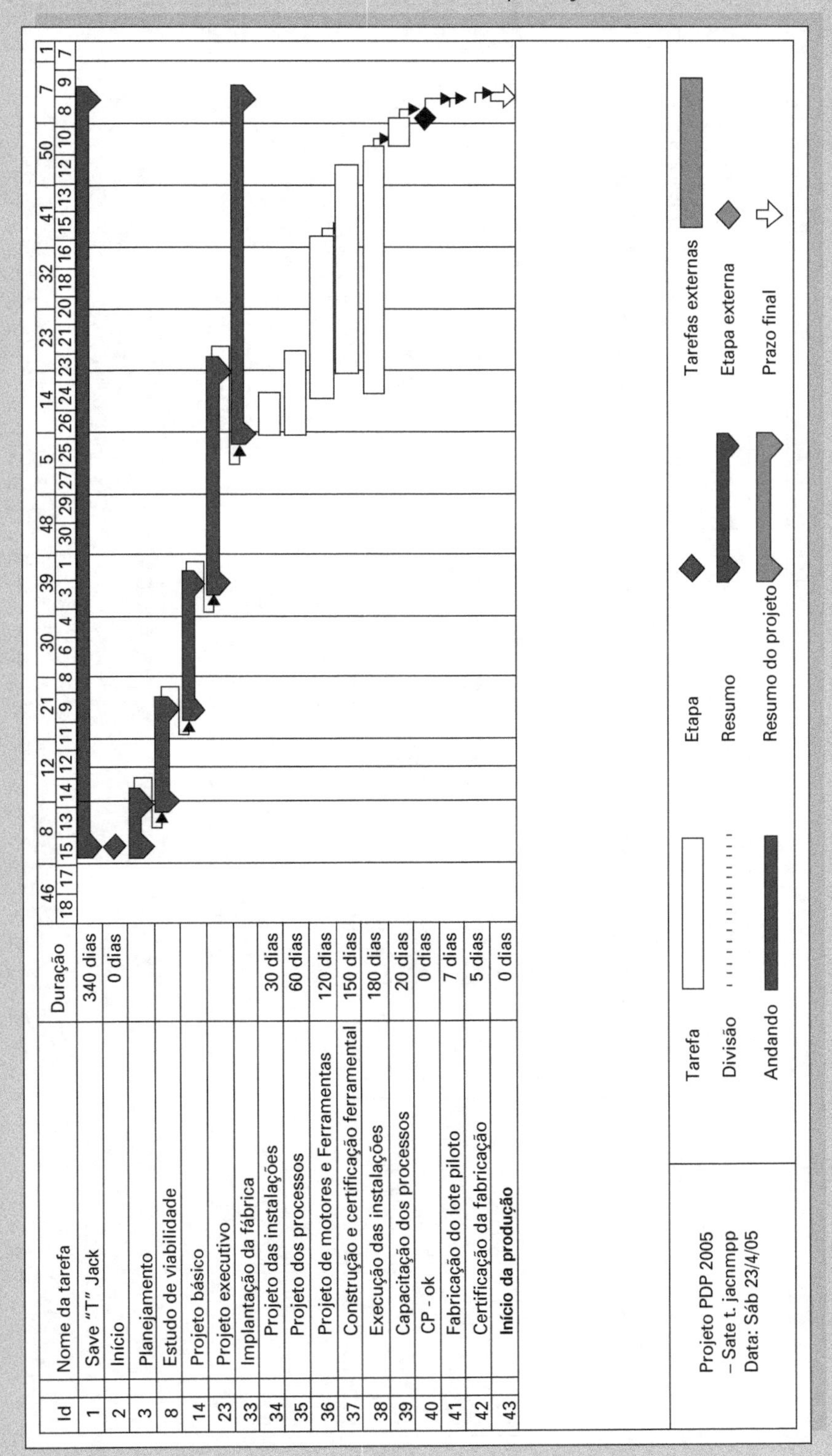

Figura 5.11
A Programação do Projeto do macaco hidráulico Safe "T" Jack

2 – Estrutura da composição do produto

A Figura 5.12 mostra a estrutura de composição do macaco decomposto até o nível de componentes.

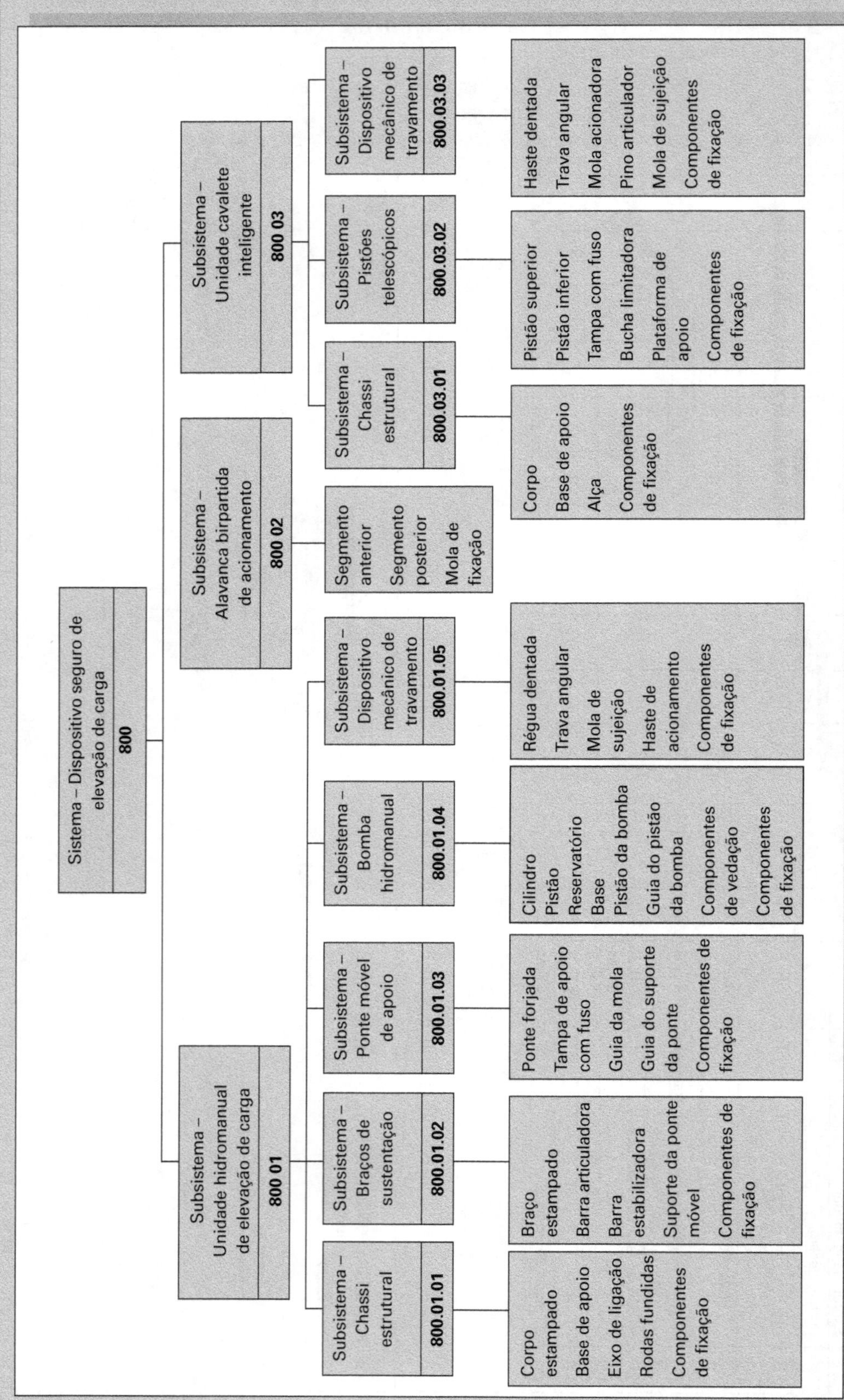

Figura 5.12
Estrutura de composição do produto

3 – O programa de ensaios e testes de verificação

Para a verificação do cumprimento dos requisitos e especificações técnicas para a certificação do produto, utiliza-se o plano de ensaios e testes a seguir. Os testes serão executados no Brasil e nos Estados Unidos, simultaneamente, para aprovação interna e para homologação perante os órgãos competentes nos Estados Unidos.

Quadro 5.2 Referência para o plano de teste: Norma USA - ASME PALD b-2002 - PART 10 (Macacos hidráulicos tipo jacaré)

Item da Norma	Requisito	Método	Descrição
10-1.1	Escopo	Visual	• Esta seção se refere a "macacos" de serviço tipo "jacaré", utilizados para elevação, mas não sustentação, de carga parcial de veículos.
10-1.2	Classificação	Visual	• Hidráulico, pneumático, hidropneumático e mecânico são as quatro classificações a que se refere esta seção.
10-1.3	Ilustração	Visual	• Como mostrado nas Figuras 10-1 e 10-2 na norma.
10-1.4	Definição	Visual	• Macaco de serviço: um dispositivo em que os braços de elevação são acionados por uma bomba hidráulica.
10-2.1	Controles de operação		• Os controles de operação devem ser desenhados de forma que estejam sempre prontos a operar, sejam bem visíveis e acessíveis ao operador, e que o operador não fique sujeito a pontos de "beliscão", a cantos vivos ou acidentes inesperados. • A operação dos controles deve ser clara para o operador, mediante a posição, a função, as legendas das etiquetas ou pela combinação de todos os itens. • A liberação da força hidráulica deve requerer ação intencional do operador, para prevenir a queda acidental da carga.
10-2.2	Limite de curso		• Cada macaco deve ser provido com um meio de ação ativa que previna que a carga, no início e no fim do levantamento, seja projetada além do limite de curso.
10-2.3	Carga de prova		Todos os macacos devem ser projetados para se enquadrar nas capacidades de sobrecarga, como listados em (a) e (b) a seguir. a) Macacos de trabalho não equipados com dispositivo interno limitante de carga devem ser capazes de submeter-se ao teste de prova de carga do parágrafo 10-4.1.5, com uma prova de carga de 150% da capacidade nominal. b) Macacos de trabalho equipados com dispositivo interno limitante de carga devem ser capazes de submeter-se ao teste de prova de carga do parágrafo 10-4.1.5, com uma prova de carga de 125% da capacidade nominal.
10-2.4	Extremidade da tampa de apoio		• O macaco deverá ser projetado para assegurar que a tampa de apoio permaneça até 3º inclinado em relação à superfície na qual o macaco está apoiado durante todo o curso inteiro do levantamento. • Deverá não se mover para fora do perímetro imaginário estabelecido por linhas ligadas às linhas de centros dos pontos pivôs das rodas dianteiras e traseiras (ver Figura 10-3 na norma).
10-3.1	Indicações de segurança		• As indicações de segurança devem atender normas ANSI Z535.
10-3.2	Avisos de segurança		• Mensagens adicionais de segurança incluem: a) Elevar o veículo somente nos pontos indicados pelo fabricante. b) Nenhuma alteração pode ser feita nesse produto.

Continua

Continuação

Item da Norma	Requisito	Método	Descrição
10-4.1	Testes de capacidade		• Para cada projeto ou mudança de projeto que possa implicar a condição do macaco de adequar-se a esta Norma, macacos de amostra construídos com especificações de projeto deverão ser submetidos a testes de capacidade. • Em conformidade com esta Norma, os macacos deverão operar de acordo com as especificações de projeto e não deverão ocorrer danos funcionais, nem as características operacionais poderão ser afetadas prejudicialmente. • Antes de cada teste a seguir, o macaco deverá ser posicionado em uma superfície lisa e plana, com as rodas ou rodízios traseiros em contato com a superfície, e carregado com força suficiente para remover toda folga contida no conjunto de rodas ou rodízios.
10-4.1.1	Teste do dispositivo limitante de carga		• Macacos de serviço equipados com dispositivo interno limitante de carga deverão ser acionados contra um medidor de carga, tendo sua lança na posição horizontal até que o aparelho limitante seja acionado. • O medidor de carga deverá registrar, durante o teste, não menos que 80% da capacidade nominal nem mais que 115% da capacidade nominal do macaco.
10-4.1.2	Teste de sustentação de carga		• Uma carga não inferior à capacidade nominal deverá ser aplicada no centro da tampa de apoio do macaco, com a lança na posição horizontal. • A carga não deverá ceder mais que 1/8 in. (3,18 mm) no primeiro minuto, nem um total de 0,1875 in. (4,76 mm) em 10 minutos.
10-4.1.3	Teste do mecanismo de abertura		• Uma carga não inferior à capacidade nominal do macaco deverá ser aplicada no centro da tampa de apoio com o macaco totalmente elevado. • O mecanismo de liberação de carga deverá ser operado para controlar a taxa de descida para não mais do que 1,0 in./s. (25,4 mm/s). **NOTA:** Em uso normal, uma taxa de descida maior do que 1,0 in./s. (25,4 mm/s) é esperada.
10-4.1.4	Teste de extremidade de tampa de apoio		• O ponto de levantamento do macaco na tampa de apoio deverá ser dividido, usando linhas imaginárias, em segmentos mostrados na Figura 10-4, esboços (a), (b) e (c). • Ponto de levantamento n. 1 da extremidade da tampa de apoio (ver Definições na introdução, 10-1.4) deverá ter carregamento na capacidade nominal, e a carga a ser aplicada sobre uma área de contato que não seja maior que 1,0 in.^{2} (645 mm^2). • O macaco deverá ser testado com a lança em 30% da máxima altura de elevação do macaco.
10-4.1.4	Teste de extremidade de tampa de apoio		• A carga deverá ser removida e o macaco verificado para obedecer ao parágrafo 10-2.4. • O procedimento deverá ser repetido até que todos os pontos restantes de levantamento da extremidade da tampa de apoio tenham sido testados, nos pontos n. 2 até n. 4. • A orientação dos pontos de levantamento das tampas de apoio que não sejam quadradas ou circulares deverão ser rotacionados para cada teste sucessivamente, assegurando-se que esse ponto esteja com a máxima distância da linha de centro da tampa de apoio para o ponto de carga. • Se retentores tipo "lugs" ou mais altos tipo "protrusions" estão contidos na extremidade da tampa de apoio, todos eles deverão ser submetidos a este teste.
10-4.1.5	Teste de capacidade de carga		• Uma Carga de Prova, como definida no parágrafo 10-2.3, deverá ser aplicada no centro da tampa de apoio do macaco. • A carga deverá ser levantada do começo até ao fim do curso de levantamento. • Para as finalidades desse teste, qualquer aparelho interno limitante de carga deverá ser desativado.

Plano de ensaios e testes – unidade cavalete inteligente (Safe "T" Jack)

Quadro 5.3 Referência para teste: ASME PALD b-2002 - PART 4 (Cavaletes para veículos)
data: 25/4/2005

Item da Norma	Requisito	Método	Descrição
4-1.1	Escopo	Visual	• Utilizado como suporte de tipos de veículos, como recomendado pelo fabricante ou fornecedor do cavalete. • Não inclui cavaletes auxiliares para suporte de componentes de veículos ou outra utilização especial.
4-1.2	Classificação	Visual	• Cavalete de suporte com ou sem coluna ajustável.
4-1.3	Ilustrações	Visual	• Como Figura 4-1 da norma.
4-1.4	Definições	Visual	• Base: este componente do cavalete que se apoia no solo e sustenta a coluna ajustável na posição vertical. No caso de cavaletes de altura fixa, que não possuem coluna ajustável, o cavalete inteiro (com exceção da tampa de apoio) é considerado base. • Dispositivo de trava: o mecanismo utilizado para segurar a coluna na altura selecionada. • Cavalete de suporte: dispositivos para suporte de veículos em uma altura determinada, mas provendo meios de abaixar e elevar o veículo.
4-2.1	Base	Visual	• A base deve possuir uma configuração que proporcione o equivalente a três ou mais pontos de contato com o solo. Uma base com formato circular, triangular ou poligonal (na vista de planta) é considerada equivalente ao especificado acima. • A parte superior da base deve ser projetada para conter e guiar a coluna ou suporte da tampa de apoio, nos casos de cavaletes com altura fixa.
4-2.2	Coluna	Visual	• Deverá ser proporcionado um meio de prevenir a separação inadvertida entre a coluna e a base. Na posição completamente retraída, a extremidade inferior da coluna não poderá ultrapassar o plano gerado pela área de contato da base com o solo.
4-2.3	Dispositivo de trava	Visual	• O dispositivo de trava deverá prevenir o ajuste da altura da coluna, após a carga já ter sido aplicada. Se a coluna é suportada por meio de pinos de trava, o pino tem de ser preso ao cavalete para evitar que se perca.
4-2.4	Controles de operação		• Os controles de operação devem ser desenhados de forma que estejam sempre prontos a operar, sejam bem visíveis e acessíveis ao operador e que o operador não fique sujeito a pontos de "beliscão", a cantos vivos ou acidentes inesperados. • A operação dos controles deve ser clara para o operador, mediante a posição, a função, as legendas das etiquetas ou no que tange à combinação de todos os itens.
4-2.5	Tampa de apoio		• A tampa de apoio deve ser como um auxílio para o posicionamento apropriado, sustentação e retenção da carga.
4-2.6	Estabilidade		• O cavalete deverá ser desenhado de forma que a mínima distância horizontal a partir da extremidade projetada da tampa de apoio até a extremidade mais próxima da base seja, no mínimo, 8% da altura máxima estendida, quando a coluna for manualmente puxada para remover toda folga na direção da medida vertical.
4-2.7	Carga de Prova		• O cavalete deve ser capaz de suportar o teste de carga conforme parágrafo 4-4.1.2, com uma carga de 150% da carga nominal.
4-3.1	Indicações de segurança		• As indicações de segurança devem atender à série de normas ANSI Z535.
4-3.2	Avisos de segurança		• Mensagens adicionais de segurança incluem o que segue: a) O cavalete não deve ser utilizado suportando, simultaneamente, as duas extremidades do mesmo lado do veículo. b) Nenhuma alteração pode ser feita nesse produto.

Continua

Continuação

Item da Norma	Requisito	Método	Descrição
4-4.1	Testes de capacidade		• Para cada projeto ou mudança de projeto que possa implicar na habilidade do cavalete para atender a esta Norma, cavaletes de amostra construídos com especificações de projeto deverão ser submetidos a testes de capacidade.
4-4.1	Testes de capacidade		• Em conformidade com esta Norma, os cavaletes deverão operar de acordo com as especificações de projeto e não deverão ocorrer danos funcionais, nem as características operacionais poderão ser afetadas de maneira prejudicial.
4-4.1.1	Teste de carga fora do centro de gravidade		• Uma carga vertical direcionada horizontalmente igual à capacidade nominal deverá ser aplicada, com a coluna com curso total estendido e curso totalmente retraído por, pelo menos, 10 minutos na extremidade da tampa de apoio. • A capacidade da tampa de apoio de reter a carga não deverá ser afetada de maneira prejudicial neste teste. • Uma redução permanente na altura, medida após a carga removida, no ponto de contato da carga não deverá exceder 0,125 in. (3,18 mm). • O teste deverá ser repetido em todas as extremidades. • Uma pré-carga de não mais que 100% da carga nominal poderá ser aplicada para estabelecer a altura total inicial.
4-4.1.2	Teste de carga de prova		• Uma prova de carga, como definida no parágrafo 4-2.7, deve ser aplicada no centro da tampa de apoio, com a coluna em ambas as posições, totalmente estendida e totalmente retraída, com a base apoiada em uma superfície rígida. A carga deve ser aplicada por, pelo menos, 10 minutos. • Uma redução permanente na altura total, medida após a remoção da carga, no ponto de contato da carga não deverá exceder 0,125 in. (3,18 mm). • Uma pré-carga de não mais que 100% da carga nominal poderá ser aplicada para estabelecer a altura total inicial.
4-4.1.3	Teste de durabilidade		• Os testes de todos os dispositivos de elevação de carga, deverão antecipar informações sobre a vida útil dos produtos e o efeito cumulativo por conta do uso repetitivo, bem como outras mudanças potenciais nas propriedades. • Testes de durabilidade deverão ser feitos manual ou mecanicamente em uma frequência que não cause superaquecimento do dispositivo. • O dispositivo de elevação deverá estar submetido à recomendação do fabricante quanto ao uso, e a frequência do uso não poderá empregar mais do que a manutenção recomendada.

4 – Certificação do Projeto Executivo

Realizados os testes e ensaios e confirmado o atendimento aos requisitos técnicos, o projeto do produto pode ser tecnicamente certificado. As reavaliações de investimentos e custos feitas ao longo desta fase permitiram confirmar o cumprimento dos objetivos econômicos e financeiros. O relatório de certificação completa do projeto será emitido pela engenharia de produtos.

EXEMPLO 5.5
HOTEL TRÊS ESTRELAS

PROJETO EXECUTIVO

Introdução

Nesta fase do Projeto Executivo, as especificações dos subsistemas consolidadas no Projeto Básico serão desdobradas mediante a definição de todos os seus conjuntos e componentes: dimensões e materiais dos fabricados e marca, tipo e modelo daqueles a serem adquiridos. A certificação do projeto ocorrerá ao longo desta fase por meio de experimentação.

1 – Programação do Projeto Executivo

O cronograma mostrado abaixo apresenta os recursos humanos e os gastos a serem aplicados ao longo de todo o projeto até a inauguração do hotel.

Tabela 5.4 Cronograma geral do projeto do hotel

			PROGRAMAÇÃO DO PROJETO																											
Fases			**1**	**2**	**3**	**4**	**5**	**6**	**7**	**8**	**9**	**10**	**11**	**12**	**13**	**14**	**15**	**16**	**17**	**18**	**19**	**20**	**21**	**22**	**23**	**24**	**25**	**26**	**27**	**Total**
Planejamento	**Prazo**	mês																												
	Equipe	pessoas/mês																												
	Gte Projeto	dias	15	15																										
	Gte Marketing	dias	5	10																										
	Engenheiro	dias	10	10																										
	Arquiteto	dias	10	10																										
	Consultoria	US$'000	15	15																										
	Despesas Diretas	US$'000	23	24																										47
	Investimento	US$'000																												0
	Subtotal	US$'000	23	24																										47
Estudo de viabilidade	Equipe	pessoas/mês																												
	Gte Projeto	dias			10	10																								
	Gte Comercial	dias			5	5																								
	Gte Marketing	dias			5	5																								
	Gte Financeiro	dias			5	5																								
	Suprimentos	dias			5	5																								
	Engenheiro	dias			5	5																								
	Arquiteto	dias			5	5																								
	Consultoria	US$'000			24	24																								
	Despesas Diretas	US$'000																												48
	Investimento	US$'000			24	24																								0
	Subtotal	US$'000																												48
Projeto básico	Equipe	pessoas/mês																												
	Gte Projeto	dias					5	5	10	10																				
	Gte Marketing	dias					5	5	5	5																				

Continua

Continuação

Fases			1	2	3	4	5	6	7	8	9	10	11	12	13	14	15	16	17	18	19	20	21	22	23	24	25	26	27	Total
	Suprimentos	dias							5	10																				
	Engenheiro	dias						5	10	10																				
	Arquiteto	dias					5	5	10	10																				
	Consultoria	US$'000					5	8	10	10																				
	Despesas Diretas	US$'000					8	12	18	19																				57
	Investimento	US$'000																												0
	Subtotal	US$'000					8	12	18	19																				57
Projeto executivo	Equipe	pessoas/mês																												
	Gte Projeto	dias							5	5	5	5	5	5																
	Gte Marketing	dias											5	5																
	Suprimentos	dias										5	5	5																
	Engenheiro	dias							5	5	10	10	10	10																
	Arquiteto	dias							5	5	10	10	10	10																
	Consultoria	US$'000							5	5	10	10	10	10																
	Despesas Diretas	US$'000							8	8	15	16	17	17																81
	Investimento	US$'000																												0
	Subtotal	US$'000							8	8	15	16	17	17																81
Implantação	Equipe	pessoas/mês																												
	Gte Projeto	dias								5	5	5	5	5	10	10	10	10	10	10	10	10	10	10	5	5	5			
	Engenheiro	dias								5	5	5	5	5	5	5	5	5	5	5	5	5	5	5	5	5	5			
	Arquiteto	dias								5	5	5	5	5	5	5	5	5	5	5	5	5	5	5	5	5	5			
	Outros	dias								5	5	5	10	10	10	10	10	10	10	10	10	10	10	10	10	10	10			
	Despesas Diretas	US$'000								4	4	4	5	5	6	6	6	6	6	6	6	6	6	6	5	5	5			97
	Investimento	US$'000								10	40	40	50	50	70	70	70	80	88	90	90	100	130	130	120	100	65			1.393
	Subtotal	US$'000								14	44	44	55	55	76	76	76	86	94	96	96	106	136	136	125	105	70			1.490

Continua

Continuação

Comissionamento	Equipe	pessoas/mês																												
	Gte Projeto	dias																							5	5	5			
	Outros	dias																							10	10	10			
	Despesas Diretas	US$'000																							1	1	1			3
	Investimento	US$'000																							5	5	5			15
	Subtotal	US$'000																							6	6	6			18
Suporte Técnico Operacional	Equipe	pessoas/mês																												
	RH	dias																							10	10	10	5		
	Gte Projeto	dias																								5	5	5		
	Gte Marketing	dias																								5	5	5		
	Gte Financeiro	dias																								5	5	5		
	Gte Comercial	dias																								5	5	5		
	Outros	dias																								20	20	20		
	Empregados do hotel	US$'000																								5	20	25		
	Despesas diretas	US$'000																							2	15	30	34		81
	Investimento	US$'000																												0
	Subtotal	US$'000																							2	15	30	34		81
Desembolso (US$'000)			23	24	24	24	8	12	26	41	59	60	72	72	76	76	76	86	94	96	96	106	136	136	133	126	106	34		1.822
Desembolso trimestral (US$'000)			71			44			126			204,0			228,0			276,0			338,0			395,0			140,0			
Desembolso anual (US$'000)			**445,0**												**1237,0**												**140**			

Estrutura de composição do produto hotel

Nessa etapa será gerada a estrutura da composição do produto hotel, em que se demonstrará os sete subsistemas que compõem o hotel e cada um destes desdobrados em seus conjuntos. Neste exemplo didático, resumido por razões de espaço, não estão divididos os conjuntos em subconjuntos e estes em componentes e peças, absolutamente necessários em um projeto real. Repetimos que cada um dos elementos da ECP é um projeto em si mesmo, alguns executados por fornecedores externos e outros pela incorporadora.

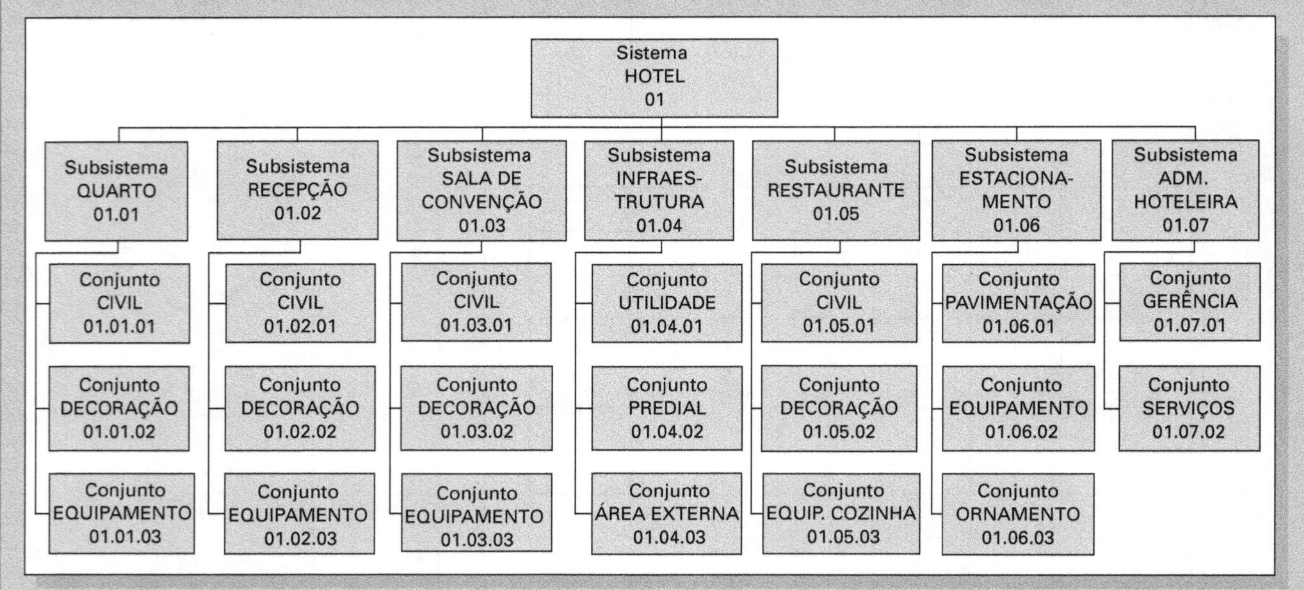

Figura 5.13 Estrutura do sistema hotel

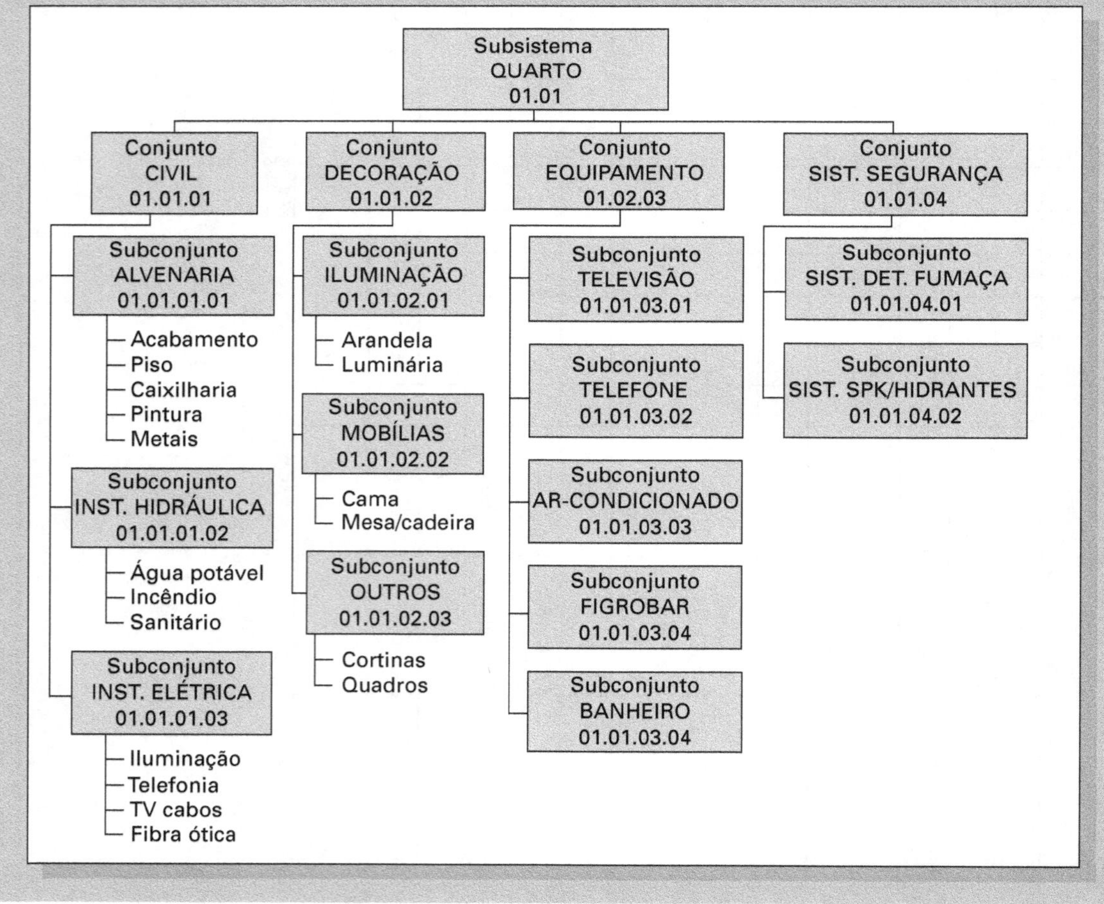

Figura 5.14 Estrutura do quarto

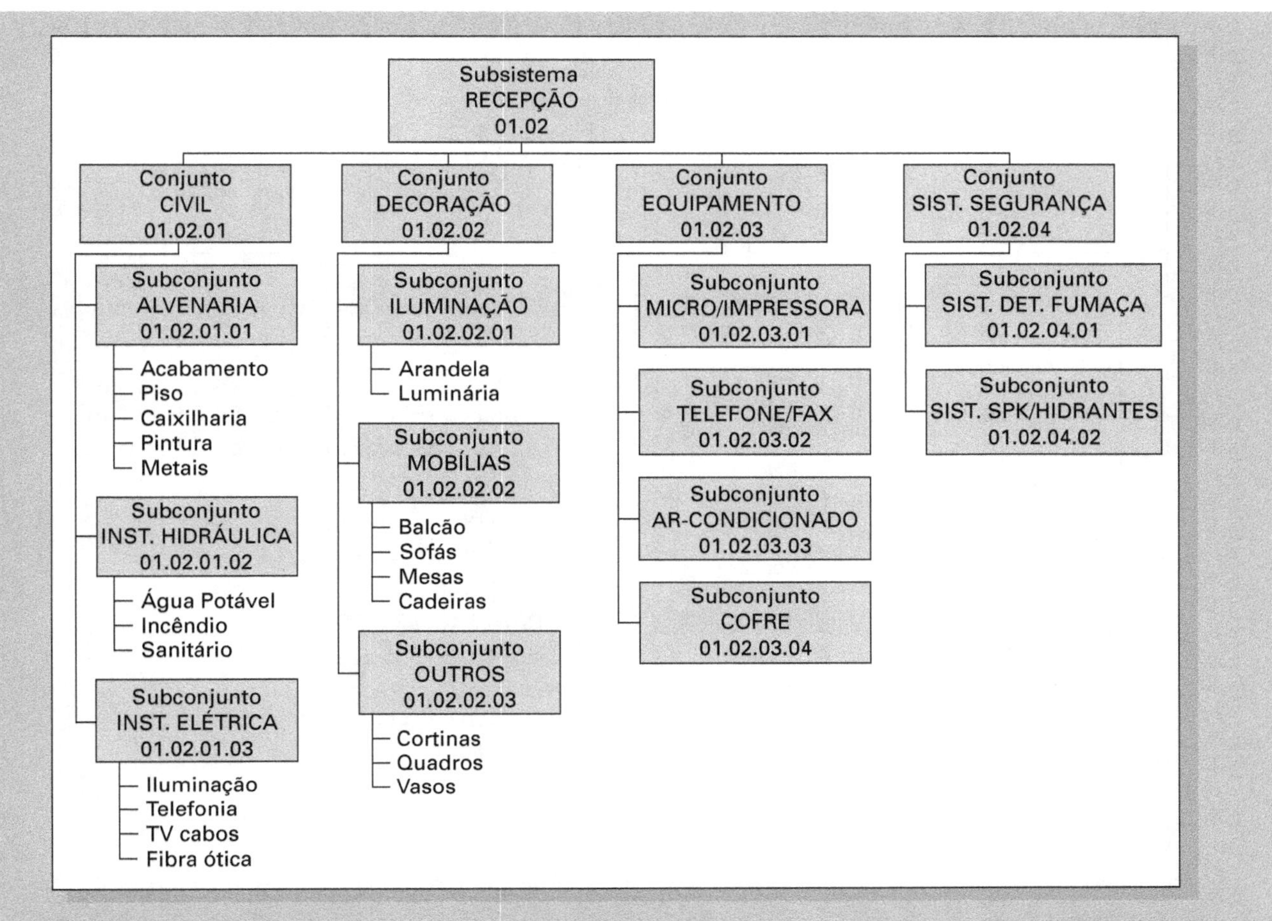

Figura 5.15
Estrutura da recepção

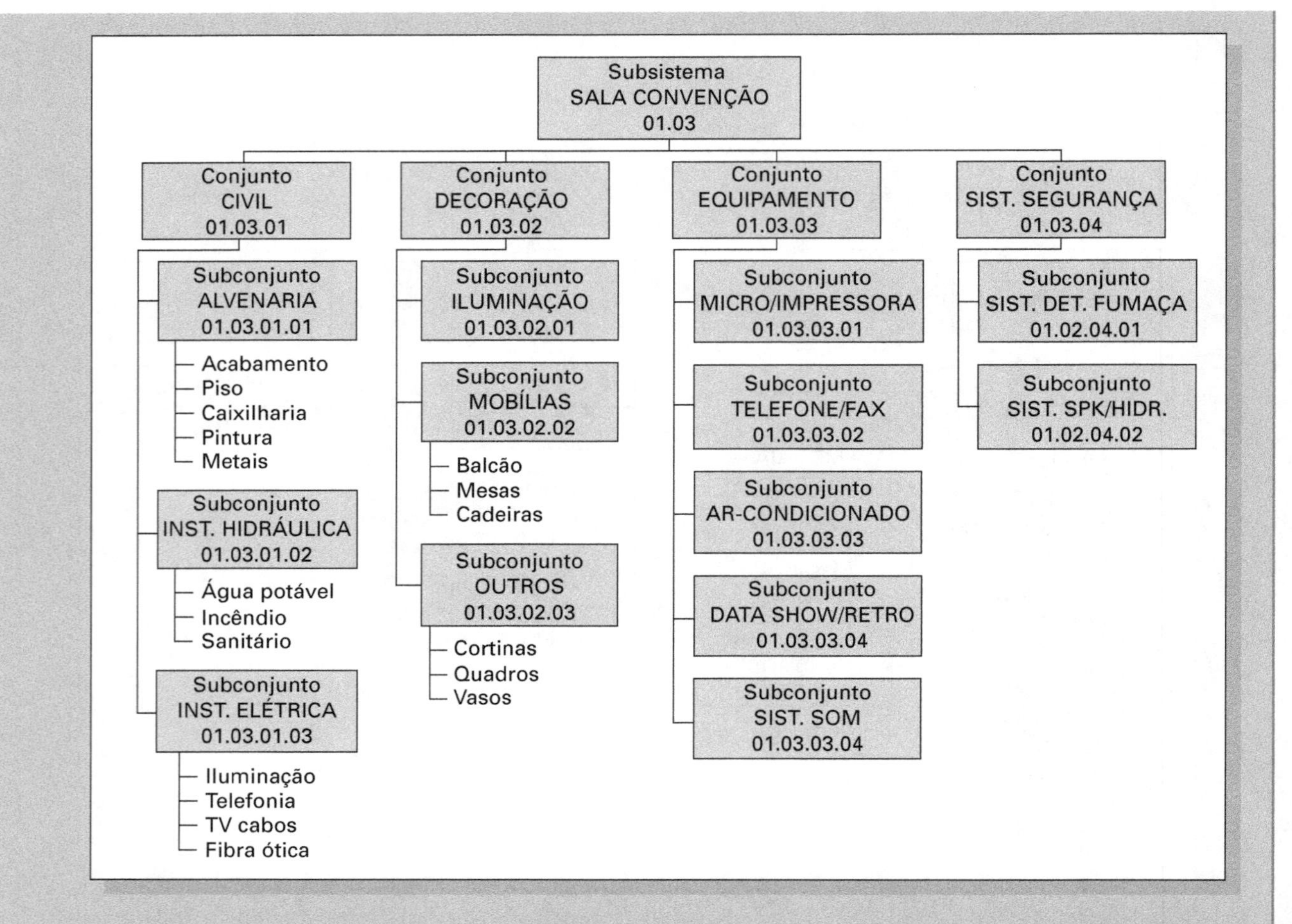

Figura 5.16
Estrutura da sala de convenção

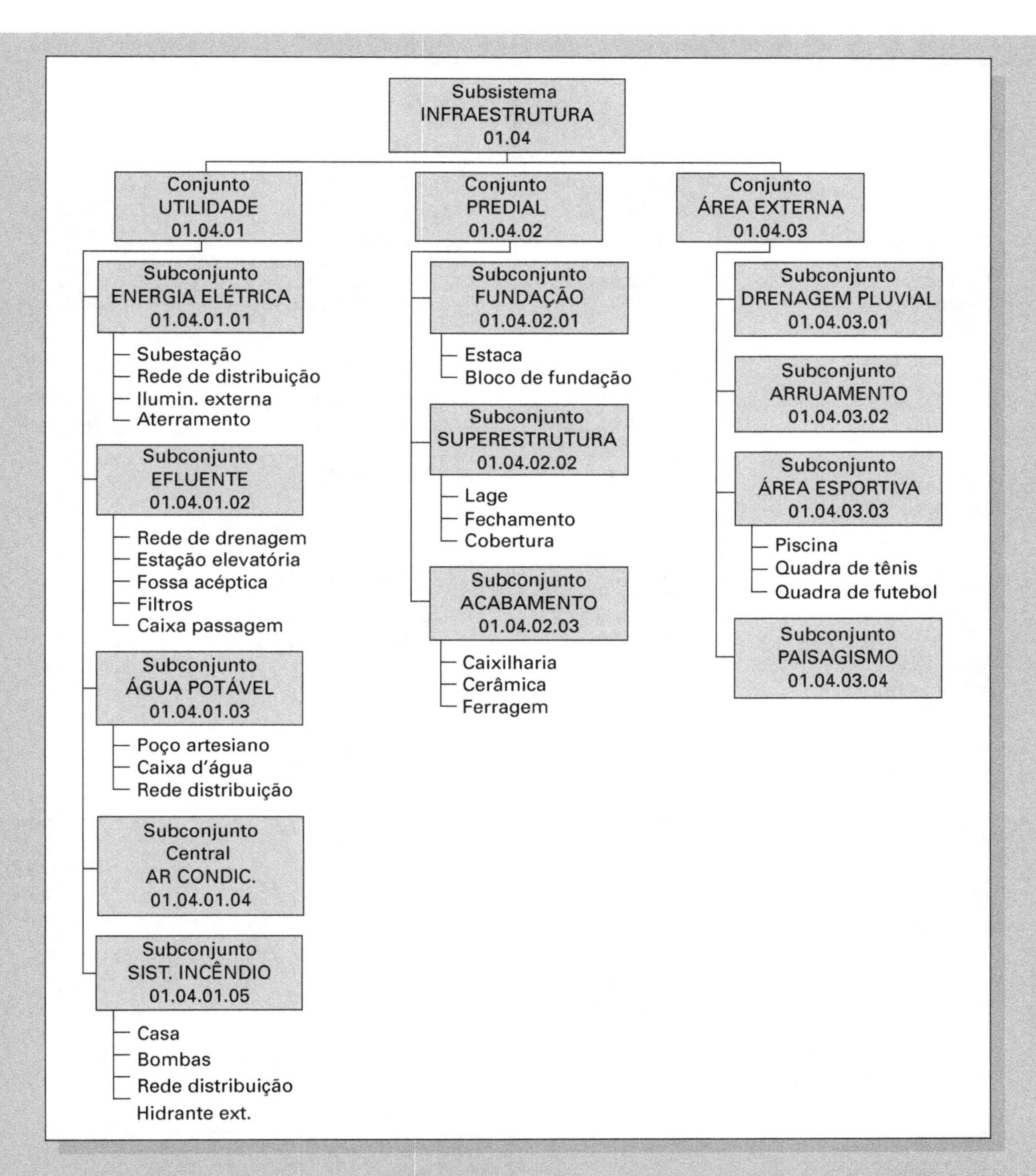

Figura 5.17
Composição da infraestrutura

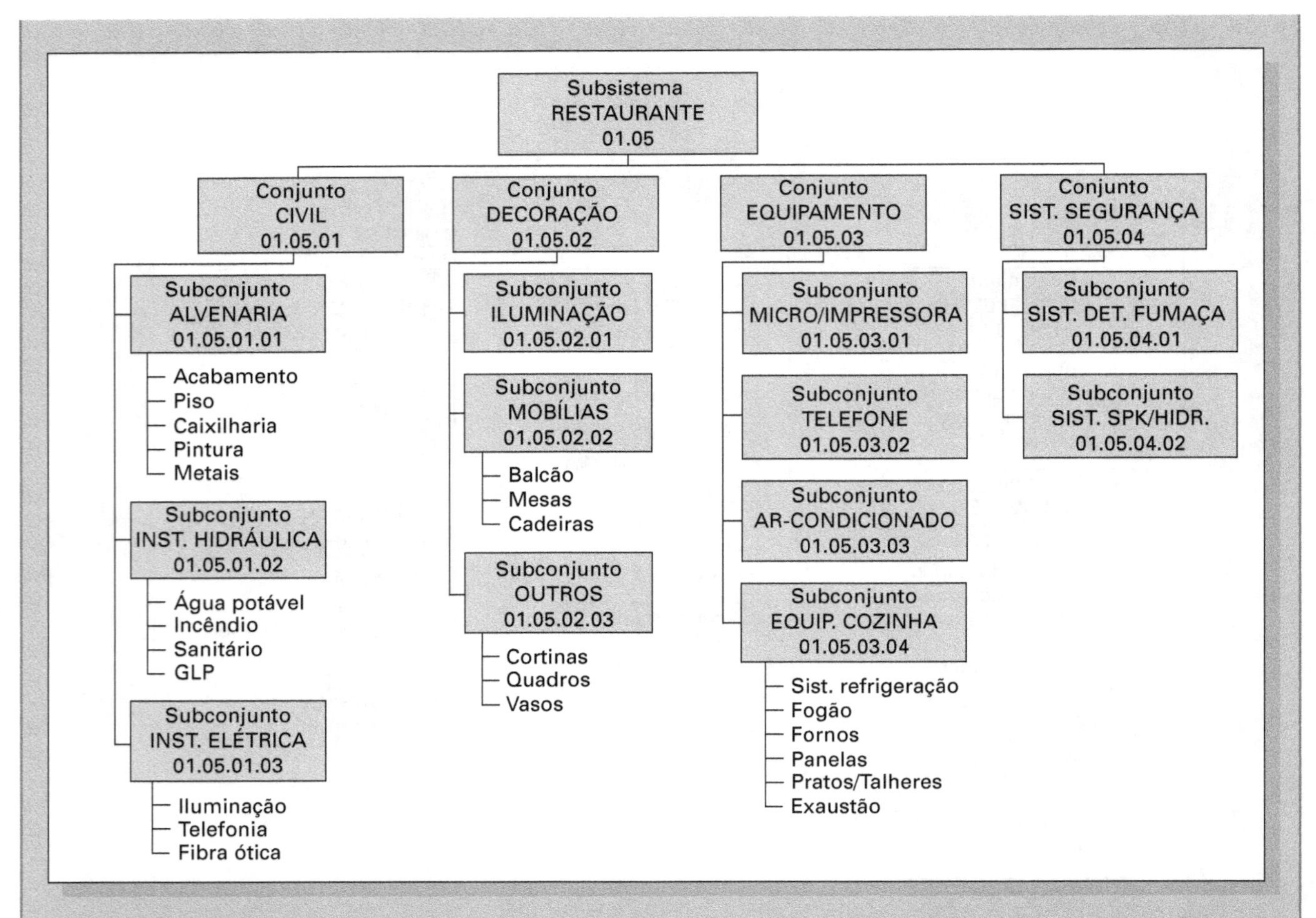

Figura 5.18
Estrutura do restaurante

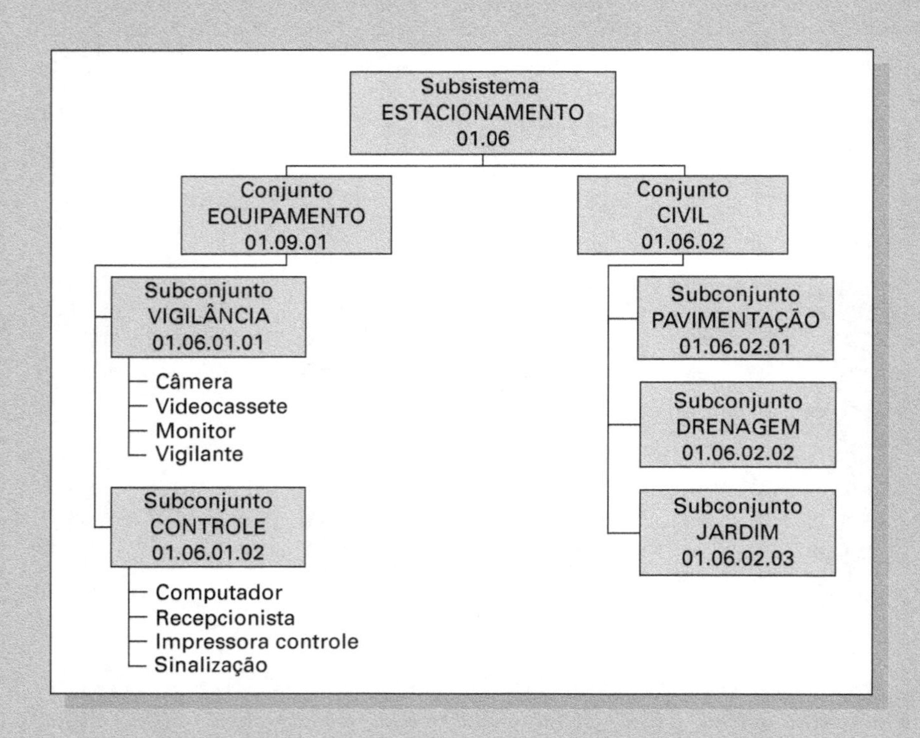

Figura 5.19
Estrutura do estacionamento

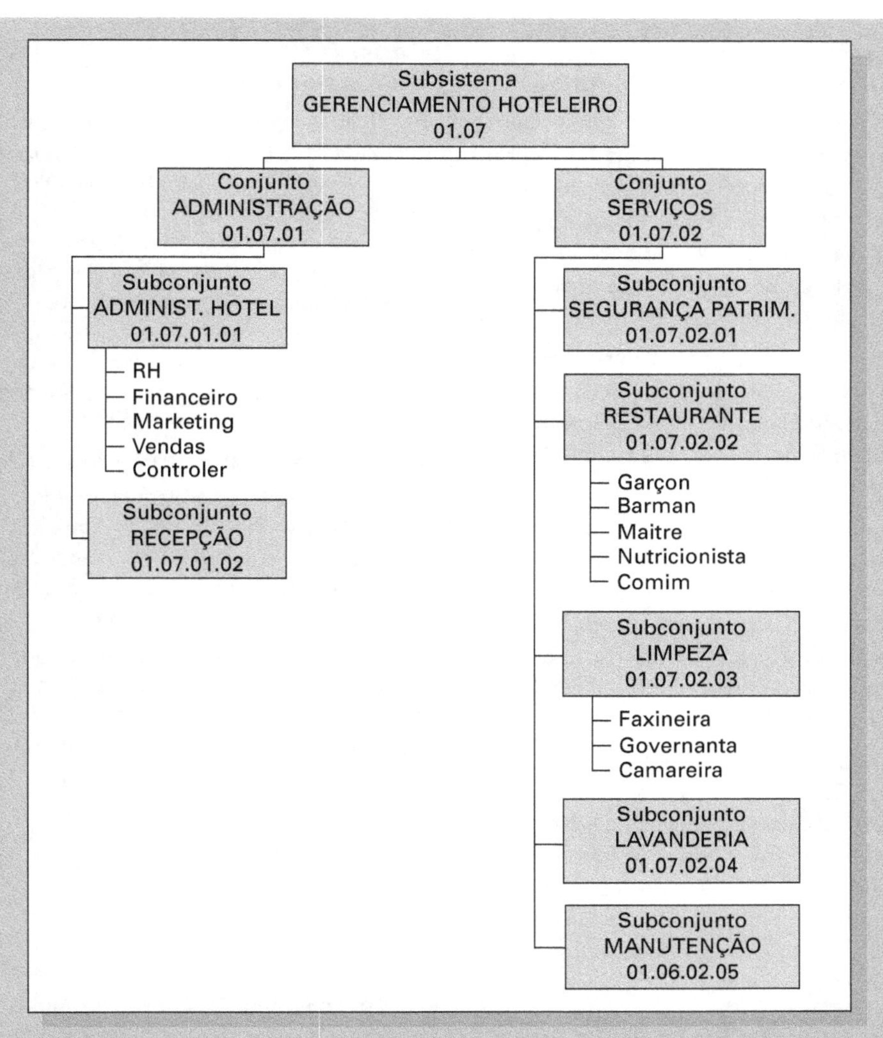

Figura 5.20
Estrutura do gerenciamento hoteleiro

CONSIDERAÇÕES SOBRE O PROJETO EXECUTIVO DO HOTEL

O Projeto Executivo consiste no detalhamento da estrutura do produto (ECP) visando a definição completa das soluções técnicas de todos os elementos.

Os subsistemas deverão ser desenhados em escalas apropriadas para a execução de obra e todos os serviços de projeto serão contratados com diferentes escritórios para cada especialidade. Por exemplo: Projeto de Estrutura, Projeto de Arquitetura e Instalações em escritórios específicos de cada setor.

Para o gerenciamento desta etapa será designado um colaborador da empresa, o gerente de uma equipe que zelará pelo projeto ao longo do seu desenvolvimento e que, posteriormente, acompanhará a construção por meio de visitas programadas à obra. Em nossas experiências em construções, essa equipe tem papel fundamental, ao assegurar a qualidade com que os trabalhos vêm sendo desenvolvidos e fazer o controle do andamento de todo o projeto.

A tarefa do gerenciador do desenvolvimento do projeto executivo inclui a compatibilização entre os projetos, bem como uma análise técnica de todos os itens, de acordo com os objetivos preestabelecidos.

Essa equipe formada será responsável por cada etapa do trabalho, bem como pela especificação de cada item necessário à construção do hotel e pela indicação de todos os fornecedores.

O escritório de arquitetura será responsável também pela aprovação do projeto perante os órgãos municipais e/ou estaduais, bem como por desenvolver um projeto dentro dos parâmetros legais.

Cada uma das equipes responsáveis pelo projeto de cada subsistema, fornecerá o projeto detalhado e com o ART – CREA (atestado de responsabilidade técnica) assinado.

Considerações sobre a estrutura administrativa e organizacional de hotel

Coordenar administrativa e financeiramente o hotel é uma das funções primordiais que podem definir o sucesso ou extinção do "negócio hotel". Em geral, o responsável pelo processo, nos grandes e médios hotéis, é um gerente-geral (*controller*) do qual dependem a análise de relatórios setoriais, o desempenho e o controle dos bens, recursos e aplicações financeiras.

Redes hoteleiras e hotéis de grande porte possuem, além da figura do *controller*, um profissional responsável pela organização e manutenção do plano de contas, englobando a contabilidade geral e o gerenciamento operacional do hotel.

As principais áreas administrativas são: compras, recebimento de mercadorias, estocagem de mercadorias (almoxarifado), controle de custos, contas a receber, contas correntes, caixa setorial, caixa geral (auditoria noturna), conferência de receitas e escrituração fiscal, além do controle dos subprocessos de pessoal, da manutenção e da segurança operacional.

Essa complexa malha de controle, organização e planejamento deve sempre estar afinada com a gerência geral de um hotel e com as demais gerências a fim de coordenar todos os processos organizacionais, promovendo a sintonia entre cada um de seus setores. Essa sintonia tem o intuito de sensibilizar o pessoal para a obtenção de melhor qualidade e maior produtividade, otimizando a rentabilidade do empreendimento.

São processos importantes que relacionam o desempenho de funções compreendidas na análise organizacional, ou seja, o gerenciamento da capacitação e treinamento dos funcionários gerando uma produtividade aceitável dentro de uma qualidade esperada.

É de fundamental importância definir na fase do projeto executivo a estrutura organizacional, a descrição das funções e responsabilidades, bem como estabelecer os procedimentos operacionais e as interdependências dos setores com os objetivos de:

- ter qualidade na comunicação interdepartamental;
- padronizar processos e procedimentos essenciais;
- desenvolver interfaces eficazes entre os departamentos;
- buscar e estabelecer ferramentas e métodos que forneçam indicadores estatísticos da qualidade dos processos.

Considerações sobre a alocação de funcionários

O atendimento aos hóspedes é considerado um dos mais importantes elementos para a qualidade dos hotéis, juntamente com a limpeza das instalações e a diversidade dos serviços oferecidos. Por essa razão, a qualificação e as características da mão de obra empregada são elementos fundamentais para um bom desempenho dos estabelecimentos. Consequetemente, é parte importante do Projeto Executivo dos subsistemas, e de todos as suas subdivisões, definir o número e o nível dos respectivos funcionários, com as qualificações adequadas.

Certificação do Projeto Executivo

A certificação do projeto ocorrerá ao longo da execução mediante a verificação dos documentos do projeto aplicação das normas da qualidade visando à garantia da qualidade construtiva e funcional do sistema como um todo. Só assim será possível confirmar o bom desempenho do produto.

O ciclo de aperfeiçoamento para o bom desempenho do produto faz-se necessário, para garantir que a escolha realizada trará ganhos quantitativos e qualitativos, tais como economia de materiais e mão de obra, bem como qualidade dos serviços prestados.

Identificando melhorias possíveis, atentando-se aos requisitos técnicos, econômicos e financeiros, devem-se avaliar novos detalhes executivos/serviços e, em consequência, reverificar cronograma e orçamento.

Consolidação do Projeto Executivo

Com o Projeto Executivo concluído, é possível que seja reforçado e que se verifique serem os valores preestabelecidos confirmados. Previamente ao fechamento dos trabalhos, já se deve estar em contato com construtoras, com o objetivo de formar parceria para construção.

Em experiências anteriores, constatou-se que, no fechamento do Projeto Executivo e na execução da obra, alguns requisitos não haviam sido respeitados. Por exemplo, a proposta de quartos amplos e com possibilidades de *layouts* diferentes não ser garantida em decorrência de um pilar em posição inadequada. Esse tipo de conflito já foi solucionado na análise de compatibilidade e confirmada na presença constante do gerenciador.

O esquema proposto visa à conclusão de trabalhos sem que seja necessário revisar o projeto e que, durante o processo, os requisitos básicos preestabelecidos sejam respeitados ou, até mesmo, haja interferências no sentido de otimizar a obra com interação constante entre as equipes de projeto e obra.

A IMPLANTAÇÃO DA FABRICAÇÃO

Nesta fase será concluido o projeto executivo de todos os processos além de ser implantada e certificada a fabricação do produto, ou o uso dos serviços e a aplicação dos sistemas do projeto. Assim fica a empresa pronta a lançar o produto no mercado ou disponibilizar o serviço ou sistema para sua operação comercial.

6.1 INTRODUÇÃO

A implantação da fabricação de um produto industrial feito em série é uma fase que, em geral, exige recursos bem maiores que os empregados no projeto do produto. Essa fase compreende o projeto, a montagem e a certificação de todo o processo produtivo, o qual é composto por todas as etapas da fabricação, desde o recebimento dos materiais até a embalagem e distribuição do produto acabado. Embora essa fase do projeto seja a última a ser concluída, é necessário ter em mente que na fase do Estudo da Viabilidade já terão sido gerados e definidos os processos viáveis, para as soluções tecnicamente viáveis para o produto. De maneira análoga, tanto no Projeto Básico como no Executivo, as mesmas etapas conduzidas para o projeto do produto serão aplicadas aos processos, resultando na sua completa definição. A certificação da fabricação consiste na confirmação do atendimento aos requisitos técnicos por todos os processos e dos seus objetivos de prazos, investimentos e custos. Além disso, pela fabricação de um lote piloto, será possível confirmar a qualidade do produto e, assim, finalizar a certificação.

6.2 PROGRAMAÇÃO

Assim como o projeto executivo do produto, a implantação da fabricação exige a programação detalhada de todas as etapas, atividades e eventos com a alocação dos recursos e prazos necessários. Aqui também a programação PERT/CPM informatizada é altamente recomendada; a Figura 6.1 mostra uma programação completa para um projeto, incluindo a fase de implantação da fabricação.

Programação projeto executivo e implantação – academia de ginástica		
Id	Nome da Tarefa	Duração
1	**Nova unidade Procorpo**	**248 dias**
2	**Planejamento**	**30 dias**
18	**Estudo de viabilidade**	**30 dias**
25	**Projeto básico**	**30 dias**
40	**Projeto executivo**	**30 dias**
41	Escopo do projeto	**3 dias**
42	**Desenvolvimento dos projetos executivos**	**22 dias**
43	Projeto arquitetônico (layout definitivo)	7 dias
44	Projeto civil (terraplenagem, fundação e estruturas)	10 dias
45	Projeto de elétrica, dados e voz	5 dias
46	Projeto de hidráulica	5 dias
47	Projeto de ar-condicionado	5 dias
48	Memorial descritivo e quantitativo (especificações técnicas)	5 dias
49	**Implantação**	**144 dias**
50	**Serviços preliminares**	**30 dias**
51	Escavações e terraplenagem do terreno	20 dias
52	Fundação e estruturas	30 dias
53	**Alvenaria/Infraestrutura**	**21 dias**
54	Alvenarias	12 dias
55	Infraestruturas (elétrica, dados, voz, hidráulica e ar-condicionado)	15 dias
56	**Acabamentos**	**20 dias**
57	Acabamentos civis, elétricos, hidráulicos e ar-condicionado	20 dias
58	**Aquisições**	**30 dias**
59	Aquisição de equipamentos para a academia e restaurante	30 dias
60	Aquisição de mobiliário para a academia e restaurante	30 dias
61	**Instalações**	**10 dias**
62	Instalação de equipamentos e mobiliários	10 dias
63	**Contratações**	**30 dias**
64	Contratação e capacitação de profissionais para cada área	30 dias
65	Contratação de serviços de restaurante (terceirizado)	30 dias
66	**Comercialização**	**35 dias**
67	Divulgação preliminar	20 dias
68	Contratação de acessoria de imprensa	15 dias
69	**Regulamentação**	**134 dias**
70	Habite-se	90 dias
71	Alvará de funcionamento	44 dias
72	**Inauguração**	**1 dia**

Fonte: Trabalho de alunos da Fundação Vanzolini nos curso CEAI e CEGP.

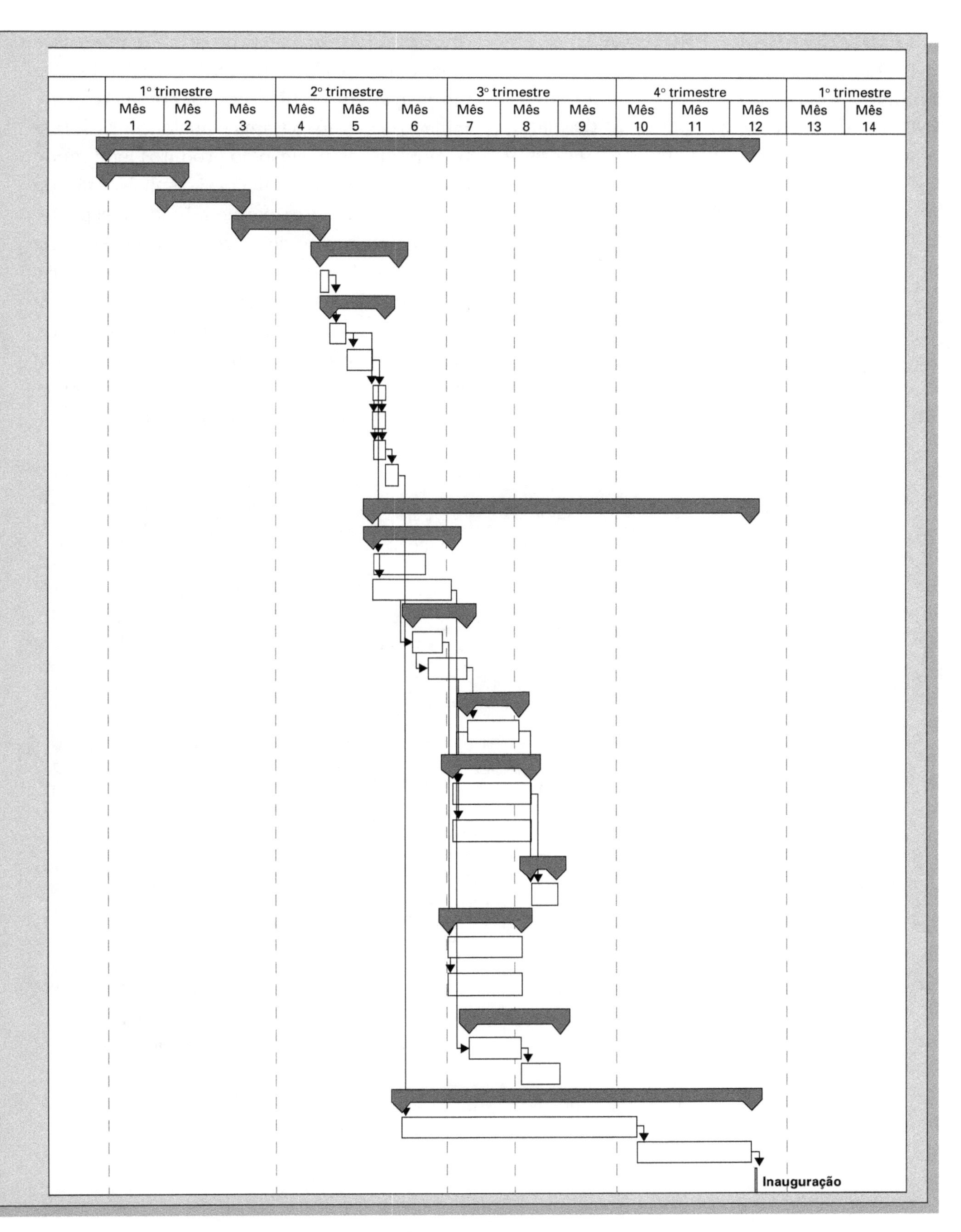

Figura 6.1 Projeto de Implantação de unidade academia de ginástica

6.3 FLUXOGRAMA DA PRODUÇÃO

No Estudo da Viabilidade da Fabricação (simultâneo ao EV do produto), foram geradas soluções viáveis para as operações de manufatura e as fontes de fornecimento. No Projeto Básico, o fluxograma da produção foi elaborado, e os processos selecionados foram otimizados pela definição numérica dos seus parâmetros. Todos os procedimentos gerenciais e administrativos pertinentes ao planejamento, programação e controle da produção (PPCP) deverão ser definidos e implantados. A ref. [1] apresenta formas eficientes e informatizadas por meio dos programas MRP (*Manufacturing Resource Planning*) e ERP (*Enterprise Resource Planning*). O projeto dos processos deve conter toda a sequência das etapas de fabricação em um fluxograma completo e detalhado. Esse fluxograma é análogo à ECP (estrutura de composição do produto) lembrando que as etapas da produção são subsistemas do processo completo, exercem funções específicas e compõem-se de outros subprocessos. As operações da produção serão caracterizadas pelas atividades que as compõem e a movimentação dos materiais será indicada no Fluxograma. A Figura 6.2 mostra um fluxograma genérico para a produção industrial. As Figuras 6.3 e 6.4. mostram fluxogramas típicos.

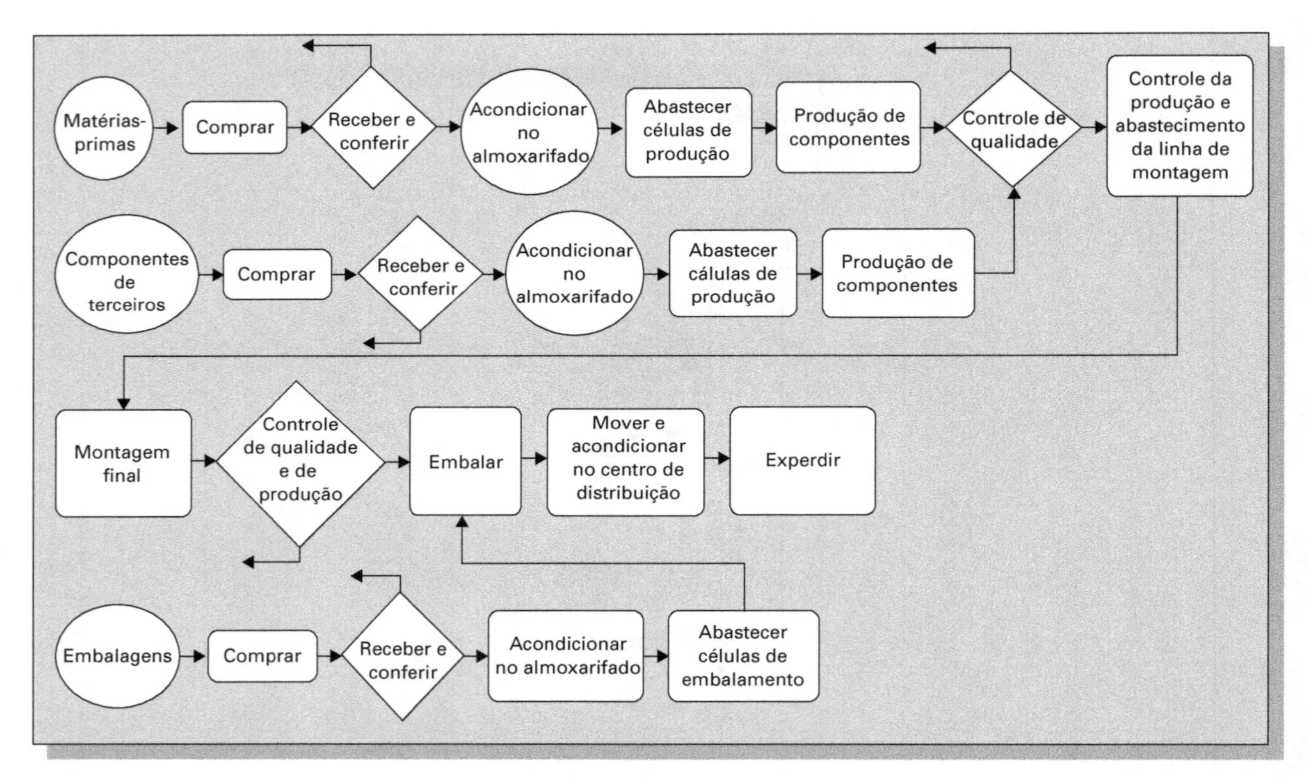

Figura 6.2
Fluxograma genérico para a produção industrial

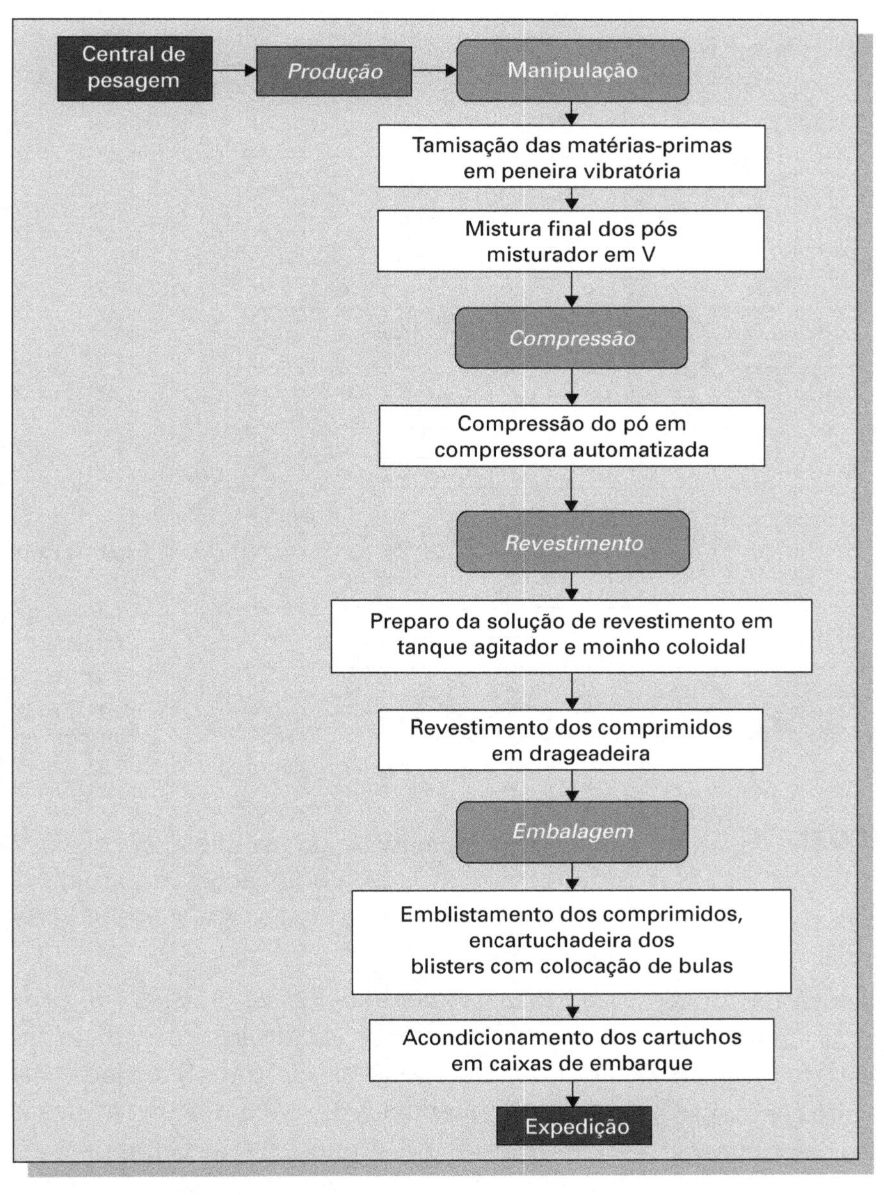

Fonte: FCAV - CEAI 2004.

Figura 6.3

Fluxograma da Produção – Medicamento Cardiopress

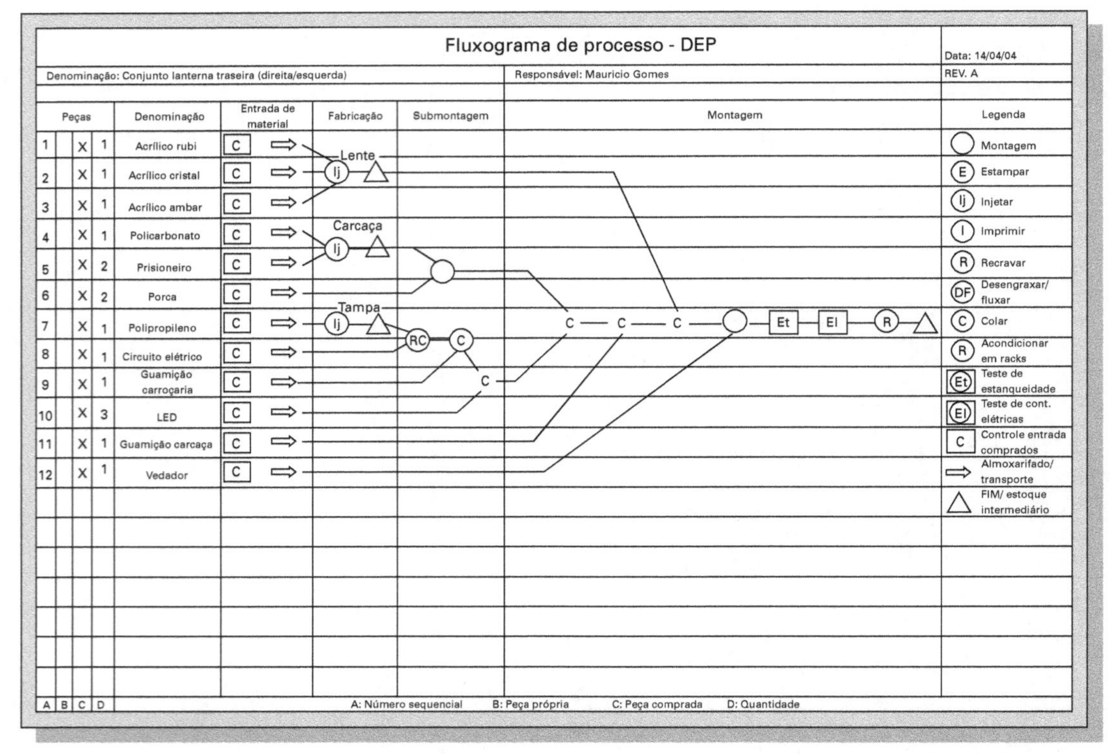

Figura 6.4 Fluxograma simbólico da fabricação – lanterna traseira de automóvel

Fonte: FCAV – CEAI, 2004.

6.4 PROJETO DAS INSTALAÇÕES PARA A PRODUÇÃO

Dependendo do porte do projeto, essa etapa pode variar entre dois extremos:

- simples alteração nas instalações da atual linha de produção para incluir uma nova máquina automática – é o caso de projetos evolutivos em que o novo produto substitui o anterior, mantendo quase todos os processos da produção inclusive os de fornecedores;
- nova fábrica completa, em novo terreno, em outro município, para um produto totalmente novo – é o caso de projetos inovadores nos quais o novo produto é adicionado à linha de produtos da empresa.

Evidentemente, a previsão da construção de uma nova fábrica já terá sido feita ainda na fase de Planejamento, quando foram alocados recursos para os investimentos necessários. No Estudo da Viabilidade as soluções para o produto, viáveis dos pontos de vista técnico e econômico, foram analisadas em termos de sua viabilidade de fabricação, o que incluiu a análise da capacidade de produção e, considerando, portanto, as modificações na atual fábrica ou, ainda, confirmando a necessidade da nova fábrica.

O Projeto das Instalações consiste no projeto arquitetônico e estrutural do edifício da fábrica e de todos os circuitos elétricos, hidráulicos, pneumáticos, além dos escritórios e toda a infraestrutura necessária. É importante reconhecer que este consiste em um projeto dentro do Projeto de Implantação e, portanto, terá requisitos técnicos a serem atendidos, além de objetivos de prazos, investimentos e custos. Decorre daí que, como os outros projetos, ele terá de passar por todas as fases do Método de Projeto, ou seja, Viabilidade, Projeto Básico, Projeto Executivo e Implantação.

6.5 PROJETO DOS PROCESSOS

A fabricação compreende todos os processos produtivos, ou seja, todas as etapas e atividades, desde o recebimento de materiais e componentes até a expedição final do produto embalado. Os meios necessários para executar tais atividades deverão ser programados, projetados e certificados. Essa é uma tarefa muito ampla, que inclui a seleção do processo para cada operação da manufatura, bem como o projeto e/ou seleção das máquinas e equipamentos necessários. Cada um destes é também um projeto a ser conduzido com o mesmo método. Todas as operações da manufatura serão definidas e os procedimentos documentados na forma de folhas de processo. A ref. [2] descreve de forma básica os principais processos de fabricação industrial.

6.6 PROJETO DE EQUIPAMENTOS, MOLDES E FERRAMENTAS

Muitas são as operações da fabricação industrial; exemplos típicos da indústria mecânica são: corte, estampagem, lavagem, pintura, aquecimento, forjamento, usinagem e tratamento térmico; na área química: filtragem, dosagem, mistura, envasamento, rotulação e embalagem. Para cada operação da manufatura e o seu correspondente processo, será necessária a seleção de máquinas e equipamentos, além do projeto de dispositivos, moldes e ferramentas específicos. Esses projetos são altamente especializados, exigindo competência e experiência real dos executantes.

6.7 CONSTRUÇÃO E MONTAGEM DA FÁBRICA

A construção da fábrica ou as alterações físicas nas unidades serão executadas; as instalações industriais serão montadas ou adaptadas, de modo a estarem prontas em tempo. Os moldes, ferramentas e dispositivos serão construídos e montados nessa etapa. As novas máquinas e equipamentos adquiridos serão recebidos, aceitos e colocados em funcionamento na linha de produção, de acordo com o planejamento da implantação. Durante essa etapa, será conduzido o treinamento básico do pessoal de produção para operar cada uma das estações de trabalho. Esse treinamento é normalmente conduzido pela empresa com a orientação dos fornecedores dos novos equipamentos.

6.8 CAPACITAÇÃO DOS PROCESSOS

Todas as operações da produção devem passar por um desenvolvimento experimental em que os valores dos seus parâmetros críticos serão otimizados e incorporados às instruções das folhas de processo. Essa etapa é denominada **capacitação** (em inglês, **process capability**, e teve uma incompetente e perigosa tradução por "capabilidade"). Pela sua importância, a capacitação dos processos deve ser programada e executada de modo a tornar todos os processos estatisticamente capazes de produzir as características especificadas para o produto. A capacidade de um processo é definida, conforme a ref. [3], como a relação entre a diferença dos limites especificados para a característica nele gerada e o intervalo de variabilidade do processo; essa relação deve ser maior ou igual a 1.

É surpreendente verificar que, ainda hoje, um grande número de empresas, industriais e de serviços, operem com **processos incapazes**, geradores de todo tipo de defeitos. É típico dessas empresas simular a capacitação por meio de uma operação precária, chamada de "*try-out*" ("experimente para ver o que dá"), executada de madrugada "para não parar a produção". Claro é que, em consequência, a produção, muitas vezes, irá parar mais tarde... Essa operação precária não pode ser uma alternativa à **capacitação formal do processo produtivo**. Nas empresas em que os processos estão devidamente capacitados, os gerentes de produção atuam como promotores e administradores da qualidade e não como "bombeiros", desesperados apagadores de múltiplos incêndios.

Na realidade empresarial, há sempre que se trabalhar eficientemente, de acordo com prioridades estabelecidas. A tarefa de capacitar todos os processos da produção pode ser imensa e levar meses para se completar. A forma mais sensata de enfrentá-la é selecionar, consensualmente entre as áreas da empresa, aqueles **processos prioritários**, os geradores dos parâmetros críticos do produto. Estes são aqueles parâmetros gerados no PB, identificados nas análises de sensibilidade, compatibilidade e estabilidade, fortemente influentes sobre o desempenho e a segurança do produto.

6.9 FABRICAÇÃO DO LOTE-PILOTO

O lote-piloto de uma fabricação seriada é um número limitado de unidades completamente produzido pelos processos implantados. O tamanho do lote-piloto pode variar de algumas centenas (veículos) a alguns milhares (alimentos industrializados). O objetivo da fabricação desse lote-piloto é confirmar a capacitação do processo produtivo como um todo, incluída a capacitação de treinamento do pessoal e dos processos administrativos de controle da produção e da qualidade.

6.10 CERTIFICAÇÃO DA FABRICAÇÃO

O lote-piloto permitirá confirmar a capacidade de fabricar os produtos conforme as especificações de projeto, verificadas pelo controle estatístico do processo – CEP. Certo número de unidades do lote-piloto será usado para a avaliação e certificação do produto fabricado, com a verificação do atendimento aos requisitos técnicos estabelecidos para o produto. Na maioria dos casos em que são necessárias, as aprovações por entidades externas oficiais (como a Anvisa) poderão ser feitas com base nos resultados da certificação realizada pela própria empresa. Nessa etapa final, os investimentos e custos mais uma vez serão reavaliados, confirmando, agora com maior precisão, o atendimento aos objetivos econômicos do programa.

6.11 COMENTÁRIOS PARA A FABRICAÇÃO DE PRODUTOS NÃO SERIADOS

Para empresas cujos produtos são únicos e não fabricados em série, as considerações a seguir são esclarecedoras:

1. Na construção civil, o edifício de escritórios é o único exemplar do produto. Nesse caso, haverá um único protótipo, qual seja, o próprio edifício em seus estágios finais de construção. As várias operações da construção, que serão repetidas para todos os andares, terão as suas versões-piloto. A certificação do edifício construído é tanto do Projeto Executivo como da fabricação, terminando pela certificação externa oficial – o "habite-se".
2. Um programa de computador passa por vários estágios de modelos e protótipos. As versões completas da listagem, estudadas e aperfeiçoadas pelos programadores, são os seus protótipos. As versões implantadas no cliente e operadas pelos usuários, sob a supervisão dos projetistas, são o lote-piloto. Por último, as versões finais implantadas e operadas apenas pelos usuários são a "produção". O "lançamento" desse produto será essa entrega do sistema aos usuários (clientes) para sua operação, entrega essa eventualmente caracterizada pela simpática frase "segunda-feira a gente não vem mais, a não ser para visitas de cortesia"...
3. Um pequeno restaurante também é um produto único e terá, ao longo do projeto, sucessivos modelos para estudos e análise. Começando no Estudo da Viabilidade por algumas receitas de pratos, desenvolvidas e testadas na família, com várias formulações, e depois como modelos funcionais no Projeto Básico. No Projeto Executivo, as definições serão finais e os testes de certificação serão feitos nos "protótipos" por comensais não pagantes, selecionados entre amigos. Por fim, a certificação da fabricação com o "lote-piloto" será feita por convidados da vizinhança atraídos em razão de preços promocionais. O lançamento do restaurante será a sua inauguração, com abertura ao público real pagante.

6.12 CONCLUSÃO

Tendo sido o produto e a fabricação certificados, a empresa estará pronta para fazer o lançamento do produto, iniciar as suas vendas no mercado, passar a ter retorno do seu investimento e começar a realização dos macro-objetivos estabelecidos para o projeto no Planejamento.

6.13 RECOMENDAÇÕES À GERÊNCIA

O gerenciamento da IF é uma tarefa tão grande ou até maior do que a do PE. O gerente do projeto deverá coordená-la, mas delegando aos gerentes e supervisores das áreas fazer as subprogramações e respectivos controles referentes aos processos e componentes sob sua responsabilidade. Caberá ao gerente-geral do projeto assegurar a total compatibilidade das subprogramações com o macrocronograma do projeto. O gerenciamento geral desta fase será feito por reuniões semanais com todas as áreas envolvidas. Claro é que, em cada área e departamento, a coordenação do seus subprojetos ficará a cargo dos respectivos gerentes e supervisores.

6.14 SUGESTÕES PARA A DOCUMENTAÇÃO DA IMPLANTAÇÃO DA FABRICAÇÃO

Assim como no PE, o volume de documentos a serem gerados na IF será imenso: programações, fluxogramas, especificações, listas de materiais e componentes, descrição dos processos, folhas de processo, requisições de compra, documentação da qualidade e o grande relatório de certificação da fabricação. Será necessária a aplicação de uma codificação identificadora dos documentos compatível com a do PE, indicadora da sua natureza e da área e processos a que pertencem. O arquivamento sistemático e informatizado é essencial, inserido no banco de dados do projeto, possibilitando o acesso rápido, atual e futuro, por todos os participantes dos projetos. Essa informatização eficiente é também muito útil pela compacidade do volume ocupado. Entretanto, conforme já salientado, é preciso ter muito cuidado porque bagunça eletrônica pode ser pior que a da papelada comum. Além do arquivamento adequado, é preciso exercer estrito controle sobre as versões de cada documento, impedindo quaisquer ações alteradoras, não autorizadas.

6.15 RELATÓRIO FINAL DE CERTIFICAÇÃO

O relatório final de certificação da IF deverá conter:

- Apresentação

Este relatório contém a certificação da IF do projeto XXXX – .... título..........

- Conclusão

a) A IF está tecnicamente certificada por ter a produção do lote-piloto indicado que os processos estão capacitados, conforme os resultados dos controles estatísticos dos processos e a inspeção e avaliação dos produtos fabricados. Os materiais e componentes fornecidos também foram certificados pela qualidade. Nesse relatório encontram-se os principais resultados da Certificação da IF. Para verificar cada subsistema da produção e fornecimento, deve-se recorrer aos relatórios parciais específicos, disponíveis nas pastas de cada área no arquivo do projeto.

OU

b) ... a menos de discrepâncias menores, descritas adiante, cujas soluções já estão programadas para serem incorporadas à produção em até 30 dias desta data.

A IF foi conduzida no prazo previsto, usando 95% dos recursos alocados. A reavaliação dos valores atualizados dos investimentos e custos de fabricação do produto indicam que esses objetivos do projeto estão cumpridos.

- Recomendação

Fazer o lançamento do produto na data prevista, admitindo que não mais haverá alterações na fabricação ou nos fornecimentos que não possam ser contidas no prazo vigente.

6.16 REFERÊNCIAS

[1] CORREA H. L.; GIANESI, I. G. N.; CAON M. *Planejamento, programação e controle da produção* – MRP II/ERP. São Paulo: Atlas, 1998.

[2] LESKO, J. *Design industrial* – materiais e processos de fabricação. São Paulo: Blucher, 2004.

[3] BROCKA, B. *Gerenciamento da qualidade*. São Paulo: Makron Books, 1995.

6.17 EXEMPLOS DE APLICAÇÃO

EXEMPLO 6.1
MEDICAMENTO PAPADOR

IMPLANTAÇÃO DA FABRICAÇÃO

Programação (PERT – CPM)

As linhas 22 e 28 da programação ilustrada a seguir envolvem atividades diretamente relacionadas à implantação da fabricação. Essas atividades deverão ser supervisionadas com rigor, pois qualquer desvio comprometerá a certificação da fabricação.

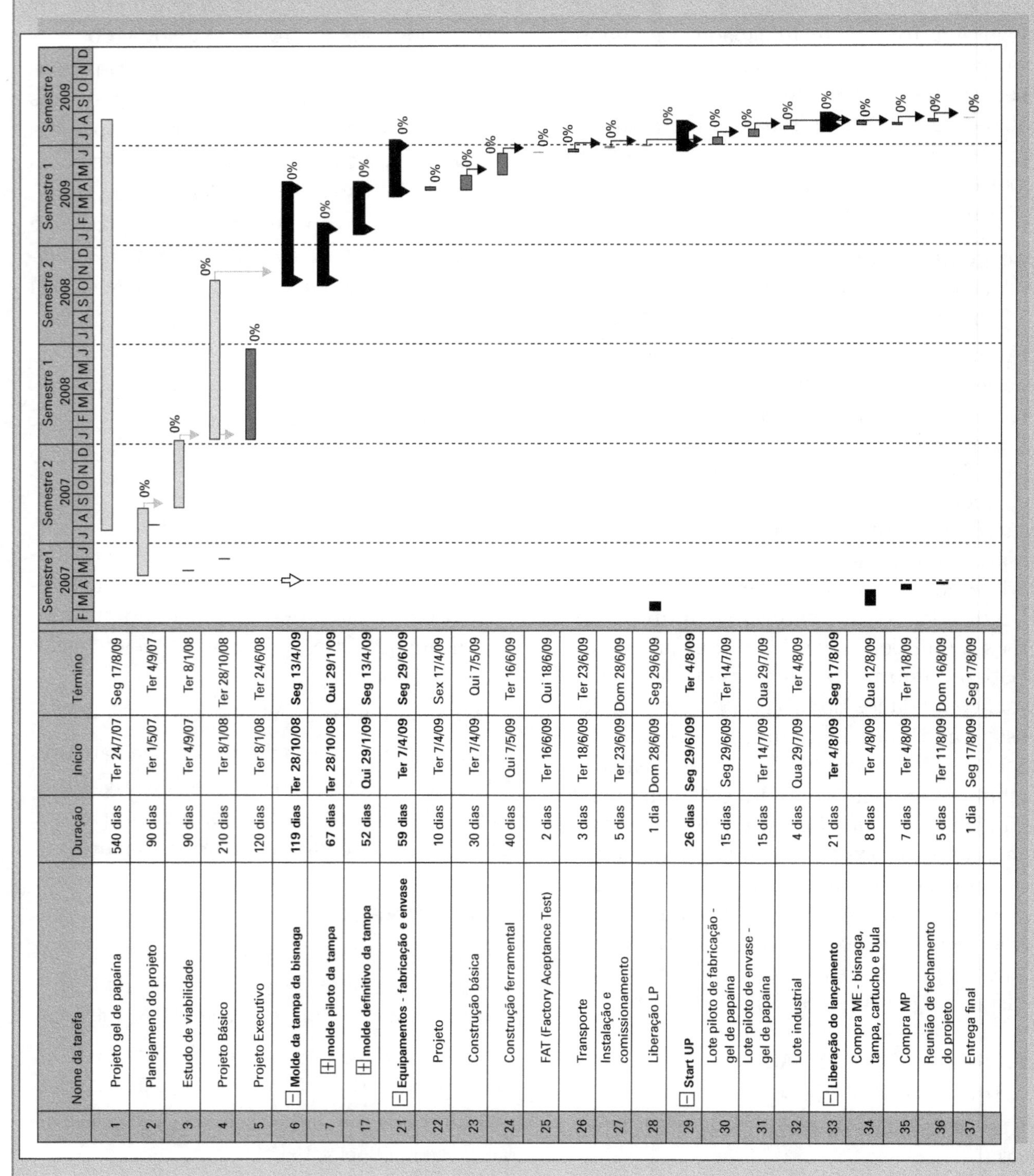

	Nome da tarefa	Duração	Início	Término
1	Projeto gel de papaína	540 dias	Ter 24/7/07	Seg 17/8/09
2	Planejameno do projeto	90 dias	Ter 1/5/07	Ter 4/9/07
3	Estudo de viabilidade	90 dias	Ter 4/9/07	Ter 8/1/08
4	Projeto Básico	210 dias	Ter 8/1/08	Ter 28/10/08
5	Projeto Executivo	120 dias	Ter 8/1/08	Ter 24/6/08
6	**Molde da tampa da bisnaga**	**119 dias**	**Ter 28/10/08**	**Seg 13/4/09**
7	**molde piloto da tampa**	**67 dias**	**Ter 28/10/08**	**Qui 29/1/09**
17	**molde definitivo da tampa**	**52 dias**	**Qui 29/1/09**	**Seg 13/4/09**
21	**Equipamentos - fabricação e envase**	**59 dias**	**Ter 7/4/09**	**Seg 29/6/09**
22	Projeto	10 dias	Ter 7/4/09	Sex 17/4/09
23	Construção básica	30 dias	Ter 7/4/09	Qui 7/5/09
24	Construção ferramental	40 dias	Qui 7/5/09	Ter 16/6/09
25	FAT (Factory Aceptance Test)	2 dias	Ter 16/6/09	Qui 18/6/09
26	Transporte	3 dias	Ter 18/6/09	Ter 23/6/09
27	Instalação e comissionamento	5 dias	Ter 23/6/09	Dom 28/6/09
28	Liberação LP	1 dia	Dom 28/6/09	Seg 29/6/09
29	**Start UP**	**26 dias**	**Seg 29/6/09**	**Ter 4/8/09**
30	Lote piloto de fabricação - gel de papaína	15 dias	Seg 29/6/09	Ter 14/7/09
31	Lote piloto de envase - gel de papaína	15 dias	Ter 14/7/09	Qua 29/7/09
32	Lote industrial	4 dias	Qua 29/7/09	Ter 4/8/09
33	**Liberação do lançamento**	**21 dias**	**Ter 4/8/09**	**Seg 17/8/09**
34	Compra ME - bisnaga, tampa, cartucho e bula	8 dias	Ter 4/8/09	Qua 12/8/09
35	Compra MP	7 dias	Ter 4/8/09	Ter 11/8/09
36	Reunião de fechamento do projeto	5 dias	Ter 11/8/09	Dom 16/8/09
37	Entrega final	1 dia	Seg 17/8/09	Seg 17/8/09

Figura 6.5 Programação da implentação do medicamento Papador

Projeto de todos os processos

São aqui definidos como macroprocesso-chave o Fluxo Logístico e a Manufatura e mapeados estrategicamente os processos, conforme mostrados nas figuras a seguir.

Uma vez caracterizados os principais processos, pode-se detalhar um processo específico, chegando a níveis de subprocessos. O processo "Produzir" foi considerado de grande importância e mapeado detalhadamente em subprocessos:

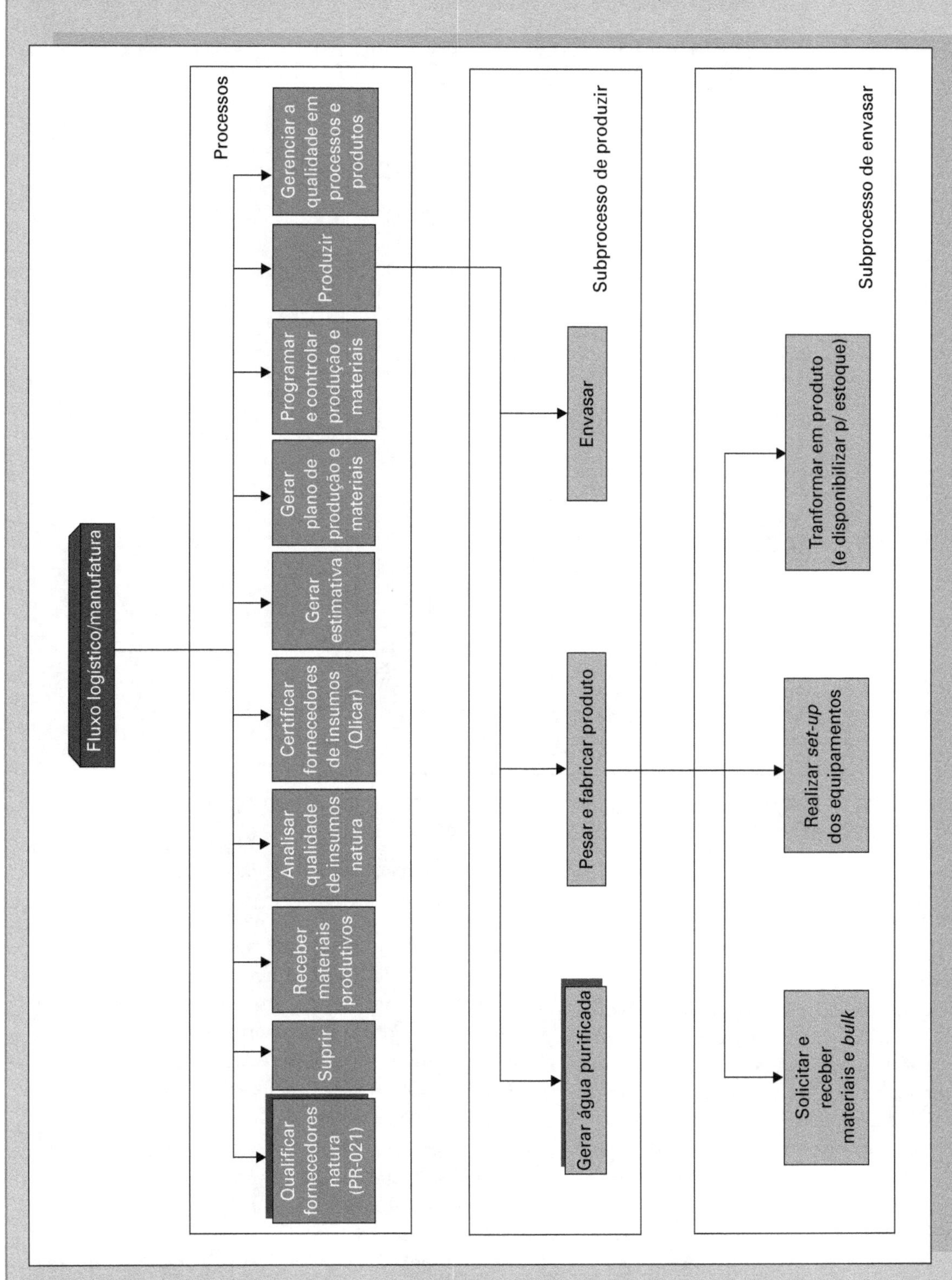

Figura 6.6 Fluxograma do processo – Papador

Arranjo físico e planta da fábrica

A fábrica passará por uma revisão de posicionamento das máquinas e equipamentos. Será montada uma nova linha de envasamento de bisnagas. A nova proposta de arranjo físico é apresentada a seguir:

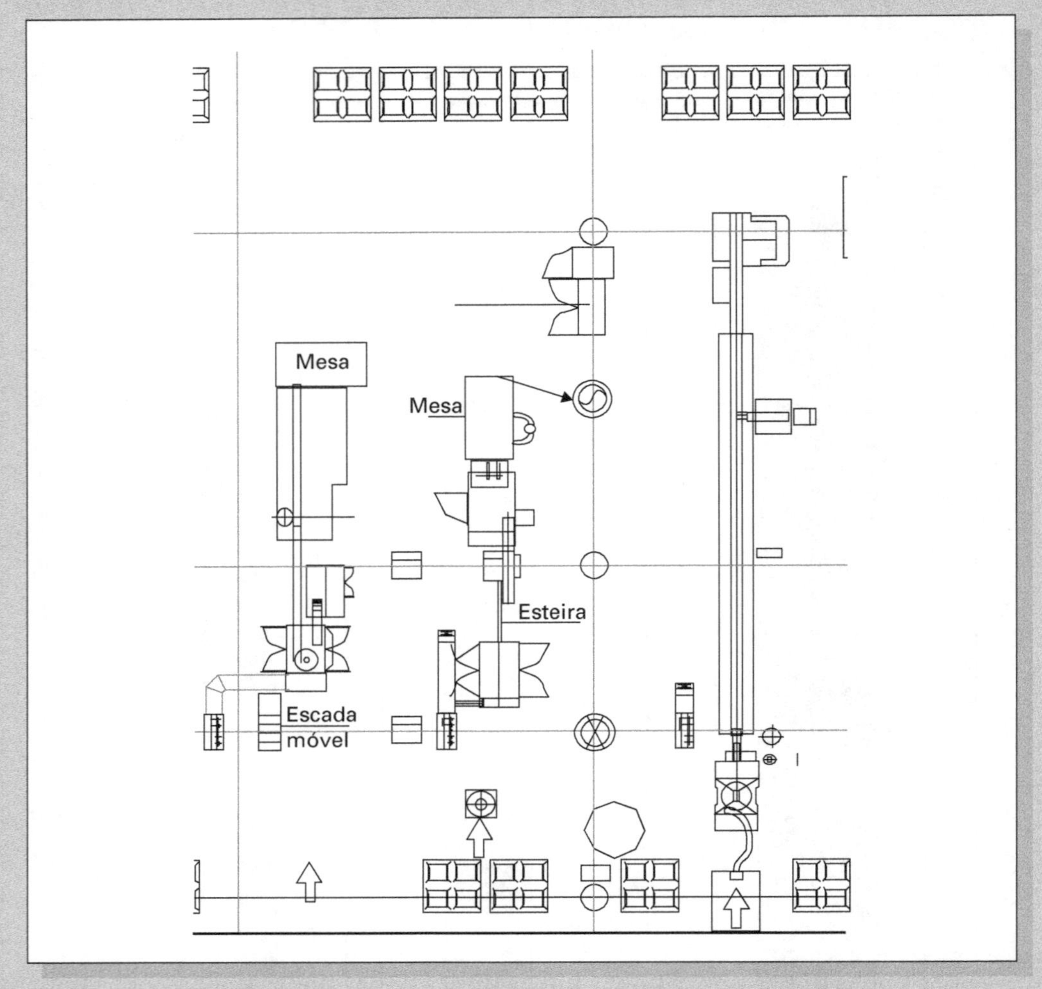

Figura 6.7
Esquema do arranjo físico da fábrica

Certificação da fabricação

Para a certificação da fabricação do Papador® em escala industrial, a etapa de produção de lotes-piloto foi executada seguindo as normas e regulamentos técnicos do órgão sanitário (Anvisa), cuja exigência mínima requer a produção de três lotes-pilotos com tamanho de lote que correspondam a, no mínimo, 10% do tamanho do lote industrial. Para essa produção, devem ser simuladas todas as condições de processo da escala industrial, e os equipamentos utilizados devem ser os mesmos empregados para a produção.

Os lotes-pilotos produzidos devem ser avaliados quanto ao atendimento dos requisitos técnicos (especificações) por meio de testes laboratoriais. Os resultados obtidos comprovam o atendimento a todos os requisitos. Os lotes-pilotos também são avaliados em estudos de estabilidade que buscam demonstrar e avaliar o comportamento da formulação em condições de estudo predefinidas de temperatura e umidade relativa, com o objetivo de verificar o comportamento da formulação quanto ao atendimento dos requisitos técnicos. Os resultados do estudo de estabilidade acelerada por seis meses foram satisfatórios.

Todos os documentos referentes à fabricação, além das análises (testes laboratoriais) e estudos de estabilidade do produto foram compilados e originaram o Dossiê Técnico do Papador®. Esse dossiê foi submetido à Anvisa e, posteriormente, aprovado sem restrições, conforme publicação no *Diário Oficial*, tornando o produto apto para a fabricação e a comercialização.

A fábrica possui o Certificado de Boas Práticas de Fabricação, atende aos padrões de Boas Práticas de Fabricação (BPF) RDC n. 210, de 4 de agosto de 2003, ISO 14001 - Gestão ambiental e a OHSAS 18001 - Gestão de saúde e segurança no trabalho.

CONCLUSÃO

Após realização de lote-piloto de fabricação com o acompanhamento das partes interessadas e áreas técnicas, foi evidenciado, pelo desempenho na produção, com o controle estatístico do processo e controle de qualidade final, que o produto fabricado atende aos requisitos técnicos funcionais e operacionais estabelecidos. Conclui-se, assim, que a produção em série pode ser iniciada.

O planejamento e o desenvolvimento do produto foram conduzidos com êxito, portanto, a Maxfarma está pronta para lançar o Papador®, que revolucionará o mercado na área de tratamento de cáries e remoção de tártaro. A missão, portanto, foi cumprida.

GLOSSÁRIO

Anvisa - Agência Nacional de Vigilância Sanitária, órgão sanitário e fiscalizador.

BPF (Boas Práticas de Fabricação) - é a parte da Garantia da Qualidade que assegura que os produtos são consistentemente produzidos e controlados, com padrões de qualidade apropriados para o uso pretendido e requerido pelo registro. O cumprimento das BPF está dirigido primeiramente à diminuição dos riscos inerentes a qualquer produção farmacêutica, os quais não podem ser detectados mediante a realização de ensaios nos produtos terminados. Os riscos são constituídos, essencialmente, por: contaminação cruzada, contaminação por partículas e troca ou mistura de produtos.

Certificado de Boas Práticas de Fabricação - atesta que a empresa cumpre com todas as diretrizes estabelecidas no Regulamento Técnico das Boas Práticas de Fabricação e está autorizada a fabricar medicamentos ou outros produtos regulamentados por normas específicas de Boas Práticas.

RDC n. 210, de 4 de agosto de 2003 - resolução que rege a indústria farmacêutica.

EXEMPLO 6.2
LAVANDERIA INDUSTRIAL

IMPLANTAÇÃO DA FABRICAÇÃO

A fase de implantação da fabricação compreende o projeto, a montagem e a certificação de todo o processo produtivo. Como a Vanzolimp Lavanderia não é um produto de fabricação seriada, devem-se fazer algumas considerações sobre o projeto. A primeira delas refere-se ao fato de que a lavanderia deverá receber roupas de alguns clientes potenciais para os quais executará a lavagem gratuitamente. Este é o meio de fazer um lote piloto para a certificação de processo completo.

Ao término dessa fase, a Vanzolimp Lavanderia estará pronta para ser oficialmente inaugurada (lançada no mercado), iniciando assim suas operações, conforme fora estabelecido ao longo do projeto.

Programação da Implantação

O cronograma detalhado da implantação da fabricação pode ser visualizado na Figura 6.8. Nesse cronograma, foram detalhadas tanto as programações do Projeto Executivo como a da implantação da fabricação.

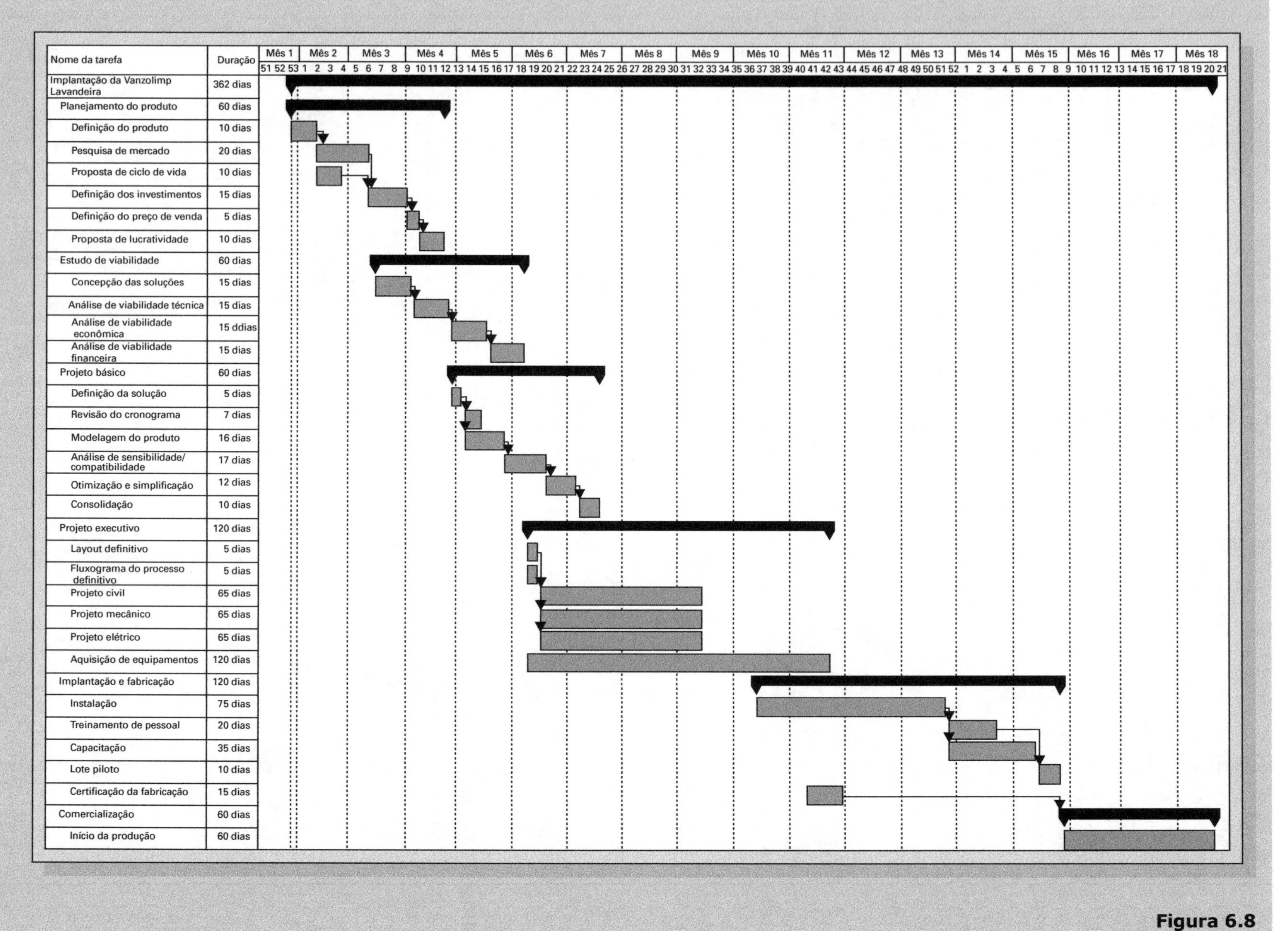

Figura 6.8
Cronograma da implantação da lavandeira

Fluxograma da produção

A fim de definir os processos da produção, foi elaborado um fluxograma, listando todas as atividades associadas à operação da lavanderia. Tal fluxograma pode ser visualizado na Figura 6.9:

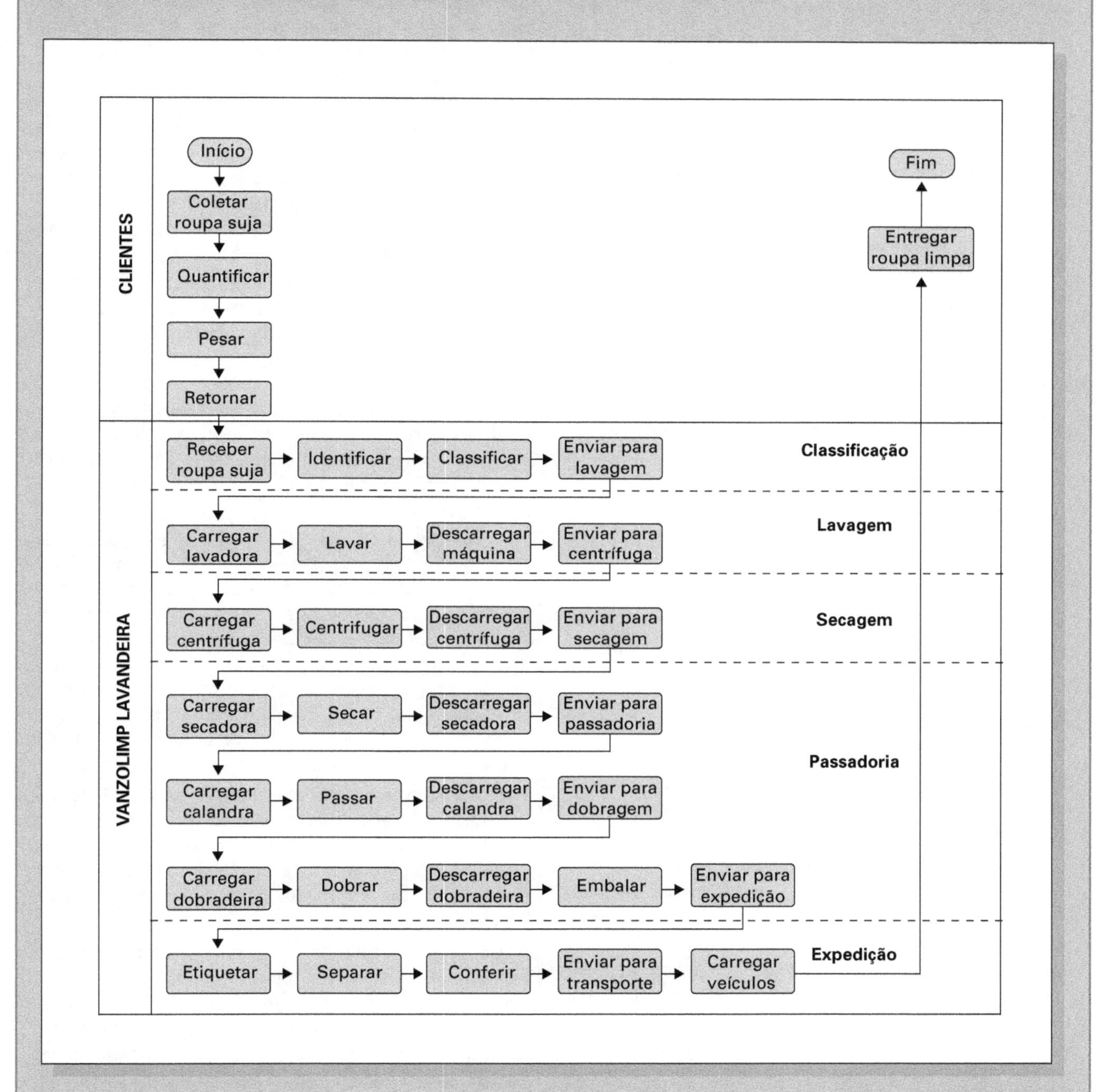

Figura 6.9
Fluxograma da operação

O fluxograma básico dos processos operacionais já foi elaborado no PB, durante a etapa de modelagem do produto. O fluxograma apresentado na figura acima possui adicionalmente a divisão das tarefas segundo as diversas seções da lavanderia.

Certificação da fabricação

A certificação da produção dar-se-á após testes com todos os equipamentos, capacitação por meio de ajustes e regulagens e treinamento de todo o processo, desde a coleta até sua distribuição. Será executada uma operação-piloto em que se realizam partidas de todos os equipamentos com capacidade total, tendo assim uma quantidade de roupas lavadas suficiente para avaliação e certificação do produto acabado.

Para a avaliação e certificação da fabricação serão verificados pelo controle de qualidade interno, os seguintes requisitos, nos produtos da lavagem-piloto: limpeza, odor, maciez, alergenicidade, aspereza e coloração.

Caso haja algum requisito fora do especificado inicialmente, serão reavaliados e reajustados os processos necessários, de forma a atender aos objetivos do programa. Quanto aos produtos químicos utilizados para a lavagem, estes podem ser alterados ao longo do processo, porém não mudando as características e concentrações de cada um deles. No entanto, para obter a cerificação de um novo produto e não comprometer nenhum lote, serão exigidos testes separadamente, com diferentes materiais, os quais deverão possuir uma ficha da composição do produto e planilhamento dos testes, de forma que o produto só será liberado após aprovação gerencial dos resultados.

Certificações externas

A liberação completa da operação da lavanderia exigirá ainda as seguintes aprovações por entidades externas:

- alvará de funcionamento pela Prefeitura;
- documentação fiscal e contábil da empresa (CNPJ, Inscrição Estadual);
- Ministério do Trabalho; agenda de visita para verificação dos métodos e operações de produção

Conclusão geral

Nesse trabalho foi aplicado o método estruturado para a execução de projetos de produtos, serviços e sistemas. Passou-se por todas as fases de desenvolvimento do programa até que se chegasse ao lançamento do produto.

Durante a primeira fase do programa – Planejamento –, a Vanzolimp Lavanderia foi devidamente definida segundo suas funções, atributos e requisitos. Além disso, elaborou-se uma pesquisa de mercado de forma a estabelecer o nicho ao qual a lavanderia deveria atender. Com base nessa pesquisa, foram estimados os diversos cenários nos quais a lavanderia poderia estar inserida e, com base nessas informações, estimaram-se os diferentes ciclos de vida. Adicionalmente, foram definidos dois principais índices econômicos de lucratividade: PRI e IVA, respectivamente, 3 anos e 1,75. É importante lembrar que esses valores foram estabelecidos para o cenário pessimista de atuação da lavanderia.

Na segunda fase – Análise de Viabilidade –, foram elaboradas diversas soluções possíveis para atender aos requisitos, funções e atributos definidos na fase de Planejamento do programa. Com essas soluções em mãos, foi realizado um primeiro filtro de modo a selecionar apenas aquelas tecnicamente viáveis, as quais passaram então por um segundo filtro para análise da viabilidade econômica. Nessa etapa foram determinados os investimentos necessários para cada uma das soluções e, em seguida, esses valores foram comparados com o limite de investimento estabelecido na fase de Planejamento (R$ 450.000,00). Resultaram três soluções economicamente viáveis, as quais foram submetidas a uma análise de viabilidade financeira. Nesse momento, foram feitas as análises de fluxo de caixa e ponto de equilíbrio, resultando finalmente apenas duas soluções viáveis do ponto de vista técnico, econômico e financeiro. Tais soluções apresentaram PRIs e IVAs que atendiam àqueles estabelecidos como metas na primeira fase do projeto.

A fase do projeto básico foi responsável por definir a solução a ser adotada. Para tanto, as soluções provenientes da análise de viabilidade foram submetidas à matriz de decisão. Uma vez escolhida a solução a ser adotada, procedeu-se a toda a modelagem e às análises de sensibilidade, compatibilidade e estabilidade envolvendo essa solução. Com base nos resultados dessas análises, a Vanzolimp foi otimizada e simplificada por meio de uma adequação da curva de carga e de uma análise do valor.

No projeto executivo, estabeleceu-se a programação detalhada dessa etapa, bem como a estrutura de composição do produto. Por meio dessa última, foi possível identificar os muitos subsistemas e componentes relativos à Vanzolimp Lavanderia, além disso, permitiu-se alcançar uma visibilidade mais abrangente dos diversos projetos que compõem o "projeto-mestre" da lavanderia. Nessa fase, foram completamente definidos todos os equipamentos e estabeleceu-se também o plano de certificação a ser adotado para a Vanzolimp Lavanderia.

Por fim, na fase da Implantação da fabricação foram elaborados a respectiva programação, o fluxograma completo do processo e o plano de montagem e capacitação dos equipamentos e funcionários. Por último, a execução da lavagem-piloto permitiu a certificação da fabricação.

Dessa forma, foi possível desenvolver todo o projeto para a abertura da Vanzolimp Lavanderia. E, em um novo estudo ora realizado, de posse de valores mais reais, tal projeto mostrou-se viável de acordo com as metas estabelecidas: os índices de lucratividade estimados para o cenário pessimista foram de três anos para o PRI e de 2,0 para o IVA – Índice de Valor Atual; Confirmou-se o investimento necessário, inicialmente estimado em cerca de R$ 480.000,00, demonstrando que o projeto é passível de realização e atenderá aos seus objetivos ao longo do ciclo de vida.

É importante ressaltar que, apesar de a metodologia ter sido aplicada para o projeto de um serviço em particular (lavanderia industrial), ela pode ser aplicada para quaisquer outros produtos.

EXEMPLO 6.3
IDENTIFICADOR IRISKEY

INTRODUÇÃO

O identificador IrisKey é um produto composto principalmente por subsistemas fornecidos por terceiros e montados pelo fabricante. Assim, a atividade principal será a montagem e inspeção dos produtos. A empresa previu a necessidade da seguinte expansão nas instalações para implantação da fabricação do novo produto:

- nova linha de montagem: 350 m²;
- estoque de peças prontas: 100 m²;
- estoque de peças para a montagem: 100 m²;
- nova área de desenvolvimento de sistemas: 300 m²;
- sala dos servidores: 50 m²;
- ampliação da área de controle de qualidade:150 m²;
- laboratório de controles: 150 m².

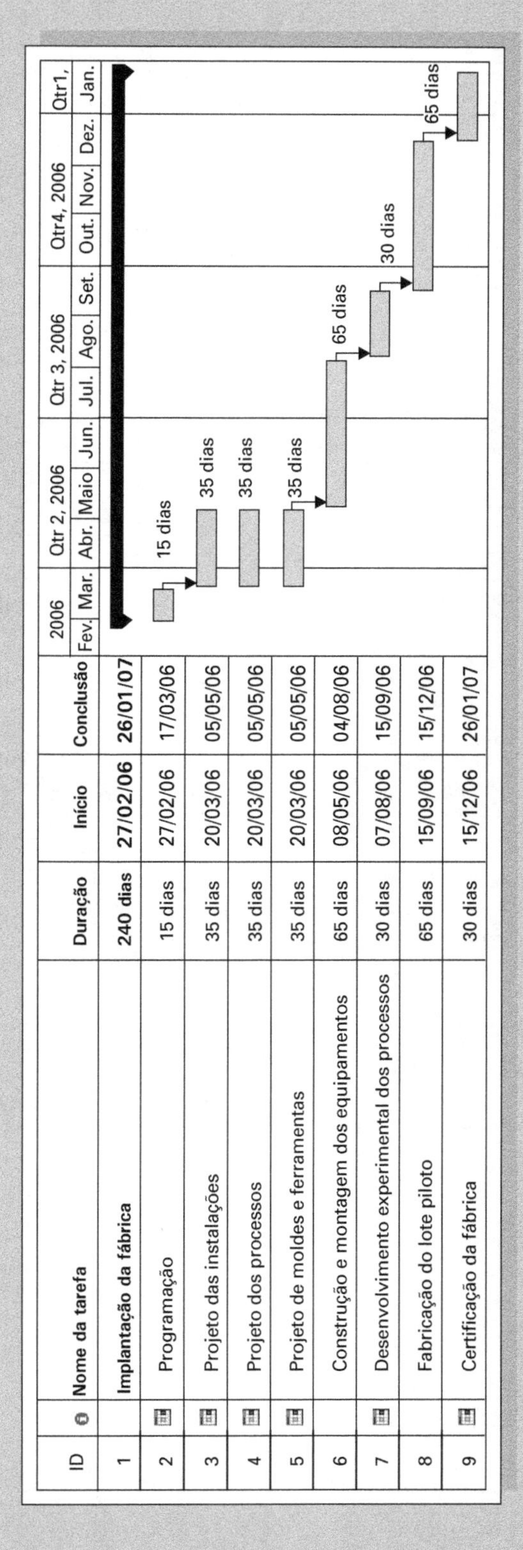

ID	Nome da tarefa	Duração	Início	Conclusão
1	Implantação da fábrica	240 dias	27/02/06	26/01/07
2	Programação	15 dias	27/02/06	17/03/06
3	Projeto das instalações	35 dias	20/03/06	05/05/06
4	Projeto dos processos	35 dias	20/03/06	05/05/06
5	Projeto de moldes e ferramentas	35 dias	20/03/06	05/05/06
6	Construção e montagem dos equipamentos	65 dias	08/05/06	04/08/06
7	Desenvolvimento experimental dos processos	30 dias	07/08/06	15/09/06
8	Fabricação do lote piloto	65 dias	15/09/06	15/12/06
9	Certificação da fábrica	30 dias	15/12/06	26/01/07

Figura 6.10
Cronograma da implantação de fabricação - IrisKey

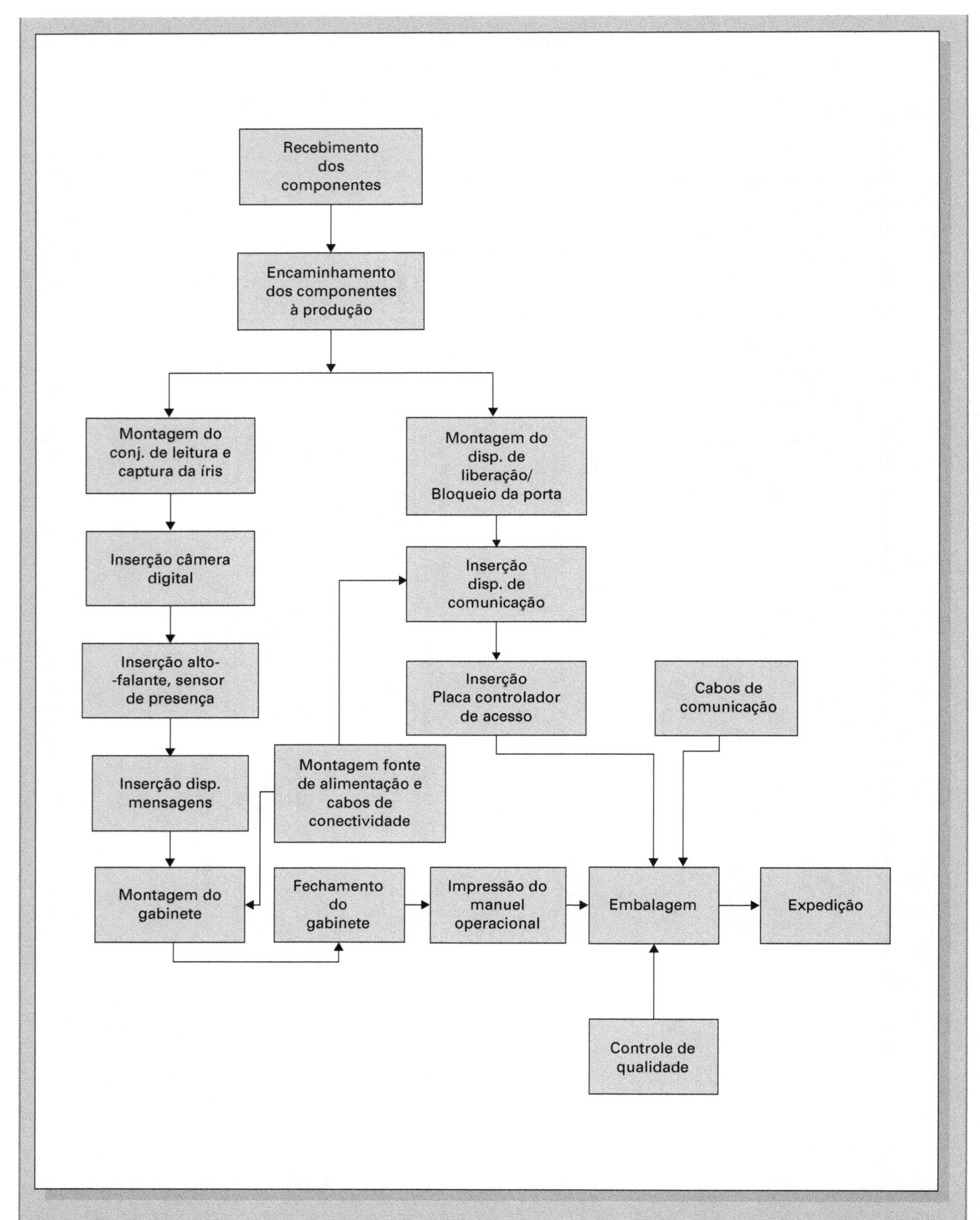

Figura 6.11
Fluxograma da produção de IrisKey

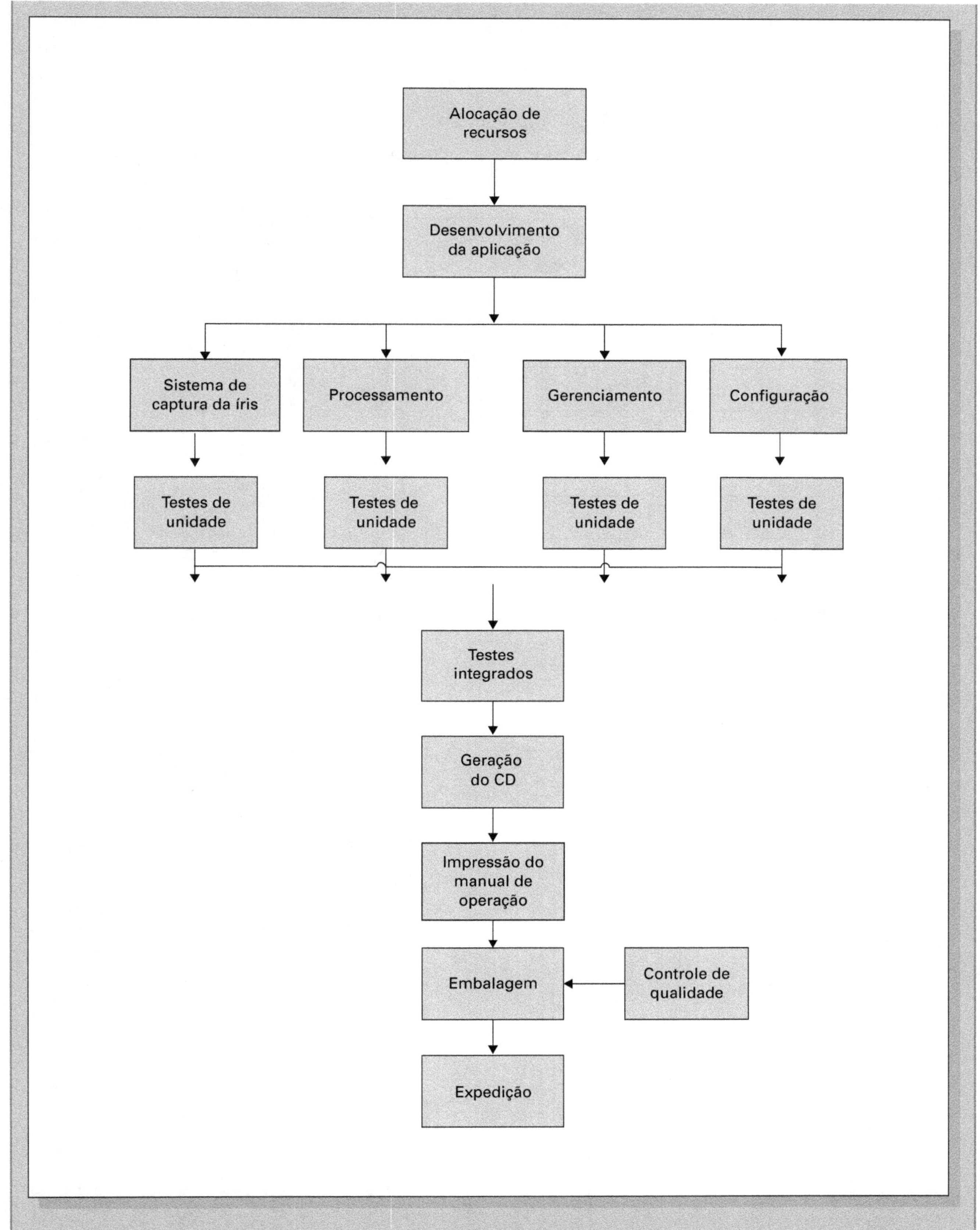

Figura 6.12
Fluxogramas da implantação do IrisKey em um determinado cliente

EXEMPLO 6.4

MACACO HIDRÁULICO – Safe "T" Jack

PROGRAMAÇÃO DA IMPLANTAÇÃO

O cronograma abaixo mostra a programação das etapas que compõem esta fase em um total de 180 dias.

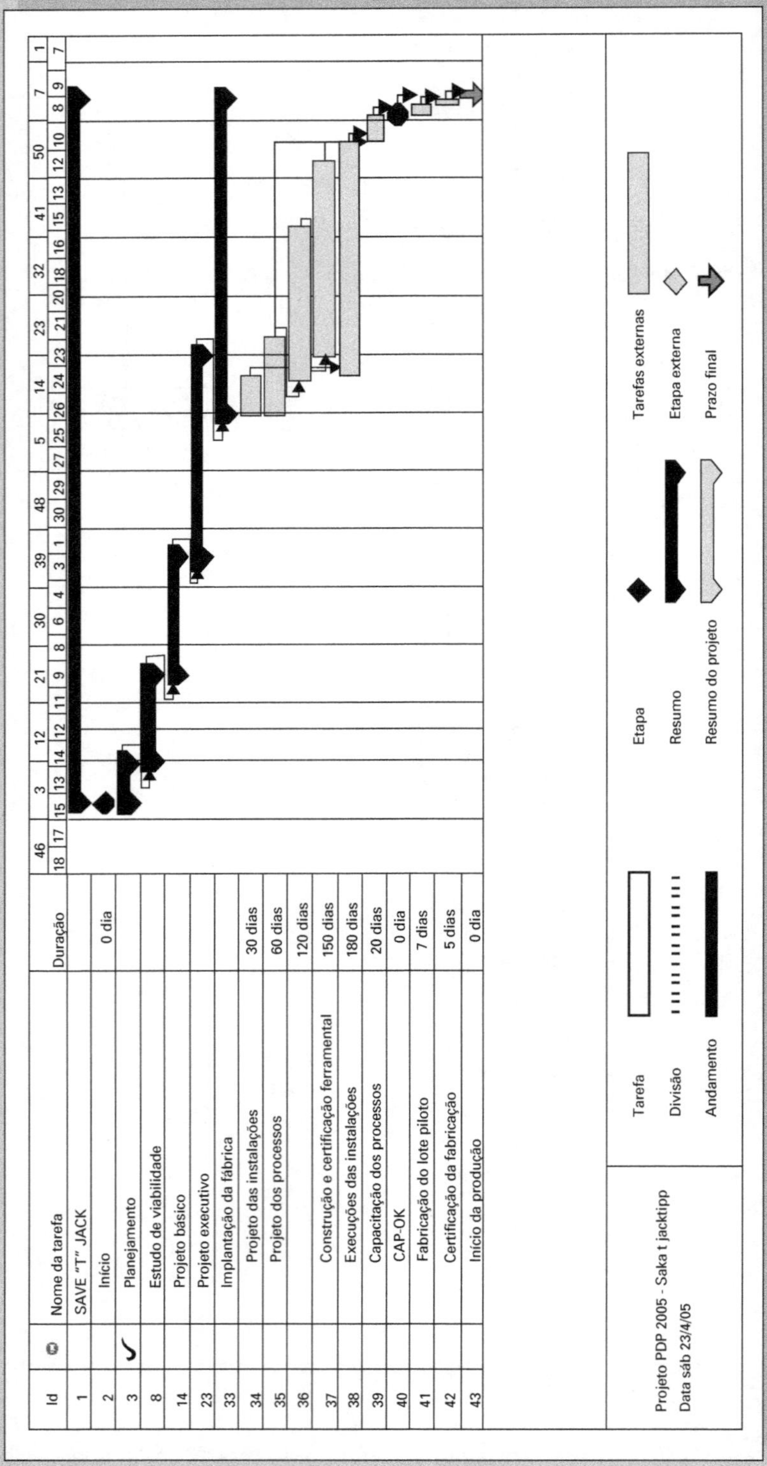

Id	Nome da tarefa	Duração
1	SAVE "T" JACK	
2	Início	0 dia
3	Planejamento	
8	Estudo de viabilidade	
14	Projeto básico	
23	Projeto executivo	
33	Implantação da fábrica	
34	Projeto das instalações	30 dias
35	Projeto dos processos	60 dias
36		120 dias
37	Construção e certificação ferramental	150 dias
38	Execuções das instalações	180 dias
39	Capacitação dos processos	20 dias
40	CAP-OK	0 dia
41	Fabricação do lote piloto	7 dias
42	Certificação da fabricação	5 dias
43	Início da produção	0 dia

Projeto PDP 2005 - Saka t jacktipp
Data sáb 23/4/05

Tarefa | Divisão | Andamento | Etapa | Resumo | Resumo do projeto | Tarefas externas | Etapa externa | Prazo final

Figura 6.13
Programação da implantação da fábrica

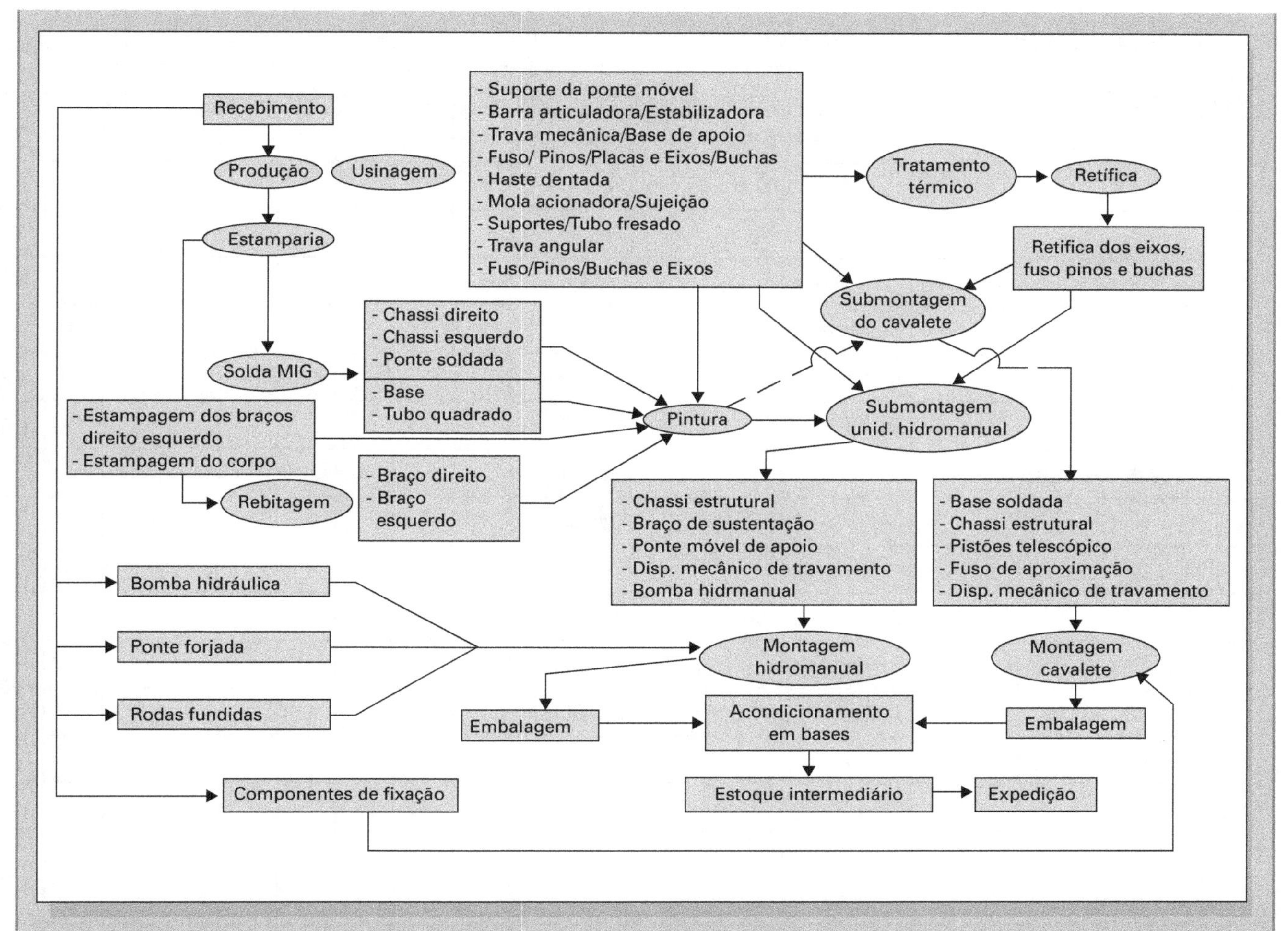

Figura 6.14
Fluxograma da produção

Certificação da fabricação

Após a montagem dos equipamentos foi feita a capacitação de cada um dos processos da produção. A seguir, foi fabricado um lote piloto de 100 unidades das quais 10 foram submetidas a testes funcionais e operacionais para a verificação do atendimento aos requisitos técnicos do produto.

Em face dos bons resultados da inspeção de qualidade do lote piloto e dos testes feitos nas unidades do produto, foi emitido o relatório certificando a produção.

Fica a empresa assim autorizada a produzir e comercializar o novo produto – Safe "T" Jack.

EXEMPLO 6. 5
HOTEL TRÊS ESTRELAS

PROGRAMAÇÃO DE IMPLANTAÇÃO

O cronograma geral do projeto está mostrado na Tabela 5.4 das páginas 309-311 do Capítulo 5. Nele se pode observar que a implantação da fabricação ocorre do 8º ao 27º, mês. A Tabela 6.1 detalha a alocação das equipes e os gastos na implantação

Tabela 6.1 Alocação das equipes na Implantação

Implantação	Equipe	pessoas/mês							8	9	10
	Gte Projeto	dias								5	5
	Engenheiro	dias								5	5
	Arquiteto	dias								5	5
	Outros	dias								5	5
	Despesas Diretas	US$'000								4	4
	Investimento	US$'000								10	40
	Subtotal	US$'000								14	44
Comissionamento	Equipe	pessoas/mês									
	Gte Projeto	dias									
	Outros	dias									
	Despesas Diretas	US$'000									
	Investimento	US$'000									
	Subtotal	US$'000									
Suporte Técnico Operacional	Equipe	pessoas/mês									
	RH	dias									
	Gte Projeto	dias									
	Gte Marketing	dias									
	Gte Financeiro	dias									
	Gte Comercial	dias									
	Outros	dias									
	Empregados do hotel	US$'000									
	Despesas Diretas	US$'000									
	Investimento	US$'000									
	Subtotal	US$'000									
Desembolso (US$'000)			23	24	24	24	8	12	26	41	59
Desembolso trimestral (US$'000)			71			44			126		
Desembolso anual (US$' 000)			445,0								
Desembolso acumulado (US$´000)			23	47	71	95	103	115	141	182	241

11	12	13	14	15	16	17	18	19	20	21	22	23	24	25	26	27	Total
5	5	5	10	10	10	10	10	10	10	10	10	10	5	5	5		
5	5	5	5	5	5	5	5	5	5	5	5	5	5	5	5		
5	5	5	5	5	5	5	5	5	5	5	5	5	5	5	5		
5	10	10	10	10	10	10	10	10	10	10	10	10	10	10	10		
4	5	5	6	6	6	6	6	6	6	6	6	6	5	5	5		97
40	50	50	70	70	70	80	88	90	90	100	130	130	120	100	65		1.393
44	55	55	76	76	76	86	94	96	96	106	136	136	125	105	70		1.490
													5	5	5		
													10	10	10		
													1	1	1		3
													5	5	5		15
													6	6	6		18
													10	10	10	5	
														5	5	5	
														5	5	5	
														5	5	5	
														5	5	5	
														20	20	20	
														5	20	25	
													2	15	30	34	81
																	0
													2	15	30	34	81
60	72	72	76	76	76	86	94	96	96	106	136	136	133	126	106	34	1.822
204,0			228,0			276,0			338,0			395,0			140,0		
445,			**1237,0**												**140**		
301	373	445	521	597	673	759	853	949	1.045	1.151	1.287	1.423	1.556	1.682	1.788	1.822	

CONSTRUÇÃO DO EDIFICÍO DO HOTEL

Para o início da obra, deverão ser providenciados os documentos necessários perante a Prefeitura, bem como perante as concessionárias para fornecimento de água, energia elétrica, gás e ligação com sistema de esgotos.

Em alguns casos, dependendo do porte da obra, são necessárias interferências específicas para a implantação do empreendimento, como, por exemplo, alargamento de adutoras.

Deverão ser providenciados os documentos administrativos normais que envolvem desde a contratação de funcionários até a aquisição de material.

Projeto das instalações para a construção do edifício

Nesta fase será elaborado o projeto da instalação de canteiro de obras e das unidades habitacionais provisórias para os funcionários da empreiteira contratada. Esse projeto será desenvolvido em conjunto com a empreiteira.

Também será verificada a logística do canteiro, definindo as dimensões e as localizações do almoxarifado de obra, os fluxos de materiais, bem como a disponibilidade de utilidades – energia, água, sistema sanitário – necessárias durante a implantação.

Outro aspecto a ser definido diz respeito a procedimentos de segurança, tanto patrimonial como industrial, e pessoal, com o envolvimento de engenheiros e técnicos de segurança do trabalho.

Construção e montagem do edifício

A fase de construção e montagem será executada de acordo com as especificações e desenhos detalhados produzidos no projeto executivo, com acompanhamento feito por meio do cronograma gerencial (PERT – CPM). Todas as atividades serão executadas pelas empreiteiras e fornecedores, sendo gerenciadas periodicamente pelo gerente de projeto e pela equipe de gerenciamento. Para minimizar desvios tanto no cumprimento de prazos como nos custos da implementação e possibilitar a tomada de ação corretiva rápida e eficaz, serão utilizadas ferramentas como a análise de Monte Carlo ou @RISK, durante toda a fase de implantação.

Capacitação dos processos – posta em marcha

Concluída a etapa de Construção e Montagem de cada subsistema, terá início a etapa de "comissionamento a frio e a quente" que, será acompanhada pela equipe de gerenciamento e pela equipe de operação/manutenção contratada para a operação do hotel. Inclui-se nesta etapa a execução do programa de treinamento.

Contratação funcionários/treinamentos

A contratação de funcionários próprios ou de terceiros será baseada no programa já preestabelecido com detalhes durante a fase do projeto executivo. Os novos funcionários receberão o treinamento conforme a matriz desenvolvida de modo a preparar a qualificação adequada da mão de obra.

Lote-piloto da operação

Durante essa fase serão feitos diversos testes de operacionabilidade de um hotel como um todo, por meio de convites a potenciais usuários. Para cada subsistema, as variáveis serão estabelecidas de entradas tanto normais e indesejáveis, parametrizadas e analisadas as saídas normais e aceitáveis. Um dos testes a ser programado é o da recepção, cujo tempo para registros de entrada e saída "*check-in/check-out*" foi estabelecido em cinco minutos, mesmo para as entradas indesejáveis como excesso de clientes. A partir desses testes, serão tomadas ações corretivas de modo que todas as não conformidades relevantes sejam sanadas até a Certificação do Hotel.

O prazo estimado para o teste-piloto e implementação das eventuais ações corretivas é de 30 dias.

Certificação da implantação

- O projeto será necessariamente certificado após a obtenção dos seguintes documentos legais:
  - Habite-se da Prefeitura;
  - Certidão Negativa do INSS;
  - Licença de Funcionamento da Cetesb;
  - Auto de Inspeção de Corpo de Bombeiros;
  - Atendimentos aos requisitos técnicos das normas NBR – ABNT.
- Projeto físico – O projeto do edifício será certificado após a comprovação ao atendimento dos seguintes requisitos:
  - especificações técnicas e padrões internos detalhados na fase do projeto executivo;
  - aprovação nos testes de funcionamento dos equipamentos;
  - aprovação nos testes de desempenhos, como: variação de temperatura nos ambientes internos, isolamento acústico, propagação sonora na sala de convenção, sistemas de exaustão etc.;
  - qualidade do acabamento (inspeção visual);
  - aspectos de segurança como: identificação de área de abandono, escadas de emergência, sistemas de combate a incêndio etc.
- Qualidade dos serviços (administração hoteleira) – a qualidade dos serviços é considerada fundamental para a manutenção de boas taxas de ocupação dos

hotéis. Outro argumento utilizado para o bom atendimento aos clientes é que o custo para manutenção de um hóspede costuma ser bastante inferior ao custo para a obtenção de um novo cliente, considerando os gastos em comunicação, descontos, comissões etc. No setor hoteleiro, o bom atendimento e a qualidade dos serviços costumam ser avaliados com base nas expectativas formuladas pelos hóspedes e a partir da publicidade e marketing dos hotéis, avaliação das agências de viagem e turismo, recomendações de outras pessoas etc. Em geral, os hóspedes costumam sentir-se bem atendidos quando suas expectativas são satisfeitas; e sentem-se mal atendidos, quando suas expectativas são frustradas. A fidelização tende a ocorrer apenas nos casos em que o atendimento e os serviços dos hotéis superam as expectativas dos visitantes. Os hóspedes, em geral, esperam que os hotéis ofereçam os mesmos serviços e equipamentos que estão associados ao seu conforto doméstico. No caso de hotéis para viagens de negócios, esperam contar com serviços e infraestrutura de apoio, semelhantes aos de seus escritórios, para que possam executar suas atividades profissionais. Os principais atributos considerados na avaliação da qualidade são o conforto, a limpeza e a manutenção dos apartamentos; a localização e a segurança dos hotéis; e o atendimento oferecido. No caso do atendimento, a qualidade depende exclusivamente do pessoal responsável pela prestação dos serviços aos hóspedes. A certificação da qualidade do serviço hoteleiro será feita durante os testes-pilotos, utilizando-se como índices de desempenho para a aprovação aqueles empregados pelas grandes redes consideradas padrões de qualidade no setor hoteleiro.

Conclusão do projeto

Realizadas as certificações da edificação, dos equipamentos, da habilitação do pessoal e da operação do hotel, a empresa estará habilitada a abri-lo ao público pagante, recebendo seus hóspedes a partir de então.

7 COMERCIALIZAÇÃO E ACOMPANHAMENTO

A produção, a comercialização, a venda e o acompanhamento no mercado serão feitos ao longo do ciclo de vida do produto. Ao final, serão conhecidos os resultados completos do projeto expressos pelo atendimento de seus objetivos técnicos, mercadológicos, econômicos e financeiros.

7.1 O CICLO DE VIDA DO PROJETO E DO PRODUTO

Tradicionalmente, um projeto é considerado encerrado na data de lançamento do produto (da sua inauguração, implantação ou disponibilização). Na realidade, essa data marca o **início** da vida do produto, e é a partir dela que a empresa começará a colher os frutos do projeto executado. Em consequência, o encerramento do projeto só será efetivado ao final do ciclo de vida do seu produto, quando serão visíveis os resultados completos por ele gerados.

A empresa acompanhará o projeto durante toda a vida do produto e fará a sua avaliação final na data da retirada do produto do mercado. Os resultados dessa avaliação mostrarão se o projeto atingiu as suas metas mais importantes, contribuindo para que a empresa alcance os seus objetivos estratégicos. A ref. [1] trata esse assunto de forma bastante completa.

Pode-se fazer uma analogia do ciclo completo de um projeto com as fases de uma vida humana: concepção – na definição do projeto; **gestação** – na execução do projeto; **nascimento** – no lançamento do produto; **vida** – ao longo do ciclo de vida do produto; e **morte** – na retirada do produto do mercado. Salientamos que, tanto para as pessoas como para os projetos, haverá uma avaliação global ao final da sua vida.

A comercialização e o acompanhamento do desempenho do produto no mercado não faz parte do projeto propriamente dito, afastando-se, dessa maneira, do escopo principal deste livro. Assim, neste capítulo são apenas listadas, sem detalhamento, as atividades a serem executadas nas etapas dessa última fase. Nessas atividades estarão empenhadas principalmente as áreas de planejamento e produção, vendas e mercadologia, assistência técnica e finanças. Uma apresentação mais detalhada desses assuntos poderá ser encontrada na ref. [2].

Certamente, como toda a empresa será afetada pelos resultados do projeto, o desempenho do produto no mercado é do interesse de todos os colaboradores.

7.2 LANÇAMENTO DO PRODUTO

O lançamento do produto envolve as seguintes atividades:

- projetar e implantar o plano de divulgação e publicidade;
- preparar e realizar os eventos de lançamento;
- consolidar o cadastro dos clientes e distribuidores;
- capacitar as equipes de vendas e assistência técnica;
- distribuir as unidades iniciais previstas.

7.3 PRODUÇÃO

A produção de um produto consiste das seguintes atividades:

- gerar o PPCP (Planejamento, Programação e Controle da Produção), com base nos volumes a serem produzidos e conforme a previsão atualizada de vendas. A ref. [3] apresenta meios informatizados (MRP II/ERP) para a execução eficiente dessa tarefa;
- executar a produção conforme programado, observando as alocações de mão de obra, de máquinas, e o fluxo de materiais;
- controlar a qualidade dos produtos por meio do CEP – controle estatístico do processo, assegurando a conformidade com o projeto e atendendo aos objetivos da produção.

7.4 O ACOMPANHAMENTO DAS VENDAS

Além de realizar as vendas dos produtos, é importante fazer o acompanhamento, verificando as quantidades, os modelos, locais e datas das vendas, com ênfase especial na fase inicial de crescimento. Além disso, deve-se:

- comparar "mês a mês" os resultados de vendas com as previsões feitas para o ciclo de vida;
- ajustar continuamente as previsões de vendas em função dos resultados, observando o comportamento do produto e a eventual sazonalidade dos mercados;
- avaliar e aperfeiçoar as atividades de divulgação e publicidade, de acordo com a aceitação do produto no mercado.

7.5 DESEMPENHO DO PRODUTO

Para conhecer o desempenho efetivo do produto lançado, é necessário:

- auscultar e avaliar a opinião dos clientes nos pontos de venda;
- levantar, via Assistência Técnica e Atendimento ao Cliente, os comentários e as ocorrências de falhas, deficiências e defeitos do produto em uso;
- organizar o processamento e a apresentação estatística desses dados: frequência, gravidade, tempo de uso, número de ocorrências durante os meses de garantia e, depois, ao longo da vida útil do produto;
- comparar os resultados com os objetivos de confiabilidade e durabilidade estabelecidos na origem do projeto do produto;
- analisar as ocorrências com as áreas de produto, produção e suprimentos, para estabelecer as causas, atribuir as responsabilidades e gerar o programa para implantar as correções necessárias;
- planejar e executar a coleta e a análise técnica de produtos descartados em trocas e revendas pelos clientes;
- planejar e executar a reciclagem de materiais e componentes;
- documentar completamente, para formar banco de arquivos técnicos sobre o desempenho do produto e prover informações úteis para futuros projetos.

7.6 ACOMPANHAMENTO ECONÔMICO-FINANCEIRO

O acompanhamento econômico-financeiro, compreende as seguintes tarefas:

- coletar e processar os dados das receitas de vendas;
- coletar e consolidar os custos fixos e variáveis da produção;
- atualizar os diagramas de fluxo de caixa e de ponto de equilíbrio, mês a mês;
- comparar com as previsões e alertar sobre discrepâncias;
- estudar a evolução financeira, visando assegurar o atendimento aos objetivos de PRI e de IVA.

7.7 RETIRADA DO PRODUTO DO MERCADO

A data para a retirada do produto do mercado foi proposta no planejamento inicial do projeto. Entretanto, muitas variáveis influem ao longo do tempo, abreviando ou aumentando o ciclo de vida. O indicador determinante para a tomada dessa decisão será o desempenho das vendas do produto, em termos da sua participação percentual no mercado. A retirada deverá ocorrer quando a tendência à perda de mercado for nítida e acentuada. Nesse momento, a empresa deve estar absolutamente pronta para lançar o substituto do produto: um novo produto ou um aperfeiçoamento significativo do atual.

Na maioria das situações reais, a retirada de um produto do mercado costuma ser gradual, dando tempo ao novo de se afirmar. Entretanto, algumas vezes isso não é possível, aumentando os riscos da mudança.

7.8 TAREFAS DE APLICAÇÃO

Para a empresa e os produtos de seu trabalho, descrever os métodos e a qualidade de:

- nível de acompanhamento do produto;
- processamento estatístico adequado;
- divulgação interna do comportamento do produto;
- qualidade da resposta na correção de problemas pelas áreas afetadas;
- número de horas dedicadas à solução de problemas de produtos já lançados no mercado.

7.9 RECOMENDAÇÕES À GERÊNCIA

O gerenciamento do produto no mercado é tarefa ampla e complexa. O gerente do produto (não mais o gerente do projeto), em geral, ligado à área de vendas e mercadologia, deverá coordená-lo, mas delegando aos supervisores das áreas as subprogramações e respectivos controles referentes às atividades sob sua responsabilidade.

7.10 SUGESTÕES PARA A DOCUMENTAÇÃO DA CA

Assim como nas fases anteriores, o volume de documentos a serem gerados na CA será imenso: programações e relatórios de vendas, pesquisas de satisfação dos clientes, relatórios de assistência técnica, e muitos outros. Aqui também será mantida a codificação, identificadora dos documentos, compatível com a das outras fases do projeto. Também será importante o arquivamento sistemático e informatizado, documentando completamente a história do ciclo de vida do produto.

7.11 REFERÊNCIAS

[1] GURGEL, F. do A. *Administração do produto*. São Paulo: Atlas, 2001.

[2] ROZENFELD, H. et al. *Gestão de desenvolvimento de produtos*. São Paulo: Saraiva, 2006.

[3] CORRÊA, H.; GIANESI, I.; CAON, M. *Planejamento, programação e controle da produção* – MRP II/ERP. São Paulo: Atlas, 1999.

FLUXOGRAMA GERAL DO MÉTODO

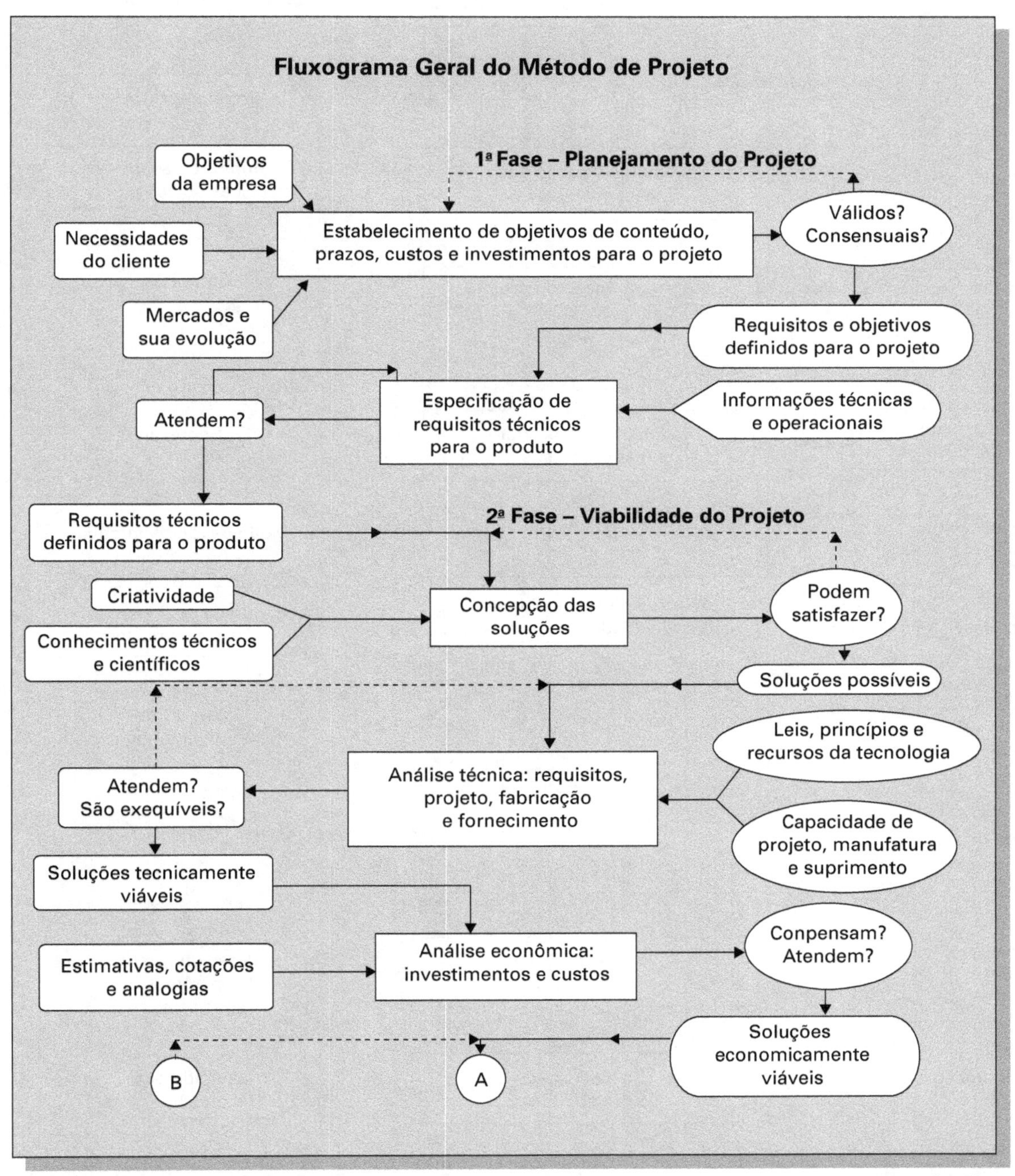

Continua

Continuação

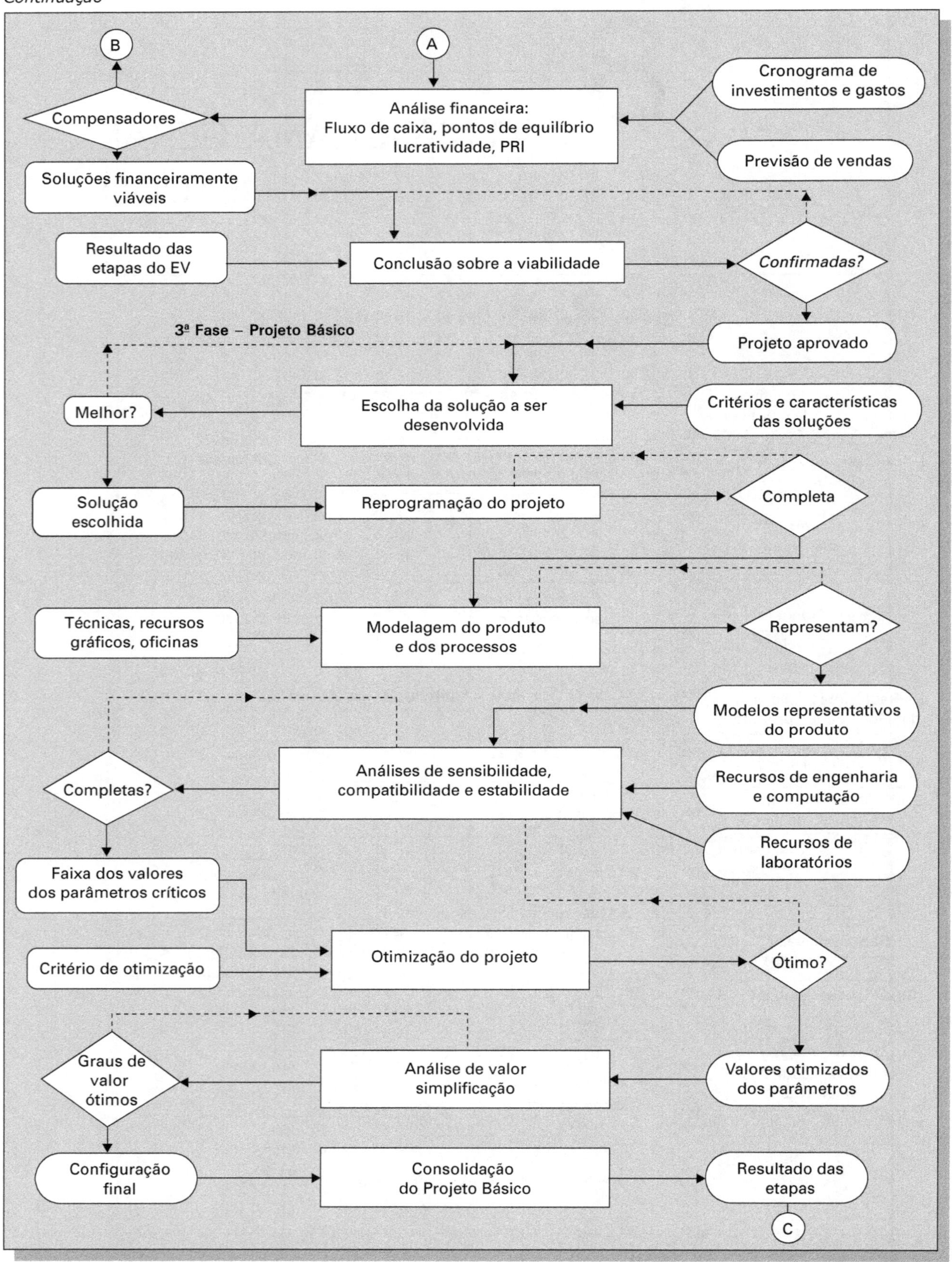

Continua

Continuação

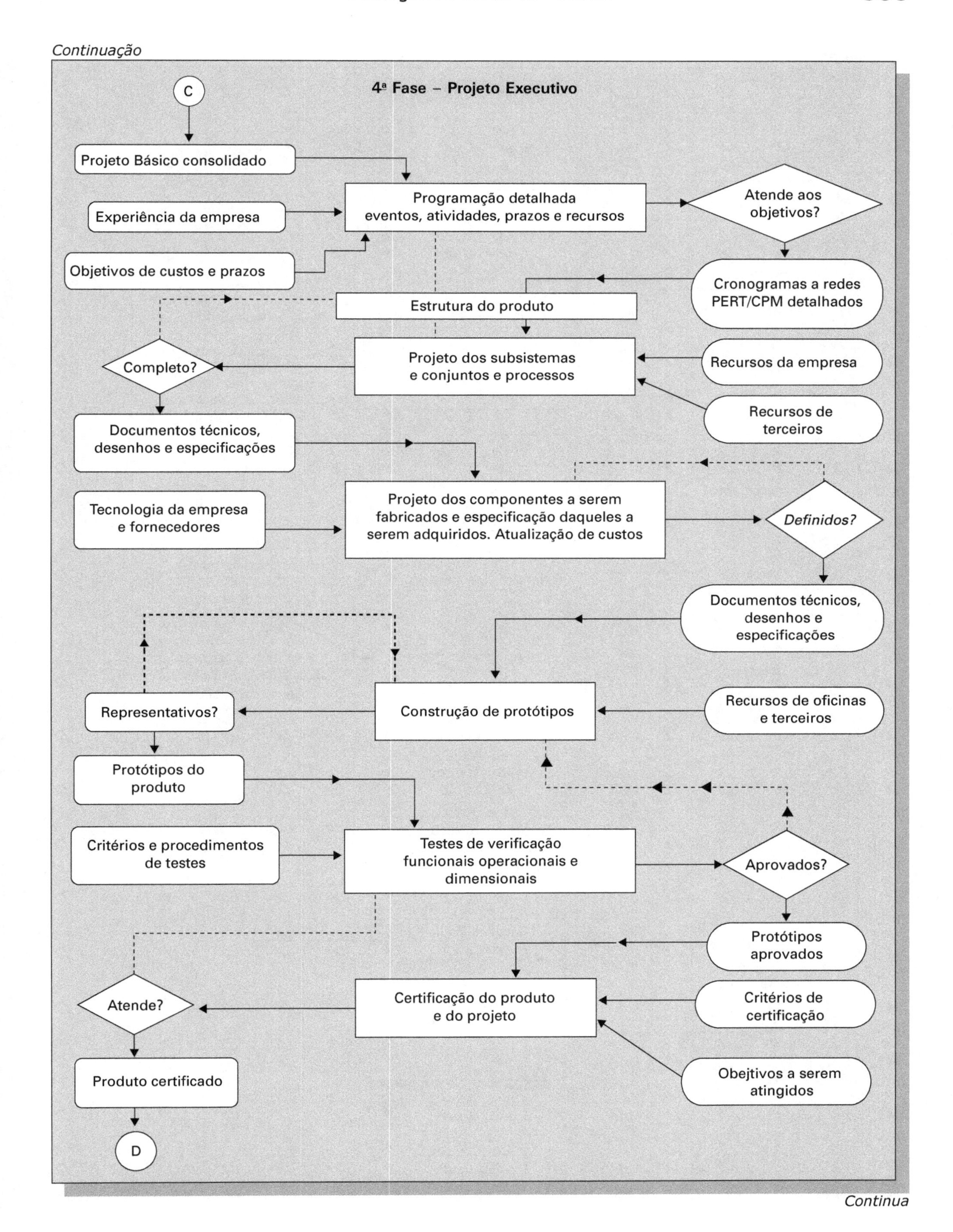

Continua

Continuação

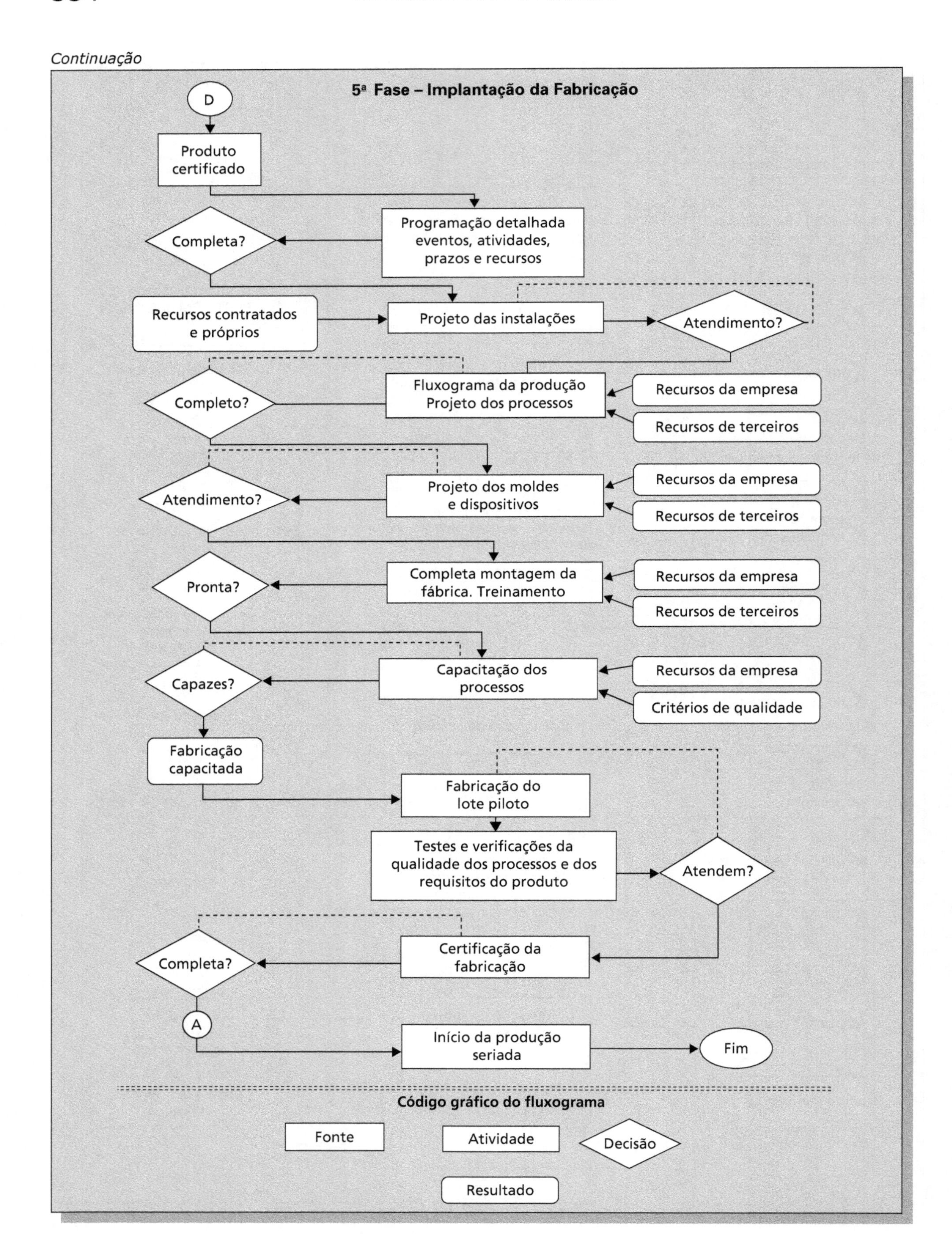

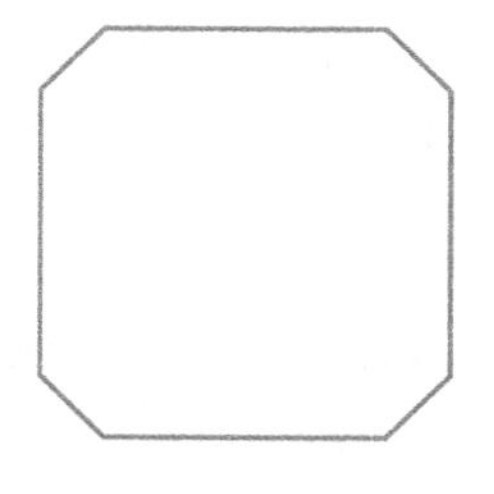

Referências Bibliográficas Gerais

As referências abaixo estão relacionadas em ordem cronológicas para que o leitor tenha uma visão histórica da evolução dos métodos de projeto

1. ASIMOW, M. *Introduction to design.* Englewood Cliffs, N. J.: Prentice-Hall, 1962.
2. ASIMOW, M. *Introdução ao projeto de engenharia.* São Paulo: Mestre Jou, 1968.
3. HILL, P. H. *The science of engineering design.* New York: Holt. Rinehart and Winston, Inc. 1970.
4. MADUREIRA, O. M. de. *Curso de metodologia do projeto industrial.* Publicação interna – Depto. de Engenharia Mecânica da Escola Politécnica da USP – São Paulo, 1972.
5. GORLE, P; LONG. J. *Fundamentos de planejamento do produto*. São Paulo: McGraw-Hill do Brasil, 1976.
6. BACK, N. *Metodologia de projeto de produtos industriais.* Guanabara Dois, 1983.
7. HAUSER, Jr; CLAUSING. J. The house of quality. In: *Havard Business Review*, jun. 1988.
8. HENRY, W. et al. *New product development and testing.* Lexington: Ed. Lexington Books, 1989.
9. AKAO, Y. *Quality function deployment* – integrating customer requeriments into product design. Cambrige: Productivity Press, 1990.
10. HOLLINS, B; PUGH, S. *Successful product design.* London: Ed. Butterworths, 1990.
11. CLARK, K. B; FUJIMOTO. T. Product Development Perfomance. Boston: Harvard Business School Press, 1991.
12. MADUREIRA, O. M. de. *Curso de especialização em administração industrial disciplina de Planejamento e Desenvolvimento de Produtos*. Publicação interna da FCAV – Fundação Vanzolini – Escola Politécnica da USP. São Paulo, 1991.
13. BOSSERT, J. L. *Quality function deployment* – a practioners approach. Milwaukee: Ed. ASQC Quality Press, 1991.
14. GRUENWALD, G. *Como desenvolver e lançar um produto novo no mercado*. São Paulo: Makron Books do Brasil, 1992.

15. COOPER, R. G. *Winning at new products.* Reading: Addison Wesley Publishing Co, 1993.
16. CHENG, L. C. et al. *QFD – Planejamento da qualidade.* Fundação Christiano Ottoni. Belo Horizonte: Editora L. Maciel, 1995.
17. BAXTER, M. *Projeto de produto*. São Paulo: Blucher, 1998.
18. PRASAD, B. *Concurrent engineenng fundamentais*. New Jersey: Prentice Hall, 1996.
19. MAXIMIANO, A. C. A. *Administração de projetos.* São Paulo: Atlas, 1997.
20. JURAN, J. N. *A qualidade desde o projeto novos passos para o planejamento da qualidade em produtos e serviços.* 3. ed. São Paulo: Pioneira, 1997.
21. CASAROTO, N.; FÁVERO, J. S., CASTRO, J. E. E. *Gerência de projeto engenharia simultânea.* São Paulo: Atlas, 1999.
22. PROJECT MANAGEMENT INSTITUTE – The Project Management Framework ("PMBOK") Edição 2006.
23. TORRES, O. F. F. *Fundamentos da engenharia econômica e da análise ecônomica de projetos.* São Paulo: Thonson Learning, 2006.
24. PAHL G., BEITZ. W. et al. *Projeto na engenharia.* São Paulo: Blucher, 2005.
25. ROSENFELD, H. et al. *Gestão do desenvolvimento de produtos*. São Paulo: Saraiva, 2006.
26. KERZNER, H. *Project management:* a systems approach. 9. ed. J. Wiley, 2006.
27. CHENG, L. C. et al. *QFD* – Desdobramento da função qualidade. São Paulo: Blucher, 2007.

Índice Remissivo